装配式装修
施工手册

蓝建勋　主编

中国建筑工业出版社

编委会名单

主　编　　　　　蓝建勋（广东省粤建装饰集团有限公司）

主要参编人员　　王建国（深圳市宝鹰建设集团股份有限公司）

　　　　　　　　王　生（金刚幕墙集团有限公司）

　　　　　　　　许一崖（广东省粤建装饰集团有限公司）

　　　　　　　　杨仟厦（广东绿屋建筑科技工程有限公司）

　　　　　　　　胡庆红（深装总建设集团股份有限公司）

　　　　　　　　魏惠强（深圳瑞和建筑装饰股份有限公司）

　　　　　　　　田　力（深圳市建艺装饰集团股份有限公司）

　　　　　　　　王　欣（深圳市建筑装饰（集团）有限公司）

　　　　　　　　何　斌（深圳市中装建设集团股份有限公司）

　　　　　　　　张玉群（广州建筑装饰集团有限公司）

　　　　　　　　李　莹（新明珠集团股份有限公司）

　　　　　　　　徐　晖（深圳市特艺达装饰设计工程有限公司）

　　　　　　　　吴静安（深圳市万德建设集团股份有限公司）

　　　　　　　　韩　坤（广东坚朗五金制品股份有限公司）

　　　　　　　　许学勤（三和住品（广东）科技有限公司）

　　　　　　　　江　汛（广东省装饰有限公司）

　　　　　　　　曾金亮（广东省粤建装饰集团有限公司）

　　　　　　　　陈贵强（广东省建筑装饰工程有限公司）

序

发展新型建筑工业化是贯彻落实"创新、协调、绿色、开放、共享"发展理念，推动城乡建设领域绿色发展、低碳循环发展的主要举措，在全面推进国家生态文明建设、加快推进新型城镇化、建设粤港澳大湾区的进程中意义重大。

本手册由广东省部分大型骨干建筑装饰企业合力编写完成，是这些企业近年在建筑装配式装修研究、设计和重大建筑工程实践中技术创新成果的总结、整合和升华，体现了装配式装修技术的最新成果，具有系统性、规范性、实用性及引导性。

本手册对9个建筑装饰分项展开，具体为装配式隔墙工程、装配式墙面工程、装配式吊顶工程、装配式地面工程、装配式墙面软包工程、装配式门窗工程、装配式厨卫工程、装配式细部工程和装配式建筑幕墙工程，覆盖装配式装修工程的主要项目、全工种和全流程，突出如下6个特点：（1）符合《建筑装饰装修工程质量验收标准》GB 50210、《装配式内装修技术标准》JGJ/T 491等国家最新装修技术标准要求，融入最新国家工程建设强制性条文及规范内容，指导施工具有合规性；（2）体现绿色、装配、智慧建造理念，符合建筑行业技术发展方向；（3）加入了包括北京大兴国际机场等大量重大工程项目取得的装配式装修新技术成果，如大跨空间结构单元式铝板吊顶、复杂C形钢结构柱铝板装饰、单元式陶瓷薄板复合板、智能活动隔墙、智能LED透明玻璃屏隔断、智能磁悬浮自动门、架空石墨烯智暖复合陶瓷地板、单元式双层玻璃幕墙、单元滑移式异形玻璃采光顶等施工技术，提高了手册的先进性；（4）强化非结构构件抗震意识，对具有典型震害的非结构构件采取抗震韧性构造措施；（5）融入绿色及安全施工管理内容，有利于提升项目装配化施工管理水平；（6）采用模块化编写体例，图文并茂，现场可操作性强。

本手册可作为指导施工企业项目装配式装修设计、施工、内部验收、编写施工方案、技术交底、技术培训等的依据，也可供建筑设计院、房地产开发企业及高校相关专业师生参考。

本手册在编写过程中，得到了参编人员、专家和出版社的大力支持，在此，表示衷心感谢！由于编者时间和水平所限，本书错漏缺点在所难免，敬请读者批评指正。

蓝建勋

2022年1月于广州

作者简介

蓝建勋，男，广东丰顺人，毕业于华中科技大学建筑与土木工程专业，工程硕士，教授级高级工程师，国家一级注册建造师，广东省粤建装饰集团有限公司总工程师。中国建筑装饰协会专家，广东省科技厅科技咨询专家，广东省人力资源和社会保障厅建筑高级专业技术资格评审专家，广东省住房和城乡建设厅工程质量安全应急救援专家，广东省建筑业协会装饰分会副会长，广州市建筑装饰行业协会副会长，广州市危险性较大的分部分项工程专项方案论证专家等。

长期从事建筑装修工程绿色、装配及智慧建造技术的研发与应用工作，主持北京首都国际机场 T3B、T3C 航站楼、昆明长水国际机场航站楼、南宁吴圩国际机场航站楼、广州市轨道交通十三、十四、二十一号线车站、中国南方航空大厦、中山大学新博物馆等重点项目装修工程，获中国土木工程詹天佑奖 1 项，中国建筑工程鲁班奖 2 项等。主持研发的项目成果鉴定为国内领先以上 25 项，其中"大跨空间结构吊顶抗震韧性构造与施工技术""城轨交通站绿色低碳模块化装修技术""防疫应急医院模块化快速改造施工技术""藏展教研一体化高校博物馆装修技术"等 6 项成果鉴定为国际先进水平，在大型机场航站楼、城轨交通车站、医院和写字楼的绿色低碳装配化装修关键技术及其工程化应用方面取得了系统性创新成果，获华夏建设科学技术奖三等奖 3 项，建筑装饰行业科学技术奖 14 项（一等奖 7 项），工程建设科学技术奖二等奖 2 项，广东省科学技术奖三等奖 1 项，广东省行业协（学）会科学技术奖 25 项（一等奖 6 项），省部级工法 25 项，授权专利 51 项（发明专利 12 项）；参编国家及行业标准 7 项；主编出版《建筑装饰装修施工手册》《建筑装饰装修精品工程（国优）创建指南》等著作 3 部，在《施工技术》等建筑核心期刊发表论文 45 篇。获首届建筑装饰行业科学技术奖—科技人才奖，第三届茅以升科学技术奖—建造师奖等。

目录

第 1 章　装配式隔墙工程

P001-089

➡

第 1 节　蒸压加气轻质混凝土（ALC）板施工工艺

主编点评

　　蒸压加气轻质混凝土（ALC）板属于新型建筑节能产品，其具有容重轻、隔声保温效果好、安装工艺简单、生产工业化等优点。目前在高层框架建筑以及工业厂房的内外墙体获得了广泛的应用。

1　　总　则

1.1　适用范围
本工艺适用于工业与民用建筑的 ALC 轻质隔墙板工程施工。

1.2　编制参考标准及规范
（1）《建筑装饰装修工程质量验收标准》GB 50210
（2）《装配式内装修技术标准》JGJ/T 491
（3）《建筑用轻质隔墙条板》GB/T 23451
（4）《民用建筑工程室内环境污染控制标准》GB 50325
（5）《建筑设计防火规范》GB 50016
（6）《民用建筑隔声设计规范》GB 50118

2　　施工准备

2.1　技术准备
（1）技术人员应熟悉图纸，完成图纸会审，准确复核墙体的位置、尺寸，结合装修、机电等图纸进行深化定位。（2）编制 ALC 轻质隔墙板施工方案，并报监理单位审批。（3）将技术交底落实到作业班组。（4）按图纸进行现场放线。放线人员要严格按施工图纸进行放线，随放随复核。放线完毕，由监理单位进行验收，验收合格后方可施工。

2.2　材料要求
（1）ALC 轻质隔墙板常用规格：厚度为 50mm、75mm、100mm、125mm，宽度为 600～610mm，长度为 2440mm、2680mm、2880mm。
（2）ALC 轻质隔墙板外观质量应符合表 1.1.2-1 要求。

外观质量 表 1.1.2-1

序号	项目	指标
1	板面外露筋、纤；飞边毛刺；板面泛霜；板的横向、纵向、厚度方向贯通裂缝	无
2	复合条板面层脱落 a	无
3	板面裂缝，长度 50～100mm，宽度 0.5～1.0mm	≤2 处 / 板
4	蜂窝气孔，长径 5～30mm	≤3 处 / 板
5	缺棱掉角，宽度 × 长度 10mm×25mm～20mm×30mm	≤2 处 / 板
6	壁厚 b（mm）	≥12

注：序号 3、4、5 项中低于下限值的缺陷忽略不计，高于上限值的缺陷为不合格。
　　a 复合条板检测此项。
　　b 空心条板应测壁厚。

（3）ALC 轻质隔墙板尺寸允许偏差应符合表 1.1.2-2 要求。

尺寸允许偏差（单位：mm） 表 1.1.2-2

序号	项目	允许偏差
1	长度	±5
2	宽度	±2
3	厚度	±1.5
4	板面平整度	≤2
5	对角线差	≤6
6	侧向弯曲	≤L/1000

（4）ALC 轻质隔墙板放射性核素限量应符合表 1.1.2-3 要求。

放射性核素限量 表 1.1.2-3

项目	指标	
制品中镭 -226、钍 -232、钾 -40 放射性核素限量	实心板	空心板（空心率大于 25%）
I_{Ra}（内照射指数）	≤1.0	≤1.0
I_γ（外照射指数）	≤1.0	≤1.3

（5）ALC 轻质隔墙板物理性能应符合表 1.1.2-4 要求。

物理性能指标 表 1.1.2-4

序号	项目	指标	
		板厚 90mm	板厚 120mm
1	抗冲击性能	经 5 次抗冲击试验后，板面无裂纹	
2	抗弯承载（板自重倍数）	≥1.5	
3	抗压强度（MPa）	≥3.5	
4	软化系数	≥0.80	
5	面密度（kg/m²）	≤90	≤110
6	含水率（%）	≤12	

序号	项目	指标	
		板厚 90mm	板厚 120mm
7	干燥收缩值（mm/m）	≤ 0.6	
8	吊挂力	荷载 1000N 静置 24h，板面无宽度超过 0.5mm 的裂缝	
9	抗冻性	不应出现可见的裂纹且表面无变化	
10	空气声隔声量（dB）	≥ 35	≥ 40
11	耐火极限（h）	≥ 1	
12	燃烧性能	A₁ 或 A₂ 级	

（6）使用的相关辅助材料必须与主材相配套。

2.3 主要机具

（1）机械：切割机、冲击钻、手电钻、锋钢锯、空气压缩机等。（2）工具：专用撬棍、橡皮锤、固定式摩擦夹具、转动式摩擦夹具、镂槽器、铺浆器等。（3）计量检测用具：水准仪、激光投线仪、2m 靠尺、方角尺、水平尺、钢尺等。

2.4 作业条件

（1）楼面防水层及结构分别已施工和验收完毕，墙面弹出＋50cm 标高线。（2）操作地点环境温度不低于 5℃。（3）正式安装以前，先试安装样板墙一道，经鉴定合格后再正式安装。

3　施工工艺

3.1 工艺流程

弹隔墙定位线 ⟶ 板制作 ⟶ 安装钢结构 ⟶ 上浆 ⟶

装板 ⟶ 固定 ⟶ 校正 ⟶ 灌浆 ⟶

开槽埋线管 ⟶ 贴防裂布、抹灰、涂料 ⟶ 装门框 ⟶ 清洁、验收

3.2 操作工艺

（1）弹隔墙定位线：根据图纸及现场实际情况，用激光或水准仪放出水平、垂直基准线。首先在地面放出中隔墙轴线，然后根据墙中线向两边每边移出墙体厚度弹线作为安装轻质隔墙板的边线。根据地面上的控制线放出顶面的梁或板控制线。在与墙体相交的柱面或墙面上按照地面上的控制线放出墙体立面上的控制线。

（2）板制作：墙板的整板规格为宽度 600mm，长度 2440mm。当墙板端宽度或高度不足一块整板时，应使用补板，根据要求在工厂切割、调整墙板的宽度和长度，使墙板损耗率降低。

（3）安装钢结构：当墙板总高度大于6m、超8m跨度或有特殊要求时，墙板的安装需加钢结构，一般以角钢、槽钢、方钢、工字钢为立柱或横梁，板材通过角码、U形卡与加固铁件和钢结构连接（图1.1.3-1）。

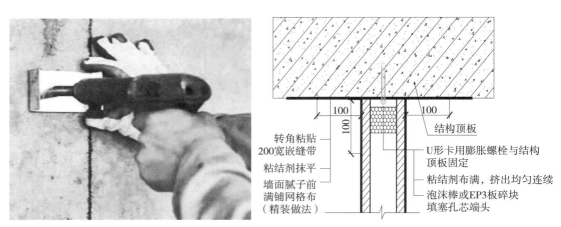

图 1.1.3-1　ALC轻质隔墙U形卡固定及结构板底连接示意图

（注：除特别标注外，本书构造节点图及示意图中的尺寸以mm为单位，标高以m为单位。）

（4）上浆：用水泥加中砂（1：2）再加建筑胶调成浆状，然后先用清水刷一刷墙板的凹凸槽，再将聚合物砂浆抹在墙板的凹槽内和地板基线内。

（5）装板：将上好砂浆的墙板搬到装拼位置，立起上下对好基线，用铁撬将墙板从底部撬起用力使板与板之间靠紧，使砂浆聚合物从接缝挤出，然后刮去凸出墙板面接缝的砂浆（低于板面4~5mm）并保证砂浆饱满，最后用木楔将其临时固定。

（6）固定：用木楔临时固定墙板，与楼板（底部和顶部）、相邻两块墙板、墙板上下连接等除用聚合物水泥砂浆粘结外，板脚每隔1200~1800mm单边打入ϕ8钢筋锚固。板材与板材间需用ϕ8钢筋斜向45°打入进行连接，打入长度约200mm，125mm厚以上的板必须打入2根钢筋（图1.1.3-2）。

图 1.1.3-2　ALC轻质隔墙安装图

（7）校正：墙板初步拼装好后，要用专业铁撬进行调校正，用2m靠尺检查平整度、垂直度。

（8）灌浆：安装校正好的墙板待一天后，用水泥砂浆（1：2）加建筑胶调成聚合物浆状填充上、下缝和板与板之间的接缝，并将其木楔拔出，用砂浆填平（图1.1.3-3）。

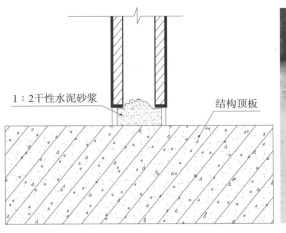

1：2干性水泥砂浆   结构顶板

图 1.1.3-3　ALC 轻质隔墙灌浆图

（9）开槽埋线管：墙板内埋设线管、开关插座盒时，由水电安装班组根据设计要求一次性在墙板上画出全部强、弱电和给排水的各类线管槽、箱、盒的位置，不得在同一位置两面同时开槽开洞，且应在墙体养护最少三天后进行。如遇有墙体两侧同一位置同时布线管、箱体、开关盒时，应在水平方向或高度方向错开 100mm 以上，以免降低墙体隔声性能。开槽时，应先弹好要开槽的尺寸宽度，并用（小型）手提切割机割出框线，再用人工轻凿槽，严禁暴力开槽开洞，一般凿槽深度不宜大于墙板厚的 2/3，宽度不宜大于 400mm。线管的埋设方式按相关规范要求进行，线管水平走向不应大于 350mm，线管埋设好后用聚合物水泥砂浆按板缝处理方式分层回填处理（图 1.1.3-4）。

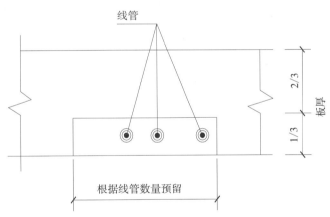

线管

板厚　2/3　1/3

根据线管数量预留

图 1.1.3-4　ALC 轻质隔墙电气排板、电气开槽图

（10）贴防裂布、抹灰、涂料：墙面电气开槽修复及缝隙修补完毕后，待 3～5 天接合缝砂浆聚合物干缩定型后，用乳胶将 2mm 厚、50mm 宽的玻纤网格布贴在板的接缝处，鉴于粘贴网格布会使板缝之板面高起 3～4mm，为避免出现板缝棱，因此可在每块板的板缝处加工深 3～5mm、宽度为 50mm 的槽，粘贴网格布时把网压入该槽即可，施工完成后可使板缝处板面与其他板面平齐（图 1.1.3-5）。

（11）装门框：门框可用夹板直接在墙板上包门套，用铁钉与墙锚固，用装饰板封面。

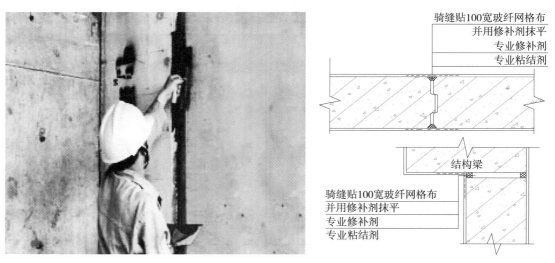

图 1.1.3-5　ALC 轻质隔墙电气开槽修复及墙面贴防裂布节点图

3.3　质量关键要求

（1）轻质隔墙板应牢固、平整。受力节点应安装严密、牢固、保证复合轻质实心隔墙板的整体刚度。（2）墙板板面及板的两侧企口、板上下端头上的灰尘和杂物一定要清理干净，消除影响粘结的不利因素。（3）墙板与顶板或梁连接时要每隔三件板打入 ϕ6（8）钢筋与角码锚固。板脚每隔 1200～1800mm 单边打入 ϕ6（8）钢筋锚固。（4）为减少墙板损耗，部分短板可拼接使用。在拼接的第一块墙板和最后一块墙板时不能用短板来拼接，宽度小于 200mm 的 ALC 墙板不得使用。（5）当窗洞或门洞跨度超过 2600mm 以上时要加角铁作横梁支撑上面的墙板。（6）在 ALC 墙板和墙体、吊顶等的交接处，由于材料品种和性能不同，其伸缩量也不相同，在交接处应采取相应措施，施工时分别用弹性耐候填缝胶勾明缝和平缝。凡用填缝胶处理的应处理在腻子的表面，不能用刚性的腻子将其覆盖在弹性耐候密封填缝胶上。收缩缝的位置一般设于跨中板与板间拼缝或墙体的阴角处。（7）ALC 轻质隔墙板墙长大于 6m，小于 12m，在中部设置构造柱。（8）水电管线应在厂内预埋、补强，如不能在厂内预埋、安装，则必须在墙板安装（上墙）前在工地预埋、安装。水电管线安装完成后间隔 7 天才允许抗裂砂浆修补施工，安装完成后 14 天方可水电开槽，使用专业工具开槽，先放线，后开槽。（9）ALC 轻质隔墙板与板之间榫卯自然咬合，无挤胶粘形成变形缝；安装后稳定期一周以上贴网格布胶粘封闭板面装饰作业应在板缝处粘结耐碱玻纤网格布抗裂，网格布宽度不得小于 300mm，沿板缝居中设置。面层装饰材料宜采用弹性材料进行装饰施工。

3.4　季节性施工

（1）雨期各种隔墙材料的运输、搬运、存放，均应采取防雨、防潮措施，以防止发生霉变、生锈、变形等现象。（2）冬期施工前，应完成外门窗安装工程；否则应对门、窗洞口进行临时封挡保温。（3）冬期安装施工时，宜在有采暖条件的房间进行施工，室内作业环境温度应在 0℃ 以上。

4.1 主控项目

（1）ALC 轻质隔墙板材的品种、规格、颜色和性能应符合设计要求。有隔声、隔热、阻燃和防潮等特殊要求的工程，板材应有相应性能等级的检测报告。

检验方法：观察；检查产品合格证书、进场验收记录、性能检测报告和复验报告。

（2）安装隔墙板材所需预埋件、连接件的位置、数量及连接方法应符合设计要求。

检验方法：观察；尺量检查；检查隐蔽工程验收记录。

（3）隔墙板材安装应牢固。隔墙与周边墙体的连接方法应符合设计要求。

检验方法：观察；手扳检查。

（4）隔墙板材所用接缝材料的品种及接缝方法应符合设计要求。

检验方法：观察；检查产品合格证书、施工记录。

4.2 一般项目

（1）ALC 轻质隔墙板材安装应垂直、平整、位置正确，板材不应有裂缝或缺损。

检验方法：观察；尺量检查。

（2）板材隔墙表面应平整光滑、色泽一致、洁净，接缝应均匀、顺直。

检验方法：观察；手扳检查。

（3）隔墙上的孔洞、槽、盒应位置正确、套割方正、边缘整齐。

检验方法：观察。

（4）ALC 轻质隔墙板安装的允许偏差和检验方法应符合表 1.1.4-1 的规定。

ALC 轻质隔墙板安装的允许偏差和检验方法 表 1.1.4-1

项次	项目	允许偏差（mm）	检验方法
1	立面垂直度	3	用 2m 垂直检测尺检查
2	表面平整度	3	用 2m 靠尺和塞尺检查
3	阴阳角方正	4	用 200mm 直角检测尺检查
4	接缝高低差	3	用钢直尺和塞尺检查

（1）施工中各专业工种应紧密配合，合理安排工序，严禁颠倒工序作业。隔墙板黏结后 12 小时内不得碰撞敲打，不得进行下道工序施工。（2）墙板在材料运输、装卸、保管和安装的过程中，均应做到轻拿轻放、精心管理，不得损伤材料的表面和边角。（3）安装埋件时，宜用电钻钻孔扩孔，用扁铲扩方孔，不得对隔墙用力敲击。对刮完腻子的隔墙，

不应进行任何剔凿。（4）在施工楼地面时，应防止砂浆溅污隔墙板。（5）严防运输小车等碰撞隔墙板及门口。

---

6 安全、环境保护措施

6.1 安全措施

（1）ALC 轻质隔墙板等硬质材料要放置妥当，防止碰撞受伤。（2）高空作业要做好安全措施，配备足够的高空作业装备。（3）脚手架上搭设跳板应用铁丝绑扎固定，不得有探头板。（4）施工现场临时用电应符合现行行业标准《施工现场临时用电安全技术规范》JGJ 46 要求。（5）应由受到正式训练的人员操作各种施工机械并采取必要的安全措施。（6）机电器具应安装漏电保护器，发现问题立即修理。（7）遵守操作规程，非专业操作人员不准乱动机具，以防伤人。

6.2 环保措施

（1）严格按现行国家标准《民用建筑工程室内环境污染控制标准》GB 50325 进行室内环境污染控制。对环保超标的原材料拒绝进场。（2）施工现场应做到活完脚下清，保持施工现场清洁、整齐、有序。（3）边角余料应装袋后集中回收，按固体废物进行处理。现场严禁燃烧废料。（4）作业区域采取降低噪声措施，减少噪声污染。（5）垃圾应装袋及时清理。清理木屑等废弃物时应洒水，以减少扬尘污染。（6）ALC 轻质隔墙板工程环境因素控制见表 1.1.6-1，应从其环境影响及排放去向控制环境影响。

ALC 轻质隔墙板工程环境因素控制　　　　　　　　　　表 1.1.6-1

序号	环境因素	排放去向	环境影响
1	水、电的消耗	周围空间	资源消耗、污染土地
2	切割机等施工机具产生的噪声排放	周围空间	影响人体健康
3	切割粉尘的排放	周围空间	污染大气
4	施工垃圾的排放	垃圾场	污染土地
5	防腐涂料的废弃	周围空间	污染土地

---

7 工程验收

（1）工程验收时应检查下列文件和记录：① 施工图、设计说明及其他设计文件；② 材料的产品合格证书、性能检测报告、进场验收记录和复验报告；③ 隐蔽工程验收记录；④ 施工记录。

（2）同一类型的装配式轻质隔墙工程每层或每 30 间应划分为一个检验批，不足 30 间也应划分为一个检验批，大面积房间和走廊可按装配式隔墙 30m² 计为 1 间。

（3）装配式轻质隔墙工程每个检验批应至少抽查 20%，并不得少于 4 间，不足 4 间时应全数检查。

（4）检验批合格质量和分项工程质量验收合格应符合下列规定：① 抽查样本主控项目均合格；一般项目80%以上合格，其余样本不得有影响使用功能或明显影响装饰效果的缺陷。均须具有完整的施工操作依据、质量检查记录。② 分项工程所含的检验批均应符合合格质量规定，所含的检验批的质量验收记录应完整。

（5）分部（子分部）工程质量验收合格应符合下列规定：① 分部（子分部）工程所含分项工程的质量均应验收合格；② 质量控制资料应完整；③ 观感质量验收应符合要求。

8　　质量记录

质量记录包括：（1）产品合格证书、性能检测报告；（2）进场验收记录和复验报告；（3）隐蔽工程验收记录；（4）技术交底记录；（5）检验批质量验收记录；（6）分项工程质量验收记录。

第 2 节　发泡陶瓷复合板隔墙施工工艺

主编点评

　　发泡陶瓷复合隔墙板是以陶瓷薄板为饰面板，通过与发泡水泥复合形成的整体隔断墙体，采用干挂系统拼装，实现墙体隔断与墙面装饰功能一体化，具有容重轻、隔声保温效果好、安装工艺简单、生产工业化等优点。本技术获得广东省工程建设省级工法等荣誉。

1　总　则

1.1　适用范围
本工艺适用于一般工业与民用建筑中发泡陶瓷复合板隔墙工程施工。

1.2　编制参考标准及规范
（1）《建筑装饰装修工程质量验收标准》GB 50210

（2）《装配式内装修技术标准》JGJ/T 491

（3）《钢结构工程施工质量验收标准》GB 50205

（4）《铝合金建筑型材》GB/T 5237.1～5237.6

（5）《陶瓷板》GB/T 23266

（6）《建筑陶瓷薄板应用技术规程》JGJ/T 172

（7）《建筑材料及制品燃烧性能分级》GB 8624

（8）《民用建筑工程室内环境污染控制标准》GB 50325

（9）《建筑设计防火规范》GB 50016

（10）《民用建筑隔声设计规范》GB 50118

（11）《建筑用轻质隔墙条板》GB/T 23451

（12）《建筑隔墙用轻质条板通用技术要求》JG/T 169

2　施工准备

2.1　技术准备
（1）技术人员应熟悉图纸，完成图纸会审。准确复核墙体的位置、尺寸，结合装配式生产厂家、装修、机电等图纸进行深化定位及加工，施工前（甲方或法定代理方）应对图纸会审签字认可。（2）编制发泡陶瓷复合板隔墙工程施工方案，并报监理单位审批。

（3）将技术交底落实到施工班组。（4）按图纸进行现场放线。放线人员要严格按施工图纸进行放线，随放随复核。放线完毕，由监理单位进行验收，验收合格后方可施工。

2.2 材料要求

（1）材料、构件要按施工组织分类，安装前要检查钢材，要求平直、规方，不得有明显的变形、刮痕；构件、材料和零附件应在施工现场验收，验收时监理方和企业代表应在场。

（2）根据工程的制作与安装要求，所有的材料应采用全新及没有缺陷的一级品或优等品，应选用符合国标、招标文件、设计图纸要求的材料。同种材料应采用同一厂家的合格产品。

（3）骨架支撑体系材料可选用钢材或铝质型材，一般环境中25年以上不形变，铝合金支撑系统阳极氧化型材能保持40年以上，符合《铝合金建筑型材》GB/T 5237.1～6要求。

（4）规格：陶瓷薄板常用板材规格（长×宽×厚）为2400mm×1200mm×5.5mm、1800mm×900mm×5.5mm和1200mm×600mm×5.5mm，可根据工程实际设计需求，在工厂切割成各种尺寸，发泡陶瓷复合板规格（长×宽）同陶瓷薄板，其中陶瓷薄板厚度5.5mm，发泡陶瓷厚度为100mm或以上。

（5）产品结构特点：发泡陶瓷复合板是由发泡陶瓷轻质板与陶瓷薄板用瓷砖胶经过一定复杂工序复合而成，详见图1.2.2-1。

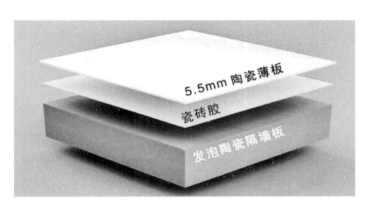

图1.2.2-1　发泡陶瓷复合隔墙板结构示意图

（6）骨架支撑体系材料采用Q235钢材时应除锈镀锌。

（7）发泡陶瓷隔墙板外观质量应符合表1.2.2-1要求。

外观质量　　　　　　　　　　　　　　　　　　　　　　　　　　　　　　　表1.2.2-1

序号	项目		指标
1	贯通裂纹		不允许
2	板面刮痕	长度50～10mm，宽度0.5～1m，宽度≤10mm	≤2处/m²
3	缺棱掉角	宽度×长度10mm×25mm～20mm×30mm，深度≤10mm	≤2处/板
4	孔洞	直径5～10mm	≤2处/m²
		直径大于10mm	不允许

（8）发泡陶瓷隔墙板尺寸允许偏差应符合表1.2.2-2要求。

序号	项目		允许偏差
1	长度		±3.0
2	宽度	≤ 600	±1.5
		> 600	±2.0
3	厚度		±1.0
4	板面平整度		≤ 2.0
5	对角线差		≤ 5.0
6	侧向弯曲		$0 \leq L^a/100$

注：毛面板的厚度偏差由供需双方协商确定。

$^a L$ 表示产品长度。

（9）发泡陶瓷隔墙板放射性核素限量应符合表 1.2.2-3 要求。

放射性核素限量　　　　　　　　　　　　　　　　　　　　　　　　表 1.2.2-3

项目		指标
制品中镭 226、钍 232、钾 40 放射性核素限量	I_{Ra}（内照射指标）	≤ 1.0
	I_γ（外照射指标）	≤ 1.0

（10）发泡陶瓷隔墙板物理性能应符合表 1.2.2-4、表 1.2.2-5 要求。

物理性能指标（一）　　　　　　　　　　　　　　　　　　　　　　表 1.2.2-4

序号	项目	指标		
1	抗冲击性能	经 6 次抗冲击试验后，板面无裂纹		
2	抗弯承载（N）	≥3 倍板材自重		
3	吸水率（%）	平均值≤ 1.5，单个值≤ 1.6		
4	吊挂力（N）	荷载 1000N 静置 24h，板面无裂缝		
5	抗冻性 ^{a}	不应出现可见的裂纹和分层，且表面无变化		
6	空气声隔声量（dB）	板厚 80mm	板厚 100mm	板厚 120mm
		≥ 35	≥ 38	≥ 41
7	耐火极限（m）	≥1		
8	燃烧性能	A$_1$		

注：^{a} 使用温度在 0℃以上地区不检此项。

物理性能指标（二）　　　　　　　　　　　　　　　　　　　　　　表 1.2.2-5

项目	指标				
密度标号	400	450	500	600	800
平均抗压强度值（MP$_a$）	≥ 4.5	≥ 5.0	≥ 7.0	≥ 9.5	≥ 12
单个抗压强度值（MP$_a$）	≥ 4.2	≥ 4.8	≥ 6.5	≥ 9.0	≥ 11.5
导热系数［W/（m·K）］	≤ 0.15	≤ 0.25	≤ 0.35	≤ 0.45	≤ 0.7

注：单个抗压强度值是指单个隔墙板的抗压强度数值。

2.3 主要机具

（1）机械：冲击钻、手电钻、型材切割机、砂轮切割机、空气压缩机等。（2）工具：橡皮锤、锤子、螺钉旋具、扳手、电线卷、电钻头配件等。（3）计量检测用具：激光投线仪、水准仪、直角尺、水平尺、卷尺、靠尺、水准尺、塞尺等。

2.4 作业条件

（1）主体结构完成及交接验收，并清理现场。（2）应根据吊顶标高在四周墙上预埋拉结件。（3）安装各种系统的管、线盒弹线及其他准备工作已到位，特别是线槽的绝缘处理。（4）已落实电、通信、空调、采暖各专业协调配合问题。（5）隐蔽工程已通过验收合格。

3 施工工艺

3.1 工艺流程

测量放线及工厂化加工 ——→ 固定卡件 ——→ 安装发泡陶瓷复合隔墙板 ——→
安装边角、活动隔墙板 ——→ 安装接缝处不锈钢装饰带 ——→ 清洁、验收

3.2 操作工艺

（1）测量放线及工厂化加工

① 根据发泡陶瓷复合隔墙板设计图纸，在墙面用激光或水准仪放出水平、垂直基准线，卡件走向定出基准线。② 划出垂直、水平控线。确认发泡陶瓷复合隔墙板卡件及隔墙板的安装顺序，计算需用材料数量，按照放样图所定编号提交隔墙板卡件、墙板订购单到工厂制作，交货时按提交的数量、规格、质量标准严格把关，并做好成品保护。③ 成品运输时应用柔性包装材料包裹，并且需要放到木托里封好，用叉车装上运输车辆或吊装臂吊装上运输车辆发货，运送途中切勿急停急开，切勿走坑洼泥泞道路。④ 发泡陶瓷复合板与配套材料、配件应由专人负责检查、验收和复检，并将记录和资料归入工程档案，不合格的墙板和材料、配件不得进入施工现场。⑤ 发泡陶瓷复合板应分类堆放。堆放、运输应直立，并应采取措施防止倾倒，堆放高度不宜超过二层。⑥ 发泡陶瓷复合板安装前，应对基层进行清理，应凿平凸出物，清除杂物、浮灰。⑦ 施工节点图如图 1.2.3-1～图 1.2.3-3 所示。

（2）固定卡件

① 安装发泡陶瓷复合隔墙板铝合金卡件 A（图 1.2.3-4）：在隔墙板上方吊顶内区域安装钢横梁，并用自攻螺钉将发泡陶瓷复合隔墙板铝合金卡件 A 和钢横梁底部作固定，或者直接在楼板底部打膨胀螺栓，用膨胀螺栓将发泡陶瓷复合隔墙板铝合金卡件 A 和楼板作固定。注意卡件开口方向要方便发泡陶瓷复合隔墙板安装。

② 安装发泡陶瓷复合隔墙板铝合金地板 U 形卡件：沿放线隔墙布置方向用射钉将 U 形卡件和地板固定好。

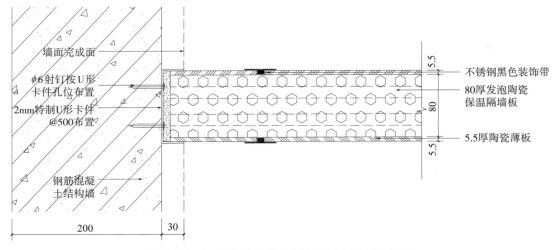

墙面完成面

φ6射钉按U形
卡件孔位布置

2mm特制U形卡件
@500布置

钢筋混凝
土结构墙

200　　30

5.5
80
5.5

不锈钢黑色装饰带

80厚发泡陶瓷
保温隔墙板

5.5厚陶瓷薄板

图 1.2.3-1　发泡陶瓷复合板隔墙横向剖面示意图

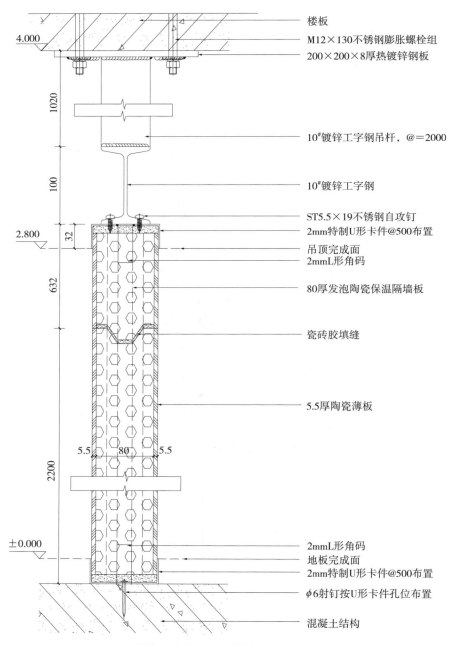

楼板

M12×130不锈钢膨胀螺栓组

200×200×8厚热镀锌钢板

10#镀锌工字钢吊杆，@＝2000

10#镀锌工字钢

ST5.5×19不锈钢自攻钉

2mm特制U形卡件@500布置

吊顶完成面

2mmL形角码

80厚发泡陶瓷保温隔墙板

瓷砖胶填缝

5.5厚陶瓷薄板

2mmL形角码

地板完成面

2mm特制U形卡件@500布置

φ6射钉按U形卡件孔位布置

混凝土结构

4.000

1020

100

2.800

32

632

5.5　80　5.5

2200

±0.000

图 1.2.3-2　发泡陶瓷复合板隔墙板竖向剖面示意图

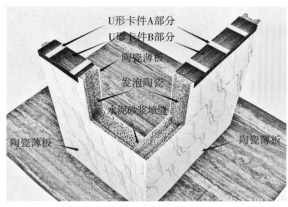

图 1.2.3-3 发泡陶瓷复合隔墙板无主骨收口示意图

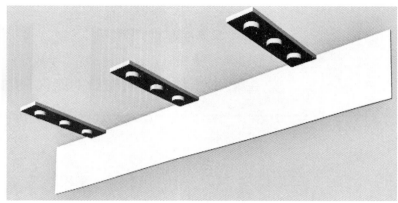

图 1.2.3-4 发泡陶瓷复合隔墙板铝合金卡件 A 示意图

图 1.2.3-5 发泡陶瓷复合板
构造示意图

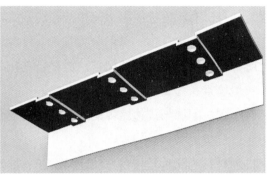

图 1.2.3-6 发泡陶瓷复合板
铝合金卡件 B 示意图

图 1.2.3-7 发泡陶瓷复合板
隔墙竣工图

③ 安装侧面墙身连接 U 形卡件：沿放线隔墙与建筑外墙连接位置用射钉将 U 形卡件和外墙固定好。

（3）安装发泡陶瓷复合隔墙板（图 1.2.3-5）

① 地上 U 形卡件内抹砂浆，与外墙连接位置 U 形卡件内抹砂浆，放置隔墙板，放置顺序是从低到高，从外墙连接侧到另一边。

② 安装发泡陶瓷复合隔墙板铝合金卡件 B（图 1.2.3-6）：当隔墙板放置到顶的时候，在最上面抹上一层厚砂浆，将发泡陶瓷复合隔墙板安装铝合金卡件 B 放进水泥砂浆与卡件 A 之间的孔隙里，将卡件 A 和 B 固定好，完成安装。

（4）安装边角、活动隔墙板。

（5）安装接缝处不锈钢装饰带。

（6）清洁、验收：对发泡陶瓷复合板隔墙进行清洁、验收和成品保护。

3.3 质量关键要求

（1）发泡陶瓷复合板隔墙主材及附件进场材料品牌可靠，有检验证书、出厂合格证和质量保证书。（2）卡件安装固定时，应在发泡陶瓷复合板隔墙与卡件直接填水泥砂浆，保证发泡陶瓷复合板隔墙与卡件之间无空鼓，上下卡件应对齐确保板面的整体平整度，满足美观和抗震等要求。（3）发泡陶瓷复合板隔墙的安装位置、排列方式、接缝划分及设备、门、扇位置收口等应符合设计要求。

3.4 季节性施工

（1）雨期施工时，进场的成品、半成品应放在库房内，分类码放平整、垫高，不得放置在露天地方。（2）冬期施工环境温度不得低于 5℃。

---

4 质量要求

4.1 主控项目

（1）隔墙板材的品种、规格、颜色和性能应符合设计要求。有隔声、隔热、阻燃和防潮等特殊要求的工程，板材应有相应性能等级的检测报告。

检验方法：观察；检查产品合格证书、进场验收记录、性能检测报告和复验报告。

（2）安装隔墙板材所需预埋件、连接件的位置、数量及连接方法应符合设计要求。

检验方法：观察；尺量检查；检查隐蔽工程验收记录。

（3）隔墙板材安装应牢固。隔墙与周边墙体的连接方法应符合设计要求。

检验方法：观察；手扳检查。

（4）隔墙板材所用接缝材料的品种及接缝方法应符合设计要求。

检验方法：观察；检查产品合格证书、施工记录。

4.2 一般项目

（1）发泡陶瓷复合板表面应平整、洁净、色泽一致，不得有爆边、裂纹、刮花、翘曲及缺角。

检验方法：观察。

（2）发泡陶瓷复合板裁口应顺直、拼缝应严密。

检验方法：观察。

（3）发泡陶瓷复合板的长度、宽度、厚度、直角、异型角、半圆弧形状、异型材及花纹图案造型、外形尺寸均应符合设计要求。

检查：观察；尺量检查。

（4）发泡陶瓷复合板施工执行《建筑隔墙用轻质条板通用技术要求》JG/T 169、《可拆装式隔断墙技术要求》JG/T 487、《建筑装饰装修工程质量验收标准》GB 50210，发泡陶瓷复合板安装的允许偏差和检验方法应符合表 1.2.4-1 的规定。

发泡陶瓷复合板安装的允许偏差和检验方法 表 1.2.4-1

项次	项目	允许偏差（mm）	检验方法
1	立面垂直度	3	用 2m 垂直测量尺检查
2	表面平整度	3	用 2m 靠尺和塞尺检查
3	阴阳角方正	3	用 200mm 直角检测尺检查
4	接缝高低差	2	用钢直尺和塞尺测量

5 成品保护

（1）已完成施工的门窗、墙面、窗台等应注意保护，防止损坏。（2）发泡陶瓷复合板等材料，特别是隔墙主体材料，在进场、存放、使用过程中应妥善管理，使其不变形、不受潮、不损坏、不污染。

6 安全、环境保护措施

6.1 安全措施

（1）使用型材切割机、砂轮切割机等电动工具时，设备上必须装有防护罩，防止意外伤人。（2）施工现场临时用电均应符合现行行业标准《施工现场临时用电安全技术规范》JGJ 46 的规定。（3）在较高处进行作业时，应使用架子，并应采取安全防护措施，高度超过 2m 时，应系安全带。（4）使用电钻时应戴橡胶手套，不用时应及时切断电源。（5）操作地点的型材碎料应及时清理，并存放在安全地点，做到活完脚下清。

6.2 环保措施

（1）施工用的各种材料应符合现行国家标准《民用建筑工程室内环境污染控制标准》GB 50325 的要求，对环保超标的原材料拒绝进场。（2）边角余料应按规定集中进行回收、处理。（3）作业现场防噪棚应封闭，采取降低噪声措施，减少噪声污染。（4）在施工过程中可能出现的影响环境因素，在施工中应采取相应的措施减少对周围环境的污染。

7 工程验收

参见第 10 页 "7　工程验收"。

8 质量记录

质量记录包括：（1）各种材料的合格证、检验报告和进场检验记录；（2）型材、螺栓检测报告和复试报告，螺栓的拉拔检测报告；（3）各种预埋件、固定件和型材龙骨的安装工程隐检记录；（4）技术交底记录；（5）检验批质量验收记录；（6）分项工程质量验收记录。

第3节　智能活动隔墙施工工艺

主编点评

　　本工艺针对传统活动隔墙人工推拉效率低、容易产生卡吊和维修难度大等难题，创新研发出以智能电机数控轨道系统为动力，由微电脑控制开合，采用单元式隔声墙板，实现具有一般墙体功能的智能活动间隔，具有结构简单、使用流畅、静音效果、故障率低和维护成本低等特点。本技术成功应用于广州美术馆等项目，获得建筑装饰行业科学技术奖、广东省工程建设省级工法等荣誉。

1　总　则

1.1　适用范围
本工艺适用于工业与民用建筑中智能活动隔墙工程施工。

智能活动隔墙由复合轻质结构面板、吊顶承重轨道和地面嵌入式轨道组成。吊顶轨道内置了智能化滚轮驱动器带动每一块墙板自由移动，自动排列成墙分隔室内空间。移动方式有平移、折叠等方式。

1.2　编制参考标准及规范
（1）《建筑装饰装修工程质量验收标准》GB 50210
（2）《装配式内装修技术标准》JGJ/T 491
（3）《自动化系统　嵌入式智能控制器　第1部分：通用要求》GB/T 36413.1
（4）《智能建筑工程质量验收规范》GB 50339
（5）《钢结构工程施工质量验收标准》GB 50205
（6）《民用建筑工程室内环境污染控制标准》GB 50325

2　施工准备

2.1　技术准备
（1）技术人员应熟悉图纸，完成图纸会审，准确复核墙体的位置、尺寸，结合装修、智能机电等图纸进行深化定位。（2）编制智能活动隔墙工程施工方案，并报监理单位审批。（3）将技术交底落实到作业班组。（4）按图纸组织进行现场放线。放线人员要严格按施工图纸进行放线，随放随复核。放线完毕，由监理单位进行验收，验收合格后方可施工。

2.2 材料要求

（1）钢材：使用Q235钢材，钢材应有产品质量合格证，表面进行防锈处理（热镀锌处理）。外观应表面平整，棱角挺直，过渡角及切边不允许有裂口。

（2）铝制路轨材质应为6063-T6、7050-T6、7075-T6，符合现行国家标准《铝及铝合金挤压型材尺寸偏差》GB/T 14846之精密型材规定。

（3）紧固材料：膨胀螺栓、镀锌自攻螺钉等，应符合设计要求。

（4）隔墙材料在运输和安装时，不得抛摔碰撞；铝料需分类包装，防止变形和划伤；面板在运输和安装时，不得损坏、擦伤和碰撞，运输时应注意采取措施防止受潮变形；采用中空玻璃作活动隔墙时玻璃表面应没有明显的划痕。

（5）将全部材料送至工地现场，经由监理单位签认后方可使用。

2.3 主要机具

（1）机械：电动切割锯、手枪机、冲击钻等。（2）工具：扳手、螺钉旋具、锤子等。

（3）计量检测用具：水准仪、激光投线仪、2m靠尺、水平尺、钢尺等。

2.4 作业条件

（1）室内墙顶地的做法已确定，并已完成相应的工序，经验收合格。使活动隔墙的安装与其他装饰工序相互不影响。（2）室内已弹好水平控制线，地面及吊顶标高已确定。

（3）智能活动隔墙安装所需的预埋件已安装完成，并经验收符合要求。

3　施工工艺

3.1 工艺流程

现场定位 —→ 装配式钢结构的安装 —┬→ 智能路轨的安装 —→ 智能路轨的调整 ─┐
　　　　　　　　　　　　　　　　└→ 智能活动隔墙模块生产 ───────────┘

智能活动隔墙单元的安装 —→ 智能活动隔墙调整、调试 —→ 清洁、验收

3.2 操作工艺

（1）现场定位

根据双方已经确认的图纸及现场实际情况，按照活动隔墙走向、摆放的形式在相应的位置放线，以确认装配式钢结构的定位。

（2）装配式钢结构的安装

① 装配式钢结构高度的确定及安装：导轨下表面应比吊顶下表面低5mm；导轨螺杆距道轨上表面的经验数据应在150~250mm范围；减除导轨的高度和导轨丝杆长度的尺寸后，剩下的留空尺寸即钢结构的安装尺寸，钢结构应按现场实际进行安装。

② 装配式钢结构的做法见图1.3.3-1~图1.3.3-3。

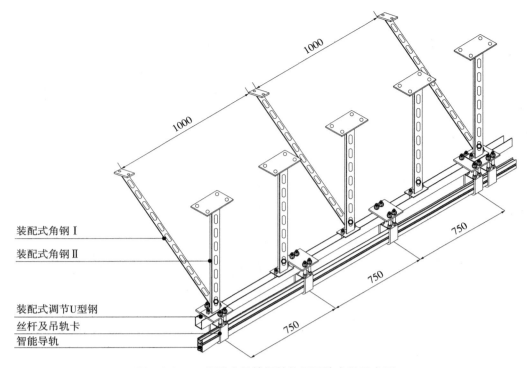

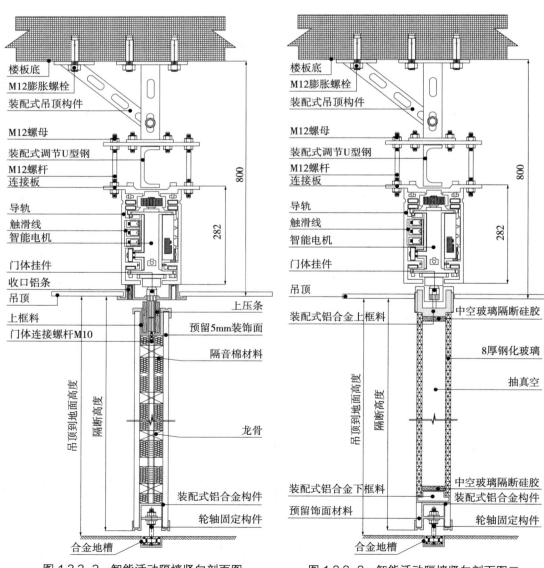

图 1.3.3-1 装配式吊挂钢结构及导轨安装示意图

图中标注：

装配式角钢Ⅰ
装配式角钢Ⅱ
装配式调节U型钢
丝杆及吊轨卡
智能导轨

1000 1000 750 750 750

左图（图1.3.3-2）标注：

楼板底
M12膨胀螺栓
装配式吊顶构件
M12螺母
装配式调节U型钢
M12螺杆
连接板
导轨
触滑线
智能电机
门体挂件
收口铝条
吊顶
上框料
门体连接螺杆M10

上压条
预留5mm装饰面
隔音棉材料
龙骨
装配式铝合金构件
轮轴固定构件
合金地槽

吊顶到地面高度
隔断高度
800
282

图 1.3.3-2 智能活动隔墙竖向剖面图一

右图（图1.3.3-3）标注：

楼板底
M12膨胀螺栓
装配式吊顶构件
M12螺母
装配式调节U型钢
M12螺杆
连接板
导轨
触滑线
智能电机
门体挂件
吊顶
装配式铝合金上框料
装配式铝合金下框料
预留饰面材料
合金地槽

中空玻璃隔断硅胶
8厚钢化玻璃
抽真空
中空玻璃隔断硅胶
装配式铝合金构件
轮轴固定构件

吊顶到地面高度
隔断高度
800
282

图 1.3.3-3 智能活动隔墙竖向剖面图二

先将双码、单码按 1000mm 间距沿道轨走向，用膨胀螺栓固定在楼板底，装配式角钢Ⅰ按尺寸加工好垂直安装在双码上，然后将角钢Ⅰ的两端用螺栓固定在角钢Ⅱ的下端，作适应的调整后依次序将角钢Ⅰ与角钢Ⅱ分别螺栓固定。把 U 型钢按图用螺栓固定在单码上，通过单码固定到角钢Ⅰ、Ⅱ。钢结构安装过程中，采用细钢丝绳、水平尺等工具对钢结构的水平进行大致的调整，特殊的钢结构要视现场的实际情况而定。

（3）智能路轨的安装

利用上部 U 型钢结构，安装掌板和调节螺杆，直径 14mm，长度≤200mm，每根螺杆上安装直径 14mm 螺母 4 个，角钢上面使用平垫和弹垫，路轨上部同样添加平垫和弹垫；如果使用的螺母底部有螺纹，可防止松动，则不需要添加平垫和弹垫。装配式智能轨道选用见图 1.3.3-4。

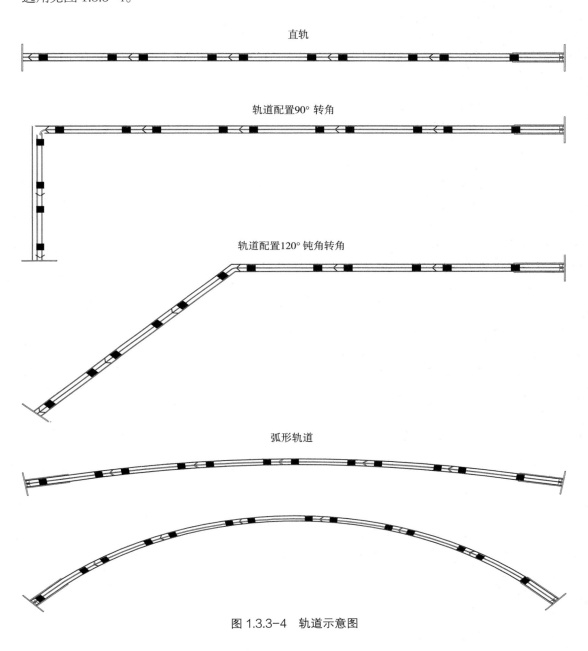

图 1.3.3-4　轨道示意图

安装路轨至要求高度，调节水平后进行紧固，每个接口处使用四方钢板进行加强，每个转弯接口处的连接要求至少有 2 处调节丝杆。

图 1.3.3-5 轨道安装图

（4）智能路轨的调整

导轨安装好后，调节导轨走向水平和横向水平。通过不断调节六角螺母使导轨达到水平，然后把六角螺母往上旋紧。用水平尺在每段导轨上测三点（两端、中间），水平误差精度不超过 1mm/m。

（5）智能活动隔墙单元的安装

把智能电机与吊轮旋进单元式智能活动隔墙的轮座，锁紧螺母要处在松动位置。拆下"生口"，从预留的位置把单元式活动隔墙（智能电机）装到直轨上，再装隔墙板（包括门中门），最后装收口板。为确保单元式智能活动隔墙的使用顺畅，在路轨上适量地添加润滑油。装配顺序见图 1.3.3-6。

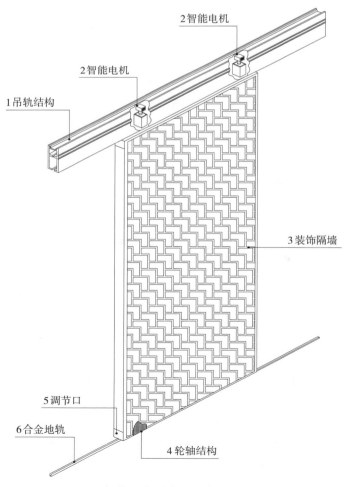

图 1.3.3-6 智能隔声活动隔墙单元装配顺序示意图

（6）智能活动隔墙调整、调试

调整智能活动隔墙位置、垂直度。重新把"生口"装好，把所有隔墙拉出并排好，调节智能电机吊轮的螺栓，使隔墙的上铝框面到轨道下表面达到规定尺寸。隔墙垂直度检测方法：用细绳吊重锤固定在适当处（如细绳贴着边框），调节垂直度。确定调节好后，将锁紧螺母旋紧，锁紧轮座。根据电机控制原理和控制要求输入操作代码，对每扇智能活动隔墙单元进行调试。智能活动隔墙轨道内置智能滚轮驱动器及控制系统见图1.3.3-7、图1.3.3-8。智能活动隔墙调试见图1.3.3-9、图1.3.3-10。

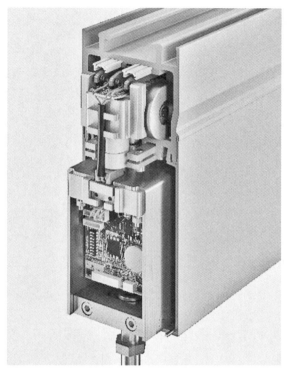

图1.3.3-7　轨道内置智能滚轮驱动器

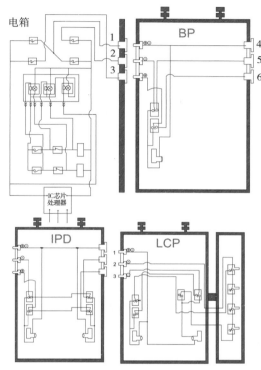

图1.3.3-8　智能活动隔墙控制系统电路图

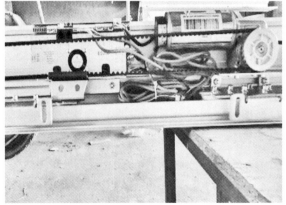

图1.3.3-9　智能活动隔墙路轨调试

图1.3.3-10　智能活动隔墙调试

（7）清洁、验收

将智能活动隔墙的表板上保护胶膜撕下，清扫垃圾，回收所有废料运离工地现场，擦拭有手纹或灰尘的面板，组织验收。

图 1.3.3-11　智能隔声穿孔铝板活动隔墙　　　　图 1.3.3-12　智能中空玻璃活动隔墙

3.3　质量关键要求

（1）导轨安装应水平、顺直，不应倾斜不平、扭曲变形。（2）构造做法、固定方法应符合设计规定。（3）与结构连接的金属连接件应做防锈处理，使用的防锈剂（热镀锌材料）应符合相关规定的要求。（4）智能活动隔墙在使用过程中应该按照 IC 设定的控制程序打开或收回。（5）智能导轨安装偏差应符合安装参数要求，避免智能活动隔墙在通过交叉驳口处出现中途停止，避免智能电机的滑轮停在某个驳口处卡住。（6）为达到最好的隔声密封效果，在设置智能活动隔墙密封装置时对活动隔墙边缘施以持续的压力。所有的智能活动隔墙应保持垂直对齐，以使活动隔墙与活动隔墙间达到最佳的密合状态。

3.4　季节性施工

（1）雨期各种隔墙材料的运输、搬运、存放，均应采取防雨、防潮措施，以防止发生霉变、生锈、变形等现象。（2）雨期不宜进行智能隔墙施工，若施工应采取防潮措施。（3）冬期安装施工时，室内作业环境温度应在 0℃以上。

4　　　　　质量要求

4.1　主控项目

（1）智能活动隔墙所用墙板、配件等材料的品种、规格、性能应符合设计要求。有阻燃和防潮等特殊要求的工程，材料应有相应性能等级的检测报告。

检验方法：观察；检查产品合格证书、进场验收记录、性能检测报告和复验报告。

（2）智能活动隔墙轨道应与基体结构连接牢固，并应位置正确。

检验方法：尺量检查；手扳检查。

（3）智能活动隔墙用于组装、制动的构配件应安装牢固、位置正确，推拉应安全、平稳、灵活。

检验方法：尺量检查；手扳检查；推拉检查。

（4）智能活动隔墙制作方法、组合方式应符合设计要求。

检验方法：仪器检测；观察。

4.2 一般项目

（1）智能活动隔墙表面应色泽一致、平整光滑、洁净，线条应顺直、清晰。

检验方法：观察；手摸检查。

（2）智能活动隔墙上的孔洞、槽、盒应位置正确、吻合、边缘整齐。

检验方法：观察；尺量检查。

（3）智能活动隔墙行进时应无噪声。

检验方法：观察。

（4）智能活动隔墙安装的允许偏差和检验方法应符合表 1.3.4-1 的规定。

智能活动隔墙安装的允许偏差和检验方法 表 1.3.4-1

项次	项目	允许偏差（mm）	检验方法
1	立面垂直度	3	用 2m 垂直检测尺检查
2	表面平整度	2	用 2m 直尺和塞尺检查
3	接缝直线度	3	拉 5m 线，不足 5m 拉通线，用钢直尺检查
4	接缝高低差	2	用钢直尺和塞尺检查
5	接缝宽度	2	用钢直尺检查

5 　成品保护

（1）隔墙成品在进场、存放、使用过程中应妥善管理，使其不变形、不受潮、不损坏、不污染。（2）隔墙成品应垂直堆放；智能电机应独立包装并安全存放，避免受潮、淋雨、暴晒。（3）安装过程中应先吊挂好活动隔墙再撕掉保护膜，以避免隔墙表面受到损坏。

6 　安全、环境保护措施

6.1 安全措施

（1）施工操作和管理人员，施工前应进行安全技术教育，制定安全操作规程。（2）施工现场临时用电均应符合现行行业标准《施工现场临时用电安全技术规范》JGJ 46。（3）施工作业面应设置足够的照明。配备足够、有效的灭火器具，并设有防火标志及消防器具。（4）工人操作应戴安全帽，严禁穿拖鞋、带钉易滑鞋或光脚进入现场。（5）机电器具应安装漏电保护器，发现问题立即修理。（6）遵守操作规程，非操作人员不准乱动机具，以防伤人。

6.2 环保措施

（1）严格按现行国家标准《民用建筑工程室内环境污染控制标准》GB 50325 进行室内环境污染控制。拒绝环保超标的原材料进场。（2）施工现场应做到活完脚下清，保持施工现场清洁、整齐、有序。（3）边角余料应装袋后集中回收，按固体废物进行处理。（4）有噪声的电动工具应在规定的作业时间内施工，防止噪声污染、扰民。（5）垃圾应装袋及时清理。清理废弃物时应洒水，以减少扬尘污染。（6）现场保持良好通风。（7）智能活动隔墙工程环境因素控制见表1.3.6-1，应从其环境影响及排放去向控制环境影响。

智能活动隔墙工程环境因素控制 表 1.3.6-1

序号	环境因素	排放去向	环境影响
1	电的消耗	周围空间	资源消耗
2	电锯、切割机等施工机具产生的噪声排放	周围空间	影响人体健康
3	切割粉尘的排放	周围空间	污染大气
4	金属屑等施工垃圾的排放	垃圾场	污染土地
5	防火、防腐涂料的废弃	周围空间	污染土地

7　工程验收

（1）智能活动隔墙工程验收时应检查下列文件和记录：① 施工图、设计说明及其他设计文件；② 材料的产品合格证书、性能检测报告、进场验收记录和复验报告；③ 隐蔽工程验收记录；④ 施工记录。

（2）同一类型的装配式智能活动隔墙工程每层或每30间应划分为一个检验批，不足30间也应划分为一个检验批，大面积房间和走廊可按装配式隔墙30m² 计为1间。

（3）装配式智能活动隔墙工程每个检验批应至少抽查20％，并不得少于4间，不足4间时应全数检查。

（4）检验批合格质量和分项工程质量验收合格应符合下列规定：① 抽查样本主控项目均合格；一般项目80％以上合格，其余样本不得有影响使用功能或明显影响装饰效果的缺陷。均须具有完整的施工操作依据、质量检查记录。② 分项工程所含的检验批均应符合合格质量规定，所含的检验批的质量验收记录应完整。

（5）分部（子分部）工程质量验收合格应符合下列规定：① 分部（子分部）工程所含分项工程的质量均应验收合格；② 质量控制资料应完整；③ 观感质量验收应符合要求。

8　质量记录

质量记录包括：（1）产品合格证书、性能检测报告、进场验收记录和复验报告；（2）后置埋件现场拉拔检测报告；（3）隐蔽工程验收记录；（4）技术交底记录；（5）检验批质量验收记录；（6）分项工程质量验收记录。

第4节　大空间金属网帘隔断施工工艺

主编点评

　　金属网帘是由铝镁合金丝、铜丝、不锈钢丝等金属材料螺旋编织而成，网帘表面可以是金属本色、古铜色、金色等，装饰效果明显。本工艺针对大空间金属网帘施工面幅大、重量大等施工难题，将"先固定上端，再下放安装"的传统工艺改进为"先垂直提升，再平移就位"的新工艺，具有安全、高效及成本低等特点。本技术成功应用于腾讯滨海大厦等项目，获得建筑装饰行业科学技术奖、广东省工程建设省级工法等荣誉。

1　总　则

1.1　适用范围
本工艺适用于公共建筑室内空间金属网帘隔断工程施工，尤其适用于酒店、博物馆、音乐厅、办公楼和购物中心等场所的室内隔断、屏风和窗帘等装饰。

1.2　编制参考标准及规范
（1）《建筑装饰装修工程质量验收标准》GB 50210
（2）《装配式内装修技术标准》JGJ/T 491
（3）《钢结构工程施工质量验收标准》GB 50205
（4）《建筑内部装修设计防火规范》GB 50222
（5）《民用建筑工程室内环境污染控制标准》GB 50325

2　施工准备

2.1　技术准备
（1）组织技术人员进行施工图会审，对金属网帘安装的重点、难点进行分析。（2）组织金属网帘供应商技术人员到施工现场进行勘察，确定施工顺序和安装方案。（3）与土建和幕墙施工单位办理现场移交，与机电安装施工单位互相交底，避免槽钢安装与顶层吊顶内风管、消防水管、电缆桥架等发生冲突。（4）按图纸组织进行现场放线。放线人员要严格按施工图纸进行放线，随放随复核。放线完毕，由监理单位进行验收，验收合格后方可施工。

2.2　材料要求

（1）钢结构：10# 镀锌槽钢、镀锌扁通、镀锌钢板、L50 角码、T 形钢构件、三角板、中部支撑组合件、横撑圆管等材料应符合设计和国家现行相关标准要求。

（2）紧固材料：M10 螺栓、ϕ12 原装螺栓固定架等材料应符合设计和国家现行相关标准要求。

（3）金属网帘：① 成分：90% 铝、10% 不锈钢；② 常见单幅尺寸：长 16.2m × 宽 4m、重 350kg，由横向铝管和竖向钢丝束缠绕固定轮和支撑件组成，上下由 60mm 宽不锈钢横档收边固定。

（4）铝合金材料应满足标准《铝合金建筑型材　第 1 部分：基材》GB/T 5237.1 的规定；铝合金材料的化学成分应符合《变形铝及铝合金化学成分》GB/T 3190 的规定；铝合金型材的质量应符合《铝合金建筑型材》GB/T 5237.1～5237.6 的规定。

2.3　主要机具

（1）机械：手动叉车、卷扬机等。（2）工具：钢缆、保护绳、控制绳、地轮、滑轮、条形夹具吊挂件、金属扣、平移滑轮吊挂件等。（3）计量检测用具：水准仪、钢尺、线锤、扳手、钢卷尺等。

2.4　作业条件

（1）主体结构及交接验收完成，并清理现场。（2）施工前应先进行工地现场实测，复核与施工图纸的符合性。（3）金属网帘及安装构配件已于厂内生产加工完成，并经检验合格。

3　施工工艺

3.1　工艺流程

施工准备　⟶　槽钢安装　⟶　起吊设备安装　⟶

金属网帘底层就位　⟶　起吊　⟶　金属网帘受力转移　⟶

平移　⟶　金属网帘上端固定　⟶　金属网帘下端及中部固定　⟶

清洁、验收

3.2　操作工艺

（1）槽钢安装

根据金属网帘上下端横档原装螺栓的孔洞位置，在 10# 槽钢上开相匹配的条形孔洞；20mm 厚镀锌扁钢通过 50mm 厚镀锌钢板和 ϕ10 螺栓以抱箍形式与中庭顶部檐口主体建筑工字钢梁连接（图 1.4.3-1）；10# 槽钢再通过 L50 角码与扁钢螺栓固定（图 1.4.3-2），用于固定金属网帘上端。金属网下端安装楼板延伸处，在悬挑出来的钢龙骨上焊接安装

原钢结构横梁

50mm钢板以抱箍形式与原钢结构横梁连接

10#槽钢作为金属网悬挂的吊轨

五层顶部檐口装饰面钢架

图 1.4.3-1　金属网帘横梁与结构工字钢梁抱箍连接

扁钢

10#槽钢

螺栓

图 1.4.3-2　槽钢通过角码与扁钢固定

10# 槽钢轨道，用于固定金属网帘下端；顶层楼板预埋安装 T 型钢构件，用于安装金属网中部紧固件。将中庭立面已经安装完毕的装饰面层用保护板进行成品保护，而后拆除脚手架。

（2）起吊设备安装

卷扬机通过 L50 角钢和 ϕ10 螺栓安装固定在安装层楼板地面上，引出 ϕ7.7 钢缆（图 1.4.3-3），在距离大于网帘提升高度处安装地轮，钢缆通过地轮拐弯转折 180°，再通过转换件，钢缆由一根转换成两根（图 1.4.3-4）。两根钢缆经过大于网帘提升高度的距离，通过地面的两个水平滑轮①，到其上方固定于顶部的两个滑轮②，到靠近钢槽轨道的两个滑轮③，再垂吊到底层金属网帘起吊处。在滑轮③两旁，安装滑轮④，用于固定两条 ϕ20mm 尼龙保护绳，保护绳同钢缆一起垂吊至底层起吊处。起吊设备原理如图 1.4.3-5 所示。

（3）金属网帘底层就位

装载金属网帘的包装箱通过叉车运至一层起吊处，撬开包装箱顶盖，打开保护膜，拆卸金属网帘上端横档原装螺栓（图 1.4.3-6）。在金属网帘上端横档两端安装条形夹具吊挂件，连接钢缆（图 1.4.3-7），保证金属网帘起吊受力均匀，防止变形。ϕ20mm 尼龙保护绳通过金属扣，固定于条形夹具吊挂件外侧（图 1.4.3-8）。

图 1.4.3-3　钢缆由卷扬机引出

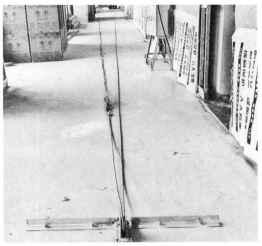

图 1.4.3-4　钢缆通过转换件一分为二

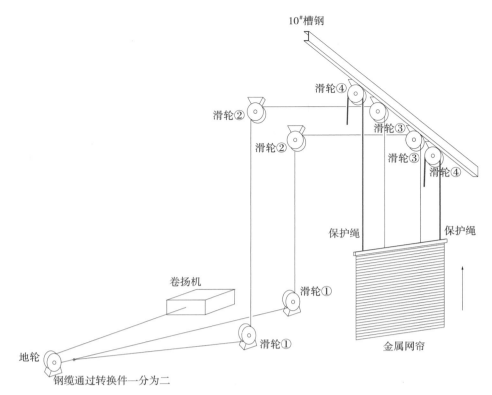

图 1.4.3-5 起吊设备原理示意图

图 1.4.3-6 拆卸原装螺栓

图 1.4.3-7 安装条形夹具吊挂件

图 1.4.3-8 安装保护绳

（4）起吊

卷扬机以平稳的速度启动，开始起吊，带动包装箱内的卷轴转动，金属网帘卷出，两名工人手动辅助，避免摇摆（图 1.4.3-9）。一层和安装层各有一名工人保持联络，在金属网帘下端距一层地面 1.5m 时，联络员用对讲机叫停。将金属网帘底部卷起，并捆绑控制绳，由一名工人拉拽，使得金属网帘与中庭立面形成一定角度，避免与立面碰撞（图 1.4.3-10）。在钢缆、保护绳和控制绳的协同作用下，将金属网帘提升到安装层。当金属网帘上端距离槽钢轨道 0.5m 时，控制缓行，以免金属卷帘上端直接冲撞槽钢轨道。

（5）金属网帘受力转移

金属网帘提升到安装层顶部檐口槽钢轨道的位置（图 1.4.3-11）。卷扬机停止转动，钢缆拽住网帘，保护绳临时固定，将平移滑轮吊挂件卡扣在槽钢轨道上，下端通过螺栓临时吊挂金属网帘。这时，金属网帘的受力点转移到平移滑轮吊挂件上。拆除金属网帘顶部横档上的条形专用吊挂件和钢缆。

图 1.4.3 –9　金属网帘卷出　　　　图 1.4.3-10　工人拉拽控制绳　　　图 1.4.3-11　金属网帘提升至槽钢轨道

（6）平移

平移滑轮吊挂件，剖面为 U 形结构，通过可拆卸的两个滑轮，卡扣在 C 形槽钢轨道上，一个纵向的滑轮用于在轨道上承重滑动，一个横向的沿着槽钢侧壁进行滑动，防止脱轨（图 1.4.3-12）。通过拉拽保护绳，提供水平牵引力，以及平移滑轮吊挂件卡扣在槽钢轨道上的滑轮滑动，将金属网帘平移到设计要求的位置。

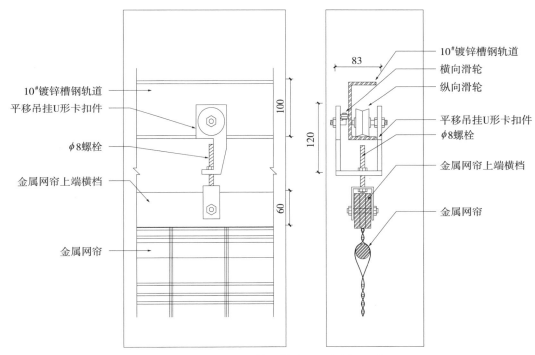

图 1.4.3-12　平移滑轮吊挂件立面和剖面示意图

（7）金属网帘上端固定

金属网帘平移就位后，进行调整：保证网帘纵向钢丝束竖直，横向铝管对齐，网帘与网帘间距一致（图 1.4.3-13）。逐一清点起吊前拆下的原装螺栓，将金属网帘上端横档与槽钢轨道进行连接固定（图 1.4.3-14）。检查无误后拆除平移滑轮吊挂件和保护绳。

（8）金属网帘下端及中部固定

重复上述（4）至（7）步骤，同一处起吊点，提升至顶部后平移就位，完成同一立面多幅金属网帘吊挂安装后，再在金属网下端楼板檐口处，用原装螺栓与槽钢连接，调整金属网帘的张紧度（图 1.4.3-15、图 1.4.3-16）。最后，将中部支撑组合件通过横撑圆管、三角板，固定在中间层拦河钢结构预埋的 T 型钢构件上。中部支撑组合件锁住金属网帘竖向钢丝束进行加固（图1.4.3-17）。

（9）清洁、验收

对金属网帘进行清洁和成品保护。检查金属网帘的平整度、张紧度，横向铝管水平度、纵向钢丝束竖直度，以及网帘与网帘之间的缝隙顺直度等。金属网帘安装效果如图1.4.3-18、图1.4.3-19所示。

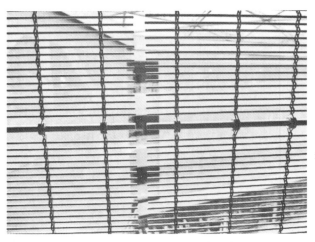

图 1.4.3-13　网帘与网帘对齐

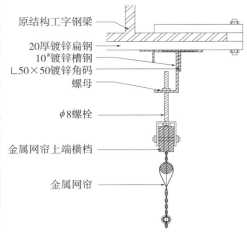

图 1.4.3-14　金属网帘上端固定示意图

图 1.4.3-15　金属网帘下端固定图

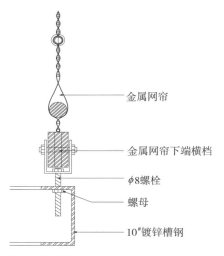

图 1.4.3-16　金属网帘下端固定示意图

图 1.4.3-17　金属网帘中部加固图

图 1.4.3-18　金属网帘白天效果图

图 1.4.3-19　金属网帘夜间效果图

3.3 质量关键要求

（1）金属网帘安装与尺寸紧密相关，应根据使用网帘的大小以及效果选择张力还是收紧下料。按照在张力下测量的尺寸制造，则可按常规方式下料；如果以悬挂式安装或需要波浪效果或折叠效果，则会消耗材料尺寸，应预留尺寸。（2）金属网帘安装前应保持场地整洁无杂物。（3）金属网帘不得与酸性和碱性材料一起堆放，不得在酸性和碱性环境中使用。

3.4 季节性施工

（1）金属网帘不宜在雨期运输和施工，存放应有防雨、防潮措施。（2）环境温度低于5℃时，不宜施工。

4   质量要求

4.1 主控项目

（1）金属网及相关配件材质应符合设计要求及国家现行产品标准和工程技术规范的规定。

检验方法：检查产品合格证书、性能检测报告、材料进场验收记录和复验报告。

（2）金属网的品种、规格和颜色应符合设计要求。

检验方法：观察；检查进场验收记录。

（3）金属网造型和立面分格应符合设计要求。

检验方法：根据施工图纸要求。

（4）金属网装饰的主体结构上的预埋件、后置埋件的数量及位置应符合设计要求。

检验方法：观察；检查隐蔽工程验收记录。

（5）金属网的支撑件与主体结构上的预埋件的连接、金属网与支撑件的连接应符合设计要求，安装应牢固。

检验方法：手摸检查；检查隐蔽工程验收记录、吊挂试验记录。

4.2 一般项目

（1）金属网表面应平整、洁净、色泽一致。

检验方法：观察。

（2）金属网应有一定的张紧度。

检验方法：手摸检查，要求有紧绷感。

5   成品保护

（1）金属网帘的吊装时间选择在拆除脚手架之后，将檐口立面已经安装好的饰面板用柔性布料予以保护。（2）金属网帘吊装完毕后，调整金属网的张紧度以及两片金属网接缝

6 　安全、环境保护管理

6.1　安全措施

（1）脚手架搭设应符合现行国家标准《建筑施工脚手架安全技术统一标准》GB 51210 的有关规定；采用曲臂车施工时，按曲臂车安全操作规范操作。（2）施工应符合《建筑施工高处作业安全技术规范》JGJ 80，高空作业必须佩戴安全带。（3）施工过程中临时用电应符合《施工现场临时用电安全技术规范》JGJ 46，施工中使用的电动工具及电气设备应符合现行国家标准《建设工程施工现场供用电安全规范》GB 50194 的规定。（4）钢缆在地面架设，需围护并设置隔离带和警示，防止在其运作区域内有人员进入。（5）金属网吊装采用机械牵引。指挥 1 人，负责全权指挥和劳力调配，配对讲机。拉绳 2 人，主要负责空中方向控制、就位控制、吊装时的动态观察和安全监护，有问题应及时吹暂停口哨，报告指挥。起重设备要有专人负责操作，起吊时下方不得站人。（6）在材料运输前，工作面下进行围护，并派专人警戒。起吊物料时，应使用卡环，不得用吊钩；应垂直起吊，不得横向拉吊重物。

6.2　环保措施

（1）施工过程中，严格执行《建设工程施工现场环境与卫生标准》JGJ 146、《建筑施工场界噪声排放标准》GB 12523 的要求。（2）施工现场严禁扬尘作业，清理打扫时应洒少量水湿润后方可打扫，并注意对成品的保护，废料及垃圾应及时清理干净，装袋运至指定堆放地点，堆放垃圾处应进行围挡。（3）对施工中噪声大的机具，尽量安排在白天及夜晚 10 点前操作，严禁噪声扰民。

7 　工程验收

（1）金属网帘安装工程验收时应检查下列文件和记录：① 金属网帘安装工程的施工图、设计说明及其他设计文件；② 材料的产品合格证书、性能检测报告、进场验收记录和复验报告；③ 隐蔽工程验收记录；④ 施工记录。

（2）同一类型的金属网帘隔断工程每层或每 30 间应划分为一个检验批，不足 30 间也应划分为一个检验批，大面积房间和走廊可按装配式隔墙 30m² 计为 1 间。

（3）金属网帘隔断工程每个检验批应至少抽查 20%，并不得少于 4 间，不足 4 间时应全数检查。

（4）检验批合格质量和分项工程质量验收合格应符合下列规定：① 抽查样本主控项目均合格；一般项目 80% 以上合格，其余样本不得有影响使用功能或明显影响装饰效果的缺陷。均须具有完整的施工操作依据、质量检查记录。② 分项工程所含的检验批均应符合合格质量规定，所含的检验批的质量验收记录应完整。

（5）分部（子分部）工程质量验收合格应符合下列规定：① 分部（子分部）工程所含分项工程的质量均应验收合格；② 质量控制资料应完整；③ 观感质量验收应符合要求。

8   质量记录

质量记录包括：（1）产品合格证书、性能检测报告；（2）进场验收记录和复验报告；（3）技术交底记录；（4）隐蔽工程验收记录；（5）检验批质量验收记录；（6）分项工程质量验收记录。

第5节　复合彩钢板隔墙施工工艺

主编点评

　　复合彩钢板是将彩色涂层钢板与保温芯材通过粘接剂（或发泡）复合而成的保温复合维护板材。其具有容重轻、隔声保温效果好、安装工艺简单、生产工业化、外形美观、强度高等优点，目前在工业厂房、医疗洁净室等获得了广泛的应用。

1　总　则

1.1　适用范围
本工艺适用于一般工业与民用建筑室内复合彩钢板隔墙工程施工。

1.2　编制参考标准及规范
（1）《建筑装饰装修工程质量验收标准》GB 50210
（2）《装配式内装修技术标准》JGJ/T 491
（3）《建筑内部装修设计防火规范》GB 50222
（4）《铝合金建筑型材》GB/T 5237.1～5237.6
（5）《民用建筑工程室内环境污染控制标准》GB 50325
（6）《建设工程项目管理规范》GB/T 50326

2　施工准备

2.1　技术准备
（1）技术人员应熟悉图纸并完成图纸会审，仔细审阅彩钢板平面布置及节点要求，彩钢板与建筑的关联，彩钢板本身的色泽、填充物、基本尺寸要求，彩钢板隔断中的门、窗尺寸及布置，辅助材料的型式等内容。（2）结合装修、机电等图纸深化定位，进行二次排板制图，这是彩钢板预制和安装的重要一步，是把设计图纸转化为可供在工厂第二次加工，把标准规格板制成不同类型的彩钢板，进行组合以体现设计意图的中间转化图。在彩钢板工厂生产出标准板材，在施工现场拼装，既可以保证彩钢板的牢固程度，又可以加快彩钢板的安装速度。（3）在工厂预制时，根据经验，充分考虑门洞、窗洞和缝间的间隙和安装余量。在整个运输制作、安装过程中，防止划伤、重压及表面撞击，以防止出现无法校正的凹坑和划痕。彩钢板两侧的塑料保护膜，只有在安装全部结束后，进行彻底清洁时才允许揭掉。（4）编制复合彩钢板隔墙工程施工方案，报监理单位审核。

（5）将技术交底落实到作业班组。（6）按图纸组织进行现场放线。放线人员要严格按施工图纸进行放线，随放随复核。放线完毕，由监理单位进行验收，验收合格后方可施工。

2.2 材料要求

（1）钢制面板：净化工程的板材常用的为50系列。一般修饰用材如槽铝、角铝、圆角、压线等铝合金型材厚度为0.9~1.2mm，构造用材如门窗料等铝合金型材厚度为1.2~1.4mm，承重用材如工字梁、连接角铝等用铝合金型材厚度为1.8~2mm。铝合金采用氧化铝材。净化装饰主要材料为彩色夹芯钢板，面板宜选用灰白色。

（2）五金及其他零星组件：拉手、门锁、铰链、门弓器、压条、螺钉等原材料、半成品的质量应符合设计样品要求和有关行业标准的规定。

2.3 主要机具

（1）机械：型材切割机、手提式曲线锯、空气钉枪、手电钻、电锤等。（2）工具：各种扳手、拉铆枪、注胶枪、射钉枪、螺钉旋具、锤子、钳子等。（3）计量检测用具：水准仪、激光投线仪、钢卷尺、钢板尺、2m靠尺、方角尺、水平尺、塞尺等。

2.4 作业条件

（1）主体结构施工完毕、楼地面施工完，墙面粗装修完、二次精装修之前。（2）委托加工单（附加工大样图）编制完成，确定材料加工供应商，于厂内生产加工时，确保依据生产进度、指定规格、材料检验等流程加工生产。（3）施工前应与水电、空调、网络、吊顶、地面等相关界面开会协调，办理完会签手续并经业主或监理审定。（4）施工前应先进行工地现场实测，复核与施工图纸的符合性。（5）认真审图，核查施工图的设计深度是否满足安装施工的需要，发现设计交代不详尽的问题应提前与业主协商确定。

3 施工工艺

3.1 工艺流程

技术交底 ⟶ 弹线 ⟶ 安装地面槽铝 ⟶ 安装隔墙板 ⟶

安装吊顶板 ⟶ 门框及门扇安装 ⟶ 包柱及安装R阴阳角 ⟶ 填缝 ⟶

保护膜清理 ⟶ 验收

3.2 操作工艺

（1）技术交底

彩钢板安装前对班组进行技术交底，让每个操作工人都明白二次设计图的内容，明确施工安装的顺序。

（2）弹线

① 由测量放线人员依据施工图纸进行定位，实地放样标示，在顶板底面、楼地面、分隔

间侧墙面或柱面弹出隔墙中心线、边线和控制线以及直杆、横杆、门口位置线。② 放线时应尽量减少房间死角，尤其是有柱头的房间，应尽量将柱头留在一个房间，而不是在每个房间均能看到柱头，且最好将柱头置于技术夹层或非洁净区。③ 反复核对图纸，放出各个房间的地表投影墙线，矩形房间应应校核房间对角线，防止房间搓角。

（3）安装地面槽铝

① 根据定位线，安装铝合金单槽。安装时先从门洞口处固定，因为铝合金单槽要与门框料对角装配，所以应保证门口间距的准确，避免墙板安装好用门框料包门洞边时与地面的槽铝接缝不严产生积尘，同时确保美观。② 为避免因错装而返工带来的材料损坏，安装地面槽铝应在地面定位线全部画完且核对无误后进行；安装地面槽铝时，可用电锤在地面沿长度方向间距 500~800mm 钻孔，打孔时连铝槽一并打通，这样做施工速度快且定位准确。③ 打孔后清理尘土，在槽铝下面涂密封胶，以防止在使用过程中，有水或其他液体通过彩钢夹芯板隔墙下部的槽铝缝隙流入邻室（若地面采用环氧树脂自流平材料刮涂，在槽铝可不涂密封胶），然后对准定位线把塑料胀塞打入孔中，再用配套的螺钉拧紧即可，安装槽铝一定要准确到位。

（4）安装隔墙板

① 地面槽铝装好后，再次核对尺寸，做到准确无误。参照二次设计图上彩钢板排料图，从安装始端靠土建外墙的墙板开始施工（第一块板通常不是整板，其宽度是从门边根据彩钢夹芯板的有效宽度推算得出的），安装时应采取临时保护措施，以防墙板倾倒。因土建施工总有误差，安装过程要以吊顶标高水平线为基准，向下测量至地面的实际距离（图 1.5.3-1、图 1.5.3-2）。

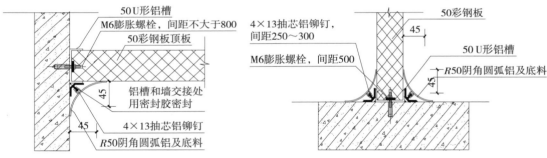

图 1.5.3-1　彩钢板与土建墙连接节点图　　图 1.5.3-2　彩钢板与地面连接节点图

② 安装墙板前，应仔细检查块板上的开关、插座及回风口（图 1.5.3-3、图 1.5.3-4），应在装配前把这些洞口开好；开好各种洞口后，把墙板下端插入地槽中；在插入地槽前，先用手钳修整锥口上下两端向内弯曲的 4 个直角，使其平整；插入时，把板倾倒，一个角先插入，最后调整到位即可。

③ 相交墙板的安装，应在相交处地面槽铝为基准，向上引垂线来确定相交处槽铝的安装位置；墙槽铝定位后，用 4mm×18mm 自攻螺钉固定，把相交彩钢板插入墙铝槽即可；插入墙铝槽前先把板倾斜，让板的两个角分别先插入地面铝槽，然后慢慢把板推正，再轻轻向垂直板方向推墙板插入，使其全部插入墙板槽铝中即可（图 1.5.3-5～图 1.5.3-7）。

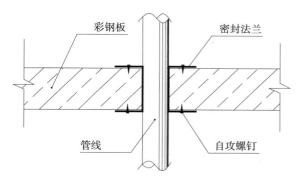

图 1.5.3-3　彩钢板穿线管安装大样图

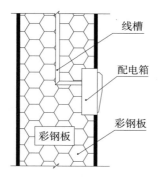

图 1.5.3-4　彩钢板墙暗装线管、电箱大样图

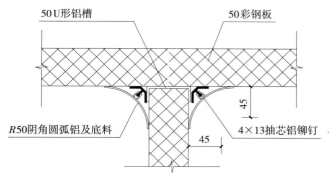

图 1.5.3-5　彩钢板垂直连接节点图

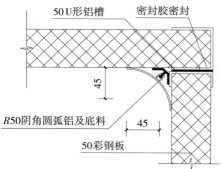

图 1.5.3-6　彩钢板直角连接节点图

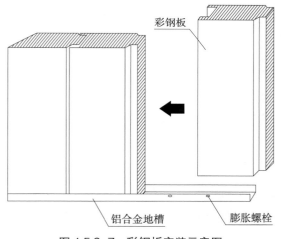

图 1.5.3-7　彩钢板安装示意图

（5）安装吊顶板

① 用同样的方法，依据地面槽铝的分割位置及顺序安装墙板，待墙板安装水平长度在 3m 左右时，开始安装吊顶板，在施工过程中，应把墙板、吊顶板交替安装（有吊顶的情况下），这样安装空间较大，好操作；不应把墙板全部装完后再安装顶板，这样既难安装，又容易划伤吊顶板（图 1.5.3-8、图 1.5.3-9）。

② 安装吊顶板前，应在墙板上端扣 50mm×25mm 的槽铝；在固定吊顶板前，应仔细检查各墙板的垂直度及吊顶板的平整度，确认无误后，方可用抽芯铆钉或自攻螺钉固定吊顶板。

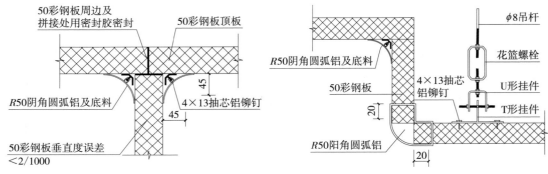

图 1.5.3-8　彩钢板分间隔段与吊顶节点图　　　图 1.5.3-9　彩钢板跌级吊顶节点图

（6）门框及门扇安装

① 门留洞及门扇下料时必须按照图 1.5.3-10 所示方法留 100mm×40mm 防坠门垛翻平压死，以防门在今后使用中走形、吊角、擦地；在门框和门扇角部均采用尼龙角件加固。

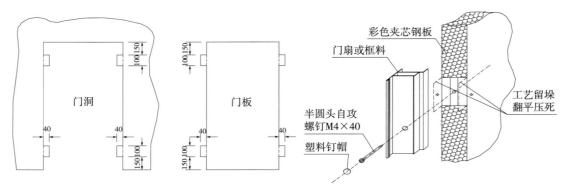

图 1.5.3-10　门框及门扇防吊留朵示意图

② 门铰链宜采用 3′ 不锈钢专用半嵌入升降式门铰链（图 1.5.3-11），此铰链在开门的过程中门扇会逐渐抬升 5～10mm，减轻因扫门条或地面不平而可能引起的擦地现象，在松手后门会凭借其自重慢慢关闭。门铰链分左右，为可拆式结构，便于安装和维修。

③ 门锁采用三杆式带把不锈钢门锁，使用更可靠，同时杜绝吊把现象的发生；门上开窗，采用不对称条窗（图 1.5.3-12），既美观大方，又不削弱门的强度；窗的铝合金压线采用流线型构造（图 1.5.3-13），不积尘。

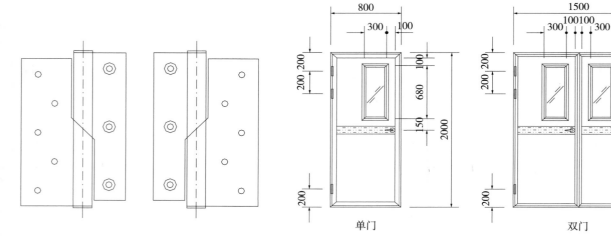

图 1.5.3-11　不锈钢升降铰链（分左、右式）　　　图 1.5.3-12　门立面构造示意图

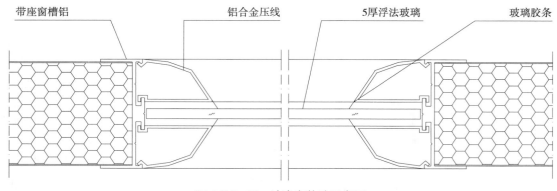

图 1.5.3-13　洁净窗构造示意图

（7）包柱及安装 R 角阴阳角

① 四面包柱：地槽按要求固定后，把背面彩钢板垂直插入地槽中，插入墙铝槽前先把板倾斜，让板的两个角分别先插入地面铝槽，接着慢慢把板推正，然后在两边安装 R50阳角圆弧铝条，接着再将两侧彩钢板按同样方法插入地槽，再轻轻向垂直板方向推阳角圆弧铝条插入，使其全部插入阳角圆弧铝条中即可；安装正面彩钢板需要注意，应先在正面彩钢板两端安装 R50阳角圆弧铝条，然后扶正先抬起（此时底端稍比地槽高出30～50mm 即可）让两端阳角圆弧铝条插入两侧彩钢板，使其全部插入后，再垂直插入地槽中（图 1.5.3-14、图 1.5.3-15）。三面包柱、两面包柱参照四面包柱做法。

② 在吊顶施工完毕后应在隔墙与吊顶、隔墙与地面、隔墙与隔墙交接处安装 R50铝合金不锈钢圆弧压条，压条的缝隙应用硅胶密封闭（图 1.5.3-16）。

（8）填缝

完工后应对所有缝隙进行灌胶处理，打密封胶时应注意连续性、均匀性、压实，尤其是铆钉处应内外涂满，涂胶要不流、不滴，不得出现断裂、漏涂、虚粘现象，周围多余的胶液要擦干净（注意：严禁在密封胶固化过程中进行有尘作业，使胶料污染）。

（9）保护膜清理

彩钢板墙身及吊顶的保护膜要等到工程试调前几天剥离，以防止粘在顶板保护膜上的沙尘又重新粘在墙板上，增加清洁的工作量，剥离顺序应按先顶板后墙板的方式进行（图 1.5.3-17、图 1.5.3-18）。

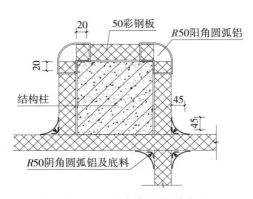

图 1.5.3-14　彩钢板包柱节点图 1

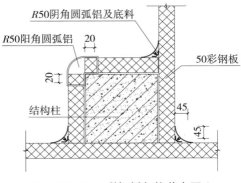

图 1.5.3-15　彩钢板包柱节点 2

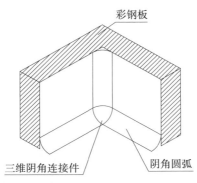

图 1.5.3-16　R50 阴角圆弧压条安装示意图

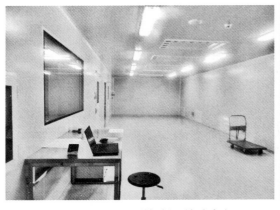

图1.5.3-17　彩钢板隔墙洁净室　　　　图1.5.3-18　彩钢板隔墙洁净室走廊

3.3　质量关键要求

（1）吊筋通常在楼板底部按弹线吊点位置用膨胀螺栓固定。吊点间距确定：一般上人吊顶板规定吊点距离为0.9~1.2m，不上人吊点距离为1.2~1.5m。吊点位置应避开灯具、空调风口等设备口，吊筋使用8mm圆钢，吊杆上应装设花篮螺栓，以便吊顶板面的调平。

（2）托盘安装：在吊筋垂直位置定点后，用手电钻穿吊顶板10mm孔，然后吊筋穿过孔与托盘连接，托盘把彩钢板的重量通过吊筋传递给楼板等承重结构件。

（3）彩钢板吊顶上送风口（图1.5.3-19、图1.5.3-20）、灯具孔及彩钢板隔墙上回风口的孔施工时应与相关专业密切配合，确保其孔洞位置准确无误。这些设备安装完毕后其孔洞四周缝隙应用密封胶封死，嵌缝应严密、光滑、不间断、美观。

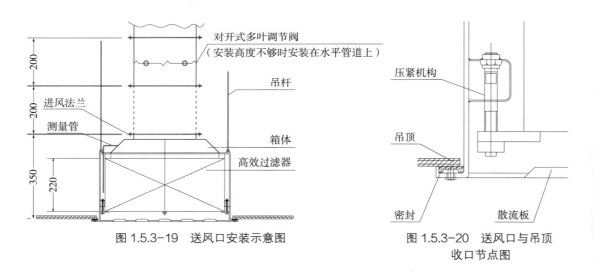

图1.5.3-19　送风口安装示意图　　　　图1.5.3-20　送风口与吊顶
　　　　　　　　　　　　　　　　　　　　　　　　　　收口节点图

（4）当不可避免地有管道穿过彩钢板吊顶或彩钢板隔墙时，待管道安装完毕后，均应用密封垫将管道周围缝隙封死，垫的四周缝隙再用硅胶嵌缝。

（5）彩钢板出厂应采取保护措施贴膜，妥善包装，文明装卸，在下车和场内的二次搬运过程中应尽量轻拿轻放，避免推或拉的现象发生，以防止人为或机械撞伤或刮伤彩钢板，减少在运输过程中表面层受损；彩钢板及各类配件存放场地应干燥清洁、平整坚实，有条件应在场地周围围起围护以便管理。彩钢板堆放应整齐划一，其堆放高度不得超过2.0m（图1.5.3-21、图1.5.3-22）。

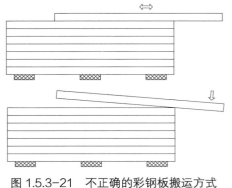

图 1.5.3-21　不正确的彩钢板搬运方式

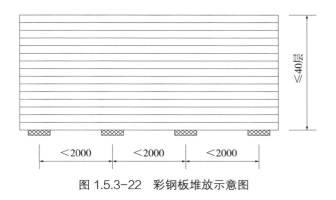

图 1.5.3-22　彩钢板堆放示意图

（6）彩钢板运到现场后，应出具产品合格证及相关证件，做好报验手续。夹芯板表面不应有划伤，其几何尺寸应符合设计图纸要求，如有划痕，保护膜去除后由承建方作技术处理。

3.4　季节性施工

（1）雨期施工时，进场的成品、半成品应放在库房内，分类码放平整、垫高，不得放置在露天地方。（2）冬期施工环境温度不得低于5℃。

4 / 质量要求

4.1　主控项目

（1）隔墙板材的品种、规格、颜色和性能应符合设计要求。有隔声、隔热、阻燃和防潮等特殊要求的工程，板材应有相应性能等级的检测报告。天、地轨及直杆、横杆、转角柱的材质、规格、强度、刚度及布置符合设计要求或业主选定的样品和有关行业标准的规定。

检验方法：观察；尺量检查；检查产品合格证书、进场验收记录和性能检测报告。

（2）隔墙框架（天、地轨，直、横杆，转角柱等）应安装牢固，无松动，位置正确。

检验方法：观察；手扳检查。

（3）各类面板安装应牢固，表面完整、平展，无脱层、翘曲、折裂、缺棱掉角等缺陷，水平度、垂直度不足或墙面弯曲之现象均需修正，隔间墙面与铅垂面最大误差不超过 2mm。

检验方法：观察；手扳检查；尺量检查。

（4）复合彩钢板应具有相关环保检验测试报告。

检验方法：检查测试报告。

4.2　一般项目

（1）骨架应顺直，无弯曲、变形和劈裂。

检验方法：观察。

（2）隔墙表面应平整、洁净，无污染、麻点、锤印、颜色一致或凹坑等缺陷。

检验方法：观察。

（3）隔墙面板之间的缝隙或压条应宽窄一致、整齐、平直，压条与板接封严密。

检验方法：观察。

（4）隔墙面板安装的允许偏差和检验方法应符合表1.5.4-1的规定。

隔墙面板安装的允许偏差和检验方法 表1.5.4-1

项次	项目	允许偏差（mm）	检验方法
1	立面垂直度	2	用2m垂直检测尺检查
2	表面平整度	2	用2m靠尺和塞尺检查
3	阴阳角方正	3	用直角检测尺检查
4	接缝高低差	1	用钢直尺和塞尺检查

5　成品保护

（1）隔断墙施工应尽可能安排在装饰工程后期，至少粗装修之后进行，且在室内油漆、涂料施工之前不得撕除面板保护膜。其他专业施工中避免磕碰。（2）隔墙板安装时，应注意保护隔墙内装好的各种管线。（3）施工部位已安装的门窗和已施工完的地面、墙面、窗台等应注意保护、防止损坏。（4）隔墙板材料在进场、存放、使用过程中应妥善管理，使其不变形、不磕碰、不损坏、不污染。

6　安全、环境保护措施

6.1　安全措施

（1）隔断工程的脚手架搭设应符合现行国家标准《建筑施工脚手架安全技术统一标准》GB 51210的有关规定。（2）工人操作应戴安全帽，注意防火。（3）施工现场必须工完场清。设专人洒水、打扫，不得扬尘污染环境。（4）机电器具必须安装触电保安器，发现问题立即修理。（5）遵守操作规程，非操作人员不准乱动机具，以防伤人。（6）危险源辨识及控制措施见表1.5.6-1。

危险源辨识及控制措施 表1.5.6-1

序号	作业活动	危险源	主要控制措施
1		高处坠落	（1）作业前检查操作平台的架子、跳板、围栏的稳固性，跳板用铁丝绑扎固定，不得有探头板；（2）液压升降台使用安全认证厂家的产品，使用前进行堆载试验
2	彩钢板隔断墙施工	物体打击	（1）上方操作时，下方禁止站人、通行；（2）龙骨安装时，下部使用托具支托；（3）工人操作应戴安全帽；（4）上下传递材料或工具时不得抛掷
3		漏电	（1）不使用破损电线，加强线路检查；（2）用电设备金属外壳可靠接地，按"一机一闸一漏"接用电器具，漏电保护器灵敏有效，每天有专人检测；（3）接电、布线由专业电工完成
4		机械伤害	（1）制定操作规程，操作人应熟知各种机具的性能及可能产生的各种危害；（2）高危机具由经过培训的专人操作

注：表中内容仅供参考，现场应根据实际情况重新辨识。

6.2 环保措施

（1）严格按现行国家标准《民用建筑工程室内环境污染控制标准》GB 50325 进行室内环境污染控制。拒绝环保超标的原材料进场。（2）施工现场应做到活完脚下清，保持施工现场清洁、整齐、有序。（3）边角余料应装袋后集中回收，按固体废物进行处理。现场严禁燃烧废料。（4）有噪声的电动工具应在规定的作业时间内施工，防止噪声污染、扰民。（5）垃圾应装袋及时清理。清理废弃物时应洒水，以减少扬尘污染。（6）现场保护良好通风。

7　　　工程验收

（1）隔墙工程验收时应检查下列文件和记录：① 隔墙工程的施工图、设计说明及其他设计文件；② 材料的生产许可证、产品合格证书、性能检测报告、进场验收记录和复验报告；③ 隐蔽工程验收记录；④ 施工记录。

（2）隔墙工程应对下列隐蔽工程项目进行验收：① 预埋件；② 天轨、地轨安装。

（3）同一类型的装配式隔墙工程每层或每 30 间应划分为一个检验批，不足 30 间也应划分为一个检验批，大面积房间和走廊可按装配式隔墙 30m² 计为 1 间。

（4）装配式隔墙工程每个检验批应至少抽查 20%，并不得少于 4 间，不足 4 间时应全数检查。

（5）安装天轨、地轨前应按设计要求对房间净高、洞口标高和吊顶内管道设备及其支架的标高进行交接检验。

8　　　质量记录

质量记录包括：（1）工程隐蔽记录、技术交底记录；（2）送审签字确认有关图纸、技术资料；（3）质量验评标准记录；（4）隔墙系统资料，包括产品说明书、认可实验场所的实验报告：① 产品说明书：材料规格、产品结构、产品尺寸、表面处理方式；② 实验报告：音响透过损失实验、耐撞击实验、耐燃实验、耐震实验、耐酸碱实验、抗静电实验。

第6节　轻钢龙骨式金属复合板隔墙施工工艺

主编点评

　　轻钢龙骨式金属复合墙板是由冷弯薄壁型钢构件组成墙架龙骨、填充保温及隔声材料、外覆结构用面板（彩色涂层钢板、搪瓷涂层钢板、不锈钢板、单层铝板、铝塑复合板等）构成的复合建筑部品，在工厂生产、现场装配式安装的建筑用非承重墙板。本节介绍单、双层复合隔墙板构造及施工工艺，该工艺具有施工效率高、拆装灵活、装配化施工等特点。该技术应用于中国南方航空大厦等项目，获广东省工程建设省级工法等荣誉。

1　　总　　则

1.1　适用范围
本工艺适用于一般工业与民用建筑室内轻钢龙骨式金属复合隔墙板工程施工。

1.2　编制参考标准及规范
（1）《建筑装饰装修工程质量验收标准》GB 50210
（2）《装配式内装修技术标准》JGJ/T 491
（3）《建筑用轻钢龙骨》GB/T 11981
（4）《建筑内部装修设计防火规范》GB 50222
（5）《民用建筑工程室内环境污染控制标准》GB 50325
（6）《建设工程项目管理规范》GB/T 50326

2　　施工准备

2.1　技术准备
（1）按照设计图纸和现场尺寸进展深化设计，绘制安装节点大样图。（2）编制隔墙施工方案，对施工班组进行技术交底。（3）对施工人员进行安全技术交底。（4）大面积施工前先做样板，经监理、建设单位确认后方可组织大面施工。

2.2　材料要求
（1）面板类型

① 钢制面板：采用1.5mm厚镀锌钢板背衬12.5mm厚石膏板，环保型静电粉末喷涂，涂料厚度60～90μm，内部材料填充矿棉或玻璃棉。

② 铝板面板：采用 1.5mm 厚铝合金板背衬 12.5mm 厚石膏板，环保型静电粉末喷涂，涂料厚度 60~90μm，内部材料填充矿棉或玻璃棉。

③ 铝塑复合板面板：外层铝皮厚度 0.3~0.6mm，内部材料可以是聚苯乙烯泡沫塑料、聚乙烯泡沫塑料或者是钙塑板。

④ 踢脚板盖板：采用 1.5mm 厚镀锌钢板，环保型静电粉末喷涂，厚度约为 60~90μm，高低调整件，2.8mm 冲压下料成型，电解镀锌处理，12mm 高低调整螺钉，平衡高差 40mm。

⑤ 轻钢龙骨式复合墙体表面应平整、洁净、无划痕、无锈蚀、无裂痕和缺陷。

⑥ 轻钢龙骨式复合墙体尺寸允许偏差应符合表 1.6.2-1 要求。

墙体尺寸允许偏差 表 1.6.2-1

检查项目	允许偏差（mm）		
	钢板	纸面石膏板	其他
立面垂直度	2	3	4
表面平整度	3	3	3
阴阳角方正	3	3	3
接缝直线度	1	3	3
接缝高低差	1	1	1
接缝宽度	1	2	2

⑦ 成品应注明受压、受弯、受剪极限承载力和抗剪刚度等力学性能，非承重墙、承重墙，剪力墙和承重剪力墙的力学性能及抗拔连接件设置应符合表 1.6.2-2 的规定。典型构造墙体的力学性能，除应符合表 1.6.2-3 的规定外，尚应符合表 1.6.2-2 的规定，且不应小于委托单位要求的极限承载力。两侧设置覆面板时，受剪极限承载力和抗剪刚度不应低于相应两值之和。

墙体力学性能及抗拔连接件设置要求 表 1.6.2-2

类别	分类依据		抗拔连接件设置
	横向水平荷载（kN/m²）	竖向荷载（kN/m）	
非承重墙体（NB）	≤ 0.5	≤ 1.5	无
承重墙体（B）		> 1.5	受拉时应设置
抗剪墙体（S）	> 0.5	≤ 1.5	每片两端应设置
承重抗剪墙体（SB）		> 1.5	

典型构造墙体的力学性能要求 表 1.6.2-3

一侧覆面板材料（厚度）	受压极限承载力（kN/m）	受弯极限承载力（kN·m/m）	受剪极限承载力（kN/m）	抗剪刚度[kN/（m·rad）]
定向刨花板（9.0mm）	按墙体类别不低于表 1.6.2-2 竖向荷载承载要求	按墙体类别不低于表 1.6.2-2 横向水平荷载承载要求	≥ 14.5	≥ 2000
纸面石膏板（12.0mm）			≥ 6.0	≥ 800
LQ550 波纹钢板（0.42mm）			≥ 16.0	≥ 2000
水泥纤维板（8.0mm）			≥ 7.5	≥ 1100

⑧ 墙体耐火极限分级指标应符合表 1.6.2-4 的规定。

墙体耐火极限分级   表 1.6.2-4

耐火极限等级	耐火极限 h 值的实测值范围
0.5	0.50~0.74
0.75	0.75~0.99
1.0	1.00~1.49
1.5	1.50~1.99
2.0	2.00~2.99
3.0	≥3.00

⑨ 墙体隔热性能分级指标应符合表 1.6.2-5 的规定。

墙体隔热性能分级   表 1.6.2-5

隔热性能等级	传热系数 K 值的实测值范围
0.25	≤0.25
0.35	0.26~0.35
0.45	0.36~0.45
0.60	0.46~0.60
0.70	0.61~0.70
1.50	0.71~1.50

⑩ 墙体空气声隔声分级指标应符合表 1.6.2-6 的规定。

墙体空气声隔声分级   表 1.6.2-6

空气声隔声性能等级	空气声隔声 dB 值的实测值范围
40	≤40
45	41~45
50	45~50

（2）框架系统组件

主件有天轨、地轨、直杆、横杆、两向或三向转接柱。配件有支撑卡、卡托、角托、连接件、固定件。紧固件主要有射钉、膨胀螺栓、镀锌自攻螺钉等。主件和配件应符合设计要求的规格和型号，且有材质合格证明文件，不得有生锈、扭曲、尺寸不一致等现象。天轨、地轨常用 1.5mm 厚镀锌钢板，环保型静电粉末喷涂，厚度约为 60~90μm。直杆、横杆多采用 1.5mm 厚镀锌钢板轧制而成，环保型静电粉末喷涂，厚度约为 60~90μm。转接柱常用 1.5mm 铝合金异型材或 1.5mm 厚镀锌钢板，环保型静电粉末喷涂，厚度约为 60~90μm。

（3）拉手、门锁、铰链、门弓器、压条、螺钉等原材料、半成品的质量必须符合设计样品要求和有关行业标准的规定。

2.3 主要机具

（1）机械：电钻、电锤、电动切割锯、直立型线锯等。（2）工具：各种扳手、拉铆枪、螺钉旋具等。（3）计量检测用具：水准仪、激光投线仪、钢卷尺、钢板尺、2m靠尺、方角尺、水平尺、塞尺等。

2.4 作业条件

（1）主体结构已施工完毕，并经监理单位验收合格。（2）深化设计已完成，并出具加工图提供厂家备料，查实隔墙全部材料，使其配套齐全。（3）施工人员在施工前已充分熟悉图纸。（4）临时水电满足施工要求。（5）已办理施工场地移交手续。

3   施工工艺

3.1 工艺流程

测量定位 ⟶ 框架系统安装 ⟶ 墙板系统安装 ⟶ 压条安装及面板开孔 ⟶ 清洁、验收

3.2 操作工艺

（1）测量定位

由测量放线人员依据施工图纸进行定位，实地放样标示，在顶板底面、楼地面、分隔间侧墙面或柱面弹出隔墙中心线、边线和控制线以及直杆、横杆、门口位置线。

（2）框架系统安装

① 地轨安装：依放样地点将地轨置于恰当位置，并将门及转角之位置预留，以空气钉枪击钉于间隔100cm处，固定于地坪上，如地板为瓷砖或石材时，则以电钻钻孔，然后埋入塑料塞，以螺钉固定地轨，地轨长度误差应控制在±1mm/m以内，将高低调整组件依直杆的预定位置，置放于地轨凹槽内，最后盖上踢脚板盖板。

② 天轨安装：以水准仪扫描地轨，将天轨平行放置于楼板或天花板下方，然后以空气钉枪击出钉或转尾螺钉固定，高差处需裁切成45°相接，各处之相接应平整，缝隙应小于0.5mm。

③ 直杆安装：依图示或施工说明书上指示或需要之间隔安装直杆（一般标准规格，直杆间隔为100cm），将直滑杆插入直杆上方，搭接至天轨内部倒扣固定，直杆下放则卡滑至高低调整螺钉上方。

④ 横杆安装：将横杆两端分别插入左右直杆预设的固定孔内倒扣固定，下方第一支横杆向上倒扣，其余横杆则向下倒扣固定，非标准规格时，则截断横杆中央部分，取两端插入横滑杆，调整需求之尺寸，依钻尾螺钉固定。直杆与横杆安装完成后，以水准仪扫描，调整所有直杆的高低水平（踢脚板标准高度为80mm）。

⑤ 两向转角柱安装：在隔墙至转向处，应立两向转角柱，其长度应落地及接天轨，

以 L 形固定片用空气钉枪击钉固定于地板地轨槽内，以钻尾螺钉锁固定于天轨上（图 1.6.3-1）。

⑥ T 字形安装：隔墙为 T 字形，或十字形相接于玻璃面板之玻璃框时，或隔墙为 T 字形相接于两组门扇之间时，其固定方式为用钻尾螺钉，间隔 90cm 锁固于面板之框架处（图 1.6.3-2、图 1.6.3-3）。

⑦ U 形收头：若钢制面板末端相接于 RC 墙或水泥柱时，则以 U 形收头处理，以空气钉枪击钉或间隔 90cm 以电钻钻孔埋入塑料塞以螺钉固定（图 1.6.3-4）。

（3）墙板系统安装

① 钢制面板：将面板直立，面板下端顶靠在踢脚盖板上方，使面板两侧置于直杆之中心

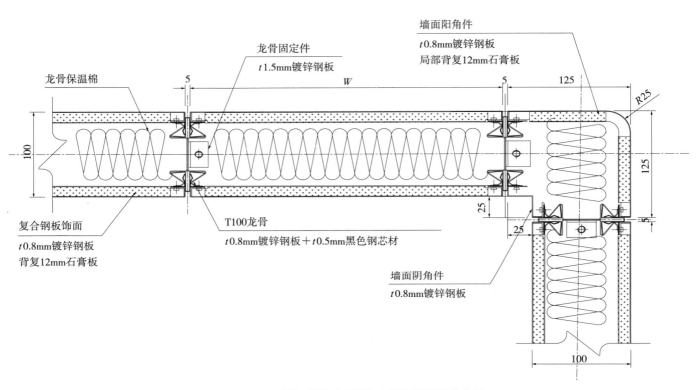

图 1.6.3-1　轻钢龙骨式金属复合板隔墙拐角节点图

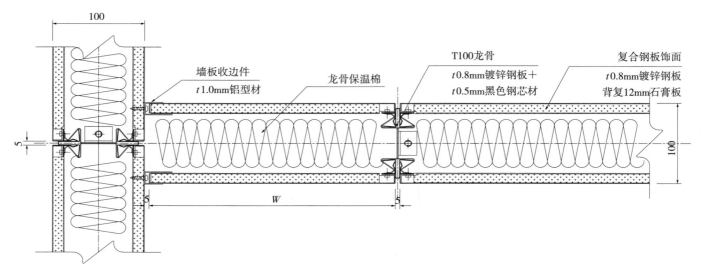

图 1.6.3-2　轻钢龙骨式金属复合板隔墙 T 形连接节点图

处，缓缓将面板推靠在框架上，再将面板压条扣接于两片钢制面板凹槽之间，以钻尾螺钉锁固面板压条于框架直杆上，且每间隔30cm固定一颗螺钉，组装时尤其必须注意垂直及水平，末端面板接RC墙面，如非规格尺寸，则应裁切整齐，再插入固定好的U形收头内。施工前，水电及空调管路应事先安装完成（图1.6.3-5、图1.6.3-6）。

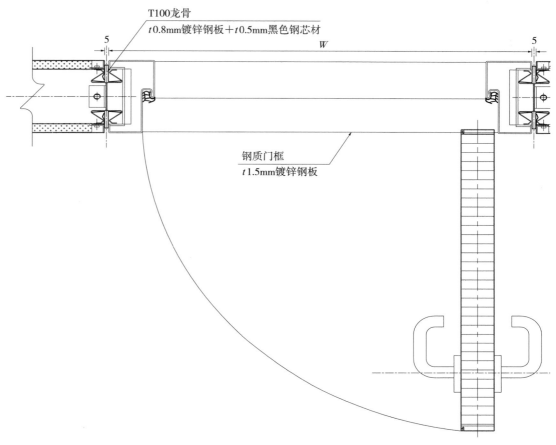

图1.6.3-3　轻钢龙骨式金属复合板隔墙门安装节点图

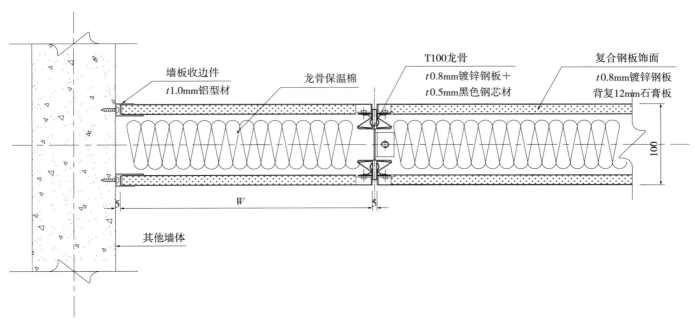

图1.6.3-4　轻钢龙骨式金属复合板隔墙收口节点图

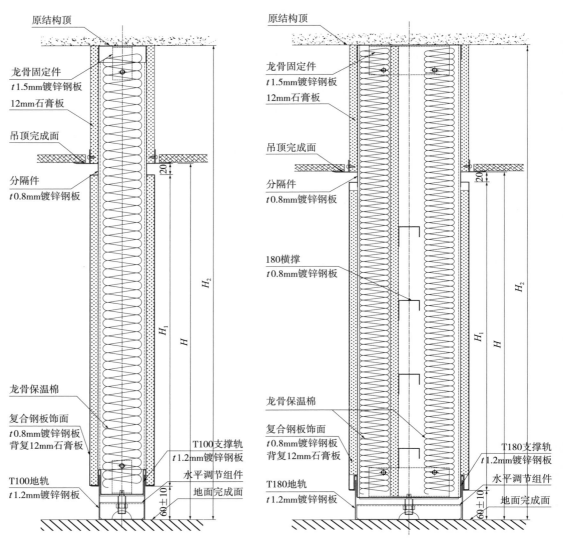

图 1.6.3-5　复合隔墙板纵向剖面图（单层）　　　图 1.6.3-6　复合隔墙板纵向剖面图（双层）

② 铝制面板：将铝制扣件置于铝制面板之左右两端，依钢制面板之安装方法，将其固定于框架上，施工前，水电及空调管路应事先安装完成。

③ 门扇面板：先将 PVC 缓冲件插入门框沟槽内，裁切好适当长度，将门框嵌入直杆与横杆后，以钻尾螺钉固定门框与面板，然后将锁好铰链的门片安装于门框上，确定间距及稳固，开关无杂音后，再将水平锁、门挡、门弓器安装固定。

（4）压条安装及面板开孔

① 隔间分割线压条：所有隔间表板安装完毕，就可施工分割线压条，将压条裁切整齐，并与面板等高，以橡胶槌敲入面板压条的嵌接处，务必确实均匀嵌入。

② 百叶调整旋钮：分割线压条完成后，将调整旋钮插入百叶调整件之六角螺钉上，以 M4 螺帽锁紧，盖上盖板即可。

③ 插座及开关开孔：插座及开关开孔宜在工厂完成，特殊情况时可依事先预设之插座及开关位置，用铅笔画出 50mm×9mm 之记号，于四角钻出直径 10mm 圆孔，再以直立型线锯锯开。

（5）清洁、验收

将表面上保护胶膜撕下，清扫垃圾，收回所有废料运离工地现场，擦拭有手纹或灰尘的面板，组织验收（图 1.6.3-7、图 1.6.3-8）。

图 1.6.3-7 公共大厅金属板隔断墙　　　　图 1.6.3-8 办公楼金属板隔断墙

3.3 质量关键要求

（1）安装轻钢龙骨式金属复合板隔墙前，应根据设计图纸，核算施工预留洞口标高、尺寸，施放隔墙地面线、垂直位置线以及固定点、预埋铁件位置等。（2）轻钢龙骨式金属复合隔墙板在运输、装卸、保管和安装的过程中，应做到轻拿轻放、精心管理，不得损伤材料的表面和边角。（3）轻钢龙骨式金属复合隔墙框架应与结构地面、墙面、顶板安装固定牢固可靠。隔墙龙骨应牢固、平整、垂直。（4）压条应平顺光滑，线条整齐，接缝密合。

3.4 季节性施工

（1）雨期各种隔墙材料的运输、搬运、存放，均应采取防雨、防潮措施，以防止发生霉变、生锈、变形等现象。（2）冬期施工前，应完成外门窗安装工程；否则应对门、窗洞口进行临时封挡保温。

4　质量要求

4.1 主控项目

（1）轻钢龙骨式复合隔墙所用龙骨、配件、墙面板、填充材料及嵌缝材料的品种、规格、性能应符合设计要求。有隔声、隔热、阻燃、防潮等特殊要求的工程，材料应有相应性能等级的检测报告。

检验方法：观察；检查产品合格证书、进场验收记录、性能检测报告和复验报告。

（2）轻钢龙骨式复合隔墙工程边框龙骨应与基体结构连接牢固，并应平整、垂直、位置正确。

检验方法：观察；手扳检查。

（3）轻钢龙骨式复合隔墙中龙骨间距和构造连接方法应符合设计要求。骨架内设备管线的安装、门窗洞口等部位加强龙骨应安装牢固、位置正确，填充材料的设置应符合设计要求。

检验方法：检查隐蔽工程验收记录。

（4）轻钢龙骨式复合隔墙的墙面板应安装牢固，无脱层、翘曲、折裂及缺损。

检验方法：观察；手扳检查。

（5）固定板面的铁件应做防锈处理。

检验方法：观察。

（6）墙面板所用接缝材料的接缝方法应符合设计要求。

检验方法：观察。

4.2 一般项目

（1）轻钢龙骨式复合隔墙表面应平整光滑、色泽一致、洁净、无裂缝，接缝应均匀、顺直。

检验方法：观察；手摸检查。

（2）轻钢龙骨式复合隔墙上的空洞、槽、盒应位置正确、套割吻合、边缘整齐。

检验方法：观察。

（3）轻钢龙骨式复合隔墙的填充材料应干燥，填充应密实、均匀、无下坠。

检验方法：轻敲检查；检查隐蔽工程验收记录。

（4）轻钢龙骨式复合隔墙安装允许偏差和检验方法参照《建筑装饰装修工程质量验收标准》GB 50210 骨架隔墙安装允许偏差和检验方法的规定。

5　成品保护

（1）轻钢龙骨式复合隔墙施工中，工种间应保证已装项目不受损坏，墙内电管及设备不得碰动错位及损伤，隔墙龙骨安装完后不能碰撞、严禁上人、注意交叉作业保护。非本专业人员不能随意切断构件，保护成品。（2）轻钢式复合隔墙板入场、存放、使用过程中应妥善保管，保证不变形、不受潮、不污染，无损坏。（3）施工部位已安装的门窗、地面、墙面、窗台等应注意保护，防止损坏。（4）已安装的墙体不得碰撞，保持墙面不受损坏和污染。

6　安全、环境保护措施

参见第 46 页"6　安全、环境保护措施"。

7　工程验收

参见第 47 页"7　工程验收"。

8　质量记录

参见第 47 页"8　质量记录"。

主编点评

　　集成玻璃隔墙是由工厂生产的墙架龙骨、玻璃面板和视频设备及管线等进行集成设计，在工厂生产、现场装配式安装的建筑用非承重玻璃隔墙，具有施工效率高、拆装灵活、装配化施工等特点。

1　　总　则

1.1　适用范围
本工艺适用于一般工业与民用建筑室内集成玻璃隔墙工程施工。

1.2　编制参考标准及规范
（1）《建筑装饰装修工程质量验收标准》GB 50210
（2）《装配式内装修技术标准》JGJ/T 491
（3）《钢结构工程施工质量验收标准》GB 50205
（4）《铝合金建筑型材》GB/T 5237.1～5237.6
（5）《建筑玻璃应用技术规程》JGJ 113
（6）《建筑内部装修设计防火规范》GB 50222
（7）《民用建筑工程室内环境污染控制标准》GB 50325

2　　施工准备

2.1　技术准备
（1）技术人员已完成图纸深化，并出具加工图。（2）编制专项施工方案，并组织技术交底。（3）组织施工人员进行安全技术交底。（4）办理施工场地移交手续。

2.2　材料要求
（1）骨架（型钢、铝合金、不锈钢等）、玻璃胶、橡胶垫、压条及压盖等材料应符合设计和现行国家相关标准要求。

（2）紧固材料：膨胀螺栓、自攻螺钉、各种螺钉和粘贴嵌缝料，应符合设计要求。

（3）钢化玻璃：常用厚度有 8mm、10mm、12mm、15mm、19mm 等，其品种、规格应符合设计要求，各项性能应符合《建筑玻璃应用技术规程》JGJ 113、《建筑用安全玻璃　第

2 部分：钢化玻璃》GB 15763.2 相关标准要求。长方形平面钢化玻璃边长的允许偏差应符合表 1.7.2-1 的规定。

长方形平面钢化玻璃边长允许偏差（单位：mm）   表 1.7.2-1

厚度	边长（L）允许偏差			
	$L \leqslant 1000$	$1000 < L \leqslant 2000$	$2000 < L \leqslant 3000$	$L > 3000$
3、4、5、6	+1 −2	±3	±4	±5
8、10、12	+2 −3			
15	±4	±4		
19	±5	±5	±6	±7
>19	供需双方商定			

钢化玻璃厚度的允许偏差应符合表 1.7.2-2 的规定。

钢化玻璃厚度及其允许偏差（单位：mm）   表 1.7.2-2

公称厚度	厚度允许偏差
3、4、5、6	±0.2
8、10	±0.3
12	±0.4
15	±0.6
19	±1.0
>19	供需双方商定

钢化玻璃孔径的允许偏差应符合表 1.7.2-3 的规定。

钢化玻璃孔径及其允许偏差（单位：mm）   表 1.7.2-3

公称孔径（D）	允许偏差
$4 \leqslant D \leqslant 50$	±1.0
$50 < D \leqslant 100$	±2.0
$D > 100$	供需双方商定

钢化玻璃的外观质量应符合表 1.7.2-4 的规定。

钢化玻璃的外观质量   表 1.7.2-4

缺陷名称	说明	允许缺陷数
爆边	每片玻璃每米边长上允许有长度不超过 10mm，自玻璃边部向玻璃板表面延伸深度不超过 2mm，自板面向玻璃厚度延伸深度不超过厚度 1/3 的爆边个数	1 处
划伤	宽度在 0.1mm 以下的轻微划伤，每平方米面积内允许存在条数	长度≤100mm 时 4 条
	宽度大于 0.1mm 的划伤，每平方米面积内允许存在条数	宽度 0.1～1mm， 长度≤100mm 时 4 条

缺陷名称	说明	允许缺陷数
夹钳印	夹钳印与玻璃边缘的距离≤20mm，边部变形量≤2mm	
裂纹、缺角	不允许存在	

（4）钢化夹胶玻璃：其品种、规格应符合设计要求，各项性能应符合《建筑玻璃应用技术规程》JGJ 113、《建筑用安全玻璃 第3部分：夹层玻璃》GB 15763.3相关标准要求。

（5）铝合金材料：铝合金材料应满足标准《铝合金建筑型材 第1部分：基材》GB/T 5237.1的规定；铝合金材料的化学成分应符合《变形铝及铝合金化学成分》GB/T 3190的规定；铝合金型材的质量要求应符合《铝合金建筑型材》GB/T 5237.1～5237.6的规定，型材尺寸允许偏差应达到高精级。

2.3　主要机具

（1）机械：冲击钻、手电钻、电动螺钉旋具等。（2）工具：扳手、锤子、螺钉旋具、玻璃吸盘、胶枪等。（3）计量检测用具：水准仪、激光投线仪、2m靠尺、水平尺、钢卷尺等。

2.4　作业条件

（1）主体结构工程已完成，并验收合格。（2）安装用基准线和基准点已测试完毕。（3）预埋件、连接件或镶嵌玻璃的金属槽口完成并经过检查符合要求。（4）玻璃镶嵌槽口清理干净。（5）安装需用的相应装置设施已达到要求。（6）所需材料和装配设备已齐备。（7）安装前制定相应的安装措施并经专业人员认可。安装大片玻璃时，必须由专业人员指导。

3 施工工艺

3.1　工艺流程

测量放线及工厂加工　⟶　安装竖龙骨　⟶　安装横龙骨　⟶　电气管线敷设

安装玻璃　⟶　安装压板　⟶　清洁、验收

3.2　操作工艺

（1）测量弹线及工厂化加工：结合建筑结构图纸，对结构墙体进行测量放线，绘制放样图。操作时，按楼层设计标高水平线，顺墙高量至顶棚设计标高，沿墙弹隔断垂直标高线及天地龙骨的水平线，在天地龙骨的水平线上画好龙骨的分档位置线，并确认玻璃隔墙构件安装顺序、面板纹理效果。按照放样图所定编号提交玻璃间隔墙构件、玻璃尺寸订购单到工厂制作。交货时按提交的数量、规格、质量标准严格把关，并做好成品保护。节点图见图1.7.3-1～图1.7.3-7。

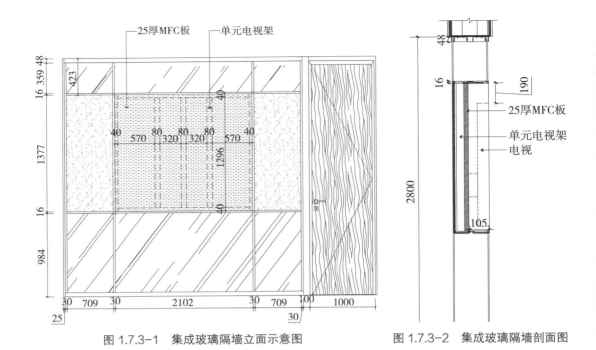

图 1.7.3-1　集成玻璃隔墙立面示意图

图 1.7.3-2　集成玻璃隔墙剖面图

25厚MFC板　单元电视架

25厚MFC板
单元电视架
电视

图 1.7.3-3　玻璃隔墙横向剖面图

隔断钢化玻璃
胶条
铝合金扣盖
密封胶条
铝合金扣盖
40方通
原墙体
装饰饰面

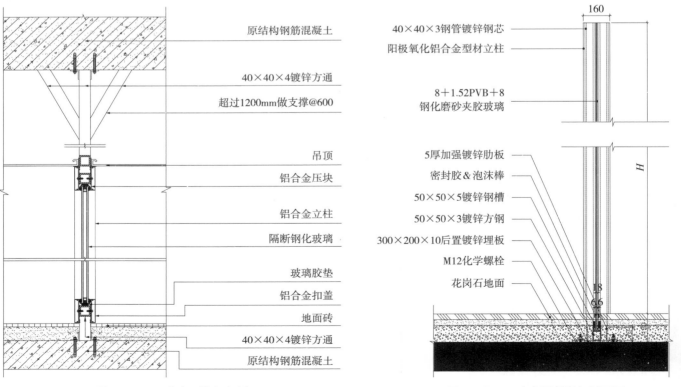

原结构钢筋混凝土
40×40×4镀锌方通
超过1200mm做支撑@600
吊顶
铝合金压块
铝合金立柱
隔断钢化玻璃
玻璃胶垫
铝合金扣盖
地面砖
40×40×4镀锌方通
原结构钢筋混凝土

40×40×3钢管镀锌钢芯
阳极氧化铝合金型材立柱
8+1.52PVB+8
钢化磨砂夹胶玻璃
5厚加强镀锌肋板
密封胶&泡沫棒
50×50×5镀锌钢槽
50×50×3镀锌方钢
300×200×10后置镀锌埋板
M12化学螺栓
花岗石地面

图 1.7.3-4　玻璃隔墙竖向剖面图

图 1.7.3-5　玻璃隔断竖向剖面图

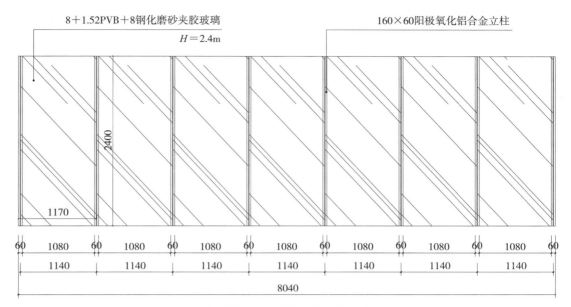

图 1.7.3-6 玻璃隔断立面示意图

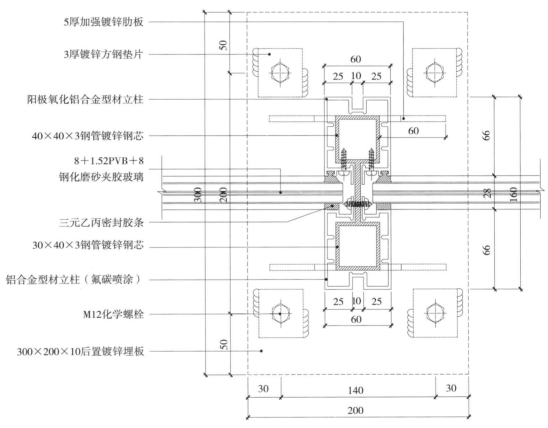

图 1.7.3-7 玻璃隔断横向剖面图

（2）安装竖龙骨：根据设计要求按分档线位置固定竖龙骨，龙骨与结构面应连接牢固，如无设计要求时，可采用 $\phi 8 \sim \phi 12$ 膨胀螺栓固定，并做好防腐处理。

（3）安装横龙骨：根据设计要求按分档线位置固定横龙骨，且应与主龙骨连接牢固。安装横龙骨前，也可以根据安装玻璃的规格在横龙骨上安装玻璃槽。

（4）电气管线敷设：电气管线敷设方式及材质按照设计要求，未经同意严禁私自修改，线管敷设线路应沿最近的方向敷设，尽量采用直线线路，减少弯曲；线管接头及线盒接头处连接应符合相关规范要求。

图 1.7.3-8　集成玻璃隔墙

图 1.7.3-9　集成玻璃隔墙

图 1.7.3-10　机场航站楼玻璃隔断

（5）安装玻璃：根据设计要求按玻璃的编号安装在相应的位置上，玻璃槽内应设置橡胶垫。用压条安装时先固定玻璃一侧的压条，装完玻璃后再安装另一面压条。

（6）安装压板：根据设计要求选用相应规格、材质的压条，采用卡入或螺钉固定方式与横龙骨连接，如无设计要求，可选用 10mm×10mm 的铝压条或 10mm×20mm 的不锈钢压条。

3.3　质量关键要求

（1）隔墙龙骨应牢固、平整、垂直。（2）压条应平顺光滑，线条整齐，接缝密合。（3）安装玻璃隔墙前，应根据设计图纸，核算施工预留洞口标高、尺寸，施放隔墙地面线、垂直位置线以及固定点、预埋铁件位置等。（4）订制玻璃时，尺寸一定要准确，为保证玻璃与框架的弹性连接，每边应预留适当的缝隙。宜与玻璃厂家一同量度，确认尺寸后，编号加工。（5）玻璃隔墙框架应与结构地面、墙面、顶棚安装固定牢固可靠，一般采用膨胀螺栓固定。（6）型钢（角钢或槽钢）应与预埋铁件连接牢固，型钢材料在安装前应涂刷防腐涂料。（7）玻璃与构件不得直接接触。玻璃四周与构件凹槽应保持一定空隙，每块玻璃下部应设置不少于两块弹性定位垫块；垫块的宽度与槽口宽度应相同，长度应不小于 100mm；玻璃两边嵌入量及空隙应符合设计要求。

3.4　季节性施工

（1）雨期各种材料的运输、搬运、存放，均应采取防雨、防潮措施，以防止发生霉变、生锈、变形等现象。（2）冬期玻璃施工前，应完成外门窗安装工程；否则应对门、窗洞口进行临时封挡保温。（3）冬期玻璃安装施工时，宜在有采暖条件的房间进行施工，室内作业环境温度应在 0℃以上。玻璃从过冷或过热的环境中运入操作地点后，应待玻璃温度与操作场所温度相近后再行安装。

质量要求

4.1　主控项目

（1）集成玻璃隔墙工程所用材料的品种、规格、性能、图案和颜色应符合设计要求。玻璃隔墙应使用安全玻璃。

检验方法：观察；检查产品合格证书、进场验收记录和性能检测报告。

（2）集成玻璃隔墙的安装方法应符合设计要求。

检验方法：观察。

（3）集成玻璃隔墙的安装应牢固。玻璃隔墙胶垫的安装应正确。

检验方法：观察；手推检查；检查施工记录。

4.2　一般项目

（1）集成玻璃隔墙表面应色泽一致、平整洁净、清晰美观。

检验方法：观察。

（2）集成玻璃隔墙接缝应横平竖直，玻璃应无裂痕、缺损和划痕。

检验方法：观察。

（3）集成玻璃隔墙嵌缝应密实平整、均匀顺直、深浅一致。

检验方法：观察。

（4）集成玻璃隔墙安装的允许偏差和检验方法应符合表1.7.4-1的规定。

集成玻璃隔墙安装的允许偏差和检验方法　　　　　　　　　　　　　　　　　　表1.7.4-1

项次	项目	允许偏差（mm）	检验方法
1	立面垂直度	2	用2m垂直检测尺检查
2	阴阳角方正	2	用200mm直角检测尺检查
3	接缝直线度	2	拉5m线，不足5m拉通线，用钢尺检查
4	接缝高低差	2	用钢尺和塞尺检查
5	接缝宽度	1	用钢直尺检查

5　　　　　　　　　　　　　　　　　　成品保护

（1）集成玻璃隔墙安装时，应注意保护吊顶、墙内装好的各种管线；天龙骨不准固定通风管道及其他设备上。（2）施工部位已安装的门窗，已施工完的地面、墙面、窗台等应注意保护、防止损坏。（3）金属框架材料，特别是玻璃材料，在进场、存放、使用过程中应妥善管理，使其不变形、不受潮、不损坏、不污染。（4）其他专业的材料不得置于已安装好的金属框架和玻璃上。

6　　　　　　　　　　　　　　　　安全、环境保护管理

6.1　安全措施

（1）确保玻璃施工的安全

① 搬运玻璃时应戴手套，特别小心，防止伤手伤身。② 裁割玻璃应在工厂进行，随时清理边角废料，集中堆放；玻璃裁割后，移动时，手应抓稳玻璃，防止掉下伤脚。③ 安装玻璃时，不得穿短裤和凉鞋；安装上、下玻璃不得同时操作，并应与其他作业错开；玻

璃未安装牢固前,不得中途停工,垂直下方禁止通行。

（2）确保高空作业的安全

① 玻璃隔墙工程的脚手架或移动平台搭设应符合建筑施工安全标准。② 脚手架上搭设跳板应用铁丝绑扎固定,不得有探头板。③ 高空作业安装玻璃时,应戴安全帽,系安全带,把安全带拴在牢固的地方,穿防滑鞋。④ 使用靠梯时,下脚应绑麻布或垫胶皮,并加拉绳,以防滑溜。不得将梯子靠在门窗扇上。

（3）施工现场临时用电应符合现行行业标准《施工现场临时用电安全技术规范》JGJ 46要求。

（4）施工作业面应设置足够的照明,配备足够、有效的灭火器具,并设有防火标志及消防器具。

（5）工人操作应戴安全帽,严禁穿拖鞋、带钉易滑鞋或光脚进入现场。

6.2 环保措施

（1）严格按现行国家标准《民用建筑工程室内环境污染控制标准》GB 50325进行室内环境污染控制,拒绝环保超标的原材料进场。（2）施工现场应做到活完脚下清,保持施工现场清洁、整齐、有序。（3）边角余料应装袋后集中回收,按固体废物进行处理。

（4）有噪声的电动工具应在规定的作业时间内施工,防止噪声污染、扰民。（5）垃圾应装袋及时清理,清理玻璃等废弃物时应洒水,以减少扬尘污染。（6）现场保护良好通风。

（7）玻璃隔墙工程环境因素控制见表1.7.6-1,应从其环境影响及排放去向控制环境影响。

玻璃隔墙工程环境因素控制   表 1.7.6-1

序号	环境因素	排放去向	环境影响
1	电的消耗	周围空间	资源消耗
2	骨架切割机产生的噪声排放	周围空间	影响人体健康
3	切割粉尘的排放	周围空间	污染大气
4	玻璃屑等施工垃圾的排放	垃圾场	污染土地
5	防火、防腐涂料的废弃	周围空间	污染土地

7 工程验收

（1）玻璃隔墙工程验收时应检查下列文件和记录:① 玻璃隔墙工程的施工图、设计说明及其他设计文件;② 材料的产品合格证书、性能检测报告、进场验收记录和复验报告;③ 隐蔽工程验收记录;④ 施工记录。

（2）同一类型的装配式集成玻璃隔墙工程每层或每30间应划分为一个检验批,不足30间也应划分为一个检验批,大面积房间和走廊可按装配式隔墙30m² 计为1间。

（3）装配式集成玻璃隔墙工程每个检验批应至少抽查20%,并不得少于4间,不足4间时应全数检查。

（4）检验批合格质量和分项工程质量验收合格应符合下列规定:① 抽查样本主控项目均

合格；一般项目 80％以上合格，其余样本不得有影响使用功能或明显影响装饰效果的缺陷。均须具有完整的施工操作依据、质量检查记录。② 分项工程所含的检验批均应符合合格质量规定，所含的检验批的质量验收记录应完整。

（5）分部（子分部）工程质量验收合格应符合下列规定：① 分部（子分部）工程所含分项工程的质量均应验收合格；② 质量控制资料应完整；③ 观感质量验收应符合要求。

---

8   质量记录

质量记录包括：（1）产品合格证书、性能检测报告；（2）进场验收记录和复验报告；（3）技术交底记录；（4）隐蔽工程验收记录；（5）检验批质量验收记录；（6）分项工程质量验收记录。

第 8 节　　U形玻璃隔墙施工工艺

主编点评

　　U形玻璃也称槽型玻璃，是采用压延法生产的一种玻璃型材，截面呈U形，表面一般做成毛面，透光不透视，有普通和夹丝两种，是一种新颖的建筑型材。本工艺介绍了U形玻璃隔墙的单（双）层构造、室内（外）隔墙构造及施工工艺，具有较高的机械强度、理想的透光而不透视性、较好的隔声隔热性、节省建筑基材及施工简便等优点。

1　　总　　则

1.1　适用范围
本工艺适用于工业与民用建筑的机场、车站、体育馆、厂房、办公楼、宾馆、住宅、温室等非承重的内墙（长度≤6m、高度≤4.5m）隔断及多层建筑外墙工程施工。

1.2　编制参考标准及规范
（1）《建筑装饰装修工程质量验收标准》GB 50210
（2）《装配式内装修技术标准》JGJ/T 491
（3）《建筑内部装修设计防火规范》GB 50222
（4）《铝合金建筑型材》GB/T 5237.1～5237.6
（5）《建筑玻璃应用技术规程》JGJ 113
（6）《建筑用U形玻璃》JC/T 867

2　　施工准备

2.1　技术准备
（1）编制U形玻璃隔墙工程施工方案，并对工人进行书面技术及安全交底，熟知U形玻璃安装的基本方法。（2）深化设计图纸，对施工图纸进行会审，熟悉图纸，了解各种工艺技术、材料性能及施工方法。（3）按图纸组织进行现场放线。放线人员要严格按施工图纸进行放线，随放随复核。放线完毕，由监理单位进行验收，验收合格后方可施工。

2.2　材料要求
（1）U形玻璃分类：按颜色分为有色的和无色的；按表面状态分为平滑的和带花纹的；按强度分为钢化玻璃、贴膜玻璃、保温层玻璃。

（2）专用固定受力构件：钢型材有 U 形玻璃厂生产的⊏8、⊏6 槽钢，脚根处有齿状。铝型材均为专用型材，常用配件名称及用途见表 1.8.2-1。

常用配件名称及用途   表 1.8.2-1

序号	名称	形状断面	用途
1	上框料		上框和侧框
2	框料		窗框
3	上框料		跨度长的上框
4	上框料		上框和边框
5	下框料		室内外墙下框
6	下框料		外墙下框
7	下框料		中拼
8	中立料		跨度长的分隔 T 形连续立柱料
9	PVC 缓冲器		单层安装的上框和边框缓冲器
10	PVC 缓冲器		双层安装的上框和边框缓冲器
11	PVC 缓冲器		单层安装的下框缓冲器
12	PVC 缓冲器		双层安装的下框缓冲器

（3）后切底锥式螺栓：ϕ12 后切底锥式螺栓，或相应摩擦型膨胀螺栓。

（4）弹性垫条及缓冲垫：为塑料或橡胶等软性耐腐材料，作用为避免 U 形玻璃与硬性材料直接接触，有上部、下部、侧面等类型（图 1.8.2-1）。

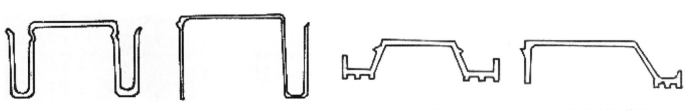

上部和侧部缓冲垫（双排）　　上部和侧部缓冲垫（单排）　　下部缓冲垫（双排）　　下部缓冲垫（单排）

图 1.8.2-1　U 形玻璃缓冲垫示意图

（5）密封材料：结构专用胶、耐候胶及泡沫棒，通常有二组分的聚硫塑料、硅铜胶、柔性聚氯乙烯型材等用于U形玻璃与固定件、U形玻璃条之间的密封；条形衬垫、柔性聚氯乙烯型材、浸过沥青的条带、硬泡沫塑料等用作U形玻璃与边框之间的胀缝和滑缝。

2.3 主要机具

（1）机械：冲击钻、手电钻、电动螺钉旋具等。（2）工具：扳手、锤子、螺钉旋具、玻璃吸盘、胶枪等。（3）计量检测用具：水准仪、激光投线仪、2m靠尺、水平尺、钢卷尺等。

2.4 作业条件

（1）室内墙顶地的做法已确定，并已完成相应的工序，经验收合格。使玻璃隔墙的安装与其他装饰工序互不影响。（2）室内已弹好水平控制线，地面及吊顶标高已确定。（3）玻璃隔墙安装所需的预埋件已安装完成，并经检查符合要求。

---

3 施工工艺

3.1 工艺流程

深化设计 ⟶ 测量放线 ⟶ 安装固定构件 ⟶

安装弹性衬垫 ⟶ 安装U形玻璃 ⟶ 安装弹性垫条 ⟶

安装饰面板及余缝处理 ⟶ 清洁、验收

3.2 施工方法

（1）深化设计

按设计图纸要求，根据现场尺寸做排板平面图设计，进行U形玻璃排片定位，列出U形玻璃隔墙安装顺序。排板设计时，应参照现有U形玻璃规格（图1.8.3-1），可多种规格U形玻璃模数组合使其与隔墙长度符合，尽量减少安装尾块玻璃时的切割。

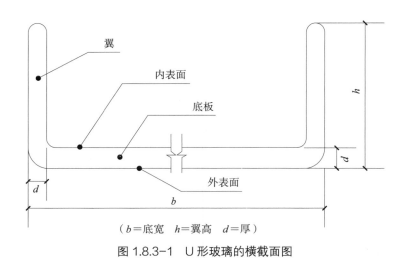

（b＝底宽　h＝翼高　d＝厚）

图 1.8.3-1　U形玻璃的横截面图

图 1.8.3-2　U 形玻璃隔墙立面图及示意图　　　　　图 1.8.3-3　U 形玻璃隔墙实景图

（2）测量放线

根据楼层设计标高水平线，沿墙放出水平和垂直线，并在地面、吊顶及墙边放出隔墙安装的定位受力构件线。

（3）安装固定构件

根据已弹出的定位线，安装固定专用构件。

① 采用专用钢型材固定隔墙方法如下：

上框每隔 900～1200mm 设 1 处固定点。其固定采用后置预埋钢板处理，具体做法为：用一块不小于 400mm×400mm×1.5mm 钢板，开四孔用 ϕ12 后切底锥式螺栓锚固于楼板上。将上框专用钢型材固定于其上。上框若有吊顶，专用钢型材可用倒 T 形钢支架固定，倒 T 形钢支架由 L8 制成，上端也同样固定于吊顶上的后置预埋钢板。

下框每隔 400～600mm 设 1 处固定点（图 1.8.3-4、图 1.8.3-5），固定点采用后切底锥式螺栓紧贴专用钢型材两外侧，锚固于楼板上。专用钢型材与螺栓补强。

门框采用专用钢型材作受力构件（图 1.8.3-13～图 1.8.3-17），门框上下两端均与后置钢板固定，固定于建筑物本层结构顶板与底板上。固定方法同上框做法。门横框材料统一采用同种规格型钢固定，但需两根，上下间隔 2cm，上一根作门楣，为 U 形玻璃安装固定件，下一根作门上框使用，间隔采用弹性塑料填充。

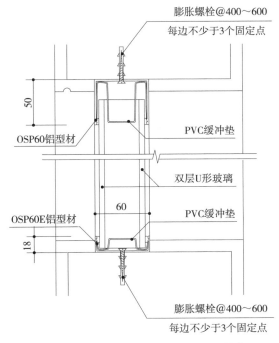

图 1.8.3-4　双层 U 形玻璃隔墙纵向节点图

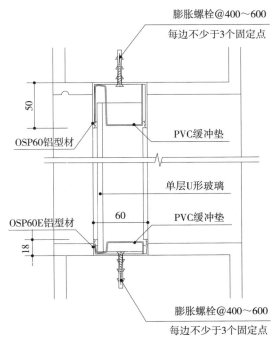

图 1.8.3-5　单层 U 形玻璃隔墙纵向节点图

图 1.8.3-6　U 形玻璃隔墙纵向安装示意图

图 1.8.3-7　U 形玻璃隔墙横向安装示意图

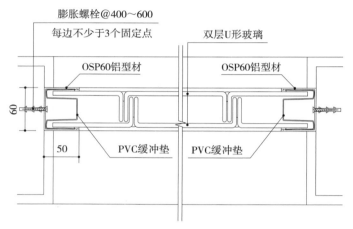

图 1.8.3-8　双层 U 形玻璃隔墙横向节点图

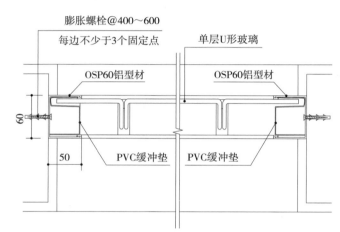

图 1.8.3-9　单层 U 形玻璃隔墙横向节点图

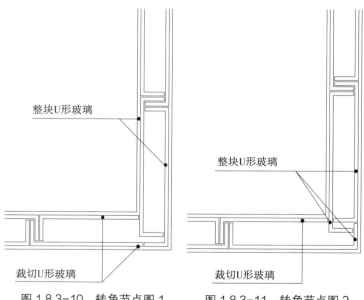

图 1.8.3-10　转角节点图 1　　　图 1.8.3-11　转角节点图 2

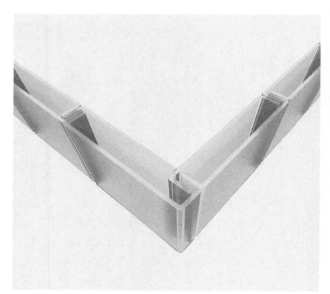

图 1.8.3-12　转角安装示意图

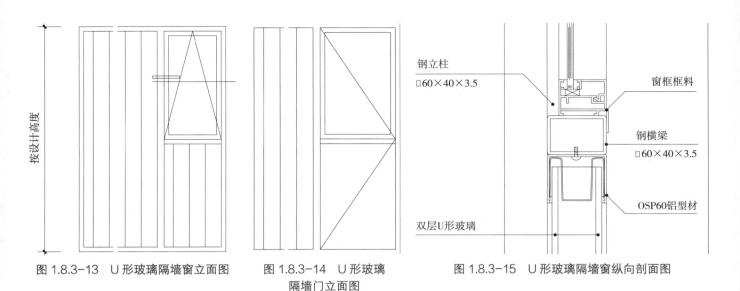

图 1.8.3-13　U 形玻璃隔墙窗立面图　　图 1.8.3-14　U 形玻璃
隔墙门立面图

图 1.8.3-15　U 形玻璃隔墙窗纵向剖面图

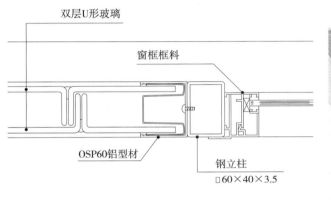

图 1.8.3-16　U 形玻璃隔墙门横向剖面图

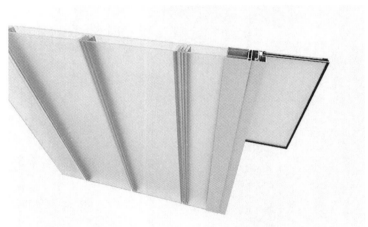

图 1.8.3-17　U 形玻璃隔墙窗安装示意图

② 采用专用铝合金型材固定围栏方法如下：

用膨胀螺栓将边框固定在建筑洞口中，边框可用直角或斜角连接。边框每侧应至少有 3 个固定点。上下框每隔 400～600mm 应有 1 个固定点。铝合金立柱间距≤1200mm（图 1.8.3-18～图 1.8.3-22）。

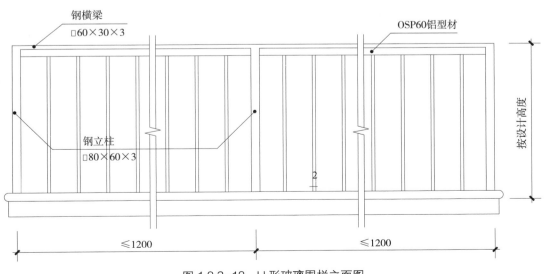

图 1.8.3-18　U 形玻璃围栏立面图

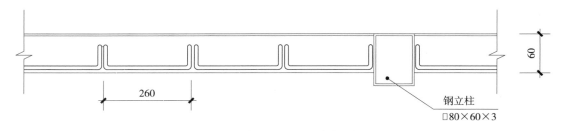

图 1.8.3-19 单层钢化 U 形玻璃围栏平面图

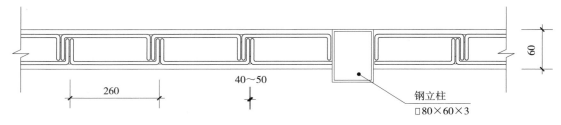

图 1.8.3-20 双层钢化 U 形玻璃围栏平面图

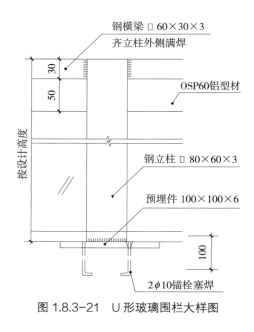

图 1.8.3-21 U 形玻璃围栏大样图

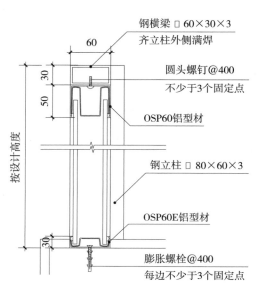

图 1.8.3-22 U 形玻璃围栏纵向剖面图

③ 采用专用铝合金型材固定外墙方法如下：

上下端固定支架采用 C 型钢固定，接缝的高度及质量应符合设计要求。钢架制作完成后，应对钢材表面及接缝处进行防锈处理。安装完成后，应对上端固定支架和底框中心线再进行测量与校准（图 1.8.3-23～图 1.8.3-32）。

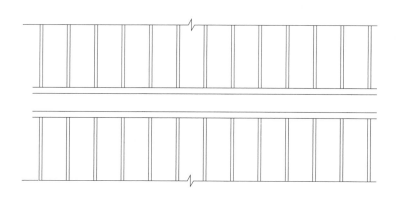

图 1.8.3-23 外墙 U 形玻璃立面图

图 1.8.3-24　外墙 U 形玻璃安装实景图

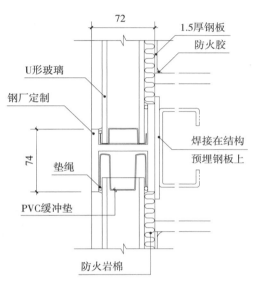

图 1.8.3-25　异型 H 型钢外挑安装 U 形玻璃节点及示意图

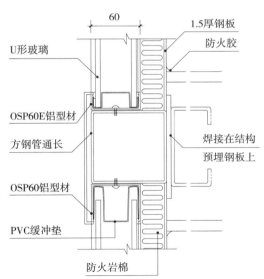

图 1.8.3-26　方钢外挑支撑安装 U 形玻璃节点及示意图

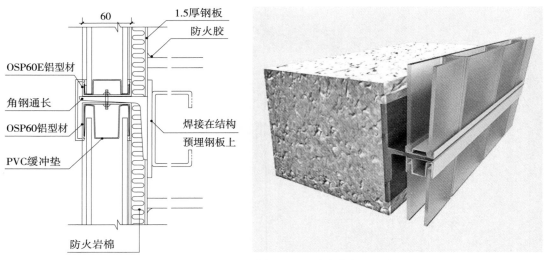

图 1.8.3-27　角钢支撑安装 U 形玻璃节点及示意图

60

1.5厚钢板
防火胶

OSP60E铝型材
角钢通长
OSP60铝型材
PVC缓冲垫

焊接在结构
预埋钢板上

防火岩棉

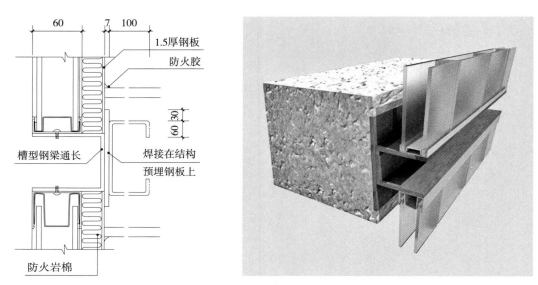

图 1.8.3-28　槽钢外挑支撑安装 U 形玻璃节点及示意图

60　7　100

1.5厚钢板
防火胶

60　30

槽型钢梁通长

焊接在结构
预埋钢板上

防火岩棉

铝或不锈钢压条

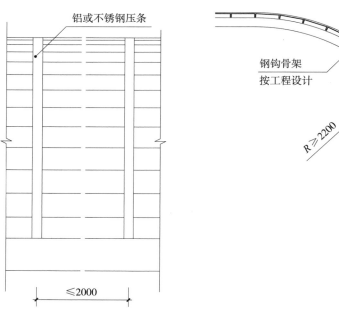

≤2000

图 1.8.3-29　U 形玻璃弧形安装立面图

单层U形玻璃

钢钩骨架
按工程设计

R≥2200

排水天沟
按建筑设计

图 1.8.3-30　U 形玻璃弧形安装横向剖面图

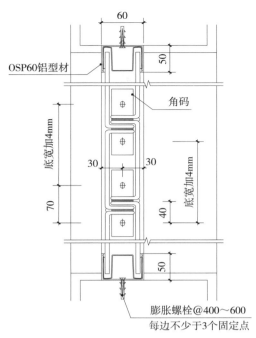

图1.8.3-31 双层U形玻璃安装横向剖面图

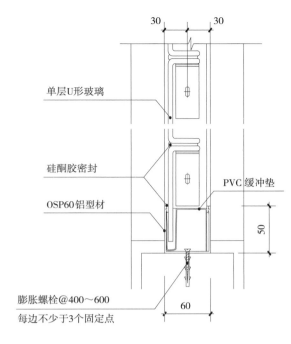

图1.8.3-32 单层U形玻璃安装横向剖面图

（4）安装弹性衬垫

为满足稳定和隔震，在专用构件槽内安装专用弹性衬垫，专用弹性衬垫的固定采用结构胶粘结。

（5）安装U形玻璃

① 隔墙：U形玻璃安装从墙边依次进行，其常用组合方式见表1.8.3-1，U形玻璃装入框架时，应将玻璃内面擦洗干净。U形玻璃插入上框的深度应不小于20mm，插入下框的深度应不小于12mm，插入门框的深度应不小于20mm。当U形玻璃插至最后一块，洞口宽与玻璃宽不一致时，则沿长度方向裁切玻璃按图1.8.3-33端头玻璃安装顺序节点装入，此图中安装顺序即1～结束。同时将塑料件截成与之相应长度放入边框一侧。

常用组合方式

表1.8.3-1

序号	组合方式	示意
1	单排，翼朝外（或内）	
2	单排，楔形结构，相互咬合	
3	单排，楔形结构，相互贴合	
4	双排，翼在接缝处成对排列	
5	双排，翼错开排列	
6	双排，锯齿状排列	
7	双排，墙面略带弯曲	
8	双排，翼对翼	

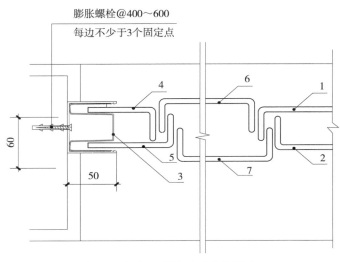

图 1.8.3-33　端头玻璃安装顺序

② 外墙：先安装室外第一块玻璃（平底面朝外），在 C 型钢上垫上橡胶垫，根据放样调整玻璃进出，用橡胶垫进行临时固定。接着安装第二块室外玻璃（平底面朝外），调整后也进行临时固定，调整时包括进出与第一块玻璃的平面度及胶缝的大小；然后安装室内第一块玻璃，将玻璃搬运至安装位置上口顶到底，将下口落入 C 型钢内，肋边靠牢已临时固定的室外玻璃上，每块 U 形玻璃肋边向里顶面上下各设一个 2cm 上的橡胶缓冲垫，两块 U 形玻璃肋边内侧对内侧的部位上下各贴双面胶进行缓冲处理，再将玻璃平移至放样位置进行临时固定，然后室外、室内 U 形玻璃安装交替进行，控制玻璃面的平整度及胶缝的宽度，直至玻璃安装完毕。

（6）安装弹性垫条

在门框与玻璃间的缝中塞入弹性垫条，垫条与玻璃和边框的接触面不得少于 10mm。在边框与玻璃、玻璃与玻璃、边框与建筑结构体的接缝中，填入玻璃胶类弹性密封材料（或称硅酮胶）密封。玻璃与边框的弹性密封厚度最窄处不小于 20mm，深度应不小于 20mm，深度由弹性塑料衬垫控制；U 形玻璃之间的弹性密封厚度应不小于 10mm，朝向室外一侧密封深度应不小于 30mm。U 形玻璃在槽钢内就位并调整完毕后，填入耐候塑料棒，并一次注胶成型进行防护。

（7）安装饰面板及余缝处理

对露出的专用槽钢用饰面板进行装饰。余缝处填入玻璃胶类弹性密封材料（或硅酮胶）密封。U 形玻璃与边框之间密封厚度在最窄处测量也应不小于 3mm，而且密封材料与边框的粘结面和密封材料与玻璃的粘结面的宽度应不小于 5mm。

（8）清洁、验收

U 形玻璃隔墙安装完后，将表面的污垢清除干净后交付验收。

3.3　质量关键要求

（1）边框应直接固定在建筑结构上，边框与结构之间的缝隙应密封。边框承受的荷载应直接传给建筑结构，不应使 U 形玻璃受力。（2）应使 U 形玻璃在框料中沿玻璃板能自由伸缩，在上框料与 U 形玻璃之间要留有适当缝隙。（3）为防止膨胀螺栓、后切式螺栓等固定件与材料之间相互接触发生化学反应产生锈蚀，在钢膨胀螺栓等固定件与铝框之间应设置绝缘垫片或采取其他防锈措施。（4）玻璃与临近的金属件、混凝土和砂浆结构之间不能有硬性接触。U形玻璃属不燃材料。如有特殊要求时，应按有关规范进行设计或采取防火措施。（5）U形玻璃可单层、双层安装，安装时留通风缝或无通风缝均可。单排翼朝外（或内）和双排翼在接缝处成对排列两种组合方式，若采用其他组合方式时应注明。（6）U形玻璃隔墙长度大于6000mm，高度超过4500mm时，应核算墙身的稳定，采取相应的措施。外墙仅用于多层建筑或裙楼部分，并应进行相关的结构计算。

3.4 季节性施工

（1）雨期U形玻璃及配件的运输、搬运、存放，均应采取防雨、防潮措施，以防止发生霉变、生锈、变形等现象。（2）冬期施工前，应完成外门窗安装工程；否则应对门、窗洞口进行临时封挡保温。外墙U形玻璃作业环境温度应在0℃以上。

4   质量要求

4.1 主控项目

（1）U形玻璃隔墙工程所用材料的品种、规格、性能、图案和颜色应符合设计要求。U形玻璃隔墙应使用安全玻璃。

检验方法：观察；检查产品合格证书、进场验收记录和性能检测报告。

（2）U形玻璃隔墙的安装方法应符合设计要求。

检验方法：观察。

（3）U形玻璃隔墙的安装应牢固。玻璃隔墙胶垫的安装应正确。

检验方法：观察；手推检查；检查施工记录。

4.2 一般项目

（1）U形玻璃隔墙表面应色泽一致、平整洁净、清晰美观。

检验方法：观察。

（2）U形玻璃隔墙接缝应横平竖直，玻璃应无裂痕、缺损和划痕。

检验方法：观察。

（3）U形玻璃隔墙嵌缝应密实平整、均匀顺直、深浅一致。

检验方法：观察。

（4）U形玻璃内隔墙安装的允许偏差和检验方法应符合表1.8.4-1的规定。

（5）U形玻璃外墙安装的允许偏差和检验方法应符合表1.8.4-2的规定。

U形玻璃内隔墙安装的允许偏差和检验方法   表1.8.4-1

项次	项目	允许偏差（mm）	检验方法
1	立面垂直度	2	用2m垂直检测尺检查
2	阴阳角方正	2	用直角检测尺检查
3	接缝直线度	2	拉5m线，不足5m拉通线，用钢尺检查

项次	项目	允许偏差（mm）	检验方法
4	接缝高低差	2	用钢尺和塞尺检查
5	接缝宽度	1	用钢直尺和塞尺检查

U形玻璃外墙安装的允许偏差和检验方法　　　　　　　　　　　　　表 1.8.4-2

序号	项目	允许偏差（mm）	检验方法
1	外墙平面的垂直度（外墙高度≤30m）	10	用激光仪或经纬仪检查
2	外墙的平面度	2.5	用2m靠尺、钢板尺检查
3	竖缝的直线度	2.5	用2m靠尺、钢板尺检查
4	横缝的直线度	2.5	用2m靠尺、钢板尺检查
5	线缝宽度（与设计比较）	±2	用卡尺检查
6	两相邻面板之间的高低差	1	用深度尺检查

5　成品保护

（1）装运时应使玻璃的端头朝向运输方向。玻璃应码放在库房内或有遮盖的棚内。捆绑好的玻璃入库时，地面要求平整，玻璃应侧卧码放。（2）成品在进场、存放、使用过程中应妥善管理，使其不变形、不受潮、不损坏、不污染。（3）U形玻璃隔墙安装完后，须设置明显的成品保护标识。在容易被碰撞处，须用厚纸皮等进行包扎保护。当周边其他工序在施工时，应采取遮挡措施，以防污染和破损。

6　安全、环境保护措施

6.1　安全措施

（1）因为玻璃薄而脆，容易破碎伤人，所以在搬运、安装等作业过程中，要注意安全，防止事故发生。① 应在指定地点裁割玻璃，随时清理边角废料，集中堆放；玻璃裁割后移动时，手应抓稳玻璃。② 安装玻璃时，不得穿短裤和凉鞋；安装上、下玻璃不得同时操作，并应与其他作业错开；玻璃未安装牢固前，不得中途停工，垂直下方禁止通行。

（2）确保高空作业的安全。①U形隔墙工程的脚手架搭设应符合建筑施工安全标准。②高空作业安装玻璃时，应戴安全帽，系安全带，把安全带拴在牢固的地方，穿防滑鞋。③使用高凳、靠梯时，下脚应绑麻布或垫胶皮，并加拉绳，以防滑溜。不得将梯子靠在门窗扇上。

（3）施工现场临时用电均应符合国家现行标准《施工现场临时用电安全技术规范》JGJ 46。

（4）施工作业面应设置足够的照明、有效的灭火器具，并设有防火标志及消防器具。

（5）工人操作应戴安全帽，严禁穿拖鞋、带钉易滑鞋进入现场。

6.2 环保措施

参见第64页"6.2 环保措施"。

7	工程验收

参见第64页"7 工程验收"。

8	质量记录

参见第65页"8 质量记录"。

第9节　LED透明玻璃屏隔断施工工艺

主编点评

　　LED透明玻璃屏使用钢化玻璃为基材，采用驱动芯片和LED发光芯片植入技术及纳米铜导线电路工艺，高清、高透、智能，让平面呈现立体3D效果，实现采光、隔断和智能广告屏的三重功能。本工艺以晶泓（坚朗）科技LED透明玻璃屏隔断为实例，采用一站式完整的装配式施工工艺，具有施工便捷、高效、效果智能、炫酷等特点。

1　总　则

1.1　适用范围

本工艺适用于一般民用建筑室内外的LED透明玻璃屏隔断工程施工。尤其适用于建筑幕墙、楼宇亮化、企事业展厅、商业综合体、地铁、科技馆等场所。

1.2　编制参考标准及规范

（1）《建筑装饰装修工程质量验收标准》GB 50210

（2）《装配式内装修技术标准》JGJ/T 491

（3）《建筑玻璃应用技术规程》JGJ 113

（4）《铝合金建筑型材》GB/T 5237.1～5237.6

（5）《建筑用安全玻璃　第2部分：钢化玻璃》GB 15763.2

（6）《建筑用安全玻璃　第3部分：夹层玻璃》GB 15763.3

（7）《建筑用安全玻璃　第4部分：均质钢化玻璃》GB 15763.4

（8）《夹层玻璃用聚乙烯醇缩丁醛中间膜》GB/T 32020

2　施工准备

2.1　技术准备

（1）技术人员应熟悉图纸，准确复核项目现场结构的位置、尺寸；并结合内装、机电等图纸进行深化定位，正式施工前应完成图纸会审，并由相关方签字认可。（2）编制LED透明玻璃隔断屏的工程施工方案，并报监理单位审批。（3）将技术交底落实到作业班组。（4）混凝土主体结构已完工并办完质量验收手续。（5）复核屏体安装现场具备从强、弱电井敷设线路的条件。（6）按图纸组织进行现场放线，确定放线基准线，并以基准线为准确定各LED屏箱体的分格线平立面位置；确定LED玻璃屏与主体结构的间距，需经对主体结构整体测量后，以实际测量垂直度为依据确定，以保证 LED 玻璃屏垂直。放线人员要严格按施工图纸进行放线，随放随复核。放线完毕，请监理单位进行验收，验收合格后方可施工。

2.2 材料要求

（1）骨架（型钢、铝合金、不锈钢等）、支撑件、玻璃胶、橡胶垫、压条及装饰盖板等材料应符合设计和现行国家相关标准要求。

（2）紧固材料：化学螺栓、膨胀螺栓、自攻螺钉、各种螺钉和粘贴嵌缝料应符合设计要求。

（3）钢化玻璃：常用厚度有 3mm、4mm、6mm、8mm、10mm、12mm、15mm 等，其品种、规格应符合设计要求，各项性能应符合《建筑玻璃应用技术规范》JGJ 113、《建筑用安全玻璃　第 2 部分：钢化玻璃》GB 15763.2 相关标准要求。

钢化玻璃规格尺寸允许偏差见表 1.7.2-1～表 1.7.2-4。

（4）钢化夹胶玻璃：其品种、规格应符合设计要求，各项性能应符合《建筑玻璃应用技术规范》JGJ 113、《建筑用安全玻璃　第 3 部分：夹层玻璃》GB 15763.3 相关标准要求。

夹层玻璃最终产品的长度和宽度允许偏差应符合表 1.9.2-1 的规定。

长度和宽度允许偏差（单位：mm）　　　　　　　　　　　　　　　　　　　　　表 1.9.2-1

公称尺寸（边长 L）	公称厚度 ≤ 8	公称厚度 > 8	
		每块玻璃公称厚度 < 10	至少一块玻璃公称厚度 ≥ 10
L ≤ 1100	+2.0 −2.0	+2.5 −2.0	+3.5 −2.5
1100 < L ≤ 1500	+3.0 −2.0	+3.5 −2.0	+4.5 −3.0
1500 < L ≤ 2000	+3.0 −2.0	+3.5 −2.0	+5.0 −3.5
2000 < L ≤ 2500	+4.5 −2.5	+5.0 −3.0	+6.0 −4.0
L > 2500	+5.0 −3.0	+5.5 −3.5	+6.5 −4.5

一边长度超过 2400mm 的制品、多层制品，厚片玻璃总厚度超过 24mm 的制品、使用钢化玻璃作原片的制品及其他特殊形状的制品，其尺寸允许偏差由供需双方商定。

夹层玻璃最大允许叠差见表 1.9.2-2。

夹层玻璃的最大允许叠差（单位：mm）　　　　　　　　　　　　　　　　　　　表 1.9.2-2

长度或宽度 L	最大允许叠差
L < 1000	2.0
1000 ≤ L < 2000	3.0
2000 ≤ L < 4000	4.0
L ≥ 4000	6.0

（5）铝合金材料：铝合金材料应满足标准《铝合金建筑型材 第1部分：基材》GB/T 5237.1 的规定；铝合金材料的化学成分应符合《变形铝及铝合金化学成分》GB/T 3190 的规定；铝合金型材的质量要求应符合《铝合金建筑型材》GB/T 5237.1～5237.6 的规定，型材尺寸允许偏差应达到高精级。

（6）LED 透明玻璃隔断屏：智能 LED 透明玻璃屏主要由前面板玻璃、中间夹胶合片嵌入了 LED 芯片和纳米铜导线的基板玻璃、后面板玻璃三部分组成（图1.9.2-1）。用贴片线路的方式实现不同间距的款式样式、不同亮度的亮化、动态视频播放及 3D 视频展示等功能。LED 智能玻璃可达到 99.7% 相对透明度，可见光透过率≥80%，保证清晰视野。

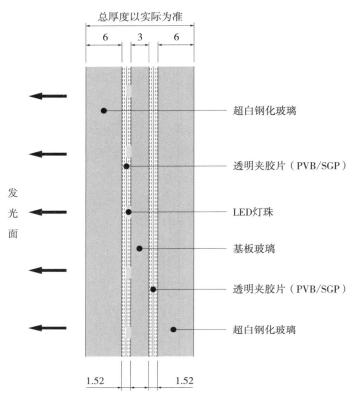

图 1.9.2-1 LED 透明玻璃屏构造示意图

LED 透明玻璃屏的型号应根据项目的要求进行选择，并区分用于室内或室外；用于室外时，应充分考虑项目当地的风荷载、雪荷载、地震荷载及其他不利因素，并依据相关规范进行结构可靠性计算；用于室内时也应考虑主体的结构变形、温度变形和是否会受到撞击等因素的影响。

2.3 主要机具

（1）机械：电动真空吸盘、三爪手动吸盘、冲击钻、手电钻、电动螺钉旋具等。（2）工具：电动改锥、手枪钻、梅花扳手、活动扳手、锤子、胶枪等。（3）计量检测用具：水准仪、激光投线仪、钢板尺、铁水平尺、钢卷尺等。

2.4 作业条件

（1）安装 LED 透明玻璃隔断屏的主体结构，应符合有关结构施工质量验收规范的要求。主体结构完成及交接验收，并清理现场。（2）施工前必须先进行工地现场实测，复核与施工图纸的符合性、施工预留洞口标高、尺寸，施放隔墙地面线、垂直位置线以及固定点、预埋铁件位置等。（3）金属边框及 LED 玻璃屏箱体已于厂内生产加工完成，并经检验合格。（4）由于主体结构施工偏差而妨碍 LED 玻璃屏施工安装时，应会同业主和土建承建商采取相应的措施，并在 LED 玻璃屏安装前实施。（5）构件安装前均应进行检验与校正，不合格的构件不得安装使用。

3 施工工艺

3.1 工艺流程

测量放线及工厂化加工 ⟶ 安装顶、底结构支撑件 ⟶ 安装LED透明玻璃屏箱体 ⟶ 安装信号、电源、强电连接线 ⟶ 安装扣板 ⟶ 清洁、验收

3.2 操作工艺

（1）测量放线及工厂化加工：结合建筑结构图纸，对主体结构梁、柱、墙体等安装位置进行测量放线，绘制 LED 透明玻璃隔断屏结构安装图、放样图。操作时，按安装位置标高水平线，确认现场安装高度、长度尺寸，并确认 LED 透明玻璃隔断屏构件安装顺序。按照屏幕结构安装图、放样图所定 LED 透明玻璃隔断屏订购单到工厂制作。交货时按提交的数量、规格、质量标准严格把关，并做好成品保护。主要施工图见图 1.9.3-1～图 1.9.3-5。

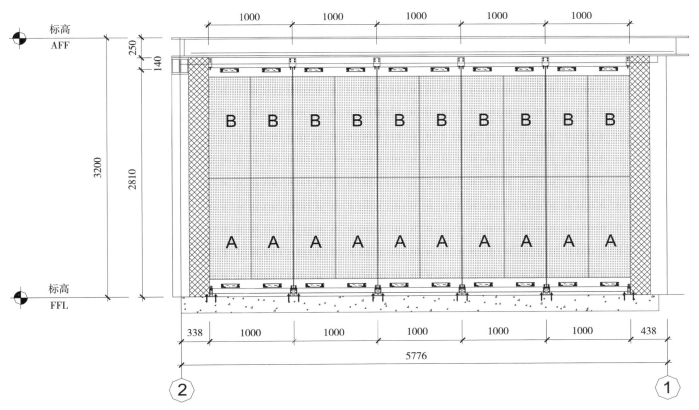

图 1.9.3-1　LED 透明玻璃屏隔断立面示意图

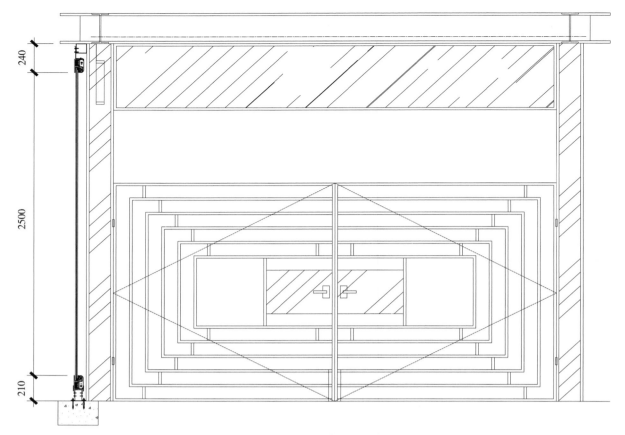

图 1.9.3-2　LED 透明玻璃屏隔断剖面图

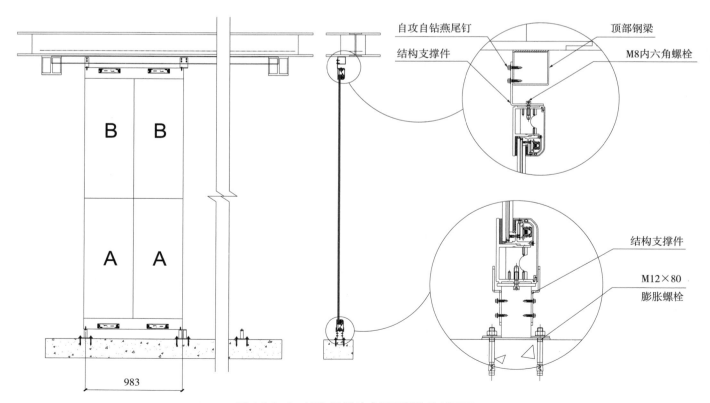

图 1.9.3-3　LED 透明玻璃屏隔断箱体剖面图

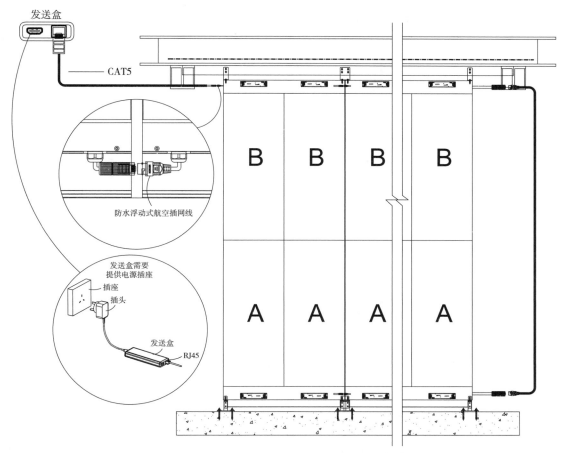

图 1.9.3-4　LED 透明玻璃屏隔断箱体信号连接示意图

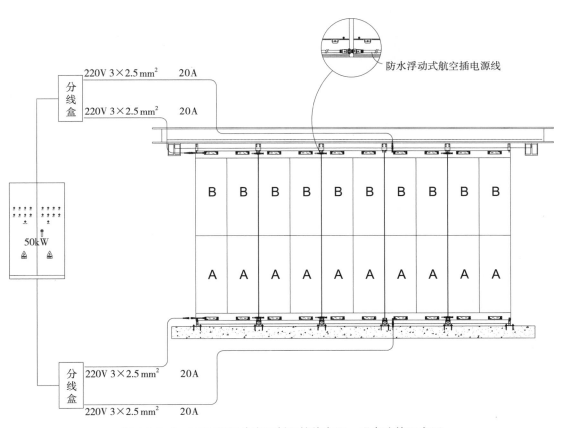

图 1.9.3-5　LED 透明玻璃隔断屏箱体电源、强电连接示意图

（2）安装顶、底结构支撑件：根据设计要求固定顶、底的结构支撑件，如无设计要求时，可以用φ8～φ12化学螺栓或膨胀螺栓固定，螺栓固定点间距350～500mm，安装前作好防腐处理；需与主体钢结构进行焊接固定的，应预先去除焊接面的保护涂层，焊接先进行点焊，确定位置后再满焊固定；焊接完毕应对焊缝进行外观检测，焊缝应满足各等级焊缝的要求；有不锈钢件之间需要焊接的，用专门的焊条进行焊接，对外观有要求的，按要求对焊缝进行打磨。

（3）安装LED透明玻璃屏箱体：根据设计图纸的要求将LED玻璃屏箱体的底部边框放置到底部支撑件上，底部边框与支撑件之间，在箱体宽度两端1/4位置垫硬质的氯丁橡胶垫块，橡胶垫块厚度不小于5mm，宽度不小于150mm。定好位置后再将上部边框与顶部支撑件进行固定，顶部固定点应采用螺栓连接，并在竖向平行于玻璃屏的方向设置可满足形变的长圆孔。

（4）安装信号、电源、强电连接线：根据设计图纸将箱体间的电源线和网线连接好，信号线接到控制系统，再将与屏体连接的强电接到专用的配电柜；箱体内的信号线、电源线等要梳理整洁，必要时用绑扎带进行捆绑。

（5）安装扣板：装饰性铝扣板在电源、信号等线路连接好后进行安装，安装扣板时将LED透明屏箱体边框内的所有线路规整并盖在扣板之内，然后用螺钉将扣板进行固定。

图1.9.3-6　地铁出口LED透明玻璃屏　　　　图1.9.3-7　室内LED透明玻璃屏隔断

3.3　质量关键要求

（1）连接LED透明玻璃屏箱体的支撑件与主体结构的连接应牢固可靠、安装定位精准。

（2）LED玻璃屏需与主体用预埋件连接时，应在主体结构施工时按设计要求埋设，预埋件位置偏差不应大于20mm。（3）订制玻璃时，尺寸一定要准确，为保证玻璃与框架的弹性连接，每边应预留适当的缝隙。宜与玻璃厂家一同量度，确认尺寸后，编号加工。

（4）需要与主体钢结构进行焊接的支撑结构件应焊接牢固，焊缝达到设计要求，焊好后应在焊接处再进行补刷。（5）玻璃与构件不得直接接触。玻璃四周与构件凹槽应保持一定空隙，每块玻璃下部应设置不少于两块弹性定位垫块；垫块的宽度与槽口宽度应相同，长度不应小于150mm；玻璃两边嵌入量及空隙应符合设计要求。

3.4 季节性施工

（1）雨期各种材料的运输、搬运、存放，均应采取防雨、防潮措施，以防止发生霉变、生锈、变形等现象，特别注意 LED 箱体应避免淋雨受潮。（2）冬期若需焊接，先用喷灯烘烤焊接件，使其均匀升温达到焊接工艺要求再进行施焊。（3）冬季若打胶则预先将耐候胶置于暖房中（室内 20℃左右）一夜，然后迅速取出进行施打作业，同时注意从暖房中取胶要依次分取，用多少取多少，尽可能减少耐候胶施打前在室外滞留的时间。（4）冬期玻璃屏安装施工前，玻璃从过冷或过热的环境中运入操作地点后，应待玻璃温度与操作场所温度相近后再行安装。（5）雨天不进行焊接和打胶作业。（6）连续雨天或下大雨、风力大于 4 级不宜施工时，为保证施工人员及已安装的玻璃屏的安全，应停止施工，并对已安装的玻璃屏体进行防雨、防风保护。（7）雨天应保护好露天电气设备，以防雨淋和潮湿，检查漏电保护装置的灵敏度，使用移动式和手持电动设备时，一要有漏电保护装置，二要使用绝缘护具，三要电线绝缘良好。

---

4 / 质量要求

4.1 主控项目

（1）LED 透明玻璃隔断屏工程所用材料的品种、规格、性能、图案和颜色应符合设计要求。玻璃屏的玻璃应使用安全玻璃。

检验方法：观察；检查产品合格证书、进场验收记录和性能检测报告。

（2）LED 屏箱体及其附件制作质量应符合设计图纸要求和有关标准规定，并附有出场合格证和产品验收凭证。

检验方法：检查产品合格证书和验收凭证。

（3）LED 屏所用的发光组件及线路组件应符合相关设计标准和规范，发光点像素、间距及亮度符合设计要求，封装完成的玻璃屏不应出现死灯、坏灯，线路不应有氧化变色的现象。

检验方法：观察；检查各组件的产品合格证书。

（4）LED 屏的玻璃裁割尺寸应准确，满足相关规范对尺寸允许偏差的要求，安装平整、牢固、无松动现象。

检验方法：测量；手推检查。

（5）所有支撑结构件的安装应牢固，其位置及连接方法应符合设计要求。

检验方法：观察；手推检查；检查施工记录。

4.2 一般项目

（1）LED 玻璃屏颜色符合设计要求，表面平整洁净、清晰美观。

检验方法：观察。

（2）LED 玻璃屏的安装接缝应横平竖直，玻璃表面洁净，无斑污、缺损和划痕，安装朝向正确。

检验方法：观察。

（3）外露的铝合金装饰盖板等的表面洁净，无划痕、碰伤，不应有变形。

检验方法：观察。

（4）螺钉与构件应结合紧密，表面不得有凹凸现象。

检验方法：观察。

（5）玻璃密封胶应密封均匀一致，表面平整光滑不得有胶痕。

检验方法：观察。

（6）LED玻璃屏的嵌缝应密实平整、均匀顺直、深浅一致。

检验方法：观察。

（7）LED玻璃屏安装的允许偏差和检验方法应符合表1.9.4-1的规定。

LED玻璃屏安装的允许偏差和检验方法   表1.9.4-1

项次	项目	允许偏差（mm）	检验方法
1	立面垂直度	2	用2m垂直检测尺检查
2	阴阳角方正	2	用直角检测尺检查
3	接缝直线度	2	拉5m线，不足5m拉通线，用钢尺检查
4	接缝高低差	2	用钢尺和塞尺检查
5	接缝宽度	1	用钢直尺和塞尺检查

5　成品保护

（1）LED透明玻璃屏箱体的成品在工厂加工完成后存放时，在箱体构件下安装一定数量的垫木或放置在专门的存放架上，禁止构件直接与底面接触，并采取一定的防止滑动和滚动措施，如放置防滑块等；构件与构件需要重叠放置的时候，在构件间放置垫木或橡胶垫块以防止构件间相互碰撞。（2）成品LED透明玻璃屏箱体必须堆放在车间中的指定位置。在其四周放置警示标志，防止工厂在进行其他吊装作业时碰伤。（3）LED透明玻璃屏箱体转运前需用木箱进行包装，包装箱应有足够的牢固程度，应保证产品在运输过程中不会损坏。应保证装入包装箱的LED透明屏不会发生互相碰撞。包装箱上应有醒目的"小心轻放""向上"等标志。（4）从工厂运输LED透明玻璃屏箱体至施工现场时，应用专用车进行运输，装车时应保证固定牢固，轻拿轻放，专人指挥，严防野蛮装卸。运输中应尽量保持车速行驶平稳，路况不好时注意慢行，运输途中应经常检查货物情况。卸货时应尽量采用叉车、吊车进行卸货，应避免多次搬运造成损坏。（5）成品LED透明玻璃屏产品运送到施工现场后，在卸货之前，应对成品进行外观检查，首先检查货物装运是否有撞击现象，撞击后是否有损坏，必要时拆开箱体进行检查。（6）施工现场应准备专门的存放点进行存放，并注意堆放整齐；存放点应注意防雨、防潮，不得与酸、碱、盐类物质或液体接触。LED玻璃屏箱体存储时应依照安装顺序排列，存储架应由足够的承载能力和刚度，储存时应采取保护措施。（7）对已安装好的LED透明玻璃屏应采取必要的保护措施，并在视线等高位置，玻璃的表面贴"禁止碰撞"的标志。

6　安全、环境保护措施

参见第63页"6　安全、环境保护措施"。

7　工程验收

（1）LED透明玻璃隔断屏工程验收时应检查下列文件和记录：① LED透明玻璃隔断屏工程的施工图、设计说明及其他设计文件；② LED透明玻璃隔断屏所用的各材料、五金配件、构件及组件的产品合格证书、检测报告、进场验收记录和复验报告；③ LED透明玻璃隔断屏所用硅酮结构胶的认定证书和抽查合格正面；进口硅酮胶的商检证；国家指定检测机构出具的硅酮结构胶相容性和剥离粘结性实验报告；④ 隐蔽工程验收记录。

（2）相同设计、材料、工艺和施工条件的LED透明玻璃隔断屏工程每500～1000m²应划分为一个检验批，不足500m²也应划分为一个检验批。

同一单位工程的不连续的LED透明玻璃隔断屏工程应单独划分检验批。

（3）每个检验批每100m²应至少抽查一处，每处不得小于10m²。对于异形或有特殊要求的LED透明玻璃隔断屏工程，应根据工程的结构和工艺特点，由监理单位（或建设单位）和施工单位协商确定。

（4）检验批合格质量和分项工程质量验收合格应符合下列规定：① 抽查样本主控项目均合格；一般项目80%以上合格，其余样本不得有影响使用功能或明显影响装饰效果的缺陷。均须具有完整的施工操作依据、质量检查记录。② 分项工程所含的检验批均应符合合格质量规定，所含的检验批的质量验收记录应完整。

（5）分部（子分部）工程质量验收合格应符合下列规定：① 分部（子分部）工程所含分项工程的质量均应验收合；② 质量控制资料应完整；③ 观感质量验收应符合要求。

8　质量记录

质量记录包括：（1）产品合格证书、性能检测报告；（2）进场验收记录和复验报告；（3）技术交底记录；（4）施工安装的自查记录；（5）隐蔽工程验收记录；（6）检验批质量验收记录；（7）分项工程质量验收记录。

P091-220

第 1 节　双曲变截面 C 形钢柱蜂窝铝板施工工艺

主编点评

　　C 形钢柱是新型复杂空间圆钢管结构，曲面形状复杂，主要应用于支撑大跨空间结构等。本工艺以北京大兴国际机场航站楼项目为实例，针对双曲变截面 C 形钢柱蜂窝铝饰面板造型复杂、定位难等施工难题，采用数字化、装配化进行设计和施工，采用直臂式高空作业车取代传统脚手架施工，实现了 C 形钢柱蜂窝铝饰面板安装精准、高效及安全。该技术获得建筑装饰行业科学技术奖一等奖、广东省工程建设省级工法等荣誉。

1　　总　　则

1.1　适用范围
本工艺适用于航站楼、车站、体育馆等建筑的 C 形钢柱装饰工程施工。

1.2　编制参考标准及规范
（1）《建筑装饰装修工程质量验收标准》GB 50210
（2）《装配式内装修技术标准》JGJ/T 491
（3）《钢结构工程施工质量验收标准》GB 50205
（4）《民用建筑工程室内环境污染控制标准》GB 50325
（5）《建筑内部装修设计防火规范》GB 50222
（6）《铝合金建筑型材》GB/T 5237.1～5237.6
（7）《非结构构件抗震设计规范》JGJ 339

2　　施工准备

2.1　技术准备
（1）严格按照设计文件编制双曲变截面 C 形钢柱蜂窝铝饰面板专项施工方案，并进行技术交底，施工人员应经过培训并经考核合格。（2）深化设计图纸，对施工图纸进行会审，技术复核，熟悉图纸，了解各种工艺技术、材料性能及施工方法。

2.2　材料要求
（1）蜂窝铝板规格、质量、强度等级应符合有关设计要求和国家、行业标准的规定，使用的辅助材料应与主材相配套。（2）钢龙骨采用碳素结构钢或低合金结构钢，种类、牌号、质量等级应符合设计要求，其规格尺寸应按设计图纸加工，并做好防腐处理，锌膜或涂膜厚度应符合国家相关标准。（3）其他材料：不锈钢等金属连接件、不锈钢或铝合金挂件、螺栓螺母等五金配件，其材质、品种、规格、质量应符合设计要求。

2.3　主要机具

（1）机械：直臂式高空作业车、台式钻机、切割机等。（2）工具：力矩扳手、开口扳手、手电钻、拉铆枪、锤子等。（3）计量检测用具：三维激光扫描仪、全站仪、水准仪、激光测距仪、2m靠尺、角尺、水平尺、钢尺等。

2.4　作业条件

（1）C形钢柱结构施工完成并通过验收，施工场地已移交，场地平整、干净，临时用电设施及消防设施安全可靠。（2）进场材料通过验收，堆放整齐，并做好标记。（3）进场施工机械验收合格。（4）样板施工完成并经各方鉴定合格，深化设计图纸经签字确认。

3　施工工艺

3.1　工艺流程

三维激光扫描、点云数据获取　——→　点云数据分析、修正建筑模型　——→

深化设计、图纸确认　——→　BIM技术辅助构件排布、提取下料加工单及安装控制数据单　——→

施工测量、放线　——→　龙骨系统安装　——→　蜂窝铝板安装　——→

面板调整　——→　清洁、验收

3.2　操作工艺

（1）三维激光扫描、点云数据获取

扫描工作开始前，三维激光扫描仪操作人员提前进入现场熟悉情况，结合工程现场实际状况编制扫描专项方案并履行相关审批手续。根据扫描仪扫描范围、现场通视条件等情况确定设站数、标靶放置位置、扫描线路等，在现场指定设站位置架设扫描仪（图2.1.3-1），保证最大的扫描视点。在扫描过程中为了得到精确的信息，应确保扫描区域内无杂物及人员出现，避免造成视线遮挡。为了确保获取的点云数据能准确地反映C形柱结构真实的空间形态，对于结构形式特殊的部位，采取标靶加密的措施增加扫描反射点（图2.1.3-2），确保获取的点云数据（图2.1.3-3）与C形柱的实际空间状态完全吻合。

（2）点云数据分析、修正建筑模型

使用三维激光扫描仪多次设立扫描站点，以非接触式的测量方式快速收集到C形柱表面大量的密集点三维坐标数据之后，将数据导入专用软件进行处理。

C形柱造型独特，柱体四个面的结构外形均不相同，分站点扫描完成之后得到的数据都是零散的，所有站点的数据必须拼接整合，整合后需要多次抽样，归并重合部分的点云

图 2.1.3-1 北京大兴国际机场 C 形柱
三维激光扫描

图 2.1.3-2 标靶加密

图 2.1.3-3 点云数据获取

信息数据，精简数据，去除掉不必要的点、有偏差的点及错误的点后才可以进行下一步的操作。

通过整合、过滤、压缩以及特征提取等过程，详细分析点云数据与设计院提供的 C 形柱建筑模型的偏差，出具三维激光扫描对比报告（图 2.1.3-4），全面汇总 C 形柱所有杆件的实际偏差数据后，把现场的实际数据添加到原建筑模型之中，重新修正建立与实际状态完全吻合的 C 形柱建筑模型（图 2.1.3-5）。

（3）深化设计、图纸确认

C 形柱柱体结构主要包括边部 2 根圆管、中间 3 榀桁架，以及各单元间的连系杆三大部分，整体结构外形呈外翻反扇形，造型复杂多变，装饰工程传统的二维施工图无法指导具体施工，必须采用三维图纸。

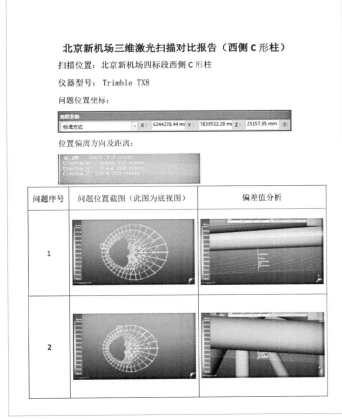

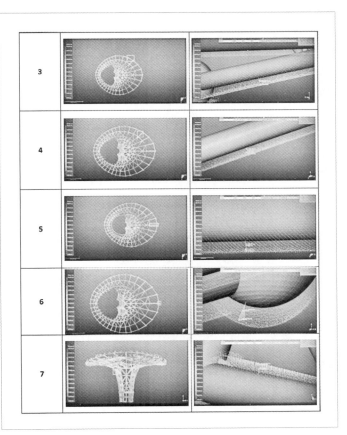

图 2.1.3-4 三维激光扫描对比报告

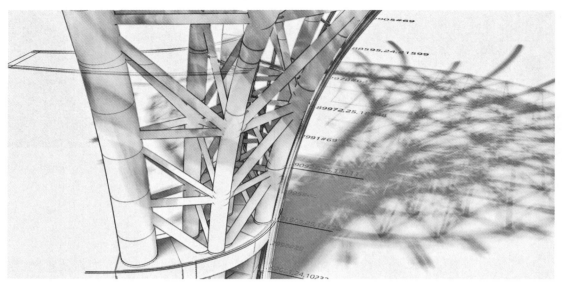

图 2.1.3-5　C 形柱建筑模型

C 形柱建筑模型重新建立后，新模型可辅助项目深化设计团队加快工作进程，在新的模型上结合设计院提供的原始装修施工图，模拟布置装饰龙骨系统，消除柱体钢结构变形等误差的影响，调整优化形成龙骨布置图。

根据 C 形柱装饰龙骨系统完成的曲面表皮模型，重新排布装饰外立面图，结合吊顶系统平面图，做好面板间留缝与吊顶分缝的自然衔接，在整体模型上测量各区段板缝变化曲线，完成装饰面板布置平面图（图 2.1.3-6～图 2.1.3-11）。

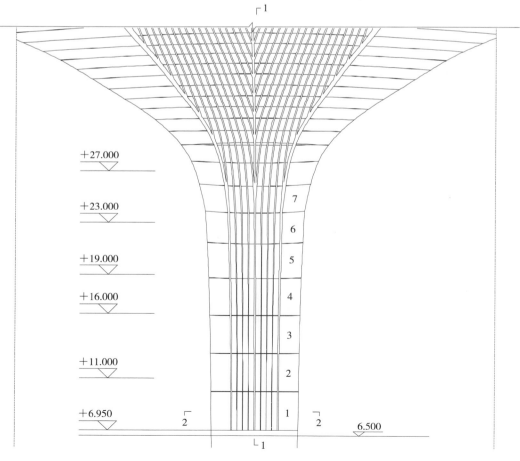

图 2.1.3-6　C 形柱正投影局部缝图

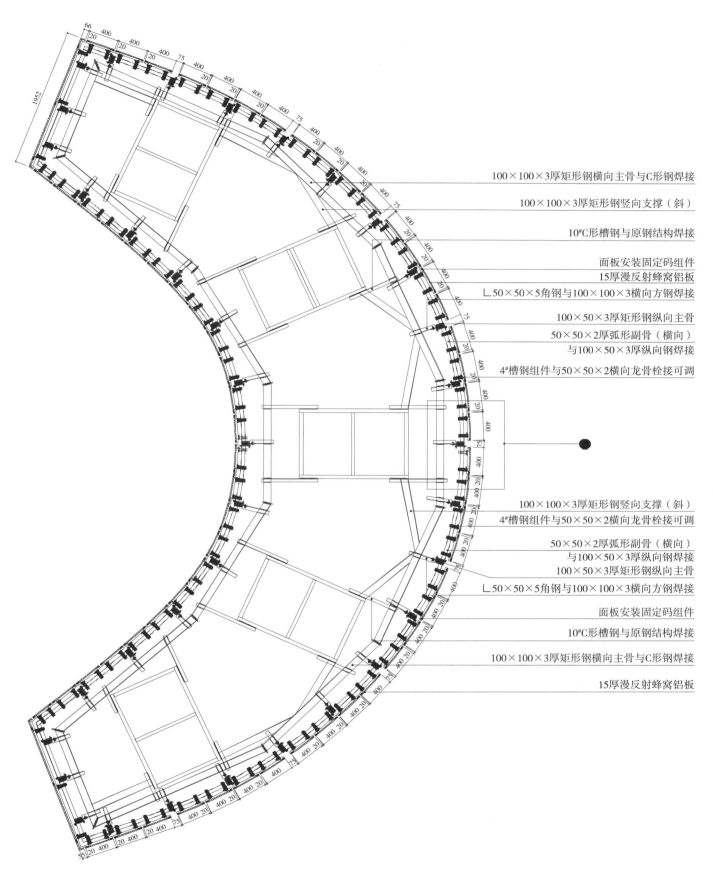

100×100×3厚矩形钢横向主骨与C形钢焊接

100×100×3厚矩形钢竖向支撑（斜）

10#C形槽钢与原钢结构焊接

面板安装固定码组件
15厚漫反射蜂窝铝板
∟50×50×5角钢与100×100×3横向方钢焊接

100×50×3厚矩形钢纵向主骨
50×50×2厚弧形副骨（横向）
与100×50×3厚纵向钢焊接
4#槽钢组件与50×50×2横向龙骨栓接可调

100×100×3厚矩形钢竖向支撑（斜）
4#槽钢组件与50×50×2横向龙骨栓接可调

50×50×2厚弧形副骨（横向）
与100×50×3厚纵向钢焊接
100×50×3厚矩形钢纵向主骨
∟50×50×5角钢与100×100×3横向方钢焊接

面板安装固定码组件

10#C形槽钢与原钢结构焊接

100×100×3厚矩形钢横向主骨与C形钢焊接

15厚漫反射蜂窝铝板

图 2.1.3-7　C 形柱标准构造横向剖面图

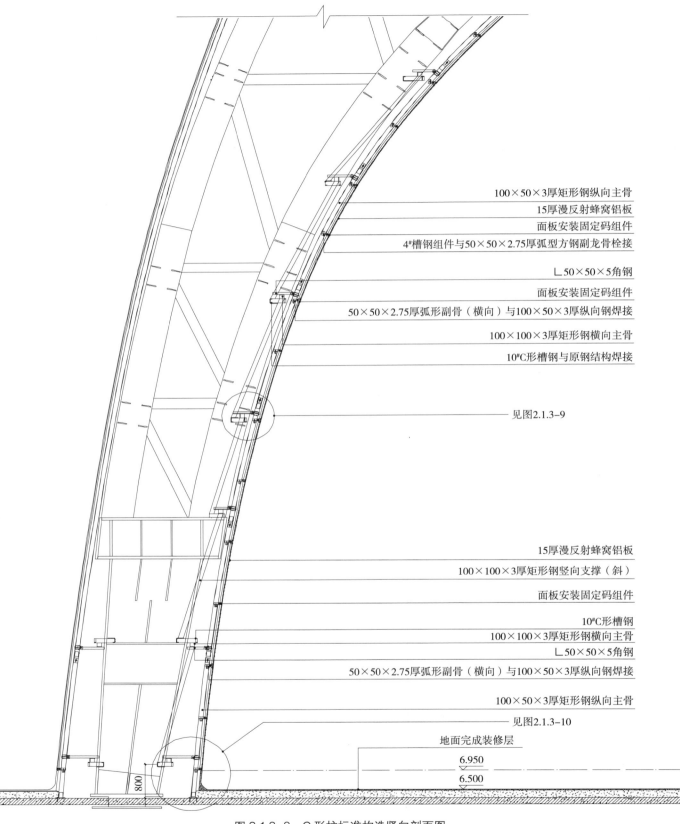

100×50×3厚矩形钢纵向主骨
15厚漫反射蜂窝铝板
面板安装固定码组件
4#槽钢组件与50×50×2.75厚弧型方钢副龙骨栓接

∟50×50×5角钢
面板安装固定码组件
50×50×2.75厚弧形副骨（横向）与100×50×3厚纵向钢焊接
100×100×3厚矩形钢横向主骨
10#C形槽钢与原钢结构焊接

见图2.1.3-9

15厚漫反射蜂窝铝板
100×100×3厚矩形钢竖向支撑（斜）

面板安装固定码组件

10#C形槽钢
100×100×3厚矩形钢横向主骨
∟50×50×5角钢
50×50×2.75厚弧形副骨（横向）与100×50×3厚纵向钢焊接

100×50×3厚矩形钢纵向主骨

见图2.1.3-10

地面完成装修层

6.950

6.500

800

图2.1.3-8　C形柱标准构造竖向剖面图

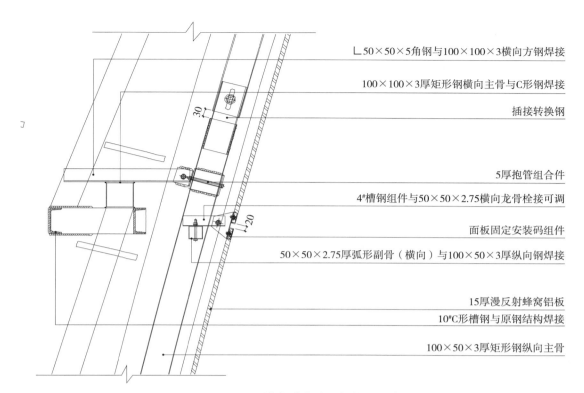

L50×50×5角钢与100×100×3横向方钢焊接

100×100×3厚矩形钢横向主骨与C形钢焊接

插接转换钢

5厚抱管组合件

4#槽钢组件与50×50×2.75横向龙骨栓接可调

面板固定安装码组件

50×50×2.75厚弧形副骨（横向）与100×50×3厚纵向钢焊接

15厚漫反射蜂窝铝板

10#C形槽钢与原钢结构焊接

100×50×3厚矩形钢纵向主骨

图 2.1.3-9　C形柱标准构造局部剖面大样图

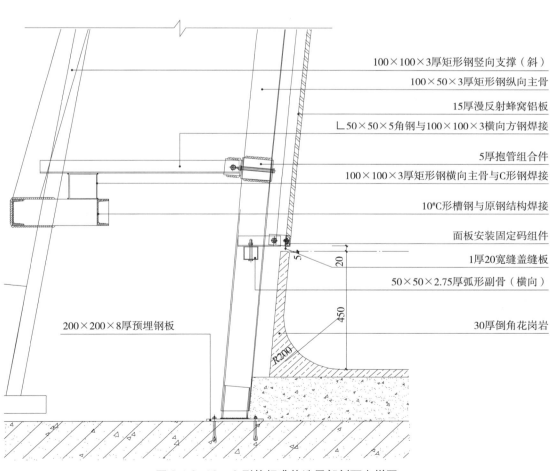

100×100×3厚矩形钢竖向支撑（斜）

100×50×3厚矩形钢纵向主骨

15厚漫反射蜂窝铝板

L50×50×5角钢与100×100×3横向方钢焊接

5厚抱管组合件

100×100×3厚矩形钢横向主骨与C形钢焊接

10#C形槽钢与原钢结构焊接

面板安装固定码组件

1厚20宽缝盖缝板

50×50×2.75厚弧形副骨（横向）

30厚倒角花岗岩

200×200×8厚预埋钢板

图 2.1.3-10　C形柱标准构造局部剖面大样图

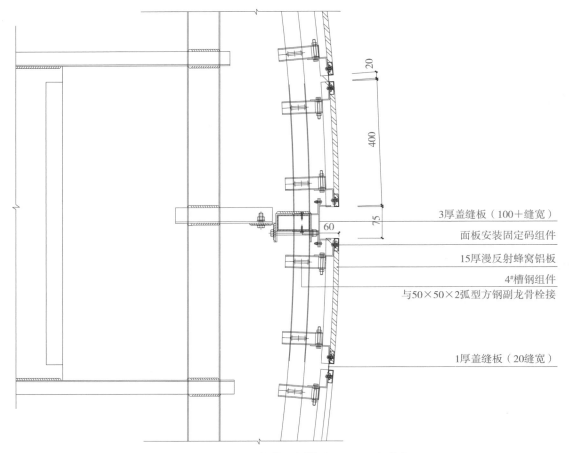

图 2.1.3-11　C 形柱第一板块（3m 以下）节点

（4）BIM 技术辅助构件排布、提取下料加工单及安装控制数据单

深化图纸经评审确认后，在 C 形柱模型上对装饰龙骨构件重新按设计确定的规格尺寸及间距要求进行模拟排布（图 2.1.3-12），以柱体定位轴线为基础，按设计要求的龙骨间距，对称编号排布竖向龙骨（图 2.1.3-13）。因柱身高度达到 28m，截面多变，随着高度的变化，竖向龙骨间间距逐渐加大，间距超过一定范围时应通过附加龙骨来加密龙骨的排布（图 2.1.3-14），确保整根 C 形柱装饰竖向龙骨分布均满足设计要求。

在整体模型图上运用 BIM 辅助提取精准的构件下料加工单（图 2.1.3-15、图 2.1.3-16）。下料时要求竖向龙骨必须提供分段加工图的具体参考数据，并同时生成安装时的控制点的三维控制数据单。

面层蜂窝铝板下料单通过铝板表皮整体模型应用 BIM 技术提取，提取板块的下料加工单的同时提取安装时控制点的三维控制数据单，各种有关 C 形柱装饰施工的材料通过整体模型数据比对，采用数字化的预拼装可最大程度保证构件的加工精度。

依据 C 形柱整体模型完成龙骨构件重新排布并提取下料加工单后，龙骨构件安装的定位数据可通过模型定点提供精准的三维控制数据，龙骨安装时通过全站仪依据三维安装控制数据做好龙骨杆件特征点的精确定位。

（5）施工测量、放线

施工图深化设计完成后，依据深化设计施工图进行 C 形柱装饰工程测量放线工作。工程测量人员依据三维定位数据，运用全站仪等对 C 形柱的龙骨骨架安装进行精准测量定位（图 2.1.3-17），确保安装的 C 形柱装饰龙骨系统定位准确。

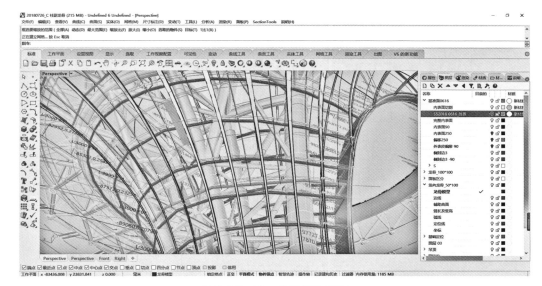

图 2.1.3-12　龙骨模拟排布

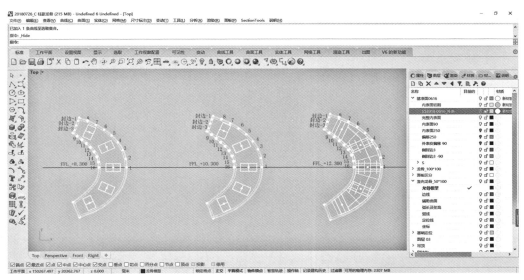

图 2.1.3-13　竖龙骨排布图

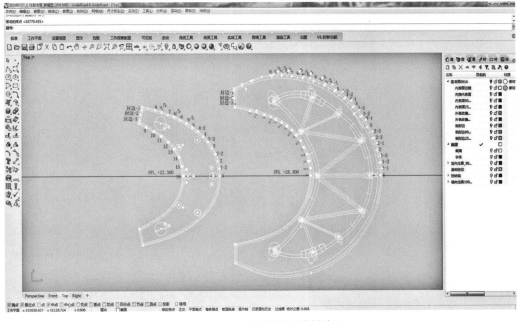

图 2.1.3-14　竖龙骨加密排布图

序号	杆件编号	弧长(mm)	弦高(mm)	个数	弯弧方向	备注
	东西两侧C柱竖龙骨-100x50(剩余段)					
1	CXZ-SLG-1g-12	2970	#7	2	内弧	
2	CXZ-SLG-2g-12	2970	#7	4	内弧	
3	CXZ-SLG-3g-12	2970	#8	4	内弧	
4	CXZ-SLG-FB_1g-12	2970	#52	4	内弧	
5	CXZ-SLG-FB_2g-12	2970	#74	4	内弧	
6	CXZ-SLG-FB_3g-12	2970	#63	4	内弧	
7	CXZ-SLG-FB_1g-13	2970	#99	4	内弧	
8	CXZ-SLG-FB_2g-13	2970	#77	4	内弧	
9	CXZ-SLG-FB_3g-13	2970	#126	4	内弧	
10	CXZ-SLG-FB_1g-14	2970	#119	4	内弧	分两个包，相同杆件一半一个包
11	CXZ-SLG-FB_2g-14	2970	#139	4	内弧	
12	CXZ-SLG-FB_3g-14	2970	#99	4	内弧	
13	CXZ-SLG-FB_1g-15	2970	#119	4	内弧	
14	CXZ-SLG-FB_2g-15	2970	#118	4	内弧	
15	CXZ-SLG-FB_3g-15	2970	#124	4	内弧	
16	CXZ-SLG-1_2g-7	2970	#6	4	内弧	
17	CXZ-SLG-2_2g-7	2970	#6	4	内弧	
18	CXZ-SLG-3_2g-7	2970	#8	4	内弧	
19	CXZ-SLG-4_2g-7	2970	#12	4	内弧	
20	CXZ-SLG-5_2g-7	2970	#16	4	内弧	
21	CXZ-SLG-6_2g-7	2970	#19	4	内弧	
22	CXZ-SLG-2_2g-8	2970	#6	4	内弧	
23	CXZ-SLG-4_2g-8	2970	#9	4	内弧	
	汇总：			90		

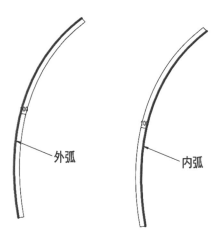

外弧　内弧

图 2.1.3-15　龙骨下料加工单示意图

板块编号	A边弧长	B边弧长	C边弧长	D边弧长	A边弦高	B边弦高	C边弦高	D边弦高	对角线L1	对角线L2
LB-01	400.1	2991	400.1	2990.4	4.5	14.4	4.3	14.9	3008.8	3025.5
LB-02	400	2990.4	400	2990.1	4.1	15	3.9	15.5	3011.6	3021.7
LB-03	400	2990.1	400	2990	3.6	15.5	3.3	15.8	3014.3	3018.6
LB-04	400	2990	400	2990	2.9	15.8	2.8	15.9	3016.7	3016.2
LB-05	400	2990	400	2990	2.9	15.9	2.8	15.8	3016.2	3016.7
LB-06	400	2990	400	2990.1	3.6	15.8	3.3	15.5	3018.6	3014.3
LB-07	400	2990.1	400	2990.4	4.1	15.5	3.9	15	3021.7	3011.6
LB-08	400.1	2990.4	400.1	2991	4.5	14.9	4.3	14.4	3025.5	3008.8
LB-09	400.1	2981.7	400.2	2980.7	4.3	21.5	4.2	21.8	2996.5	3018.5
LB-10	400	2980.8	400.1	2980.2	3.9	21.8	3.8	22	3000.2	3013.4
LB-11	400	2980.2	400	2980	3.3	22.1	3.3	22.2	3003.7	3009.1
LB-12	400	2980	400	2980	2.8	22.2	2.8	22.2	3006.9	3005.7
LB-13	400	2980	400	2980	2.8	22.2	2.8	22.2	3005.7	3006.9
LB-14	400	2980	400	2980	3.3	22.2	3.3	22.1	3009.1	3003.7
LB-15	400	2980.2	400.1	2980.8	3.9	22	3.8	21.8	3013.4	3000.2
LB-16	400.1	2980.7	400.2	2981.7	4.3	21.8	4.2	21.5	3018.5	2996.5
LB-17	400.2	2982.6	400.3	2981	4.2	27.1	4	27.3	2994.5	3021.2
LB-18	400.1	2981.1	400.1	2980.2	3.8	27.4	3.7	27.5	2998.8	3014.7
LB-19	400	2980.3	400	2980	3.3	27.6	3.3	27.6	3003	3009.4
LB-20	400	2980	400	2980.1	2.8	27.7	2.8	27.7	3006.9	3005.3
LB-21	400	2980.1	400	2980	2.8	27.7	2.8	27.7	3005.3	3006.9
LB-22	400	2980	400	2980.3	3.3	27.6	3.3	27.6	3009.4	3003
LB-23	400.1	2980.2	400.1	2981	3.8	27.5	3.7	27.4	3014.7	2998.8
LB-24	400.2	2981	400.3	2982.6	4.2	27.3	4	27.1	3021.2	2994.5
LB-25	400.3	2984.2	400.5	2981.6	4	41.8	3.8	41.9	2991.3	3024.7
LB-26	400.1	2981.9	400.2	2980.4	3.7	42	3.6	42	2996.2	3016.3
LB-27	400	2980.6	400	2980	3.3	42.1	3.2	42.1	3001.3	3009.5
LB-28	400	2980	400	2980.2	2.8	42.2	2.9	42.2	3006.2	3004.2
LB-29	400	2980.2	400	2980	2.8	42.2	2.9	42.2	3004.2	3006.2
LB-30	400	2980	400	2980.6	3.3	42.1	3.2	42.1	3009.5	3001.3
LB-31	400.1	2980.4	400.2	2981.9	3.7	42	3.6	42	3016.3	2996.2
LB-32	400.3	2981.6	400.5	2984.2	4	41.9	3.8	41.8	3024.7	2991.3
LB-33	400.5	2989.1	401.3	2984	3.8	70.2	3.5	69.3	2983.7	3034.2
LB-34	400.2	2984.2	400.5	2981.2	3.6	69.1	3.4	68.5	2989.5	3020.8
LB-35	400	2981.3	400.1	2980.1	3.2	68.4	3.1	68.1	2996.5	3010.1
LB-36	400	2980.1	400	2980.3	2.9	68.1	2.8	68.1	3003.8	3001.8
LB-37	400	2980.3	400	2980.1	2.9	68.1	2.8	68.1	3001.8	3003.8
LB-38	400	2980.1	400.1	2981.3	3.2	68.1	3.1	68.4	3010.1	2996.5

LB-01

图 2.1.3-16　蜂窝铝板下料加工单示意图

图 2.1.3-17　测量定位

（6）龙骨系统安装

① C形柱附加横向龙骨安装

C形柱主要由底部箱型底座和上部网格结构两大部分组成，上部网格结构可以分为边部2根圆管、中间3榀桁架，以及各单元间的连系杆三大部分，结构杆件均为圆管且杆件间的间距过大，无法作为柱面装饰龙骨系统的连接点使用。为了确保龙骨系统与主体结构的可靠连接，在安装竖向龙骨前，需要在C形柱原钢结构上增加附加横向龙骨（图2.1.3-18）作为装饰工程竖向龙骨的连接点，其间距应满足设计要求。附加横向龙骨与主体结构应用栓接方式与主体钢结构连接，装饰系统不得对主体钢结构进行破坏性连接。当采用焊接连接时，应采取措施减小焊接对C形柱钢结构的变形和附加应力的影响。

② 竖向龙骨安装

C形柱形状极不规则，其形状下部小、上部大，且结构呈外翻趋势，竖向龙骨构件在工厂加工制作阶段，采用三维激光扫描和数字化预拼装技术保证构件的加工精度。竖向龙骨采用分段工厂预制加工并贴好识别码，现场安装前将同一根竖向龙骨的上、下节在地面通过芯套对接（图2.1.3-19），龙骨及芯套上均预留有螺栓孔，对接到位后穿入螺栓即可，地面拼装时穿心螺栓不需紧固，保持连接处杆件松动可调。安装过程中，用高空直臂作业车将龙骨组合杆件吊运至安装层面，并利用组合式U形卡件临时将竖向龙骨固定在附加横向龙骨上，然后通过全站仪对杆件安装控制点进行精准定位（图2.1.3-20），调整竖向龙骨使其空间位置符合安装三维定位数据的要求。随着高度的变化，根据前期确定的增加附加竖向龙骨方案，在需要增加附加竖向龙骨的位置增加龙骨，安装时逐一检查龙骨间的横向间距避免累积误差。竖向龙骨通过U形卡件与附加横向龙骨之间柔性连接，基本安装完成后利用全站仪逐一分段调整，确保三维定位无误后紧固U形卡件螺栓上的螺母。

③ 横向龙骨安装

竖向龙骨安装完毕，经三维激光扫描技术检测符合设计要求后即可安装横向龙骨，横向龙骨采用工厂加工，构件逐一编号后运至现场安装。安装前根据龙骨分格图在竖向龙骨上画线确定好龙骨的安装位置，根据竖向龙骨上已测量确认的位置检测无误后固定横向龙骨，形成整体龙骨系统（图2.1.3-21）。

图2.1.3-18　附加横向龙骨安装

图2.1.3-19　竖向龙骨地面拼装

图 2.1.3-20　竖向龙骨安装　　　　　　　　图 2.1.3-21　横龙骨安装

（7）蜂窝铝板安装

根据前期确定的安装顺序及蜂窝铝板排布图，在地面完成蜂窝铝板的组装（图 2.1.3-22），将螺栓套入蜂窝铝板预埋槽内并将 L 形转接件固定在蜂窝铝板背面。将板块运至安装位置，在装饰系统横向龙骨上初步固定，固定在横向龙骨上的 U 形卡件应与龙骨表面完全贴合后才可紧固卡件两端螺母（图 2.1.3-23）。蜂窝铝板安装过程中采用全站仪依据 BIM 技术提取的板块三维定位坐标确定每块板块的安装位置，通过调节 U 形卡件螺栓杆上的螺母调整每块蜂窝铝板的空间位置，使其符合设计要求。

图 2.1.3-22　蜂窝铝板组装　　　　　　　图 2.1.3-23　蜂窝铝板安装

（8）面板调整

蜂窝铝板初步安装完成后，选用经专项培训的安装人员对单元板块进行调整，调整前根据 C 形柱装饰面层表皮的整体模型提取纵、横向调整控制点的三维坐标，控制点间的距离不得大于 1000mm，调整顺序以 C 形柱中央板块为调整基准。运用全站仪辅助，先将中心列的板块调整至符合设计要求（图 2.1.3-24），再按照左右对称同步调整的方法由中间向两侧进行调整。保证板块间距、板块表面曲线符合设计要求，C 形柱外弧板块间的宽缝必须与空间结构大吊顶系统的组合板块间留缝拼接自然。调整完成后整体柱面装饰外观弧面符合建筑师的曲线线形要求，工程质量实测达到工程验收要求。

（9）清洁、验收

面板调整施工完成后，安排专人用柔软布料对 C 形柱蜂窝板板面从上至下进行清洁，清除所有施工污渍。整理所有施工资料，自检合格后办理工程验收手续。

图 2.1.3-24　面板调整　　　图 2.1.3-25　北京大兴国际机场 C 形柱铝板完成图

3.3　质量关键要求

（1）龙骨应牢固、平顺：利用可调节连接件和螺栓调整拱度，安装龙骨时应严格按放线的水平标准线和基准线组装，受力节点应严密、牢固，保证龙骨的整体刚度。龙骨的尺寸应符合设计要求，纵横拱度均匀，互相适应。柱面龙骨严禁有硬弯，如有必须调直再进行固定。（2）蜂窝铝板的尺寸应符合设计要求：柱面蜂窝铝板面层必须保证弧度顺滑、平整，应避免出现小边现象，饰面板的品种、规格符合设计要求，外观质量应符合材料技术标准。（3）蜂窝铝板在材料运输、装卸、保管和安装的过程中，均应做到轻拿轻放、精心管理，不得损伤材料的表面和边角。（4）龙骨安装完毕，应经检查合格后再安装铝板。配件应安装牢固，严禁松动变形。

3.4　季节性施工

（1）雨期各种材料的运输、搬运、存放，均应采取防雨、防潮措施，以防止发生霉变、生锈、变形等现象。（2）寒冷地区冬期施工前，应完成建筑外围护工程的安装，否则应对施工区域设置临时封挡保温。

4　　　　　　　　　　　　　　　　质量要求

4.1　主控项目

（1）蜂窝铝板完成面的标高、分格和表面曲线起拱与弧线应符合设计要求。

检验方法：观察；尺量检查。

（2）蜂窝铝板的材质、品种、规格、图案和颜色应符合设计要求。

检验方法：观察；检查产品合格证书、性能检查报告、进场验收记录和复验报告。

（3）龙骨的材质、规格、安装间距及连接方式应符合设计要求。龙骨应进行防腐、防火处理。

检验方法：观察；尺量检查；检查产品合格证书、性能检测报告、进场验收记录和隐蔽工程验收记录。

（4）龙骨、蜂窝铝板安装应牢固。

检验方法：观察；力矩扳手检查；检查隐蔽工程验收记录和施工记录。

4.2　一般项目

（1）饰面材料表面应洁净、色泽一致，不得有翘曲、裂缝及缺损。单元板块留缝应平直、宽窄一致。

检验方法：观察；尺量检查。

（2）金属龙骨的接缝应均匀一致，角缝应吻合，表面应平整，无翘曲、锤印。

检验方法：检查隐蔽工程验收记录和施工记录。

（3）变截面双曲面 C 形柱蜂窝铝板安装的允许偏差和检验方法应符合表 2.1.4-1 的规定。

C 形柱蜂窝铝板安装的允许偏差和检验方法　　　　　　　　　　　　　　　　　　表 2.1.4-1

项次	项目	允许偏差（mm）	检验方法
1	表面平整度	3	用 2m 靠尺和塞尺检查
2	接缝直线度	2	拉 5m 线，不足 5m 拉通线，用钢直尺检查
3	接缝高低差	1	用钢直尺和塞尺检查
4	接缝宽度	1	用钢直尺检查

5　　　　　　　　　　　　　　　　成品保护

（1）施工中各专业工种应紧密配合，合理安排工序，严禁颠倒工序作业。（2）安装龙骨时，应用栓接方式与主体钢结构连接，装饰系统不得对主体钢结构进行破坏性连接。（3）材料运输及安装过程中注意防止碰撞损坏。（4）蜂窝铝板出厂时应进行覆膜保护，现场安装完成后拆除覆膜。

6　　　　　　　　　　　　　　安全、环境保护措施

6.1　安全措施

（1）设立施工现场监控系统，发现隐患，及时处理。（2）牢固树立"预防为主、安全第一"的思想，全面落实"三宝""四口"防护及防火、防盗、用电安全，实施挂牌出入施工现场制度，安全保卫巡检制度和用电专人负责制度。（3）现场使用的机械设备，要按平面布置规划固定点存放，遵守机械安全规程，经常保持机身及周围环境的清洁，机械的标记、编号明显，安全装置可靠。（4）高空作业必须佩戴安全带，直臂式高空作业车每天作业前应进行一次全面检查，试运行无误后才可以正式投入使用。（5）施工现场临时用电应符合现行行业标准《施工现场临时用电安全技术规范》JGJ 46 的规定，严禁乱接乱拉，远距离电缆电线应架空固定。（6）小型电动工具必须安装"漏电保护"装置，使用时应经试运转合格后方可操作。电器设备应有接地、接零保护，现场维护电工必须持证上岗。

6.2 环保措施

（1）严格按现行国家标准《民用建筑工程室内环境污染控制标准》GB 50325进行室内环境污染控制，对环保超标的原材料拒绝进场。（2）进行不定期检查，按施工现场环境保护检查、考评标准进行检查评分，作为工地安全文明考评标的依据。对于不符合环保要求的采取"三定"原则（定人、定时、定措施）予以整改，落实后及时做好复检工作。

（3）编制绿色施工作业指导书并向现场管理人员、施工工人进行交底，严格执行《建筑施工场界环境噪声排放标准》GB 12523，合理安排作业时间，施工时采用低噪声的工艺，最大限度减少施工噪声污染。（4）施工现场应做到工完场清，地面清扫时应洒水，以减少扬尘污染，保持施工现场清洁、整齐、有序。（5）废料及时分拣、清运、回收，施工垃圾设专人清理、装袋并将废料放置到指定地点，及时清运。（6）工程环境因素控制见表2.1.6-1，应从其环境影响及排放去向控制环境影响。

工程环境因素控制   表2.1.6-1

序号	环境因素	排放去向	环境影响
1	电的消耗	周围空间	资源消耗
2	高空直臂作业车等施工机具产生的噪声排放	周围空间	影响人体健康
3	切割粉尘的排放	周围空间	污染大气
4	金属屑等施工垃圾的排放	垃圾场	污染土地
5	加工现场火灾的发生	大气	污染土地、影响安全
6	防火、防腐涂料的废弃	周围空间	污染土地

7 　　工程验收

（1）饰面板工程验收时应检查下列文件和记录：① 施工图、设计说明及其他设计文件；② 材料的产品合格证书、性能检测报告、进场验收记录和复验报告；③ 隐蔽工程验收记录；④ 施工记录。

（2）饰面板工程应对下列隐蔽工程项目进行验收：① 龙骨安装；② 连接节点。

（3）饰面板工程中的钢龙骨应进行防锈处理。

（4）安装饰面板前应完成装饰面内管道和设备的调试及验收。

（5）同一类型的装配式蜂窝铝板墙面工程每层或每30间应划分为一个检验批，不足30间也应划分为一个检验批，大面积房间和走廊可按装配式隔墙30m² 计为1间。

（6）装配式蜂窝铝板墙面工程每个检验批应至少抽查20％，并不得少于4间，不足4间时应全数检查。

（7）检验批合格质量和分项工程质量验收合格应符合下列规定：① 抽查样本主控项目均合格；一般项目80％以上合格，其余样本不得有影响使用功能或明显影响装饰效果的缺陷。均须具有完整的施工操作依据、质量检查记录。② 分项工程所含的检验批均应符合合格质量规定，所含的检验批的质量验收记录应完整。

（8）分部（子分部）工程质量验收合格应符合下列规定：① 分部（子分部）工程所含分项工程的质量均应验收合格；② 质量控制资料应完整；③ 观感质量验收应符合要求。

---

8 / 质量记录

质量记录包括：（1）产品合格证书、性能检测报告；（2）进场验收记录、复验报告；（3）技术交底记录；（4）隐蔽工程验收记录；（5）检验批质量验收记录；（6）分项工程质量验收记录。

第 2 节　构件式金属板施工工艺

主编点评

　　本工艺介绍了构件式金属饰面板密缝式、留缝式、U形挂码式及竹饰面蜂窝铝板挂装构造及施工工艺，具有安装快捷、三维可调、质量可靠及维修方便等特点。

1　总　则

1.1　适用范围
本工艺适用于一般工业与民用建筑室内墙柱面为金属板（单层铝板、铝塑复合板、蜂窝铝板、彩色涂层钢板、搪瓷涂层钢板、不锈钢板、锌合金板、钛合金板、铜合金板等）的墙面工程施工。

1.2　编制参考标准及规范
（1）《建筑装饰装修工程质量验收标准》GB 50210
（2）《装配式内装修技术标准》JGJ/T 491
（3）《民用建筑工程室内环境污染控制标准》GB 50325
（4）《钢结构工程施工质量验收标准》GB 50205
（5）《金属与石材幕墙工程技术规范》JGJ 133
（6）《建设工程项目管理规范》GB/T 50326

2　施工准备

2.1　技术准备
（1）熟悉施工图纸，复核现场，根据现场构件、机电管线等综合情况协调深化设计。
（2）编制墙面金属板工程施工方案，对工人进行书面技术及安全交底，依据技术和安全交底作好施工准备。

2.2　材料要求
（1）所有钢材、龙骨、铝板、配件由工厂生产，根据深化设计图下料提供到工厂，工厂按设计图要求预制加工生产，到施工现场以组装为主。
（2）基层材料
① 钢龙骨一般用碳素结构钢或低合金结构钢，种类、牌号、质量等级应符合设计要求，

其规格尺寸应按设计图纸加工，并做好防腐处理，锌膜或涂膜厚度应符合国家相关技术标准。② 铝合金龙骨一般采用6061、6063、6063A等铝合金热挤压型材，合金牌号、供应状态应符合设计要求，型材尺寸允许偏差应达到国家标准高精级，型材质量、表面处理层厚度应符合国家相关技术标准。

（3）面层材料

① 单层铝板、铝塑复合板、蜂窝铝板、彩色涂层钢板、搪瓷涂层钢板、不锈钢板、锌合金板、钛合金板、铜合金板等面料，其材质、主要化学成分、力学性能、板厚度、色泽、规格必须符合设计图纸要求，其表面处理层的厚度及材质必须符合国家相关标准的要求。② 铝塑复合板厚度应为4mm，铝板（正背面板）厚度≥0.5mm，物理性能应符合：弯曲强度≥100MPa，剪切强度≥22MPa，剥离强度≥130N·mm/mm，弯曲弹性模量≥20000MPa。开槽和折边应采用机械刻槽，开槽和折边部位的塑料芯板应保留的厚度≥0.3mm。③ 蜂窝铝板：厚度为10mm的蜂窝铝板应由1mm厚正面铝合金板、0.5~0.8mm厚背面铝合金板及铝蜂窝粘结而成；厚度在10mm以上的蜂窝铝板其正背面铝合金板厚度均应为1mm。物理性能应符合：抗拉强度≥10.5MPa，抗剪强度≥1.4MPa。④ 搪瓷涂层钢板的内外表层应上底釉，搪瓷涂层应保持完好，面板不应在施工现场进行切割或钻孔。⑤ 彩色涂层钢板的涂层应保持完好，面板不应在施工现场进行切割或钻孔。

（4）其他材料

铝合金等金属连接件，不锈钢或铝合金挂件、插件，化学锚栓、膨胀螺栓、金属背栓、螺栓、螺母等五金配件，其材质、品种、规格、质量应符合设计要求；建筑密封胶或嵌缝胶条，应有出厂合格证并满足环保要求。

2.3　主要机具

（1）机械：台式切割机、手提切割机、冲击钻、手电钻、电动螺钉枪等。（2）工具：扳手、拉铆枪、螺钉旋具、钳子等。（3）计量检测用具：经纬仪、水准仪、激光投线仪、钢卷尺、钢板尺、靠尺、方角尺、水平尺、塞尺等。

2.4　作业条件

（1）施工现场的电源已满足施工的需要。作业面上的基层的外形尺寸已经复核，其误差保证在本工艺能调节的范围之内，作业面上已弹好水平线、轴线、出入线、标高等控制线，作业面的环境已清理完毕。（2）水、电、暖通、消防、智能化等隐蔽工程已经全部完成，且验收合格。（3）作业面操作位置的临边设施（临时操作平台、脚手架等）已满足操作要求和符合安全规定。作业面相接位置的其他专业进度已满足饰面板施工的需要，如消火栓箱已完成埋设定位，机电设备门等出入口已完成门扇安装。（4）各种机具设备已齐备和完好，各种专项方案已获得审批。（5）大面积装修前已按设计要求先做样板间，经检查鉴定合格后，可大面积施工。

3.1 工艺流程

定位放线 ⟶ 安装连接件 ⟶ 龙骨安装 ⟶ 金属板加工 ⟶

金属板安装 ⟶ 接缝处理 ⟶ 清洁、验收

3.2 操作工艺

（1）定位放线：根据设计图纸在安装基层面上按板材的大小和缝隙的宽度，弹出横平竖直的分格墨线，从安装饰面部位的两端，按弹出墨线，投射出竖向垂吊线。投射垂吊线，一般按板背与基层面的空隙（即架空）为50～70mm为宜。按投射出的垂吊线，连接两点作为起始层挂装板材的基准。

（2）安装连接件：根据设计图纸及预先墨线分格安装连接件（连接件应经过防腐处理），调整连接件并用螺栓固定。

（3）龙骨安装：根据预先两端垂吊线，先安装两端的第一根竖向钢龙骨，在两端竖向钢龙骨的上下两端各拉通线（此为钢龙骨完成面控制线），其余中间龙骨按预先墨线分格及完成面控制线安装，钢骨架与连接件用六角自攻螺钉紧固，螺钉紧固时螺钉旋紧力度要达到要求，整个龙骨体系须进行防腐处理。金属挂板（密缝）节点见图2.2.3-1、图2.2.3-2；金属挂板（留缝）节点图见图2.2.3-3、图2.4.3-4；金属挂板（U形挂码）节点见图2.2.3-5、图2.2.3-6；竹饰面蜂窝铝板节点见图2.2.3-7、图2.2.3-8。

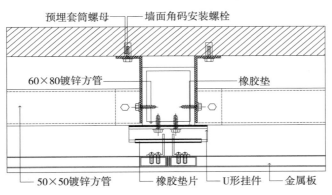

图2.2.3-1 金属挂板（密缝）横向节点图

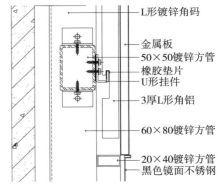

图2.2.3-2 金属挂板（密缝）竖向节点图

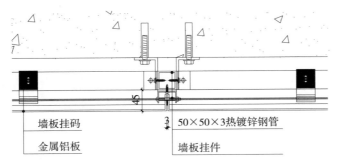

图2.2.3-3 金属挂板（留缝）横向节点图

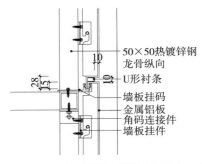

图2.2.3-4 金属挂板（留缝）竖向节点图

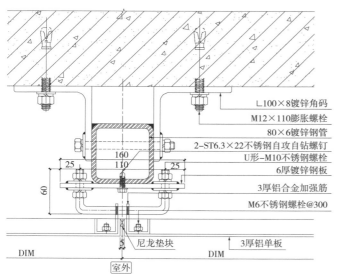

L100×8镀锌角码
M12×110膨胀螺栓
80×6镀锌钢管
2-ST6.3×22不锈钢自攻自钻螺钉
U形-M10不锈钢螺栓
6厚镀锌钢板
3厚铝合金加强筋
M6不锈钢螺栓@300

尼龙垫块
3厚铝单板

室外

图 2.2.3-5　金属挂板（U形挂码）横向节点图

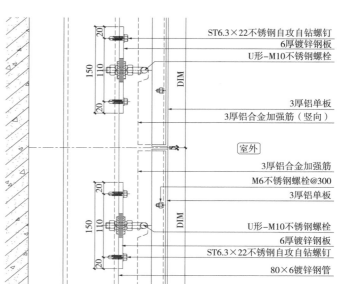

ST6.3×22不锈钢自攻自钻螺钉
6厚镀锌钢板
U形-M10不锈钢螺栓

3厚铝单板
3厚铝合金加强筋（竖向）

室外

3厚铝合金加强筋
M6不锈钢螺栓@300
3厚铝单板

U形-M10不锈钢螺栓
6厚镀锌钢板
ST6.3×22不锈钢自攻自钻螺钉

80×6镀锌钢管

图 2.2.3-6　金属挂板（U形挂码）竖向节点图

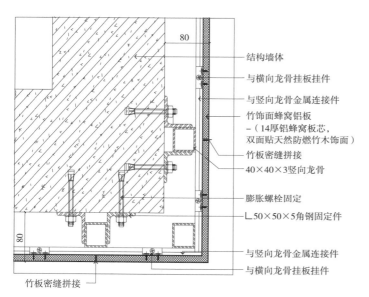

结构墙体
与横向龙骨挂板挂件
与竖向龙骨金属连接件
竹饰面蜂窝铝板
－（14厚铝蜂窝板芯，
双面贴天然防燃竹木饰面）
竹板密缝拼接
40×40×3竖向龙骨

膨胀螺栓固定
L50×50×5角钢固定件

与竖向龙骨金属连接件
与横向龙骨挂板挂件

竹板密缝拼接

图 2.2.3-7　竹饰面蜂窝铝板横向节点图

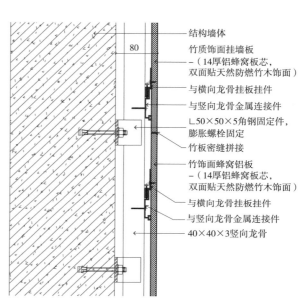

结构墙体
竹质饰面挂墙板
－（14厚铝蜂窝板芯，
双面贴天然防燃竹木饰面）
与横向龙骨挂板挂件
与竖向龙骨金属连接件
L50×50×5角钢固定件，
膨胀螺栓固定
竹板密缝拼接
竹饰面蜂窝铝板
－（14厚铝蜂窝板芯，
双面贴天然防燃竹木饰面）
与横向龙骨挂板挂件
与竖向龙骨金属连接件
40×40×3竖向龙骨

图 2.2.3-8　竹饰面蜂窝铝板竖向节点图

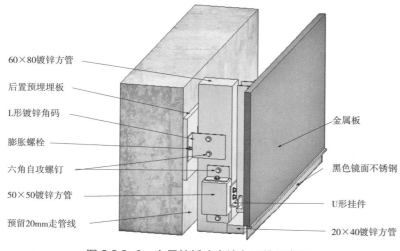

60×80镀锌方管
后置预埋埋板
L形镀锌角码
膨胀螺栓
六角自攻螺钉
50×50镀锌方管
预留20mm走管线

金属板
黑色镜面不锈钢
U形挂件
20×40镀锌方管

图 2.2.3-9　金属挂板（密缝）三维示意图

图 2.2.3-10　竹饰面蜂窝铝板挂装示意图

（4）金属板加工：按照排板图选择板块，注意控制板块尺寸和对角线偏差，切割边缘要打磨光滑。根据设计要求选择合适的锚固挂件安装方法。

（5）金属板安装：安装板块的顺序一般是自下而上进行，在墙面最低一层板材安装位置的上下口拉两条水平控制线，板材以中间主要观赏面或墙面阳角开始就位安装。先安装好第一块作为基准，其平整度以事先设置的点为依据，用线垂吊直，经校准后固定金属挂装件；一层板材安装完毕，再进行上一层安装和固定；尽量避免交叉作业以减少偏差，并注意板材色泽的一致性，板材安装要求四角平整，纵横对缝；每层安装完成，应作一次外形误差的调校，并对金属板的挂装固定进行抽检复验（图2.2.3-11、图2.2.3-12）。

图2.2.3-11　金属板安装　　　　　　图2.2.3-12　阳极氧化铝板竣工图

（6）接缝处理：每一施工段安装完成并经检查无误后，可清扫拼接缝，设计要求封缝处理的填入橡胶条或者用打胶机进行涂封，一般只封平接缝表面或比板面稍凹少许即可。防震缝、伸缩缝、沉降缝等部位的处理应保证缝的使用功能和饰面的完整性。

（7）清洁、验收：每次操作结束要清理操作现场，安装完工不允许留下杂物，以防硬物跌落破损饰面板。

3.3　质量关键要求

（1）在材料运输、装卸、保管和安装过程中，均应做到轻拿轻放、精心管理，不得损伤材料表面和边角。（2）预埋件安装应符合设计要求，安装牢固，严禁歪、斜、倾；安装位置偏差应控制在允许范围以内。（3）安装金属板时不能用力过猛，以免影响其正确的安装位置，或造零件局部变形、损坏。（4）安装金属板时，应拉线控制相邻板面的水平度、垂直度及大面平整度；每安装完一层应做复核，如有误差应及时调整，防止误差积累。（5）安装金属板时，禁止其他硬物划伤饰面，以免影响金属板装饰效果和使用寿命。（6）龙骨与金属板之间应设置橡胶垫，防止双金属反应。（7）进行密封工作前应对密封面进行清洁，并在胶缝两侧的金属板上粘贴保护胶带，防止注胶时污染周围的板面；注胶应均匀、密实、饱满，胶缝表面应光滑；同时应注意注胶方法，防止气泡产生并避免浪费。（8）清洁时应选用合适的清洗溶剂，禁止使用百洁布或钢丝球等损伤金属板表面的清洁工具。

3.4 季节性施工

（1）雨期施工时，雨天或板材受潮时不宜进行涂胶嵌缝。（2）冬期施工注胶或用胶粘剂进行粘接作业时，现场最低环境温度不得低于5℃。

---

4 质量要求

4.1 主控项目

（1）金属饰面板的品种、规格、颜色和性能应符合设计要求。

检验方法：观察；检查产品合格证书、进场验收记录和性能检测报告。

（2）金属饰面板孔、槽的数量、位置和尺寸应符合设计要求。

检验方法：检查进场验收记录和施工记录。

（3）金属饰面板安装工程的后置埋件、连接件的数量、规格、位置、连接方法和防腐处理应符合设计要求。后置埋件的现场拉拔强度应符合设计要求。饰面板安装应牢固。

检验方法：手扳检查；检查进场验收记录、现场拉拔检测报告。

4.2 一般项目

（1）金属饰面板表面应平整、洁净、色样一致，无裂纹和缺损。金属板表面应无锈蚀等污染。

检验方法：观察。

（2）金属饰面板嵌缝应密实、平直、宽度和深度应符合设计要求，嵌填材料色泽应一致。

检验方法：观察；尺量检查。

（3）采用平挂安装的饰面板工程，金属板应进行防坠落加固处理。

检验方法：检查施工记录。

（4）金属饰面板上的孔洞应套割吻合，边缘应整齐、方正。

检验方法：观察。

（5）金属饰面板安装的允许偏差和检验方法应符合表2.2.4-1的规定。

金属饰面板安装的允许偏差和检验方法　　　　　　　　　　　　　　　表 2.2.4-1

序号	项目	允许偏差（单位：mm）	检验方法
1	立面垂直度	2	用2m垂直检测尺检查
2	表面平整度	3	用2m靠尺和塞尺检查
3	阴阳角方正	3	用200mm直角检测尺检查
4	接缝直线度	2	拉5m线，不足5m拉通线，用钢直尺检查
5	墙裙、勒脚上口直线度	2	拉5m线，不足5m拉通线，用钢直尺检查
6	接缝高低差	1	用钢直尺和塞尺检查
7	接缝宽度	1	用钢直尺检查

| 5 | 成品保护 |

（1）金属板进场后，应按照板块的品种、规格、颜色，用木档将板块底部垫高100mm，分别放置在干燥、通风的专用场地。严禁和具有腐蚀性的材料或酸、碱、油等污染性物质混合一起堆放，防止饰面被污染和损伤。如果材料堆放在室外时，应考虑采用防雨布遮盖，严禁叠层堆积，注意不得碰撞。（2）饰面板施工后的区域应及时清理干净，尽量封闭通行，防止损坏和保障人员安全。如不能封闭区域，应放置警示标志进行提醒。（3）电气和其他设备在进行终端安装时，应注意保护已经包好的饰面，以防止污染或损坏。（4）严禁在已经包好的饰面板上随意剔眼打洞。如因设计变更，应采取相应的措施，施工时要小心保护，施工完成要及时认真修复，以保证饰面完整美观。

| 6 | 安全、环境保护措施 |

6.1 安全措施

（1）施工作业面应设置足够的照明，配备足够、有效的灭火器具，并设有防火标志及消防器具。（2）施工现场临时用电均应符合现行行业标准《施工现场临时用电安全技术规范》JGJ 46的规定。（3）现场平台或脚手架应安全牢固，脚手架上下不许堆放与施工无关的物品，脚手架上只准堆放单层板材及配件；当需要上下交叉作业时，应相互错开，禁止上下同一工作面操作。在高度超过2m高处作业时，应系安全带。（4）室内外运输道路应平整，板材放在手推车上运输时应垫以松软材料，两侧宜有人扶持，以免碰花、碰损和砸脚伤人。（5）板材钻孔、切割应在固定的机架上，并应用经专业岗位培训人员操作，操作时应戴防护眼镜。

6.2 环保措施

（1）严格按现行国家标准《民用建筑工程室内环境污染控制标准》GB 50325、《室内装饰装修材料 胶粘剂中有害物质限量》GB/T 18583进行室内环境污染控制。拒绝环保超标的原材料进场。（2）边角余料应装袋后集中回收，按固体废物进行处理。现场严禁燃烧废料。（3）作业区域采取降低噪声措施，减少噪声污染。（4）金属饰面板工程环境因素控制见表2.2.6-1，应从其环境影响及排放去向控制环境影响。

金属饰面板工程环境因素控制　　　　　　　　　　　　　　　　　　　　　表2.2.6-1

序号	环境因素	排放去向	环境影响
1	电的消耗	周围空间	资源消耗
2	切割机等施工机具产生的噪声排放	周围空间	影响人体健康
3	切割粉尘的排放	周围空间	污染大气
4	二甲苯等有害气体的排放	大气	污染大气

序号	环境因素	排放去向	环境影响
5	防火、防腐涂料的泄漏、遗洒、废弃	土地	污染土地
6	金属屑等施工垃圾的排放	垃圾场	污染土地

7 工程验收

（1）金属饰面板工程验收时应检查下列文件和记录：① 饰面板工程的施工图、设计说明及其他设计文件；② 饰面材料的样板及确认文件；③ 材料的产品合格证书、性能检测报告、进场验收记录和复验报告；④ 隐蔽工程验收记录；⑤ 后置埋件的现场拉拔检验报告；⑥ 施工记录。

（2）同一类型的装配式金属板墙面工程每层或每30间应划分为一个检验批，不足30间也应划分为一个检验批，大面积房间和走廊可按装配式隔墙30m² 计为1间。

（3）装配式金属板墙面工程每个检验批应至少抽查20%，并不得少于4间，不足4间时应全数检查。

（4）检验批合格质量和分项工程质量验收合格应符合下列规定：① 抽查样本主控项目均合格；一般项目80%以上合格，其余样本不得有影响使用功能或明显影响装饰效果的缺陷，其中有允许偏差和检验项目，其最大偏差不得超过规定允许偏差的1.5倍。均须具有完整的施工操作依据、质量检查记录。② 分项工程所含的检验批均应符合合格质量规定，所含的检验批的质量验收记录应完整。

（5）分部（子分部）工程质量验收合格应符合下列规定：① 分部（子分部）工程所含分项工程的质量均应验收合格；② 质量控制资料应完整；③ 观感质量验收应符合要求。

8 质量记录

质量记录包括：（1）金属板（单层铝板、铝塑复合板、蜂窝铝板、彩色涂层钢板、搪瓷涂层钢板、不锈钢板、锌合金板、钛合金板、铜合金板等）的产品合格证以及进场检验记录，金属骨架等材料的产品合格证、性能检测报告、材料进场复试报告；（2）后置埋件的现场拉拔检验报告；（3）隐蔽工程验收记录；（4）检验批质量验收记录；（5）分项工程质量验收记录。

第3节　单元式金属板施工工艺

主编点评

本工艺以广州市轨道交通十四号线、二十一号线车站装修项目为实例，通过将多块金属板、暗藏消防门及广告灯箱集成为单元金属板块，每个独立单元组件内部所有板块安装、板块间接缝密封均在工厂内加工组装完成，现场直接单元挂装，具有安装快捷、三维可调、质量可靠及维修方便等特点。本技术获得广东省工程建设省级工法等荣誉。

1　　总　则

1.1　适用范围
本工艺适用公共建筑室内单元式金属板墙面装饰工程施工，尤其适用于机场航站楼、轨道交通车站、展览馆等建筑室内金属板墙面装饰工程。

1.2　编制参考标准及规范
（1）《建筑装饰装修工程质量验收标准》GB 50210
（2）《装配式内装修技术标准》JGJ/T 491
（3）《金属与石材幕墙工程技术规范》JGJ 133
（4）《钢结构工程施工质量验收标准》GB 50205
（5）《民用建筑工程室内环境污染控制标准》GB 50325
（6）《建设工程项目管理规范》GB/T 50326

2　　施工准备

2.1　技术准备
参见第109页"2.1　技术准备"。

2.2　材料要求
参见第109页"2.2　材料要求"。

2.3　主要机具
（1）机械：电钻、电锤、电动切割锯、直立型线锯等。（2）工具：各种扳手、拉铆枪、注胶枪、螺钉旋具等。（3）计量检测用具：水准仪、激光投线仪、钢卷尺、钢板尺、2m

靠尺、方角尺、水平尺、塞尺等。

2.4 作业条件

参见第110页"2.4 作业条件"。

施工工艺

3.1 工艺流程

测量放线 ⟶ 深化设计及工厂化加工 ⟶ 镀锌钢支座安装 ⟶

单元式金属板挂装 ⟶ 广告灯箱玻璃面板安装 ⟶ 墙面与防火门收口 ⟶

清洁及成品保护

3.2 操作工艺

（1）测量放线：测量放线之前，应熟悉和核对设计图纸中各部分尺寸关系，制定详细的各细部放线方案。以相关轴线为基准，往金属墙板水平方向放水平钢丝线。每4m 设一个固定支点，避免钢丝线摆动。为减少安装尺寸的积累误差，有利于安装精度的控制与检测，使用经纬仪、钢卷尺等工具检测其准确性，将金属墙板工程分成多个控制单元，按单元的轴线与金属墙板工程上、下边线的交点就是金属墙板单元尺寸精度控制点。从测量放线到金属墙板结构安装调整，都应按每个单元来进行尺寸控制。

（2）深化设计及工厂化加工：根据现场定位复核尺寸，进行深化设计；工厂根据深化排板图及工厂加工图预制加工单元金属板，单元金属板每个独立单元由三块或多块金属板与暗藏消防门、广告灯箱组合而成（图2.3.3-1）。每个独立单元组件内部所有板块安装、板块间接缝密封均在工厂内加工组装完成，分类编号按工程安装顺序运往工地安装。通常每个单元组件为一个楼层高、一个分格宽。利用二维码技术编号，使安装工人能快速取得模块信息及安装技术交底，实现工厂化加工，现场快速拼装。

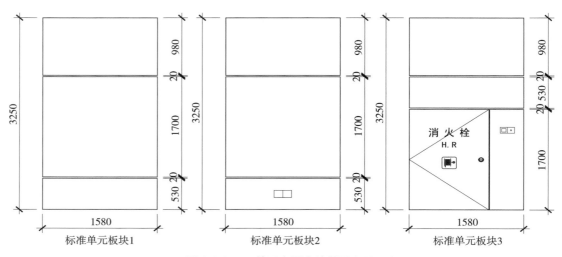

图 2.3.3-1 单元金属内墙板示意图

（3）镀锌钢支座安装：安装镀锌钢支座时，拉水平线控制其水平及进深的位置以保证角码的安装准确无误。将镀锌钢吊钩定位准确后进行连接件的临时固定，临时固定要保证吊钩不会走位及脱落。误差控制在误差允许范围内，控制范围为垂直误差小于2mm，水平误差小于2mm，进深误差小于3mm。待全部支座安装完成后，统一调整吊钩并最终固定。镀锌钢吊钩需设置橡胶套管，防止发生金属电离腐蚀（图2.3.3-2～图2.3.3-5）。

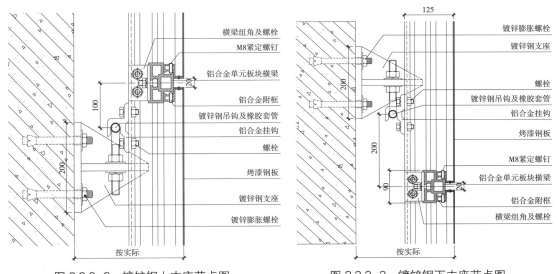

图2.3.3-2　镀锌钢上支座节点图　　　　图2.3.3-3　镀锌钢下支座节点图

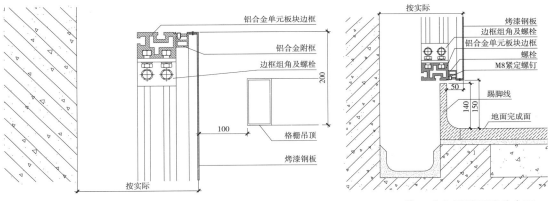

图2.3.3-4　单元式金属板上端节点图　　　图2.3.3-5　单元式金属板下端节点图

（4）单元式金属板挂装：金属板挂装前，用红外线仪器仔细复查支座、吊钩平整度、垂直度，单元板块背框有没弯折、翘角等，检查无误后，方可开始挂装。挂装顺序宜从阴角端向阳角端顺序挂装。在挂装位置地面放置两块木方，四人将单元式金属板由堆放区平抬至挂装处，放置木方上，将玻璃吸盘安装在单元金属板上，用玻璃吸盘试抬，确认牢固后，扶正单元式金属板，将金属板单元抬起，让挂码挂在吊钩上，再检查平整度及缝隙大小，作微调整，保证缝宽偏差在2mm以内（图2.3.3-6～图2.3.3-9）。

（5）广告灯箱玻璃面板安装：确认灯箱四周尺寸，调整好后，做好隐蔽工程检查记录。先做好灯箱面板临时摆放的保护措施，用木头垫好灯箱面板四个角位置，平放好广告灯箱面板，把金属面板扶起，慢慢抬起面板，小心移动对准合页位置，螺栓固定。挂好面板后，安装箱体的液压杆，反复多次打开，检查是否灵活、有无刮到、碰到四周（图2.3.3-10～图2.3.3-12）。

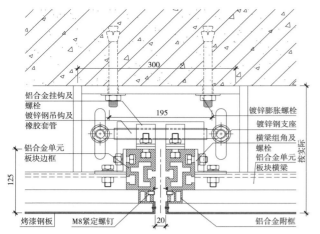

图 2.3.3-6　单元式金属内墙板横向节点图一

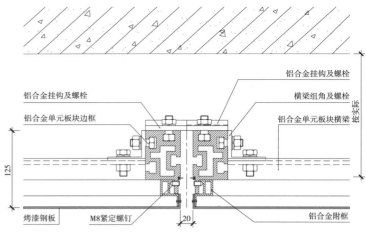

图 2.3.3-7　单元式金属内墙板横向节点图二

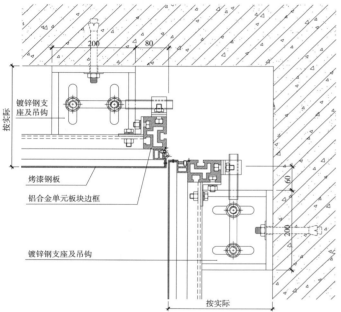

图 2.3.3-8　单元式金属内墙板阴角节点图

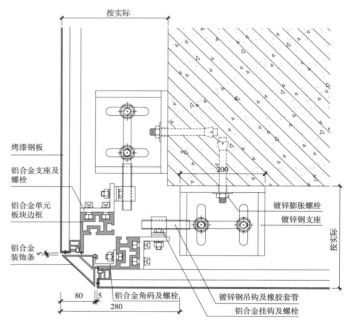

图 2.3.3-9　单元式金属内墙板阳角节点图

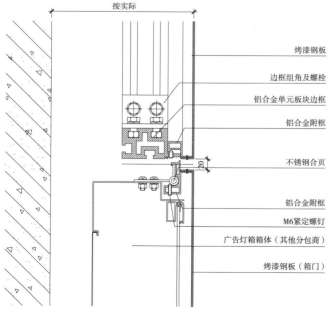

图 2.3.3-10　广告灯箱上端节点图

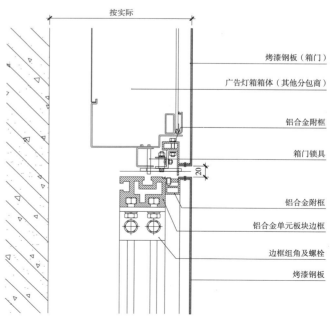

图 2.3.3-11　广告灯箱下端节点图

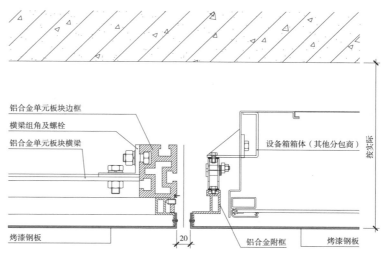

图 2.3.3-12 广告灯箱侧边节点图

（6）墙面与防火门收口：墙面与防火门收口处采用不锈钢收口，防火门一端不锈钢板折 Z 字形边嵌入防火门边框内，中间连接码固定，四周玻璃胶密封（图 2.3.3-13～图 2.3.3-16）。

（7）清洁及成品保护：单元金属内墙板安装好后，用棉纱和清洁剂清洁金属表面的胶痕和污痕，然后用粘贴不干胶纸等办法做出醒目的标识，以防止碰撞意外发生。

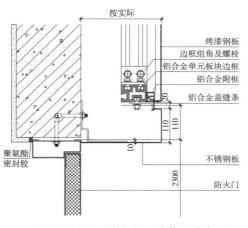

图 2.3.3-13 防火门上端收口节点图

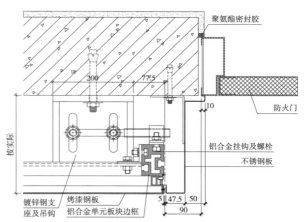

图 2.3.3-14 防火门侧边收口节点图

图 2.3.3-15 广告灯箱单元式金属板图

图 2.3.3-16 带防火栓门单元式金属板图

3.3 质量关键要求

参见第 113 页"3.3 质量关键要求"。

3.4 季节性施工

参见第 114 页"3.4 季节性施工"。

4	质量要求

参见第 114 页"4 质量要求"。

5	成品保护

参见第 115 页"5 成品保护"。

6	安全、环境保护措施

参见第 115 页"6 安全、环境保护措施"。

7	工程验收

参见第 116 页"7 工程验收"。

8	质量记录

参见第 116 页"8 质量记录"。

第4节 钢结构防火层外金属板施工工艺

主编点评

本工艺针对在钢结构防火层上进行金属板施工难题，采用防火胶垫＋抱箍与钢结构连接＋卡扣式金属板装配式施工技术，不破坏原钢结构和面层防火涂料，无焊接工艺，装配式施工，保证结构安全，施工省材、高效。

1 总 则

1.1 适用范围
本工艺适用于钢结构建筑中需保护原梁、柱钢结构及防火涂层的金属板装饰工程施工。

1.2 编制参考标准及规范
（1）《建筑装饰装修工程质量验收标准》GB 50210
（2）《装配式内装修技术标准》JGJ/T 491
（3）《民用建筑工程室内环境污染控制标准》GB 50325
（4）《钢结构工程施工质量验收标准》GB 50205
（5）《金属与石材幕墙工程技术规范》JGJ 133

2 施工准备

2.1 技术准备
参见第109页"2.1 技术准备"。

2.2 材料要求
参见第109页"2.2 材料要求"。

2.3 主要机具
（1）机械：台式切割机、手提切割机、手电钻、电动螺钉枪等。（2）工具：力矩扳手与其他扳手、拉铆枪、注胶枪、射钉枪、螺钉旋具、锤子、钳子等。（3）计量检测用具：经纬仪、水准仪、激光投线仪、钢卷尺、钢板尺、靠尺、方角尺、水平尺、塞尺等。

2.4 作业条件

参见第110页"2.4 作业条件"。

3.1 工艺流程

测量放线 ⟶ 卡箍龙骨安装 ⟶ 卡扣龙骨安装 ⟶ 金属板加工 ⟶
金属板安装 ⟶ 接缝处理 ⟶ 清洁、验收

3.2 操作工艺

（1）测量放线：在同一排两端边柱中间，由上至下吊出垂直线，按装饰完成面在两端柱的上下端各拉一条通线，放出其他柱子的柱中线。用墨斗线标记在柱子上，柱四面均弹出柱中线。找垂直时，一般按板背与基层面的空隙（即架空）为50～70mm为宜。再根据设计图纸在基层面上按板材的大小和缝隙的宽度，弹出竖向的分格墨线。

（2）卡箍龙骨安装：根据设计图纸要求，先在钢柱与梁表面防火涂层上，在相对的两面粘贴宽80mm×厚20mm的防火胶垫，长度超过柱与梁的宽度20mm；然后在已安装好的防火胶垫上，安装50mm×50mm×5mm镀锌角钢卡箍用高强螺栓连接（图2.4.3-1、图2.4.3-2），卡箍安装应采用力矩扳手，使其压紧力在设计许可范围内；最后在卡箍上安装T形不锈钢连接件与卡扣龙骨连接，两者之间用不锈钢螺栓固定。

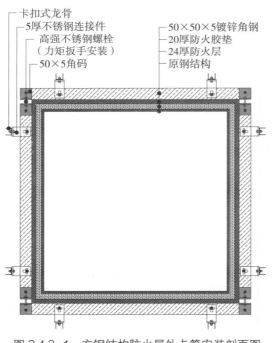

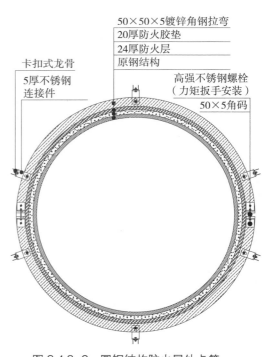

图2.4.3-1 方钢结构防火层外卡箍安装剖面图　　图2.4.3-2 圆钢结构防火层外卡箍
安装剖面图

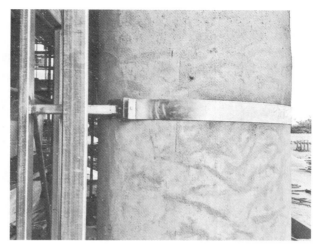

图2.4.3-3 钢结构防火层外卡箍安装

（3）卡扣龙骨安装：安装前把激光投线仪放置在离柱约5m远处，调校好后放出龙骨完成面，按激光投线仪控制面，控制龙骨安装的平整度、垂直度，调校好龙骨后用扳手紧固螺栓。

（4）金属板加工：按照排板设计图选择板块，非标准规格板块须在车间内进行切割，注意控制板块尺寸和对角线偏差，切割边缘要打磨光滑。

（5）金属板安装：安装板块时按设计扣装方法自下而上进行，安装过程注意板材色泽的一致性，板材安装要求四角平整，纵横对缝；每层安装完成，应作一次外形误差的调较，并对金属板的扣装固定进行抽检复验（图2.4.3-4～图2.4.3-7）。

（6）接缝处理：每一施工段安装后经检查无误，可清扫拼接缝，设计要求封缝处理的填入橡胶条或者用打胶机进行涂封，一般只封平接缝表面或比板面稍凹少许即可。防震缝、伸缩缝、沉降缝等部位的处理应保证缝的使用功能和饰面的完整性。

（7）清洁、验收：每次操作结束要清理操作现场，安装完工不允许留下杂物，以防硬物跌落破损饰面板。

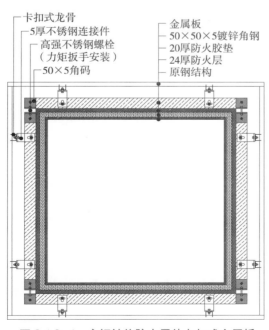

图2.4.3-4 方钢结构防火层外卡扣式金属板安装剖面图

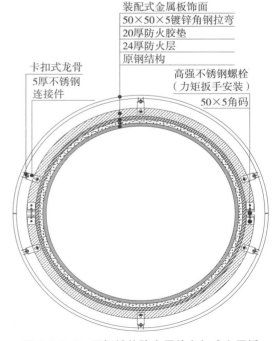

图2.4.3-5 圆钢结构防火层外卡扣式金属板安装剖面图

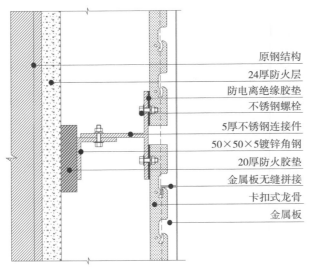

原钢结构
24厚防火层
防电离绝缘胶垫
不锈钢螺栓
5厚不锈钢连接件
50×50×5镀锌角钢
20厚防火胶垫
金属板无缝拼接
卡扣式龙骨
金属板

图 2.4.3-6　钢结构防火层外卡扣式金属板安装剖面图　　　　图 2.4.3-7　卡扣式金属饰面板安装

图 2.4.3-8　钢结构防火层外卡扣式金属板完成图

3.3　质量关键要求

参见第 113 页"3.3　质量关键要求"。

3.4　季节性施工

参见第 114 页"3.4　季节性施工"。

4　　　　　　　　　　　　　　　　　　　　　　质量要求

参见第 114 页"4　质量要求"。

5 成品保护

参见第 115 页 "5 成品保护"。

6 安全、环境保护措施

6.1 安全措施

（1）施工作业面应设置足够的照明，配备足够、有效的灭火器具，并设有防火标志及消防器具。（2）金属板所采用的构造方式要同板材外形规格的大小及其重量相适应。（3）金属板要注意排除有隐伤的板材。所有板材、挂件及其零件均应按常规方法进行材质检验。（4）应配备专职检测人员及专用测力扳手，随时检测挂件安装的操作质量，务必排除结构基层上有松动的螺栓和紧固螺母的旋紧力未达到设计要求的情况，其抽检数量按 1/3 进行。（5）施工现场临时用电均应符合现行行业标准《施工现场临时用电安全技术规范》JGJ 46 的规定。（6）现场施工平台或脚手架应安全牢固，平台或脚手架上下不许堆放与施工无关的物品，只准堆放单层板材及配件；当需要上下交叉作业时，应相互错开，禁止上下同一工作面操作。在高度超过 2m 高处作业时，应系安全带。（7）室内外运输道路应平整，板材放在手推车上运输时应垫以松软材料，两侧宜有人扶持，以免碰花碰损和砸脚伤人。（8）板材钻孔、切割应在固定的机架上，并应用经专业岗位培训人员操作。工人操作时应戴防护眼镜。

6.2 环保措施

参见第 115 页 "6.2 环保措施"。

7 工程验收

参见第 116 页 "7 工程验收"。

8 质量记录

参见第 116 页 "8 质量记录"。

第5节　木饰面板施工工艺

主编点评

本工艺将木饰面板与连接件在工厂制成基本木饰面板结构单元，运到现场后通过专门连接件直接挂装在墙面龙骨结构上，具有施工高效、三维可调、质量可靠和维修方便等特点。

1　总　则

1.1　适用范围
本工艺适用于民用建筑室内墙面木饰面板的施工。

1.2　编制参考标准及规范
（1）《建筑装饰装修工程质量验收标准》GB 50210
（2）《装配式内装修技术标准》JGJ/T 491
（3）《建筑内部装修防火施工及验收规范》GB 50354
（4）《室内装饰装修材料　人造板及其制品中甲醛释放限量》GB 18580
（5）《木器涂料中有害物质限量》GB 18581
（6）《民用建筑工程室内环境污染控制标准》GB 50325

2　施工准备

2.1　技术准备
（1）技术人员应熟悉图纸，准确复核墙体的位置、尺寸，结合生产厂家、装修、机电等图纸进行深化定位及加工，正式施工前应完成对图纸会审签认。（2）编制木饰面板施工方案，将技术交底落实到作业班组。（3）组织工程技术人员按图纸进行现场放线。放线人员要严格按施工图纸进行放线，随放随复核。放线完毕，请监理单位进行验收，验收合格后方可施工。

2.2　材料要求
（1）木基层材料
① 木饰面板由工厂生产成品，其木材制品含水率不得超过12%。加工的木饰面板进场时，应检查型号、质量、验证产品合格证。② 木饰面板生产加工制作，其所用树种、材质等

级、含水率和防腐处理应符合设计要求和《木结构工程施工质量验收规范》GB 50206 的规定。③ 木基层板一般采用胶合板（七合板或九合板），颜色、花纹要尽量相似或对称，含水率 ≤ 12%，厚度 ≤ 20mm，要求纹理顺直、颜色均匀、花纹近似，不得有节疤、扭曲、裂缝、变色等疵病。木饰面板进场后应抽样复验，其游离甲醛释放量 ≤ 1.5mg／L（干燥器法）。

（2）面层材料

① 木饰面板的防火性能应符合设计要求及建筑内装修设计防火的有关规定。② 木饰面用的木压条、压角木线、木贴脸（或木线）等采用工厂加工的成品，含水率 ≤ 12%，厚度及质量应符合设计要求。

（3）其他材料

螺钉、钉子、木螺钉等五金配件，其材质、品种、规格、质量应符合设计要求，胶粘剂、防火涂料、防腐剂应有出厂合格证并满足环保要求。

2.3　主要机具

（1）机械：气泵、气钉枪、电锯、曲线锯、台式电刨、手提电刨、冲击钻、手枪钻等。

（2）工具：扳手、螺钉旋具、锤子、钳子、毛刷、擦布或棉丝等。（3）计量检测用具：经纬仪、水准仪、激光投线仪、钢卷尺、钢板尺、靠尺、方角尺、水平尺、塞尺等。

2.4　作业条件

（1）施工现场的电源已满足施工的需要。作业面上的基层的外形尺寸已经复核，其误差保证在本工艺能调节的范围之内，作业面上已放好水平线、轴线、出入线、标高等控制线，作业面的环境已清理完毕。（2）墙柱面上的水、电、暖通、消防、智能化专业预留、预埋已经全部完成，且电气穿线、测试完成并合格，各种管路打压、试水完成，隐蔽工程已验收合格。（3）作业面操作位置的临边设施（临时操作平台、脚手架等）已满足操作要求和符合安全的规定。作业面相接位置的其他专业进度已满足木饰面板施工的需要，如外墙门窗、幕墙工程已完成骨架安装，并经验收合格；消火栓箱已完成埋设定位，机电设备门等出入口已完成门扇安装。（4）各种机具设备已齐备和完好，各种专项方案已获得审批准。（5）大面积装修前已按设计要求先做样板间，经检查鉴定合格后，可大面积施工。（6）木饰面板成品已进场，并经验收，数量、质量、规格、品种无误。

3 | 操作工艺

3.1　工艺流程

测量放线 ⟶ 木饰面板工厂化加工 ⟶ 龙骨安装 ⟶

纵横向活动卡件、固定套与紧固件连接安装 ⟶ 木饰面板安装 ⟶

清洁、验收

3.2 操作工艺

（1）测量放线

对照木饰面板安装施工图，对墙立面外形尺寸进行偏差测量，确定型钢骨架的间距及特殊位置调整（图2.5.3-1）。用水准仪测量，以0.000m标高线作为横向主基准线，水平向控制线采用基层向上200mm水平线为依据量距来控制木饰面板的水平度和垂直方向的分块。弹出木饰面板横向基准控制线，在每块饰面板安装位置的墙上投影弹出墨线作为竖向控制线。从下到上准确标出型钢骨架和安装木饰面板的上缘线和下缘线，先由中间向两端测量，然后由两端向中间复核尺寸，其误差应符合设计要求。运用CAD辅助设计深化型钢骨架安装结构，设计竖向每列方位，横向每排底标高及合理高度，并在其上标明挂扣件安装位置，确定出木饰面板的基准面。

（2）木饰面板工厂化加工

① 样板确认：根据现场实际测量尺寸及原设计分缝方案对木饰面板进行排板，对不同尺寸及规格进行分别编号标注，下单给工厂进行样板制作，根据样板制作情况进行模数的最终调整和确认。

② 工厂化加工：根据设计要求，检查各类木饰面板和型材的断面、长度尺寸及相应数量，特别是对需要进行特殊加工的木饰面板，应分类标示、编号。在确保样板无异的情况下，进行工厂批量切割。加工时需专人看护，定期抽检样品，以保证木饰面板质量、规格的完整性和标准化。最后对成品饰面板进行分类、编号、核对，并按施工总进度计划分区域、分批运输（图2.5.3-2）。

图2.5.3-1　测量放线　　　　　　图2.5.3-2　成品饰面板和型材分类堆放

（3）龙骨安装

① 型钢骨架加工：型钢骨架按图下料切割，现场进行试拼。纵向支撑梁应采用50mm×50mm×5mm钢方通，型钢立柱间距为1000～1200mm，横向活动卡件间距不大于1200mm，根据安装型钢骨架实际尺寸及两立柱间间距，确定横向支承件的下料长度。固定镀锌角钢的螺栓孔应用钻模钻孔φ8mm，孔距应准确，钻孔完后应去除毛刺，孔洞周边刷防锈油漆。

② 型钢骨架安装固定：根据弹线位置，用电锤在已经标记好的十字线处钻孔，孔深80～100mm。安装镀锌钢角码及膨胀螺栓，安装时应随时检查标高和中心线位置，保证型钢骨架宽度、垂直度、标高的准确度，对横向尺寸较大、高度较高的型钢骨架，须采用全

站仪或经纬仪、水准仪及线坠配合测量，校正位置，确保型钢骨架立柱、横梁垂直平整、位置准确。安装镀锌钢方通、横向活动卡件间采用螺栓连接，该工序为关键工序，螺帽应拧紧，应按质量控制方法和步骤进行质量监控。施工节点见图2.5.3-3、图2.5.3-4。

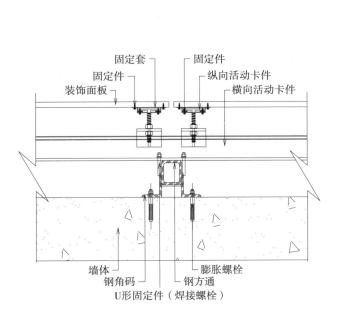

图 2.5.3-3　木饰面板横向节点示意图　　　　图 2.5.3-4　木饰面板竖向节点示意图

（4）纵横向活动卡件、固定套与紧固件连接安装

① 纵向活动卡件与固定套连接安装：安装前，应再一次检查纵向活动卡件、固定套、紧固件等构配件的规格、尺寸及质量。根据设计要求及CAD排板大样图，安装施工时测量定位好控制点，保证精度，纵向活动卡件穿接在固定套定位后通过紧固件锁紧，固定套内表面上设有多个并排排列的凸齿，在锁紧紧固件时，凸齿形变，从而增加固定套与纵向活动卡件的连接强度。再将固定套定位在木饰面板上并通过紧固件锁紧，标高偏差不应大于2mm，水平位置偏差不应大于2mm。卡件穿接在调节螺纹上，并通过两个调节螺母实现调节进出并锁紧。固定套就位后通过紧固件锁紧在饰面板上。卡件上设置有开口朝下的卡槽，卡槽由下至上插接于内横向活动卡件上，卡槽的宽度由下至上逐渐减小，卡槽插接于内横向活动卡件可实现左右调节并拆卸方便。

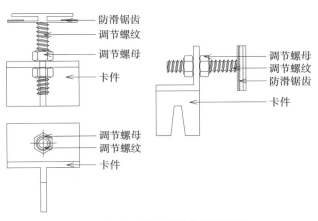

图 2.5.3-5　纵向活动卡件三视图

② 横向活动卡件与固定套连接安装：首先将镀锌钢方通作为整个安装结构的支撑部，固定连接在墙体的表面。具体而言，墙体的表面上通过膨胀螺栓固定有钢角码，镀锌钢方通被固定在钢角码上；连接套包括呈U形并套接在镀锌钢方通上的U形固定件、分别焊接在U形固定件开口两侧的侧壁上的两焊接螺栓，横向活动卡件包括一竖直的板状部及一竖直的插接部，板状部贴合于纵向支撑梁的外表面并位于U形固定件开口的一端，两焊接螺栓穿接在板状部上，且焊接螺栓上均旋接有一锁紧螺母，旋紧锁紧螺母，锁紧螺母拉紧焊接螺栓，将板状部向着纵向活动卡件顶压；最终，利用板状部和U形固定件夹紧镀锌钢方通，从而将横向活动卡件固定在纵向活动卡件上。也可通过自攻螺钉将横向活动卡件直接安装在钢立柱上（图2.5.3-9）

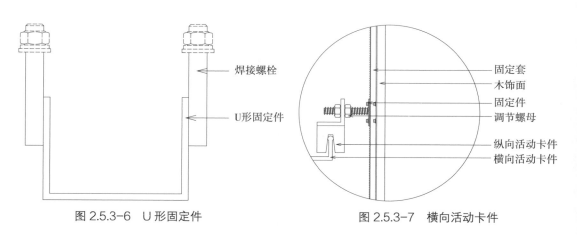

图2.5.3-6　U形固定件　　　　　　　　图2.5.3-7　横向活动卡件

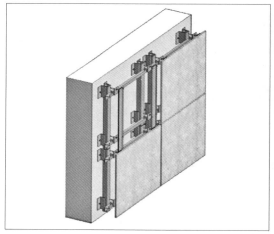

图2.5.3-8　饰面板装配式构造三维图

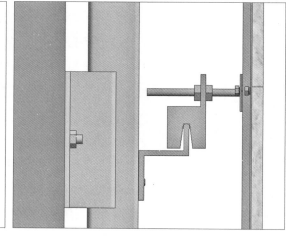

图2.5.3-9　饰面板及固定套安装示意图

③ 卡固件与紧固件连接安装：根据设计要求及深化图，安装施工时测量定位好控制点，保证精度，将卡件穿接在调节螺纹上，并通过两个调节螺母定位调节锁紧在调节螺纹上，在此过程控制卡件的卡槽口垂直向下，利用水准仪或靠尺对卡件进行横纵向、进深初调，确保卡件整体处于一个平面内。

（5）木饰面板安装

① 施工前，应检查加工后木饰面板的规格、尺寸、卡件位置、外观质量。在建筑物墙骨架立面拉好控制线，通过水平线和纵垂线，以此控制拟将安装的木饰面板面平整度（误差不大于1.5mm）。

② 一般由下往上进行干挂，先将木饰面板横截面与横梁相对应，确保编号及位置的准确，

后将预先安装排列的卡件挂扣在横向活动卡件，并均匀用力于木饰面板两侧的卡件使其卡紧横向活动卡件，使之与横向活动卡件稳固连接；并在此过程中进行二次调整，确保面板垂直度及板与板之间的碰角过度平滑；如此循环，依次将木饰面板通过卡件并排安装在横向活动卡件上。

③ 调节螺栓，确保木饰面板平整度后，拧紧螺栓，此过程中应及时检查、综合调整垂直度、水平度、平整度、接缝高低差等。

④ 调整缝宽、整体感观：木饰面板安装完成后，利用塞尺检查、调整木饰面板间缝宽、整体水平度及垂直度，确保四角对等、横平竖直、整体感要直观。

（6）清洁、验收

进行木饰面板表面清理保洁，对饰面采用围挡保护措施，以免碰撞损坏，并采用防污染遮挡设施保护，做好质量检查记录，做好自检记录。组织建设单位及监理单位进行查验，注意做好隐蔽工程验收记录，检验验收。

图 2.5.3-10　卡式龙骨安装图　　　　图 2.5.3-11　木饰面板施工完成图

3.3　质量关键要求

（1）木饰面板加工时，应遵照样板进行裁剪，保证面板宽窄一致，纹路方向一致，避免花纹图案的面板铺贴后门窗两边或室内与柱子对称的两块面板的花纹图案不对称。

（2）施工前要对木饰面板认真进行挑选和核对，在同一场所应使用同一批面板，避免造成面层颜色、花形、深浅不一致。（3）施工中在挂装第一块面板时，应认真进行平整度复核，避免相邻两面板的接缝不垂直、不水平和不严密，造成离缝，或虽接缝垂直但花纹不吻合，或花纹不垂直、不水平等。（4）施工时室内相对湿度不能过高，一般应低于85%；同时温度也不能有剧烈变化。（5）阳角处不允许留拼接缝，应包角压实；阴角拼缝宜在暗面处。

3.4　季节性施工

（1）雨期施工时，应采取措施，确保水泥基层面含水率不超过 8%，木材的含水率不超过

12%，板材表面可刷一道底漆，以防受潮。（2）冬期施工用胶粘剂进行粘接作业时，现场环境温度不得低于5℃。

4.1 主控项目

（1）面板材料及边框的材质、颜色、图案、燃烧性能等级和木材的含水率应符合设计要求及现行国家标准的有关规定。

检验方法：观察；检查产品合格证书、进场验收记录和性能检测报告。

（2）木饰面板工程的安装位置及构造做法应符合设计要求。

检验方法：观察；尺量检查；检查施工记录。

（3）木饰面板工程的龙骨、衬板、边框应安装牢固，无翘曲，拼缝应平直。

检验方法：观察；手扳检查。

（4）木饰面板不应有接缝，四周应绷压严密。

检验方法：观察；手摸检查。

4.2 一般项目

（1）木饰面板工程表面应平整、洁净，无凹凸不平及皱折；图案应清晰、无色差，整体应协调美观。

检验方法：观察。

（2）木饰面板拼接应位置准确、接缝严密、拐角方正、光滑顺直。

检验方法：观察；手摸检查。

（3）木饰面板表面涂饰质量应符合现行国家标准的要求，颜色一致、纹理通畅、拼花正确。

检验方法：观察。

（4）木饰面板上的孔洞应套割吻合，边缘应整齐、方正。

检验方法：观察。

（5）木饰面板安装的允许偏差和检验方法应符合表2.5.4-1的规定。

木饰面板安装的允许偏差和检验方法　　　　　　　　　　　　　　　　　　　表2.5.4-1

序号	项目	允许偏差（mm）	检验方法
1	立面垂直度	2	用2m垂直检测尺检查
2	表面平整度	1	用2m靠尺和塞尺检查
3	阴阳角方正	2	用200mm直角检测尺检查
4	接缝直线度	2	拉5m线，不足5m拉通线，用钢直尺检查
5	墙裙、勒脚上口直线度	2	拉5m线，不足5m拉通线，用钢直尺检查
6	接缝高低差	1	用钢直尺和塞尺检查
7	接缝宽度	1	用钢直尺检查

5 成品保护

（1）木饰面板施工后的房间应及时清理干净，尽量封闭通行，避免污染或损坏。（2）木饰面板施工过程中，严禁非操作人员随意触摸木饰面板饰面。（3）电气和其他设备在进行安装时，应注意保护已经包好的饰面，以防止饰面被污染或损坏。（4）严禁在已经包好的饰面上剔眼打洞。如因设计变更，应采取相应的措施，施工时要小心保护，施工完要及时认真修复，以保证饰面完整美观。（5）在修补油漆、涂刷浆时，要注意做好饰面保护，防止污染、碰撞与损坏。

6 安全、环境保护措施

6.1 安全措施

（1）施工人员在较高处进行作业时，应使用施工平台，并应采取安全防护措施，高度超过 2m 时，应系安全带。（2）梯子不得缺档，不得垫高，横档间距以 30cm 为宜，梯子底部绑防滑垫；人字梯两梯夹角 60° 为宜，两梯间应拉牢。（3）施工现场临时用电均应符合现行行业标准《施工现场临时用电安全技术规范》JGJ 46 的规定。（4）使用电锯应有防护罩。（5）施工作业面配备足够、有效的灭火器具，并设有防火标志及消防器具。

6.2 环保措施

（1）严格按现行国家标准《民用建筑工程室内环境污染控制标准》GB 50325 进行室内环境污染控制。拒绝环保超标的原材料进场。（2）边角余料应装袋后集中回收，按固体废物进行处理。现场严禁燃烧废料。（3）剩余的油漆、涂料和油漆桶不得乱扔乱倒，应按有害废弃物进行集中回收、处理。（4）作业棚应封闭，采取降低噪声措施，减少噪声污染。（5）饰面板施工环境因素控制见表 2.5.6-1，应从其环境影响及排放去向控制环境影响。

饰面板施工环境因素控制   表 2.5.6-1

序号	环境因素	排放去向	环境影响
1	电的消耗	周围空间	资源消耗、污染土地
2	电锯、切割机等施工机具产生的噪声排放	周围空间	影响人体健康
3	锯末粉尘的排放	周围空间	污染大气
4	甲醛等有害气体的排放	大气	污染大气
5	油漆、稀料、胶、涂料的气味的排放	大气	污染大气
6	油漆桶、涂料桶、油漆刷的废弃	垃圾场	污染土地
7	油漆、稀料、胶、涂料的泄漏	土地	污染土地
8	防火、防腐涂料的废弃	周围空间	污染土地
9	废夹板等施工垃圾的排放	垃圾场	污染土地

（1）饰面板工程验收时应检查下列文件和记录：① 饰面板工程的施工图、设计说明及其他设计文件；② 饰面材料的样板及确认文件；③ 材料的产品合格证书、性能检测报告、进场验收记录和复验报告；④ 施工记录。

（2）同一类型的装配式饰面板墙面工程每层或每30间应划分为一个检验批，不足30间也应划分为一个检验批，大面积房间和走廊可按装配式隔墙30m² 计为1间。

（3）装配式饰面板墙面工程每个检验批应至少抽查20%，并不得少于4间，不足4间时应全数检查。

（4）检验批合格质量和分项工程质量验收合格应符合下列规定：① 抽查样本主控项目均合格；一般项目80%以上合格，其余样本不得有影响使用功能或明显影响装饰效果的缺陷，其中有允许偏差和检验项目，其最大偏差不得超过规定允许偏差的1.5倍。均须具有完整的施工操作依据、质量检查记录。② 分项工程所含的检验批均应符合合格质量规定，所含的检验批的质量验收记录应完整。

（5）分部（子分部）工程质量验收合格应符合下列规定：① 分部（子分部）工程所含分项工程的质量均应验收合格；② 质量控制资料应完整；③ 观感质量验收应符合要求。

质量记录包括：（1）木饰面板等材料的产品合格证和环保、消防性能检测报告以及进场检验记录；有防火、吸声、隔热等特殊要求的饰面板应有相关资质检测单位提供的证明；（2）后置埋件现场拉拔检测报告；（3）隐蔽工程验收记录；（4）检验批质量验收记录；（5）分项工程质量验收记录。

第 6 节　塑料板施工工艺

主编点评

本工艺将塑料板与连接件在工厂制作成基本塑料板结构单元，运到现场后通过专门连接件直接挂装在墙面龙骨结构上，具有施工高效、三维可调、质量可靠和维修方便等特点。

1　总　则

1.1　适用范围

本工艺适用于一般工业与民用建筑室内墙面塑料板（塑料贴面装饰板、覆塑装饰板、有机玻璃板材等）工程施工。

1.2　编制参考标准及规范

（1）《建筑装饰装修工程质量验收标准》GB 50210

（2）《装配式内装修技术标准》JGJ/T 491

（3）《民用建筑工程室内环境污染控制标准》GB 50325

（4）《建筑内部装修设计防火规范》GB 50222

（5）《钢结构工程施工质量验收标准》GB 50205

2　施工准备

2.1　技术准备

（1）熟悉施工图，深入现场了解具体情况。（2）完成图纸会审。（3）根据现场实际情况和图纸会审记录做好图纸深化工作，并出具墙面板加工图。（4）完成专项方案技术交底。

2.2　材料要求

（1）金属骨架基层材料

① 钢龙骨架及无焊接连接钢角码一般用碳素结构钢或低合金结构钢，种类、型号、质量等级应符合设计要求，其规格尺寸应按设计图纸加工，热镀锌层厚度应符合国家相关规范的要求。

② 铝合金连接件一般采用 6061、6063、6063A 等铝合金热压型材，铝合金牌号、连接件形状、加工尺寸应符合设计要求，允许偏差应达到国家标准高精级，型材质量、表面处

理层厚度应符合国家相关规范的要求。

（2）塑料板面层材料

① 塑料板材板面不能有明显的划伤、斑点、孔眼、气泡、水纹、异物等瑕疵，不能有其他在实际应用中不可接受的缺陷。除压花板外，板面应光滑。压花板面应有统一的花式。

② 塑料板材长度和宽度的极限偏差应符合表 2.6.2-1 要求。

长度和宽度的极限偏差（单位：mm） 表 2.6.2-1

公称尺寸（l）	长度、宽度极限偏差	
	层压板材	挤出板材
$l \leqslant 500$	+4 0	+3 0
$500 < l \leqslant 1000$		+4 0
$1000 < l \leqslant 1500$		+5 0
$1500 < l \leqslant 2000$		+6 0
$2000 < l \leqslant 4000$		+7 0

③ 塑料板材直角度极限偏差应符合表 2.6.2-2 要求。

直角度极限偏差（单位：mm） 表 2.6.2-2

公称尺寸（长×宽）	极限偏差（两对角线的差）	
	层压板材	挤出板材
1800×910	5	7
2000×1000	5	7
2440×1220	7	9
3000×1500	8	11
4000×2500	13	17

④ 塑料板材厚度极限偏差应符合表 2.6.2-3 中一般用途（T_1）或表 2.6.2-4 中特殊用途（T_2）要求。

厚度的极限偏差：一般用途（T_1） 表 2.6.2-3

厚度（d）（mm）	极限偏差（%）	
	层压板材	挤出板材
$1 \leqslant d \leqslant 5$	±15	±13
$5 < d \leqslant 20$	±10	±10
$20 < d$	±7	±7

注：压花板材厚度偏差由当事双方协商确定。

厚度的极限偏差：特殊用途（T_2） 表 2.6.2-4

名称	极限偏差（mm）
层压板材	±（0.1 + 0.05×厚度）
挤出板材	±（0.1 + 0.03×厚度）

注：压花板材厚度偏差由当事双方协商确定。

⑤ 塑料板材的基本力学性能、热性能及光学性能应符合表应符合表 2.6.2-5 要求。

性能	试验方法	单位	层压板材					挤出板材				
			第1类一般用途级	第2类透明级	第3类高模量级	第4类高抗冲级	第5类耐热级	第1类一般用途级	第2类透明级	第3类高模量级	第4类高抗冲级	第5类耐热级
拉伸屈服应力	GB/T 1040.2 I B 型	MPa	≥ 50	≥ 45	≥ 60	≥ 45	≥ 50	≥ 50	≥ 45	≥ 60	≥ 45	≥ 50
拉伸断裂伸长率	GB/T 1040.2 I B 型	%	≥ 5	≥ 5	≥ 8	≥ 10	≥ 8	≥ 8	≥ 5	≥ 3	≥ 8	≥ 10
拉伸弹性模量	GB/T 1040.2 I B 型	MPa	≥ 2500	≥ 2500	≥ 3000	≥ 2000	≥ 2500	≥ 2500	≥ 2000	≥ 3200	≥ 2300	≥ 2500
缺口冲击强度（厚度小于 4mm 的板材不做缺口冲击强度）	GB/T 1043.1 lepA 型	kJ/m²	≥ 2	≥ 1	≥ 2	≥ 10	≥ 2	≥ 2	≥ 1	≥ 2	≥ 5	≥ 2
维卡软化温度	ISO 306: 2004 方法 B50	℃	≥ 75	≥ 65	≥ 78	≥ 70	≥ 90	≥ 70	≥ 60	≥ 70	≥ 70	≥ 85
加热尺寸变化率	根据 GB/T 22789.1 第 6.5.2 条	%	−3 ～ +3					厚度：$1.0mm \leqslant d \leqslant 2.0mm$； −10～+10 $2.0mm < d \leqslant 5.0mm$； −5～+5 $5.0mm < d \leqslant 10.0mm$，−4～+4 $d > 10.0mm$； −4～+4				
层积性（层间剥离力）	根据 GB/T 22789.1 第 6.5.2 条		无气泡、破裂或剥落（分层剥离）					—				
总透光率（只适用于第 2 类）	ISO 13468-1	%	厚度：$d \leqslant 2.0mm$； ≥ 82 $2.0mm < d \leqslant 6.0mm$； ≥ 78 $6.0mm < d \leqslant 10.0mm$； ≥ 75 $d > 10.0mm$； —									

注：压花板材的基本性能由当事双方协商确定。

（3）其他材料

热镀锌型钢及角码、铝合金龙骨、铝合金挂件，背栓螺丝筒、背卡等金属挂装件，化学锚栓、自攻螺钉、螺栓、螺母等五金配件及橡胶垫，其材质、机械性能、品种、规格、质量应符合设计要求。塑料板与基层结合宜采用柔性胶粘剂，胶粘剂应有出厂合格证并满足国家现行环保规定的要求。

2.3 主要机具

（1）机械：砂轮切割机、台式电钻、修边机、手电钻、电动螺钉枪等。（2）工具：扳手、拉铆枪、螺钉旋具、多用刀、锤子、钳子等。（3）计量检测用具：经纬仪、水准仪、激光投线仪、钢卷尺、钢板尺、靠尺、方角尺、水平尺、塞尺等。

2.4 作业条件

（1）基层与装饰面层胶合工厂加工条件

① 各类机械设备应按要求调整试车，满足生产加工工艺要求；各类工具完好齐备。② 基

层水泥纤维板含水率烘干控制在 10% 内，铝合金型材规格及数量符合设计要求。③ 装饰挂板的其他加工生产所需材料配备应足额到位。

（2）现场安装条件

① 施工现场的水、电应满足施工的需求。② 作业面上的基层的外形尺寸已经复核；作业面的环境已清理完毕。③ 各种机具设备已齐备和完好。④ 隐蔽管线、设备如开关、插座、给排水管、电线槽、显示屏幕等已安装完成，并验收合格。⑤ 提前在指定位置存放板材，以使其适应施工环境现场的温度及湿度。

3　　施工工艺

3.1　工艺流程

测量放线 ⟶ 塑料板与基层合成加工 ⟶ 转接件安装 ⟶ 镀锌钢骨架安装 ⟶ 塑料板安装 ⟶ 装饰线条安装 ⟶ 清洁、验收

3.2　操作工艺

（1）测量放线：首先在墙面放出吊顶完成后的标高线，根据设计及安装工艺图要求，在墙面放出水平控制线和横竖龙骨安装的分布线；从所需安装饰面的墙体两端放出装饰完成面垂直控制线，一般按板背与基层面的空隙（即架空）为 50～70mm 为宜。按此垂直线控制好钢骨架及装饰面的完成面，根据设计图纸，在基层面上按合成完成后的装饰板材模数的大小和缝隙的宽度弹出竖直的分格墨线。

（2）塑料板与基层合成加工：按照排板设计图选择板块，非标准规格板块须在车间内进行切割，注意控制板块的几何尺寸和形状偏差；根据设计要求及锚固挂件安装连接方式选择基层板精准定位开孔预埋螺钉筒的方法，螺钉筒埋入时必须注入粘合胶加以锚合紧固。

（3）转接件安装：按放线和设计的规格、数量的要求安装转接件，校正后应以测力扳手检测螺栓和螺母的旋紧力度，使之达到设计质量的要求。

（4）镀锌钢骨架安装：根据设计图纸进行放线及安装骨架，骨架与墙体及骨架之间的连接宜采用螺栓连接。竖向骨架安装、校正调整紧固后开始横向骨架安装，每幅墙面钢骨架安装螺栓，紧固应达到设计要求。镀锌钢骨架的裁切及开孔处应做好相应的防锈、防腐处理。

（5）塑料板安装（图 2.6.3-1～图 2.6.3-4）：塑料板安装一般遵循从墙面一端走向另一端自下而上的安装顺序，在墙面最低一层板材安装位置的上下口拉两条水平控制线，装饰挂板以墙面阴角开始就位安装，先安装好第一块作为起步基准，其平整度以事先设置的点线为依据，上下垂直安装，首基准板安装校准紧固后，嵌入板间装饰线条然后展开装饰挂板的安装，对需开孔的位置（如开关、插座等）需准确度量尺寸并开出吻合的洞口。挂板安装要求四角平整，纵横对缝；每层安装完成，应作一次平整度误差的调校，并用测力扳手对挂装件螺栓旋紧力进行抽检复验。

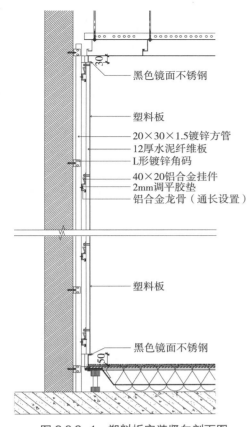

图 2.6.3-1 塑料板安装竖向剖面图

黑色镜面不锈钢

塑料板
20×30×1.5镀锌方管
12厚水泥纤维板
L形镀锌角码
40×20铝合金挂件
2mm调平胶垫
铝合金龙骨（通长设置）

塑料板

黑色镜面不锈钢

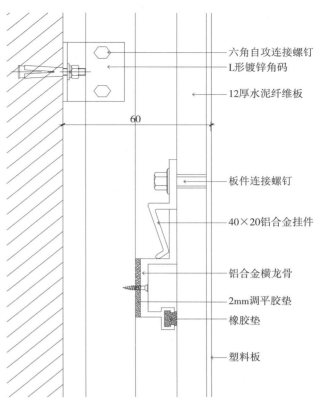

图 2.6.3-2 塑料板安装节点图

六角自攻连接螺钉
L形镀锌角码

12厚水泥纤维板

板件连接螺钉

40×20铝合金挂件

铝合金横龙骨

2mm调平胶垫

橡胶垫

塑料板

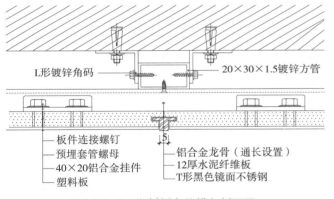

图 2.6.3-3 塑料板安装横向剖面图

L形镀锌角码
20×30×1.5镀锌方管

板件连接螺钉
预埋套管螺母
40×20铝合金挂件
塑料板
铝合金龙骨（通长设置）
12厚水泥纤维板
T形黑色镜面不锈钢

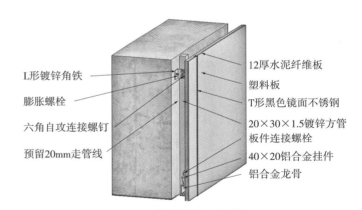

图 2.6.3-4 塑料板安装三维节点图

L形镀锌角铁
膨胀螺栓
六角自攻连接螺钉
预留20mm走管线

12厚水泥纤维板
塑料板
T形黑色镜面不锈钢
20×30×1.5镀锌方管
板件连接螺栓
40×20铝合金挂件
铝合金龙骨

（6）装饰线条安装：每一装饰单元挂板安装后在交接缝隙处嵌入装饰线条，线条以凸出装饰面层0.5~1mm为宜，线条上下应平直均匀。

（7）清洁、验收：每次操作结束要清理板面和操作现场，安装完工不允许留下杂物，以防硬物跌落破损饰面板。

3.3 质量关键要求

（1）板材进场后，要严格遵守技术交底板材存放要求；（2）安装时，一定要两面同时撕下塑料保护膜；阴阳角安装要仔细认真；（3）要避免线角不直、缝格不匀、不直现象发生，如有要参考排板图尺寸，查对每块板编号，分段分块弹线要细致，拉线、吊线校正检验要准确；（4）基层面脏，用毛巾擦拭干净；（5）搬运、安装过程中不得碰撞，以免损坏塑料板。

图 2.6.3-5　塑料板安装完成图　　　　图 2.6.3-6　塑料板阳角安装完成图

3.4　季节性施工

（1）雨期施工时，应采取板材保干燥措施，确保基层板含水率不超过 10%，雨天或板材受潮时不应进行基层板与装饰面板的胶合。（2）冬期施工用胶粘剂进行胶合作业时，作业现场环境温度不得低于 5℃。

4 质量要求

4.1　主控项目

（1）塑料板基板及装饰面板的品种、规格、颜色、性能及参数应符合设计要求，胶粘剂应符合国家相关的环保规定。

检验方法：观察；检查产品合格证书、进场验收记录和性能检测报告，需现场复检的材料必须随机取样送检，检验合格后方可投入生产使用。

（2）塑料板的开孔的数量、位置和尺寸应符合设计要求。

检验方法：检查进场验收记录、技术交底记录和施工记录。

（3）塑料板工程的预埋件、镀锌钢骨架、角码、连接件的数量、规格、位置、连接方法和防腐处理应符合设计要求。调整补充的后置埋件的现场拉拔强度应符合设计要求。塑料板安装应牢固。

检验方法：手扳检查；检查进场验收记录、现场拉拔检测报告。

4.2　一般项目

（1）塑料板表面应平整、洁净、色样一致，无裂纹、缺损和其他污染。

检验方法：观察。

（2）塑料板嵌缝线条应严实、平直、宽度和凸出高度应符合设计要求，线条色泽应一致。

检验方法：观察；尺量检查。

（3）采用平挂安装的饰面板工程，饰面板应进行防开裂坠落处理。

检验方法：检查施工记录。

（4）塑料板上的孔洞套割应吻合，边缘应整齐、方正。

检验方法：观察。

（5）塑料板安装的允许偏差及检验方法应符合表 2.6.4-1 的规定。

塑料板安装的允许偏差及检验方法   表 2.6.4-1

序号	项目	允许偏差（mm）	检验方法
1	立面垂直度	2	用 2m 垂直检测尺检查
2	表面平整度	3	用 2m 靠尺和塞尺检查
3	阴阳角方正	3	用 200mm 直角检测尺检查
4	接缝直线度	2	拉 5m 线，不足 5m 拉通线，用钢直尺检查
5	墙裙、勒脚上口直线度	2	拉 5m 线，不足 5m 拉通线，用钢直尺检查
6	接缝高低差	1	用钢直尺和塞尺检查
7	接缝宽度	1	用钢直尺检查

5   成品保护

（1）对塑料墙板系统应采取保护措施，不得发生人为损坏等。（2）塑料墙板施工过程中有污染，应立即清理表面附着物。（3）安装完成后，应按期做好清洁方案，清扫时应避免损坏表面。（4）认真落实合理施工次序，预防损坏、污染塑料墙板。（5）拆架子、做吊顶及安装灯具时，严禁碰撞塑料墙板。（6）塑料板施工完后，阳角处要采取专门保护方法，防止碰撞损坏。

6   安全、环境保护措施

参见第 135 页 "6 安全、环境保护措施"。

7   工程验收

参见第 136 页 "7 工程验收"。

8   质量记录

质量记录包括：（1）塑料板的产品合格证和物理性能及防火等级检测报告以及进场检验记录；金属骨架及配件等材料的产品合格证、性能检测报告、材料进场复试报告；（2）后置埋件现场拉拔检测报告；（3）隐蔽工程验收记录；（4）检验批质量验收记录；（5）分项工程质量验收记录。

第7节　构件式玻璃板施工工艺

主编点评

本工艺以昆明长水国际机场内墙玻璃板项目为实例，将玻璃饰面板与连接件在工厂制成基本玻璃结构单元，运到现场后通过专门连接件直接挂装在墙面龙骨结构上，具有施工高效、三维可调、维修方便等特点。

1 总　则

1.1 适用范围
本工艺适用于民用建筑室内墙面构件式玻璃饰面板工程施工。

1.2 编制参考标准及规范
（1）《建筑装饰装修工程质量验收标准》GB 50210
（2）《装配式内装修技术标准》JGJ/T 491
（3）《钢结构工程施工质量验收标准》GB 50205
（4）《铝合金建筑型材　第1部分：基材》GB/T 5237.1
（5）《建筑用安全玻璃　第2部分：钢化玻璃》GB 15763.2
（6）《建筑玻璃应用技术规程》JGJ 113
（7）《民用建筑工程室内环境污染控制标准》GB 50325

2 施工准备

2.1 技术准备
（1）技术人员应熟悉图纸，进行图纸会审：准确复核墙体的位置、尺寸，结合装配式生产厂家、装修、机电等图纸进行深化定位及加工，正式施工前（甲方或法定代理方）应对图纸会审签字认可后进行。（2）编制墙面玻璃板工程施工方案，并报监理单位审批。（3）将墙面玻璃板技术交底落实到作业班组。（4）按图纸组织工程技术人员进行现场放线。放线人员要严格按施工图纸进行放线，随放随复核。放线完毕，请监理单位进行验收，验收合格后方可施工。

2.2 材料要求
（1）符合设计要求的各种玻璃、铝合金龙骨、玻璃胶、橡胶垫和各种压条。

（2）紧固材料：化学或膨胀螺栓、镀锌方管、铝合金挂件、自攻螺钉和粘贴嵌缝料应符合设计要求。

（3）玻璃规格：常用厚度有 8mm、10mm、12mm、15mm、18mm、22mm 等，长宽根据工程设计要求确定。

（4）材料质量要求：见表 2.7.2-1～表 2.7.2-5。

长方形平面钢化玻璃边长允许偏差（单位：mm）　　　　　　　　　　　　　　表 2.7.2-1

厚度	边长（L）允许偏差			
	$L \leqslant 1000$	$1000 < L \leqslant 2000$	$2000 < L \leqslant 3000$	$L > 3000$
3、4、5、6	+1 −2	±3	±4	±5
8、10、12	+2 −3			
15	±4	±4		
19	±5	±5	±6	±7
>19	供需双方商定			

长方形平面钢化玻璃对角线差允许值（单位：mm）　　　　　　　　　　　　　表 2.7.2-2

玻璃公称厚度	对角线差允许值		
	边长≤2000	2000 <边长≤3000	边长>3000
3、4、5、6	±3.0	±4.0	±5.0
8、10、12	±4.0	±5.0	±6.0
15、19	±5.0	±6.0	±7.0
>19	供需双方商定		

孔径及其允许偏差（单位：mm）　　　　　　　　　　　　　　　　　　　　　表 2.7.2-3

公称孔径（D）	允许偏差
$4 \leqslant D \leqslant 50$	±1.0
$50 < D \leqslant 100$	±2.0
$D > 100$	供需双方商定

厚度及其允许偏差（单位：mm）　　　　　　　　　　　　　　　　　　　　　表 2.7.2-4

公称厚度	厚度允许偏差
3、4、5、6	±0.2
8、10	±0.3
12	±0.4
15	±0.6
19	±1.0
>19	供需双方商定

缺陷名称	说明	允许缺陷数
爆边	每片玻璃每米边长上允许有长度不超过 10mm，自玻璃边部向玻璃板表面延伸深度不超过 2mm，自板面向玻璃厚度延伸深度不超过厚度 1/3 的爆边个数	1 处
划伤	宽度在 0.1mm 以下的轻微划伤，每平方米面积内允许存在条数	长度 ≤ 100mm 时 4 条
	宽度大于 0.1mm 的划伤，每平方米面积内允许存在条数	宽度 0.1～1mm，长度 ≤ 100mm 时 4 条
夹钳印	夹钳印与玻璃边缘的距离 ≤ 20mm，边部变形量 ≤ 2mm	
裂纹、缺角	不允许存在	

2.3　主要机具

（1）机械：台式切割机、手提切割机、冲击钻、手电钻、电动螺钉枪等。（2）工具：锤、螺钉旋具、靠尺、钢卷尺、玻璃吸盘、塑料吹尘球等。（3）计量检测用具：经纬仪、水准仪、激光投线仪、钢卷尺、钢板尺、靠尺、方角尺、水平尺、塞尺等。

2.4　作业条件

（1）主体结构完成及交接验收，并清理现场。（2）砌墙时，应根据吊顶标高在四周墙上预埋拉结件。（3）安装各种系统的管、线盒弹线及其他准备工作已到位，特别是线槽的绝缘处理。（4）已落实电、通信、空调、采暖各专业协调配合问题。（5）隐蔽工程已通过验收合格。

3　施工工艺

3.1　工艺流程

测量放线 ⟶ 工厂化加工 ⟶ 安装主龙骨 ⟶ 安装副龙骨 ⟶
安装铝合金卡座 ⟶ 安装玻璃单元 ⟶ 安装缓冲杆、踢脚板 ⟶ 清洁、验收

3.2　操作工艺

（1）测量放线

根据建筑室内装饰设计图纸，进行理解与深化设计。结合建筑结构图纸，对安装结构墙体进行试点测量。

① 沿墙弹垂直标高线及水平线，并在水平线上划好龙骨的分档位置线，引测至顶棚和侧墙，绘制放样图。

② 确认墙面玻璃板构件及玻璃板的安装顺序、计算需用材料数量，按照放样图所定编号

提交墙面玻璃板构件、玻璃面板订购单到工厂制作，交货时按提交的数量、规格、质量标准严格把关，并做好成品保护。

（2）工厂化加工

① 铝合金框制作

将从工厂定制的铝合金构件按设计尺寸切割组装成铝合金框，加工组合完成的铝合金框长、宽、对角尺寸误差≤±1.0mm。

② 玻璃注胶及安装

a. 注胶应在专门的注胶间进行，注胶间要求清洁、无尘、无火种、通风良好，并备置必要的设备，室内温度应控制在15～27℃，相对湿度控制在35%～75%。注胶操作者须接受专门的注胶培训，并经实际操作考核合格，方可持证上岗操作。结构胶应事先进行相容性和粘结强度试验，且全部检验参数合格方可使用。

b. 清洁：所有与注胶处有关的构件表面均应清洗，保持清洁、无灰、无污、无油、干燥。

c. 双面胶条的粘贴：按图纸要求在制作好的铝框上正确位置粘贴双面胶条，双面胶条厚度一般要比注胶胶缝厚度大于1mm,这是因为玻璃放上后，双面胶条要被压缩10%。粘贴时，铝框的位置最好用专用的夹具固定。粘贴双面胶条时，应使胶条保持直线，用力按下胶条紧贴铝框，但手不可触及铝型材的粘胶面，在放上玻璃之前，不要撕掉胶条的隔离纸，以防止胶条的另一粘胶面被污染。

d. 玻璃粘贴：将玻璃放到胶条上一次成功定位，不得来回移动玻璃，否则玻璃上的不干胶沾在玻璃上，将难以保证注胶后结构硅酮密封胶粘结牢固性，如果万一不干胶粘到已清洁的玻璃面上，应重新清洁。

玻璃与铝框的定位误差应小于±1.0mm，玻璃固定好后，及时将玻璃铝框组件移至注胶间，并对其形状尺寸进行最后校正，摆放时应保证玻璃面的平整，不得有玻璃弯曲现象。

e. 注胶：注胶要一气呵成。注胶后要用刮刀压平、刮去多余的密封胶，并修整其外露表面，使表面平整、光滑、缝内无气泡，压平和修整的工作应在所允许的施工时间内进行，一般在10min以内。

f. 静置养护：注完胶的玻璃组件应及时静置，静置养护场地要求：温度为10～30℃，相对湿度为65%～75%，无油污、无大量灰尘，否则会影响其固化效果。

双组分结构胶静置3～5d后才能运输，要准备足够面积的静置场地。玻璃组件的静置可采用架子或地面叠放，当大批量制作时以叠放为多，叠放时应符合下列要求：玻璃面积≤2m^2,每垛堆放不得超过8块；玻璃面积≥2m^2,每垛堆放不得超过6块。

未完全固化的玻璃组件不能搬运，以免粘结力下降；完全固化后，玻璃组件可装箱运至安装现场，但还需要在安装现场放置10d左右，使总的养护期达到14～21d，达到结构密封胶的粘结强度后方可安装上墙。

（3）安装主龙骨

根据设计要求固定主龙骨，如无设计要求时，可以用ϕ8～ϕ12膨胀螺栓固定，安装前作好防腐处理，如图2.7.3-1、图2.7.3-2所示。

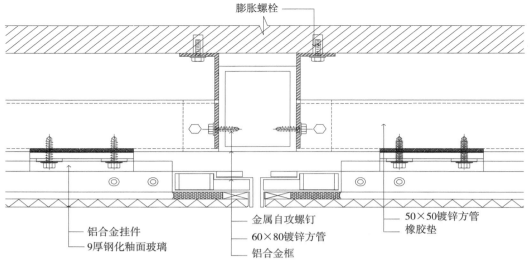

膨胀螺栓

铝合金挂件
9厚钢化釉面玻璃

金属自攻螺钉
60×80镀锌方管
铝合金框

50×50镀锌方管
橡胶垫

图 2.7.3-1　节点剖面图

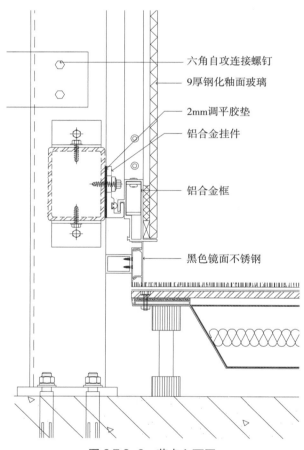

六角自攻连接螺钉
9厚钢化釉面玻璃
2mm调平胶垫
铝合金挂件
铝合金框
黑色镜面不锈钢

图 2.7.3-2　节点立面图

（4）安装副龙骨

副龙骨安装根据设计要求按分档线位置固定横龙骨，用扣件或螺栓固定，应安装牢固。

（5）安装铝合金卡座

将铝合金卡座用两颗螺栓安装在横向龙骨上，连接件安装关系到整个成品观感质量，应仔细反复调整。铝合金卡座中部有两个竖向条形孔设计，可以根据需要调整铝框玻璃面板竖向高度，铝合金卡座中部及其垫片上有特制机械凹凸压纹，当铝合金卡座竖向、水平向调平后，拧紧螺栓，凹凸压纹就阻止玻璃装饰板下滑。

（6）安装玻璃单元

按设计要求将玻璃单元安装在横龙骨挂码上。

（7）安装缓冲杆、踢脚板

缓冲杆、踢脚板在工厂定制后运往现场组装。组装时应采取保护措施，防止破坏已经安装完成的玻璃饰面板（图2.7.3-3、图2.7.3-4）。

图2.7.3-3　施工安装图　　　　　　图2.7.3-4　安装完成图

3.3　质量关键要求

（1）墙面玻璃板的龙骨和玻璃的材质、品种、规格、式样应符合设计要求和施工规范的规定。（2）墙面玻璃板固定件应符合设计要求和施工规范的规定。（3）墙面玻璃板的大、小龙骨应安装牢固，无松动，位置正确。（4）压条无翘曲、折裂、缺楞掉角等缺陷，安装应牢固。

3.4　季节性施工

（1）雨期不宜玻璃材料运输、搬运和安装作业，存放处应有防雨措施。（2）雨期玻璃单元板块加工应在室内干燥处施工，否则不得施工。（3）作业环境温度低于5℃时，不应安排单元板块加工和注胶作业。

4.1　主控项目

（1）玻璃墙面板所用龙骨、配件、材料及嵌缝材料的品种、规格、性能应符合设计要求。有隔声、隔热、阻燃、防潮等特殊要求的工程，材料应有相应性能等级的检测报告。

检验方法：观察；检查产品合格证书、进场验收记录、性能检测报告和复验报告。

（2）玻璃墙面板工程边框龙骨应与基体结构连接牢固，并应平整、垂直、位置正确。

检验方法：手扳检查；尺量检查；检查隐蔽工程验收记录。

（3）玻璃墙面板骨架中龙骨间距和构造连接方法应符合设计要求。骨架内设备管线的安装、门窗洞口等部位加强龙骨应安装牢固、位置正确，填充材料的设置应符合设计要求。

检验方法：检查隐蔽工程验收记录。

（4）玻璃墙面板的防火和防腐处理应符合设计要求。

检验方法：检查隐蔽工程验收记录。

（5）玻璃墙面板应安装牢固，无脱层、翘曲、爆裂及缺损。

检验方法：观察；手扳检查。

（6）玻璃墙面板所用接缝材料的接缝方法应符合设计要求。

检验方法：观察。

4.2 一般项目

（1）骨架表面应平整光滑、色泽一致、洁净、无裂缝，接缝应均匀、顺直。

检验方法：观察；手摸检查。

（2）骨架上的孔洞、槽、盒应位置正确、套割吻合、边缘整齐。

检验方法：观察。

（3）骨架墙内的填充材料应干燥，填充应密实、均匀、无下坠。

检验方法：轻敲检查；检查隐蔽工程验收记录。

（4）玻璃隔墙安装的允许偏差和检验方法应符合表 2.7.4-1 的规定。

玻璃隔墙安装的允许偏差和检验方法 表 2.7.4-1

项次	项目	允许偏差（mm）	检验方法
1	立面垂直度	2	用 2m 垂直检测尺检查
2	阴阳角方正	2	用 200mm 直角检测尺检查
3	接缝直线度	2	拉 5m 线，不足 5m 拉通线，用钢直尺检查
4	接缝高低差	2	用钢直尺和塞尺检查
5	接缝宽度	1	用钢直尺检查

5 成品保护

（1）玻璃墙板龙骨架及玻璃面墙板安装时，应注意保护隔墙内装好的各种管线。（2）施工部位已安装的门窗，已施工完的地面、墙面、窗台等应注意保护、防止损坏。（3）龙骨架材料，特别是罩面板材料，在进场、存放、使用过程中应妥善管理，使其玻璃不破损，底架不受潮、不损坏，整体成品不污染。（4）其他专业的材料不得置于已安装好的龙骨架和玻璃上。

6 安全、环境保护措施

6.1 安全措施

（1）玻璃墙板专用龙骨等硬质材料应放置妥当，防止碰撞受伤。（2）施工现场临时用电应符合现行行业标准《施工现场临时用电安全技术规范》JGJ 46。（3）施工作业面应设置足够的照明，配备足够、有效的灭火器具，并设有防火标志及消防器具。（4）工人操作应戴安全帽，严禁穿拖鞋、带钉易滑鞋或光脚进入现场。（5）机电器具应安装漏电保护器，发现问题立即修理。（6）遵守操作规程，非操作人员决不准乱动机具，以防伤人。

6.2 环保措施

（1）严格按现行国家标准《民用建筑工程室内环境污染控制标准》GB 50325 进行室内环境污染控制。（2）优先采用绿色、低碳、环保材料，拒绝环保超标的原材料进场。（3）施工现场应做到工完场清，保持施工现场清洁、整齐、有序。（4）玻璃碎屑应及时清理，并装袋后集中回收，按固体废物进行处理。（5）电动工具应采用低噪声设备，并应在规定的作业时间内施工。（6）现场保持良好通风。（7）玻璃墙板工程环境因素控制见表 2.7.6-1，应从其环境影响及排放去向控制环境影响。

玻璃墙板工程环境因素控制 表 2.7.6-1

序号	环境因素	排放去向	环境影响
1	电的消耗	周围空间	资源消耗
2	冲击钻、切割机等施工机具产生的噪声排放	周围空间	影响人体健康
3	切割粉尘的排放	周围空间	污染大气
4	玻璃屑等施工垃圾的排放	垃圾场	污染土地
5	加工现场火灾的发生	大气	污染土地、影响安全

7 工程验收

（1）玻璃板墙面工程验收时应检查下列文件和记录：① 玻璃板墙面工程的施工图、设计说明及其他设计文件；② 材料的产品合格证书、性能检测报告、进场验收记录和复验报告；③ 隐蔽工程验收记录；④ 施工记录。

（2）同一类型的装配式玻璃板墙面工程每层或每 30 间应划分为一个检验批，不足 30 间也应划分为一个检验批，大面积房间和走廊可按装配式隔墙 30m² 计为 1 间。

（3）装配式玻璃板墙面工程每个检验批应至少抽查 20%，并不得少于 4 间，不足 4 间时应全数检查。

（4）检验批合格质量和分项工程质量验收合格应符合下列规定：① 抽查样本主控项目均合格；一般项目 80% 以上合格，其余样本不得有影响使用功能或明显影响装饰效果的缺陷。均须具有完整的施工操作依据、质量检查记录。② 分项工程所含的检验批均应符合合格质量规定，所含的检验批的质量验收记录应完整。

（5）分部（子分部）工程质量验收合格应符合下列规定：① 分部（子分部）工程所含分项工程的质量均应验收合格；② 质量控制资料应完整；③ 观感质量验收应符合要求。

质量记录包括：（1）产品合格证书、性能检测报告；（2）进场验收记录和复验报告；（3）各种预埋件、固定件安装隐蔽工程验收记录；（4）技术交底记录；（5）检验批质量验收记录；（6）分项工程质量验收记录。

第8节　单元式玻璃板施工工艺

主编点评

　　本工艺以广州市轨道交通十四号线、二十一号线车站项目为实例，通过将多块玻璃板、暗藏消防门及广告灯箱集成为玻璃板单元，每个独立单元组件内部所有板块安装、板块间接缝密封均在工厂内加工组装完成，现场直接单元挂装，具有安装快捷、三维可调、质量可靠及维修方便等特点，提升了装配化程度及绿色施工水平。本技术获得广东省工程建设省级工法等荣誉。

1　总　则

1.1　适用范围
本工艺适用公共建筑室内单元式玻璃板墙面装饰工程施工，尤其适用于地铁车站、机场航站楼等单元式玻璃板墙面装饰工程。

1.2　编制参考标准及规范
（1）《建筑装饰装修工程质量验收标准》GB 50210
（2）《装配式内装修技术标准》JGJ/T 491
（3）《钢结构工程施工质量验收规范》GB 50205
（4）《铝合金建筑型材　第1部分：基材》GB/T 5237.1
（5）《建筑用安全玻璃　第2部分：钢化玻璃》GB 15763.2
（6）《建筑玻璃应用技术规程》JGJ 113
（7）《民用建筑工程室内环境污染控制标准》GB 50325

2　施工准备

2.1　技术准备
（1）技术人员应熟悉图纸，准确复核墙体的位置、尺寸，结合装配式生产厂家、装修、机电等图纸进行深化定位及加工，正式施工前（甲方或法定代理方）应对图纸会审签字认可后进行。（2）制定好单元构件存放和运输专项方案，其内容应包括运输时间、次序、堆放场地、运输路线、固定要求、堆放支垫及成品保护措施等。对于超高、超宽、形状特殊的大型构件的运输和堆放应制定相应的质量安全保证措施。（3）用三维激光扫描仪对现场数据扫描，并复核各单位BIM模型数据。（4）建立装修BIM模型，并利用3D进行技术交底和预安装。

2.2 材料要求

参见第 144 页 "2.2 材料要求"。

2.3 主要机具

参见第 146 页 "2.3 主要机具"。

2.4 作业条件

参见第 146 页 "2.4 作业条件"。

---

3 施工工艺

3.1 工艺流程

测量放线 ⟶ 深化设计及工厂化加工 ⟶ 镀锌钢支座安装 ⟶

单元式玻璃板挂装 ⟶ 广告灯箱玻璃面板安装 ⟶ 墙面与防火门收口 ⟶

清洁、验收

3.2 操作工艺

（1）测量放线：测量放线之前，应熟悉和核对设计图纸中各部分尺寸关系，制定详细的细部放线方案。以相关轴线为基准，往玻璃墙板项目水平方向放水平钢丝线。每 4m 设一个固定支点，避免钢丝线摆动。为减少安装尺寸的积累误差，有利于安装精度的控制与检测，使用经纬仪、钢卷尺等工具检测其准确性，将玻璃墙板工程分成多个控制单元，按单元的轴线与玻璃墙板工程上、下边线的交点就是玻璃墙板单元尺寸精度控制点。从测量放线到结构安装调整，玻璃墙板安装调整定位都应按每个单元来进行尺寸控制。

（2）深化设计及工厂化加工：根据现场定位复核尺寸，进行深化设计；加工厂根据深化排板图及工厂加工图预制加工单元式玻璃墙板，单元式玻璃墙板每个独立单元由三块或多块彩釉玻璃与暗藏消防门、广告灯箱组合而成（图 2.8.3-1），每个独立单元组件内部所有板块安装、板块间接缝密封均在工厂内加工组装完成，分类编号按工程安装顺序运往工地安装。通常每个单元组件为一个楼层高、一个分格宽。利用二维码技术编号，使安装工人能快速取得模块信息及安装技术交底，实现工厂化加工，现场快速拼装。

（3）镀锌钢支座安装：安装镀锌钢支座时，拉水平线控制其水平及进深的位置以保证角码的安装准确无误。将镀锌钢吊钩定位确定准确后要进行连接件的临时固定，临时固定要保证吊钩不会走位及脱落。误差控制在允许范围内，控制范围为垂直误差小于 2mm，水平误差小于 2mm，进深误差小于 3mm。待全部支座安装完成后，统一调整吊钩并最终固定。镀锌钢吊钩需设置橡胶套管，防止发生金属电离腐蚀（图 2.8.3-2～图 2.8.3-5）。

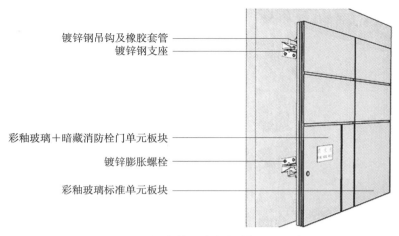

图 2.8.3-1　标准单元玻璃内墙板立面示意图

镀锌钢吊钩及橡胶套管
镀锌钢支座

彩釉玻璃＋暗藏消防栓门单元板块
镀锌膨胀螺栓
彩釉玻璃标准单元板块

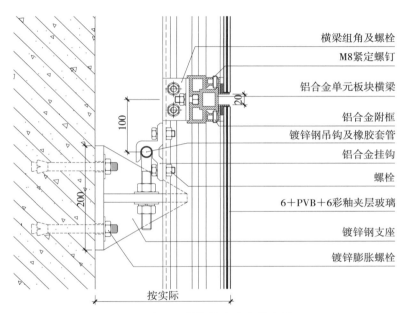

横梁组角及螺栓
M8紧定螺钉
铝合金单元板块横梁
铝合金附框
镀锌钢吊钩及橡胶套管
铝合金挂钩
螺栓
6＋PVB＋6彩釉夹层玻璃
镀锌钢支座
镀锌膨胀螺栓

按实际

图 2.8.3-2　镀锌钢上支座节点图

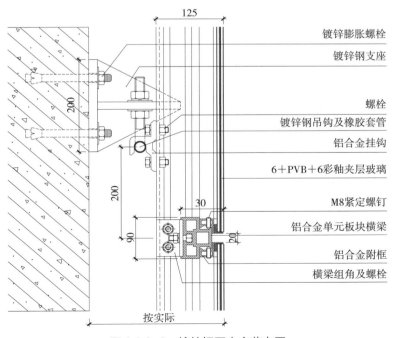

镀锌膨胀螺栓
镀锌钢支座
螺栓
镀锌钢吊钩及橡胶套管
铝合金挂钩
6＋PVB＋6彩釉夹层玻璃
M8紧定螺钉
铝合金单元板块横梁
铝合金附框
横梁组角及螺栓

按实际

图 2.8.3-3　镀锌钢下支座节点图

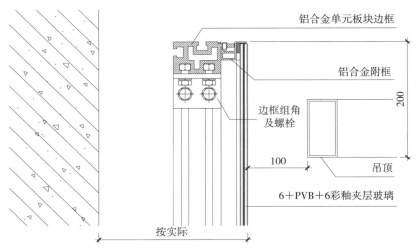

铝合金单元板块边框

铝合金附框

边框组角及螺栓

吊顶

6+PVB+6彩釉夹层玻璃

100

200

按实际

图 2.8.3-4　单元式玻璃板上端节点图

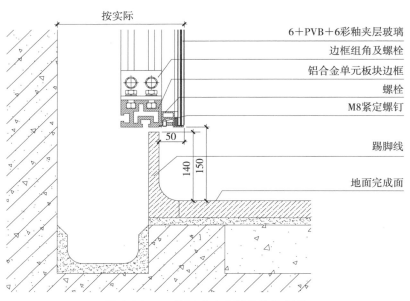

按实际

6+PVB+6彩釉夹层玻璃

边框组角及螺栓

铝合金单元板块边框

螺栓

M8紧定螺钉

踢脚线

地面完成面

50

140

150

图 2.8.3-5　单元式玻璃板下端节点图

（4）单元式玻璃板挂装：玻璃板挂装前，用红外线仪器仔细复查支座、吊钩平整度、垂直度，单元板块背框有没弯折、翘角等，检查无误后，方可开始挂装。挂装顺序宜从阴角端向阳角端顺序挂装。在挂装位置地面放置两块木方，四人将单元式玻璃板由堆放区平抬至挂装处，放置木方上，将玻璃吸盘安装在单元玻璃板上，用玻璃吸盘试抬，确认牢固后，扶正单元式玻璃板，将单元玻璃板抬起，让挂码挂在吊钩上，再检查平整度及缝隙大小，作微调整，保证缝宽偏差在 2mm 以内（图 2.8.3-6～图 2.8.3-9）。

（5）广告灯箱玻璃面板安装：确认灯箱四周尺寸，调整好后，做好隐蔽工程检查记录。先做好灯箱面板临时摆放的保护措施，用木头垫好灯箱面板四个角位置，平放好广告灯箱面板，把玻璃面板扶起，慢慢抬起面板，小心移动对准合页位置，螺栓固定。挂好面板后，安装箱体的液压杆，反复多次打开，检查是否灵活、是否刮碰到四周（图 2.8.3-10～图 2.8.3-13）。

（6）墙面与防火门收口：墙面与防火门收口处采用不锈钢收口，防火门一端不锈钢板折 Z 字形边嵌入防火门边框内，中间连接码固定，四周玻璃胶密封（图 2.8.3-14～图 2.8.3-17）。

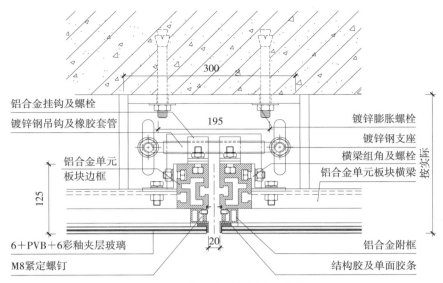

铝合金挂钩及螺栓
镀锌钢吊钩及橡胶套管
铝合金单元板块边框
6+PVB+6彩釉夹层玻璃
M8紧定螺钉

镀锌膨胀螺栓
镀锌钢支座
横梁组角及螺栓
铝合金单元板块横梁
铝合金附框
结构胶及单面胶条

300
195
125
20

图 2.8.3-6　单元式玻璃板横向节点图一

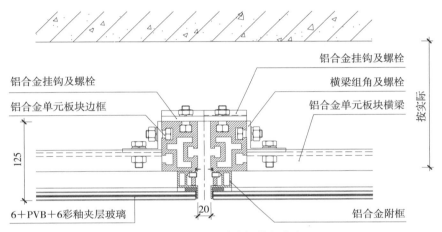

铝合金挂钩及螺栓
铝合金单元板块边框
6+PVB+6彩釉夹层玻璃

铝合金挂钩及螺栓
横梁组角及螺栓
铝合金单元板块横梁
铝合金附框

125
20

图 2.8.3-7　单元式玻璃板横向节点图二

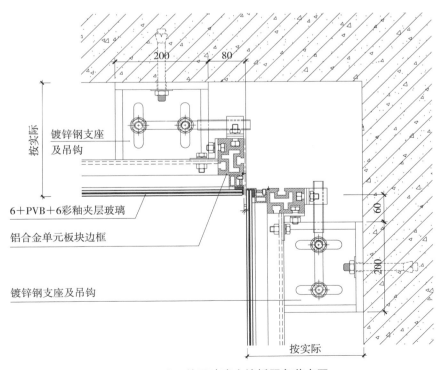

镀锌钢支座及吊钩
6+PVB+6彩釉夹层玻璃
铝合金单元板块边框
镀锌钢支座及吊钩

200
80
按实际
60
200
按实际

图 2.8.3-8　单元玻璃内墙板阴角节点图

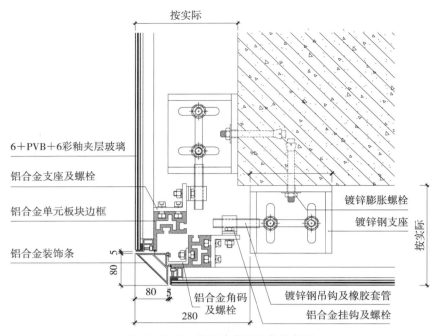

图 2.8.3-9　单元玻璃板阳角节点图

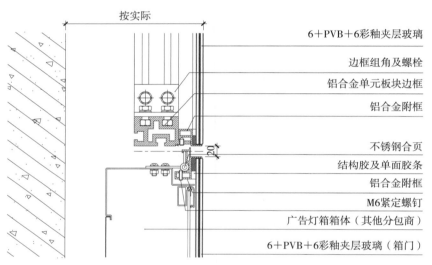

图 2.8.3-10　广告灯箱上端节点图

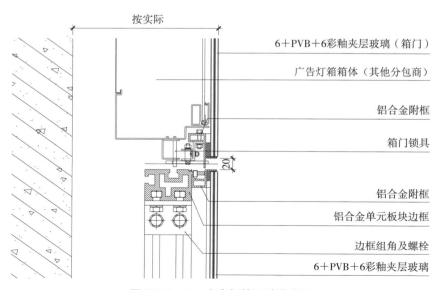

图 2.8.3-11　广告灯箱下端节点图

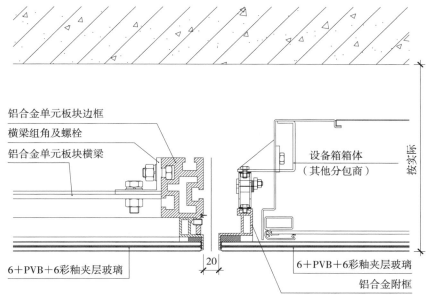

铝合金单元板块边框
横梁组角及螺栓
铝合金单元板块横梁

设备箱箱体
（其他分包商）

按实际

6＋PVB＋6彩釉夹层玻璃

20

6＋PVB＋6彩釉夹层玻璃
铝合金附框

图 2.8.3-12　广告灯箱侧边节点图

图 2.8.3-13　地铁站单元式玻璃墙板图

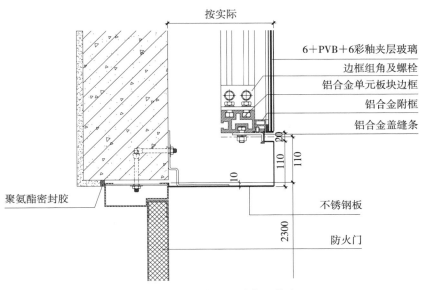

按实际

6＋PVB＋6彩釉夹层玻璃
边框组角及螺栓
铝合金单元板块边框
铝合金附框
铝合金盖缝条

聚氨酯密封胶

110
110
20
10

不锈钢板

2300

防火门

图 2.8.3-14　防火门上端收口节点图

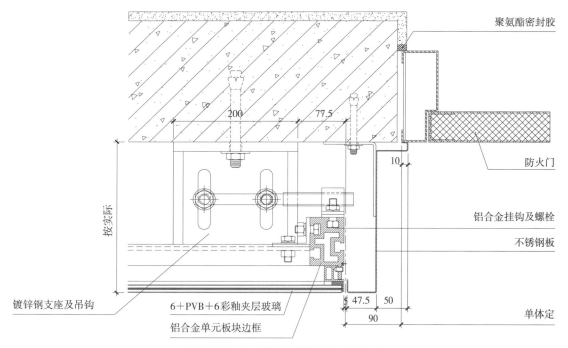

聚氨酯密封胶

防火门

铝合金挂钩及螺栓

不锈钢板

镀锌钢支座及吊钩

6+PVB+6彩釉夹层玻璃

铝合金单元板块边框

单体定

图 2.8.3-15　防火门侧边收口节点图

图 2.8.3-16　带防火门单元式玻璃板图

图 2.8.3-17　带广告灯箱单元式玻璃板图

（7）清洁、验收：单元式玻璃墙板安装好后，用棉纱和清洁剂清洁玻璃表面的胶痕和污痕，然后用粘贴不干胶纸等办法做出醒目的标识，以防止碰撞玻璃的意外发生。

3.3　质量关键要求

（1）单元式玻璃墙板应根据现场复核尺寸编制加工图，以满足构件精度要求。（2）单元式玻璃墙板应在加工厂制作，规格、形状应符合加工图要求。（3）应严格审核单元式玻璃墙板主要材料及配件的质量证明文件、抽样复验报告和产品出厂合格证是否符合要求，不满足要求的不得进场。（4）每块单元式玻璃墙板出厂时应采取独立包装，防止装卸、运输、存放过程中发生变形、破裂和污染。（5）安装过程中，应采取软木垫底，不得直接与地板接触或采用硬垫块。（6）单元式玻璃墙板应严格按安装顺序排放，不得随意堆放。（7）单元板块挂码应符合设计要求。（8）预制构件的生产企业信息化生产系统宜与相关管理部门网络平台对接，可在管理平台上实现信息查询与质量追溯。

3.4 季节性施工

（1）单元式玻璃墙板不宜在雨天装卸、运输、转运，存放应采取防雨措施。（2）冬期温度低于5℃时，不应进行玻璃板块与附框组装，否则应采取室内恒温环境加工。

4 质量要求

参见第149页"4 质量要求"。

5 成品保护

参见第150页"5 成品保护"。

6 安全、环境保护措施

参见第150页"6 安全、环境保护措施"。

7 工程验收

参见第151页"7 工程验收"。

8 质量记录

参见第152页"8 质量记录"。

第9节　构件式陶瓷复合板施工工艺

主编点评

本工艺以蒙娜丽莎、新明珠集团研发的陶瓷薄板—玻璃复合板施工技术为实例，介绍了墙面构件式陶瓷薄板—玻璃复合板（后文简称"陶瓷复合板"）构造及施工工艺，包括板块密拼缝系统、隐框系统、明框系统、无龙骨系统、无横梁系统，具有安装高效、绿色环保、维护便捷等特点。该技术成功应用于珠三角城际轨道交通广佛线、郑州地铁 4 号线、南京地铁 1 号线、成都地铁 7 号线、南京高铁南站等工程。

1　总则

1.1　适用范围
本工艺适用于一般工业与民用建筑中室内墙面陶瓷复合板工程施工，尤其适用于轨道交通、机场、车站、场馆等室内公共区域墙面装饰。

1.2　编制参考标准及规范
（1）《建筑装饰装修工程质量验收标准》GB 50210
（2）《装配式内装修技术标准》JGJ/T 491
（3）《钢结构工程施工质量验收标准》GB 50205
（4）《铝合金建筑型材》GB/T 5237.1～5237.6
（5）《陶瓷板》GB/T 23266
（6）《建筑陶瓷薄板应用技术规程》JGJ/T 172
（7）《平板玻璃》GB 11614
（8）《建筑用安全玻璃　第 3 部分：夹层玻璃》GB 15763.3
（9）《建筑用硅酮结构密封胶》GB 16776
（10）《建筑材料及制品燃烧性能分级》GB 8624
（11）《民用建筑工程室内环境污染控制标准》GB 50325

2　施工准备

2.1　技术准备
（1）技术人员应熟悉图纸，准确复核墙体的位置、尺寸，结合生产厂家、装修、机电等图纸进行深化设计，施工前应对图纸会审签字认可。（2）编制工程施工方案，并报监理单位审批。（3）将技术交底落实到作业班组。（4）组织工程技术人员严格按施工图纸进行放线，随放随复核。放线完毕，请监理单位进行验收，验收合格后方可施工。

2.2 材料要求

（1）陶瓷复合板材料：

① 陶瓷复合板是由 5mm 或以上浮法玻璃与 5.5mm 厚陶瓷薄板夹 0.76mm 或以上 PVB 中间层复合而成（图 2.9.2-1）。

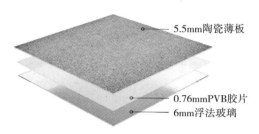

图 2.9.2-1 陶瓷复合板构造示意图

② 规格：陶瓷复合板常用板材规格（长 × 宽）为 2400mm×1200mm、1800mm×900mm、1200mm×600mm，可根据工程实际设计需求，切割成各种尺寸，其中陶瓷薄板厚度 5.5mm，玻璃厚度为 5mm 或以上，PVB 中间层厚度为 0.76mm 或以上。

③ 陶瓷复合板材料技术指标应满足表 2.9.2-1 的要求。

陶瓷复合板技术指标　　　　　　　　　　　　　　　　　　　　　　　　　表 2.9.2-1

项目		指标	试验方法
剪切强度（MPa）	标准状态	≥ 4.0	《超薄石材复合板》 GB/T 29059
	热处理 80℃（168h）	≥ 4.0	
	浸水后（168h）	≥ 3.2	
	冻融循环（50 次）	≥ 2.8	
	耐酸性（28d）	≥ 2.8	
落球冲击强度（300mm）		表面不得出现裂纹、凹陷、掉角	
抗冲击性能		经 5 次抗冲击后，板面无裂纹	《建筑用轻质隔墙条板》 GB/T 23451
抗弯荷载（板自重的倍数）		≥ 1.5	
燃烧性能		A2	《建筑材料或制品的单体燃烧试验》 GB/T 20284

（2）骨架支撑体系材料可选用钢材或铝质型材，一般环境中 25 年以上不形变，铝合金支撑系统阳极氧化型材能保持 40 年以上，符合《铝合金建筑型材》GB/T 5237.1~5237.6 要求。骨架支撑体系材料采用 Q235 钢材时应除锈镀锌。

（3）铝合金型材应符合《铝合金建筑型材》》GB/T 5237.1~5237.6 的规定，型材精度等级应为高精级或超高精级。陶瓷薄板四边的铝合金副框材料表面应采用阳极氧化处理，级别为 AA15；闭口铝合金型材其主要受力部位壁厚不应小于 1.4mm；开口铝合金型材其主要受力部位壁厚不应小于 2.5mm；材质宜选用 6063-T5 或 6063-T6 铝合金型材。

（4）陶瓷复合板专用硅酮结构密封胶性能应符合《建筑用硅酮结构密封胶》GB 16776 的规定，陶瓷复合板专用中性硅酮密封胶的性能应符合《石材用建筑密封胶》GB/T 23261 的规定，并应具有通过国家质量技术监督局计量认证检测机构出具的全性能检测报告、剥离粘结性及耐污染性检测合格的报告后，工程方可使用。

（5）PVB 中间层物理力学性能应符合表 2.9.2-2 要求。

PVB 中间层物理力学性能 表 2.9.2-2

项目	指标（MPa）
压剪粘结强度	≥ 5.0
浸水后压剪粘结强度	≥ 5.0
老化后压剪粘结强度	≥ 5.0
冻融循环后压剪粘结强度	≥ 4.0

（6）材料、构件要按施工组织分类，安装前要检查钢材，要求平直、规方，不得有明显的变形、刮痕；构件、材料和零附件应在施工现场验收。

（7）根据工程的制作与安装要求，所有的材料应采用全新及没有缺陷的一级品或优等品，应选用符合国标、招标、设计图纸的要求。同种材料应采用同一厂家的合格产品。

2.3 主要机具

（1）机械：冲击钻、手电钻、型材切割机、砂轮切割机以及零星小型工具等。（2）工具：橡皮锤、锤子、螺钉旋具、扳手、电箱、电线卷、电钻头配件等。（3）计量检测用具：三维激光扫描仪、水准仪、激光投线仪、直角尺、水平尺、卷尺、靠尺、水准尺、塞尺等。

2.4 作业条件

（1）主体结构完成及交接验收，并清理现场。（2）各系统的管、线盒安装及其他准备工作已到位，特别是线槽的绝缘处理。（3）已落实电、通信、空调、采暖各专业协调配合问题。（4）隐蔽工程已验收合格。

---

3 操作工艺

3.1 工艺流程

测量放线及工厂化加工 ⟶ 安装支座 ⟶ 龙骨安装 ⟶ 安装陶瓷复合板 ⟶
安装铝合金压盖 ⟶ 清洁、验收

3.2 操作工艺

（1）测量放线及工厂化加工

① 放线：利用设备仪器等对装饰墙面进行放线分格，误差控制不大于 2mm/2m。

② 陶瓷复合板加工：陶瓷薄板可采用玻璃刀、玻璃推刀直切，或者采用水刀切割加工。开孔可采用玻璃钻头钻孔。陶瓷复合板加工应在专用机械设备上进行，设备的加工精度应满足设计精度要求，并以装饰面（正面）作为加工基准面。陶瓷复合板应结合其在工程中的基本形式、安装方法和组合方式进行加工。

图 2.9.3-1　新明珠陶瓷复合板智慧生产图

（2）安装支座：在标好支座位置的地方，用膨胀螺栓（或 A 级防火化学螺栓）将支座固定在混凝土墙上，尽量保持支座在同一水平线上，上下相邻两个支座应保持在同一竖直线上。在安装支座时，不应将螺栓拧得过紧，以便安装龙骨时适当调整。

（3）龙骨安装：根据结构力学计算要求，选择相应尺寸龙骨型材，安装好主体龙骨架，龙骨架要保证稳定、牢固、可靠，平整度与平直度均应达到设计要求，横竖龙骨安装偏差不大于2mm/2m。变形缝处横梁应断开，变形缝两侧不大于200mm处各立一根竖龙骨。

图 2.9.3-2　龙骨施工图　　　　　　图 2.9.3-3　陶瓷复合板施工图

（4）安装陶瓷复合板：应确定好水平及垂直的控制标准点，自下而上进行安装，安装第一块板时应事先设置好水平支撑，以便安装操作；两人合力将陶瓷复合板抬放到安装位置上，将陶瓷复合板挂装于龙骨连接构件上，并及时调整面板，使其平整度和平直度均达到要求。

（5）安装铝合金压盖：将板缝清洁干净，将压盖压入板缝。

（6）清洁、验收：施工完毕后，清除饰面上的胶带纸，用清水和清洁剂将饰面板表面擦洗干净。

施工节点如图 2.9.3-4～图 2.9.3-22 所示。

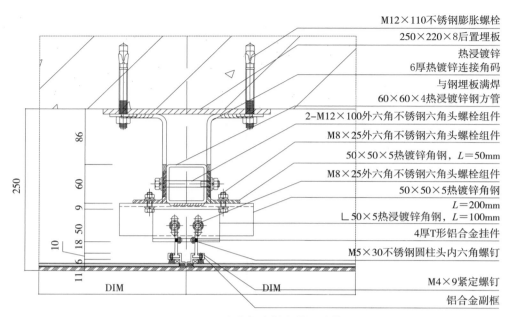

图 2.9.3-4　MNLS 陶瓷复合板密拼系统横向剖面图

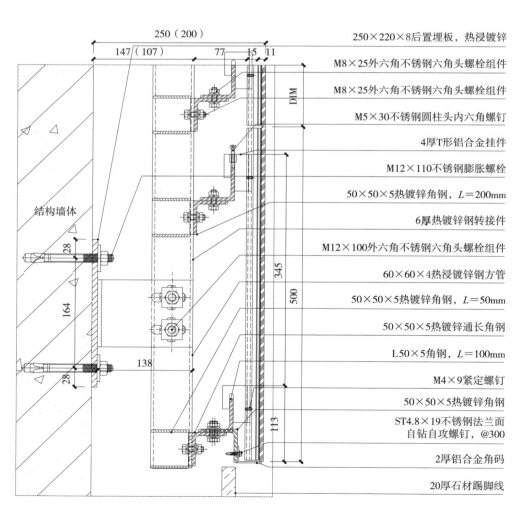

图 2.9.3-5　MNLS 陶瓷复合板密拼系统竖向剖面图

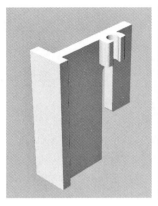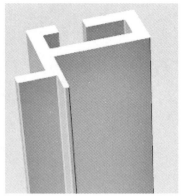

图 2.9.3-6　4mm 厚 T 形铝合金挂件三维图　　　　　　图 2.9.3-7　铝合金副框三维图

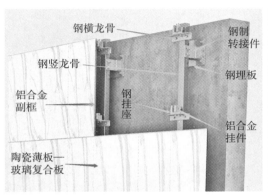

图 2.9.3-8　MNLS 有主龙骨收口示意图　　　　图 2.9.3-9　MNLS 无主龙骨收口示意图

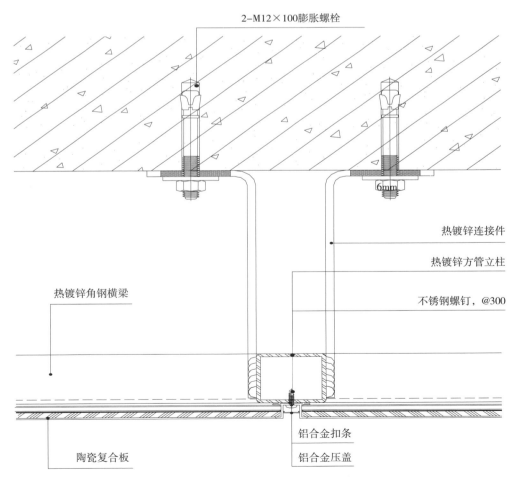

图 2.9.3-10　MNLS 陶瓷复合板明框系统横向剖面图

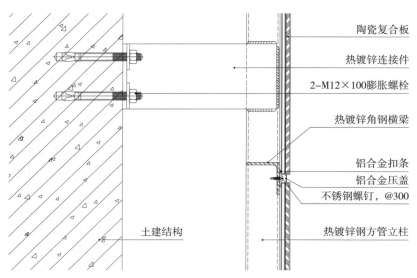

图 2.9.3-11　MNLS 陶瓷复合板明框系统竖向剖面图

陶瓷复合板

热镀锌连接件

2-M12×100膨胀螺栓

热镀锌角钢横梁

铝合金扣条
铝合金压盖
不锈钢螺钉，@300

土建结构

热镀锌钢方管立柱

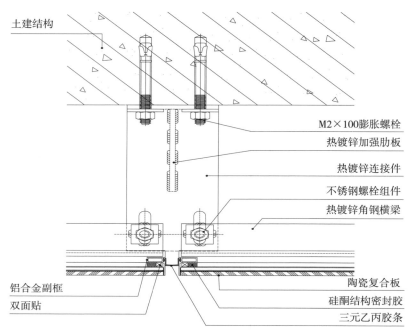

图 2.9.3-12　MNLS 陶瓷复合板隐框系统横向剖面图

土建结构

M2×100膨胀螺栓

热镀锌加强肋板

热镀锌连接件

不锈钢螺栓组件

热镀锌角钢横梁

铝合金副框
双面贴

陶瓷复合板
硅酮结构密封胶
三元乙丙胶条

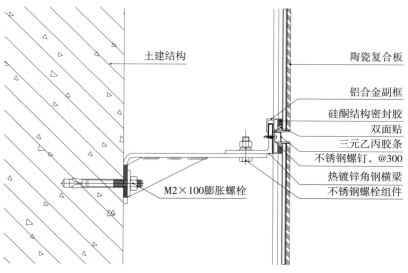

图 2.9.3-13　MNLS 陶瓷复合板隐框系统竖向剖面图

土建结构

陶瓷复合板

铝合金副框

硅酮结构密封胶
双面贴
三元乙丙胶条
不锈钢螺钉，@300
热镀锌角钢横梁
不锈钢螺栓组件

M2×100膨胀螺栓

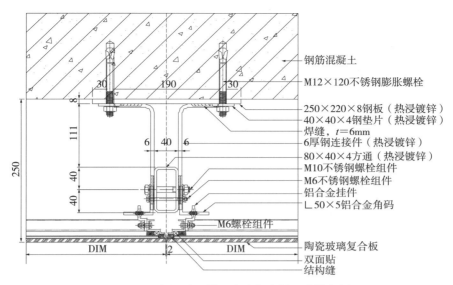

图 2.9.3-14　新明珠无横梁陶瓷复合板系统横向剖面图

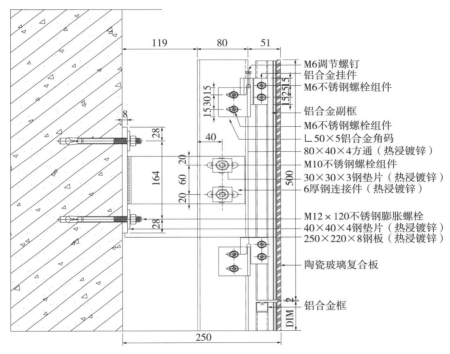

图 2.9.3-15　新明珠无横梁陶瓷复合板系统竖向剖面图

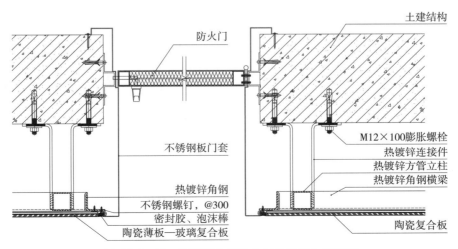

图 2.9.3-16　陶瓷复合板防火门位置横向剖面图

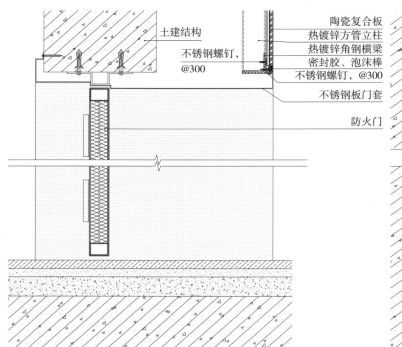

图 2.9.3-17　陶瓷复合板防火门位置竖向剖面图

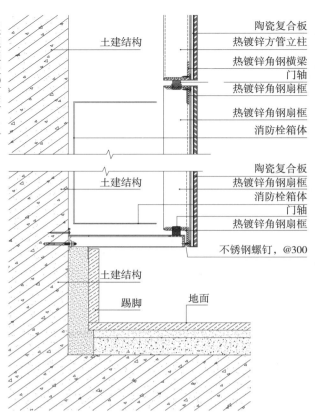

图 2.9.3-19　陶瓷复合板消防箱位置竖向
剖面图

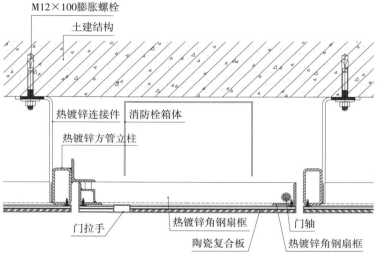

图 2.9.3-18　陶瓷复合板消防箱位置横向剖面图

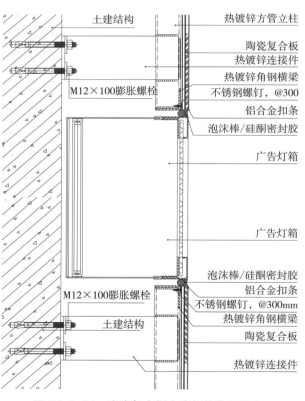

图 2.9.3-21　陶瓷复合板广告灯箱位置竖向
剖面图

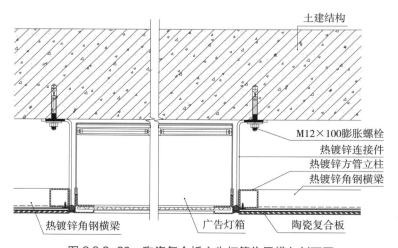

图 2.9.3-20　陶瓷复合板广告灯箱位置横向剖面图

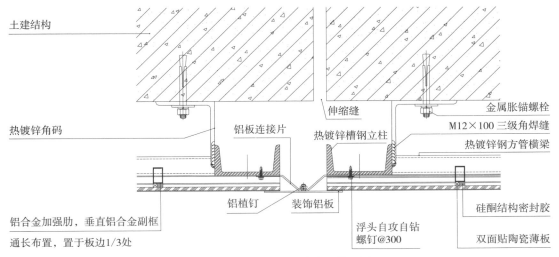

图 2.9.3-22　陶瓷复合板伸缩缝横向剖面图

左侧标注（从上到下）：
土建结构
热镀锌角码
铝合金加强肋，垂直铝合金副框通长布置，置于板边1/3处

中部标注：
伸缩缝
铝板连接片
热镀锌槽钢立柱
铝植钉　装饰铝板
浮头自攻自钻螺钉@300

右侧标注（从上到下）：
金属胀锚螺栓
M12×100 三级角焊缝
热镀锌钢方管横梁
硅酮结构密封胶
双面贴陶瓷薄板

图 2.9.3-23　陶瓷复合板壁画图

图 2.9.3-24　陶瓷复合板竣工图

3.3　质量关键要求

（1）陶瓷薄板切割、开孔过程中，应采用清水润滑和冷却。切割、开孔后，应用清水对孔壁进行清洁处理，并置于通风处自然干燥。（2）加工完成的陶瓷薄板应竖立存放于通风良好的仓库内，其与水平面夹角不应小于85°，下边缘宜采用弹性材料衬垫，离地面高度宜大于50mm。（3）陶瓷复合板的装配组件均应在工厂加工制作。（4）陶瓷复合板在加工前应对各板块进行编号，并应注明加工、运输、安装方向和顺序。（5）板块与主体结构的连接件、吊挂件、支撑件应具备可调整范围，并应采用不锈钢螺栓将吊挂件与陶瓷复合板构件固定牢固。螺栓的规格和数量应满足设计要求，但螺栓数量不得少于2个，且连接件与板块之间固定螺栓的直径不应小于10mm。（6）运输板块时，应采取措施防止板块在搬动、运输、吊装过程中变形。（7）安装要定位准确。墙身型材的牢固性与平整度直接影响陶瓷玻璃复合板缝接口与表面平整度，因此尺寸误差控制应精确。（8）转角部位的面板压码应满足设计要求，边缘整齐，合缝顺直。

3.4　季节性施工

（1）雨期施工时，进场的成品、半成品应放在库房内，分类码放平整、垫高，不得露天地方及日晒雨淋。（2）冬期施工环境温度不得低于5℃。

4.1 主控项目

（1）后锚固化学螺栓应满足下列要求：① 采用质量可靠的品牌，有检验证书、出厂合格证和质量保证书；② 用于竖向龙骨与主体结构连接的后加螺栓，每处不少于 2 个，直径不少于 10 mm，长度不小于 110 mm；螺栓应采用不锈钢和热镀锌碳素钢；③ 应进行拉拔试验，有试验合格报告书；④ 优先设计为螺栓受剪的节点形式。

检验方法：检查隐蔽工程验收记录和施工记录。

（2）陶瓷复合板面板主材及附件进场材料品牌可靠，有检验证书、出厂合格证和质量保证书。

检验方法：观察；检查产品合格证书、进场验收记录和性能检测报告。

（3）挂件的安装固定：增设挂件和角钢之间的柔性垫片，确保陶瓷复合板面的整体平整度，满足美观、抗震和风压等需求。挂件挂接：通过专用挂件将陶瓷复合板固定在内部骨架结构上。

检验方法：观察；尺量检查；检查施工记录。

（4）陶瓷复合板的位置安装、排列方式、接缝划分、设备、门、扇位置收口等要符合设计要求。

检验方法：观察；尺量检查；检查施工记录。

4.2 一般项目

（1）陶瓷复合板表面应平整、洁净、色泽一致，不得有爆边、裂纹、刮花、翘曲及缺角。

检验方法：观察。

（2）陶瓷复合板裁口应顺直、拼缝应严密。

检验方法：观察。

（3）陶瓷复合板的长度、宽度、厚度、直角、异型角、半圆弧形状、异型材及花纹图案造型、外形尺寸均应符合设计要求。

检验方法：观察；尺量检查。

（4）陶瓷复合板安装的允许偏差和检验方法应符合表 2.9.4-1 的规定。

陶瓷复合板安装的允许偏差和检验方法　　　　　　　　　　　　　　　　　表 2.9.4-1

项次	项目	允许偏差（mm）	检查方法
1	立面垂直度	2	用 2m 垂直测量尺检查
2	表面平整度	2	用 2m 靠尺和塞尺检查
3	阴阳角方正	2	用 200 mm 直角检测尺检查
4	接缝直线度	2	拉 5m 线，不足 5m 拉通线，用钢直尺检查
5	墙裙、勒脚上口直线度	2	拉 5m 线，不足 5m 拉通线，用钢直尺检查
6	接缝高低差	1	用钢直尺和塞尺测量
7	接缝宽度	1	用钢直尺检查

5	成品保护

（1）骨架及面板安装时，应注意保护隔墙内装好的各种管线。（2）施工部位已安装的门窗，已施工完的墙面、窗台等应注意保护、防止损坏。（3）各类材料，特别是面板材料，在进场、存放、使用过程中应妥善管理，使其不变形、不受潮、不损坏、不污染。

6	安全、环境保护措施

6.1 安全措施

（1）使用型材切割机、砂轮切割机等电动工具时，设备上应装有防护罩，防止意外伤人。（2）施工现场临时用电均应符合现行行业标准《施工现场临时用电安全技术规范》JGJ 46 的规定。（3）在较高处进行作业时，应使用架子，并应采取安全防护措施，高度超过 2m 时，应系安全带。（4）使用电钻时应戴橡胶手套，不用时及时切断电源。（5）操作地点的型材碎料应及时清理，并存放在安全地点，做到活完脚下清。

6.2 环保措施

（1）施工用的各种材料应符合现行国家标准《民用建筑工程室内环境污染控制标准》GB 50325 的要求，拒绝环保超标的原材料进场。（2）边角余料应按规定集中进行回收、处理。（3）工作棚应封闭，采取降低噪声措施，减少噪声污染。（4）在施工过程中可能出现的影响环境因素，在施工中应采取相应措施减少对周围环境的污染。

7	工程验收

（1）工程验收时应检查下列文件和纪录：① 施工图、设计说明及其他设计文件；② 材料的产品合格证书、性能检测报告、进场验收记录、型材和螺栓复验报告；③ 隐蔽工程验收记录；④ 施工记录。

（2）同一类型的装配式墙面工程每层或每 30 间应划分为一个检验批，不足 30 间也应划分为一个检验批，大面积房间和走廊可按装配式隔墙 30m² 计为 1 间。

（3）装配式墙面工程每个检验批应至少抽查 20％，并不得少于 4 间，不足 4 间时应全数检查。

（4）检验批合格质量和分项工程质量验收合格应符合下列规定：① 抽查样本主控项目均合格；一般项目 80％ 以上合格，其余样本不得有影响使用功能或明显影响装饰效果的缺陷。均须具有完整的施工操作依据、质量检查记录。② 分项工程所含的检验批均应符合合格质量规定，所含的检验批的质量验收记录应完整。

（5）分部（子分部）工程质量验收合格应符合下列规定：① 分部（子分部）工程所含分

项工程的质量均应验收合格；② 质量控制资料应完整；③ 观感质量验收应符合要求。

质量记录

质量记录包括：（1）各种材料的合格证、检验报告和进场检验记录；（2）型材、螺栓检测报告和复试报告，后置埋件螺栓的拉拔检测报告；（3）各种预埋件、固定件和型材龙骨的安装工程隐检记录；（4）技术交底记录；（5）检验批质量验收记录；（6）分项工程质量验收记录。

第10节　单元式陶瓷复合板施工工艺

主编点评

　　本工艺通过将多块陶瓷复合板、暗藏消防门及广告灯箱集成为单元陶瓷复合板，每个独立单元组件内部所有板块安装、板块间接缝密封均在工厂内加工组装完成，现场直接单元挂装，具有安装快捷、三维可调、质量可靠及维修方便等特点。本技术成功应用于广州市轨道交通十四号线、二十一号线车站等项目，获得广东省工程建设省级工法等荣誉。

1　总　则

1.1　适用范围
本工艺适用于一般工业与民用建筑单元式陶瓷复合板工程施工。尤其适用于轨道交通站台、站厅、通道和行车隧道等室内外公共区域墙面装饰。

1.2　编制参考标准及规范
参见第162页"1.2　编制参考标准及规范"。

2　施工准备

参见第162页"2　施工准备"。

3　施工工艺

3.1　工艺流程

测量放线及工厂化加工　⟶　安装锚板　⟶　安装挂件　⟶

安装陶瓷复合板单元　⟶　调整位置、缝宽，对齐缝边　⟶

安装边角板、活动板及异形板　⟶　清洁、验收

3.2　操作工艺
（1）测量放线及工厂化加工

① 根据单元式陶瓷复合板设计图纸，在墙面用激光水准仪放出水平、垂直基准线，和锚板定位基准线。② 在锚板安装位置划出垂直、水平控线。确认单元式陶瓷复合板的安装顺序、计算需用材料数量，按照放样图所定编号提交单元式陶瓷复合板构件、面板订购单到工厂制作，交货时按提交的数量、规格、质量标准严格把关，并做好成品保护。③ 成品运输时应用柔性包装材料包裹，并且需要放到木托里封好，用叉车抬上运输车辆或吊臂吊装上运输车辆发货，运送途中切勿急停急开，切勿走坑洼泥泞道路。④ 陶瓷复合板与配套材料、配件应由专人负责检查、验收和复检，并将记录和资料归入工程档案，不合格的墙板和材料、配件不得进入施工现场。⑤ 陶瓷复合板应分类堆放。堆放、运输应直立，并应采取措施防止倾倒，堆放高度不宜超过两层。施工节点图如图 2.10.3-1、图 2.10.3-2 所示。

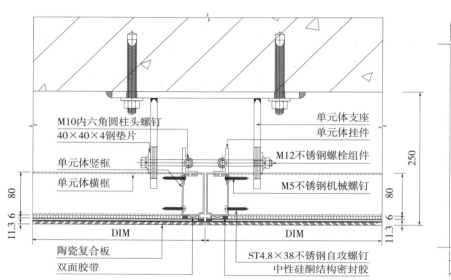

图 2.10.3-1　单元式陶瓷复合板横剖示意图

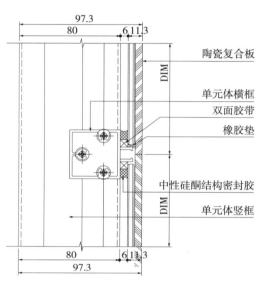

图 2.10.3-2　单元式陶瓷复合板竖剖示意图

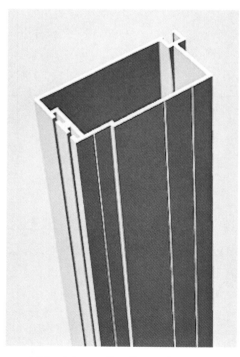

图 2.10.3-3　单元体竖龙骨三维图

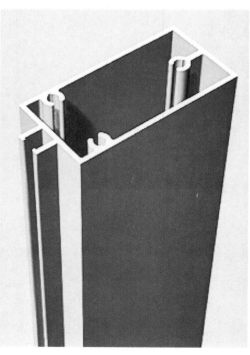

图 2.10.3-4　单元体横龙骨三维图

图 2.10.3-5　单元体挂件三维图

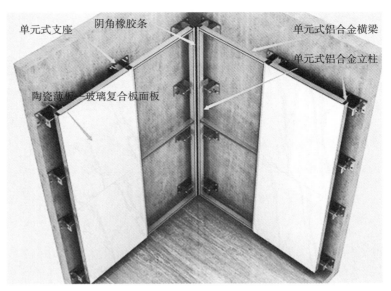

图 2.10.3-6　单元式陶瓷复合板有主龙骨安装示意图

（2）安装锚板

根据锚板安装位置的垂直、水平控制线将锚板固定在主体结构上，通过锚栓拉拔试验来验证是否达到设计强度要求。

（3）安装挂件

① 根据垂直控制线确定角码安装位置；② 检查调整安装挂件的垂直度。

（4）安装陶瓷复合板单元

① 安装单元式陶瓷复合板铝合金挂件：在挂件上打通孔，将 T 形铝合金挂件滑入单元体竖龙骨，对准竖龙骨预留的机丝孔，用外六角螺钉锁死挂件位置。② 将带挂件的单元式陶瓷复合板挂在单元体支座上，用内六角扳手拧动挂件上的内六角调节螺钉调节板件上下方向上的移动；用橡皮锤轻敲击板面进行进深方向调节，轻敲击板面侧面进行侧面水平密拼调节。③ 单元式陶瓷复合板自门边向另一边安装。

（5）安装活动板、边角板及异形板。

（6）清洁验收。与其他外墙封边接点等部位注胶处理，做到防水、防渗。施工装配图见图 2.10.3-7、图 2.10.3-8。

图 2.10.3-7　陶瓷复合板单元　　　　图 2.10.3-8　单元式陶瓷复合板竣工图

3.3 质量关键要求

参见第 171 页 "3.3 质量关键要求"。

3.4 季节性施工

参见第 171 页 "3.4 季节性施工"。

4 　质量要求

参见第 172 页 "4 质量要求"。

5 　成品保护

参见第 173 页 "5 成品保护"。

6 　安全、环境保护措施

参见第 173 页 "6 安全、环境保护措施"。

7 　工程验收

参见第 173 页 "7 工程验收"。

8 　质量记录

参见第 174 页 "8 质量记录"。

第 11 节　　陶瓷集成板施工工艺

主编点评

本工艺将陶瓷集成墙板与连接件在工厂制作成基本陶瓷墙板结构单元，运到现场后通过专门连接件直接挂装在墙面轻钢龙骨结构上，具有施工高效、绿色环保、维修方便等特点。

1　总　则

1.1　适用范围
本工艺适用于一般工业与民用建筑室内陶瓷集成板工程施工。

1.2　编制参考标准及规范
（1）《建筑装饰装修工程质量验收标准》GB 50210

（2）《装配式内装修技术标准》JGJ/T 491

（3）《钢结构工程施工质量验收标准》GB 50205

（4）《铝合金建筑型材　第 1 部分：基材》GB/T 5237.1

（5）《铝合金建筑型材　第 2 部分：阳极氧化型材》GB/T 5237.2

（6）《陶瓷板》GB/T 23266

（7）《建筑陶瓷薄板应用技术规程》JGJ/T 172

（8）《饰面石材用胶粘剂》GB/T 24264

（9）《民用建筑工程室内环境污染控制标准》GB 50325

2　施工准备

2.1　技术准备
参见第 162 页"2.1　技术准备"。

2.2　材料要求
（1）陶瓷集成墙板以陶瓷薄板为饰面板，通过专用胶粘剂粘结填充材料、背衬材料，铝合金边框在工厂预制成型的集成墙面板，厚度为 20mm（图 2.11.2-1）。

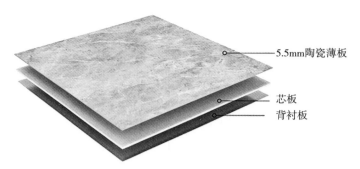

图 2.11.2-1　陶瓷集成墙板构造示意图

（2）陶瓷集成墙板规格（长 × 宽 × 厚）尺寸为 2400mm×1200mm×20mm、2400mm×600mm×20mm、1800mm×900mm×20mm、2400mm×800mm×20mm，可根据工程实际设计需求，切割成各种尺寸。

（3）陶瓷集成墙板的品种、规格、颜色、图案应符合设计要求和有关产品标准的规定。

（4）陶瓷集成墙板由工厂生产为成品，其厚度约为 20mm。加工完成后的陶瓷集成墙板进场时，应检查型号、质量和产品合格证。

（5）陶瓷集成墙板所选面材的规格尺寸、表面质量、各项物理性能等均应符合《陶瓷板》GB/T 23266 中的要求。

（6）陶瓷集成墙板胶粘剂的选择应符合《饰面石材用胶粘剂》GB/T 24264 中复合用胶粘剂要求的产品。胶粘剂产品的黏度按《胶黏剂黏度的测定 单圆筒旋转黏度计法》GB/T 2794 的方法测定，应满足 16.0～20.0Pa/s。

（7）墙面金属支架龙骨、连接底座件的数量、安装位置应严格按设计图纸的要求施工，陶瓷集成墙板安装应牢固。

（8）陶瓷集成墙板各项性能要求见表 2.11.2-1。

陶瓷集成墙板各项性能检验指标　　　　　　　　　　　　　　　　　　　　　　表 2.11.2-1

序号	检验项目	检验值	参照标准
1	拉伸粘结强度（MPa）	≥0.1	
2	抗冲击性（J）	≥10	
3	湿度变形（%）	≤0.07	
4	耐污染性能	不应大于 2 级	《陶瓷砖试验方法 第 14 部分：耐污染性的测定》GB/T 3810.14
5	燃烧性能	A1 级	《建筑材料及制品燃烧性能分级》GB 8624
6	可溶性铅含量（mg/kg）	≤20	《陶瓷砖试验方法 第 14 部分：耐污染性的测定》GB/T 3810.14
7	可溶性铬含量（mg/kg）	≤5	
8	内照射指数	≤1.0	《建筑材料放射性核素限量》GB 6566
9	外照射指数	≤1.3	

2.3　主要机具

（1）机械：冲击钻、手电钻等。（2）工具：手持吸盘、橡皮锤、锤子、螺钉旋具、扳手、电箱、电线卷、电钻头配件等。（3）计量检测用具：水准仪、激光投线仪、直角尺、水平尺、卷尺等。

2.4 作业条件

（1）施工现场的电源已满足施工的需要。作业面上基层外形尺寸已经复核，其误差保证在本工艺能调节的范围之内，作业面上已弹好水平线、轴线、出入线、标高等控制线，作业面的环境已清理完毕。（2）墙柱面上的水、电、暖通、消防、智能化专业预留、预埋已经全部完成，且电气穿线、测试完成并合格，各种管路打压、试水完成，隐蔽工程已验收合格。（3）结构工程和有关的连体构造已具备安装的条件，复核陶瓷集成墙板的安装标高和位置。（4）陶瓷集成墙板成品已进场，并经验收，数量、质量、规格、花色品种无误。（5）陶瓷集成墙板检查无翘角、翘扭、弯曲、劈裂等缺陷。墙面金属支架检查符合设计要求，无变形。

3 操作工艺

3.1 工艺流程

测量放线 ⟶ 工厂加工 ⟶ 墙体轻质钢龙骨安装 ⟶ 墙面板背挂件安装 ⟶ 墙面板安装 ⟶ 墙面板缝修饰整理 ⟶ 清洁、验收

3.2 操作工艺

（1）测量放线

① 根据建筑室内陶瓷集成墙板施工要求，墙面分割放样图和土建施工单位给出的标高点及轴线位置，采用水准仪、投线仪等测量工具在建筑物墙体基层上定出龙骨中心、平面、分格及转角等基准线，并用经纬仪进行调整、复测。② 陶瓷集成墙板分格轴线的测量放线应与主体结构测量放线配合，墙水平标高要逐层从地面向上引，以免误差累积。误差大于规定的允许偏差时，适当调整陶瓷集成墙板的轴线，使其符合陶瓷集成墙板的构造安装需要。③ 测量放线时，应对墙面铝合金配件（安装在龙骨的铝合金墙面挂件）的位置偏差进行检验、定位，其上下左右偏差不超过10mm。

（2）工厂加工

根据建筑室内墙装饰设计图纸及测量数据，确认陶瓷集成墙板构件安装顺序、面板纹理效果，计算需用材料数量，按照放样图所定编号提交陶瓷集成墙板数据到工厂生成订购单并加工制作。交货时按提交的数量、规格、质量标准严格把关，并做好成品保护。

（3）墙体轻质钢龙骨安装

① 根据龙骨布置设计图进行安装，按放样基准线和基准面，通过调整底座螺杆将土建误差调整好。轻质钢龙骨安装的好坏直接关系到陶瓷集成墙板板面质量，要严格控制安装质量。② 轻质钢龙骨安装顺序是先下后上。③ 安装轻钢龙骨要严格控制水平度。因水平度直接影响陶瓷集成墙板横缝的质量，水平公差应控制在 ±1mm 内。④ 轻质钢龙

骨安装完要进行全面检查，尤其是要对轻钢龙骨中心线进行校核，自检合格后及时提交验收。

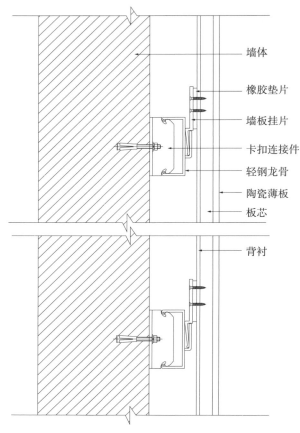

图 2.11.3-1 陶瓷集成墙板竖向剖面图

图 2.11.3-3 轻质钢龙骨安装图

图 2.11.3-4 陶瓷集成墙板安装图

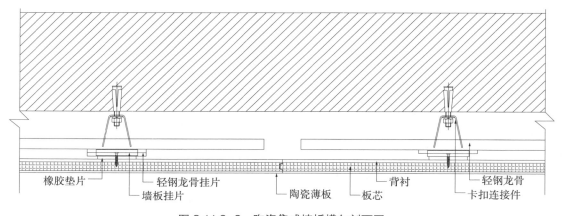

图 2.11.3-2 陶瓷集成墙板横向剖面图

（4）墙面板背部挂件安装

① 在陶瓷集成墙板的背面按照设计图纸要求的尺寸定位挂件安装位置，并持手电钻加工好螺钉孔。② 铝合金挂件与墙板的连接采用不锈钢螺钉固定，每块板挂件安装数量不低于6个。

（5）墙面板安装

① 将装有铝合金挂件的陶瓷集成墙板，按照放样图编号的要求对应挂装。② 安装时用吸盘将陶瓷集成墙板提起来，墙板背面的铝合金挂件挂在横向龙骨上即可，安装简便易行。通过铝合金挂件主顶螺钉的调节，达到横平竖直的质量标准要求。

图 2.11.3-5　采用吸盘安装墙板　　　图 2.11.3-6　板块间平整度测量

（6）墙面板缝修饰整理

① 面板间隙采用铝合金装饰条进行修饰。② 在安装时预留装饰条安装位置，将装饰条压至墙板间的缝隙内，调整好后并固定。③ 装配式陶瓷集成墙板墙面板安装完毕后，应检查、修补、清理一遍，注意成品保护。

图 2.11.3-7　安装铝合金装饰条　　　图 2.11.3-8　板面清洁

图 2.11.3-9　陶瓷集成墙板竣工图一　　　图 2.11.3-10　陶瓷集成墙板竣工图二

3.3　质量关键要求

（1）陶瓷集成墙板正面应无开裂、无缺角，爆边。必须要有出厂合格证、质保书及必要的检验报告。抽查陶瓷集成墙板规格尺寸的允许偏差，应符合标准要求。陶瓷集成墙板的品种、规格、型号以及开孔、磨边处理等，应符合设计要求。（2）铝合金挂件制作允许偏差应符合现行国家标准《铝合金建筑型材 第1部分：基材》GB/T 5237.1 中高精度的规定。铝合金应进行表面阳极氧化处理，处理的厚度材料应符合现行国家标准《铝合金建筑型材》GB/T 5237.2～5237.5 的规定。（3）陶瓷集成墙板至少95%的陶瓷板其主要区域无明显缺陷（注：陶瓷板表面的人为装饰效果不算作缺陷）。（4）若陶瓷集成墙板在受腐蚀环境下使用时，应进行耐高浓度酸和碱的耐化学腐蚀性试验，并报告结果。（5）陶瓷集成墙板包装应保证在承重15kN以上不变形，在搬运时应轻拿轻放，严禁摔、扔，以防破损；贮存场地应平整、坚实，按品种、规格、色号采用平放或竖放，产品堆码高度应适当，以免压坏包装箱或产品；在运输和存放时应有防雨设施，严防受潮，防止撞击。

3.4 季节性施工

参见第171页"3.4 季节性施工"。

---

4 / 质量要求

4.1 主控项目

（1）陶瓷集成墙板制作与安装所有材质、规格、陶瓷板面的有害物质等均应符合设计要求及国家现行标准的有关规定。

检查方法：观察；检查产品合格证、进场验收记录、性能检测报告和复验报告。

（2）陶瓷集成墙板的造型、尺寸、安装位置、制作和固定方法应符合设计要求，墙面板安装应牢固。

检验方法：观察；尺量检查；手扳检查。

（3）陶瓷集成墙板配件的品种、规格应符合设计要求。配件应齐全，安装应牢固。

检验方法：观察；手扳检查；检查进场验收记录。

4.2 一般项目

（1）陶瓷集成墙板表面应平整、洁净、色泽一致，不得有裂缝、翘曲及损坏。

检验方法：观察。

（2）陶瓷集成墙板拼口应顺直、拼缝应顺直严密。

检验方法：观察；尺量检查。

（3）陶瓷集成墙板安装的允许偏差和检验方法应符合表2.11.4-1的规定。

陶瓷集成墙板安装的允许偏差和检验方法 表2.11.4-1

项次	项目	允许偏差（mm）	检查方法
1	立面垂直	2	用2m垂直测量尺检查
2	表面平整	2	用2m靠尺和塞尺检查
3	阴阳角方正	2	用200mm直角检测尺检查
4	搭接缝直线度	2	拉通线钢尺测量
5	搭接缝高低差	1	用钢直尺和塞尺测量
6	接缝宽度	1	用钢直尺检查

5 / 成品保护

（1）陶瓷集成墙板立面的板材安装完毕后，应及时清理墙板表面污渍。（2）进入施工现场的小推车，车腿、车把要包裹好，防止碰坏陶瓷集成墙板。（3）所有的非专业人员不得挪用、搬运陶瓷集成墙板。

6 / 安全、环境保护措施

参见第173页"6　安全、环境保护措施"。

7 / 工程验收

参见第173页"7　工程验收"。

8 / 质量记录

参见第174页"8　质量记录"。

第 12 节　　陶土板施工工艺

主编点评

　　本工艺将陶土板通过连接件直接挂装在墙面龙骨结构上，具有施工高效、三维可调、绿色环保和维修方便等特点。

1　　　　　　　　　　　　　　　总　　则

1.1　适用范围
本工艺适用于一般工业与民用建筑中墙面陶土板工程施工。

1.2　编制参考标准及规范
（1）《建筑装饰装修工程质量验收标准》GB 50210
（2）《装配式内装修技术标准》JGJ/T 491
（3）《钢结构工程施工质量验收标准》GB 50205
（4）《铝合金建筑型材　第 1 部分：基材》GB/T 5237.1
（5）《铝合金建筑型材　第 2 部分：阳极氧化型材》GB/T 5237.2
（6）《干挂空心陶瓷板》GB/T 27972
（7）《民用建筑工程室内环境污染控制标准》GB 50325
（8）《建设工程项目管理规范》GB/T 50326

2　　　　　　　　　　　　　　　施工准备

2.1　技术准备
（1）技术人员要熟悉图纸。（2）编制陶土板施工方案，应包括材料加工、运输、存储等要求。（3）项目技术负责人要组织现场施工作业人员培训及技术交底。（4）装修进场前应与土建单位做场地移交，并形成记录。（5）组织技术人员统一放线，并做复核。

2.2　材料要求
（1）规格：① 干挂空心陶土板的有效宽度（W）不宜大于 620mm。长度由供需双方商定。特殊形状或尺寸的干挂空心陶土板由供需双方商定。② $H \leqslant 18$ mm 的干挂空心陶土板，$h \geqslant 5.5$mm。③ 18mm $< H \leqslant 30$mm 的干挂空心陶土板，$h \geqslant 7.7$mm。
（2）物理性能：干挂空心陶土板的物理性能应符合表 2.12.2-1 的规定。

物理性能	要求		
	瓷质干挂空心陶土板	炻质干挂空心陶土板	
吸水率（E）	平均值 $E \leqslant 0.5\%$，单个值 $E \leqslant 1\%$	$0.5\% <$平均值 $E \leqslant 10\%$，单个值 $E \leqslant 12\%$	
破坏强度	报告破坏强度值	$H \leqslant 18mm$	平均值 $\geqslant 2100N$ 单个值 $\geqslant 1900N$
		$18mm < H \leqslant 30mm$	平均值 $\geqslant 4500N$ 单个值 $\geqslant 4200N$
抗冲击性	报告恢复系数值		
线性热膨胀系数	报告线性热膨胀系数值		
抗热震性	经 10 次抗震性试验不出现裂纹或炸裂		
抗冻性	经 100 次抗冻性试验后无裂纹或剥落		
传热系数	根据需要报告传热系数值		

（3）所有的材料应采用全新及没有缺陷的一级品或优等品，且应符合国家现行标准、设计图纸要求。同种材料应采用同一厂家的合格产品。

（4）骨架支撑体系材料可选用钢材或铝质型材，一般环境中 25 年以上不形变，铝合金支撑系统阳极氧化型材能保持 40 年以上，符合《铝合金建筑型材》GB/T 5237.1～5237.6 要求。骨架支撑材料采用 Q235 钢材时应除锈镀锌。

2.3　主要机具

（1）机械：冲击钻、手电钻、型材切割机、砂轮切割机等。（2）工具：锤子、扳手、螺钉旋具等。（3）计量检测用具：经纬仪、水准仪、激光投线仪、直角尺、水平尺、钢尺、靠尺等。

2.4　作业条件

（1）主体结构完成及交接验收，并清理现场。（2）各系统的管、线盒安装及其他准备工作已到位，特别是线槽的绝缘处理。（3）已落实电、通信、空调、采暖各专业协调配合问题。（4）隐蔽工程已通过验收合格。

3　操作工艺

3.1　工艺流程

测量放线及工厂加工 ⟶ 安装固定锚板 ⟶ 安装竖向骨架角码件 ⟶

安装竖向龙骨 ⟶ 安装连接件 ⟶ 安装陶土板 ⟶

清洁、验收

3.2 操作工艺

（1）测量放线及工厂加工

① 测量放线：根据陶土板设计图纸，在墙面用激光水准仪放出水平、垂直基准线，以及竖向龙骨基准线。在锚板安装位置划出垂直、水平控线。

② 工厂加工：确认陶土板的安装顺序、计算需用材料数量，按照放样图所定编号提交陶土板构件、面板订购单到工厂制作。陶土板加工应在专用机械设备上进行，设备的加工精度应满足设计精度要求，并以装饰面（正面）作为加工基准面。陶土板应结合其在工程中的基本形式、安装方法和组合方式进行加工。交货时按提交的数量、规格、质量标准严格把关，并做好成品保护。

（2）安装固定锚板

根据锚板安装位置的垂直、水平控制线将锚栓固定在主体结构上，通过锚栓拉拔实验验证达到设计强度要求（图2.12.3-1、图2.12.3-2）。

（3）安装竖向龙骨角码件

① 根据垂直控制线确定角码安装位置；② 角码与预埋件螺栓连接；③ 检查调整安装竖向龙骨角码的垂直度。

（4）安装竖向龙骨

① 用螺栓将立柱固定在角码上，通过墙面端线确定立柱距墙面的距离，控制竖向龙骨和角码衔接固定点的位置，确保连接点处于最佳受力位置。② 调节中间位置立柱的垂直度。

（5）安装连接件

采用不锈钢螺栓将连接件固定在竖向龙骨上，调节水平度和垂直度。

（6）安装陶土板

① 安装陶土板挂件（图2.12.3-3、图2.12.3-4），通过专用挂件将陶土板固定在内部骨架结构上，并通过挂件调整陶土板安装平整度与垂直度。② 陶土板自下而上逐层安装（图2.12.3-5）。③ 最后安装边角板及异形板。

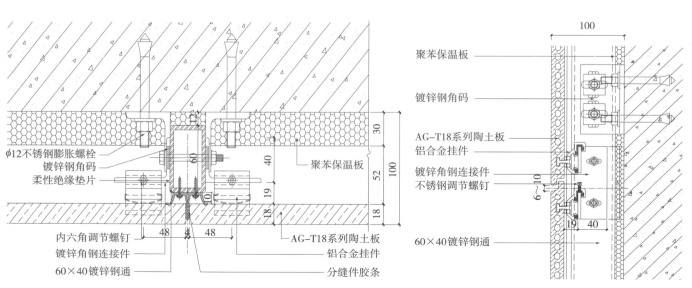

图 2.12.3-1　陶土板横向剖面图　　　　　　　图 2.12.3-2　陶土板竖向剖面图

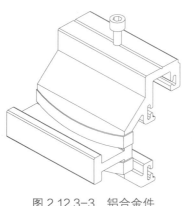
图 2.12.3-3 铝合金件
三维图

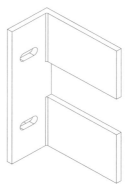
图 2.12.3-4 连接件
三维示意图

图 2.12.3-5 陶土板
安装结构图

（7）清洁、验收

① 与外墙封边接点等部位注胶处理，起到防水防渗效果。② 清除饰面上的胶带纸，用清水或清洁剂将饰面板表面擦洗干净（图 2.12.3-6）。

图 2.12.3-6 陶土板竣工图

3.3 质量关键要求

（1）材料下单加工要求准确无误；由厂家专业技术人员会同施工员共同根据现场进行测量，并绘出详细加工图，进行工厂化生产。（2）确保连接件的固定，应在码件固定时放通线定位，且在上板前严格检查饰面板的质量，核对供应商提供的产品编号。（3）安装要定位准确，墙身型材的牢固性与平整度直接影响陶土板缝接口与表面平整，因此尺寸误差控制必须精确。

3.4 季节性施工

（1）雨期施工时，进场的成品、半成品应放在库房内，分类码放平整、垫高，不得放置在露天地方。（2）冬期施工环境温度不得低于5℃。

4.1　主控项目

（1）后锚固螺栓应满足下列要求：① 采用质量可靠的品牌，有检验证书、出厂合格证和质量保证书；② 用于竖向龙骨与主体结构连接的后加螺栓，每处不少于2个，直径不少于10mm，长度不小于110mm；螺栓应采用不锈钢和热镀锌碳素钢；③ 应进行拉拔试验，有试验合格报告书。

检验方法：检查隐蔽工程验收记录。

（2）陶土面板主材及附件进场材料品牌可靠，有检验证书、出厂合格证和质量保证书。

检验方法：观察；检查产品合格证书、进场验收记录和性能检测报告。

（3）严格水平挂件的安装固定，增设挂件和板块之间的柔性垫片，确保陶土板水平横缝的顺直，满足美观和抗震、风压等需求。

检验方法：观察；尺量检查；检查施工记录。

（4）使用竖向分缝件，进行陶土板块侧向限位措施。

检验方法：检查隐蔽工程验收记录。

（5）陶土面板的位置安装、排列方式、接缝划分、设备、门、扇位置收口等要符合设计要求。

检验方法：观察；尺量检查；检查施工记录。

4.2　一般项目

（1）陶土板表面应平整、洁净、色泽一致，不得有爆边、裂纹、刮花、翘曲及缺角。

检验方法：观察。

（2）陶土板裁口应顺直、拼缝应严密。

检验方法：观察。

（3）陶土板的长度、宽度、厚度、直角、异型角、半圆弧形状、异型材及花纹图案造型、外形尺寸均应符合设计要求。

检验方法：观察；尺量检查。

（4）陶土板安装的允许偏差及检验方法见表2.12.4-1。

陶土板安装的允许偏差和检验方法　　　　　　　　　　　　　　　　　　表2.12.4-1

项次	项目	允许偏差（mm）	检查方法
1	立面垂直	2	用2m垂直测量尺检查
2	表面平整	2	用2m靠尺和塞尺检查
3	阴阳角方正	2	用200mm直角检测尺检查
4	搭接缝直线度	2	拉通线钢尺测量
5	墙裙、勒脚上口直线度	2	拉5m线，不足5m拉通线，用钢直尺检查
6	搭接缝高低差	1	用钢直尺和塞尺测量
7	接缝宽度	1	用钢直尺检查

5　成品保护

参见第 173 页 "5　成品保护"。

6　安全、环境保护措施

参见第 173 页 "6　安全、环境保护措施"。

7　工程验收

参见第 173 页 "7　工程验收"。

8　质量记录

参见第 174 页 "8　质量记录"。

第 13 节　　石墨烯智暖复合陶瓷板施工工艺

主编点评

石墨烯智暖芯复合陶瓷墙板是由瓷砖、石墨烯智暖芯片、聚氨酯保温板三部分组成，在原本瓷砖下面，加上了石墨烯智暖芯片模组，为瓷砖制暖加热。本节以新明珠集团研发的石墨烯智暖芯复合陶瓷墙板技术为实例，介绍了其明框、隐框系列的构造及施工工艺。该工艺具有安装便捷、节能环保、升温快速和维护方便等特点。

1　总　则

1.1　适用范围
本工艺适用于一般民用建筑室内石墨烯智暖复合陶瓷背景墙板、护墙板等工程施工。

1.2　编制参考标准及规范
（1）《建筑装饰装修工程质量验收标准》GB 50210
（2）《装配式内装修技术标准》JGJ/T 491
（3）《建筑陶瓷薄板应用技术规程》JGJ/T 172
（4）《陶瓷板》GB/T 23266
（5）《铝合金建筑型材　第1部分：基材》GB/T 5237.1
（6）《铝合金建筑型材　第2部分：阳极氧化型材》GB/T 5237.2
（7）《钢结构工程施工质量验收标准》GB 50205
（8）《建筑用硅酮结构密封胶》GB 16776
（9）《民用建筑工程室内环境污染控制标准》GB 50325

2　施工准备

2.1　技术准备
（1）石墨烯智暖复合陶瓷墙面板工程应根据原设计图纸由具有相应设计资质的单位进行深化，明确相关材料、施工及质量验收标准和要求，协同设计、生产、装配施工。（2）技术人员应熟悉图纸，准确复核墙体的位置、尺寸，结合生产厂家、装修、机电等图纸进行深化定位及加工，正式施工前应完成图纸会审。（3）编制石墨烯智暖复合陶瓷墙面板施工方案，并报监理单位审批。（4）将石墨烯智暖复合陶瓷墙面板施工技术交底落实到作业班组。（5）组织工程技术人员按图纸进行现场放线。放线人员要严格按施工图纸进行放线，随放随复核。放线完毕，请监理单位进行验收，验收合格后方可施工。

2.2 材料要求

（1）石墨烯智暖复合陶瓷板由瓷砖、石墨烯智暖芯片、聚氨酯保温板三部分组成（图2.13.2-1），在原本瓷砖下面加上了石墨烯制暖芯片模组，为瓷砖制暖加热，并用特制的环保保温膜包裹住，使热量不流失。

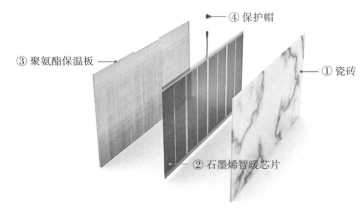

图 2.13.2-1 新明珠石墨烯智暖复合陶瓷板构造示意图

（2）规格：石墨烯智暖复合陶瓷墙板标准板常用板材规格（长×宽）为2600mm×800mm，根据瓷板纹理是否要对缝连接，其板与板交接可分为"明线框对接"（不用对纹理）与"暗线框对接"（必须对纹理）。板材厚度分为9mm、6mm、4.5mm、3.5mm等4种规格。以新明珠产品为例，常用板材规格（长×宽×厚）及连接方式为：① 2600mm×800mm×9mm/3.5mm（明线框对接），额定功率为345W±10%，单个温控器最多可控制10块石墨烯发热砖；② 2600mm×800mm×6mm/4.5mm（暗线框对接），额定功率为345W±10%，单个温控器最多可控制10块石墨烯发热砖。

（3）材料、构件要按施工组织分类，安装前要检查钢、铝合金型材等，要求平直、规方，不得有明显的变形、刮痕；构件、材料和零附件应在施工现场验收。

（4）所有石墨烯智暖复合陶瓷墙板应采用全新及没有缺陷的一级品或优等品，且应符合国标、设计图纸要求。同种材料应采用同一厂家的合格产品。

（5）骨架支撑体系材料可选用钢材或铝质型材，一般环境中25年以上不形变，铝合金支撑系统阳极氧化型材能保持40年以上，符合《铝合金建筑型材》GB/T 5237.1～5237.6要求。骨架支撑材料采用Q235钢材时应除锈镀锌。

（6）用万用表检查每块板材的电路是否导通，电线有否裸露及破损。

图 2.13.2-2 新明珠石墨烯智暖复合陶瓷板智慧生产现场

2.3 主要机具

（1）机械：冲击钻、手电钻、型材切割机、砂轮切割机等。（2）工具：吸盘、扳手、铁钎、橡胶锤子、锤子、螺钉旋具、手推车、绝缘胶带、热缩套管等。（3）计量检测用具：经纬仪、水准仪、激光投线仪、直角尺、水平尺、钢尺、靠尺等。

2.4 作业条件

（1）施工临时用水用电已满足要求。（2）各系统管、线已敷设完成，并验收合格。（3）现场已按石墨烯模块分组放线。（4）石墨烯智暖复合陶瓷板施工样板已验收合格。

3 操作工艺

3.1 工艺流程

测量放线 ——→ 锚固可调角码 ——→ 安装横向龙骨 ——→ 安装石墨烯智暖复合陶瓷墙板 ——→

标准板件接口对接 ——→ 面板调整 ——→ 安装边角板或收口线 ——→

墙面绝缘测试及通电发热测试 ——→ 智能温控器安装 ——→ 清洁、验收

3.2 操作工艺

（1）测量放线：测量放线前，确保墙面结实牢固，且已找平，根据石墨烯智暖复合陶瓷墙板设计图纸，在墙面用激光水准仪放出水平、垂直基准线，锚固可调角码件基准线。确认铺贴方向、主线走向、温控器的位置等。

（2）锚固可调角码：按照设计图纸要求，在墙面上根据角码安装的垂直、水平控制线将可调角码锚栓固定在主体结构上，通过钻孔安装锚栓固定。

（3）安装横向龙骨：将横向方通龙骨分别平放靠在上下可调角码件上，并水平调节方通达到设计要求，通过螺栓固定于角码连接件，连接牢固。

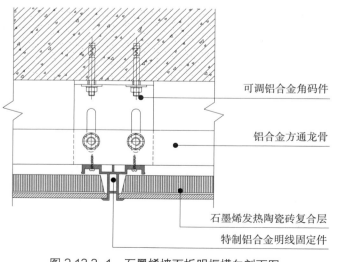

图 2.13.3-1　石墨烯墙面板明框横向剖面图

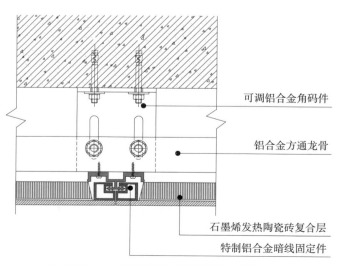

图 2.13.3-2　石墨烯墙面板隐框横向剖面图

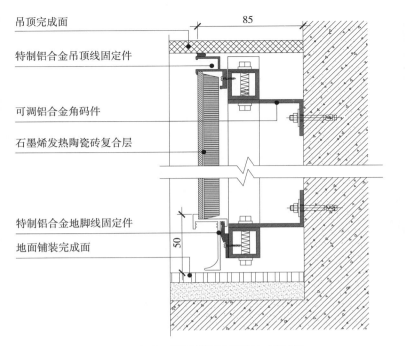

吊顶完成面

特制铝合金吊顶线固定件

可调铝合金角码件

石墨烯发热陶瓷砖复合层

85

特制铝合金地脚线固定件

地面铺装完成面

50

图 2.13.3-3　石墨烯墙面板竖向剖面图

图 2.13.3-4　石墨烯陶瓷墙板连接示意图

（4）安装石墨烯智暖复合陶瓷墙板。根据标准板件的竖向收边件及分缝件所在墙面位置，按每一模块发热砖分别逐一安装：收边卡条—发热模块砖—收边卡条（或暗线／明线收边卡条）。边安装边水平及垂直校正对齐。发热板材严禁切割。

（5）标准板件接口对接：① 每安装好一排石墨烯智暖复合陶瓷墙板后，准备与主线连接。电线接头方向朝向要一致，以节省主线用量并方便主线连接（图 2.13.3-5）。② 每块石墨烯智暖复合陶瓷墙板连接线都配有保护帽，保护帽未接主线时不能取下，以防在铺贴过程中有异物进入插孔。③ 单个温控器最大负载功率为 4000W，单组石墨烯智暖复合陶瓷墙板输出模块总功率不超过 4000W。④ 需配置漏电保护开关（漏电开关需接地）。⑤ 主线尾部处理如图 2.13.3-6 所示。

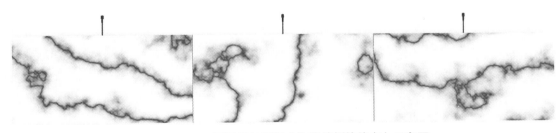

图 2.13.3-5　石墨烯智暖复合陶瓷墙板接线方向示意图

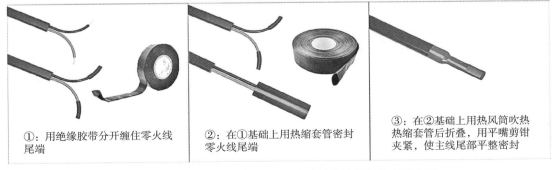

①：用绝缘胶带分开缠住零火线尾端

②：在①基础上用热缩套管密封零火线尾端

③：在②基础上用热风筒吹热热缩套管后折叠，用平嘴剪钳夹紧，使主线尾部平整密封

图 2.13.3-6　石墨烯智暖复合陶瓷墙板主线尾部处理示意图

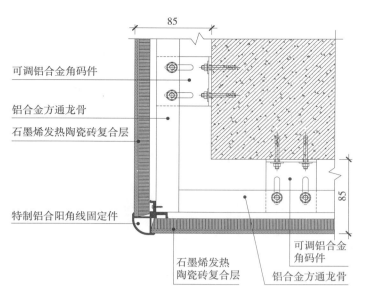

图 2.13.3-7 石墨烯智暖复合陶瓷墙板（阳角）横向剖面图

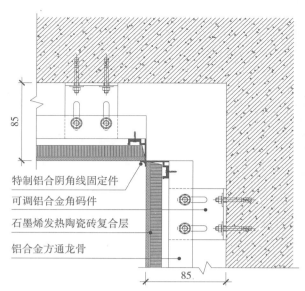

图 2.13.3-8 石墨烯智暖复合陶瓷墙板（阴角）横向剖面图

（6）面板调整：安装后用检测尺进行平整度测量，及时消除误差。当每间房完成安装后应全面进行检测，使其偏差值控制在设计及质量验收标准范围内。

（7）安装边角板或收口线：面板安装后再将边角板及收口线按设计图纸要求安装（图 2.13.3-7、图 2.13.3-8）。

（8）墙面绝缘测试及通电发热测试：铺贴完成后，需对房屋供暖系统进行对地绝缘测试及通电测试，调节温控开关至合适温度，通电 20～30min 后，开启测温仪测试每块石墨烯瓷砖温度，每块砖面温度相近表示正常。

（9）智能温控器安装：① 智能温控器安装接线前应认真阅读产品安装使用说明书并按其要求接线。② 温控器安装需横平竖直，宜与相邻的照明开关面板同高。③ 推入暗盒前再次检查其后的接线端子处线头间有没搭接、分叉及毛刺。④ 安装完毕后应加以保护，以防装修时杂物水分等进入损坏温控器。

（10）清洁、验收：当石墨烯智暖复合陶瓷墙板全部安装完成，经检验符合质量要求后，用清洁剂将板面擦净、晾干，验收后及时盖上阻燃薄膜保护成品。

3.3　质量关键要求

（1）材料下单加工要求准确无误；由厂家专业技术人员会同施工管理员共同根据现场进行测量，并绘出详细图，进行工厂化生产。（2）确保连接件的固定，应在码件固定时放通线定位，且在上板前严格检查饰面板的质量，核对供应商提供的产品编号。（3）安装要定位准确，表面平整，因此尺寸误差控制必须精确。（4）石墨烯智暖电路应符合设计要求，禁止超载。（5）石墨烯智暖线路应单独设置，并配置漏电保护开关。

3.4　季节性施工

（1）石墨烯智暖复合陶瓷板不得在雨天运输和转运，在存放时应有防雨设施，严防受潮。
（2）雨期不宜石墨烯智暖复合陶瓷板施工，确需赶工的，应采取防潮控制措施。（3）环境温度低于 5℃时，不宜施工。

4.1　主控项目

（1）锚固螺栓应满足下列要求：① 采用质量可靠的品牌，有检验证书、出厂合格证和质量保证书；② 用于龙骨与主体结构连接的后加螺栓，每处不少于2个，直径不少于10mm，长度不小于110mm；螺栓应采用不锈钢和热镀锌碳素钢；③ 应进行拉拔试验，有试验合格报告书。

检验方法：检查隐蔽工程验收记录。

（2）面板主材及附件进场材料品牌可靠，有检验证书、出厂合格证和质量保证书。

检验方法：观察；检查产品合格证书、进场验收记录和性能检测报告。

（3）严格水平挂件的安装固定，增设挂件和板块之间的柔性垫片，确保石墨烯智暖复合陶瓷墙板水平横缝的顺直，满足美观和抗震、风压等需求。

检验方法：观察；尺量检查；检查施工记录。

（4）使用竖向分缝件，进行板块侧向限位措施。

检验方法：检查隐蔽工程验收记录。

（5）石墨烯智暖复合陶瓷墙板的位置安装、排列方式、接缝划分、设备、门、扇位置收口等应符合设计要求。

检验方法：观察；尺量检查；检查施工记录。

4.2　一般项目

（1）石墨烯智暖复合陶瓷墙板表面应平整、洁净、色泽一致，不得有爆边、裂纹、刮花、翘曲及缺角。

检验方法：观察。

（2）石墨烯智暖复合陶瓷墙板的长度、宽度、厚度、直角、纹理、外形尺寸均应符合设计要求。

检验方法：观察；尺量检查。

（3）石墨烯智暖复合陶瓷墙板安装的允许偏差及检验方法应符合表2.13.4-1的规定。

石墨烯智暖复合陶瓷墙板安装的允许偏差和检验方法　　　　　　　　表2.13.4-1

项次	项目	允许偏差（mm）	检查方法
1	立面垂直	2	用2m垂直测量尺检查
2	表面平整	2	用2m靠尺和塞尺检查
3	阴阳角方正	2	用200mm直角检测尺检查
4	搭接缝直线度	2	拉通线钢尺测量
5	墙裙、勒脚上口直线度	2	拉5m线，不足5m拉通线，用钢直尺检查
6	搭接缝高低差	1	用钢直尺和塞尺测量
7	接缝宽度	1	用钢直尺检查

5　成品保护

参见第 173 页 "5　成品保护"。

6　安全、环境保护措施

参见第 173 页 "6　安全、环境保护措施"。

7　工程验收

参见第 173 页 "7　工程验收"。

8　质量记录

参见第 174 页 "8　质量记录"。

第 14 节　超薄石材复合板施工工艺

主编点评

超薄石材复合板是指面材厚度小于 8mm 的石材复合板，由各种天然石材的面材和瓷砖、玻璃、铝蜂窝等基材通过胶粘剂复合而成。本工艺将超薄石材、基材及连接件在工厂制成基本复合板结构单元，运到现场后通过专门连接件直接挂装在墙面龙骨或挂码结构上，具有施工高效、三维可调、绿色环保和维修方便等特点。

1　总则

1.1　适用范围

本工艺适用于民用建筑室内墙柱面超薄石材复合板工程施工。

1.2　编制参考标准及规范

（1）《建筑装饰装修工程质量验收标准》GB 50210

（2）《装配式内装修技术标准》JGJ/T 491

（3）《钢结构工程施工质量验收标准》GB 50205

（4）《超薄石材复合板》GB/T 29059

（5）《铝合金建筑型材　第 1 部分：基材》GB/T 5237.1

（6）《铝合金建筑型材　第 2 部分：阳极氧化型材》GB/T 5237.2

（7）《民用建筑工程室内环境污染控制标准》GB 50325

（8）《建设工程项目管理规范》GB/T 50326

2　施工准备

2.1　技术准备

（1）技术人员应熟悉图纸，完成图纸会审。准确复核墙体的位置、尺寸，结合装修、机电等图纸进行深化，正式施工前甲方或法定代理方应对图纸会审签字认可。（2）编制工程施工方案，并报监理单位审批。（3）将墙面安装技术、安全交底落实到作业班组。（4）组织工程技术人员按图纸进行现场放线。放线人员要严格按施工图纸进行放线，随放随复核。放线完毕，请监理单位进行验收，验收合格后方可施工。

2.2　材料要求

（1）饰面板的品种、规格、颜色、图案、必须符合设计要求和有关产品标准的规定，石材放射性复验应符合现行国家标准《建筑材料放射性核素限量》GB 6566 的有关规定。

（2）饰面板由工厂生产成品，进场时应检查型号、质量、产品合格证。

（3）饰面板所选面材应符合相应石材品种的产品标准，规格尺寸应满足加工要求，其基材、物理性能应符合《超薄石材复合板》GB/T 29059 要求。

（4）饰面板胶粘剂选择应符合《饰面石材用胶粘剂》GB/T 24264 要求。

（5）石材表面进行研磨、刨光、裁切、倒角等精加工，加工质量及包装应符合《超薄石材复合板》GB/T 29059 要求。

（6）铝合金挂件制作允许偏差应符合国家标准《铝合金建筑型材　第 1 部分：基材》GB/T 5237.1 中高精度的规定。铝合金应进行表面阳极氧化处理，表面处理厚度应符合现行国家标准《铝合金建筑型材　第 2 部分：阳极氧化型材》GB/T 5237.2 的规定。

2.3　主要机具

（1）机械：冲击钻、手电钻、电动磨光机等。（2）工具：锤子、扳手、螺钉旋具等。

（3）计量检测用具：水准仪、激光投线仪、直角尺、水平尺、钢尺、靠尺等。

2.4　作业条件

（1）施工现场的电源已满足施工的需要。作业面上基层的外形尺寸已经复核，其误差保证在本工艺能调节的范围之内，作业面上已弹好水平线、轴线、出入线、标高等控制线，作业面的环境已清理完毕。（2）水、电、暖通、消防、智能化专业预留、预埋已经全部完成，且电气穿线、测试完成并合格，各种管路打压、试水完成，隐蔽工程已验收合格。（3）结构工程和有关的连体构造已具备安装的条件。（4）饰面板成品、半成品已进场，并经验收，数量、质量、规格、品种无误。

3　操作工艺

3.1　工艺流程

测量放线 ⟶ 工厂加工 ⟶ 安装连接件 ⟶ 安装骨架 ⟶ 铝合金挂件安装 ⟶
面板安装 ⟶ 板拼缝打胶 ⟶ 清洁、验收

3.2　操作工艺

（1）测量放线

① 根据建筑室内超薄石材复合板施工要求，根据墙面分割放样图和土建施工单位给出的标高点及轴线位置，采用水准仪等测量工具在建筑物墙体基层上定出龙骨中心、平面、分格及转角等基准线，并用经纬仪进行调整、复测。② 超薄石材复合板分格轴线的测量

放线应与主体结构测量放线配合，墙水平标高要逐层从地面向上引，以免误差累积。误差大于规定的允许偏差时，适当调整石材复合板的轴线，使其符合石材复合板的构造安装需要。③ 测量放线时，应对安装在龙骨的铝合金挂件位置偏差进行检验、定位，其上下左右偏差不超过10mm。

（2）工厂加工

① 确认超薄石材复合板安装顺序、面板纹理效果，计算需用材料数量，按照放样图所定编号提交超薄石材复合板构件、面板订购单到工厂制作。② 面板与挂件的组装。超薄石材复合板在生产加工时，按照设计要求开孔并预埋螺母，螺母通过胶粘剂与石材蜂窝复合板固定。③ 交货时按提交的数量、规格、质量标准严格把关，并做好成品保护。超薄石材复合板有龙骨构造如图2.14.3-1、图2.14.3-2所示；无龙骨构造如图2.14.3-3、图2.14.3-4所示。

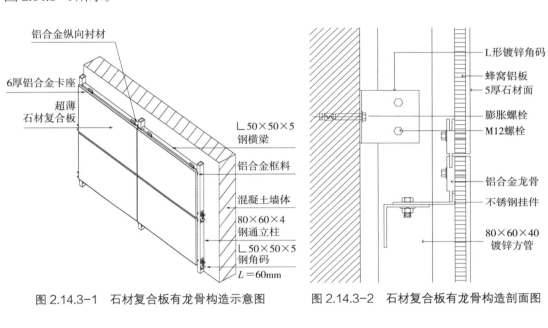

图2.14.3-1　石材复合板有龙骨构造示意图　　　图2.14.3-2　石材复合板有龙骨构造剖面图

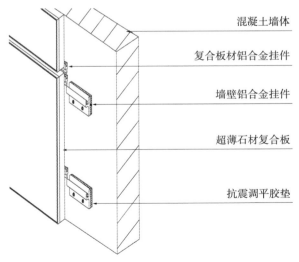
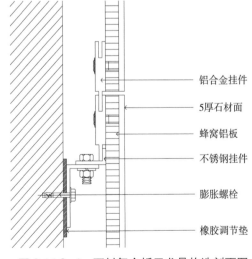

图2.14.3-3　石材复合板无龙骨构造示意图　　　图2.14.3-4　石材复合板无龙骨构造剖面图

（3）安装连接件

根据设计图纸及预先放线分格安装连接件（连接件应作防腐处理），调整连接件并用螺栓固定。

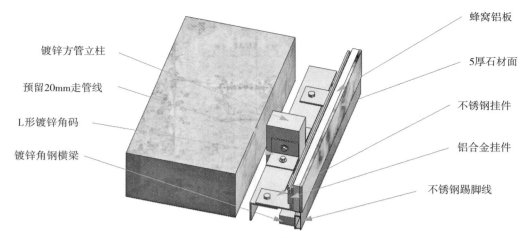

镀锌方管立柱

预留20mm走管线

L形镀锌角码

镀锌角钢横梁

蜂窝铝板

5厚石材面

不锈钢挂件

铝合金挂件

不锈钢踢脚线

图 2.14.3-5　超薄石材复合板三维示意图

（4）安装骨架

根据预先两端垂吊线，先安装两端的第一根竖向钢龙骨，在两端竖向钢龙骨的上下两端各拉通线（此为钢龙骨完成面控制线），其余中间龙骨按预先放线分格及完成面控制线安装，钢骨架与连接件用螺栓紧固，螺栓紧固时螺栓旋紧力度要达到要求，整个龙骨体系须进行防腐处理。

（5）铝合金挂件安装

① 超薄石材复合板在墙体上只需要安装铝合金挂件即可实现挂装。铝合金挂件安装直接关系到石材复合板安装质量，要严格控制铝合金挂件的安装质量。② 铝合金挂件安装顺序是先下后上。安装时要严格控制水平度，水平公差应控制在 ±1mm 内。③ 铝合金挂件安装完要进行全面检查，尤其是要对铝合金挂件中心线进行校核，自检合格后及时提交验收。

（6）面板安装

① 超薄石材复合板与铝合金挂件连接采用不锈钢螺栓固定，并通过调节垫片进行紧固。② 将装有铝合金挂件的超薄石材复合板按照放样图编号要求对应挂装。安装时石材复合板通过挂钩挂在横向龙骨挂件上。③ 在安装超薄石材复合板时，注意控制石材复合板安装高度累计误差。控制方法是：在每个楼层弹 1m 水平基准线，以 1m 线校核施工误差，要求不超过 ±2mm，若超出此误差范围，则在上一层超薄石材复合板安装时及时调整。

（7）板拼缝打胶

① 注胶前应在超薄石材复合板四周边沿粘好保护胶带，防止石材受污染。用钢丝刷清理超薄石材复合板中缝隙内的灰尘。② 填实泡沫棒，嵌缝深度要适合胶缝厚度。泡沫棒直径比超薄石材复合板之间的间隙大 2mm。用中性硅酮耐候胶填缝，胶平面平滑美观、无褶皱。③ 施工前，耐候密封胶要与超薄石材复合板进行抗污性试验，以防对石材复合板造成污染。

（8）清洁、验收

超薄石材复合板安装完毕后，应检查、修补、清洁一遍，拆架子时应注意成品保护。

3.3 质量关键要求

（1）饰面板正面应无开裂、无缺角，爆边。应有出厂合格证、质保书及检验报告。（2）饰面板规格尺寸的允许偏差应符合国家现行标准。饰面板的品种、规格、型号以及开孔、螺母预埋、磨边处理等应符合设计要求。（3）预埋件（或后置埋件）、连接件的规格、位置、连接方法应符合设计要求，石材板安装应牢固。

3.4 季节性施工

参见第171页"3.4 季节性施工"。

---

4 / 质量要求

4.1 主控项目

（1）饰面板制作与安装所的材质和规格、花岗石的放射性应符合设计要求及国家现行标准的有关规定。

检查方法：观察；检查产品合格证、进场验收记录、性能检测报告和复验报告。

（2）饰面板安装埋件或后置埋件的数量、规格、位置应符合设计要求。

检验方法：检查隐蔽工程验收记录和施工记录。

（3）饰面板的造型、尺寸、安装位置、制作和固定方法应符合设计要求，墙面安装应牢固。

检验方法：观察；尺量检查；手扳检查。

（4）饰面板配件的品种、规格应符合设计要求。配件应齐全，安装应牢固。

检验方法：观察；手扳检查；检查进场验收记录。

（5）饰面板的注胶应到位饱满，表面胶缝应平整顺滑。

检验方法：观察。

4.2 一般项目

（1）饰面板表面应平整、洁净、色泽一致，不得有裂缝、翘曲及损坏。

检验方法：观察。

（2）饰面板拼口应顺直、拼缝应顺直严密。

检验方法：观察。

（3）饰面板安装的允许偏差和检验方法应符合表2.14.4-1的规定。

饰面板安装的允许偏差和检验方法 　　　　　　　　　　　　　　　　　　表2.14.4-1

序号	项目	允许偏差（mm）	检验方法
1	立面垂直度	2	用2m垂直检测尺检查
2	表面平整度	2	用2m靠尺和塞尺检查
3	阴阳角方正	2	用200mm直角检测尺检查

序号	项目	允许偏差（mm）	检验方法
4	接缝直线度	2	拉5m线，不足5m拉通线，用钢直尺检查
5	墙裙、勒脚上口直线度	2	拉5m线，不足5m拉通线，用钢直尺检查
6	接缝高低差	1	用钢直尺和塞尺检查
7	接缝宽度	1	用钢直尺检查

5 / 成品保护

（1）饰面板安装完毕后，应及时清理石材表面污染，避免腐蚀性咬伤。（2）易于污染或磨损石材的材料严禁与石材表面直接接触。（3）对于门窗洞口、施工通道易破损的阳角部位，用胶合板加以临时保护。（4）所有非专业人员不得挪用、搬运石材。（5）进入施工现场的小推车，车腿、车把要包裹好，防止碰坏石材墙面。

6 / 安全、环境保护措施

参见第173页"6　安全、环境保护措施"。

7 / 工程验收

（1）工程验收时应检查下列文件和纪录：① 施工图、设计说明及其他设计文件；② 超薄石材复合板的产品合格证书、性能检测报告、进场验收记录和胶粘剂、放射性复验报告；③ 隐蔽工程验收记录；④ 施工记录。

（2）同一类型的超薄装配式石材复合板墙面工程每层或每30间应划分为一个检验批，不足30间也应划分为一个检验批，大面积房间和走廊可按隔墙30m² 计为1间。

（3）装配式超薄石材复合板墙面工程每个检验批应至少抽查20％，并不得少于4间，不足4间时应全数检查。

（4）检验批合格质量和分项工程质量验收合格应符合下列规定：① 抽查样本主控项目均合格；一般项目80％以上合格其余样本不得有影响使用功能或明显影响装饰效果的缺陷，其中有允许偏差的检验项目，其最大偏差不得超过规定允许偏差的1.5倍。均应具有完整的施工操作依据、质量检查记录。② 分项工程所含的检验批均应符合合格质量规定，所含的检验批的质量验收记录应完整。

质量记录包括：（1）各种材料的合格证、检验报告和进场检验记录；（2）石材检测报告和复试报告；（3）后置埋件现场拉拔试验检测报告；（4）隐检工程记录；（5）检验批质量验收记录；（6）分项工程质量验收记录。

主编点评

　　石材复合板是指由各种天然石材的面材和瓷砖、玻璃、铝蜂窝等基材通过胶粘剂复合而成，其中石材—玻璃复合板简称石材透光板。本工艺将石材透光板与藏灯构件、连接件在工厂制成基本石材透光板结构单元，运到现场后通过专门连接件直接挂装在墙面龙骨结构上，具有施工高效、透光均匀、维修方便等特点。该技术获得广东省工程建设省级工法等荣誉。

1　　　　　　　　　　　　　　　　　　　　总　则

1.1　适用范围
本工艺适用公共建筑室内墙、柱面石材透光板工程施工。

1.2　编制参考标准及规范
（1）《建筑装饰装修工程质量验收标准》GB 50210
（2）《装配式内装修技术标准》JGJ/T 491
（3）《钢结构工程施工质量验收标准》GB 50205
（4）《超薄石材复合板》GB/T 29059
（5）《干挂饰面石材》GB/T 32834
（6）《民用建筑工程室内环境污染控制标准》GB 50325
（7）《天然大理石建筑板材》GB/T 19766

2　　　　　　　　　　　　　　　　　　　　施工准备

2.1　技术标准
（1）熟悉施工图纸，确定所用配件规格尺寸，编制石材透光板排板图及施工方案。（2）对施工人员进行技术交底，强调技术措施、质量要求和成品保护。（3）大面积施工前应先做样板，验收合格后，方可组织班组施工。

2.2　材料要求
（1）石材：根据设计要求，确定石材的品种、颜色、花纹和尺寸规格，其抗折、抗弯强度、吸水率、耐冻融循环等性能应满足相关国家标准要求。

（2）玻璃：石材背贴玻璃进行加固并增强其透光性。采用透明 AB 双组分水剂胶，用于石材与玻璃粘接。

（3）环氧树脂 AB 胶：用于预埋钢构件与石材间粘结固定。嵌缝剂：用于嵌填石材接缝，调色要与石材基色吻合。石材防护剂：用于大理石表面防风化、防污染。

（4）石材背部钢结构、固定龙骨应符合相关标准规定，并防腐热镀锌处理。

（5）藏灯构配件：2mm 厚镀锌铁板底板、2mm 厚 L 20 镀锌铁板角条、1mm 厚不锈钢条。钢灯槽轨道、1mm 厚 L 50 不锈钢接头卡条、1mm 厚不锈钢条、LED 灯带。

2.3 主要机具

（1）机械：冲击钻、手电钻、电动磨光机等。（2）工具：锤子、扳手、螺钉旋具等。（3）计量检测用具：电子经纬仪、水准仪、激光投线仪、直角尺、水平尺、钢尺、靠尺等。

2.4 作业条件

（1）主体结构施工完成，通过验收。（2）石材透光板单元已进场，并经验收，数量、质量、规格、品种无误。（3）墙柱面暗装管线、电挚盒安装完毕，并经检验合格。（4）墙柱面埋件已按设计位置设置完毕，并经检验合格。

---

3 施工工艺

3.1 工艺流程

测量放线 ⟶ 石材透光板单元工厂加工 ⟶ 石材透光板预排校对 ⟶ 龙骨安装 ⟶ 石材透光板及内藏灯安装 ⟶ 清洁、验收

3.2 操作工艺

（1）测量放线

根据设计图纸和实际需要，弹出安装石材透光板的位置线和分块线；再根据石材位置线，弹出龙骨位置的水平线及竖向间距线，通过十字交叉点确定所有螺栓安装位置。

（2）石材透光板单元工厂加工

① 石材透光板加工：根据石材排板尺寸，编制石材加工单和加工图，按加工图纸对石材进行排板和编号，使同一装饰面和相邻部位石材的色调、花纹基本一致，过渡自然，表面加工工艺和加工效果符合设计要求，透光位置镂空形成内腔，并与玻璃复合。石材透光板加工完成后，进行石材六面体防护处理。

② 钢结构制作与组装：如图 2.15.3-1 所示，根据设计受力要求采用热镀锌钢方通连接制作成"日"形钢结构，并在横向钢方通两端连接热镀锌钢板插件；在石材板块两边厚度较大的部位开孔，孔深及孔洞尺寸符合设计及受力要求，孔内粉尘清除干净后，采用石材干挂 AB 胶抹入孔中，将钢结构上的钢板插件嵌入孔中进行粘结，使用夹具进行固定（图 2.15.3-2）。

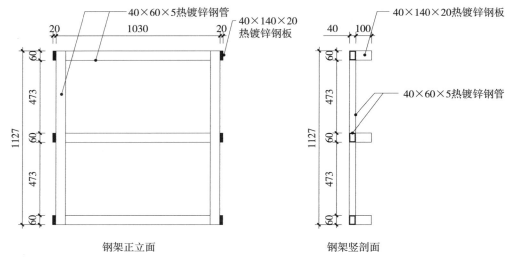

钢架正立面　　　　　　　　　钢架竖剖面

图 2.15.3-1　钢结构正立面、剖面示意图

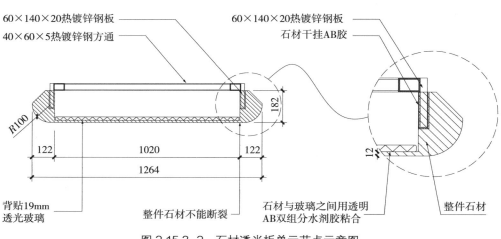

图 2.15.3-2　石材透光板单元节点示意图

③ 藏灯构配件加工：先完成灯槽轨道制作（图 2.15.3-3），把排列有灯槽轨道的 2mm 厚镀锌铁板连接固定在石材背部的横向 40mm×60mm×5mm 热镀锌钢方通上，连接点间距200mm；镀锌铁板两边缘与热镀锌钢方通交接处，采用 2mm 厚 L20 镀锌铁板角条收边加固（图 2.15.3-4）。

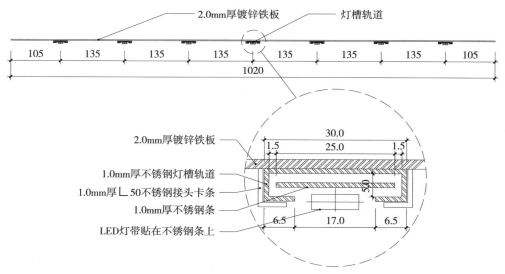

图 2.15.3-3　灯槽轨道安装示意图

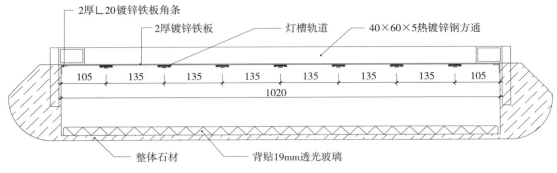

图 2.15.3-4　暗藏灯槽与石材钢框架固定示意图

（3）石材透光板预排校对

将加工好的石材单元按照使用部位和安装顺序的编号，在施工现场进行预排，并进行外观检测，外观符合设计及相关标准要求。

（4）龙骨安装

按照螺栓安装点位，在柱面上钻孔固定，孔深及孔径满足设计受力要求，成孔应与结构表面垂直；成孔后，通过 4 个 M14mm×160mm 膨胀螺栓把 200mm×240mm×12mm 镀锌钢板固定在混凝土柱面上（如图 2.15.3-5 所示），相邻两面龙骨上下错位 100mm（图 2.15.3-6），经核准校对无误后，再用扳手拧紧螺栓（图 2.15.3-7）。

（5）石材透光板及内藏灯安装

① 石材透光板单元安装：石材透光板单元安装从底层开始，通过两条吊装带吊起，安放至悬挑的镀锌槽钢（图 2.15.3-8），调整板材水平度、垂直度后，将镀锌槽钢段与石材背部上下横向 40mm×60mm×5mm 热镀锌钢方通交接处进行连接固定。底部石材单元板块安装完毕后，依次向上安装，并以底部石材为基准，调整平整度和垂直度（图 2.15.3-9）。

② 底层石材透光板单元板块安装完毕后，在其内腔安装暗藏灯槽，上一层石材透光板单元板块安装完毕后，再在其内腔安装暗藏灯槽，随石材透光板单元板块逐层向上安装，且灯槽轨道以底层为准，进行对齐。

③ 灯带安装：石材透光板板块及其腔内排列有灯槽轨道的 2mm 厚镀锌铁板安装完毕后，将贴有灯带的不锈钢条从石材柱顶端自上而下插入灯槽轨道；石材柱顶端用不锈钢盖板盖住。

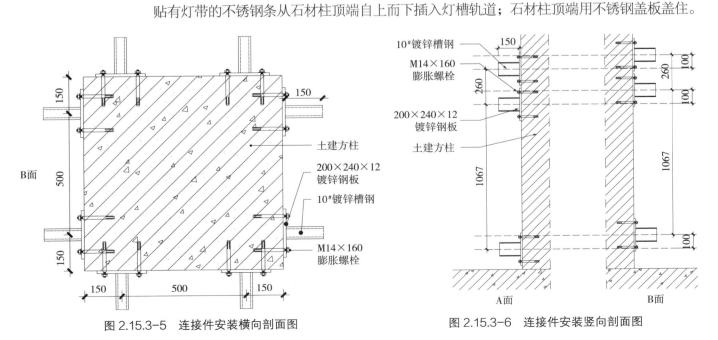

图 2.15.3-5　连接件安装横向剖面图　　　　图 2.15.3-6　连接件安装竖向剖面图

图 2.15.3-7 连接件安装图

图 2.15.3-8 石材单元板块安装

图 2.15.3-9 板块单元依次向上安装

④ 收边收口：石材竖向转角处，先用两块 25mm 厚木条预留缝隙，石材固定后，再嵌入 25mm 宽不锈钢条进行收口（图 2.15.3-10）；石材板块横向采用密拼的方式，缝宽需符合设计要求，用嵌缝剂嵌填石材接缝，调色要与石材基色吻合。吊顶饰面完成后，石材立柱饰面顶端与吊顶之间预留 300mm 的位置贴木饰面进行收口（图 2.15.3-11）；地面饰面铺贴完成后，石材立柱底部安装 150mm 高不锈钢踢脚进行收口（图 2.15.3-12）。

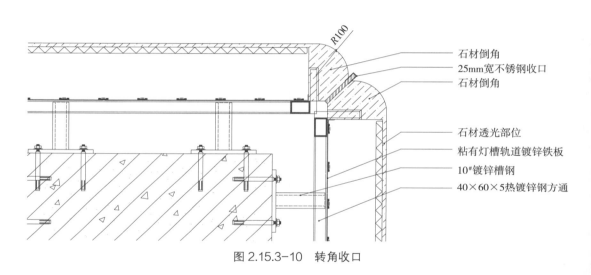

图 2.15.3-10 转角收口

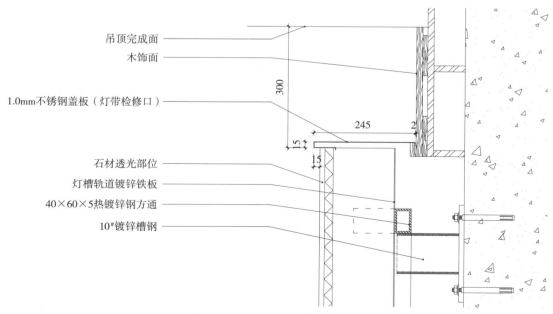

图 2.15.3-11 吊顶收口示意图

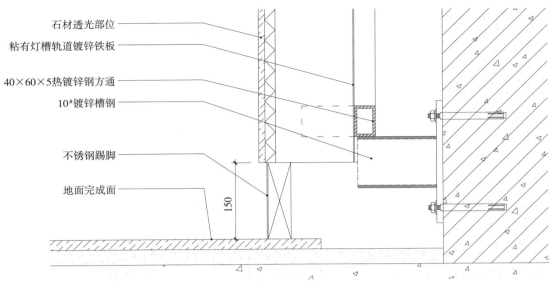

石材透光部位

粘有灯槽轨道镀锌铁板

40×60×5热镀锌钢方通

10#镀锌槽钢

不锈钢踢脚

地面完成面

150

图 2.15.3-12　踢脚收口示意图

（6）清洁、验收

石材透光板安装完毕后，对表面平整度、密缝缝隙宽窄均匀度、不锈钢收口条竖向顺直度等进行自检，对面板进行清洁，符合验收标准后上报监理单位验收。

3.3　质量关键要求

（1）材料下单加工要求准确无误。由厂家专业技术人员会同施工管理员共同根据现场进行测量，并绘出详细图，进行工厂化生产。（2）确保连接件的固定。应在码件固定时放通线定位，且在上板前严格检查石材透光板的质量，核对供应商提供的产品编号。（3）安装要定位准确。石材透光板的平整度直接影响板面缝接口与表面平整，因此尺寸误差控制必须精确。（4）转角部位的面板安装应满足设计要求，边缘整齐，合缝顺直。

3.4　季节性施工

（1）雨期各种材料的运输、搬运、存放，均应采取防雨、防潮措施，以防止发生霉变、生锈、变形等现象。（2）冬期施工前，应完成外门窗安装工程；否则应对门、窗洞口进行临时封挡保温。（3）冬期施工用胶粘剂进行粘接作业时，现场环境温度不得低于5℃。

4.1　主控项目

（1）石材透光板的品种、规格、形状、平整度、几何尺寸、光洁度、颜色和图案应符合设计要求，并有产品合格证。

检验方法：观察；尺量检查；检查材质合格证书和检测报告。

（2）面层与基底应安装牢固；粘贴用料、干挂配件应符合设计要求和国家现行有关标准的规定，碳钢配件应进行防锈、防腐处理。焊接点应进行防腐处理。

检验方法：观察；检查合格证书。

（3）石材透光板安装工程的预埋件（或后置埋件）、连接件的数量、规格、位置、连接方法和防腐处理应符合设计要求。后置埋件的现场拉拔强度应符合设计要求。石材透光板安装应牢固。

检验方法：手扳检查；现场拉拔检测；隐蔽验收。

4.2 一般项目

（1）表面平整、洁净；拼花正确、纹理清晰通顺，颜色均匀一致。

检验方法：观察。

（2）缝格均匀，板缝通顺，接缝填嵌密实，宽窄一致，无错台错位。

检验方法：观察。

（3）石材透光板（光面）安装的允许偏差和检验方法应符合表 2.15.4-1 的规定。

石材透光板（光面）安装的允许偏差和检验方法 表 2.15.4-1

序号	项目	允许偏差（mm）	检验方法
1	立面垂直度	2	用 2m 垂直检测尺检查
2	表面平整度	2	用 2m 靠尺和塞尺检查
3	阴阳角方正	2	用 200mm 直角检测尺检查
4	接缝直线度	2	拉 5m 线，不足 5m 拉通线，用钢直尺检查
5	墙裙、勒脚上口直线度	2	拉 5m 线，不足 5m 拉通线，用钢直尺检查
6	接缝高低差	1	用钢直尺和塞尺检查
7	接缝宽度	1	用钢直尺检查

5　　成品保护

（1）清除石材表面污物，用塑料薄膜覆盖，并放置成品保护指示牌提示。（2）加强现场监督管理，防止拆改脚手架、上料等碰撞面层石材，其他工种操作时不得划伤、碰撞、污染面层石材。

6　　安全、环境保护措施

参见第 173 页"6　安全、环境保护措施"。

7　　工程验收

（1）工程验收时应检查下列文件和纪录：① 施工图、设计说明及其他设计文件；② 石材透光板的产品合格证书、性能检测报告、进场验收记录和胶粘剂、放射性复验报告；③ 隐蔽工程验收记录；④ 施工记录。

（2）同一类型的装配式石材透光板墙面工程每层或每 30 间应划分为一个检验批，不足 30 间也应划分为一个检验批，大面积房间和走廊可按装配式隔墙 30m² 计为 1 间。

（3）装配式石材透光板墙面工程每个检验批应至少抽查 20%，并不得少于 4 间，不足 4 间时应全数检查。

（4）检验批合格质量和分项工程质量验收合格应符合下列规定：① 抽查样本主控项目均合格；一般项目 80% 以上合格，其余样本不得有影响使用功能或明显影响装饰效果的缺陷，其中有允许偏差和检验项目，其最大偏差不得超过规定允许偏差的 1.5 倍。均须具有完整的施工操作依据、质量检查记录。② 分项工程所含的检验批均应符合合格质量规定，所含的检验批的质量验收记录应完整。

（5）分部（子分部）工程质量验收合格应符合下列规定：① 分部（子分部）工程所含分项工程的质量均应验收合格；② 质量控制资料应完整；③ 观感质量验收应符合要求。

8 质量记录

质量记录包括：（1）产品合格证书、石材护理记录、性能检测报告；（2）进场验收记录、复验报告；（3）隐蔽工程验收记录；（4）后置埋件的现场拉拔试验报告；（5）检验批质量验收记录；（6）分项工程质量验收记录。

第16节　　石板滑槽吊装施工工艺

主编点评

本工艺针对室内墙面石材干挂施工人力搬抬石材劳动强度大、安装效率低的难题，研发出电动提升装置与石材干挂构造体系结合的一体化施工技术，实现降低劳动强度、提高安装效率目的。

1　总　则

1.1　适用范围
本工艺适用于民用建筑室内墙柱面石材干挂工程施工。

1.2　编制参考标准及规范
（1）《建筑装饰装修工程质量验收标准》GB 50210
（2）《装配式内装修技术标准》JGJ/T 491
（3）《钢结构工程施工质量验收标准》GB 50205
（4）《金属与石材幕墙工程技术规范》JGJ 133
（5）《铝合金建筑型材　第1部分：基材》GB/T 5237.1
（6）《铝合金建筑型材　第2部分：阳极氧化型材》GB/T 5237.2
（7）《民用建筑工程室内环境污染控制标准》GB 50325

2　施工准备

2.1　技术准备
参见第199页"2.1　技术准备"。

2.2　材料要求
参见第200页"2.2　材料要求"。

2.3　主要机具
（1）机械：电动提升装置、冲击钻、手电钻、电动磨光机等。（2）工具：锤子、扳手、螺钉旋具等。（3）计量检测用具：水准仪、激光投线仪、直角尺、水平尺、钢尺、靠尺等。

2.4 作业条件

参见第200页"2.4 作业条件"。

参见第200页"2.4 作业条件"。

---

3 操作工艺

3.1 工艺流程

测量放线 —→ 工厂加工 —→ 安装连接件 —→ 安装骨架 —→ 安装电动提升装置 —→
安装面板 —→ 清洁、验收

3.2 操作工艺

（1）测量放线

① 根据建筑室内石材施工要求，墙面分割放样图和土建施工单位给出的标高点及轴线位置，采用水准仪等测量工具在建筑物墙体基层上定出龙骨中心、平面、分格及转角等基准线，并用经纬仪进行调整、复测。② 石材分格轴线的测量放线应与主体结构测量放线配合，墙水平标高要逐层从地面向上引，以免误差累积。误差大于规定的允许偏差时，适当调整石材板的轴线，使其符合石材的构造安装需要。③ 测量放线时，应对安装在龙骨的铝合金挂件位置偏差进行检验、定位，其上下左右偏差不超过10mm。

（2）工厂加工

① 确认石材安装顺序、面板纹理效果，计算需用材料数量，按照放样图所定编号提交石材构件、面板订购单到工厂制作。② 面板与挂件的组装。在工厂中安装好石板背面的横向加强件和纵向加强件，并将可调定位件通过固定螺杆和螺母安装固定在纵向加强件上，组装完成后直接运输到施工现场。③ 交货时按提交的数量、规格、质量标准严格把关，应根据石材的类别、尺寸和设计要求，将进场的构配件组装成若干石材试件检测，并做好成品保护。

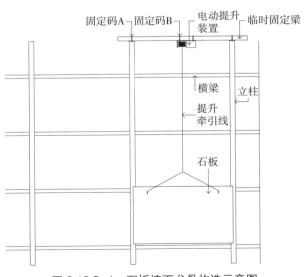

图 2.16.3-1　石板墙面龙骨构造示意图

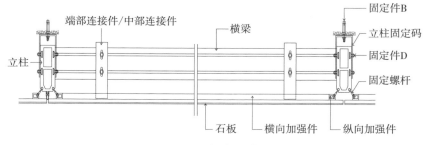

图 2.16.3-2　石板安装横向剖面图

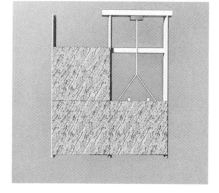

图 2.16.3-4　石板吊装三维示意图一

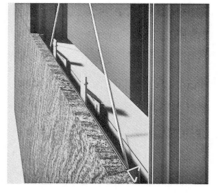

图 2.16.3-5　石板吊装三维示意图二

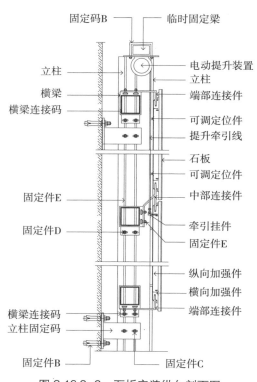

图 2.16.3-3　石板安装纵向剖面图

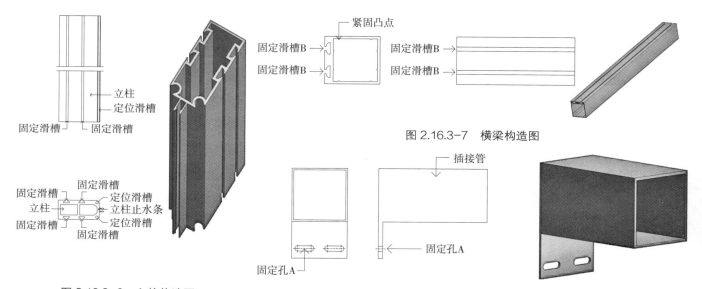

图 2.16.3-6　立柱构造图

图 2.16.3-7　横梁构造图

图 2.16.3-8　横梁连接码构造图

（3）安装连接件

根据设计图纸及预先放线分格安装连接件（连接件应作防腐处理），调整连接件并用螺栓固定。

（4）安装骨架

①型材骨架构造要点

型材骨架包括沿水平方向等距排列的立柱，及沿竖直方向等距排列的横梁。立柱及横梁均采用 6063-T5 铝型材，立柱壁厚为 3mm，横梁壁厚 2.5mm。

立柱两侧边设置有固定滑槽（单侧不少于 2 个），方便调节竖直方向的位置，采用螺栓机械连接固定，通过立柱固定码与结构固定，立柱固定码通过固定孔 C 实现水平方向的调节功能；立柱型材上还设置了"定位滑槽"，供石板吊升过程中滑动定位用，避免石板晃动碰撞，同时提高安全系统，降低安全隐患。开发了专用的装配式横梁型材，横梁型材通过横梁连接码与立柱型材连接固定，横梁型材通过横梁连接码固定在立柱型材侧边的凹槽内，在竖直方向可调节位置。

② 型材骨架安装

按计划将要安装的立柱及固定码运送到指定位置对号就位，同时注意其表面的保护。

立柱固定码定位 ⟶ 立柱固定码安装 ⟶ 立柱安装

横梁安装 ⟵ 横梁与横梁固定码组装

A. 首先安装立柱固定码再安装立柱，立柱安装顺序由下至上。第一条立柱安装：两个操作工人把立柱搬运到安装工作面上，使立柱上已有的中心线和测量时所定的立柱站线（钢琴线）重合，立柱顶和测量时所定的标高控制线水平，然后调整立柱位置。第一条立柱准确无误后，把上一层立柱套入下一层立柱芯套。如此循环，完成一组立柱安装。

B. 立柱安装标高偏差不大于 3mm，轴线前后偏差不大于 2mm，左右偏差不大于 3mm；相邻两根立柱安装标高偏差不大于 3mm，同层立柱的最大标高偏差不大于 5mm；相邻两根立柱的距离偏差不大于 2mm。

C. 立柱安装完成后通过横梁固定码进行横梁的安装，横梁安装完成后要进行检查，主要检查以下几个内容：各种横梁的就位是否有错，横梁与立柱接口是否吻合，横梁垫圈是否规范整齐，横梁是否水平，横梁外侧面是否与立柱外侧面在同一水平上。

（5）安装电动提升装置

电动提升装置通过固定码 B 安装在临时固定梁上，可以方便调节位置。临时固定梁再通过固定码 A 固定在立柱顶端。固定码 A 通过插扣插入立柱顶端竖孔内固定，形成配合（插扣中间开缝，构成弹性装置），且端部成锥状，对孔容易，插拔方便快捷，满足电动提升装置需要频繁变换位置的要求。

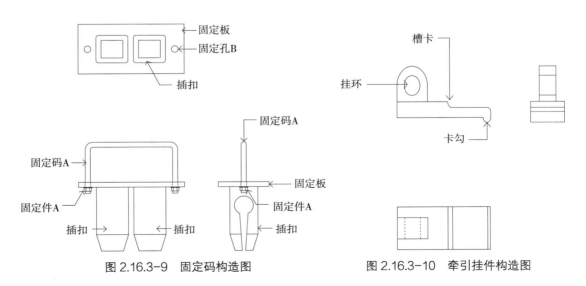

图 2.16.3-9　固定码构造图　　　　　图 2.16.3-10　牵引挂件构造图

（6）安装面板

① 石材单元构造

石材尺寸按设计分格，石材配置为（短槽）托板式 δ25mm，四边连接（图 2.6.3-11）。

石材背面设置有横向加强件和纵向加强件；通过端部连接件及中部连接件与型材骨架进行连接固定。

可调定位件通过固定螺杆和螺母安装固定在纵向加强件上，石板提升前，可调定位件上的球形端部插入定位滑槽内，起到滑动定位作用。球形端部起到降低接触面和滑动摩擦阻力的作用，球形端部通过螺杆旋入内螺孔深度达到调节长度的目的。

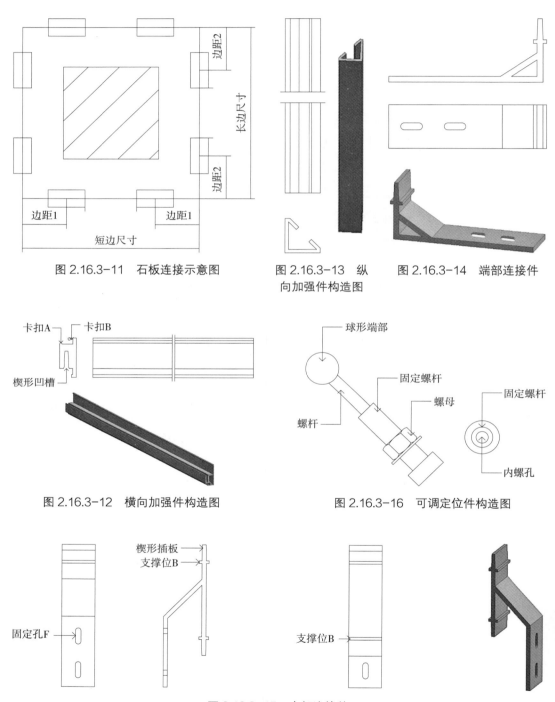

图 2.16.3-11　石板连接示意图

图 2.16.3-13　纵向加强件构造图

图 2.16.3-14　端部连接件

图 2.16.3-12　横向加强件构造图

图 2.16.3-16　可调定位件构造图

图 2.16.3-15　中部连接件

② 石板按照从上往下的顺序安装。

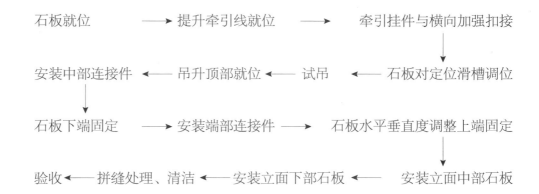

石板就位 → 提升牵引线就位 → 牵引挂件与横向加强扣接

安装中部连接件 ← 吊升顶部就位 ← 试吊 ← 石板对定位滑槽调位

石板下端固定 → 安装端部连接件 → 石板水平垂直度调整上端固定

验收 ← 拼缝处理、清洁 ← 安装立面下部石板 ← 安装立面中部石板

A. 安装立面顶部石板

a. 石板提升前，首先将石板就位于立柱下端，将安装于提升牵引线端部的牵引挂件插扣在楔形凹槽内固定，提升并张拉提升牵引线。b. 将石板背后两侧位置（至少 4 个）可调定位件上的球形端部插入定位滑槽内，启动电动提升装置，预提升 100mm，确认石板平衡且滑动平顺后，再继续提升电动提升装置，将饰面板缓缓提升到预定高度。c. 将端部连接件通过固定件固定在横梁的固定滑槽内。d. 继续提升，石板背面上部的横向加强件之楔形凹槽紧密卡固在端部连接件下端之插板上，停止提升。e. 将中部连接件通过固定件固定于横梁上的固定滑槽内。中部连接件之楔形插板上端插固在石板背面下部的横向加强件之楔形凹槽内，并调节水平和垂直度。利用石板上部的端部连接件与中部连接件共同夹持固定石板。f. 完成立面上部的石板安装后，放松提升牵引线，插扣在楔形凹槽内的牵引挂件自动脱落。

B. 安装立面中部石板

g. 重复第 a、b 步后，继续提升，石板背面上部的横向加强件之楔形凹槽紧密卡固在中部连接件下端之楔形插板上，停止提升。h. 将中部连接件通过固定件固定于横梁上的固定滑槽内。中部连接件之楔形插板上端插固在石板背面下部的横向加强件之楔形凹槽内，并调节水平和垂直度，利用石板上部的中部连接件和下部中部连接件夹持固定。i. 完成立面中部的石板安装，放松提升牵引线，插扣在楔形凹槽内的牵引挂件自动脱落。j. 重复第 g、h、i 步，完成立面中部所有的石板安装。

C. 安装立面下部石板

重复第 g 步。k. 将端部连接件通过固定件固定于横梁上的固定滑槽内。将插板紧密插固在石板背面下部的横向加强件之楔形凹槽内，并调节水平和垂直度，利用石板背面上部的中部连接件之楔形插板和下部 端部连接件之插板夹持固定。l. 完成立面底部的石板安装，放松提升牵引线，插扣在楔形凹槽内的牵引挂件自动脱落。m. 移动电动提升装置。n. 重复第 a 至 m 步，完成墙面全部石板安装。

3.3 质量关键要求

参见第 203 页 "3.3 质量关键要求"。

3.4 季节性施工

参见第 171 页 "3.4 季节性施工"。

4 质量要求

参见第 203 页 "4 质量要求"。

5 成品保护

参见第 204 页 "5 成品保护"。

6 安全、环境保护措施

参见第 173 页 "6 安全、环境保护措施"。

7 工程验收

参见第 204 页 "7 工程验收"。

8 质量记录

参见第 205 页 "8 质量记录"。

第 3 章　装配式吊顶工程

P221-320

➡

第1节 大跨空间结构单元式铝板吊顶施工工艺

主编点评

　　本工艺以北京大兴国际机场航站楼项目为实例，针对大跨空间结构铝板吊顶空间大、造型复杂、结构变形大和定位困难等施工难题，采用数字化＋三维可调吊顶系统＋吊顶板块单元吊装＋高空作业车施工方法，实现了大跨空间结构铝板吊顶安装精准、高效和安全，为大跨空间结构吊顶的设计、加工与施工提供了新的技术思路。本技术获得建筑装饰行业科学技术奖一等奖、广东省工程建设省级工法等荣誉。

1　总　则

1.1　适用范围

本工艺适用于航站楼、车站、体育馆等公共建筑的空间结构单元式铝板吊顶工程施工。

1.2　编制参考标准及规范

（1）《建筑装饰装修工程质量验收标准》GB 50210

（2）《装配式内装修技术标准》JGJ/T 491

（3）《钢结构工程施工质量验收标准》GB 50205

（4）《公共建筑吊顶工程技术规程》JGJ 345

（5）《铝合金建筑型材》GB/T 5237.1～5237.6

（6）《建筑装饰用单涂层氟碳铝板（带）》JC/T 2438

（7）《建筑内部装修防火施工及验收规范》GB 50354

（8）《民用建筑工程室内环境污染控制标准》GB 50325

（9）《非结构构件抗震设计规范》JGJ 339

2　施工准备

2.1　技术准备

（1）熟悉图纸，完成图纸深化设计和图纸会审。（2）编制专项施工方案，并报监理单位审批。对于超过一定规模的危险性较大的分部分项工程，组织专家对专项方案进行论证。（3）将专项技术交底落实到作业班组。（4）按施工图纸进行放线，随放随复核，并验收合格。

2.2　材料要求

（1）进场材料堆放整齐，并做好标记，根据施工图样及排板图验明样板及材料数据，核对材料牌号、规格，保证图样、样板、材料三者的一致，并要求原材料具有质量合格证明书。

（2）焊接加工构件无裂纹、夹层、表面疤痕或厚度不均匀等缺陷，并经验收合格。

（3）空间结构单元式铝板吊顶所选用面材的规格尺寸、表面质量、各项物理性能等均应符合设计图纸要求及《普通装饰用铝蜂窝复合板》JC/T 2113 中的要求；钢龙骨架及连接钢角码的种类、型号、质量等级应符合设计要求，规格尺寸应按设计图纸加工，其主要材料及技术指标可参考表 3.1.2-1 北京大兴国际机场航站楼空间结构单元式铝板吊顶主要材料及技术指标。

北京大兴国际机场航站楼空间结构单元式铝板吊顶主要材料及技术指标　　　　　　　　　表 3.1.2-1

序号	名称	规格型号（mm）	主要技术指标
1	矩形钢框承载主龙骨	160×60×3	Q235 钢材，热镀锌，抗拉、抗压、抗弯强度≥215MPa；抗剪强度≥125MPa；端面承压强度≥320MPa，外形尺寸误差不大于 2mm
2	副龙骨	100×50×3	
3	C 形挂件	100×60×5	
4	吊装圆盘	40×80×4	
5	方钢组合框	60×40×2.5	
6	蜂窝铝板	板厚 15	表面涂层颜色为白色，冲孔率50%，符合6063-T5（T6）铝合金的机械性能的要求，型材表面平滑，色泽均匀，不得有明显的流痕、皱纹、裂纹、划痕和夹杂物，表面需进行氟碳涂层处理，氟碳喷涂厚度≥40μm，涂层附着力不低于 I 级

2.3　主要机具

（1）机械：高空作业车、电动葫芦、多功能钻孔机、切割机等。（2）工具：力矩扳手、开口扳手、手电钻、拉铆枪、锤子等。（3）计量检测用具：三维激光扫描仪、全站仪、水准仪、激光测距仪、激光投线仪、2m 靠尺、角尺、水平尺、钢尺等。

2.4　作业条件

（1）要求空间结构施工完成，具备施工现场作业区域，保持施工现场场地平整、干净；确保临时用电安全可靠，做好防火措施；进场材料堆放整齐，并做好标记。（2）做好劳动力计划，安装作业队伍建立，对作业人员做好安全、技术交底，确保作业人员正确操作。（3）正式安装以前，先试安装样板段，经鉴定合格后再正式安装。

3.1 工艺流程

测量定位、工厂加工 ⟶ 抱箍组件安装 ⟶ 吊装圆盘安装 ⟶

钢结构转换层安装 ⟶ 铝板单元组装 ⟶ 铝板单元吊装 ⟶

铝板单元精调 ⟶ 分项验收

3.2 操作工艺

（1）测量定位、工厂加工

① 测量定位：根据绘制的深化节点大样图，在待施工区域根据基准点进行三维测量定位，并将相应的安装点位标记于网架结构下弦杆上，确定半圆形钢抱箍件的安装位置。采用 BIM 放样机器人逐个复测各球节点位置，计算吊顶完成面距离球点的垂直距离并标注在球节点上，作为吊顶施工高程控制点，该点必须考虑钢网架施工过程中的变化及受屋盖荷载影响而产生的下沉量，并考虑网架结构变化移位的因素，特别是出现个别下沉较大的网架球点时，必须适当调整吊顶完成面高程，给吊顶足够调整的空间距离。

图 3.1.3-1　采光顶桁架结构点云数据获取

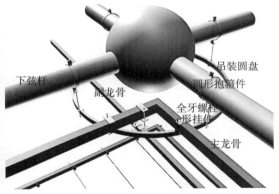
图 3.1.3-3　空间结构铝板吊顶三维示意图

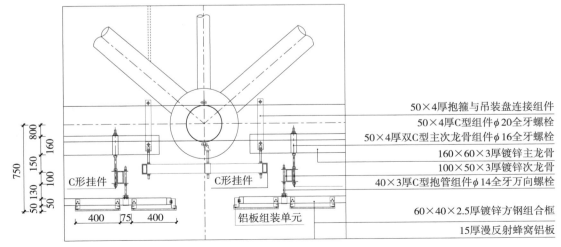
图 3.1.3-2　空间结构铝板吊顶节点图

② 工厂加工：采用三维激光扫描仪，获取原始交付的网架结构现状的点云数据（图3.1.3-1），与设计的三维实体模型做对比分析，找出三维模型与现场结构的误差，进一步对设计三维模型进行修正，再根据准确的三维模型（图3.1.3-2、图3.1.3-3）进行铝板及构件工厂化加工。

（2）抱箍组件安装

在地面将双半圆形钢抱箍件与L形镀锌角码、全牙螺栓和C形钢挂件组装，完成抱箍组件安装（图3.1.3-4）。根据测量放线已标安装位置，利用高空作业平台，将双半圆形钢制抱箍件通过螺栓与网架结构下弦杆连接（图3.1.3-5）。

（3）吊装圆盘安装

高空作业车将吊装圆盘吊装至待安装位置，将吊装圆盘与四组抱箍组件的C形挂件连接固定，最后通过全牙螺栓上的螺母将吊装圆盘调整至设计标高（图3.1.3-6、图3.1.3-7）。

图3.1.3-4　抱箍组件示意图

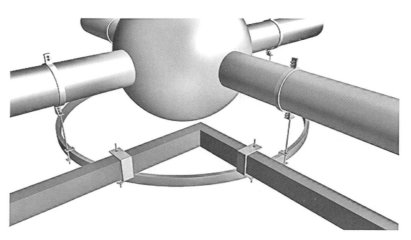

图3.1.3-8　矩形钢框主龙骨与吊装圆盘固定

图3.1.3-9　C形挂件

图3.1.3-5　抱箍组件安装

图3.1.3-7　吊装圆盘与抱箍组件连接

图3.1.3-6　吊装圆盘安装

（4）钢结构转换层安装

钢结构转换层的安装包括矩形钢框承载主龙骨安装和副龙骨的安装。

① 矩形钢框主龙骨安装：将矩形钢框主龙骨运送至待吊装位置，然后将绳索固定在矩形钢框主龙骨上，再用钢索式吊车（电动葫芦）将矩形钢框主龙骨拉升至网架安装部位，将矩形钢框主龙骨用 C 形挂件固定在吊装圆盘的上方，矩形钢框主龙骨安装后应对其平整度、间距、起拱值进行检查调整（图 3.1.3-8、图 3.1.3-9）。

② 副龙骨的安装：用钢索式吊车（电动葫芦）将副龙骨拉升至顶部，副龙骨通过全牙螺杆的 C 形挂件与矩形钢框主龙骨固定，副龙骨在吊装圆盘的下方，上层矩形钢框主龙骨和下层副龙骨形成钢结构转换层（图 3.1.3-10）。

（5）铝板单元组装

① 面板组装：根据设计要求，将铝板按要求的间距进行排列组合为一个单元，然后用方钢组合框将单元中的各个铝板依次连接固定，面板安装采用连接件与方钢组合框连接固定（图 3.1.3-11、图 3.1.3-12）。

② 吊挂件组装：铝板单元安装完成后，将万向螺栓组合件与方钢组合框上的 C 形挂件连接，完成铝板单元组装（图 3.3.1-13、图 3.3.1-14）。

图 3.1.3-10　副龙骨通过 C 形挂件与主龙骨连接

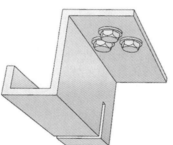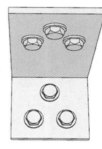
图 3.1.3-12　面板安装金属连接件

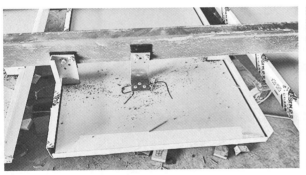
图 3.1.3-11　铝板单元组装

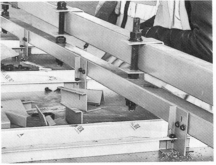

图 3.1.3-14　万向螺栓组合件组装　　　　图 3.1.3-13　万向螺栓组合件

（6）铝板单元吊装

将单元式铝板运送至待吊装位置，用绳索固定于铝板钢组合框，再用钢索式吊车（电动葫芦）将铝板单元拉升至吊顶部位（图3.1.3-15），然后通过C形挂件将铝板单元固定于副龙骨上（图3.1.3-16）。

图3.1.3-15　铝板单元吊装

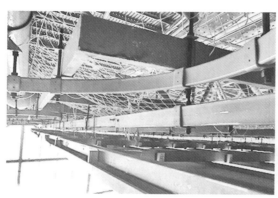 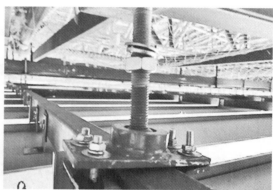

图3.1.3-16　铝板单元安装

（7）铝板单元精调

铝板单元安装完成后，进行细部检查调整，通过调整吊装圆盘的全牙螺栓来调整铝板单元的高低缝隙。面板调整应对铝板单元的高程、间距等进行调整，保证板块间距、表面曲线起拱与弧线符合设计要求。

（8）分项验收

各部分构件安装完成后分别进行分项验收，确保各部分构件安装连接牢固，整体安装完成后再进行整体验收，确保达到设计及规范的要求。

图3.1.3-17　铝板单元调整　　　　　图3.1.3-18　北京大兴国际机场航站楼空间结构
　　　　　　　　　　　　　　　　　　　　　　　　　　铝板吊顶

3.3 质量关键要求

（1）铝板在材料运输、装卸、保管和安装的过程中，均应做到轻拿轻放、精心管理，不得损伤材料的表面和边角。（2）网架连接部件、龙骨、铝板应连接牢固。（3）单元体组装连接点应牢固，拼缝严密无松动，安全可靠。（4）利用连接部件或螺栓调整拱度，安装龙骨时应严格按放线的水平标准线组装，受力节点应严密、牢固、保证龙骨的整体刚度。龙骨的尺寸应符合设计要求，纵横拱度均匀，互相适应。（5）龙骨安装完毕，应经检查合格后再安装饰面板。配件应安装牢固，严禁松动变形。（6）铝板的尺寸、品种、规格应符合设计要求，且应避免出现小边现象，吊顶面层应平整，外观质量应符合材料技术标准的规格。

3.4 季节性施工

（1）雨期各种吊顶材料的运输、搬运、存放，均应采取防雨、防潮措施，以防止发生霉变、生锈、变形等现象。（2）冬期施工前，应完成外门窗或幕墙安装工程；否则应对门、窗及幕墙洞口进行临时封挡保温。（3）冬期安装施工时，室内作业环境温度应在 0℃以上。

4 质量要求

4.1 主控项目

（1）吊顶的标高、尺寸、起拱和造型应符合设计要求。

检验方法：观察；尺量检查。

（2）铝板的材质、品种、规格、颜色等应符合设计和国家现行标准的有关规定。

检验方法：观察；检查产品合格证书、性能检查报告、进场验收记录和复验报告。

（3）吊杆、龙骨的材质、规格、安装间距及连接方式应符合设计要求。金属吊杆、龙骨应经过表面防腐处理；龙骨应进行防腐、防火处理。

检验方法：观察；尺量检查；检查产品合格证书、性能检测报告、进场验收记录和隐蔽工程验收记录。

（4）吊顶工程的吊杆和龙骨安装应牢固。

检验方法：观察；手扳检查；检查隐蔽工程验收记录和施工记录。

（5）C 形挂件、双层钢结构转换层、L 形镀锌钢连接码、镀锌角钢之间的连接点应牢固。

检查方法：观察；手扳检查。

（6）铝板安装应牢固，分格缝宽度应符合设计要求；整体表面起拱顺畅，弧线圆滑，边缘整齐、顺直。

检查方法：观察；尺量检查。

4.2 一般项目

（1）吊顶饰面材料表面应洁净、色泽一致，不得有翘曲、裂缝及缺损。

检验方法：观察；尺量检查。

（2）饰面板上的灯具、烟感器、喷淋头、风口箅子等设备的位置应合理、美观，与吊顶面板的交接应吻合、严密。

检验方法：观察。

（3）金属吊杆、龙骨的接缝应均匀一致，角缝应吻合，表面应平整，应无翘曲、锤印。

检验方法：检查隐蔽工程验收记录和施工记录。

（4）空间结构单元式铝板吊顶安装的允许偏差和检验方法应符合表3.1.4-1的规定。

空间结构单元式铝板吊顶安装的允许偏差和检验方法   表 3.1.4-1

项次	项目	允许偏差（mm）	检验方法
1	表面平整度	2	用2m靠尺和塞尺检查
2	接缝直线度	2	拉5m线，不足5m拉通线，用钢直尺检查
3	接缝高低差	1	用钢直尺和塞尺检查
4	分格缝宽度	2	用钢直尺检查

5 成品保护

（1）成品堆放：分类、分规格，堆放整齐、平直、下垫木；叠层堆放，上、下垫木；水平堆放，上下一致，防止变形损坏；侧向堆放，除垫木外加撑脚，防止倾覆。成品堆放地做好防霉、防污染、防锈蚀措施，成品上不让堆放其他物件。（2）成品运输：做到车厢清洁、干燥，装车高度、宽度、长度符合规定，堆放科学合理；超长构件成品，配置超长架进行运输。装卸车做到轻装轻卸，捆扎牢固，防止运输及装卸散落、损坏。（3）成品保护：在拆、装电动葫芦和吊装板块单元时，注意不要碰到饰面上，电动葫芦与网架之间要有胶垫保护；每一装饰面完成后，均按规定清理干净，进行成品保护工作；严禁在装饰成品上涂写、敲击、刻划。

6 安全、环境保护措施

6.1 安全措施

（1）设立施工现场监控系统，发现隐患，及时处理。（2）牢固树立"预防为主、安全第一"的思想，全面落实"三宝""四口"防护及防火、用电安全，实施挂牌出入施工现场制度，安全巡检制度和用电专人负责制度。（3）现场使用的机械设备，要按平面布置规划固定点存放，遵守机械安全规程，经常保持机身及周围环境的清洁，机械的标记、编号明显，安全装置可靠。（4）高空作业必须佩戴安全带，高空直臂作业车每天作业前应进行一次全面检查，试运行无误后才可以正式投入使用。（5）施工现场临时用电应符合现行行业标准《施工现场临时用电安全技术规范》JGJ 46要求。（6）小型电动工具应安装漏电保护装置，使用时应经试运转合格后方可操作。电器设备应有接地、接零保护。

6.2 环保措施

（1）严格按现行国家标准《民用建筑工程室内环境污染控制标准》GB 50325 进行室内环境污染控制，拒绝环保超标的原材料进场。（2）进行不定期检查，按施工现场环境保护检查、考评标准进行检查评分，作为工地安全文明考评标的依据。对于不符合环保要求的采取"三定"原则（定人、定时、定措施）予以整改，落实后及时做好复检工作。（3）编制绿色施工作业指导书并向现场管理人员、施工工人进行交底，严格执行《建筑施工场界环境噪声排放标准》GB 12523，合理安排作业时间，施工时采用低噪声的工序，最大限度减少施工噪声污染。（4）施工现场应做到工完场清，地面清扫时应洒水，以减少扬尘污染，保持施工现场清洁、整齐、有序。（5）废料及时分拣、清运、回收，施工垃圾设专人清理、装袋并将废料放置到指定地点，及时清运。（6）吊顶工程环境因素控制见表 3.1.6-1，应从其环境影响及排放去向控制环境影响。

吊顶工程环境因素控制　　　　　　　　　　　　　　　　　　　　　　　　　表 3.1.6-1

序号	环境因素	排放去向	环境影响
1	电的消耗	周围空间	资源消耗
2	高空直臂作业车等施工机具产生的噪声排放	周围空间	影响人体健康
3	切割粉尘的排放	周围空间	污染大气
4	金属屑等施工垃圾的排放	垃圾场	污染土地
5	防火、防腐涂料的废弃	周围空间	污染土地

7 　工程验收

（1）工程验收时应检查下列文件和记录：① 施工图、设计说明及其他设计文件；② 材料的产品合格证书、性能检测报告、进场验收记录和复验报告；③ 隐蔽工程验收记录；④ 施工记录。

（2）工程应对下列隐蔽工程项目进行验收：① 吊顶内管道设备的安装及水管试压；② 电气及智能管线、设备安装；③ 部件与网架安装；④ 龙骨安装。

（3）安装龙骨前应按设计要求对净标高和吊顶内管道设备及其支架的标高进行交接检验。

（4）吊顶工程中的连接部件应进行防锈处理。

（5）安装饰面板前应完成吊顶内管道和设备的调试及验收。

（6）重型灯具及其他重型设备严禁安装在吊顶工程的龙骨上。

（7）同一类型的装配式吊顶工程每层或每 30 间应划分为一个检验批，不足 30 间的也应划分为一个检验批，大面积房间和走廊可按装配式吊顶 30m² 计为 1 间。

（8）装配式吊顶工程每个检验批应至少抽查 10%，并不得少于 3 间，不足 3 间时应全数检查。

（9）检验批合格质量和分项工程质量验收合格应符合下列规定：① 抽查样本主控项目均合格；一般项目 80% 以上合格，其余样本不得有影响使用功能或明显影响装饰效果的缺陷。均须具有完整的施工操作依据、质量检查记录。② 分项工程所含的检验批均应符合合格质量规定，所含的检验批的质量验收记录应完整。

（10）分部（子分部）工程质量验收合格应符合下列规定：① 分部（子分部）工程所含分项工程的质量均应验收合格；② 质量控制资料应完整；③ 观感质量验收应符合要求。

---

8   质量记录

质量记录包括：（1）产品合格证书、性能检测报告；（2）进场验收记录和复验报告；（3）隐蔽工程验收记录；（4）技术交底记录；（5）检验批质量验收记录；（6）分项工程质量验收记录。

第 2 节　　大跨空间结构采光顶饰面铝板施工工艺

主编点评

　　本工艺以北京大兴国际机场航站楼工程为实例，针对大跨空间结构采光顶饰面铝板施工空间大、造型复杂、结构变形大和定位困难等施工难题，采用数字化 + 装配化 + 直臂式高空作业车施工方法，实现了大跨空间结构铝板吊顶安装精准、高效和经济。该技术获得建筑装饰行业科学技术奖二等奖、广东省工程建设省级工法等荣誉。

1　　总　则

1.1　适用范围
本工艺适用于航站楼、车站、体育馆等建筑的大跨空间结构采光顶饰面铝板工程施工。

1.2　编制参考标准及规范
（1）《建筑装饰装修工程质量验收标准》GB 50210

（2）《装配式内装修技术标准》JGJ/T 491

（3）《钢结构工程施工质量验收标准》GB 50205

（4）《民用建筑工程室内环境污染控制标准》GB 50325

（5）《建筑内部装修设计防火规范》GB 50222

（6）《铝合金建筑型材》GB/T 5237.1～5237.6

（7）《建筑装饰用单涂层氟碳铝板（带）》JC/T 2438

（8）《非结构构件抗震设计规范》JGJ 339

2　　施工准备

2.1　技术准备
参见第 223 页 "2.1　技术准备"。

2.2　材料要求
（1）蜂窝铝板常用规格：厚度为 15mm。

（2）蜂窝铝板规格、质量、强度等级应符合有关设计要求和国家标准规定，使用的相关辅助材料应与主材相配套。

（3）钢龙骨架及连接钢角码的种类、型号、质量等级应符合设计要求和国家标准规定，规格尺寸应按设计图纸加工。

（4）主要材料及技术指标可参考表3.2.2-1。

北京大兴国际机场航站楼大跨空间结构采光顶饰面铝板主要材料及技术指标　　　表3.2.2-1

序号	名称	规格型号（mm）	主要技术指标
1	主龙骨	60×40×5	Q235钢材，热镀锌，抗拉、抗压、抗弯强度≥215MPa；抗剪强度≥125MPa；端面承压强度≥320MPa，外形尺寸误差不大于2mm
2	副龙骨	40×40×5	
3	U形抱箍件	100×50×5	
4	U形连接件	80×60×5、110×40×3	
5	蜂窝铝板	板厚15	面板1.0mm漫反射涂层铝板＋13.3mm蜂窝芯＋底板0.7mm聚酯预滚涂铝板。表面涂层颜色为白色，符合6063-T5（T6）铝合金的机械性能的要求，型材表面平滑，色泽均匀，不得有明显的流痕、皱纹、裂纹、划痕和夹杂物，表面需进行氟碳涂层处理，氟碳喷涂厚度≥40μm，涂层附着力不低于Ⅰ级

2.3　主要机具

（1）机械：高空作业车、电动葫芦、钻孔机、切割机等。（2）工具：力矩扳手、开口扳手、拉铆枪、手电钻、锤子等。（3）计量检测用具：三维激光扫描仪、全站仪、水准仪、2m靠尺、方角尺、水平尺、钢尺等。

2.4　作业条件

参见第224页"2.4　作业条件"。

3　施工工艺

3.1　工艺流程

测量定位 ——→ U形抱箍件组装及安装 ——→ 转换层龙骨安装 ——→ 铝板安装 ——→ 分项验收

3.2　操作工艺

（1）测量定位

① 三维激光扫描、点云数据获取：根据扫描仪扫描范围、现场通视条件等情况确定设站数、标靶放置位置、扫描线路，在现场指定设站位置架设扫描仪（图3.2.3-1）保证最大的扫描视点，在扫描过程中扫描区域内应无杂物以及人员出现，以免造成视线遮挡。对于结构形式特殊的部位，采取标靶加密的措施增加扫描反射点，确保获取的点云数据与采光顶桁架结构的实际空间状态一致。

图3.2.3-1　架设扫描仪

② 点云数据分析、新建模型：使用三维激光扫描仪多次设立扫描站点，以非接触式的测量方式快速收集到采光顶桁架表面大量的密集点三维坐标数据之后，再将数据导入专用软件进行处理。分站点扫描完成之后得到的数据都是零散的，所有站点的数据应拼接整合，然后多次抽样，归并重合部分的点云信息数据，去除不必要的点、有偏差的点及错误的点后再进行下一步操作。通过整合、过滤、压缩以及特征提取等过程，详细分析点云数据与设计院提供的采光顶桁架结构建筑模型的偏差，出具三维激光扫描对比报告（图 3.2.3-2），全面汇总采光顶桁架结构所有杆件的实际偏差数据后，把现场的实际数据添加到原建筑模型之中，重新建立与实际状态一致的采光顶桁架结构建筑模型。

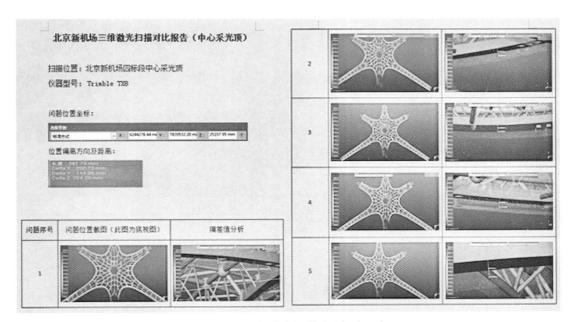

图 3.2.3-2　三维激光扫描对比报告示意图

③ 深化设计：通过三维激光扫描测量技术获取空间数据信息，再基于获取的三维点云数据构建二维平面图与三维实体模型，并将模型对比分析复核建立新的模型。在新的模型上结合原始装修施工图，模拟布置装饰龙骨系统，消除钢结构变形等误差的影响，调整优化形成龙骨布置图。根据采光顶桁架装饰龙骨系统完成的曲面表皮模型，重新排布装饰外立面图，在整体模型上测量各区段板缝变化曲线，完成装饰面板布置平面图。

④ 施工放线：施工图深化设计完成后，按照深化设计图纸的编号进行施工放线工作。依据三维定位数据，在安装前采用全站仪对待安装的龙骨骨架进行测量定位，将相应的安装点位用红色记号标记于桁架结构上、下弦杆上，确定抱箍件、龙骨的安装位置（图 3.2.3-5）。

（2）U 形抱箍件组装及安装

① U 形抱箍件组装：将待安装的 U 形抱箍件按不同规格分类，先在地面进行组装，将 U 形抱箍、橡胶垫圈、角钢横杆（横杆两侧下方各连接一个三角形固定件，用于与 U 形部分形成圆形整体，横杆侧边预留与短主龙骨连接的安装孔）组成一套抱箍件组合，并用螺栓连接（螺栓不紧固，保持连接件松动）。

② U 形抱箍件安装：将组装好的 U 形抱箍件安装到桁架结构弦杆上的标记位置，并紧固螺栓将抱箍件与下弦杆固定（图 3.2.3-6）。

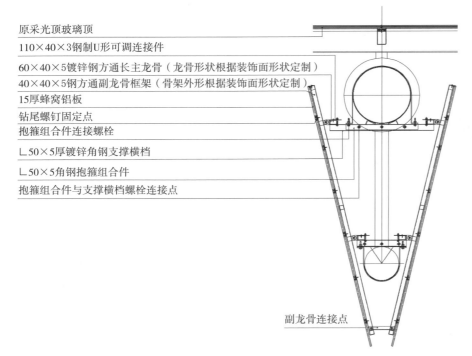

原采光顶玻璃顶
110×40×3钢制U形可调连接件
60×40×5镀锌钢方通长主龙骨（龙骨形状根据装饰面形状定制）
40×40×5钢方通副龙骨框架（骨架外形根据装饰面形状定制）
15厚蜂窝铝板
钻尾螺钉固定点
抱箍组合件连接螺栓
L50×5厚镀锌角钢支撑横档
L50×5角钢抱箍组合件
抱箍组合件与支撑横档螺栓连接点

副龙骨连接点

图 3.2.3-3　采光顶桁架铝板竖向剖面图

图 3.2.3-5　测量定位

图 3.2.3-6　U 形抱箍件安装

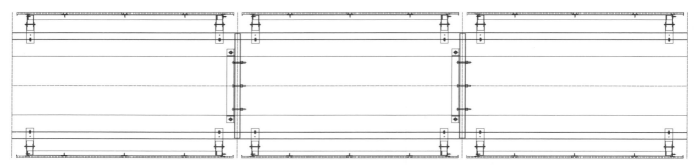

图 3.2.3-4　采光顶桁架铝板饰面横向剖面图

（3）转换层龙骨安装

通过模型提供龙骨构件安装定位的三维控制数据，做好龙骨杆件特征点的精确定位，保证整体安装精度。

① 主龙骨安装：根据 U 形抱箍件位置将短主龙骨与 U 形抱箍件中的角钢横杆用螺栓在对应孔位连接固定，然后将长主龙骨通过 U 形连接件在短主龙骨两端指定位置进行连接固定（图 3.2.3-7）。

② 副龙骨安装：副龙骨安装包括预先组装和顶部安装两部分，首先根据排板尺寸将一面副龙骨分为几个单元，各块单元分别预先完成组装。然后分别将各单元副龙骨安装至指定位置，通过 U 形可调连接件与主龙骨连接固定，再将各单元之间通过 U 形连接件连接固定为一体，并将对应两侧的副龙骨底部用 U 形连接件固定，以保持底部预留间距一致及整个骨架系统的稳定（图 3.2.3-8）。

（4）铝板安装

首先将蜂窝铝板吊运至待安装位置，然后将蜂窝铝板进行试安装，确认位置尺寸没有偏差后用钻尾螺钉将铝板边的角码固定于副龙骨上，全部角码与龙骨连接固定后完成单块板的安装，然后依次安装邻近板块，并通过控制点对铝板位置进行检查，确保符合设计要求，安装过程中相邻板块的间隙应均匀一致（图 3.2.3-9）。待铝板大面积安装完成后，对板间留缝、铝板与龙骨的连接固定等进行细部检查调整，如留缝不匀则通过调整 U 形连接件进行调整，确保达到设计、规范的要求（图 3.2.3-10）。

图 3.2.3-7　主龙骨安装

图 3.2.3-8　副龙骨安装

图 3.2.3-9　铝板安装

图 3.2.3-10　铝板细部处理

3.3　质量关键要求

（1）空间结构采光顶桁架铝板的构造和固定方法应符合设计要求。（2）铝板在材料运输、装卸、保管和安装的过程中，均应做到轻拿轻放、精心管理，不得损伤材料的表面和边角。（3）抱箍件、龙骨、铝板应连接牢固。（4）利用连接件调整角度，安装龙骨时应严格按放线的水平标准线和规方线组装，受力节点应严密、牢固、保证龙骨的整体刚度。龙骨的尺寸应符合设计要求，纵横拱度均匀，互相适应。（5）龙骨安装完毕，应经检查合格后再安装铝板。配件应安装牢固，严禁松动变形。（6）铝板的尺寸、品种、规格应符合设计要求，且应避免出现小边现象，面层应平整，外观质量应符合技术标准要求。

3.4　季节性施工

参见第 229 页"3.4　季节性施工"。

4　质量要求

4.1　主控项目

（1）铝板的标高、尺寸和造型应符合设计要求。

检验方法：观察；尺量检查。

（2）铝板的材质、品种、规格、图案和颜色应符合设计要求。

检验方法：观察；检查产品合格证书、性能检查报告、进场验收记录和复验报告。

（3）龙骨、连接件的材质、规格、安装间距及连接方式应符合设计要求。金属吊杆、龙骨应经过表面防腐处理；龙骨应进行防腐、防火处理。

检验方法：观察；尺量检查；检查产品合格证书、性能检测报告、进场验收记录和隐蔽工程验收记录。

（4）铝板饰面工程的龙骨和连接件安装应牢固。

检验方法：观察；手扳检查；检查隐蔽工程验收记录和施工记录。

（5）铝板安装应牢固，分格缝宽度应符合设计要求；整体表面起拱顺畅，弧线圆滑，边缘整齐、顺直。

检查方法：观察；尺量检查。

4.2 一般项目

（1）铝板材料表面应洁净、色泽一致，不得有翘曲、裂缝及缺损。

检验方法：观察；尺量检查。

（2）铝板上的灯具、风口等设备的位置应合理、美观，与饰面板的交接应吻合、严密。

检验方法：观察。

（3）金属龙骨表面应平整，无翘曲、锤印。

检验方法：检查隐蔽工程验收记录和施工记录。

（4）空间结构采光顶桁架铝板饰面工程安装的允许偏差和检验方法应符合表 3.2.4-1 的规定。

空间结构采光顶桁架铝板饰面工程安装的允许偏差及检验方法　　　　　　　　　　　　表 3.2.4-1

项次	项目	允许偏差（mm）	检验方法
1	表面平整度	2	用 2m 靠尺和塞尺检查
2	接缝直线度	2	拉 5m 线，不足 5m 拉通线，用钢直尺检查
3	接缝高低差	1	用钢直尺和塞尺检查
4	分格缝宽度	2	用钢直尺检查

5　　　　　　　　　　　成品保护

（1）施工中各专业工种应紧密配合，合理安排工序，严禁颠倒工序作业。（2）安装龙骨时，宜用抱箍件与桁架连接，不得对桁架进行破坏性连接。（3）材料运输及安装过程中注意防止碰撞损坏。（4）面板出厂时应进行覆膜保护，现场安装完成后进行拆除。

6　　　　　　　　安全、环境保护措施

参见第 230 页"6　安全、环境保护措施"。

7　工程验收

参见第 231 页 "7　工程验收"。

8　质量记录

参见第 232 页 "8　质量记录"。

第3节　　大跨空间结构抗震吊顶施工工艺

主编点评

建筑抗震韧性即建筑在给定水准地震下，维持与快速恢复建筑功能的能力，其抗震构造要求吊顶系统自身要有足够抗震韧性，吊顶在遭遇地震袭击时，能依赖吊顶本身的抗震韧性功能使其特性保持或快速恢复到地震前状态。

大跨空间结构吊顶是非结构构件典型代表，在历次强震中震害极为严重，其抗震问题成为新的研究热点。本工艺以昆明长水国际机场航站楼项目为实例，通过对大跨空间结构吊顶震害、反应特性、破坏机理及破坏模式的分析，结合抗震韧性要求，提出了该类吊顶抗震基本构造措施及施工工艺，提升了强震地区空间结构吊顶抗震韧性。本技术获建筑装饰行业科学技术奖、广东省工程建设省级工法等荣誉。

我国机场航站楼、高铁车站、展览馆、体育馆等建设进入了一个高速发展时期，大跨空间结构吊顶越来越多，且大都没有进行抗震设计，大跨空间结构吊顶的抗震亟待深入研究和高度重视。

1　总　则

1.1　适用范围
本工艺适用于具有抗震要求的公共建筑大跨空间结构吊顶工程施工。

1.2　编制参考标准及规范
（1）《建筑装饰装修工程质量验收标准》GB 50210
（2）《装配式内装修技术标准》JGJ/T 491
（3）《公共建筑吊顶工程技术规程》JGJ 345
（4）《建筑内部装修设计防火规范》GB 50222
（5）《铝合金建筑型材》GB/T 5237.1～5237.6
（6）《民用建筑工程室内环境污染控制标准》GB 50325
（7）《非结构构件抗震设计规范》JGJ 339
（8）《建筑抗震韧性评价标准》GB/T 38591

2.1 技术准备

（1）编制大跨空间结构抗震吊顶专项施工方案，对于超过一定规模的危险性较大分部分项工程，要组织专家对专项方案进行论证。（2）技术人员应熟悉图纸、进行图纸会审，准确复核空间结构等位置、尺寸，结合装修、机电等图纸进行深化定位，正式施工前由甲方对深化图签字认可后进行。（3）按图纸进行现场放线，放线人员要严格按施工图纸进行放线，随放随复核。

2.2 材料要求

（1）吊顶工程所用材料的品种、规格、质量、燃烧性能以及有害物质限量，应符合设计要求及国家现行相关标准的规定，优先采用绿色环保材料。

（2）龙骨：轻钢龙骨应符合现行国家标准《建筑用轻钢龙骨》GB/T 11981 的规定；铝合金龙骨应符合现行国家标准《铝合金建筑型材　第 1 部分：基材》GB/T 5237.1、《铝合金建筑型材　第 2 部分：阳极氧化型材》GB/T 5237.2、《铝合金建筑型材　第 3 部分：电泳涂漆型材》GB/T 5237.3、《铝合金建筑型材　第 4 部分：喷粉型材》GB/T 5237.4 及《铝合金建筑型材　第 5 部分：喷漆型材》GB/T 5237.5 的规定。

（3）铝板：铝板吊顶面板应符合现行行业标准《天花吊顶用铝及铝合金板、带材》YS/T 690 的规定。

（4）辅材：龙骨专用吊挂件、连接件、插接件等附件，吊杆、花篮螺栓、自攻螺钉、角码等，均应符合设计要求，金属件应进行防腐处理。

2.3 主要机具

参见第 224 页"2.3　主要机具"。

2.4 作业条件

参见第 224 页"2.4　作业条件"。

3.1 工艺原理及流程

（1）工艺原理

① 空间结构吊顶地震中的破坏模式有加速度破坏模式、位移破坏模式及混合型破坏模式。较大的竖向加速度引起的天花板掉落以及吊杆与主体结构脱离，吊顶坍塌；较大的位移变形引起吊顶系统吊件失效，龙骨弯折，吊顶板坠落，与墙、柱交界处发生破坏，这是吊顶系统典型的破坏形式。② 空间结构吊顶的抗震能力主要取决于其位移响应和变形能

力。在吊顶抗震的薄弱环节，采取相应的吊顶抗震构造措施，吊顶与空间结构连接必须牢固，水平及三维方向要有足够的位移响应和变形能力，构件连接要有防松脱措施。

（2）工艺流程

测量放线 ⟶ 下旋球节点专用支座安装 ⟶ 连接螺杆及上限位螺母安装 ⟶
转动吊盘安装 ⟶ 主龙骨安装 ⟶ 副龙骨安装 ⟶ 抗震斜撑安装 ⟶
面板挂件安装 ⟶ 铝合金冲孔板安装 ⟶ 伸缩缝处理 ⟶ 清洁、验收

3.2 操作工艺

（1）测量放线

① 布设控制点：使用三维激光扫描仪对现场进行数据采集，再将采集数据与设计模型坐标复核，并提取出网架球控制点坐标及网架球节点的基准线坐标，以及对球节点逐一编号。② 采用 BIM 放样机器人逐个复测各球节点位置，计算吊顶完成面距离球点的垂直距离并标注在球节点上，作为吊顶施工高程控制点，该点必须考虑钢网架施工过程中的变化及受屋盖荷载影响而产生的下沉量，并考虑网架结构变化移位的因素，特别是出现个别下沉较大的网架球点时，必须适当调整吊顶完成面高程，给吊顶足够调整的空间距离。

（2）下弦球节点专用支座安装

① 根据现场实测，在下弦球节点上定位吊顶支座。对于收边位置，如柱子、外幕墙处，则按要求采用特制支座，安装在下弦杆上。吊顶支座必须定位准确、安装牢固。② 吊顶单元通过连接件与网架球节点预设安装板进行螺栓连接（图 3.3.3-1、图 3.3.3-2），连接结构不需现场焊接，结构牢固，工效高，可三维调节（竖向调节长度不受限制，平面 X、Y 向调节长度均为 110mm），实现吊顶系统第一级三维可调。③ 如果局部吊装盘安装坐标和下弦球节点有偏差，则将特制吊顶支座安装在下弦杆上，吊杆与网架下弦杆圆箍套连接（图 3.3.3-3）。④ 网架下弦无球连接的，则采用三爪吊件通过拉杆从网架腹杆连接（图 3.3.3-4），拉杆中间调节套筒可调节长度，顶端与抱箍铰接点设置抗震橡胶垫，抱箍安装在网架腹杆的中段位置。

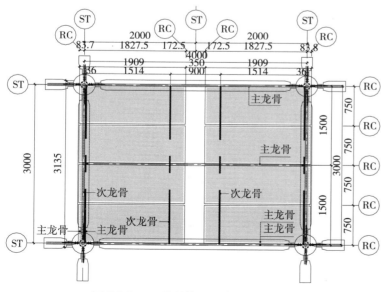

图 3.3.3-1　吊顶单元系统平面布置图

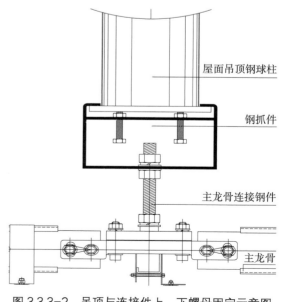

图 3.3.3-2　吊顶与连接件上、下螺母固定示意图

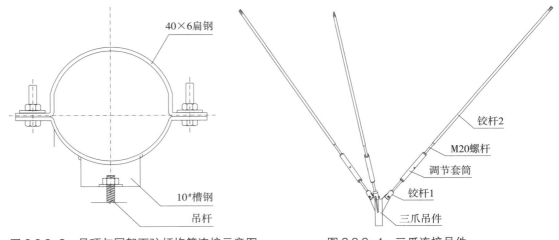

图 3.3.3-3　吊顶与网架下弦杆抱箍连接示意图　　　图 3.3.3-4　三爪连接吊件

（3）连接螺杆及上限位螺母安装

将直径为 20mm 的螺栓吊轴插入吊顶支座的螺杆孔内，然后依据放线定出上限位螺母位置，再将上限位螺母装在螺栓吊轴上。

（4）转动吊盘安装

将转动吊盘装入螺栓吊轴，拧上下限位螺母，法兰安装盘即通过螺栓吊轴固定在主屋面钢网架上。100C 型主龙骨通过活动转接件进行组框，转接件和万向转动吊装盘的悬挑臂固定（图 3.3.3-5、图 3.3.3-6）。吊装盘有四个方向的悬挑臂，用于吊装龙骨结构框架（图 3.3.3-6、图 3.3.3-7），可以任意方向转动和水平方向位移调节，通过该结构实现吊顶系统三维可调。

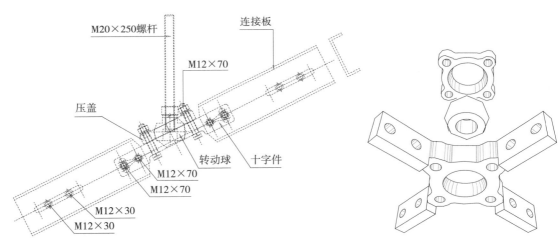

图 3.3.3-5　转动吊盘连接构造节点图　　　图 3.3.3-6　万向转盘铰式结构透视图

图 3.3.3-7　转动吊盘连接构造

图 3.3.3-8　主龙骨水平移动转接件连接构造

（5）主龙骨安装

把C型主龙骨安装在转动连接件上（图3.3.3-8），并用螺栓紧固。安装后调节至水平顺直。

（6）副龙骨安装

把C型副龙骨用特制吊件挂装在主龙骨上，并用螺栓紧固。相邻两支龙骨用连接件连接，相邻两排龙骨接口位置错开，安装后调节至水平顺直。

（7）抗震斜撑安装

当设计采用抗震斜撑时，抗震斜撑采用双向抗震斜撑和抱箍与网架拉结，防止吊顶系统水平过大摆动。斜撑设置抗震垫等抗震韧性构造，抱箍安装在离下旋球轴心300～400mm距离，抱箍与网架接触面垫2mm厚胶垫，抗震斜撑与网架下弦杆夹角应为45°～60°（图3.3.3-9）。

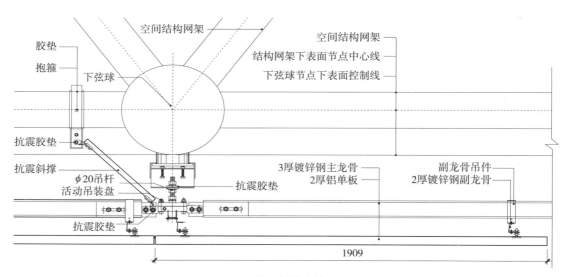

图3.3.3-9　抗震斜撑连接构造节点图

（8）面板挂件安装

按图纸要求的排布距离安装面板挂件，吊顶铝板采用专用挂件固定在副龙骨上，条板卡齿挂件采用组合点式安装，并用M8×25螺栓（蝶形螺母）紧固，铝板与铝板之间留缝30mm，满足吊顶位移要求（图3.3.3-10、图3.3.3-11），铝合金面板每件板能单独拆卸。

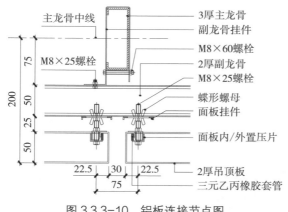

图3.3.3-10　铝板连接节点图

图3.3.3-11　铝板与副龙骨卡齿挂件连接

（9）铝合金冲孔板安装

确定吊顶安装轴线，并从轴线开始依照相应的次序安装，把三元乙丙橡胶片套接在板面折边上，并卡在面板挂件的卡槽里，再紧固螺栓。不同单元需要调整板面的缝隙，做到平滑、顺直。

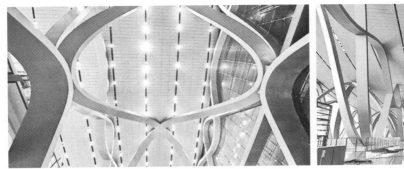
图 3.3.3-12　空间结构吊顶完成图

图 3.3.3-13　空间结构吊顶完成图

（10）伸缩缝处理

① 吊顶系统与空间结构相同伸缩缝位置设置吊顶伸缩缝（图 3.3.3-14）。

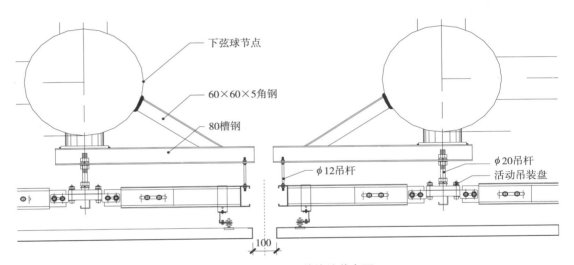
图 3.3.3-14　吊顶伸缩缝节点图

② 中柱伸缩缝位置采用可滑移构造，吊顶系统与柱子断开或活动连接（图 3.3.3-15、图 3.3.3-16）。

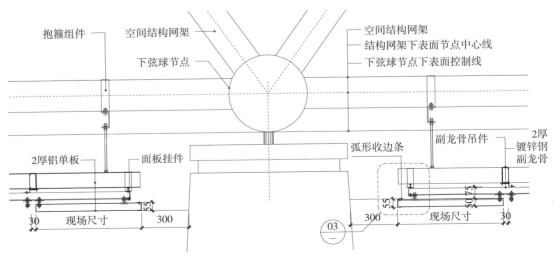
图 3.3.3-15　吊顶中柱断开连接节点图

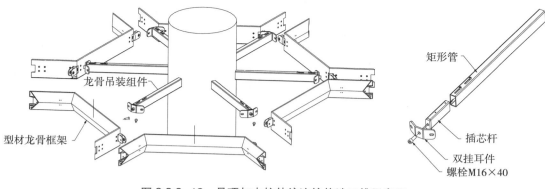

矩形管

龙骨吊装组件

型材龙骨框架

插芯杆

双挂耳件

螺栓M16×40

图 3.3.3-16　吊顶与中柱伸缩连接构造三维示意图

③ 与幕墙伸缩缝位置，吊顶系统与幕墙断开（图 3.3.3-17、图 3.3.3-18）。

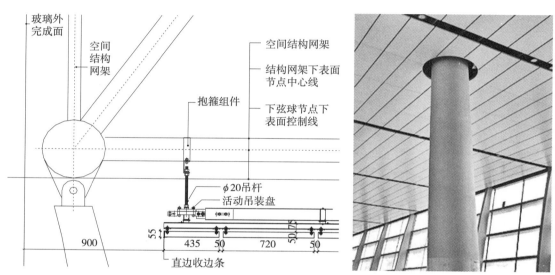

玻璃外完成面

空间结构网架

空间结构网架

结构网架下表面节点中心线

抱箍组件

下弦球节点下表面控制线

ϕ20吊杆

活动吊装盘

直边收边条

900　55　435　50　720　50/75　50

图 3.3.3-17　吊顶与幕墙收边连接节点图　　图 3.3.3-18　吊顶与中柱、幕墙收边构造图

3.3　质量关键要求

参见第 229 页"3.3　质量关键要求"。

3.4　季节性施工

参见第 229 页"3.4　季节性施工"。

4　质量要求

参见第 229 页"4　质量要求"。

5　成品保护

参见第 230 页"5　成品保护"。

6 　安全、环境保护措施

参见第 230 页 "6　安全、环境保护措施"。

7 　工程验收

参见第 231 页 "7　工程验收"。

8 　质量记录

参见第 232 页 "8　质量记录"。

第4节 　空间结构外挑檐铝板吊顶施工工艺

主编点评

本工艺以昆明长水国际机场航站楼项目为实例，通过采用支撑柱和"关节"式铰接构造，实现了铝板吊顶三维可调，有效适应网架受力、变形及风荷载作用，满足空间结构外挑檐铝板吊顶抗风等要求，结构可靠、施工效率高。本技术获广东省工程建设省级工法等荣誉。

1 　总　则

1.1 　适用范围

本工艺适用于公共建筑机场航站楼、轨道交通站、汽车客运站、体育场馆、展览馆等的空间结构外挑檐铝板吊顶工程施工。

1.2 　编制参考标准及规范

（1）《建筑装饰装修工程质量验收标准》GB 50210
（2）《装配式内装修技术标准》JGJ/T 491
（3）《公共建筑吊顶工程技术规程》JGJ 345
（4）《钢结构工程施工质量验收标准》GB 50205
（5）《铝合金建筑型材》GB/T 5237.1～5237.6
（6）《建筑装饰用单涂层氟碳铝板（带）》JC/T 2438
（7）《非结构构件抗震设计规范》JGJ 339
（8）《建设工程项目管理规范》GB/T 50326

2 　施工准备

2.1 　技术准备

参见第223页"2.1　技术准备"。

2.2 　材料要求

（1）铝板板常用规格：厚度为3mm。铝板规格、质量、强度等级应符合有关设计要求和国家标准的规定，使用的相关辅助材料必须与主材相配套。
（2）空间结构外挑檐铝板吊顶常用材料性能指标见表3.4.2-1。

序号	材料名称	规格型号	主要技术指标
1	固定螺栓	M8、M12、M20	高强螺栓
2	部件：三维可调连接件	依据设计确定	A3 镀锌防锈处理
3	部件：槽钢支撑柱	8#/10#	镀锌矩形钢
4	面材：铝合金面板	壁厚 3mm	一次成型铝合金型材：表面涂层颜色为黄色，冲孔率 50%，符合 6063-T5（T6）铝合金的机械性能的要求，型材表面平滑，色泽均匀，不得有明显的流痕、皱纹、裂纹、划痕和夹杂物，表面需进行氟碳涂层处理，氟碳喷涂厚度 ≥ 40μm，涂层附着力不低于 I 级
5	部件：L 形不锈钢铰链	壁厚 3mm	成型不锈钢型材 镀锌防锈处理
6	部件：U 形连接板	50mm×25mm×5mm	Q235 钢材，热镀锌，抗拉、抗压、抗弯强度 ≥ 215MPa；抗剪强度 ≥ 125MPa；端面承压强度 ≥ 320MPa，外形尺寸误差不大于 2mm
7	部件：抱箍	40mm×60mm×3mm	
8	部件：100C 型主龙骨	3mm	
9	部件：80C 型副龙骨	3mm	
10	辅材：万能胶	无色	防止螺母脱落

2.3　主要机具

（1）机械：升降平台（曲臂车）、电动葫芦、切割机等。（2）工具：手枪钻、力矩扳手、开口扳手、长卷尺、锤子等。（3）计量检测用具：三维激光扫描仪、全站仪、水准仪、2m 靠尺、方角尺、水平尺、钢尺等。

2.4　作业条件

参见第 224 页"2.4　作业条件"。

---

3 ╱ 施工工艺

3.1　工艺流程

测量放线　⟶　支撑吊件安装　⟶　吊顶龙骨吊装　⟶　铝板安装　⟶
分项验收

3.2　操作工艺

（1）测量放线

① 按图纸球节点的排布要求，对球节点逐一编号。② 逐一测量每一个下弦球点的实际坐标，用三维激光扫描，采集现场数据并复核 BIM 模型定位数据，以此调整模型，获得每

一个弦球球节点的实际坐标，并和理论弦球球节点坐标进行核对，根据吊顶完成面的实际高度，计算出整体吊件的长度和龙骨支撑架的尺寸。③ 利用全站仪，根据网架现状，首先在网架球节点上定一条基准线，然后通过基准线定出整体吊件的坐标位置，每个单元定出的基点位置在网架上用红色颜料标记。

（2）支撑吊件安装

① 根据现场实测，在下弦球节点上定位吊顶支撑吊件。将支撑吊件用螺栓固定，即通过螺栓固定在主屋面钢网架上。② 对于收边位置，如柱子、外幕墙处，则按要求采用特制支座，安装在下弦杆上，吊顶支座应定位准确、安装牢固（图3.4.3-1、图3.4.3-2）。

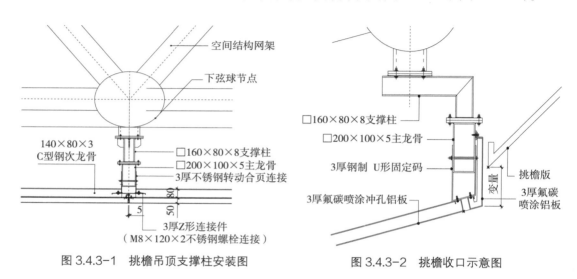

图 3.4.3-1 挑檐吊顶支撑柱安装图　　　　图 3.4.3-2 挑檐收口示意图

（3）吊顶龙骨吊装

① 安装100C型主龙骨：把C型主龙骨安装在支撑柱吊件上，并用螺栓紧固。安装后调节至水平顺直（图3.4.3-3）。② 安装面板挂件：按图纸要求的排布，把紧固关节式活动铰用M6×20螺栓与整体吊件紧固（图3.4.3-4）。③ 安装80C型副龙骨：把C型副龙骨用特制吊件挂装在主龙骨上，并用螺栓紧固。相邻两支龙骨用连接件连接，相邻两排龙骨接口位置错开，安装后调节至水平顺直（图3.4.3-5）。

（4）铝板安装

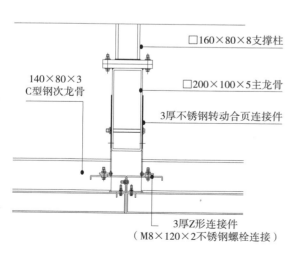

图 3.4.3-3 "关节"式铰接机构示意图

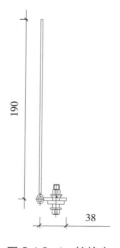

图 3.4.3-4 铰接合页示意图

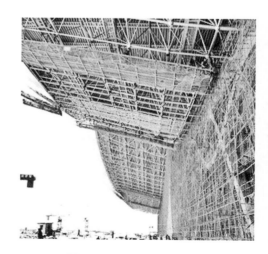

图 3.4.3-5 吊顶龙骨吊装

① 铝板吊装

依照相应的次序安装，首先将铝板成品运送至待吊装位置。将绳索固定于曲面铝板钢组框，再用钢索式吊车（电动葫芦）将铝板拉升至顶部，把三元乙丙橡胶片套接在板面折边上，并卡在面板挂件的卡槽里，再紧固螺钉（图3.4.3-6）。

② 细部处理

a. 曲面铝板板间嵌缝：待铝板安装完成后，进行细部检查调整，经设计单位、监理单位确认后，在铝板板块之间的缝隙安装铝装饰压条并固定，不同单元需要调整板面的缝隙，做到平滑、顺直。

b. 曲面铝板板间固定：在铝板板间嵌缝完成之后，板块之间用镀锌角钢采用紧固螺栓连接固定，确保铝板板块之间的整体稳定性。

图3.4.3-6　吊顶面板与龙骨安装　　　　图3.4.3-7　空间结构外飘檐吊顶竣工图

3.3　质量关键要求

参见第229页"3.3　质量关键要求"。

3.4　季节性施工

参见第229页"3.4　季节性施工"。

4　质量要求

参见第229页"4　质量要求"。

5　成品保护

参见第230页"5　成品保护"。

6 安全、环境保护措施

参见第 230 页"6 安全、环境保护措施"。

7 工程验收

参见第 231 页"7 工程验收"。

8 质量记录

参见第 232 页"8 质量记录"。

第5节　快装式板块面层吊顶施工工艺

主编点评

　　快装式板块面层吊顶是指采用轻钢、铝合金龙骨为骨架，龙骨之间通过连接件进行快速卡装，以金属板、矿棉板、石膏板、塑料板、复合板和玻璃板等为板块面层材料，面层材料接缝外露的室内吊顶。本工艺研发出的快装式板块面层吊顶结构系统实现了主、次龙骨之间、龙骨与板块之间的快速卡装连接，具有施工高效、质量高、三维可调等特点。该技术成果获广东省工程建设省级工法等荣誉。

1　总　则

1.1　适用范围
本工艺适用于工业与民用建筑中室内板块面层吊顶工程施工。

1.2　编制参考标准及规范
（1）《建筑装饰装修工程质量验收标准》GB 50210
（2）《装配式内装修技术标准》JGJ/T 491
（3）《公共建筑吊顶工程技术规程》JGJ 345
（4）《建筑用轻钢龙骨》GB/T 11981
（5）《建筑内部装修防火施工及验收规范》GB 50354
（6）《民用建筑工程室内环境污染控制标准》GB 50325
（7）《非结构构件抗震设计规范》JGJ 339

2　施工准备

2.1　技术准备
（1）熟悉图纸，完成图纸深化设计和图纸会审。（2）编制专项施工方案，并报监理单位审批。（3）将专项技术交底落实到作业班组（4）按施工图纸进行放线，随放随复核，并验收合格。

2.2　材料要求
（1）按设计图纸要求选用龙骨、配件及各种面板，材料质量、规格、品种应符合国家现行相关规范要求。

（2）选用的轻钢龙骨应以热镀锌钢板带作为原始材料，经过冷弯工艺轧制而成的吊顶支承材料，由主龙骨、次龙骨、边龙骨及吊挂配件等组装成整体支承吊顶罩面板的轻钢骨架系统。

（3）吊杆宜采用全牙热镀锌钢吊杆，常用规格：M5、M6，用于不上人吊顶轻钢骨架系统。

（4）轻钢骨架活动罩面板吊顶材料常用的有：矿棉吸声板、金属板、硅钙板、塑料板、复合板等。

① 矿棉吸声板：选用的矿棉吸声板的质量、规格、型号应符合设计图纸要求和现行国家标准的有关规定，表面不得有污点、划痕、变形现象。② 金属板：选用的金属板质量、规格、型号应符合设计图纸要求和现行国家标准的有关规定，表面不得有划痕、变形、弯曲现象，应按设计要求进行表面防锈处理。③ 塑料板：选用的塑料板质量、规格、型号应符合设计图纸要求和现行国家标准的有关规定，表面不得有破损、划痕、变形、弯曲现象，应要符合国家防火性能要求。④ 复合板：选用的复合板应符合设计要求及现行国家标准的有关规定。⑤ 辅材：选用的龙骨专用吊挂件、连接件、插接件等附件、膨胀螺栓、钉子、自攻螺钉、角码等应符合设计要求并进行防腐处理。

（5）吊顶所选用龙骨、罩面板及配件等的品种、规格、图案、颜色应符合设计及国家现行相关标准要求及优先选用绿色环保材料，应检查材料的生产许可证、产品合格证、性能检测报告、进场验收记录和复试报告。

2.3 主要机具

（1）机械：型材切割机、手提式电动圆锯、电钻、角磨机等。（2）工具：拉铆枪、电动螺钉旋具、电动螺钉枪、钳子、扳手等。（3）计量检测用具：经纬仪、水准仪、激光投线仪、检测尺、钢卷尺、水平尺等。

2.4 作业条件

（1）通过图纸会审对吊顶工程内的风口、消防排烟口、消防喷淋头、烟感器、检修口、大型灯具口等设备的标高、起拱高度、开孔位置及尺寸要求等进行确认和记录。（2）施工范围内无明显障碍物，保证标高控制的完整性，墙面、地面湿作业已基本完成。（3）罩面板安装前，吊顶内的设备应检验、试压验收合格。（4）施工所需的脚手架已搭设好，并经检验合格。（5）施工现场所需的临时用电、各种工、机具准备就绪。

---

3 施工工艺

3.1 工艺流程

测量放线 ⟶ 安装吊杆 ⟶ 安装龙骨（承载龙骨） ⟶ 安装边龙骨 ⟶

安装次龙骨 ⟶ 安装罩面板 ⟶ 清洁、验收

3.2 操作工艺

（1）测量放线

用红外线水准仪在房间内每个墙（柱）角上抄出水平点，如墙体较长，中间应适当增抄几个点，弹出水准线，水准线标高偏差应控制在±5mm以内。主龙骨应从吊顶中心向两边分，最大间距为1000mm，并标出吊杆的固定点，吊杆的固定点间距900～1000mm。

（2）安装吊杆

吊杆规格按设计要求配置，一般宜采用≥M8全牙热镀锌丝杆，吊杆上端通过膨胀螺栓连接固定在楼板上，吊杆下端与主龙骨挂件连接，用螺帽固定。吊杆长度超出1500mm，应设置反支撑加固或以钢结构转换层作过渡处理。吊杆与吊杆之间应平直，如遇管道设备等阻隔导致吊杆间距大于设计和规程要求，应采用型钢过渡转换。

（3）安装龙骨（承载龙骨）

一般情况下，主龙骨宜平行于房间的长向安装，把主龙骨依序卡进吊挂件中，主龙骨的悬臂段（端部）不应大于300mm，否则应增加吊杆。主龙骨的接长应采用对接，并用连接件锚固。相邻主龙骨的对接头要相互错开。主龙骨安装后应全面校正其标高及平整度，并校正吊杆、挂件使其能够基本垂直吊挂主龙骨。同时，应校正主龙骨的起拱高度，一般为房间跨度的1‰～3‰，全面校正后把各部位的螺母拧紧。如有大的造型吊顶，造型部分应用钢结构转换层，采用膨胀螺栓与楼板连接固定。吊顶如设置检修走道，应用型钢另设吊挂系统，可直接吊挂在结构顶板或梁上与吊顶工程分开。一般允许集中荷载为80kg，宽度不宜小于500mm，走道一侧宜设有栏杆，吊挂系统需经结构专业计算确定。

（4）安装边龙骨

边龙骨的安装应按设计要求弹线，用自攻螺钉固定在已预埋墙上的膨胀管。边龙骨固定点间距应不大于吊顶次龙骨的间距，一般为300～400mm。

（5）安装次龙骨

根据活动罩面板的规格，排列次主龙骨的间距，然后用专用连接件将次龙骨与主龙骨连接固定。次龙骨两端卡进连接件两端固定，吊装成规格一致的龙骨框架。在通风、水电等洞口周围应设附加龙骨，全面校正次龙骨的位置及平整度。

吊顶结构的做法见图3.5.3-1～图3.5.3-3。

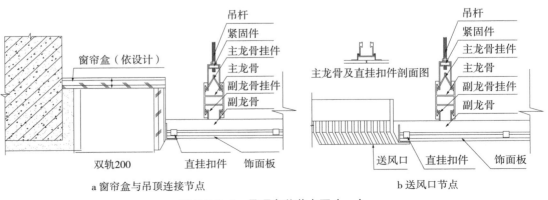

a 窗帘盒与吊顶连接节点　　　　　b 送风口节点

图 3.5.3-1　吊顶安装节点图（一）

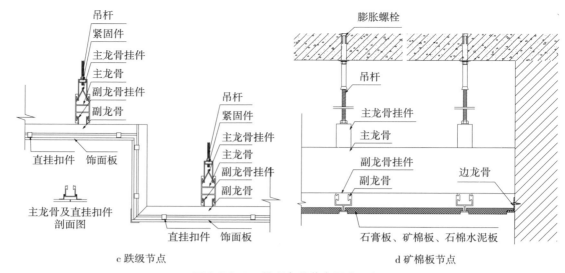

图 3.5.3-1　吊顶安装节点图（二）

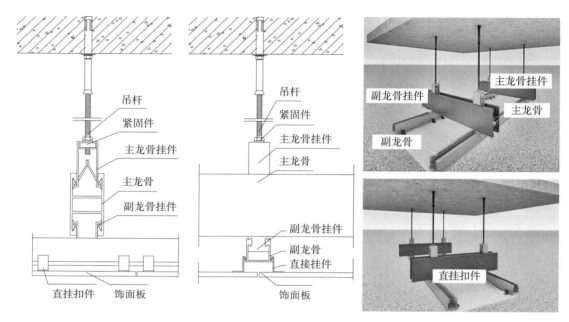

图 3.5.3-2　快装式板块面层吊顶构造节点图

图 3.5.3-3　快装式板块面层吊顶三维示意图

（6）安装罩面板

① 安装矿棉吸声板：规格一般为 600mm×600mm、600mm×1200mm 两种。将面板直接搁于龙骨的水平翼缘上。安装时，应注意板背面的箭头方向一致，以保证花纹、图案的整体性；罩面板上的灯具、烟感器、喷淋头、风口等设备的位置应合理、齐整、美观，交接应吻合、严密。② 安装装饰硅钙板、塑料板、复合板：规格一般为 600mm×600mm、600mm×1200mm。一般采用铝合金 T 形明装龙骨，面板直接搁于龙骨上。安装时，应注意板背面的箭头方向一致，以保证花样、图案的整体性。吊顶板上的灯具、烟感、喷淋头、风口等设备的位置应合理、美观，与罩面的交接应吻合、严密。③ 安装金属扣板：金属扣板安装时在房间的中间位置垂直次龙骨方向拉一条基准线，对齐基准线向两边安装。安装时，轻拿轻放，必须顺着翻边部位顺序将方板两边轻压，卡进龙骨后再推紧（图 3.5.3-4、图 3.5.3-5）。

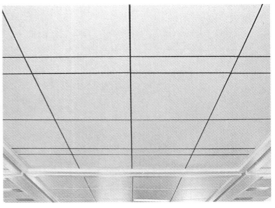

图 3.5.3-4　金属板吊顶施工　　　　　　图 3.5.3-5　板块吊顶竣工图

3.3　质量关键要求

（1）主龙骨吊杆间距应小于 1200mm，末端吊杆与墙面距离应小于 300mm，吊杆长度应小于 1500mm，否则应加设反支撑或转换层；（2）吊顶龙骨调平后，吊杆与主龙骨挂件的紧固螺栓应紧固；（3）主龙骨挂件和副龙骨挂件应与主龙骨扣紧；（4）应根据采用不同饰面板选用配套副龙骨；（5）风口、灯具不得与吊顶龙骨直接连接，应采用独立吊杆。

3.4　季节性施工

（1）雨季期间，如进行罩面板施工时（特别是容易受潮的矿棉吸声板），作业环境湿度应控制在 70% 以下，湿度超出作业条件时，除开启门窗通风外，还应增加排风设施控制湿度，持续高湿度天气应停止施工。（2）各种吊顶材料的运输、搬运、存放，均应采取防雨、防潮措施，尤其是对罩面板要采取封闭措施，以防止发生霉变、变形等现象。（3）在冬期进行罩面板面层施工，室温应保持均衡，一般室温不低于 0℃，相对湿度不大于 70%。

4　　质量要求

4.1　主控项目

（1）吊顶标高、尺寸、起拱和造型应符合设计要求。

检查方法：观察；尺量检查。

（2）面板材料的材质、品种、规格、图案和颜色应符合设计要求。

检查方法：观察。

（3）重量超过 3kg 的灯具、吊扇及有震颤的设施，应直接吊挂在原建筑楼板或横梁上。

检查方法：观察；检查隐蔽工程验收记录和施工记录。

（4）吊杆、龙骨的材质、规格、安装间距及连接方式应符合设计及国家现行相关规范要求。金属吊杆、龙骨应进行表面防腐处理。

检查方法：观察；尺量检查；检查产品生产许可证、合格证书、性能检测报告、进场验收记录和复验报告。

（5）龙骨吊顶工程的吊杆和龙骨安装应牢固。

检查方法：检查隐蔽工程验收记录和施工记录。

4.2 一般项目

（1）面板材料表面应洁净、色泽一致，不得有翘曲、裂缝及坏损。

检查方法：观察；尺量检查。

（2）板上的灯具、烟感器、喷淋头、风口等设备的位置应合理、美观，与面板的交接应吻合、严密。

检查方法：观察。

（3）吊杆、龙骨的接缝应均匀一致，角缝应吻合，表面应平整，无翘曲、锤印。吊杆、龙骨应顺直，无变形。

检查方法：检查隐蔽工程验收记录和施工记录。

（4）吊顶内填充吸声材料的品种和铺设厚度应符合设计要求，并有防散落措施。

检查方法：检查隐蔽工程验收记录和施工记录。

（5）板块面层吊顶工程安装的允许偏差和检验方法应符合表3.5.4-1规定。

板块面层吊顶工程安装的允许偏差和检验方法   表 3.5.4-1

| 项次 | 项目 | 允许偏差（mm） | | | | 检验方法 |
		石膏板	金属板	矿棉板	塑料板、玻璃板、复合板	
1	表面平整度	3	2	3	2	用2m靠尺和塞尺检查
2	接缝直线度	3	2	3	3	拉5m线，不足5m拉通线，用钢直尺检查
3	接缝高低差	1	1	2	1	用钢直尺和塞尺检查

5   成品保护

（1）轻钢龙骨、罩面板及其他吊顶材料在进场、存放、使用过程中应严格管理保证板材不变形、不受潮。（2）施工部位已安装的门窗、地砖、墙面、窗台等应注意保护，防止损坏。（3）已装好的轻钢骨架上不得上人踩踏，其他工种的吊挂件不得吊于轻钢龙骨上。（4）轻钢骨架及罩面板安装应注意保护吊顶内各种管线，轻钢骨架的吊杆、龙骨不准固定在通风管道及其他设备上。（5）面板安装后，应采取措施，防止损坏和污染。

6   安全、环境保护措施

6.1 安全措施

（1）面板专用龙骨等硬质材料要放置妥当，防止碰撞受伤。（2）高空作业要做好安全措

施，配备足够的高空作业装备。（3）应由有上岗证的人员操作各种施工机械并采取必要的安全措施。（4）施工现场临时用电应符合现行行业标准《施工现场临时用电安全技术规范》JGJ 46。（5）脚手架搭设应符合现行国家标准《建筑施工脚手架安全技术统一标准》GB 51210 的有关规定；采用曲臂车施工时，按曲臂车安全操作规范操作；采用移动式脚手架时，在使用前必须与地面或建（构）筑物牢固固定，并保证在使用过程中滚动部分被固定和保持平稳，脚手架在移动前，应将架上物品移除，并有可靠的防止脚手架倾倒措施。

危险源识别表   表 3.5.6-1

序号	作业活动	危险源	主要控制措施
1	板块面层吊顶	高处坠落	作业前检查操作平台的架子、跳板、围栏的稳固性，跳板用铁丝绑扎固定，不得有探头板。液压升降台使用安全认证厂家的产品，使用前进行堆载试验
2		物体打击	（1）上方操作时，下方禁止站人、通行；（2）龙骨安装时，下部使用托具支托；（3）工人操作应戴安全帽；（4）上下传递材料或工具时不得抛掷
3		漏电	（1）不使用破损电线，加强线路检查；（2）用电设备金属外壳可靠接地，按"一机一闸一漏"接用电器具，漏电保护器灵敏有效，每天有专人检测；（3）接电、布线由专业电工完成
4		机械伤害	制定操作规程，操作人应熟知各种机具的性能及可能产生的各种危害。高危机具由经过培训的专人操作

注：表中内容仅供参考，现场应根据实际情况重新辨识。

6.2 环保措施

在施工现场，主要的污染源包括噪声、扬尘和其他建筑垃圾，从保护周边环境的角度来说，应尽量减少这些污染的产生。（1）噪声控制。除了从机具和施工方法上考虑外，可以使用隔声屏障、机械隔声罩等，确保外界噪声等效声级达到环保相关要求。（2）施工扬尘控制。可以在现场采用设置围挡，覆盖易生尘埃物料，洒水降尘；施工车辆出入施工现场必须采取措施防止泥土带出现场。（3）对于建筑垃圾的处理，尽可能防止和减少垃圾的产生；对产生的垃圾应尽可能通过回收和资源化利用，减少垃圾处置；对垃圾的流向进行有效控制，严禁垃圾无序倾倒，防止二次污染。（4）在施工方法的选择上，应要合理安排进度，尽量排除深夜连续施工；将产生噪声的设备和活动远离人群，避免干扰他人正常工作、学习、生活。

7 工程验收

（1）吊顶工程验收时应检查下列文件和记录：① 施工图、设计说明和其他设计文件；② 材料的产品合格证书、性能检测报告、进场验收记录和复验报告；③ 隐蔽工程验收记录；④ 施工记录；⑤ 当设计有要求时，应提供后置式锚栓的拉拔试验报告。

（2）应对下列隐蔽工程项目进行验收：① 吊顶内管道、设备的安装及水管试压；② 吊杆安装；③ 龙骨安装；④ 龙骨骨架完成后的起拱尺寸及平整度；⑤ 钢结构转换层及反支撑的设置及构造；⑥ 填充材料的设置。

（3）同一类型的装配式吊顶工程每层或每30间应划分为一个检验批，不足30间的也应划分为一个检验批，大面积房间和走廊可按装配式吊顶30m²计为1间。

（4）装配式吊顶工程每个检验批应至少抽查10%，并不得少于3间，不足3间时应全数检查。

（5）检验批合格质量和分项工程质量验收合格应符合下列规定：① 抽查样本主控项目均合格；一般项目80%以上合格；其余样本不得有影响使用功能或明显影响装饰效果的缺陷，其中有允许偏差的检验项目，其最大偏差不得超过规定允许偏差的1.5倍。均须具有完整的施工操作依据、质量检验记录。② 分项工程所含的检验批均应符合合格质量的规定，所含的检验批的质量验收记录应完整。

8 质量记录

质量记录包括：（1）吊顶各类产品合格证和环保、消防性能检测报告以及进场检验记录；（2）隐蔽工程验收记录；（3）检验批质量验收记录；（4）分项工程质量验收记录。

第6节　曲面铝板吊顶施工工艺

主编点评

　　本工艺将曲面铝板吊顶分解为若干三角形吊顶单元，铝板与支撑框架在工厂制成基本完整的结构小单元，运到现场后通过可调转接钢盘安装在主体结构上，组成大的连续的曲面铝板吊顶，具有施工高效、曲面流畅、三维可调等特点。本技术成功应用于深圳光明高新园区公共服务平台等项目，获广东省工程建设省级工法等荣誉。

1　　总　则

1.1　适用范围
本施工工艺适用于工业与民用建筑室内曲面铝板吊顶工程施工。

1.2　编制参考标准及规范
（1）《建筑装饰装修工程质量验收标准》GB 50210
（2）《装配式内装修技术标准》JGJ/T 491
（3）《公共建筑吊顶工程技术规程》JGJ 345
（4）《民用建筑工程室内环境污染控制规范》GB 50325
（5）《建设工程项目管理规范》GB/T 50326
（6）《非结构构件抗震设计规范》JGJ 339

2　　施工准备

2.1　技术准备
参见第253页"2.1　技术准备"。

2.2　材料要求
（1）龙骨：应按设计图纸及建设方的要求选用，轻钢龙骨应符合现行国家标准《建筑用轻钢龙骨》GB/T 11981 的规定；铝合金龙骨应符合现行国家标准《铝合金建筑型材　第 1 部分：基材》GB/T 5237.1、《铝合金建筑型材　第 2 部分：阳极氧化型材》GB/T 5237.2、《铝合金建筑型材　第 3 部分：电泳涂漆型材》GB/T 5237.3、《铝合金建筑型材　第 4 部分：喷粉型材》GB/T 5237.4 及《铝合金建筑型材　第 5 部分：喷漆型材》GB/T 5237.5 的规定。

（2）面板：铝板吊顶面板应符合现行行业标准《天花吊顶用铝及铝合金板、带材》YS/T 690 的规定。

（3）连接件：螺栓材料应符合现行国家标准《紧固件 螺栓、螺钉、螺柱和螺母 通用技术条件》GB/T 16938、《紧固件机械性能 不锈钢螺栓、螺钉和螺柱》GB/T 3098.6 和《紧固件机械性能 不锈钢螺母》GB/T 3098.15，其他紧固件机械性能应符合现行国家标准《紧固机械性能》GB/T 3098 系列的要求；自攻螺钉应符合现行国家标准《墙板自攻螺钉》GB/T 14210 的规定。

（4）常用材料及技术指标见表 3.6.2-1。

常用材料及技术指标

表 3.6.2-1

材料名称	规格	技术指标	备注
螺栓	M12、M14、M16	高强螺栓	镀锌防锈处理
可调向钢转盘	依据设计包括圆形吊盘、吊装螺杆、紧固螺母、半球形转动块，以及半球形转动套	热镀锌钢	镀锌防锈处理
镀锌角码	50mm×50mm×5mm	镀锌钢	镀锌防锈处理
角钢	50mm×5mm	镀锌钢	镀锌防锈处理
三角形铝板	厚度 3mm	铝锰合金 AA3005	正反面聚酯烤漆处理
垫片	M8、M12		防止螺母脱落

2.3 主要机具

（1）机械：升降平台（曲臂车）、冲击钻、手电钻等。（2）工具：锤子、扳手、螺钉旋具、无线对讲机等。（3）计量检测用具：全站仪、水准仪、激光垂直仪、直角尺、水平尺、钢卷尺、靠尺等。

2.4 作业条件

（1）施工范围内无影响施工的障碍物。（2）各种材料全部配套、备齐，完成墙、地面基层装修作业。（3）铝板安装前，应先安装完吊顶内的各种管线及通风管道，确定好灯位、通风口等，并应检验、试运行验收合格。（4）搭好吊顶施工操作平台架。根据吊顶安装方案，可采用满堂脚手架、曲臂车、移动式脚手架等，并经验收合格。（5）吊顶在大面积施工前，先施工样板间，经建设单位、监理确认后，再进行大面积施工。

3 施工工艺

3.1 工艺流程

测量放线 ——→ 钢结构转换层安装 ——→ 铝板单元组装 ——→ 铝板单元吊装 ——→

设备末端的安装 ——→ 清洁、验收

3.2 操作工艺

（1）测量放线

测量放线前应确保地面无障碍物影响精度。可采用 BIM 进行精细化设计和控制，将曲面吊顶设计优化，将曲面分解为若干个三角形单元块，若干块小三角形板组合为一个大三角形单元。

（2）钢结构转换层安装

按照放出的辅助线及起始安装基准线分区域放出大三角线，根据施工图进行可调钢吊架安装。使用镀锌角码、膨胀螺栓把角钢垂直固定在混凝土楼板上，角钢吊杆上留有调节孔和角码，可实现与钢结构转换层连接。

钢骨架转换层由 L 50×5mm 热镀锌角钢连接成大三角形框架，每个大三角形框架对应 16 块三角形铝板。在钢构转换层上预留的安装点对应每个小三角铝板安装位，在现场安装时对应相应位置安装即可（图 3.6.3-1、图 3.6.3-2）。

（3）铝板单元组装

① 可调转接钢盘安装：在钢骨架转换层上预留孔的位置使用 M12mm×80mm 螺栓垂吊可调转换钢盘，可调转换盘到钢构转换层距离为 50mm，根据最终确定的高程位置，调整可调转换盘到钢构转换层，并加平垫紧固，安装过程确保吊顶平滑过渡效果。可调向转换钢盘由圆形吊盘、吊装螺杆、紧固螺母、半球形转动块以及半球形转动套组成，表面热镀锌处理。其中，圆盘上预留 6 个 U 形腰孔，用于安装 6 块三角形单元板（图 3.6.3-3～图 3.6.3-5）。

② 铝板安装：可调向转接钢盘 6 个 U 形腰孔分别对应安装六块三角形吊顶铝板的角部，通过 L 形角码和螺栓紧固。

（4）铝板单元吊装

① 通过手动吊机把三角形单元板按照区域编号吊装上操作平台，然后按照设计图纸标高要求及排板要求依次吊装，使大三角形框架随着曲面主体楼板的曲率连接成型，调节三角形单元板（图 3.6.3-6）。

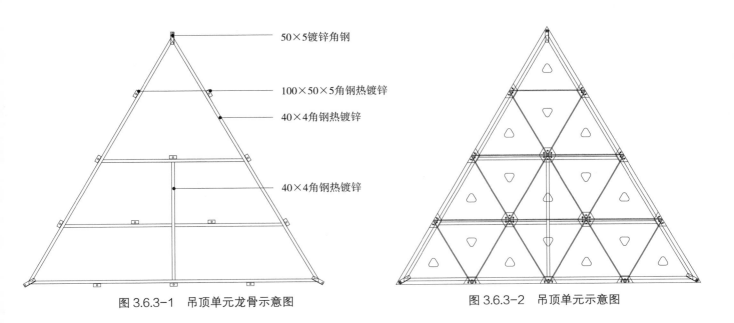

图 3.6.3-1 吊顶单元龙骨示意图　　　　　　　　图 3.6.3-2 吊顶单元示意图

50×5镀锌角钢

100×50×5角钢热镀锌

40×4角钢热镀锌

40×4角钢热镀锌

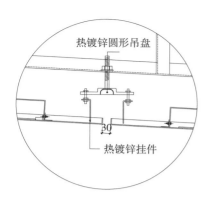

图 3.6.3-3 可调转接钢盘安装节点图

图 3.6.3-4 可调向转接钢盘示意图

图 3.6.3-5 可调向转接钢盘安装

② 每块三角形单元块安装完成后根据测量标高调整高度、角度，拧紧螺栓固定。每块三角形单元块之间的缝隙为 10mm，大三角单元之间缝隙为 30mm，板块之间通过凹形板和螺栓连接紧固（图 3.6.3-7～图 3.6.3-10）。

③ 安装时，连接构件可以三维调节，适应双曲面屋面结构上不同的角度变化。单元板块左右偏差小于或等于 2mm，单元板块进出偏差小于或等于 2mm，单元板块标高偏差小于或等于 2mm。

（5）设备末端的安装

面板安装完毕，依据设计排板图安装灯具等设备末端。设备末端安装位置已按照设计图纸在工厂加工过程中完成。

（6）清洁、验收

依据设计图纸施工完毕后，所有螺母位置点万能胶，防止螺母松脱。同时将杂物、垃圾、废弃材料吊下来，对吊顶构件进行清理，去掉铝板表面的污渍。在自检合格后上报监理单位验收。

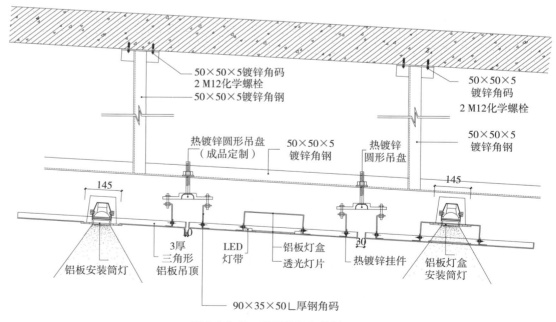

图 3.6.3-6 吊顶单元安装剖面图

图 3.6.3-7　三角形铝板

图 3.6.3-8　三角形铝板安装

图 3.6.3-9　调节

图 3.6.3-10　调节三角形单元块之间固定

图 3.6.3-11　吊顶竣工图

3.3　质量关键要求

（1）应严格按深化设计图制作吊顶单元龙骨，并编排编号。（2）现场铝板单元组装不得在地面进行，应在垫板或支撑架上组装；组装好后根据安装先后顺序堆放。（3）应采用多点约束吊装，保证吊装过程平稳，不得采用单点吊。（4）调整吊顶造型后，必须将吊盘调向螺栓固定。

3.4　季节性施工

（1）雨季施工应做好现场布置工作，临时用电严格按照《施工现场临时用电安全技术规范》JGJ 46 敷设电气线路和配置电气设施，并按照消防要求设置灭火器、消防龙头及沙箱。（2）暴雨、台风等灾害性天气，应做好灾害天气来临前检查工作，及时认真整改存在的隐患，做到防患于未然，加固临时设施、大标志牌，临时围墙等处设警告牌，防止意外伤人。（3）冬期施工前，应完成外门窗安装工程；冬期安装施工时，室内作业环境温度应在 0℃以上。

4.1　主控项目

（1）吊顶标高、尺寸、起拱和造型应符合设计要求。

检查方法：观察；尺量检查。

（2）铝板材质、品种、规格、图案、颜色和性能应符合设计要求。

检查方法：观察；尺量检查；检查产品合格证、进场验收记录。

（3）吊杆、龙骨的材质、规格、安装间距及连接方式应符合设计要求。金属吊杆、龙骨及连接件应经过表面防腐处理。

检查方法：观察；尺量检查；检查隐蔽验收记录。

4.2　一般项目

（1）铝板表面应洁净、色泽一致，不得有翘曲、裂缝及缺损。压条应平直、宽窄一致。

检查方法：观察。

（2）铝板上的灯具、烟感器、喷淋头、风口箅子、检修口等设备设施位置合理，与铝板的交接应吻合、严密。

检查方法：观察。

（3）吊顶龙骨的接缝应均匀一致，角缝应吻合，表面应平整，无翘曲、锤印。龙骨应平直、顺直，无变形。

检查方法：观察。

（4）铝板吊顶安装的允许偏差和检验方法应符合表 3.6.4-1 的规定。

铝板吊顶安装的允许偏差和检验方法　　　　　　　　　　　　　　　　表 3.6.4-1

项次	项目	允许偏差（mm）	检验方法
1	表面平整度	2	用 2m 靠尺和塞尺检查
2	接缝直线度	2	拉 5m 线，不足 5m 拉通线用钢直尺量
3	接缝高低差	1	用钢直尺和塞尺检查

（1）骨架、铝板及其他吊顶材料在进场、存放、使用过程中应严格管理，避免变形、生锈和破损。（2）施工过程应注意对已施工的墙面、门窗、地面的保护，避免产生损坏。（3）已完成安装的不上人吊顶龙骨架上，不得上人踩踏，其他专业的管线及设备不得安装在吊顶骨架上。（4）吊顶安装过程注意保护吊顶上方的各种管线。（5）铝板安装后，应采取措施，防止损坏和污染。

6 安全、环境保护措施

参见第258页"6 安全、环境保护措施"。

7 工程验收

（1）吊顶工程验收时应检查的文件和记录：① 吊顶工程的施工图、设计说明及其检验报告；② 材料的产品合格证书、性能检验报告、进场验收记录和复验报告；③ 隐蔽工程验收记录，应附影像记录；④ 施工日志；⑤ 当设计有要求时，应提供后置式锚栓的拉拔试验报告。

（2）吊顶工程应对隐蔽工程项目进行验收：① 吊顶内管道、设备的安装及水管试压、风管严密性能检验；② 吊杆与承重结构连接；③ 吊杆安装；④ 钢结构转换层及反支撑的设置及构造；⑤ 龙骨安装；⑥ 龙骨骨架完成后的起拱尺寸及平整度；⑦ 有抗震要求吊顶工程中面板与龙骨固定；⑧ 填充材料的设备。

（3）同一类型的装配式吊顶工程每层或每30间应划分为一个检验批，不足30间的也应划分为一个检验批，大面积房间和走廊可按装配式吊顶30m² 计为1间。

（4）装配式吊顶工程每个检验批应至少抽查10%，并不得少于3间，不足3间时应全数检查。

8 质量记录

质量记录包括：（1）材料产品合格证和环保、消防性能检测报告以及进场检验记录；吊顶膨胀（化学）螺栓拉拔试验报告；（2）技术交底记录；（3）隐蔽工程验收记录；（4）检验批质量验收记录；（5）分项工程质量验收记录。

第 7 节　集成吊顶施工工艺

主编点评

　　集成吊顶是由装饰模块、功能模块及构配件组成，在工厂预制、可自由组合安装的多功能一体化装置。本工艺具有施工高效、绿色环保及维修方便等特点。

1　　总　则

1.1　适用范围
本工艺适用于一般工业与民用建筑室内集成吊顶工程施工。

1.2　编制参考标准及规范
（1）《建筑装饰装修工程质量验收标准》GB 50210
（2）《装配式内装修技术标准》JGJ/T 491
（3）《公共建筑吊顶工程技术规程》JGJ 345
（4）《建筑用集成吊顶》JG/T 413
（5）《民用建筑工程室内环境污染控制标准》GB 50325
（6）《建筑内部装修防火施工及验收规范》GB 50354
（7）《非结构构件抗震设计规范》JGJ 339

2　　施工准备

2.1　技术准备
参见第 253 页 "2.1　技术准备"。

2.2　材料要求
（1）吊顶装修工程所用材料的品种、规格、质量、燃烧性能以及有害物质限量，应符合设计要求及国家现行相关标准的规定，优先采用绿色环保材料。
（2）轻钢龙骨：选用的轻钢龙骨表面必须采用热镀锌处理，经过冷弯工艺轧制而成的吊顶支承材料，由主龙骨、副龙骨、边龙骨及吊挂配件等组装成整体支承吊顶轻钢骨架系统。常用的轻钢龙骨系列主要有：不上人 UC38、UC50 系列和上人 UC60 系列。
（3）铝合金龙骨：选用的铝合金龙骨其主、次龙骨的质量、规格、型号应符合设计图纸要求和现行国家标准的有关规定，应无变形、弯曲现象。

（4）型钢龙骨：选用的型钢龙骨（含角钢、槽钢、工字钢、钢方通等）质量、规格、型号应符合设计图纸要求和现行国家标准的有关规定，应无变形、弯曲现象，表面应进行防锈处理。

（5）金属吊杆：吊杆应采用全牙热镀锌钢吊杆。常用规格：M8、M10，M8用于不上人吊顶轻钢骨架系统，M10用于上人吊顶轻钢骨架系统。

（6）罩面板：选用的金属板质量、规格、型号应符合设计图纸要求和现行国家标准的有关规定，表面不得有划痕、变形、弯曲现象，应按设计要求进行表面防锈处理。常用有直接卡口式和嵌槽压口式金属饰面板、粘贴式金属薄板等。

（7）集成设备带：集成设备带可全部或有选择的集成整合建筑室内顶部消防系统、暖通系统、照明系统、弱电系统等设备终端。选用的集成灯槽及风嘴其金属板材料、质量、规格、型号应符合设计图纸要求和现行国家标准的有关规定，表面不得有划痕、变形、弯曲现象。

（8）辅材：选用的龙骨专用吊挂件、连接件、插接件等附件、膨胀螺栓、钉子、自攻螺钉、墙板钉、角码等应符合设计要求并进行防腐处理。

2.3　主要机具

（1）机械：型材切割机、手提式电动圆锯、电钻、电锤钻、板材弯曲机、角磨机等。
（2）工具：拉铆枪、电动螺钉旋具、电动螺钉枪、钳子、扳手等。（3）计量检测用具：手持式激光测距仪、红外线水准仪、检测尺、钢卷尺、水平尺等。

2.4　作业条件

（1）结构基底已完成检验合格并办理场地交接手续；（2）协同各专业施工单位，通过图纸会审程序对吊顶工程内的风口、消防排烟口、消防喷淋头、烟感器、检修口、大型灯具口等设备的标高、起拱高度、开孔位置及尺寸要求等进行确认并做好施工记录；（3）各种吊顶材料，尤其是各种零配件经过进场验收并合格，各种材料机具、人员配套齐全；（4）室内墙体施工作业、吊顶各种管线铺设与湿作业已基本完成，室内环境应干燥，通风良好并经检验合格；（5）施工所需的脚手架已搭设好，并经检验合格；（6）施工现场所需的临时用电、各种工机具准备就绪，现场安全施工条件已具备。

---

3 施工工艺

3.1　工艺流程

测量放线 ⟶ BIM技术分格及碰撞优化 ⟶ 吊杆及连接配件安装 ⟶
卡式龙骨安装 ⟶ 集成吊顶模块安装 ⟶ 清洁、验收

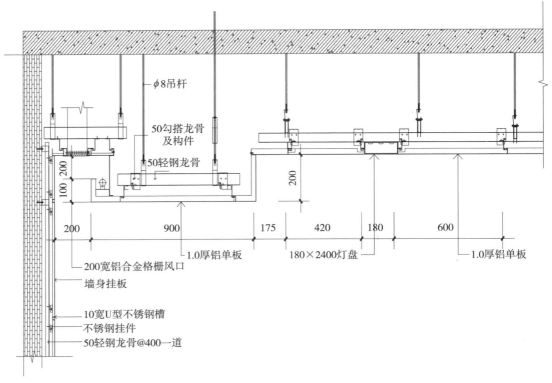

φ8吊杆

50勾搭龙骨及构件

50轻钢龙骨

100 200

200

200 900 175 420 180 600

1.0厚铝单板

180×2400灯盘

1.0厚铝单板

200宽铝合金格栅风口

墙身挂板

10宽U型不锈钢槽

不锈钢挂件

50轻钢龙骨@400一道

图 3.7.3-1　集成吊顶剖面示意图

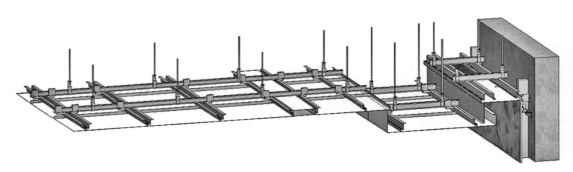

图 3.7.3-2　集成吊顶三维示意图

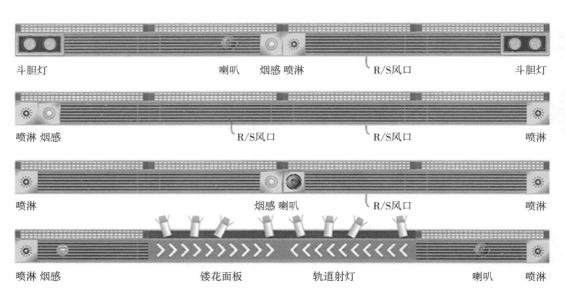

斗胆灯　　　　　　　喇叭　烟感 喷淋　　　R/S风口　　　　斗胆灯

喷淋 烟感　　　　　　R/S风口　　　　R/S风口　　　　喷淋

喷淋　　　　　　　烟感 喇叭　　　R/S风口　　　　喷淋

喷淋 烟感　　　　镂花面板　　　轨道射灯　　　　喇叭　喷淋

图 3.7.3-3　集成设备带示意图

3.2 操作工艺

（1）测量放线

水平控制线及吊杆与龙骨位置定位。根据墙体1m控制线，弹出吊顶四周连线；用红外线水准仪设置好吊杆安装位置，控制好每块模块的集成尺寸。

（2）BIM技术分格及碰撞优化

首先将点云扫描数据与已搭建BIM三维模型进行校验，调整模型与施工现场一致。然后在BIM三维可视化空间中根据建筑空间尺寸和吊顶模数进行合理分格（图3.7.3-4）。利用BIM模型对吊顶吊杆、主副龙骨和机电末端等构件进行碰撞检测，三维校验多专业交接处衔接的合理性，并进行设计优化调整（图3.7.3-5）。

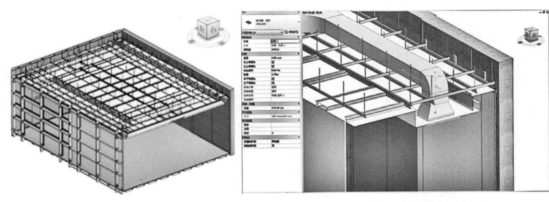

图3.7.3-4 BIM模型分格示意图　　　　图3.7.3-5 BIM碰撞检查示意图

（3）吊杆及连接配件安装

① 根据放线所得的集成灯槽及集成吊顶板吊杆分布位置，用冲击钻在楼板底钻ϕ12孔，安装ϕ10拉爆头螺杆，螺杆安装要保持纵横成一直线并垂直，跌级吊顶应结合其高度，控制好吊杆安装长度。② 集成吊顶吊杆安装后再安装吊杆与主骨连接勾挂件，在同一吊顶高度的勾挂件必须安装在同一水平线上并将其上下螺丝锁紧。主龙骨一般选用C38轻钢龙骨，间距控制在1200mm范围内。安装时采用与主龙骨配套的吊件与吊杆连接。③ 按吊顶净高要求在墙四周固定边龙骨。

（4）卡式龙骨安装

根据BIM吊顶排板图，结合集成吊顶板的规格尺寸，如集成金属板采用短边卡扣、通长灯带长边连接来设置配套的卡式龙骨，卡式龙骨通过吊挂件吊挂在主龙骨上。当卡式龙骨长度需多根延续接长时，用卡式龙骨连接件，在吊挂卡式龙骨的同时，将相对端头相连接，并先调直后固定。

（5）集成吊顶模块安装

① 跌级吊顶吊装应遵循由高到低的安装顺序。② 按照图纸起铺点从左到右把集成模块吊顶板与集成灯带同时安装，安装集成灯带时先把灯架保险镀锌铁链挂在主龙骨上，在安装集成模块吊顶板时配合安装集成灯带（集成灯带、灯具安装见图3.7.3-6），然后进行水平调整。③ 将完成集成拼装的吊顶（如金属吊顶，每个吊顶模块不宜大于2000mm×3600mm）移动到需安装的具体实施位置，然后再吊起与连接件连接并进行水平调整（图3.7.3-7）。

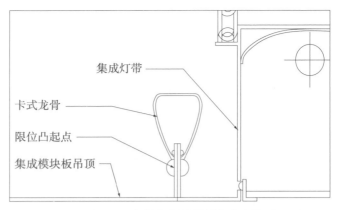

图 3.7.3-6　灯槽与集成吊顶安装示意图

（6）清洁、验收

安装完后，需用布把板面全部擦拭干净，不得有污物及手印等。组织集成吊顶验收。

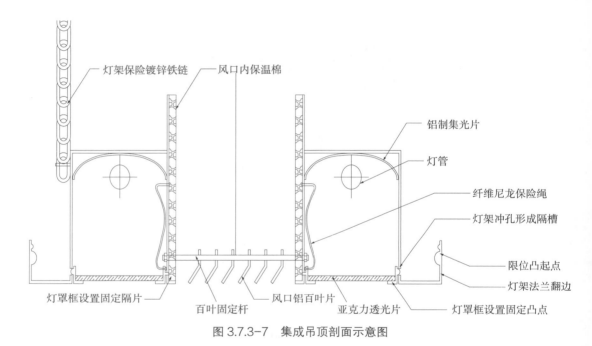

图 3.7.3-7　集成吊顶剖面示意图

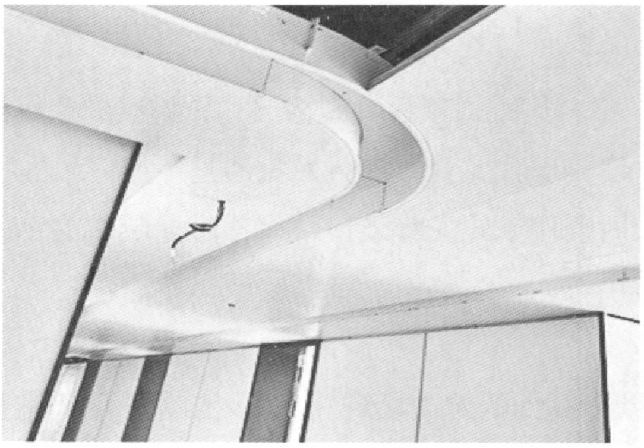

图 3.7.3-8　集成吊顶实景图

3.3　质量关键要求

（1）检修口、集成设备带应设置附加龙骨。（2）消防、照明、空调、智能集成末端设备位置应提前预留。（3）消防喷淋头应外露，并不得小于 25mm。（4）空调风口与喷淋间距要大于 300mm，防止风口对喷淋的降温造成"假温"现行而影响喷淋正常功能。

4　质量要求

4.1　主控项目

（1）吊顶标高、尺寸、起拱和造型应符合设计要求。

检验方法：观察；尺量检查。

（2）各种吊顶饰面板材质、品种、规格、图案和颜色应符合设计及相关规范标准要求。

检验方法：观察；尺量检查。

（3）吊杆、龙骨和面板的安装应牢固。

检验方法：观察；尺量检查；手板检查。

（4）吊杆、龙骨的材质、规格、安装间距及连接方式应符合设计要求，金属吊杆、龙骨应经过表面防锈处理。

检验方法：观察；尺量检查；手板检查。

（5）重量超过 3kg 的灯具、吊扇及有震颤的设施，应直接吊挂在原建筑楼板或横梁上。

检验方法：观察；检查隐蔽验收记录和施工记录。

（6）吊顶龙骨不得扭曲、变形。安装应牢固可靠，间距符合设计要求、四周平顺。

检验方法：观察；尺量检查；手板检查。

（7）吊顶饰面板的开孔和切割应尺寸准确、套裁整齐，符合设计要求。吊顶饰面板与龙骨连接紧密牢固，阴阳角收边方正，起拱正确。

检验方法：观察；尺量检查。

（8）吊顶饰面板上的灯具、风扇、煤气探测器等设备的位置应符合设计要求，与饰面板的交接应吻合、严密。灯具、风扇等设备的安装应牢固。

检验方法：观察；尺量检查。

4.2　一般项目

（1）各种吊顶饰面板表面应洁净、色泽一致，不得有裂缝和缺损。

检验方法：观察。

（2）吊顶饰面板上的灯具、烟感器喷淋头、风口等设备的位置应合理、美观，与罩面板的交接应吻合、严密。

检验方法：观察。

（3）金属吊杆、龙骨的接缝应均匀一致，角缝应吻合，表面应平整，无翘曲、锤印。

检验方法：观察。

（4）吊顶饰面板安装前应对隐蔽工程项目进行验收。

检验方法：检查隐蔽工程验收记录。

（5）吊顶饰面板表面应平整、边缘整齐、颜色一致，不得有污染、折裂、缺棱、掉角、锤印等缺陷。

检验方法：观察。

（6）吊顶饰面板与墙面、窗口等交接处应接缝严密，压条顺直、宽窄一致。

检验方法：观察；尺量检查。

（7）集成吊顶安装的允许偏差和检验方法应符合表3.7.4-1的规定。

集成吊顶安装的允许偏差和检验方法   表3.7.4-1

项次	项目	允许偏差（mm）	检验方法
1	表面平整度	2	用2m靠尺和塞尺检查
2	接缝直线度	2	拉5m线（不足5m拉通线）用钢直尺检查
3	接缝高低差	1	用钢直尺和塞尺检查

5   成品保护

（1）骨架、罩面板及其他吊顶材料在进场、存放、使用过程中应严格管理，保证不变形、不生锈、无破损。（2）已装好的轻钢龙骨架上不得上人踩踏，其他工种的吊挂件不得吊于轻钢骨架上。（3）吊顶施工过程中注意保护吊顶内各种管线。禁止将吊杆、龙骨等临时固定在各种管道上。（4）罩面板安装后，应采取措施、防止损坏、污染。

6   安全、环境保护措施

参见第258页"6 安全、环境保护措施"。

7   工程验收

（1）集成吊顶工程验收时应检查下列文件和记录：① 材料的生产许可证、产品合格证书、性能检测报告、进场验收记录和复验报告；② 隐蔽工程验收记录；③ 吊顶工程的施工图、设计说明及其他设计文件；④ 施工记录。

（2）集成吊顶工程应对下列隐蔽工程项目进行验收：① 吊顶内管道设备的安装及水管试压；② 预埋件；③ 吊杆安装；④ 龙骨安装。

（3）同一类型的装配式吊顶工程每层或每30间应划分为一个检验批，不足30间的也应划分为一个检验批，大面积房间和走廊可按装配式吊顶30m² 计为1间。

（4）装配式吊顶工程每个检验批应至少抽查10%，并不得少于3间，不足3间时应全数检查。

（5）安装龙骨前应按设计要求对房间净高、洞口标高和吊顶内管道设备及其支架的标高进行交接检验。

（6）吊顶工程中的金属预埋件、吊杆应进行防锈处理。

（7）安装罩面板前应完成吊顶内管道和设备的调试及验收。

（8）吊杆距主龙骨端部距离不得大于300mm，当大于300mm时应增加吊杆，当吊杆长度大于1.5m时应设置反支撑，当吊杆与设备相遇时应调整并增设吊杆。

（9）重型灯具及其他重型设备严禁安装在吊顶工程的龙骨上。

8　　质量记录

参见第260页"8　质量记录"。

主编点评

  本工艺将 GRG 面板与支撑框架在工厂制成完整的异形 GRG 吊顶单元，运到施工现场后通过可调挂件直接挂装在吊顶龙骨上，具有施工高效、三维可调及拆换方便等特点。本技术获广东省工程建设省级工法等荣誉。

1   总 则

1.1 适用范围

本工艺适用于一般工业与民用建筑室内异形 GRG 吊顶工程施工。

1.2 编制参考标准及规范

（1）《建筑装饰装修工程质量验收标准》GB 50210
（2）《装配式内装修技术标准》JGJ/T 491
（3）《公共建筑吊顶工程技术规程》JGJ 345
（4）《建筑内部装修设计防火规范》GB 50222
（5）《民用建筑工程室内环境污染控制标准》GB 50325
（6）《非结构构件抗震设计规范》JGJ 339

2   施工准备

2.1 技术准备

参见第 253 页 "2.1 技术准备"。

2.2 材料要求

（1）钢材：钢构架材质型号一般为 Q235，品种、级别、规格和数量必须符合图纸及工艺标准。外形要平整，棱角清晰，切口不允许有影响使用的毛刺和变形。对于腐蚀、损伤、黑斑、麻点等缺陷，按规定方法检测。外观质量检查时，应在距产品 0.5m 处光照明亮的条件下，进行目测检查。所有钢材表面应作热镀锌防锈处理，镀锌层不许有起皮、起瘤、脱落等缺陷。
（2）GRG 采用高密度石膏粉、特殊玻璃纤维、环保添加剂，全部由工厂经过特殊工艺层压预铸而成，并应具有 A 级防火性能、良好的声学效果及抗弯、抗剪及抗冲击性能的绿色环保材料。GRG 材料的有关技术指标见表 3.8.2-1。

序号	设计技术指标内容
1	抗弯强度（MPa）：≥24
2	抗拉强度（MPa）：≥7
3	抗冲击强度（kJ/m^2）：≥19
4	抗压强度（MPa）：≥15
5	吸水率（%）：≤20
6	巴氏硬度：≥10
7	体积密度（g/cm^3）：≥1.35
8	断裂荷载：平均值（N）≥1000；最小值（N）≥750
9	吊挂件与 GRG 构件的粘附力（N）≥4000
10	标准厚度（mm）：6/10
11	核素含量：A 级
12	阻燃性能：A1 级
13	玻璃纤维含量≥5%

（3）吊顶所选用的钢材、GRG 板及配件等的品种、规格、图案、颜色应符合设计及国家现行相关规范要求。

2.3 主要机具

（1）机械：台式切割机、手提切割机、手电钻、电动螺钉枪等。（2）工具：各种扳手、注胶枪、螺钉旋具、多用刀、锤子等。（3）计量检测用具：经纬仪、水准仪、激光投线仪、钢卷尺、钢板尺、塞尺等。

2.4 作业条件

（1）GRG 吊顶罩面板安装前墙体、地面湿作业工程项目等应基本完成。（2）顶棚内各种管线及通风管道，均应安装完毕、打压、冲洗后并办理验收手续。（3）按相关标准规范搭好吊顶施工操作平台。（4）施工现场所需的临时用水、用电、各种工机具准备就绪。

3   施工工艺

3.1 工艺流程

测量放线 → 构配件工厂加工 → 钢骨架安装 → 可调连接吊杆安装 →
GRG 板安装 → 饰面板调节 → GRG 板接缝处理 → 清洁、验收

3.2 操作工艺

（1）测量放线

依据施工图纸复测轴线、标高线控制线，根据吊顶基层骨架深化图纸，在顶板上弹线定位。主要是弹好水平标高线、龙骨布置线和悬挂点，根据设计标高将水平线弹到墙面上，龙骨和吊杆的位置线弹到楼板上，弹线应清楚、准确，其水平允许误差 ±5mm。在施工前，应先确定龙骨的标准方格尺寸，然后再根据 GRG 造型对分格位置进行布置。尽量保证龙骨分格的均匀性和完整性，以保证板材有规整的装饰效果。弹线完成以后，应立即固定封边材料，封边材料为特制 GRG 石膏线条，其造型应符合设计要求，转角处龙骨的接缝要严密。

（2）构配件工厂加工

① 饰面板排板确认、构配件规格核对：根据施工现场实际放线结果，与原设计排板图进行校对，运用 CAD 辅助设计，将存在偏差的饰面板尺寸、基层骨架及连接构件位置进行深化调整，对异形造型进行定型排板，计算可能出现的位置偏差，并在其上标明挂扣件安装位置，将放样尺寸图提供给厂家备用（图 3.8.3-1）。

② 样板确认：根据现场放线的实际测量尺寸，结合深化设计排板图纸，对不同尺寸规格的构配连接件分别进行编号标注，金属构配连接件厚度不得小于 2.0mm，下单到工厂后安排专职人员进行现场跟踪采样，根据样板制作情况进行模数的最终调整和确认（图 3.8.3-2）。

图 3.8.3-1　吊顶弹线定位排板　　　　　图 3.8.3-2　样板确认修正

③ 工厂加工：根据设计要求，以确认的样板为标准进行生产加工。出厂前抽样检查各批次定型构件的合格率，确保数量及规格的准确性，特别是对需要进行特殊加工的构件，应分类标示、编号。按施工总进度计划分区域、分批包装、运输。材料品种及质量要与确认样板保持一致，不得有明显瑕疵；GRG 异形板厚度不得低于设计要求；平整度、对角线、尺寸误差不得超过 1mm。异型结构材料宜采用建筑信息模型（BIM）技术下料加工，通过二维码进行构件跟踪和安装准确定位。

（3）钢骨架安装

钢骨架是该装置的固定结构，钢结构骨架通过角钢固定于建筑结构上，刚性吊杆通过第一连接组件与结构骨架固定，通过该连接组件的螺栓松紧，可实现刚性吊杆的水平调节，刚性吊杆长度可根据 GRG 造型需求调整（图 3.8.3-3）。

施工前应对膨胀螺栓进行拉拔试验。

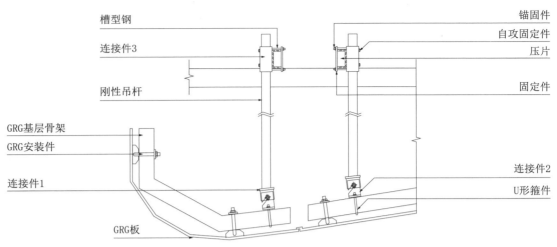

图 3.8.3-3　异形 GRG 吊顶安装节点图

（4）可调连接吊杆安装

此部分由固定连接件与刚性吊杆两部分组成，对整个吊装系统起到初始固定和调节的作用。

① 固定装置安装

刚性吊杆另一端设有方向调节功能的转动连接件，转动连接件包括与刚性吊杆连接在一起的转轴、绕转轴转动的轴挂件以及与轴挂件连接在一起用于固定基层骨架的骨架固定件，其中轴挂件通过紧固件紧固在转轴上，骨架固定件与基层骨架连接，该连接件能有效地固定安装自身角度复杂的异形 GRG 装饰板，整个调节过程只需将轴挂件转动至确定好的角度后通过紧固件进行固定即可。

a. 与基层骨架连接的第一构件是固定连接件，其是一个套在槽型件（槽钢）上，且与刚性吊杆相固定的缺口环套构件，该环套构件又由环形连接件、固定杆、固定压片和固定螺钉组成，组成后成为一个闭合的环套结构。

b. 刚性吊杆采用 40mm×40mm×2mm 刚方通，环套固定件环形连接件部分遂与之配套设定为内径 40mm×40mm，厚度要求不小于 2mm。缺口环套构件的另一部分固定杆厚度不小于 4mm，且间距与固定槽型件配套不小于 60mm。闭合环套结构是缺口环套加上闭合扣（固定压片）的组合结构，先将缺口环套扣在轴（刚性吊杆）上，然后将环套上的固定压片扣住缺口，用固定螺钉将压片锁紧，使缺口环套闭合。调节好环套构件与刚性吊杆的位置，确保准确后，用自攻固定件将二者锁紧，完成整个固定装置的安装。

c. 只需要通过调整紧固螺钉和连接压片的松紧便可实现固定装置的环形连接件在槽型件上的滑动，调节单块 GRG 饰面板在水平方向的移动（图 3.8.3-4）。

② 可调连接套件安装

a. 可调连接套件由锚固件和轴挂件两部分组成。锚固件的横板上端面与刚性吊杆的底部固定相连，连接方式为工厂焊接固定，横板下端面上朝下延伸有一对夹板，夹板上设有一对安装孔，安装孔内穿插有一锚杆，且在该锚杆伸出安装孔的两端的螺纹部上连接有一对锚片，通过旋紧这对锚片可防止锚杆轴向转动，轴挂件通过锚杆转动连接在安装件上（图 3.8.3-5）。

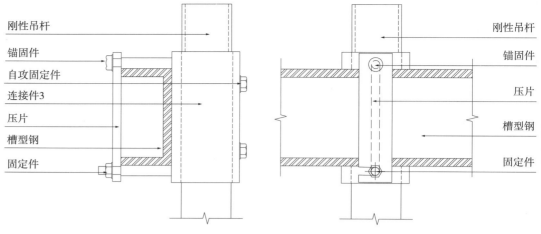

图 3.8.3-4　环套构件调节原理节点图

b.轴挂件呈 T 字形,凸边上设有扣槽,扣槽扣紧在锚固件的转动轴锚杆上,实现扣槽轴挂件与锚固件的连接固定。槽部的延伸轨迹呈斜向直线,斜向扣槽的好处在于与定位杆相装配的时候十分的快捷,延伸方向和长度可使得装配好的轴挂件稳固地转动连接在基体上,便于进行转动调节。轴挂件两个角边设有对称的、统一大小的锚孔,用来与 U 形箍件相连接。U 形箍件穿过锚孔,用固定螺帽将其锁紧牢固,从而完成可调连接套件的安装。U 形箍件可通过螺帽松紧进行 GRG 饰面板的拆装和距离调节(图 3.8.3-6)。

(5) GRG 板安装

① GRG 板在工厂制作时预置座板,座板上对应 U 形箍件尺寸进行开孔,用于与连接构件安装固定。GRG 基层骨架为 40mm×30mm×2mm 薄壁方管,其与通过两个同向错位的 U 形箍件实现 GRG 板的安装。

② 施工时,先将 GRG 安装件(U 形箍件)与 GRG 板穿好连接,再将 GRG 安装件和 U 形箍件分别扣住基层骨架 40mm×30mm×2mm,此时将 GRG 安装件(U 形箍件)用螺母锁紧,完成 GRG 饰面板与基层骨架的紧固连接。随后将另一 U 形箍件的自由端对准轴挂件的座板上的一对固定孔,锁紧与 U 形箍件的螺纹部相配合的固定螺母,U 形箍件和 GRG 基层骨架牢固连接,完成整个 GRG 吊顶系统的安装(图 3.8.3-7)。

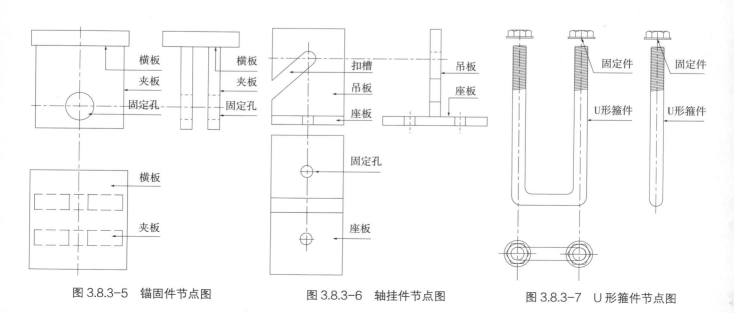

图 3.8.3-5　锚固件节点图　　　　图 3.8.3-6　轴挂件节点图　　　　图 3.8.3-7　U 形箍件节点图

（6）饰面板调节

该系统中的槽钢可定义为 Y 方向的支撑结构，位于可调连接套件下面的横向的 GRG 安装件（即 40mm×30mm×2mm 薄壁方通）为 X 方向的支撑结构，槽钢、方通与刚性吊杆一起组成一个 X-Y-Z 三个方向的三维支撑结构。通过连接固定件、GRG 基层骨架上 U 形箍件、轴挂件实现水平、进深、高低方向的调节，调节应遵循从中间到两边，从角度到距离的顺序，以达到最佳、最省时的安装效果（图 3.8.3-8、图 3.8.3-9）。

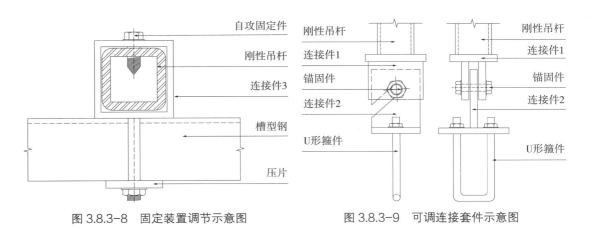

图 3.8.3-8　固定装置调节示意图　　　　图 3.8.3-9　可调连接套件示意图

（7）GRG 板接缝处理

调节完成后，对 GRG 造型接缝进行处理。GRG 板间采取密缝拼接，嵌缝专用填缝材料加玻璃纤维拌料填缝并用网带密封（第一道工序），干固时用专用填缝材料满批（第二道工序）。

图 3.8.3-10　异形 GRG 吊顶安装

3.3　质量关键要求

（1）主龙骨吊杆间距应小于 1200mm，末端吊杆与墙面距离应小于 300mm，吊杆长度应小于 1500mm，否则必须加设反支撑或转换层；（2）环套构件与槽型钢连接时应及时将压片锁扣；（3）环套构件调节吊杆长度时应防止滑落；（4）对局部造型吊顶用 U 形箍件调节时应缓慢调节，不得一次到位。

3.4　季节性施工

（1）雨季期间，如进行 GRG 板施工时，作业环境湿度应控制在 70% 以下，湿度超出作业条件时，除开启门窗通风外，还应增加排风设施控制湿度，持续高湿度天气应停止施工。（2）各种吊顶材料的运输、搬运、存放，均应采取防雨、防潮措施，尤其是对GRG板要采取封闭措施，以防止发生霉变、变形和污染等现象。（3）在冬期进行GRG吊顶施工，室温应保持均衡，一般室温不低于5℃，相对湿度不大于70%。

---

4   质量要求

4.1   主控项目

（1）吊顶标高、尺寸、起拱和造型应符合设计要求。

检验方法：观察；尺量检查。

（2）钢材、GRG的材质、品种、规格、图案和颜色应符合设计及相关规范要求。

检验方法：观察；检查产品生产许可证、合格证书、性能检测报告、进场验收记录和复验报告。

（3）钢构架的安装及膨胀螺栓连接应牢固，符合设计及相关标准规范要求。

检验方法：观察；手扳检查；检查隐蔽工程验收记录、施工记录及现场抽样检测报告。

（4）吊杆、龙骨的材质、规格、安装间距及连接方式应符合设计要求。金属吊杆、龙骨应经过热镀锌防锈处理。

检验方法：观察；尺量检查；检查产品合格证书、性能检测报告、进场验收记录和隐蔽工程验收记录。

4.2   一般项目

（1）GRG表面应洁净、色泽一致，不得有翘曲、麻面、裂缝及缺损。

检验方法：观察；尺量检查。

（2）GRG板上的灯具、烟感器、喷淋头、风口等设备的位置应合理、美观，与GRG板的交接应吻合、严密。

检验方法：观察。

（3）GRG吊顶工程安装的允许偏差和检验方法应符合表3.8.4-1的规定。

GRG吊顶工程安装的允许偏差和检验方法   表3.8.4-1

项次	项目	允许偏差（mm）	检验方法
1	表面平整度	3	用2m靠尺和塞尺检查
2	接缝直线度	3	拉5m线，不足5m拉通线，用钢直尺检查
3	接缝高低差	1	用钢直尺和塞尺检查

---

5   成品保护

（1）避免重物撞击，轻度冲击会在GRG产品留下痕迹、麻点；当撞击力超过GRG产品最大断裂荷载时，会导致 GRG 产品开裂，重者可能导致 GRG 产品脱落。（2）在清理墙体时，尽量少用湿物清理。湿物接触有可能导致 GRG 产品表面涂料发生化学反应，产生变色：尽可能地用柔软、干燥的物品进行清理。（3）如因外力原因造成 GRG 产品损害后，可对损害部位进行裁减、维修，当修补完毕后，应不留一点痕迹，恢复 GRG 产品原有的整体效果。

6　安全、环境保护措施

参见第 258 页 "6　安全、环境保护措施"。

7　工程验收

（1）GRG 吊顶工程验收时应检查下列文件和记录：① 工程档案资料；② 设计图纸、文件、设计修改和材料代用文件；③ 材料出厂质量证明书、GRG 板试验报告、GRG 制品质量保证书，后置式锚栓的拉拔试验报告；④ 隐蔽工程验收记录；⑤ 工程质量检查记录；⑥ 分项工程质量评定验收记录。

（2）同一类型的装配式吊顶工程每层或每 30 间应划分为一个检验批，不足 30 间的也应划分为一个检验批，大面积房间和走廊可按装配式吊顶 30m² 计为 1 间。

（3）装配式吊顶工程每个检验批应至少抽查 10%，并不得少于 3 间，不足 3 间时应全数检查。

（4）分部（子分部）工程质量验收合格应符合下列规定：① 分部（子分部）工程所含分项工程的质量均应验收合格；② 质量控制资料应完整；③观感质量验收应符合要求。

8　质量记录

质量记录包括：（1）材料的产品质量合格证、性能检测报告，嵌缝胶的环保检测和相容性试验报告，吊顶膨胀螺栓拉拔试验报告；（2）各种材料的进场检验记录和进场报验记录；（3）吊顶骨架的安装隐检记录；（4）技术交底记录；（5）工程检验批质量验收记录；（6）分项工程质量验收记录。

第9节　挂装式玻璃吊顶施工工艺

主编点评

本工艺将夹胶玻璃面板与支撑框架在工厂制作成完整的玻璃单元，运到施工现场后直接挂装在吊顶龙骨上，具有施工高效、构造安全及拆换方便等特点。本技术获广东省工程建设省级工法等荣誉。

1　总　则

1.1　适用范围
本工艺适用于一般工业与民用建筑室内玻璃吊顶工程施工。

1.2　编制参考标准及规范
（1）《建筑装饰装修工程质量验收标准》GB 50210
（2）《装配式内装修技术标准》JGJ/T 491
（3）《公共建筑吊顶工程技术规程》JGJ 345
（4）《建筑用安全玻璃　第3部分：夹层玻璃》GB 15763.3
（5）《建筑用轻钢龙骨》GB/T 11981
（6）《建筑玻璃应用技术规程》JGJ 113
（7）《非结构构件抗震设计规范》JGJ 339

2　施工准备

2.1　技术准备
（1）熟悉图纸，完成图纸深化设计和图纸会审。通过图纸会审确认吊顶工程内的起拱高度、风口、消防排烟口、检修口、大型灯具口等设备的标高、开孔位置等。（2）编制吊顶专项施工方案，并报监理单位审批。（3）将专项技术交底落实到作业班组。（4）按施工图纸进行放线，随放随复核，并验收合格。

2.2 材料要求

常用主要材料一览表   表 3.9.2-1

序号	材料名称	型号规格	单位
1	通丝螺杆	$\phi 8$	mm
2	主龙骨吊件	$35 \times 50 \times 130 \times 1.2$	mm
3	上人主龙骨	$CS60 \times 27 \times 1.2$	mm
4	副龙骨（T形型材）	$60 \times 27 \times 1.2$	mm
5	T形型材挂件	$70 \times 30 \times 1.2$	mm
6	玻璃板挂件	壁厚≥2	mm
7	钢化夹胶玻璃	$8 + 0.76PVB + 8$	mm

（1）吊杆（通丝螺杆）：吊杆的直径应根据设计要求选择，无设计要求也可以视情况采用不小于 $\phi 8mm$ 的吊杆，当吊杆长度大于 1000mm 时，直径不应小于 $\phi 10mm$。当吊杆长度大于 1500mm 时，应设置反向支撑杆。制作好的金属吊杆应进行防腐处理。

（2）主、副龙骨构件：外观质量轻钢龙骨外形要平整，棱角清晰，切口不允许有影响使用的毛刺和变形。镀锌层不许有起皮、起瘤、脱落等缺陷。对于腐蚀、损伤、黑斑、麻点等缺陷，按规定方法检测。外观质量检查时，应在距产品 0.5m 处光照明亮的条件下，进行目测检查。轻钢龙骨表面应镀锌防锈，其双面镀锌量：优等品不小于 $120g/m^2$。

（3）主龙骨吊件：主龙骨吊件、吊码的品种、级别、规格和数量应符合图纸及工艺标准。吊码表面不应有咬口、凹凸等缺陷，需有检验合格报告，抽检合格后方可投入使用。除了要满足轻钢龙骨所有规格标准和质量要求外，其厚度应满足本工艺要求的大于或等于 1.2mm，应提前向生产厂家下单定做，满足专用连接件的卡紧强度要求。

（4）玻璃板挂件：玻璃板挂件采用轻钢龙骨统一加工工艺标准，需符合《建筑用轻钢龙骨》GB/T 11981 的各项要求。批量加工前，样板应经过精细对比及确认，构件厚度应满足本工艺要求≥1.2mm。

（5）T形型材挂件：T形型材挂件属于薄壁型钢。与建筑用轻钢龙骨（简称龙骨）采用同种材质，都以连续热镀锌钢板（带）作为原料，采用冷弯工艺加工生产。实测尺寸与图样尺寸允许公差精细到 ±1mm，其各项功能应符合《建筑用轻钢龙骨》GB/T 11981 的要求，其薄壁厚度应大于或等于 1.2mm。

（6）钢化夹胶玻璃：玻璃面板采用钢化夹胶玻璃，夹层胶可以做成不同图案、不同色彩效果，工厂直接预置挂钩，预置在钢化夹胶玻璃中的挂钩与玻璃之间必须软连接。夹层玻璃应符合《建筑用安全玻璃 第 3 部分：夹层玻璃》GB 15763.3 的规定，单片玻璃厚度宜大于或等于 5mm；应采用 PVB（聚乙烯醇缩丁醛）胶片或离子性中间层胶片干法加工合成技术，PVB 胶片厚度不小于 0.76mm。钻孔时应采用大、小孔相对的方式，外露的 PVB 边缘宜进行封边处理。

（7）五金配件：若采用非标准五金件应符合设计要求，并应有出厂合格证；同时应符合现行国家标准《紧固件机械性能 不锈钢螺栓、螺钉和螺柱》GB/T 3098.6 的规定。

2.3 主要机具

（1）机械：冲击钻、型材切割机、9寸圆锯等。（2）工具：电动螺钉旋、锤子、钢凿子等。（3）计量检测用具：水准仪、激光投线仪、水平尺、卷尺等。

2.4 作业条件

（1）吊顶面板安装前，墙体、地面湿作业工程等应完成。（2）吊顶内各种管线及通风管道，均应安装完毕、打压、冲洗后并办理验收手续。（3）按相关标准规范搭好吊顶施工操作平台。（4）施工现场所需的临时用电、各种工机具准备就绪。

---

3 施工工艺

3.1 工艺流程

测量放线 ⟶ 玻璃板单元工厂制作 ⟶ 吊杆安装 ⟶ 主龙骨安装 ⟶
副龙骨（T形型材）安装 ⟶ 玻璃板块安装 ⟶ 清洁、验收

3.2 操作工艺

（1）测量放线：弹吊顶水平标高线、定位线、划龙骨分档线。依据室内标高控制线，顺墙高量至吊顶设计标高，沿墙四周弹吊顶标高水平线。按吊顶平面图，在混凝土顶板弹出主龙骨的位置。放线应位置准确，均匀清晰。主龙骨一般从吊顶的中心位置向两边分，间距按设计要求，排列时应尽量避开嵌入式设备，遇到梁和管道固定点大于设计和规程要求，应增加吊杆的固定点（图3.9.3-1）。

图3.9.3-1 放线定位

（2）玻璃板单元工厂制作：现场所用材料按照实际尺寸下单给工厂加工，批量生产前需制作样板，并在现场做施工样板确认，骨架配件需经过三批次试验与龙骨安装吻合，玻璃板块排板需按照现场实际尺寸调整。玻璃面板应按设计要求的规格和型号选用，要求

选用钢化夹胶安全玻璃。玻璃板块周围采用不锈钢包边或采用点式连接，不锈钢与玻璃之间设有双面胶胶垫，并利用铝型材配件进行固定，使玻璃、铝型材、不锈钢边框通过专用自攻螺钉锁紧为一个整体。玻璃板块为一个单元整体，均采用工厂加工，其加工质量严格按照国家标准执行。工厂配件加工按照施工组织计划的先后顺序进行生产和批量到场，做好运输成品保护工作，运送到场需按区域分开存放。本工艺的构件均由工厂生产制作，玻璃单元板块通过玻璃板块上的金属挂钩实现现场装配式吊挂安装。钢化夹胶玻璃与不锈钢边框通过结构胶连接一起，玻璃板块挂钩螺栓连接在玻璃边框上，形成整个玻璃单元板块；现场安装好主、副龙骨后，进行整个玻璃单元板块的装配式吊挂安装（图 3.9.3-2、图 3.9.3-3）。

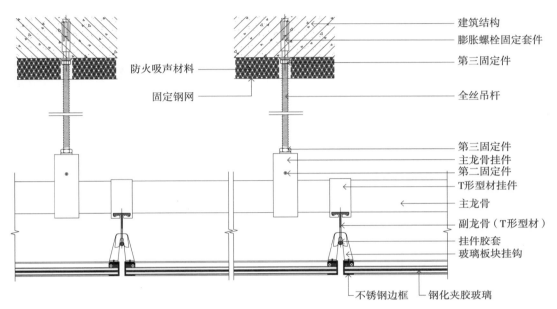

图 3.9.3-2 玻璃吊顶（平行主龙骨）示意图

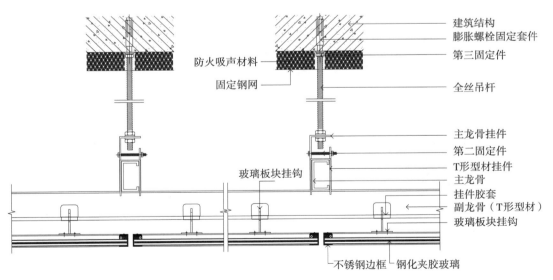

图 3.9.3-3 玻璃吊顶（垂直主龙骨）示意图

（3）吊杆安装：采用通丝螺杆作吊杆，一端加工长度大于 100mm 的螺纹。吊杆的直径应符合设计要求，吊杆直径及固定吊杆的膨胀螺栓直径经计算确定，并做抗拉拔试验；当吊杆长度大于 1000mm 时，直径不应小于 $\phi 10$mm；当吊杆长度大于 1500mm 时，应设置反向支撑杆。金属吊杆应进行防腐处理。吊杆用冲击钻打孔后，用膨胀螺栓固定在楼板上，吊杆应通直并有足够的承载力（图3.9.3-4、图3.9.3-5）。

（4）主龙骨安装：主龙骨采用金属龙骨，主龙骨规格型号应经结构计算确定。主龙骨通过吊杆下端的吊件连接锁紧。龙骨安装的同时，需将T形型材挂件平行套接在柱龙骨上，T形型材挂件，两壁设有T形开槽，用于连接卡紧副龙骨（T形型材），并进行副龙骨水平调节。主龙骨吊件与T形型材挂件通过主龙骨相互锁紧连成一体，成为吊顶骨架的主要支撑结构。主龙骨垂直和水平位置可通过吊杆螺丝和T形型材挂件调节平整，调整水平与垂直度后，将上下螺母锁紧（图3.9.3-6～图3.9.3-8）。

（5）副龙骨（T形型材）安装：副龙骨采用T形型材件，其横截面形状为一个"T"字，上端两边伸出的翼板与T形型材挂件的下端开槽相吻合，通过插入该开槽孔洞固定，实现与主龙骨的紧固连接。副龙骨通过开才可实现水平移动调节。型材下方竖板设有倒置半圆形封闭开孔，开孔下端为通长圆柱形，长度与副龙骨齐平。该圆柱形上设有胶套，用于固定锁紧玻璃板块挂钩，并避免玻璃板块金属挂钩件与金属型材的直接摩擦，增加金属间摩擦力，龙骨安装直接穿插即可（图3.9.3-9）。

图 3.9.3-4　吊杆安装

图 3.9.3-6　主龙骨安装

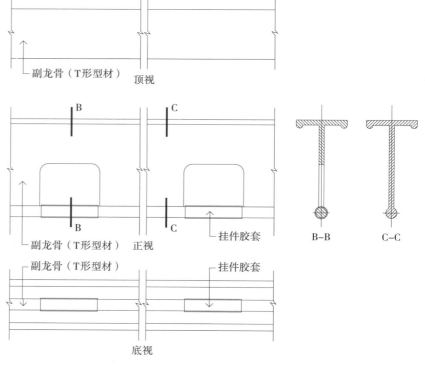

图 3.9.3-9　副龙骨（T形型材）大样图

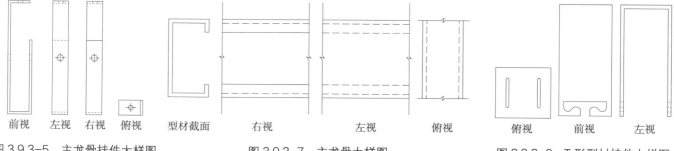

图 3.9.3-5　主龙骨挂件大样图　　　　图 3.9.3-7　主龙骨大样图　　　　图 3.9.3-8　T形型材挂件大样图

（6）玻璃板块安装：玻璃板块不锈钢边框上端两两对称设有四个玻璃板块挂钩，为工厂预置，挂钩开口朝向玻璃边框外侧，两块相邻的玻璃板通过对称挂钩同时挂接在同一个副龙骨的封闭开孔的胶套上，利用自重实现卡紧固定，按照顺序依次按图挂装便完成整个吊顶的安装。玻璃板块之间留置10mm的缝隙，分缝不做打胶处理，方便更换和调整（图3.9.3-10～图3.9.3-12）。

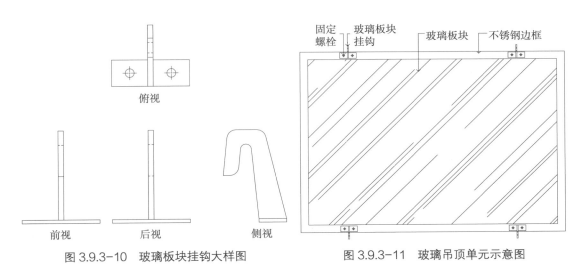

图 3.9.3-10　玻璃板块挂钩大样图　　　　图 3.9.3-11　玻璃吊顶单元示意图

图 3.9.3-12　玻璃面板安装图　　　　图 3.9.3-13　玻璃面板完成图

3.3　质量关键要求

（1）主龙骨吊杆间距应小于1200mm，末端吊杆与墙面距离应小于300mm，吊杆长度应小于1500mm，否则应加设反支撑或转换层；（2）消防、照明、空调、智能集成末端设备定位偏差应小于5mm；（3）单元玻璃板挂装过程应有防边角碰撞措施；（4）单元玻璃板运输、存储应严格按安装先后顺序堆放。

3.4　季节性施工

（1）雨期各种材料的运输、搬运、存放，均应采取防雨、防潮措施，以防止发生霉变、生锈、变形等现象。（2）冬期吊顶施工前，应完成外门窗安装工程；否则应对门、窗洞口进行临时封挡保温。（3）冬期玻璃吊顶安装施工时，室内作业环境温度应在0℃以上。打胶作业的环境温度不得低于5℃。（4）玻璃从过冷或过热的环境中运入操作地点后，应待玻璃温度与操作场所温度相近后再行安装。

4.1 主控项目

（1）玻璃吊顶标高、尺寸、起拱和造型应符合设计要求。

检验方法：观察；尺量检查。

（2）玻璃板材料的材质、品种、规格、图案、颜色和性能应符合设计要求及现行国家标准的有关规定。

检验方法：观察；尺量检查；检查产品合格证、进场验收记录。

（3）玻璃面板的安装应稳固严密。面板与龙骨的搭接宽度应大于龙骨受力面宽度的2/3。

检验方法：观察；尺量检查。

（4）吊杆和龙骨的材质、规格、安装间距及连接方式应符合设计要求。金属吊杆和龙骨应进行表面防腐处理。

检验方法：观察；尺量检查；检查隐蔽验收记录、施工记录。

（5）玻璃吊顶工程的吊杆和龙骨安装应牢固。

检验方法：检查隐蔽验收记录、施工记录、复验报告。

4.2 一般项目

（1）玻璃面板材料表面应洁净、色泽一致，不得有翘曲、裂缝及缺损。面板与龙骨的搭接应平整、吻合，压条应平直、宽窄一致。

检验方法：观察；检查产品合格证、进场验收记录。

（2）玻璃吊顶上的灯具、烟感器、喷淋头、风口箅子和检修口等集成设备设施的位置应合理、美观，与面板的交接应吻合、严密。

检验方法：观察。

（3）金属龙骨的接缝应平整、吻合、颜色一致，不得有划伤和擦伤等表面缺陷。

检验方法：观察。

（4）玻璃吊顶工程安装的允许偏差和检验方法应符合表3.9.4-1的规定。

玻璃吊顶工程安装的允许偏差和检验方法　　　　　　　　　　　　　　　　表3.9.4-1

项次	项目	允许偏差（mm）	检验方法
1	表面平整度	2	用2m靠尺和塞尺检查
2	接缝直线度	3	拉5m线，不足5m拉通线，用钢直尺检查
3	接缝高低差	1	用钢直尺和塞尺检查

（1）龙骨、玻璃及其他吊顶材料在入场存放、使用过程中严格管理，保证板材不受潮、

不变形、不污染。（2）玻璃吊顶安装必须在吊顶内管道、试水、保温等一切工序全部验收后进行。（3）玻璃吊顶施工过程中，注意对已安装的门窗，已施工完毕的楼面、地面、墙面、窗台等的保护，防止损伤和污染。（4）玻璃吊顶施工过程中注意保护吊顶内各种管线。禁止将吊杆、龙骨等临时固定在各种管道上。

6　安全、环境保护措施

6.1　安全措施

（1）搬运玻璃时应戴手套，手应抓稳玻璃，防止玻璃掉下伤脚。（2）玻璃吊顶未安装牢固前，不得中途停工，垂直下方禁止通行。（3）玻璃吊顶的施工存在垂直作业时，应合理安排施工工序，避免交叉作业，防止上下同时施工。（4）玻璃吊顶工程的移动作业平台应符合建筑施工安全标准。施工人员必须戴安全帽、系安全带，把安全带拴在牢固的地方。使用人字梯时，下脚应绑麻布或垫胶皮，并加拉绳，以防滑溜。

6.2　环保措施

（1）施工过程剩余的配件、废弃物应统一回收处理，不得随意倾倒。（2）施工用的油漆、结构胶、防火涂料等易污染大气的化学物品统一管理，用后盖盖严，防止污染大气。（3）严禁在施工现场焚烧任何废物和会产生有毒有害气体、烟尘、臭气的物质。（4）环境因素辨识及控制措施见表3.9.6-1。

环境因素辨识及控制措施　　　　　　　　　　　　　　　　　　　　　　　表3.9.6-1

序号	作业活动	环境因素	主要控制措施
1	玻璃吊顶	噪声	（1）隔离、减弱、分散；（2）在规定的时间作业
2		有害物质挥发	（1）胶粘剂在配制和使用过程中采取减少挥发的措施；（2）执行《民用建筑工程室内环境污染控制标准》GB 50325
3		固体废物排放	（1）加强培训、提高认识；（2）建立各种回收管理制度；（3）废余料、包装袋、胶瓶等及时清理、分类回收，集中处理

7　工程验收

（1）玻璃吊顶工程验收时应检查下列文件和记录：① 吊顶工程的施工图、设计说明及其他设计文件；② 材料的产品合格证书、性能检测报告、进场验收记录和复验报告；③ 隐蔽工程验收记录：吊顶内管道、设备的安装及水管试压、风管严密性检验，龙骨防火、防腐处理，埋件，吊杆安装，龙骨安装，填充材料的设置，反支撑及钢结构转换层等；④ 施工记录。

（2）同一类型的装配式吊顶工程每层或每30间应划分为一个检验批，不足30间的也应划分为一个检验批，大面积房间和走廊可按吊顶30m^{2}计为1间。

（3）装配式吊顶工程每个检验批应至少抽查10%，并不得少于3间，不足3间时应全数检查。

（4）分部（子分部）工程质量验收合格应符合下列规定：① 分部（子分部）工程所含分项工程的质量均应验收合格；② 质量控制资料应完整；③ 观感质量验收应符合要求。

8 质量记录

质量记录包括：（1）材料的产品合格证书、性能检测报告；（2）材料进场验收记录、复验报告和吊顶膨胀螺栓拉拔试验报告；（3）隐蔽工程验收记录；（4）技术交底记录；（5）检验批质量验收记录；（6）分项工程质量验收记录。

第 10 节　　快挂式金属格栅吊顶施工工艺

主编点评

　　金属格栅吊顶是以轻钢龙骨、铝合金龙骨、型钢龙骨为骨架,以金属板材为格栅面层的吊顶。本工艺以珠三角城际轨道交通广佛线地铁站金属格栅吊顶工程为案例,通过对主、副龙骨和金属格栅板采用挂装构造设计,实现了金属格栅吊顶的快速挂装,具有安装便捷、绿色环保和维护方便等特点。

1　　总　　则

1.1　适用范围
本工艺适用于工业与民用建筑中格栅吊顶工程施工。

1.2　编制参考标准及规范
(1)《建筑装饰装修工程质量验收标准》GB 50210

(2)《装配式内装修技术标准》JGJ/T 491

(3)《民用建筑工程室内环境污染控制标准》GB 50325

(4)《公共建筑吊顶工程技术规程》JGJ 345

(5)《建筑内部装修设计防火规范》GB 50222

(6)《建筑用轻钢龙骨》GB/T 11981

2　　施工准备

2.1　技术准备
参见第 253 页"2.1　技术准备"。

2.2　材料要求
(1)金属格栅吊顶工程所用材料的品种、规格、质量、燃烧性能以及有害物质限量,应符合设计要求及国家现行相关标准的规定,优先采用绿色环保材料。

(2)金属格栅吊顶工程所用材料应具备出厂合格证及相关检测报告。

(3)龙骨:通常采用轻钢龙骨,分为 U 形和 T 形两种。主、次龙骨的规格、型号、材质及厚度应符合设计要求和现行国家标准《建筑用轻钢龙骨》GB 11981 的有关规定。

(4)格栅:通常用铝板或镀锌钢板加工制作。主要有 100mm×100mm、150mm×150mm、

200mm×200mm、600mm×600mm 等规格的格栅，还有宽度为 100mm、150mm、200mm、300mm、600mm 等规格的垂片。其材质、规格、型号应符合国家现行规范、标准的有关要求。组装方式应符合设计要求。

（5）辅材：龙骨专用吊挂件、连接件、插接件等附件，吊杆、膨胀螺栓、花篮螺栓、自攻螺钉、角码等，均应符合设计要求，金属件应进行防腐处理。

2.3 主要机具

（1）机械：型材切割机、手提式电动圆锯、电钻、电锯床、电锤钻、板材弯曲机、角磨机等。（2）工具：拉铆枪、电动螺钉旋具、电动螺钉枪、钳子、扳手等。（3）计量检测用具：水准仪、激光投线仪、检测尺、钢卷尺、水平尺等。

2.4 作业条件

（1）结构基底已完成检验合格并办理场地交接手续；（2）各种吊顶材料经过进场验收并合格；（3）室内墙体施工作业、吊顶内各种管线铺设及地面湿作业已基本完成，室内环境应干燥，通风良好；（4）施工所需的脚手架或移动平台已搭设好，并经检验合格；（5）施工现场所需的临时用电、各种工机具准备就绪，现场安全施工条件已具备；（6）大面积施工前已按设计要求先做样板间，经检查鉴定合格后，方可大面积施工。

3 施工工艺

3.1 工艺流程

测量放线 ⟶ 固定吊杆 ⟶ 边龙骨安装 ⟶ 主、副龙骨安装 ⟶
格栅安装 ⟶ 整理、收边 ⟶ 清洁、验收

3.2 操作工艺

（1）测量放线：进行水平控制线及吊杆与龙骨位置定位。根据墙体 1m 控制线，弹出吊顶四周连线及吊杆与龙骨位置定位线。

（2）固定吊杆：在钢筋混凝土楼板固定角码和吊杆应采用膨胀螺栓。用冲击钻在楼板上打膨胀螺栓孔时，应注意不要伤及混凝土板内的管线。吊杆的一端与角码连接，另一端套出螺纹。吊杆应做防锈处理。

（3）边龙骨安装：边龙骨应按大样图的要求和弹好的吊顶标高控制线进行安装。固定在混凝土墙（柱）上时，可直接用水泥钉固定。固定点间距一般为 300～600mm，以防止发生变形。

（4）主、副龙骨安装：主龙骨（承载龙骨）通过专用挂件与吊杆固定，中心距为 900～1500mm。主龙骨一般为轻钢龙骨，主龙骨应平行房间长方向布置，同时应起拱，起拱高度为房间跨度的 3‰～5‰。主龙骨端部悬挑应小于 300mm。主龙骨接长时应采取专用连接件，每段主龙骨的吊挂点不得少于 2 处，相邻两根主龙骨的接头要相互错开，不得放在同一吊杆档内。主龙骨安装完后，应挂通线调整至平整、顺直。当吊杆长度大于

1500mm 时，应使用硬吊杆或设置反向支撑杆（图3.10.3-1～图3.10.3-3）。

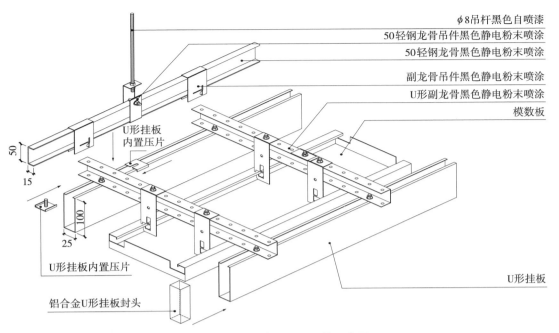

图 3.10.3-1　格栅吊顶三维示意图

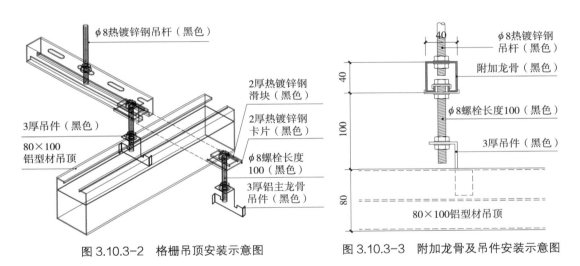

图 3.10.3-2　格栅吊顶安装示意图　　图 3.10.3-3　附加龙骨及吊件安装示意图

（5）格栅安装：安装时一般使用专用卡挂件将格栅卡挂到承载龙骨上，并应随安装随将格栅的底标高调平（图3.10.3-4～图3.10.3-8）。

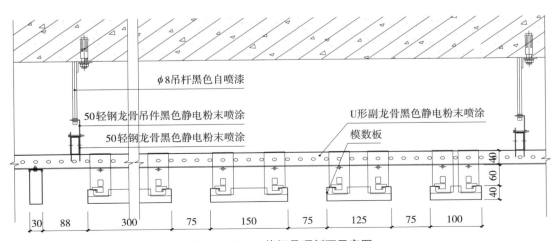

图 3.10.3-4　格栅吊顶剖面示意图

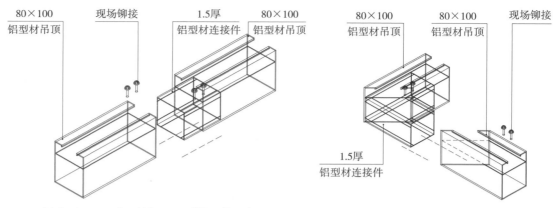

图 3.10.3-5　铝型材 180°对接三维示意图　　　图 3.10.3-6　铝型材转角连接三维示意图

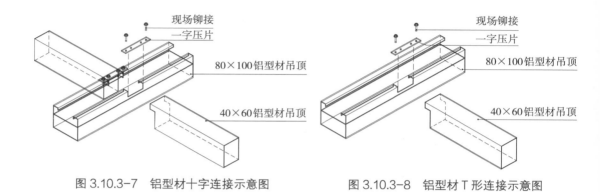

图 3.10.3-7　铝型材十字连接示意图　　　　　图 3.10.3-8　铝型材 T 形连接示意图

（6）整理、收边：金属格栅安装完后，应拉通线对整个吊顶表面和分格、分块缝调平、调直，使吊顶表面平整度满足设计或相关规范要求。格栅吊顶分格、分块缝位置准确，均匀一致，通畅顺直，无宽窄不一、弯曲不直现象。周边部分应按设计要求收边，收边条通常采用铝合金型材条。中间分格、分块缝的收边条，一般采用卡挂法安装。

（7）清洁、验收：安排专人对吊顶进行清洁（图 3.10.3-9）。组织分项验收。

图 3.10.3-9　金属格栅吊顶实景图

3.3　质量关键要求

参见第 257 页"3.3　质量关键要求"。

3.4　季节性施工

参见第 257 页"3.4　季节性施工"。

4.1　主控项目

（1）金属格栅吊顶标高、尺寸、起拱和造型应符合设计要求。

检验方法：观察；尺量检查。

（2）金属格栅的材质、品种、规格、图案、颜色和性能应符合设计要求及国家现行标准的有关规定。

检验方法：观察；检查产品合格证书、性能检验报告、进场验收记录和复验报告。

（3）吊杆和龙骨的材质、规格、安装间距及连接方式应符合设计要求。金属吊杆和龙骨应进行表面防腐处理；木龙骨应进行防腐、防火处理。

检验方法：观察；尺量检查；检查产品合格证书、性能检验报告、进场验收记录和隐蔽工程验收记录。

（4）金属格栅吊顶工程的吊杆、龙骨和格栅的安装应牢固。

检验方法：观察；手扳检查；检查隐蔽工程验收记录和施工记录。

4.2　一般项目

（1）金属格栅表面应洁净、色泽一致，不得有翘曲、裂缝及缺损。栅条角度应一致，边缘应整齐，接口应无错位。压条应平直、宽窄一致。

检验方法：观察；尺量检查。

（2）吊顶的灯具、烟感器、喷淋头、风口箅子和检修口等设备设施的位置应合理、美观，与格栅的套割交接处应吻合、严密。

检验方法：观察。

（3）金属龙骨的接缝应平整、吻合、颜色一致，不得有划伤和擦伤等表面缺陷。吊顶标高、尺寸、起拱和造型应符合设计要求。

检验方法：观察。

（4）吊顶内填充吸声材料的品种和铺设厚度应符合设计要求，并应有防散落措施。

检验方法：观察；检查隐蔽工程验收记录和施工记录。

（5）金属格栅吊顶内楼板、管线设备等表面处理应符合设计要求，吊顶内各种设备管线布置应合理、美观。

检验方法：观察。

（6）格栅吊顶工程安装的允许偏差和检验方法应符合表3.10.4-1的规定。

格栅吊顶工程安装的允许偏差和检验方法　　　　　　　　　　　　表3.10.4-1

项次	项目	允许偏差（mm）		检验方法
		金属格栅	木格栅、塑料格栅、复合材料格栅	
1	表面平整度	2	3	用2m靠尺和塞尺检查
2	格栅直线度	2	3	拉5m线，不足5m拉通线，用钢直尺检查

5 成品保护

（1）骨架、格栅板及其他材料进场后，应存入库房内码放整齐，上面不得放置重物。露天存放应进行苫盖，保证各种材料不受潮、不生锈、不变形。（2）骨架及格栅板安装时，应注意保护吊顶内各种管线及设备。吊杆、龙骨及格栅板不准固定在其他设备及管道上。（3）格栅吊顶施工时，对已施工完毕的地、墙面和门、窗、窗台等应进行保护，防止污染、损坏。（4）格栅吊顶的骨架安装好后，不得上人踩踏。其他吊挂件或重物严禁安装在格栅吊顶骨架上。（5）安装格栅板时，作业人员宜戴干净线手套，以防污染板面或板边划伤手。

6 安全、环境保护措施

参见第258页"6 安全、环境保护措施"。

7 工程验收

（1）格栅吊顶工程验收时应检查下列文件和记录：① 材料的生产许可证、产品合格证书、性能检测报告、进场验收记录和复验报告；② 隐蔽工程验收记录；③ 施工记录；④ 吊顶工程的施工图、设计说明及其他设计文件。

（2）格栅吊顶工程应对下列隐蔽工程项目进行验收：① 吊顶内管道设备的安装及水管试压；② 预埋件或拉结筋；③ 吊杆安装；④ 龙骨安装。

（3）同一类型的装配式吊顶工程每层或每30间应划分为一个检验批，不足30间的也应划分为一个检验批，大面积房间和走廊可按装配式吊顶30m² 计为1间。

（4）装配式吊顶工程每个检验批应至少抽查10%，并不得少于3间，不足3间时应全数检查。

（5）安装龙骨前应按设计要求对房间净高、洞口标高和吊顶内管道设备及其支架的标高进行交接检验。

（6）金属格栅吊顶工程中的金属预埋件、吊杆应进行防锈处理。

（7）吊杆距主龙骨端部距离不得大于300mm，当大于300mm时应增加吊杆，当吊杆长度大于1.5m时应设置反支撑，当吊杆与设备相遇时应调整并增设吊杆。

（8）重型灯具、电扇及其他重型设备严禁安装在吊顶工程的龙骨上。

8 质量记录

参见第260页"8 质量记录"。

第11节　陶瓷铝蜂窝复合板吊顶施工工艺

主编点评

陶瓷铝蜂窝复合板是由3mm厚建筑陶瓷薄板饰面、铝板、蜂窝结构、胶粘剂、挂件等复合成型的全封闭集保温、隔声与装饰功能的集成板。本工艺采用快速挂装施工方法，具有安装快捷、绿色环保、安全可靠和维护方便等特点。

1　总　则

1.1　适用范围
本工艺适用于一般工业与民用建筑室内陶瓷铝蜂窝复合板吊顶工程施工。

1.2　编制参考标准及规范
（1）《建筑装饰装修工程质量验收标准》GB 50210
（2）《装配式内装修技术标准》JGJ/T 491
（3）《公共建筑吊顶工程技术规程》JGJ 345
（4）《民用建筑工程室内环境污染控制标准》GB 50325
（5）《建筑内部装修设计防火规范》GB 50222
（6）《建筑装饰用石材蜂窝复合板》JG/T 328
（7）《陶瓷板》GB/T 23266
（8）《非结构构件抗震设计规范》JGJ 339

2　施工准备

2.1　技术准备
参见第284页"2.1　技术准备"。

2.2　材料要求
（1）陶瓷铝蜂窝复合板吊顶工程所用材料的品种、规格、质量、燃烧性能以及有害物质限量，应符合设计要求及国家现行相关标准的规定，优先采用绿色环保材料。
（2）吊顶工程所用材料应具备出厂合格证及相关检测报告。
（3）轻钢龙骨：常用的轻钢龙骨系列主要有：不上人 UC38、UC50 系列和上人 UC60 系列。主、次龙骨的规格、型号、材质及厚度应符合设计要求和现行国家标准《建筑用轻钢龙骨》GB 11981 的有关规定。

（4）铝合金龙骨：选用的铝合金龙骨其主、次龙骨的质量、规格、型号应符合设计图纸要求和现行国家标准的有关规定，应无变形、弯曲现象。

（5）金属吊杆：吊杆应采用全牙热镀锌钢吊杆，常用规格：M8、M10，M8 用于不上人吊顶轻钢骨架系统，M10 用于上人吊顶轻钢骨架系统。

（6）面板

① 陶瓷铝蜂窝复合板主要由 3mm 厚建筑陶瓷薄板饰面、铝板、蜂窝结构、胶粘剂、挂件等复合成型的全封闭集保温、隔声与装饰功能的集成板。

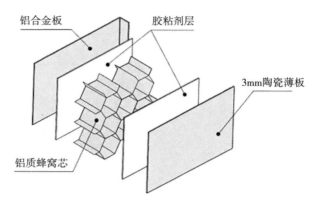

图 3.11.2-1　陶瓷铝蜂窝复合板构造示意图

② 陶瓷蜂窝复合板的品种、规格、型号、外观和性能应符合设计要求外还应符合表 3.11.2-1 要求。

物理和力学性能　　　　　　　　　　　　　　　　　　　　　　　　　　　　　表 3.11.2-1

项目		技术要求	
		W 类	N 类
耐沾污性		无明显残余污染痕迹	
抗落球冲击		无开胶、脱落破坏	
抗柔重物体冲击		无开胶、脱落破坏	
平压强度（MPa）		≥ 0.8	≥ 0.6
平压弹性模量（MPa）		≥ 30	≥ 25
平面剪切强度（MPa）		≥ 0.5	≥ 0.4
平面剪切弹性模量（MPa）		≥ 4.0	≥ 3.0
滚筒剥离强度（N·mm/mm）	平均值	≥ 50	≥ 40
	最小值	≥ 40	≥ 30
平拉粘接强度（MPa）	平均值	≥ 1.0	≥ 0.6
	最小值	≥ 0.6	≥ 0.4
弯曲强度（标准值）（MPa）	花岗石	≥ 8.0	—
	砂岩、大理石、石灰石	≥ 4.0	

项目		技术要求	
		W 类	N 类
弯曲刚度（N·mm²）	铝蜂窝板	$\geq 1.0 \times 10^9$	$\geq 1.0 \times 10^8$
	钢蜂窝板	$\geq 1.0 \times 10^9$	
	玻纤蜂窝板	$\geq 1.5 \times 10^8$	
剪切刚度（N）		$\geq 1.0 \times 10^5$	$\geq 1.0 \times 10^4$
耐热水性	外观	无异常	
	平拉粘接强度平均值下降率（%）	≤ 15	
耐温差性	外观	无异常	—
	弯曲强度下降率（%）	≤ 20	
抗冻性	外观	无异常	
	平拉粘接强度平均值下降率（%）	≤ 15	

注：弯曲试验用的试样宽度为 100mm。

③ 辅材：选用的龙骨专用吊挂件、连接件、插接件等附件、角码等应符合设计要求并进行防腐处理。

④ 吊顶材料进场时，厂商必须提供产品生产许可证、合格证及性能检测报告、材料复检报告。工程管理人员组织材料进场验收并经复验合格后，方可用于工程施工，严禁使用不合格的材料。

2.3 主要机具

（1）机械：型材切割机、手提式电动圆锯、电钻、电锯床、电锤钻、角磨机等。（2）工具：拉铆枪、电动螺钉旋具、电动螺钉枪、钳子、扳手等。（3）计量检测用具：水准仪、激光投线仪、检测尺、钢卷尺、水平尺等。

2.4 作业条件

参见第 286 页"2.4 作业条件"。

3 施工工艺

3.1 工艺流程

测量放线 ⟶ 吊杆、龙骨及连接扣件安装 ⟶ 吊顶板块安装 ⟶ 清洁、验收

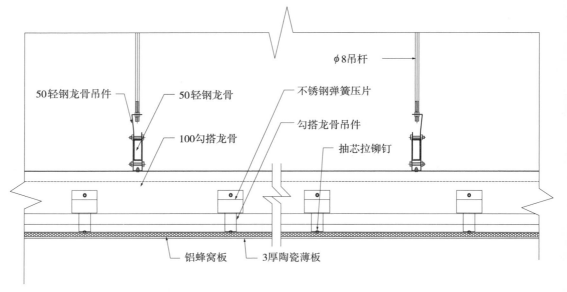

图 3.11.3-1 陶瓷铝蜂窝复合板吊顶节点图一

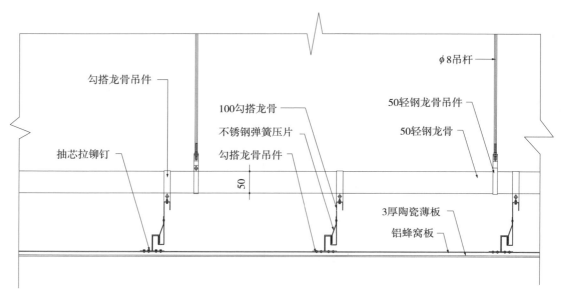

图 3.11.3-2 陶瓷铝蜂窝复合板吊顶节点图二

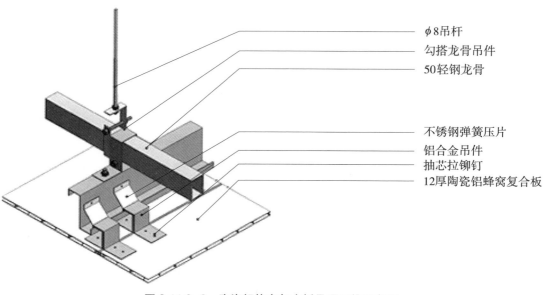

图 3.11.3-3 陶瓷铝蜂窝复合板吊顶三维示意图

3.2　操作工艺

（1）测量放线

水平线控制线及吊杆与龙骨位置定位控制。根据墙体 1m 控制线，弹出吊顶四周连线；依设计图纸分格，用红外线水准仪设置好吊杆安装位置。

（2）吊杆、龙骨及连接扣件安装

① 根据每个区域的吊顶排板图确定主副龙骨的位置及走向，吊杆间距 900～1200mm（或按设计），主副龙骨间距根据吊顶板大小确定。对于有检修口要求的位置应安装附加龙骨。② 吊杆距主龙骨端部距离不得超过 300mm，否则应增设吊杆，以免主龙骨下坠，当吊杆与设备相遇时，应调整吊点以保证吊顶质量。③ 吊杆与钢结构梁或预留钢板埋件及龙骨与龙骨、龙骨与吊杆之间采用机械连接。④ 当吊杆需要接长时，应搭接焊牢，焊缝均匀饱满；当吊杆长度大于 1.5m 时，应设置反支撑。⑤ 为尽量减小钢龙骨下沉挠度对吊顶装饰面层平整度的影响，龙骨中间部分应起拱，起拱高度应不小于房间短向跨度的1/200。⑥ 吊顶的龙骨安装完毕后，将钢龙骨下弦拉通线进行检查验收，局部标高误差过大的钢龙骨，采取在钢龙骨中部加设支撑柱，调平至误差在 2mm 范围内，以满足面层对基层平整度的要求。⑦ 挂件为不锈钢挂件。挂件厚度大于或等于 4mm，宽 40mm，挂件设置在板的长边背面上，挂件的数量根据板的长度确定，当板的长度小于或等于 600mm 时，挂件数量为 2 个；当板的长度为 600～1000mm 时，挂件数量为 3 个；当板的长度为 1000～1500mm 时，挂件数量为 4 个；当板的长度为 1500～2000mm 时，挂件数量为 5 个。⑧ 在陶瓷铝蜂窝复合板背面根据挂件安装位置进行打孔，打孔位置应与挂件上孔位对应一致。⑨ 在孔内注入环氧树脂胶，采用拉铆枪固定不锈钢挂件，每个挂件上不少于 2 个拉铆钉，拉铆钉直径 4mm。陶瓷铝蜂窝复合板与不锈钢挂件间的接触面采用绝缘片做隔离处理，以防止产生电化学腐蚀。

（3）吊顶板块安装

① 陶瓷铝蜂窝复合板运至现场后，首先复核每一块板的加工尺寸，主要复核板块大小、厚度尺寸偏差是否在允许范围之内，如有偏差影响安装的应返厂重新加工。② 根据每一个空间的排板图，按照编号将装有不锈钢挂件的陶瓷铝蜂窝复合板在现场地面上进行预排，按照放样图编号的要求一一编号。③ 陶瓷铝蜂窝复合板安装时按照排板图进行安装。④ 在已安装好并进行隐蔽工程验收的龙骨架下面，按照面板的规格进行分块挂线。从吊顶一侧开始先安装一行面板，以此为基准，按照排板图将板块依次后退逐块进行安装。⑤ 安装时要与基准线进行复核，包括水平方向上纵横两个位置以及标高。确保板块平直、缝宽一致，接缝无视觉上高低差。⑥ 安装时应综合考虑面板上的灯具、烟感器、喷淋头、风口箅子等设备，做到位置合理、美观，与饰面板的交接应吻合、严密。⑦ 陶瓷铝蜂窝复合板块每块吊顶板块不宜大于 1200mm×2400mm。

（4）清洁、验收

施工完成后，安排专人对陶瓷铝蜂窝复合板板面进行清洁。组织分项验收。

图 3.11.3-4　陶瓷铝蜂窝复合板吊顶实景图

3.3　质量关键要求

参见第 289 页"3.3　质量关键要求"。

3.4　季节性施工

参见第 289 页"3.4　季节性施工"。

4　质量要求

4.1　主控项目

（1）吊顶标高、尺寸、起拱和造型应符合设计要求。

检验方法：观察；尺量检查。

（2）面板材质、品种、规格、图案和颜色应符合设计及相关规范标准要求。

检验方法：观察；尺量检查。

（3）吊杆、龙骨和面板的安装应牢固。

检验方法：观察；尺量检查；手板检查。

（4）吊杆、龙骨的材质、规格、安装间距及连接方式应符合设计要求，金属吊杆、龙骨应经过表面防锈处理。

检验方法：观察；尺量检查；手板检查。

（5）重量超过 3kg 的灯具、吊扇及有震颤的设施，应直接吊挂在原建筑楼板或横梁上。

检验方法：观察；尺量检查；手板检查。

（6）吊顶龙骨不得扭曲、变形。安装应牢固可靠，间距符合设计要求、四周平顺。

检验方法：观察；尺量检查；手板检查。

（7）吊顶饰面板的开孔和切割应尺寸准确、套裁整齐，符合设计要求。吊顶饰面板与龙骨连接紧密牢固，阴阳角收边方正，起拱正确。

检验方法：观察；尺量检查。

4.2　一般项目

（1）面板表面应洁净、色泽一致，不得有裂缝和缺损。

检验方法：观察。

（2）面板上的灯具、烟感器喷淋头、风口等设备的位置应合理、美观，与面板的交接应吻合、严密。

检验方法：观察。

（3）金属吊杆、龙骨的接缝应均匀一致，角缝应吻合，表面应平整，无翘曲、锤印。

检验方法：观察。

（4）吊顶面板安装前应对隐蔽工程项目进行验收。

检验方法：检查隐蔽工程验收记录。

（5）吊顶面板表面应平整、边缘整齐、颜色一致，不得有污染、折裂、缺棱、掉角、锤印等缺陷。

检验方法：观察。

（6）吊顶面板与墙面、窗口等交接处应接缝严密，压条顺直、宽窄一致。

检验方法：观察；尺量检查。

（7）陶瓷铝蜂窝复合板安装的允许偏差和检验方法应符合表 3.11.4-1 的规定。

陶瓷铝蜂窝复合板安装的允许偏差和检验方法　　　　　　　　　　表 3.11.4-1

项次	项目	允许偏差（mm）	检验方法
1	表面平整度	2	用 2m 靠尺和塞尺检查
2	接缝直线度	3	拉 5m 线，不足 5m 拉通线，用钢直尺检查
3	接缝高低差	1	用钢直尺和塞尺检查

5　　成品保护

（1）骨架、面板及其他吊顶材料在进场、存放、使用过程中应严格管理，保证不变形、不生锈、无破损。（2）已装好的轻钢龙骨架上不得上人踩踏，其他工种的吊挂件不得吊于轻钢骨架上。（3）吊顶施工过程中注意保护吊顶内各种管线。禁止将吊杆、龙骨等临时固定在各种管道上。（4）面板安装后，应采取措施，防止面板被损坏、污染。

6　　安全、环境保护措施

参见第 291 页 "6　安全、环境保护措施"。

7	工程验收

参见第 291 页 "7 工程验收"。

8	质量记录

参见第 292 页 "8 质量记录"。

第 12 节 城轨高架站轨行区抗风防震吊顶施工工艺

主编点评

随着我国城市轨道交通迅速发展，高架站的分布向高烈度地震区和沿海台风区延伸。高架站轨行区吊顶将受到狭管效应作用、高速飞驰的列车振动作用和潜在的地震威胁，尤其是沿海台风地区强大的狭管效应风及高烈度地震区地震作用极容易造成轨行区吊顶掉落或坍塌，对高速运行列车造成重大安全隐患。

本工艺针对上述技术难题，以广州地铁 21 号线部分高架站吊顶工程为实例，采用抱箍、减震器、万向节、钢龙骨及金属面板等构件组成吊顶单元，多点铰接约束，现场装配施工，实现抗震、防风及快速安装要求。该技术获得建筑装饰行业科学技术奖一等奖、广东省工程建设省级工法等荣誉。

1 总 则

1.1 适用范围
本工艺适用于轨道交通站轨行区吊顶工程施工，尤其适用于城市轨道交通站、城际轨道交通站、高铁站等轨行区吊顶工程施工。

1.2 编制参考标准及规范
（1）《建筑装饰装修工程质量验收标准》GB 50210
（2）《装配式内装修技术标准》JGJ/T 491
（3）《公共建筑吊顶工程技术规程》JGJ 345
（4）《建筑用集成吊顶》JG/T 413
（5）《铝合金建筑型材 第 1 部分：基材》GB/T 5237.1
（6）《民用建筑工程室内环境污染控制标准》GB 50325
（7）《建筑内部装修防火施工及验收规范》GB 50354
（8）《非结构构件抗震设计规范》JGJ 339

2 施工准备

2.1 技术准备
（1）轨行区吊顶工程应根据原设计图纸由具有相应设计资质的单位进行充分深化，明确相关材料、施工及质量验收标准和要求。（2）编制轨行区吊顶工程施工方案，经单位技术负责人签字审批后报监理单位审核。（3）熟悉施工图纸，协同设计、生产、施工，依据技术交底做好施工准备。（4）做好施工现场结构勘察、水准点的复测及放线定位。

2.2 材料要求

（1）所用材料的品种、规格、质量、燃烧性能以及有害物质限量，应符合设计要求及国家现行相关标准的规定，优先采用绿色环保材料。

（2）材料、构配件有害物质限量应符合现行国家标准《民用建筑工程室内环境污染控制标准》GB 50325 要求。

（3）铝合金龙骨应符合现行国家标准《铝合金建筑型材 第1部分：基材》GB/T 5237.1、《铝合金建筑型材 第2部分：阳极氧化型材》GB/T 5237.2 及《铝合金建筑型材 第5部分：喷漆型材》GB/T 5237.5 的规定。

（4）吊顶面板应符合现行行业标准《天花吊顶用铝及铝合金板、带材》YS/T 690 的规定。

（5）螺栓材料应符合现行国家标准《紧固件 螺栓、螺钉、螺柱和螺母 通用技术条件》GB/T 16938、《紧固件机械性能 不锈钢螺栓、螺钉和螺柱》GB/T 3098.6 和《紧固件机械性能 不锈钢螺母》GB/T 3098.15 的规定。

（6）所用型材表面平滑，色泽均匀，不得有明显的流痕、皱纹、裂纹、划痕和夹杂物，表面需进行氟碳涂层处理，氟碳喷涂厚度 ≥ 40μm，涂层附着力不低于 I 级。

2.3 主要机具

（1）机械：升降平台（曲臂车）、电动葫芦、钻孔机、切割机等。（2）工具：力矩扳手、开口扳手、拉铆枪、手电钻、锤子等。（3）计量检测用具：全站仪、水准仪、长卷尺、2m 靠尺、方角尺、水平尺、钢尺等。

2.4 作业条件

（1）结构基底已完成检验合格并办理场地交接手续；（2）吊顶材料，尤其是各种零配件经过进场验收并合格，各种材料机具、人员配套齐全；（3）施工所需的升降平台（曲臂车）已就位，并经检验合格；（4）施工现场所需的临时用水、用电、各种工机具准备就绪，现场安全施工条件已具备。

3 施工工艺

3.1 工艺流程及结构原理

（1）工艺流程

测量放线 ——→ 工字钢抱箍安装 ——→ 减震器安装 ——→ 万向节法兰安装 ——→
装配式龙骨安装 ——→ 冲孔吸声板及铝条百叶窗三角单元吊装 ——→ 清洁、验收

（2）结构原理

城轨高架站轨行区抗风防震吊顶采用铝型材在加工厂将多个冲孔吸声板及铝条百叶窗形成三角单元，运输现场单元吊装，与装配式龙骨有机结合，在不影响轨行区作业前提下，快速完成轨行区吊顶安装；四锥体造型巧妙地避开钢结构横梁而将吊顶高度最大化，能拓展空间减少压抑感，同时增加造型的美观要求；另外，冲孔吸声板、铝条百叶窗以及四锥体造型形成不规则反射面，有效降噪同时满足采光要求；且铝条百叶窗可在车辆快速通过时，迅速填充流速压差，从而降低狭管效应风力对吊顶的影响；吊顶结合抱箍、减震器、万向节等组件，多点铰接约束，减震器可缓冲车辆行走振动及地震作用影响，抱箍前后可调、支撑柱横向可调，万向节螺杆纵向可调，万向节法兰角度可调，实现抗震、三维可调功能以及快速安装要求（图 3.12.3-1～图 3.12.3-4）。

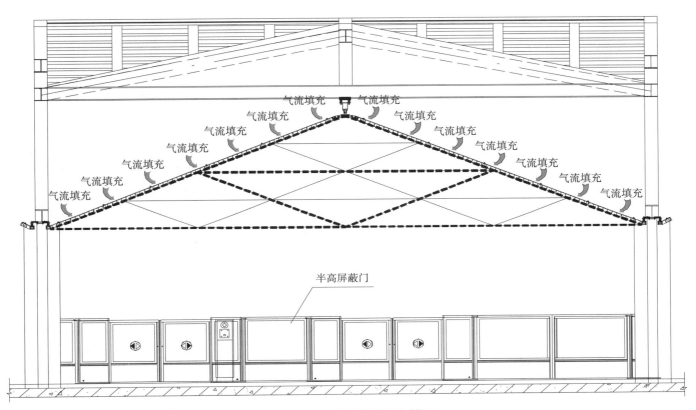

图 3.12.3-1　轨行区吊顶大样图

图 3.12.3-2　轨行区四锥体型吊顶三维示意图

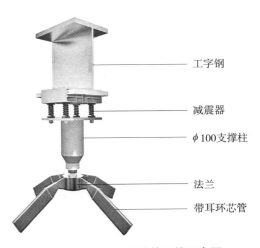

图 3.12.3-3　吊顶连接三维示意图

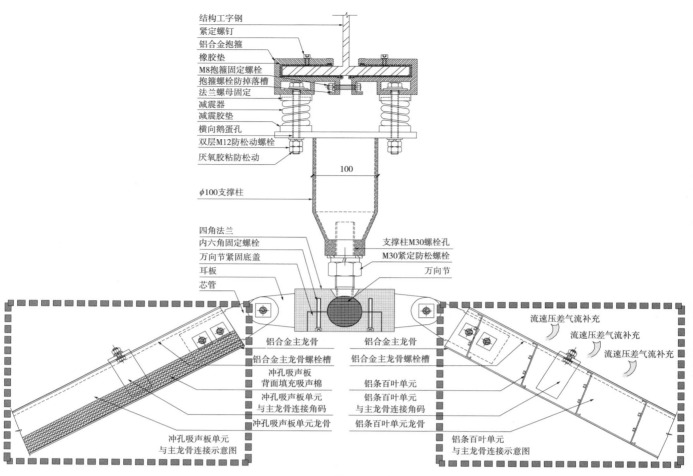

图 3.12.3-4　轨行区吊顶节点图

3.2　操作工艺

（1）测量放线：利用全站仪，根据屋面桁架现状，首先在桁架上定一条基准线，然后通过基准线定出两侧边控制线的位置；分别在各横梁之间定位出中心线，纵向中心线与各横向中心线交汇点即抱箍定位点。根据站台吊顶完成面的实际高度，确定轨行区吊顶底端高度，通过计算吊顶的顶部标高及斜面（图 3.12.3-5、图 3.12.3-6）；最终将数据整理后重新深化设计；将深化设计加工图发送加工厂进行模块化吊顶单元加工。

（2）工字钢抱箍安装：工字钢抱箍采用铝合金组合抱箍，分别在结构工字钢下腿两侧，抱箍卡槽位内侧上下端分别设置橡胶条，可防止电化腐蚀作用，安装时先把两侧抱箍分别卡入结构工字钢下腿两侧，再将螺栓沿下端开口槽穿入紧固，螺栓固定下端设置螺栓防掉落槽，抱箍可以沿钢梁前后调节，此为三维可调的前后调整，调整位置后紧定螺钉固定（图 3.12.3-7、图 3.12.3-8）。

（3）减震器安装：吊顶连接结构设置减震器，可降低车辆行走高频振动及地震作用对吊顶影响。将减震器螺栓套入抱箍螺栓槽内，用法兰螺母固定，防止松动；然后将减震器及支撑柱基座套入螺杆，减震器采用双层防松动措施，用双螺母固定后，再厌氧胶粘固定。用支撑柱代替吊杆，实现刚性连接，支撑柱基座有横向螺栓孔，可左右调节，此为三维可调的左右调节，支撑柱下端预留 M30 螺栓孔，可连接万向节法兰（图 3.12.3-9、图 3.12.3-10）。

（4）万向节法兰安装：万向节法兰是调节吊顶角度偏差重要连接构件，万向节法兰螺栓为 M30 螺栓，与支撑柱预留 M30 螺栓孔配套连接，可通过螺栓长短调整吊顶高度，此为三维可调垂直高度调节；为防止日久松动，增加外螺母紧固，固定前应先将法兰套入螺杆，万向节法兰角度调整好后，将底盖用内六角螺栓固定。法兰有耳板，可与主龙骨连接（图 3.12.3-11、图 3.12.3-12）。

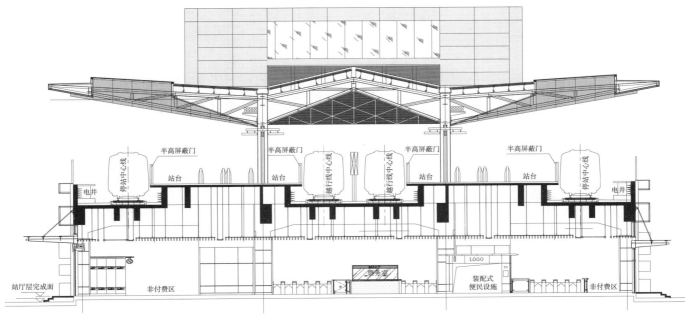

图 3.12.3-5　高架车站结构横向剖面示意图

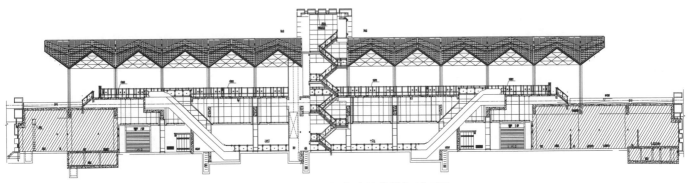

图 3.12.3-6　高架车站结构纵向剖面图

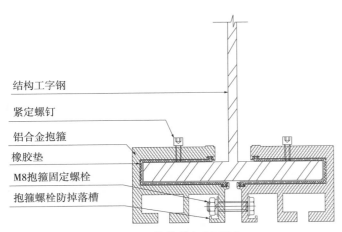

图 3.12.3-7　抱箍横向剖面图

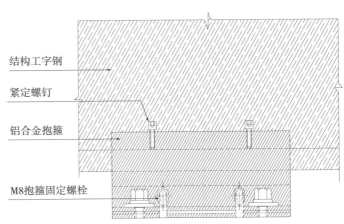

图 3.12.3-8　抱箍纵向剖面图

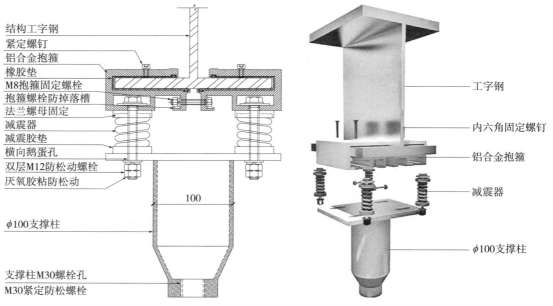

图 3.12.3-9 减震器安装节点图　　　　　图 3.12.3-10 减震器安装三维示意图

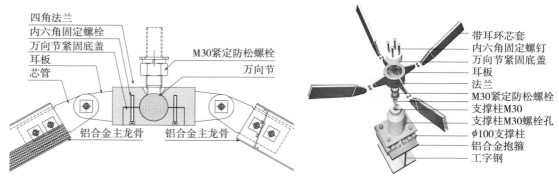

图 3.12.3-11 万向节法兰安装节点图　　　图 3.12.3-12 万向节法兰三维示意图

（5）装配式龙骨安装：四锥体型吊顶装配式龙骨采用铝型材组合安装，主龙骨端部用耳板芯套与万向节法兰耳板连接，下端用连接件与边龙骨连接，主龙骨沿长边设置螺栓槽与三角单元快速连接；底部四周边龙骨与工字钢抱箍连接，抱箍与边龙骨之间设有减震器，采用双螺母固定再加厌氧胶粘固定双层防松动措施（图 3.12.3-13、图 3.12.3-14）。

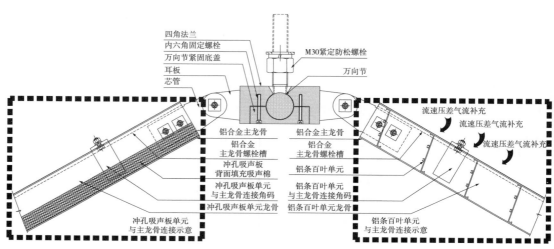

图 3.12.3-13 主龙骨安装节点图

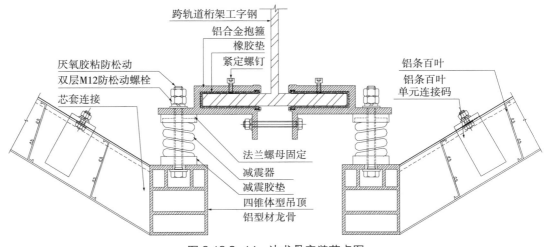

图 3.12.3-14　边龙骨安装节点图

（6）冲孔吸声板及铝条百叶窗三角单元吊装：在加工厂将多个冲孔吸声板及铝条百叶窗形成三角单元，运输现场单元吊装，三角单元有连接角码，角码与四锥体型装配式龙骨螺栓槽螺栓快速连接（图 3.12.3-15～图 3.12.3-17）。

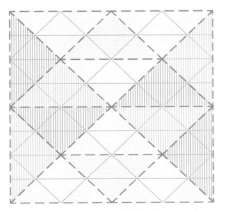

图 3.12.3-15　三角单元平面示意图

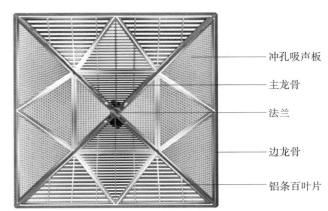

图 3.12.3-16　三角单元三维示意图

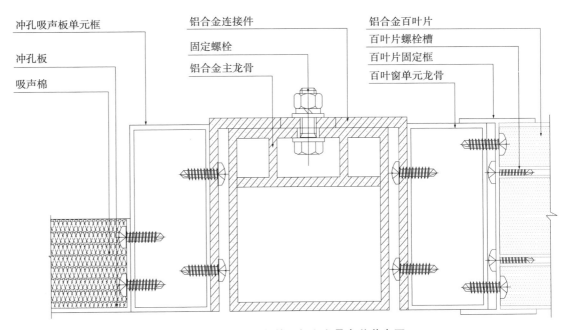

图 3.12.3-17　三角单元与主龙骨安装节点图

3.3 质量关键要求

（1）轨行区防火抗震吊顶的构造和固定方法应符合设计要求。（2）抱箍件、龙骨、面板应连接牢固。（3）龙骨的尺寸应符合设计要求，纵横拱度均匀，互相适应。（4）龙骨安装完毕，应经检查合格后再安装三角单元冲孔板及三角单元铝条百叶。配件应采用刚性固定连接，严禁松动变形。（5）三角单元冲孔板及三角单元铝条百叶的尺寸应符合设计要求，且应避免出现小边现象。（6）三角单元冲孔板及三角单元铝条百叶的品种、规格符合设计要求，外观质量应符合材料技术标准的规格。

4	质量要求

参见第229页"4　质量要求"。

5	成品保护

参见第230页"5　成品保护"。

6	安全、环境保护措施

参见第230页"6　安全、环境保护措施"。

7	工程验收

参见第231页"7　工程验收"。

8	质量记录

参见第232页"8　质量记录"。

第 13 节　开启式双层软膜吊顶施工工艺

主编点评

　　本工艺将软膜吊顶的支撑框架在工厂制作成基本完整的结构单元，运到现场后直接吊装在楼板结构上，再进行软膜面层的施工，同时采用双层软膜和可开启构造，具有施工高效、灯光均匀、维修方便等特点。

1　总　则

1.1　适用范围
本工艺适用于一般工业与民用建筑室内可开启双层软膜吊顶工程施工。

1.2　编制参考标准及规范
（1）《建筑装饰装修工程质量验收标准》GB 50210
（2）《装配式内装修技术标准》JGJ/T491
（3）《公共建筑吊顶工程技术规程》JGJ 345
（4）《民用建筑工程室内环境污染控制标准》GB 50325
（5）《建筑内部装修设计防火规范》GB 50222

2　施工准备

2.1　技术准备
参见第253页"2.1　技术准备"。

2.2　材料要求
（1）定尺加工：根据设计图纸对不同位置软膜吊顶单元进行编号，绘制加工图，要求加工尺寸为吊顶的水平投影尺寸，固定边在单元安装时利用材料的拉伸性固定在特制的龙骨内。
（2）软膜：采用特殊聚氯乙烯材料制成柔性软膜吊顶，厚度为0.15～0.50mm，其燃烧性能为B1级。
（3）吊顶所选用的钢材、软膜及配件等的品种、规格、图案、颜色应符合设计及国家现行相关规范要求。

2.3 主要机具

（1）机械：台式切割机、手提切割机、手电钻、电动螺钉枪、拉铆枪等。（2）工具：各种扳手、注胶枪、螺钉旋具、多用刀、锤子、热风炮、电吹风等。（3）计量检测用具：激光测距仪、水准仪、激光投线仪、钢卷尺、靠尺、方角尺、水平尺、塞尺等。

2.4 作业条件

（1）软膜吊顶施工前应保证场地通电测试合格，场地无建筑垃圾。（2）软膜吊顶底部处理符合吊顶安装条件，做到清洁干净。（3）空调、消防管道等必须预先布置安装、调试好，风口、喷淋头、烟感器等安装完毕。（4）施工所需的脚手架或移动作业平台已搭设好，并经检验合格。（5）施工现场所需的临时用电、各种工、机具准备就绪。

3   施工工艺

3.1 工艺流程

测量放线 ⟶ 架体制作 ⟶ 龙骨和架体安装 ⟶ 软膜安装 ⟶ 清洁、验收

3.2 操作工艺

（1）测量放线

① 施工人员要根据现场的水平线弹出龙骨安装线。弹线应清楚，位置准确。② 吊顶上弹出吊杆安装线，行距按龙骨排列图纸确定；间距一般在 900～1000mm 内。吊杆长度按吊顶平面标高在现场确定，一般吊杆长度可在 ±50mm 内调解，按弹线的位置固定吊杆。造型底架吊杆位置的确定，要按造型底架来确定在吊顶的位置，大型底架不方便在吊顶弹线，可把造型底架按图纸放在地面，再用红外线水准仪把固定点反射到楼板上。

（2）架体制作

根据确认的施工图纸进行架体制作。架体一般有两种，复合板架体与金属架体。制作时需考虑架体的强度是否符合软膜安装拉力，安装软膜后以架体不会变形为原则，采用工厂化制作底架体模式，确保架体的刚度符合质量验收标准的要求。

（3）龙骨和架体安装

① 龙骨切割好拼接角度后，固定操作要注意龙骨与龙骨连接处的平顺、紧密，最大缝隙不能大于 1.0mm，与架体结合紧密牢固，最大缝隙不能大于 1.5mm。② 安装龙骨和架体时，要注意架体上的其他设备，如灯具、风口、投影仪等，是否有足够的安装位置，与相关工种的人员协商确定安装高度。③ 龙骨和架体安装时还要注意，龙骨及架体的吊件是否会对软膜造成阴影，如果有应设法消除，尤其是透光膜，绝不能有阴影。在施工中为减少软膜上的阴影，必要时支撑材料可采用有机玻璃条。透光膜吊顶施工时，如有一些管道或其他设施，距透光膜太近，也会产生阴影，此时应用反光纸将其包裹，避免透光膜有阴影。软膜吊顶结构做法及结构件大样见图 3.13.3-1、图 3.13.3-2。

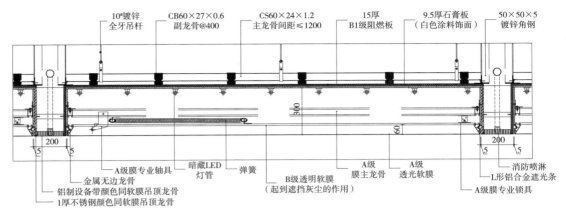

图3.13.3-1　可开启双层软膜吊顶剖面图

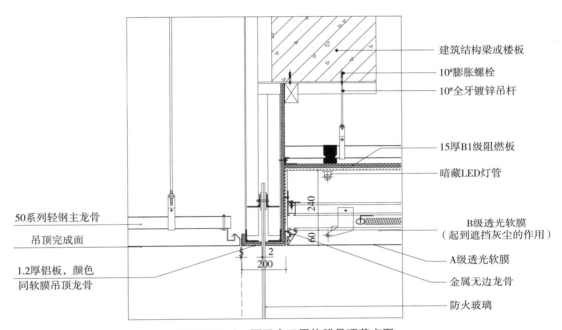

图3.13.3-2　可开启双层软膜吊顶节点图

（4）软膜安装

① 软膜安装前要与软膜吊顶上其他设施的安装人员沟通，如电工、空调工、消防管道工等以保证其相关设施，如照明电源、风口管道、消防设备等正常工作后才能安装软膜。软膜安装施工时，如果喷淋头已安装，要把喷淋头用珍珠绵包起来。以免热风炮烘烤软膜时温度过高，烤爆喷淋头。② 用扫把、电吹风对龙骨、底架体、灯具上的灰尘、杂物进行打扫清理。以保证软膜安装后不会有灰尘、杂物落在软膜上，尤其是安装透光膜。③ 软膜安装施工时，温度如果在5℃以下，在打开软膜前要用热风炮对软膜进行预热1～3min，然后缓慢打开，再进行安装。在使用热风炮安装软膜时，热风炮烘烤软膜的距离一般在400～1000mm。使用电吹风对软膜局部小面积加热时，电吹风要不断摆动加热，以使软膜受热均匀。摆动加热时，电吹风出口到软膜的距离不能小于120mm，以保证软膜不会被吹花。④ 软膜安装时要先安装角位，然后对角安装，最后拉点全部安装。a.角位安装，先检查角位龙骨安装是否正确，对软膜角位充分烘烤预热达到柔软后，用长铲安装角位，软膜挂起以后，再用角铲安装角位顶部。b.对软膜大面积充分烘烤后安装对角。c.拉点安装时要对软膜大面积充分烘烤，用安装铲把软膜扣边安装在龙骨上。以中

间拉点安装等分后，再中间拉点安装以此类推。d. 一般拉点安装间距300mm后可全部安装。全部安装时要注意检查不要有漏刀、反边、破损等现象，要做到一次安装到位，达到安装要求。软膜安装结束后要对安装工具、施工场地进行清理打扫。

图3.13.3-3 软膜吊顶安装图

（5）清洁、验收

清洁软膜。软膜全部安装完工后要对软膜上的手印、灰尘、污物等进行清洁。手印、灰尘可用清水毛巾擦去；油性污物用白电油（化学名称：环乙烷）、松节油或一般家用洗涤剂等，用纸巾沾少许擦去。清洁软膜时不能采用腐蚀性强的溶剂。

图3.13.3-4 软膜吊顶成品图

3.3 质量关键要求

（1）灯管与软膜的距离要保证在250~600mm之间，以免影响效果。（2）对容易出现瑕疵的地方进行重点检查，例如：墙角处是否平整。（3）为保证软膜施工质量，安装时应采用专用的加热风炮充分加热均匀，先对称安装角部，然后以中间拉点安装，等分后再中间拉点安装以此类推。（4）加热风炮温度和距离应严格控制，防止损伤软膜。（5）一般拉点安装间距300mm后可全部安装。全部安装时要注意检查不得有漏刀、反边、破损等现象。

3.4 季节性施工

参见第 257 页"3.3 季节性施工"。

4 　／　　　　　　　　　　　　　　质量要求

参见第 257 页"4　质量要求"。

5 　／　　　　　　　　　　　　　　成品保护

参见第 258 页"5　成品保护"。

6 　／　　　　　　　　　　　安全、环境保护措施

参见第 258 页"6　安全、环境保护措施"。

7 　／　　　　　　　　　　　　　　工程验收

参见第 259 页"7　工程验收"。

8 　／　　　　　　　　　　　　　　质量记录

参见第 260 页"8　质量记录"。

第 4 章　装配式地面工程

P321-362

➡

第 1 节　　集成式架空地板施工工艺

主编点评

　　集成式架空地板是通过在地面或楼板上采用树脂或金属螺栓支撑脚、架空地板（CFC板）、衬板（平衡板）、隔声材料及地板面层（铺贴地毯、瓷砖、石材、PVC、铝板等）等集成部品，形成架空层，实现免砂浆找平和管线分离。本工艺具有安装便捷、绿色环保和维护方便等特点。

1　　　总　　则

1.1　适用范围
本工艺适用于一般工业与民用建筑室内集成式架空地板工程施工。

1.2　编制参考标准及规范
（1）《建筑装饰装修工程质量验收标准》GB 50210
（2）《装配式内装修技术标准》JGJ/T 491
（3）《民用建筑工程室内环境污染控制标准》GB 50325
（4）《建筑地面工程施工质量验收规范》GB 50209
（5）《室内装饰装修材料　聚氯乙烯卷材地板中有害物质限量》GB 18586
（6）《建筑材料及制品燃烧性能分级》GB 8624
（7）《室内装饰装修材料　胶粘剂中有害物质限量》GB 18583

2　　　施工准备

2.1　技术准备
（1）熟悉图纸，完成图纸深化设计和图纸会审。（2）编制集成式架空地板专项施工方案，并报监理单位审批。（3）将专项技术交底落实到作业班组。（4）做好施工现场结构基底勘察、水准点的复测，放线定位，并验收合格。

2.2　材料要求
（1）架空地板支架：支架应具有耐磨、防潮、阻燃等性能，钢质件须经镀锌或其他防锈处理，承载力性能、机械性能和外观质量等应符合《建筑地面工程施工质量验收规范》GB 50209 的要求。应储存在通风干燥的仓库中，远离酸、碱及其他腐蚀性物质，严禁置于室外日晒雨淋。

（2）架空地板和衬板：架空地板和衬板应采用平整、防火、耐潮、强度高、耐腐蚀、防蛀和耐久性好的材料，如纤维增强水泥压力板（CFC板）、硅酸钙板或硫酸钙板等。板面应平整、坚实，承载力应满足相关规范及建筑设计要求，连接构造应稳定、牢固。

（3）地毯：地毯的品种、规格、颜色、花色、胶料和铺料及其材质应符合设计要求和国家现行地毯产品标准的规定。

（4）木地板：要求选用坚硬、耐磨、纹理美、有光泽、耐朽、不易变形开裂的木材。加工的成品顶面刨光，侧面带企口的半成品地板，企口尺寸符合设计要求，板的厚度、长度尺寸一致。制作前木材需要烘干处理，要求拼花木地板含水率不超过10%，长条木地板含水率不超过12%，同批材料树种、花纹及颜色力求一致；其他的复合地板等厚度、尺寸、板材强度、面层的颜色、纹理、阻燃、耐磨性等应符合设计要求和现行国家标准的规定。

（5）瓷砖：瓷砖有出厂合格证，抗压、抗折及规格品种均应符合设计要求，外观颜色一致、表面平整、边角整齐、无翘曲及窜角。

（6）石材：石材规格、品种均符合设计要求，外观颜色一致、表面平整，形状尺寸、图案花纹正确，厚度一致并符合设计要求，边角齐整，无翘曲、裂纹等缺陷。

（7）PVC地板：PVC地板及胶粘剂应符合《室内装饰装修材料 聚氯乙烯卷材地板中有害物质限量》GB 18586、《建筑材料及制品燃烧性能分级》GB 8624、《室内装饰装修材料 胶粘剂中有害物质限量》GB 18583、《民用建筑工程室内环境污染控制标准》GB 50325要求。塑胶卷材表面应色泽均匀、无裂纹，并应符合产品标准的各项技术指标，有产品出厂合格证。

2.3　主要机具

（1）机械：切割机、吸盘、无齿锯、圆盘锯、电锤、台钻、手持砂轮等。（2）工具：扳手、铁钎、刮尺、小铁锤、手推车等。（3）计量检测用具：激光水准仪、激光投线仪、线坠、靠尺、直尺、方尺、钢尺、水平尺等。

2.4　作业条件

（1）地面基层施工完，穿过楼板的管线已安装完毕，楼板孔洞已填塞密实。（2）铺设架空地板之前，应按设计图纸完成架空层内管线敷设且应经隐蔽验收合格。（3）室内水平控制线已弹好，并经预检合格，应按设计图纸，沿墙弹出地面的标高控制线，按弹线位置固定地板支架，地板支架应用膨胀螺栓或射钉枪固定，底部用三角垫片垫实。（4）大面积装修前已按设计要求先做样板间，经检查鉴定合格后，可大面积施工。（5）卫生间地面在架空地板前应涂刷聚合物水泥防水涂料，在大面积施工前，应先在阴阳角、管根、地漏、排水口及设备根部做附加层，并应夹铺胎体增强材料，附加层的宽度和厚度应符合设计要求。防水涂料涂刷前应对基层进行清理，基层坚实平整，无浮浆、起砂、裂缝现象。防水涂料沿墙面四周刷至300mm高，在门口处应水平延展，且向外延展长度不小于500mm，向两侧延展宽度不应小于200mm。蓄水试验合格后方可进行下一道工序。

（6）卫生间内架空地板安装完成后应做PVC防水层，PVC防水层应从排水管根延伸至管口处，且卷入管口不少于 10mm。

图 4.1.2-1　卫生间排水管防水处理

图 4.1.2-2　卫生间地面防水处理

3　施工工艺

3.1　架空地板施工工艺流程

测量放线 $\longrightarrow$ 基层处理 $\longrightarrow$ BIM技术分格并现场定位 $\longrightarrow$

混凝土楼板表面吸尘清洁 $\longrightarrow$ 单元板块构件的制作 $\longrightarrow$ 试拼装 $\longrightarrow$

铺设管线 $\longrightarrow$ 涂刷结构胶并安放支架及调校 $\longrightarrow$

安装承托板和平衡板 $\longrightarrow$ 面板安装 $\longrightarrow$ 清洁、验收 $\longrightarrow$ 成品保护

3.2　操作工艺

（1）测量放线：严格控制建筑楼面的标高差，确保标高偏差在架空地板的可调范围内。利用全站仪进行精确放线，将弹线误差控制在 2mm 以内。弹水平线及地面铺装分格控制线。① 根据墙体 1m 控制线，弹出架空地板安装的上口位置线；② 在混凝土楼板上弹出600～1800mm 铺装分格控制线；③ 当地面分格模数出现有小于 1/2 板时，非整板应设置在地板两边。

（2）基层处理：原建筑结构地面的标高误差不能超过架空地板支架的可调范围，超出可调范围的楼面需进行细石混凝土找平处理，视情况也可以采用水泥砂浆找平。

（3）BIM 技术分格并现场定位：根据现场地面测量放线结果与 BIM 模型进行对比，从中找出误差，并重新修改土建 BIM 模型，保持模型与现场的一致性。在调整好的土建模型基础上，利用基于 Revit 快速建模排板技术对架空地板模型进行分格排板，既精准又不需要反复修改平面与大样图，效率更高、更直观。

（4）混凝土楼板表面吸尘清洁：在架空地板开箱前要用吸尘器将作业面楼板上的灰尘吸收干净。

（5）单元板块构件的制作：严格控制构件的加工精度，架空地板装配式构件加工精度控制在 ±2mm 以内。饰面层施工的注胶工艺施工环境的温度、湿度、空气中粉尘浓度及通风条件应符合相应的工艺要求。所采用的胶与饰面层或构件粘结前应取得合格的剥离强度和相容性检验报告，必要时应加涂底漆。采用胶粘结固定的地板单元组件应静置养护，固化未达到足够承载力之前，不应搬动（图 4.1.3-1～图 4.1.3-5）。

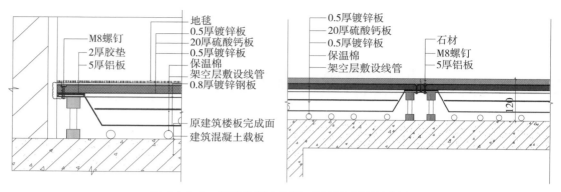

图 4.1.3-1　架空地板（地毯、石材）剖面示意图

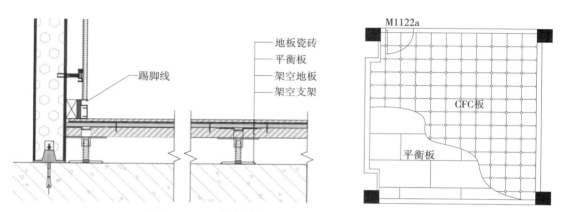

图 4.1.3-2　架空地板（瓷砖）剖面和铺装示意图

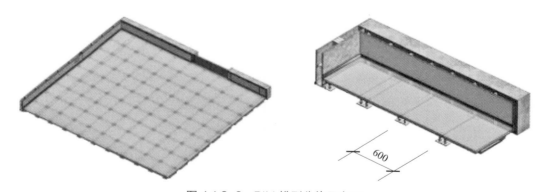

图 4.1.3-3　BIM 模型分格示意图

图 4.1.3-4　单元板块堆放图

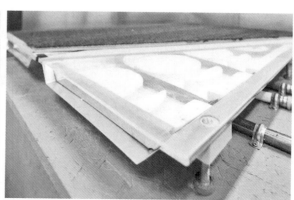

图 4.1.3-5　单元板块示意图

（6）试拼装：取出架空地板及支架并将支架紧固安装在架空地板上，每块架空板装入支架的高度应基本调节成一致，按架空地板的加工编号与平面排板图相对应位置进行试铺（图4.1.3-6）。

图4.1.3-6　架空地板试拼装

（7）铺设管线：铺设地板前要对面层下铺设的设备电气管线检查，并办完隐检（图4.1.3-7）。

图4.1.3-7　管线铺设

（8）涂刷结构胶并安放脚架及调校：按照已弹好的纵横交叉点安装支座（图4.1.3-8），支座要对准方格网中心交叉点，转动支座螺杆，调整支座的高低，拉横、竖线，检查横梁的平直度，使横梁与已弹好的横梁组件标高控制线同高并水平，待所有支座安装完构成一整体时，用水准仪抄平。试铺支架高度调节合适后取出架板，在其支架与楼板接触位置上注入结构胶连接牢固，亦可用膨胀螺栓或射钉枪固定。有防静电要求的区域，支座、横梁安装后，应按设计要求安装接地网线，并与系统接地网相连。

图4.1.3-8　支架安装

（9）安装承托板和平衡板：放入架空地板，用橡胶锤敲击板面或调节可调支脚使其平整到位，铺板应逐行进行（图4.1.3-9）。严格控制支架安装间距，架空地板支架应精确定位，注意标高、中线、前后、左右等的位置偏差。

图4.1.3-9　承托板和平衡板安装

（10）面板安装：每行架空板安装后用检测尺进行平整度测量，调节脚架螺钉、调整缝隙及锁紧面板，及时消除误差。当每间房完成铺贴安装后应全面进行检测，使其偏差值控制在设计要求及质量验收标准范围内。在板块与墙边的接缝处用弹性材料镶嵌，不做踢脚板时用收边条收边。地板安装完后要检查其平整度及缝隙。与墙边不符合模数的板块，应根据测量数据在工厂加工，不允许现场切割，防止板块变形。瓷砖敷贴宜采用专用瓷砖胶和薄贴工法。

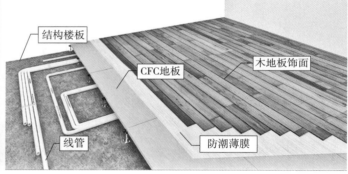

图4.1.3-10　面层瓷砖薄贴施工　　　图4.1.3-11　面层木板施工

（11）清洁、验收：当架空地板面层全部完成，经检验符合质量要求后，用清洁剂或肥皂水将板面擦净，然后晾干。

（12）成品保护：验收后及时盖上阻燃薄膜或垫板保护成品。

3.3　质量关键要求

（1）架空地板铺贴时，基层上不得有积水，基层表面应坚实平整，清理必须干净（用吸尘器），含水率不大于8%。（2）架空地板下的各种管线要在铺板前安装完，并验收合格，防止安装完地板后多次揭开，影响地板的质量。（3）与墙边不符合模数的板块，切割后应做好镶边、封边，防止板块受潮变形。

3.4 季节性施工

做好架空地板的材料存放，避免日光暴晒、雨水淋湿。

4	质量要求

4.1 主控项目

（1）装配式地面所用可调节支撑、基层衬板、面层材料的品种、规格、性能应符合设计要求。可调节支撑应具有防腐性能。面层材料应具有耐磨、防潮、阻燃、耐污染及耐腐蚀等性能。

检验方法：观察；检查产品合格证书、性能检测报告和进场验收记录。

（2）装配式地面面层应安装牢固，无裂纹、划痕、磨痕、掉角、缺棱等现象。

检验方法：观察。

（3）装配式地面面层的接地网设置与接地电阻值应符合设计要求。

检验方法：检查隐蔽工程记录和测试报告。

4.2 一般项目

（1）架空地板基层应平整、光洁、不起灰，抗压强度不得小于1.2MPa。

检查方法：回弹法检测或检查配合比、通知单及检测报告。

（2）架空地板基层和构造层之间、分层施工的各层之间，应结合牢固、无裂缝。

检验方法：观察；用小锤轻击检查。

（3）架空地板面层的排列应符合设计要求，表面洁净、接缝均匀、缝格顺直。

检验方法：观察。

（4）架空地板与其他面层连接处、收口处和墙边、柱子周围应顺直、压紧。

检验方法：观察。

（5）架空地板面层与墙面或地面突出物周围套割应吻合，边缘应整齐。与踢脚板交接应紧密，缝隙应顺直。

检验方法：观察；尺量检查。

（6）架空地板安装的允许偏差和检验方法应符合表4.1.4-1的规定。

架空地板安装的允许偏差和检验方法　　　　　　　　　　　　　　　　　　表 4.1.4-1

项次	项目	允许偏差（mm）	检查方法
1	表面平整度	2.0	用2m靠尺和楔形塞尺检查
2	接缝高低差	0.5	用钢尺和楔形塞尺检查
3	表面格缝平直	3.0	拉5m通线，不足5m拉通线和用钢尺检查
4	踢脚线上口平直	3.0	拉5m通线，不足5m拉通线和用钢尺检查
5	板块间隙宽度	0.5	用钢尺检查
6	踢脚线与面层接缝	1.0	用楔形塞尺检查

5　　　　　　　　　　　成品保护

（1）存放时要做好防雨、防潮、防火、防踩踏和防重压。（2）施工中不得污染、损坏其他工种的半成品、成品。（3）面层完工后，应避免人直接在架空地板上行走。如确需行走，应穿泡沫塑料拖鞋或干净胶鞋，不能穿带有金属钉的鞋子，更不能用锐物、硬物在地板表面拖拉、划擦及敲击。（4）不可直接在架空地板面进行其他施工作业。

6　　　　　　　　安全、环境保护措施

6.1　安全措施

（1）储存架空地板的库房应配备消防器材，禁止动用明火，防止发生火灾。（2）施工现场临时用电均应符合现行行业标准《施工现场临时用电安全技术规范》JGJ 46 的规定。（3）施工作业面应设置足够的照明，配备足够、有效的灭火器具，并设有防火标志及消防器具。（4）施工操作和管理人员，施工前应进行安全技术教育，制订安全操作规程。（5）夜间或在阴暗潮湿处作业时，移动照明应使用 36V 以下低压设备。

6.2　环保措施

（1）严格按现行国家标准《民用建筑工程室内环境污染控制标准》GB 50325 进行室内环境污染控制。（2）装卸材料应做到轻拿轻放，最大限度地减少噪声。夜间材料运输车辆进入施工现场时，严禁鸣笛。（3）剩余的材料不得乱扔乱倒，必须集中回收、处理。（4）清理地面基层时，应随时洒水，减少扬尘污染。（5）地板板块排列应符合设计要求，当无设计要求时，宜避免出现板块小于二分之一边长的边角料。（6）架空地板面层施工环境因素控制见表 4.1.6-1。

架空地板面层施工环境因素控制　　　　　　　　　　　　　　　　　　表 4.1.6-1

序号	环境因素	排放去向	环境影响
1	水、电的消耗	周围空间	资源消耗、污染土地
2	切割机、无齿锯、圆盘锯、电锤、螺机、手持砂轮等的噪声排放	周围空间	影响人体健康
3	废水	土地	污染土地
4	水泥尘	周围空间	污染土地

7　　　　　　　　　　　工程验收

（1）架空地板面层验收时应检查下列文件和记录：① 架空地板面层的施工图、设计说明

及其他设计文件；② 材料的样板及确认文件；③ 材料的产品合格证书、性能检测报告、进场验收记录和复验报告；④ 施工记录。

（2）同一类型的装配式楼地面工程每层或每30间应划分为一个检验批，不足30间的也应划分为一个检验批，大面积房间和走廊可按装配式地面30m² 计为1间。

（3）装配式楼地面工程每个检验批应至少抽查20%，并不得少于4间，不足4间时应全数检查。

（4）有防水要求的地面子分部工程的分项工程，每检验批抽查数量应按房间总数随机检验不少于4间，不足4间，应全数检查。

（5）检验批合格质量和分项工程质量验收合格应符合下列规定：① 抽查样本主控项目均合格；一般项目80%以上合格，其余样本不得有影响使用功能或明显影响装饰效果的缺陷，其中有允许偏差和检验项目，其最大偏差不得超过规定允许偏差的50% 为合格。均须具有完整的施工操作依据、质量检查记录。② 分项工程所含的检验批均应符合合格质量规定，所含的检验批的质量验收记录应完整。

（6）分部（子分部）工程质量验收合格应符合下列规定：① 分部（子分部）工程所含分项工程的质量均应验收合格；② 质量控制资料应完整；③ 观感质量验收应符合要求。

8   质量记录

质量记录包括：（1）材料出厂合格证，检测报告、环保检测报告；（2）隐检记录（基层处理）；（3）检验批质量验收记录；（4）分项工程质量验收记录。

主编点评

　　架空石墨烯智暖复合陶瓷地板是通过在地面或楼板上采用树脂或金属螺栓支撑脚、衬板、隔声材料、温控器及石墨烯智暖芯复合瓷砖等集成部品，形成具有地暖功能架空层。本工艺以新明珠集团研发的石墨烯智暖芯复合陶瓷地板技术为实例，介绍了其构造及施工工艺，具有安装便捷、节能环保、升温快速和维护方便等特点。

1　　总　　则

1.1　适用范围
本工艺适用于一般民用建筑室内架空石墨烯智暖复合陶瓷地板工程施工。

1.2　编制参考标准及规范
（1）《建筑装饰装修工程质量验收标准》GB 50210
（2）《装配式内装修技术标准》JGJ/T 491
（3）《建筑地面工程施工质量验收规范》GB 50209
（4）《建筑内部装修设计防火规范》GB 50222
（5）《陶瓷砖试验方法　第 4 部分：断裂模数和破坏强度的测定》GB/T 3810.4
（6）《民用建筑工程室内环境污染控制标准》GB 50325
（7）《建筑材料及制品燃烧性能分级》GB 8624
（8）《室内装饰装修材料　胶粘剂中有害物质限量》GB 18583

2　　施工准备

2.1　技术准备
（1）架空石墨烯智暖复合陶瓷地板工程应根据原设计图纸由具有相应设计资质的单位进行深化，明确相关材料、施工及质量验收标准和要求，协同设计、生产、装配。（2）熟悉施工图纸，对操作工人进行技术交底，明确技术措施和质量标准要求。（3）在操作前已进行技术交底，强调技术措施和质量标准要求。

2.2　材料要求
（1）材料：石墨烯智暖芯瓷砖由瓷砖、石墨烯智暖芯片、环保保温膜三部分组成，在瓷砖下面加上了石墨烯制暖芯片模组，为瓷砖制暖加热，并用特制的环保保温膜包裹住，使热量不流失。

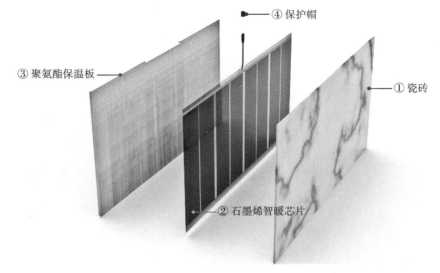

图 4.2.2-1　新明珠石墨烯智暖芯瓷砖构造示意图

（2）规格：石墨烯陶瓷标准板常用板材规格（长×宽×厚）为：① 1200mm×600mm×22mm，额定功率为130W±10%，单个温控器最多可控制27块石墨烯发热砖；② 800mm×800mm×22mm，额定功率为115W±10%，单个温控器最多可控制31块石墨烯发热砖。

（3）施工材料应符合要求。在设计无特殊要求时，架空地板板面应平整、坚实，应具有耐磨、防潮、阻燃等性能。

（4）地面架空支撑构件应储存在通风干燥的仓库中，远离酸、碱及其他腐蚀性物质，严禁置于室外日晒雨淋。

2.3　主要机具

（1）工具：吸盘、扳手、铁钎、橡胶锤子、锤子、螺钉旋具、手推车、绝缘胶带、热缩套管等。（2）计量检测用具：激光水准仪、激光投线仪、万用表、测温仪、靠尺、直尺、气泡水平尺等。

2.4　作业条件

（1）地面基层施工完，穿过楼板的管线已安装完毕，楼板孔洞已填塞密实。（2）铺设架空石墨烯陶瓷地板之前，应按设计图纸完成架空层内管线敷设且应经隐蔽验收合格。（3）室内水平控制线已弹好，并经预检合格，应按设计图纸，沿墙弹出地面的标高控制线，按弹线位置的高度尺寸，减掉陶瓷厚板的厚度，调整好支撑器的高度。（4）大面积装修前已按设计要求先做样板间，经检查鉴定合格后，可大面积施工。

3.1　施工工艺流程

基层处理　⟶　测量放线　⟶　楼板表面吸尘清洁　⟶　铺设管线　⟶

涂刷结构胶并安放支撑器及调校　⟶　架空石墨烯智暖复合陶瓷地板铺装　⟶

架空石墨烯智暖复合陶瓷板接口对接　⟶　面板调整　⟶

对地绝缘测试及通电发热测试　⟶　智能温控器安装　⟶　清洁、验收

3.2　操作工艺

（1）基层处理

原建筑结构地面的标高误差不能超过地板支架的可调范围，超出可调范围的楼面需进行细石混凝土找平处理。地面局部出现严重高低不平，且超出支撑脚调节范围时，应用专用的倾斜垫片进行调整（图 4.2.3-1）。

（2）测量放线

① 利用全站仪进行精确放线，将弹线误差控制在 2mm 以内。② 弹水平线及地面铺装分格控制线（图 4.2.3-2）。根据墙体 1m 控制线，弹出架空陶瓷厚板安装的上口位置线；在楼板上弹出 600～1800mm 铺装分格控制线；当地面分格模数出现有小于 1/2 板时，非整板应设置在地板两边。

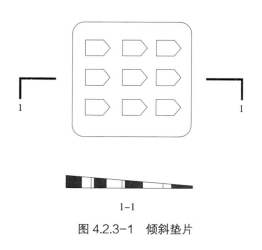

图 4.2.3-1　倾斜垫片

图 4.2.3-2　地面弹分格控制线现场图

（3）楼板表面吸尘清洁

在架空石墨烯智暖复合陶瓷地板安装前要用吸尘器将作业面楼板上的灰尘吸收干净。

（4）铺设管线

铺设架空石墨烯智暖复合陶瓷地板前要对面层下铺设的设备电气管线检查，并办完隐检。

（5）涂刷结构胶并安放支撑器及调校

按照已弹好的纵横交叉点放置支撑器，支座要对准方格网中心交叉点，在支撑器上面放置高精度的水准仪（气泡校准）观察平整度，并确认是否需要使用专用垫片来调整，如

需调整，则根据气泡显示的高低差，用专用垫片进行校准。支座与楼板接触位置上注入结构胶连接牢固，如支座下部有倾斜垫片的话，则需保证垫片不随着支座旋转。待结构胶初凝达到一定强度后，将所有支撑器旋转调节至要求高度（图4.2.3-3、图4.2.3-4）。

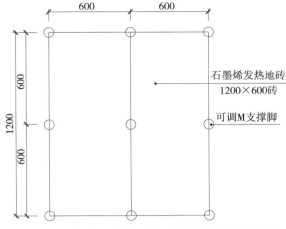

图 4.2.3-3　安放支撑器及调校　　　图 4.2.3-4　架空石墨烯智暖复合陶瓷地板平面示意图

（6）架空石墨烯智暖复合陶瓷地板铺装

① 铺板前，确认具备正式图纸，确认铺贴方向、主线走向、温控器的位置等；确认板材的数量、尺寸、质量等符合要求；确认工具准备：万用表、测温仪、螺钉旋具及符合国标的绝缘胶带、热缩套管等；用万用表检查每块板材的电路是否导通，电线有否裸露及破损。② 铺贴时，边沿砖或装饰砖等普通砖先切割备用，石墨烯复合标准板的铺板顺序应严格按设计图纸铺贴，保证相邻四块或两块陶瓷厚板四角对齐无偏差，保证板缝尺寸。发热板材严禁切割（图4.2.3-5～图4.2.3-7）。

（7）架空石墨烯智暖复合陶瓷板接口对接

① 每铺好一排石墨烯发热地砖后，准备与主线连接。电线接头方向朝向要一致，以节省主线用量并方便主线连接（图4.2.3-8）。② 每块石墨烯发热砖连接线都配有保护帽，保护帽未接主线时不能取下，以防在铺贴过程中有异物进入插孔。③ 单个温控器最大负载功率为4000W，单组石墨烯陶瓷板输出模块总功率不超过4000W。

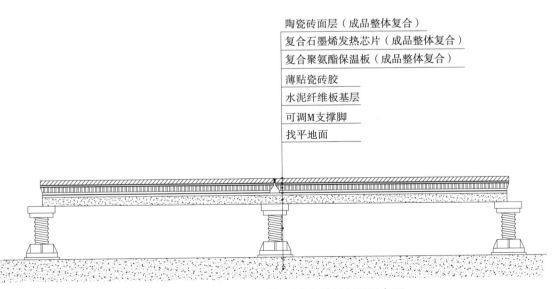

图 4.2.3-5　架空石墨烯智暖陶瓷地板剖面示意图

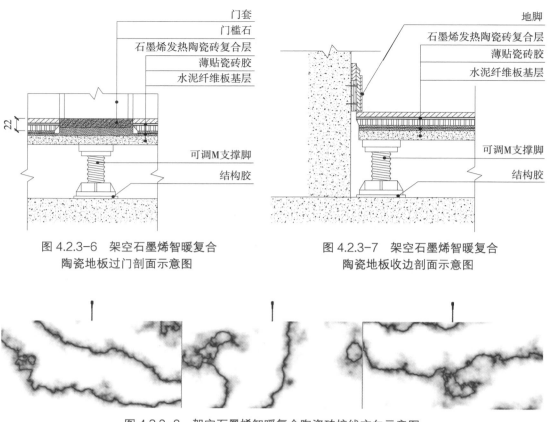

图 4.2.3-6　架空石墨烯智暖复合陶瓷地板过门剖面示意图

图 4.2.3-7　架空石墨烯智暖复合陶瓷地板收边剖面示意图

图 4.2.3-8　架空石墨烯智暖复合陶瓷砖接线方向示意图

（8）面板调整

每行架空石墨烯智暖复合陶瓷地板安装后用检测尺进行平整度测量，调节支撑器、用专用垫片及时消除误差。当每间房完成铺贴安装后应全面进行检测，使其偏差值控制在设计及质量验收标准范围内。在板块与墙边的接缝处用弹性材料镶嵌，不做踢脚板时用收边条收边。地板安装完后要检查其平整度及缝隙。检查合格后，用密封条塞入陶瓷厚板之间的缝隙中，再用勾缝剂填实板缝。

（9）对地绝缘测试及通电发热测试

铺贴完成后，需对房屋供暖系统进行对地绝缘测试及通电测试，调节温控开关至合适温度，通电 20～30min 后，开启测温仪测试每块石墨烯瓷砖温度，每块砖面温度相近表示正常。

图 4.2.3-9　架空石墨烯智暖陶瓷地板施工图

（10）智能温控器安装

① 智能温控器安装接线前应认真阅读产品安装使用说明书并按其要求接线。② 温控器安装需横平竖直，宜与相邻的照明开关面板同高。③ 推入暗盒前再次检查其后的接线端子处线头间有没搭接、分叉及毛刺。④ 安装完毕后应加以保护，以防装修时杂物水分等进入损坏温控器。

（11）清洁、验收

当架空石墨烯智暖复合陶瓷地板面层全部完成，经检验符合质量要求后，用清洁剂将板面擦净，晾干。禁止在房间或区域内进行带水作业，验收后及时盖上阻燃薄膜保护成品。

3.3　质量关键要求

（1）架空石墨烯智暖复合陶瓷地板安装时，基层上不得有积水，基层表面应坚实平整，清理应干净（用吸尘器），含水率不大于8%。（2）架空石墨烯智暖复合陶瓷地板下的各种管线要在铺板前安装完，并验收合格，防止安装完地板后多次揭开，影响地板的质量。

3.4　季节性施工

（1）雨期各种材料的运输、搬运、存放，均应采取防雨、防潮措施，以防止发生霉变、生锈、变形等现象。（2）冬期安装施工时，作业环境温度应在5℃以上。

4　质量要求

4.1　主控项目

（1）架空石墨烯智暖复合陶瓷地板所用可调节支撑、基层衬板、面层材料的品种、规格、性能应符合设计要求。可调节支撑应具有防腐性能。面层材料应具有耐磨、防潮、阻燃、耐污染及耐腐蚀等性能。

检验方法：观察；检查产品合格证书、性能检测报告和进场验收记录。

（2）架空石墨烯智暖复合陶瓷地板面层应安装牢固，无裂纹、划痕、磨痕、掉角、缺棱等现象。

检验方法：观察。

4.2　一般项目

（1）架空石墨烯智暖复合陶瓷地板基层应平整、光洁、不起灰。

检验方法：观察。

（2）架空石墨烯智暖复合陶瓷地板基层和构造层之间、分层施工的各层之间，应结合牢固、无裂缝。

检验方法：观察；用小锤轻击检查。

（3）架空石墨烯智暖复合陶瓷地板面层的排列应符合设计要求，表面洁净、接缝均匀、缝格顺直。

检验方法：观察。

（4）架空石墨烯智暖复合陶瓷地板与其他面层连接处、收口处和墙边、柱子周围应顺直、压紧。

检验方法：观察。

（5）架空石墨烯智暖复合陶瓷地板面层与墙面或地面突出物周围套割应吻合，边缘应整齐；与踢脚板交接应紧密，缝隙应顺直。

检验方法：观察；尺量检查。

（6）架空石墨烯智暖复合陶瓷地板安装的允许偏差和检验方法应符合表 4.2.4-1 的规定。

架空石墨烯智暖复合陶瓷地板安装的允许偏差和检验方法   表 4.2.4-1

项次	项目	允许偏差（mm）	检查方法
1	表面平整度	2.0	用 2m 靠尺和楔形塞尺检查
2	接缝高低差	0.5	用钢尺和楔形塞尺检查
3	表面格缝平直	3.0	拉 5m 通线，不足 5m 拉通线和用钢尺检查
4	踢脚线上口平直	3.0	拉 5m 通线，不足 5m 拉通线和用钢尺检查
5	板块间隙宽度	0.5	用钢尺检查
6	踢脚线与面层接缝	1.0	楔形塞尺检查

5　成品保护

（1）存放时要做好防雨、防潮、防火、防踩踏和防重压。（2）施工中不得污染、损坏其他工种的半成品、成品。（3）不可直接在架空石墨烯智暖复合陶瓷地板板面进行其他施工作业。（4）智能温控器安装完毕后应加以保护，以防装修时杂物水分等进入损坏温控器。

6　安全、环境保护措施

参见第 330 页 "6　安全、环境保护措施"。

7　工程验收

参见第 330 页 "7　工程验收"。

8　质量记录

参见第 331 页 "8　质量记录"。

第3节   架空运动实木地板施工工艺

主编点评

架空运动实木地板是通过在地面或楼板上采用橡胶垫支撑、木龙骨、架空地板、防潮减震薄膜及实木板面层等集成部品，形成架空层，实现免砂浆找平和管线分离。本工艺具有安装便捷、绿色环保和维护方便等特点。

---

1   总   则

1.1   适用范围
本工艺适用于公共建筑室内运动场所、舞台等架空运动实木地板工程施工。

1.2   编制参考标准及规范
（1）《建筑装饰装修工程质量验收标准》GB 50210

（2）《装配式内装修技术标准》JGJ/T 491

（3）《建筑地面工程施工质量验收规范》GB 50209

（4）《体育馆用木质地板》GB/T 20239

（5）《木结构工程施工质量验收规范》GB 50206

（6）《室内装饰装修材料 人造板及其制品中甲醛释放限量》GB 18580

（7）《民用建筑工程室内环境污染控制标准》GB 50325

（8）《建设工程项目管理规范》GB/T 50326

---

2   施工准备

2.1   技术准备
（1）熟悉图纸，完成图纸深化设计和图纸会审。（2）编制集成式架空地板专项施工方案，并报监理单位审批。（3）将专项技术交底落实到作业班组。（4）做好施工现场结构基底勘察、水准点的复测，放线定位，并验收合格。

2.2   材料要求
（1）运动实木地板面层所采用的材料，其技术等级和质量应符合设计要求。其产品应有产品合格证，产品类别、型号、适用树种、检验规则及技术条件等均应符合现行国家标准《体育馆用木质地板》GB/T 20239、《室内装饰装修材料 人造板及其制品中甲醛释放限量》GB 18580 的规定。

（2）木材：优质原木，直径大于 200mm 以上。木材等级三级以上，通过锯材加工、除湿、蒸煮、脱脂烘干、开榫、洗槽等制作达到《体育馆用木质地板》GB/T 20239 质量标准。

① 面板含水率小于 15%，毛板、龙骨含水率小于等于 25%。

② 面层板不准有芯材、死活节、虫眼、腐朽、钝棱、裂纹、横顺弯，纵横切口呈 90°。

（3）木龙骨、垫木、剪刀撑和毛地板等应做防腐、防蛀和防火处理。运动用木质地板载荷分布层（毛地板）、龙骨外观质量应符合表 4.3.2-1 要求。

运动用木质地板载荷分布层（毛地板）、龙骨外观质量要求　　　　　　　　　表 4.3.2-1

缺陷名称	允许限度				
	载荷分布层（毛地板）			龙骨	
	实木	胶合板	定向刨花板	实木	单板层积材
死节、孔洞	最大长径小于或等于 10mm	—		最大长径小于或等于 10mm	
腐朽	不允许				
裂纹	＜1/4 材长	—	不允许	＜1/4 材长	—
扭曲、翘曲	不允许				
钝棱	＜1/2 所在材面	—		＜1/2 所在材面	—
鼓泡、分层	—	不允许		—	不允许
边角缺损	—	不允许		—	不允许

（4）运动用木质地板功能性指标应满足表 4.3.2-2 要求。

运动用木质地板功能性指标　　　　　　　　　　　　　　　　　　　　　　表 4.3.2-2

名称	单位	竞赛用	训练、教学和健身用
冲击吸收率	%	≥53	≥35
标准垂直变形	mm	≥2.3	≥1.0
相对垂直变形率	%	≤15	—
抗滚动载荷性能	—	不起毛刺，没有裂纹、断裂、劈裂、漆膜损坏。残余压痕小于或等于 0.5mm	
球反弹率	%	≥90	
滑动摩擦系数	—	0.4～0.6	

注：1. 相对垂直变形率可由合同双方协商检验。
　　2. 抗滚动载荷性能和滑动摩擦系数项为实验室检验。

2.3　主要机具

（1）机械：多功能木工机床、刨地板机、电动抛光机、平刨、压刨、小电锯、电锤、吸尘器等。（2）工具：手锯、手刨、锤子、錾子、气钉枪、割角尺、尖嘴钳子、钢锯等。

（3）计量检测用具：水准仪、激光投线仪、水平尺、方尺、钢尺、靠尺、直尺等。

2.4 作业条件

（1）地面基层施工完，穿过楼板的管线已安装完毕，楼板孔洞已填塞密实。（2）室内水平控制线已弹好，并经预检合格。（3）水泥类基层表面应平整、光洁、阴阳角方正，基层强度合格，含水率不大于8%。（4）大面积装修前已按设计要求先做样板间，经检查鉴定合格后，可大面积施工。

3 施工工艺

3.1 工艺流程

测量放线 ⟶ 地面处理 ⟶ 龙骨安装 ⟶ 毛地板、隔潮层铺设 ⟶

面板铺设 ⟶ 通风系统制作 ⟶ 油漆及表面处理 ⟶ 清洁、验收

3.2 操作工艺

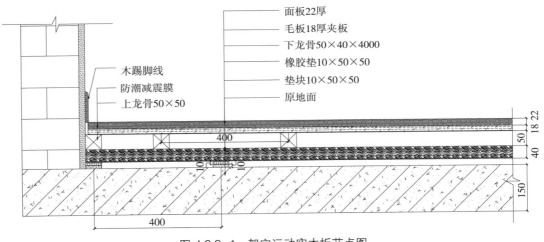

图 4.3.3-1 架空运动实木板节点图

（1）测量放线

① 清理场地杂物，确定场地基准标高的位置。② 放线，确定线层龙骨的位置。③ 使用水准仪在基准点上测量地面的高度差，做好记录。

（2）地面处理

若地面有缺陷处，可用水泥混凝土做墩局部找平；若有微量不平整，利用龙凤楔木垫块垫起找平。

（3）龙骨安装

① 木龙骨的检查：定长、锯口平直，表面要光滑。② 木龙骨三面涂刷氟化钠防腐涂料后晾干。③ 在场地上弹线，从中间向两边摆放龙骨，间距按图纸要求。④ 体育运动地板承重结构应符合表 4.3.3-1、表 4.3.3-2 的规定。

承重木结构方木选材标准

表 4.3.3-1

项次	缺陷名称		木材等级		
			Ⅰa	Ⅱa	Ⅲa
			受拉或拉弯构件	受弯或压弯构件	受压构件及次要受弯构件
1	腐朽		不允许	不允许	不允许
2	木节	在构件任一面任何 150mm 长度上所有木节尺寸的总和与所在面宽的比值	≤1/3（连接部位≤1/4）	≤2/5	≤1/2
3	斜纹	斜率	≤5%	≤8%	≤12%
4	裂缝	在连接的受剪面上	不允许	不允许	不允许
		在连接部位的受剪面附近，其裂缝深度（有对面裂缝时，用两者之和）不得大于材宽的	≤1/4	≤1/3	不限
5	髓心		不在受剪面	不限	不限

承重木材结构板材标准

表 4.3.3-2

项次	缺陷名称		木材等级		
			Ⅰa	Ⅱa	Ⅲa
			受拉或拉弯构件	受弯或压弯构件	受压构件及次要受弯构件
1	腐朽		不允许	不允许	不允许
2	木节	在构件任一面任何 150mm 长度上所有木节尺寸的总和与所在面宽的比值	≤1/4（连接部位 1/5）	≤1/3	≤2/5
3	斜纹	斜率	≤5%	≤8%	12%
4	裂缝	连接部位的受剪面及其附近	不允许	不允许	不允许
5	髓心		不允许	不允许	不允许

（4）毛地板、隔潮层铺设

① 毛地板（出厂前做过脱脂防腐处理）错缝铺设在上层龙骨上，用地板专用钉以接近 45° 斜度钉牢固。② 毛板的接头应在龙骨上，不得悬空，毛地板接头错开板与板之间留有空隙不大于 15mm。③ 毛地板用铁钉钉在龙骨上，钉头砸入毛板之内，钉头不得高出毛板上表面。④ 毛地板上表面要求平整，平整度要满足 2m 靠尺应小于等于 5mm 的要求。场地上任意选取相距 15m 的两点，用水准仪测标高，其标高值不大于 15mm。⑤ 顺场地方向铺设 EPE 防潮薄膜。

（5）面板铺设

① 安装前检查面板的质量。② 在场地中心，顺场地方向放线，逐根连接安装固定中心木地板，表面与设计高度一致，位于中心位置，棱边呈直线，合格后从两侧加固，中心行地板为两侧榫头形，加固时在两头及中间每隔 400mm 打上地板专用气排钉，注意不应损伤地板表面，钉眼处要平整，无毛刺和劈裂。③ 沿中心线两侧同时铺设地板面板，直到铺完全部场地。④ 在铺设过程中，相邻板接头错开，不可以出现重缝，场馆地板采用

400mm、600mm、800mm长不规格型材，所产生相隔面板缝隙之间效果为互相错乱，其作用一是使地板受力均匀，受潮不易整体拱起；二是观感性、实用性强。地板条与地板条之间每6m应预留一条小于或等于5mm伸缩缝，不得过紧，防止损伤地板表面及棱角或影响安装。⑤木地板正面向下，毛刺位于背面，切口平滑整齐；靠墙处留10~20mm的膨胀缝。⑥在地板铺设一定程度后，可交叉铺设踢脚板，踢脚板采用钢钉砸入防腐木砖，钉头应砸入木材内部，钉眼应添平。⑦踢脚板应布设合理，保证排气孔接缝均匀一致，在建筑物交角处的踢脚板应切45°角，切口直平、光滑，接缝严密，高度误差符合图纸设计要求，在踢脚板安装时应注意清理通风槽中的杂物；踢脚板安装时应注意与相关工程的接口协调配合（图4.3.3-2、图4.3.3-3）。

图4.3.3-2　底架安装　　　　　　　　　图4.3.3-3　面板铺装

（6）通风系统制作

① 根据运动实木地板的特点采用室内通风系统，促进运动实木地板底层空间空气流通顺畅，木地板表面与木地板底层空间空气湿度接近相同。② 在室内的周边（相对的两侧）靠墙处，距墙壁适当位置安装通风箅子。

（7）油漆及表面处理

① 油漆要符合体育馆木地板比赛的要求，其耐磨性和防滑性都非常重要，同时也要考虑地面不能太反光，要符合相关国家标准要求，即摩擦系数一般在0.5~0.7，一般选用环保、耐磨体育地板专用漆。② 在安装好的木地板上用专用高速磨光机打磨，然后检查，要求用2m靠尺测量其平整度在允许偏差内，偏差大处再进行打磨处理。③ 刮透明腻子一遍，要求达到木地板表面无坑无洞，无缝隙，待腻子彻底干燥后，进行打磨，将木地板表面打磨到手感光滑，见其木地板本色为止，把打磨下来的腻子粉清理干净，再涂底漆一遍，涂漆方向要顺场地方向进行涂刷，待油漆干后再打磨，之后涂半亚光、耐磨、体育木地板专用漆一遍，厚度20μm左右，要求表面无痕、无气泡，并且平整均匀，要求室内封闭不带有灰尘。耐磨程度应满足《体育馆用木质地板》GB/T 20239的要求。④ 待第一遍油漆干后，进行打磨，使油漆表面，无尘粒，手感光滑后清理现场卫生，用微潮湿的软拖布将木地板表面擦净，待干燥15min后进行第二遍油漆涂刷，涂刷方向要求如③所述。⑤ 待第二遍油漆干后，画制标准场地线，场地线要符合国家标准比赛的规定，画场线时不得有损伤木地板的行为，保护好新制作的木地板。⑥ 清理场地杂物，用240目以上砂纸打磨场地，要求顺着木地板方向进行打磨，之后把木地板场地清理干净，涂

刷最后一遍油漆（图8.3.3-4）。

（8）清洁、验收

油漆干后场地方可进入试用阶段，要求凡是进入木地板场地的人，不得穿皮鞋或其他硬底鞋进入场地，施工人员认真检查场地情况，完善交验资料，准备工程交接验收（图4.3.3-5）。

图4.3.3-4　油漆施工　　　　　　　　　图4.3.3-5　成品图

3.3　质量关键要求

（1）安装架空运动实木地板面层前，需先检查毛地板是否已安装牢固。（2）严格控制木材含水率，施工时不要遗留水在要地板上。（3）施工控制需准确，防止接槎出现高低差。运动实木地板与墙体要预留间隙，确保通风排气。（4）木材需做防腐处理。（5）已选用的实木地板面层在安装前应注意筛选，尽量将着色与纹路一致的拼装在一起。（6）在采用弹性铺装法时，除墙边预留伸缩缝外，在墙角四周、窗台与交通通道口均需布满地板胶，避免空鼓现象。

4 　　　　　　　　　　　　　　　　　　　　　　　　　　　　　质量要求

4.1　主控项目

（1）架空实木地板面层、底层、木方所采用的材质和铺设时的木材含水率、胶粘剂等应符合设计要求和国家现行有关标准的规定。

检验方法：观察；检查材质合格证明文件。

（2）木龙骨安装应牢固、平直。

检验方法：观察；行走；钢尺测量检查和检查验收记录。

（3）面层铺设应牢固；粘贴无空鼓、松动。

检验方法：观察；行走或用小锤轻击检查。

（4）木龙骨、垫木和垫层地板等应做防腐、防蛀处理。

检验方法：观察；检查验收记录。

4.2 一般项目

（1）架空实木地板面层应刨平、磨光，无明显刨痕和毛刺等现象；图案清晰、颜色均匀一致。

检验方法：观察；手摸和行走检查。

（2）面层缝隙应严密；接头位置应错开、表面平整、洁净。

检验方法：观察。

（3）面层采用粘、钉工艺时，接缝应对齐，粘、钉应严密；缝隙宽度应均匀一致；表面应洁净，无溢胶现象。

检验方法：观察。

（4）架空运动实木地板面层的允许偏差和检验方法应符合表4.3.4-1规定。

架空运动实木地板面层的允许偏差和检验方法 表 4.3.4-1

项目	允许偏差（mm）			检验方法
	松木实木地板	硬实木地板	拼花实木地板	
板面缝隙宽度	1	0.5	0.2	用钢尺检查
表面平整度	3	2	2	用2m靠尺和楔形塞尺检查
板面拼缝平直	3			拉5m线和用钢尺检查
相邻板材高差	0.5			用钢尺和楔形塞尺检查
踢脚线与面层的接缝	1			楔形塞尺检查

5 成品保护

（1）对于进入现场的材料，物配件、设备要合理存放，架空运动实木地板存放时要做好防雨、防潮、防火、防踩踏和重压并落实护、包、盖、封等四项措施。（2）统一建全施工现场成品保护标志，施工中不得污染、损坏其他工种的半成品、成品。（3）严格遵守施工工艺及按施工程序进行施工，在实木地板面层上进行其他工序作业时，应进行遮盖、支垫等可靠的保护措施，严禁直接在地板面层上作业。（4）运动实木地板面漆完成后，一般要求一周内不得在地板上行走，需等油漆彻底干透才能在地板上走动。（5）工程竣工验收时，同时向建设单位发送架空运动实木地板正确使用和保护说明，避免不必要的争端和返修。

6 安全、环境保护措施

6.1 安全措施

（1）存放木材、实木地板和胶粘剂的库房应阴凉、通风而且远离火源，库房内配备消防器材。（2）施工现场临时用电均应符合现行行业标准《施工现场临时用电安全技术规范》JGJ 46 的规定。（3）施工作业面应设置足够的照明，配备足够、有效的灭火器具，并设有防火标志及消防器具。（4）作业区域严禁明火作业。木材、油漆、胶粘剂应避免高温烘烤。

6.2　环保措施

参见第 330 页 "6.2　环保措施"。

<hr>

7　工程验收

（1）架空实木地板面层验收时应检查下列文件和记录：① 运动实木地板面层的施工图、设计说明及其他设计文件；② 材料的样板及确认文件；③ 材料的产品合格证书、性能检测报告、进场验收记录和复验报告；④ 施工记录。

（2）架空运动实木地板每 50 间（大面积房间和走廊按施工面积 30m² 为一间）应划分为一个检验批，不足 50 间也应划分为一个检验批。

（3）每个检验批应至少抽查 10% 并不得少于 3 间，不足 3 间时应全数检查。

（4）检验批合格质量和分项工程质量验收合格应符合下列规定：① 抽查样本主控项目均合格；一般项目 80% 以上合格，其余样本不得有影响使用功能或明显影响装饰效果的缺陷，其中有允许偏差和检验项目，其最大偏差不得超过规定允许偏差的 50% 为合格。均须具有完整的施工操作依据、质量检查记录。② 分项工程所含的检验批均应符合合格质量规定，所含的检验批的质量验收记录应完整。

<hr>

8　质量记录

质量记录包括：（1）运动实木饰面板等材料出厂合格证，检测报告、环保检测报告；有防火、吸声、隔热等特殊要求的实木面板应有相关资质检测单位提供的证明；（2）隐蔽工程验收记录（基层处理）；（3）检验批质量验收记录；（4）分项工程质量验收记录。

第4节　架空陶瓷地板施工工艺

主编点评

　　装配式架空陶瓷地板是通过在地面或楼板上采用树脂或金属螺栓支撑脚、隔声材料及陶瓷厚板面层等集成部品，形成架空层，实现免砂浆找平和管线分离，具有安装便捷、绿色环保和维护方便等特点。

1　总　则

1.1　适用范围
本工艺适用于一般民用建筑室内地面陶瓷厚板架空工程施工。

1.2　编制参考标准及规范
（1）《建筑装饰装修工程质量验收标准》GB 50210

（2）《装配式内装修技术标准》JGJ/T 491

（3）《建筑地面工程施工质量验收规范》GB 50209

（4）《建筑内部装修设计防火规范》GB 50222

（5）《陶瓷砖试验方法　第4部分：断裂模数和破坏强度的测定》GB/T 3810.4

（6）《民用建筑工程室内环境污染控制标准》GB 50325

（7）《建筑材料及制品燃烧性能分级》GB 8624

（8）《室内装饰装修材料胶粘剂中有害物质限量》GB 18583

2　施工准备

2.1　技术准备
参见第323页"2.1　技术准备"。

2.2　材料要求
规格：陶瓷厚板常用板材规格（长×宽×厚）为1200mm×600mm×20mm、600mm×600mm×20mm。

施工材料应符合要求。在设计无特殊要求时，架空地板板面应平整、坚实，应具有耐磨、防潮、阻燃等性能。

地面架空支撑构件应储存在通风干燥的仓库中，远离酸、碱及其他腐蚀性物质，严禁置于室外日晒雨淋。

2.3　主要机具

参见第 324 页"2.3　主要机具"。

2.4　作业条件

参见第 324 页"2.4　作业条件"。

3 　施工工艺

3.1　施工工艺流程

基层处理　──→　测量放线　──→　楼板表面吸尘清洁　──→　铺设管线　──→

涂刷结构胶并安放支撑器及调校　──→　安装陶瓷厚板　──→　面板调整　──→

清洁、验收

3.2　操作工艺

（1）基层处理

原建筑结构地面的标高误差不能超过地板支架的可调范围，超出可调范围的楼面需进行细石混凝土找平处理。地面局部出现严重高低不平，且超出支撑脚调节范围时，应用专用的倾斜垫片进行调整。

（2）测量放线

① 利用全站仪进行精确放线，将弹线误差控制在 2mm 以内。② 弹水平线及地面铺装分格控制线：根据墙体 1m 控制线，弹出架空陶瓷厚板安装的上口位置线：在楼板上弹出 600～1800mm 铺装分格控制线；当地面分格模数出现有小于 1/2 板时，非整板应设置在地板两边。

（3）楼板表面吸尘清洁

在架空地板安装前要用吸尘器将作业面楼板上的灰尘吸收干净。

（4）铺设管线

铺设架空地板前要对面层下铺设的设备电气管线检查，并办完隐检，防止安装完地板后多次揭开，影响地板的质量。

（5）涂刷结构胶并安放支撑器及调校

按照已弹好的纵横交叉点放置支撑器，支座要对准方格网中心交叉点，在支撑器上面放置高精度的水准仪（气泡校准）观察平整度，并确认是否需要使用专用垫片来调整，如需调整，则根据气泡显示的高低差，用专用垫片进行校准。支座与楼板接触位置上注入结构胶连接牢固，如支座下部有倾斜垫片的话，则需保证垫片不随着支座旋转。待结构胶初凝达到一定强度后，将所有支撑器旋转调节至要求高度。

（6）安装陶瓷厚板

铺板前应仔细检查板表面是否有破损，边部、角部崩碎变形，如有此问题应将板块淘汰或转为裁剪用的边材。铺板的顺序应从中间向两边铺，用吸盘将陶瓷厚板提起后放置在支撑器上，边放边微调，保证相邻四块或两块陶瓷厚板四角对齐，无偏差，保证板缝尺寸。中间部分的完整尺寸陶瓷厚板架空铺贴完成后，测量靠墙四边的剩余尺寸，对陶瓷厚板进行裁切，陶瓷厚板与墙面之间应留有2mm的缝隙（图4.4.3-1～图4.4.3-3）。

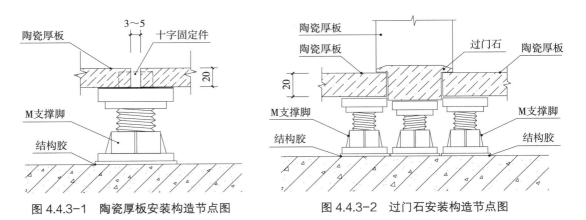

图 4.4.3-1　陶瓷厚板安装构造节点图　　图 4.4.3-2　过门石安装构造节点图

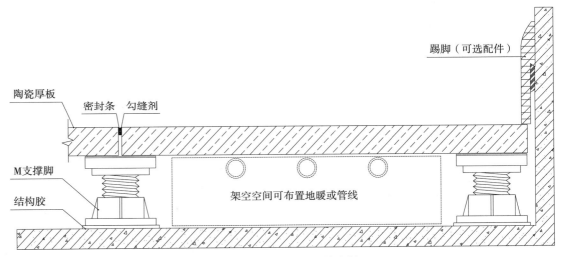

图 4.4.3-3　陶瓷厚板架空构造剖面图

（7）面板调整

每行陶瓷厚板安装后用检测尺进行平整度测量，调节支撑器、用专用垫片及时消除误差。当每间房完成铺贴安装后应全面进行检测，使其偏差值控制在设计要求及质量验收标准范围内。在板块与墙边的接缝处用弹性材料镶嵌，不做踢脚板时用收边条收边。地板安装完后要检查其平整度及缝隙。检查合格后，用密封条塞入陶瓷厚板之间的缝隙中，再用勾缝剂填实板缝。

（8）清洁、验收

当陶瓷厚板面层全部完成，经检验符合质量要求后，用清洁剂将板面擦净，晾干。禁止在房间或区域内进行带水作业。验收后及时盖上阻燃薄膜保护成品。

3.3　质量关键要求

（1）陶瓷厚板安装时，基层上不得有积水，基层表面应坚实平整，清理应干净（用吸尘器），含水率不大于8%。（2）陶瓷厚板下的各种管线要在铺板前安装完，并验收合格，防止安装完地板后多次揭开，影响地板的质量。（3）卫生间地面防水涂料沿墙面四周刷至300mm高，在门口处应水平延展，且向外延展长度不小于500mm，向两侧延展宽度不应小于200mm。蓄水试验合格后方可进行下一道工序。（4）卫生间内架空陶瓷厚板安装完成后应做PVC防水层，PVC防水层应从排水管根延伸至管口处，且卷入管口不少于10mm。

3.4　季节性施工

参见第329页"3.4　季节性施工"。

4　质量要求

参见第329页"4　质量要求"。

5　成品保护

参见第330页"5　成品保护"。

6　安全、环境保护措施

参见第330页"6　安全、环境保护措施"。

7　工程验收

参见第330页"7　工程验收"。

8　质量记录

参见第331页"8　质量记录"。

第 5 节　架空玻璃地板施工工艺

主编点评

装配式架空玻璃地板是通过在地面或楼板上采用平台连接装置、钢构件及多层夹胶玻璃板等集成部品，形成架空层。本工艺介绍了架空玻璃地板平台式、侧面固定式两种结构形式及施工工艺，具有施工快捷、三维可调、安全可靠、维修方便等特点。该技术获广东省工程建设省级工法等荣誉。

1　总　则

1.1　适用范围
本工艺适用于民用建筑室内架空玻璃地板工程施工。

1.2　编制参考标准及规范
（1）《建筑装饰装修工程质量验收标准》GB 50210
（2）《装配式内装修技术标准》JGJ/T 491
（3）《建筑地面工程施工质量验收规范》GB 50209
（4）《建筑用安全玻璃　第 3 部分：夹层玻璃》GB 15763.3
（5）《建筑玻璃应用技术规程》JGJ 113
（6）《建筑幕墙用点支承装置》GB/T 37266

2　施工准备

2.1　技术准备
（1）熟悉图纸，完成图纸深化设计和图纸会审。通过图纸会审确认架空玻璃地板工程内的玻璃地板、双头螺栓、调节连接部件等材料的尺寸、形状、数量。（2）编制架空玻璃地板专项施工方案，并报监理单位审批。（3）将专项技术交底落实到作业班组。（4）做好施工现场结构基底勘察、水准点的复测，放线定位，并验收合格。

2.2　材料要求
（1）多层复合构造玻璃质量、选材应该符合《建筑用安全玻璃　第 3 部分：夹层玻璃》GB 15763.3 等相应规范；多层复合构造玻璃合片中间不宜有间隙，应合片严密。
（2）支撑装置各构配件性能指标和机械性能、外观质量等应符合《建筑地面工程施工质量验收规范》GB 50209 的要求。应储存在通风干燥的仓库中，远离酸、碱及其他腐蚀性物质，严禁置于室外日晒雨淋。

（3）型钢连接件质量要求

① 型钢连接构件的规格、品种、数量、力学性能和物理性能必须符合设计及相关标准要求，并进行表面处理工作。② 连接件钢型材厚度不应小于 2.0mm，镀锌钢型材厚度不应小于 3.0mm。③ 构件本身不得有亮度差、边缘不良、变形、污渍（不清洁）、麻点、披锋、粗砂、磨花等瑕疵。型材在工厂加工时应先制作样板，对样板进行强度试验合格后才批量生产；型材出厂时应出具检验合格证，分批做好质量检验记录。

（4）五金件质量要求

五金件无明显毛刺（小于 0.2mm）、压痕、磕碰伤和明显翘曲变形现象，接口平整、美观，拉伸无破裂、明显皱褶，避免有氧化生锈现象。驳接组件材质宜选用奥氏体不锈钢，镍含量不小于 10%。沉头式驳接头承座沉头锥角 α 应满足（90±0.5）°，且厚度 d 不宜小于 4mm。驳接头球头支承杆的活动锥角 β 不应小于 10°（图 4.5.2-1）。爪件支座孔与支座底面的垂直度允许偏差不应大于 ±1°，爪件的其他尺寸和形状位置允许偏差应符合表 4.5.2-1 的规定（图 4.5.2-2）。

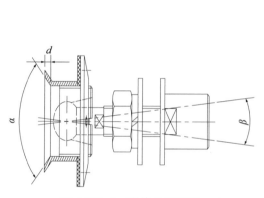

图 4.5.2-1　驳接头示意图

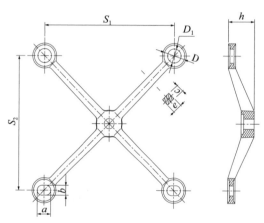

注：l——爪孔与支座孔孔心距；
　　S_1, S_2——相邻爪孔孔心距；
　　h——爪耳端面与支座地面的高度；
　　a, b, D, D_1——爪孔直径；
　　e, c——爪臂截面尺寸。

图 4.5.2-2　驳接爪示意图

爪件尺寸和形状位置允许偏差（单位：mm）　　　　　　　　　　　　　　　　表 4.5.2-1

序号	项目	允许公差		
		孔距＜220	220≤孔距＜300	300≤孔距＜600
1	相邻爪孔孔心距	±1.0	±1.5	±2.5
2	爪孔与支座孔孔心距	±1.0	±1.5	±2.5
3	爪孔直径	±0.5		
4	爪臂截面尺寸	0 −0.5		
5	爪耳端面与支座地面的高度	±2.0		

2.3 主要机具

（1）机械：切割机、吸盘、无齿锯、电锤、台钻等。（2）工具：扳手、铁钎、刮尺、小铁锤、手推车等。（3）计量检测用具：激光水准仪、激光投线仪、靠尺、直尺、方尺、钢尺、水平尺等。

2.4 作业条件

（1）地面基层施工完，穿过楼板的管线已安装完毕，楼板孔洞已填塞密实。（2）铺设架空地板之前，应按设计图纸完成架空层内管线敷设且应经隐蔽验收合格。（3）室内水平控制线已弹好，并经预检合格，应按设计图纸，沿墙弹出地面的标高控制线，按弹线位置固定地板支架，地板支架应用膨胀螺丝固定，底部用三角垫片垫实。（4）大面积装修前已按设计要求先做样板间，经检查鉴定合格后，可大面积施工。

 3 / 施工工艺

3.1 工艺流程

测量放线、深化设计 ⟶ 材料下单

驳接装置组装 ⟵ 多层复合构造玻璃生产

玻璃地面安装

清洁、验收

3.2 操作工艺

（1）测量放线、深化设计

对施工现场进行实际测量，并依据测量数据进行深化设计，深化玻璃地面的具体尺寸，计算可能出现的尺寸偏差；对玻璃地面的形状、数量，标注详细尺寸，作为施工依据。用放线机器人对施工地面进行测量放线，以室内地面 ±0.000 相对标高作为基准点，由标高基准点向下测量放线，标记出地面上连接母座待安装位置。

（2）材料下单

根据施工技术要求对现场放线结果进行检核，检核无误后，与深化图纸进行校对，绘制构配件加工图纸，详细标明加工尺寸，将加工图提供给生产厂家，进行型材及构配件加工生产。

（3）多层复合构造玻璃生产

多层复合构造玻璃为三片夹层玻璃，玻璃材质为钢化玻璃，本案例单片玻璃厚度为12mm，玻璃尺寸为1000mm×1000mm。多层复合构造玻璃利用夹胶片将玻璃复合成一个整体。在玻璃固定位置面层玻璃不开孔，只在下部玻璃上开孔与玻璃支撑件固定，且之间宜采用铝制垫片，硬度不大于 T5 级，壁厚不小于 1mm 进行软连接。既保证多层复合玻璃的面层整体性和美观效果，又保证固定牢固（图 4.5.3-1、图 4.5.3-2）。

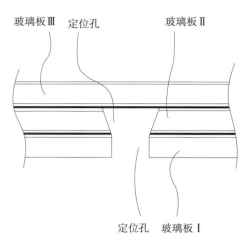

图 4.5.3-1　玻璃板块单元　　　　　　　图 4.5.3-2　多层复合构造玻璃示意图

（4）驳接装置组装

架空玻璃地板可采用两种构造方式：一种是平台式地面玻璃构造技术，另一种是侧面固定地面玻璃构造技术，可根据项目实施要求选择不同的构造安装方式。

① 平台式地面玻璃构造

平台式地面玻璃构造包括多层复合玻璃玻璃和平台连接装置。平台连接装置包括用于与楼板固定的连接母座Ⅰ、调节连接部件、连接座、紧固件、双头螺栓、螺母和用于固定在玻璃平台上的连接母座Ⅱ，调节连接部件以可升降的方式安装于连接母座Ⅰ，连接座通过紧固件固定于调节连接部件，双头螺栓上端通过螺纹与连接母座Ⅱ配合，双头螺栓下端通过螺母锁紧固定于连接座。通过连接母座Ⅰ与楼板的固定，以及连接母座Ⅱ与玻璃平台的固定，从而使连接在连接母座Ⅰ和通过连接母座Ⅰ与楼板的固定，以及连接母座Ⅱ与玻璃平台的固定，从而使连接在连接母座Ⅰ和连接母座Ⅱ之间的调节连接部件通过升降调节，进而实现楼板接母座Ⅱ之间的调节连接部件通过升降调节，进而实现楼板与玻璃平台之间间距的调节，保证整个玻璃平面的高度一致（图 4.5.3-3～图 4.5.3-5）。

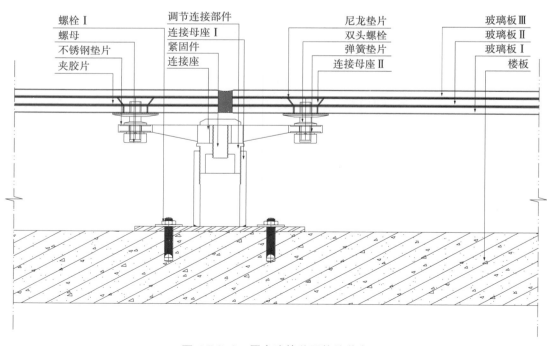

图 4.5.3-3　平台连接装置构造节点

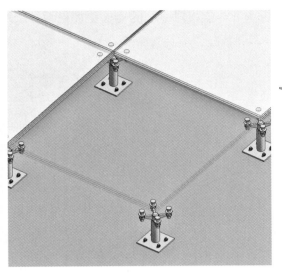

图 4.5.3-4 平台连接装置构造三维示意图

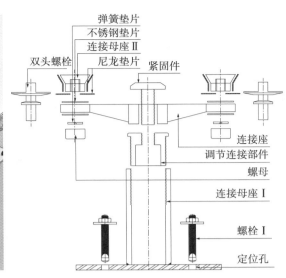

图 4.5.3-5 平台连接装置构造示意图

连接母座 I 通过化学螺栓固定于楼板，使用化学螺栓能够实现与楼板的混凝土结构间产生更有效的握裹力和机械咬合力。连接母座 II 外周设置铝制垫片，硬度不大于 T5 级，铝制垫片可以缓冲连接母座 II 对玻璃板的压力作用，避免连接母座 II 与玻璃板之间刚性连接，避免玻璃板应力集中产生爆裂（图 4.5.3-6、图 4.5.3-7）。

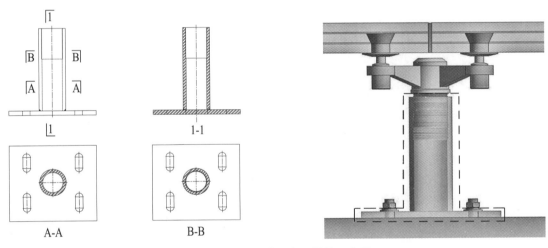

图 4.5.3-6 连接母座 I 结构示意图

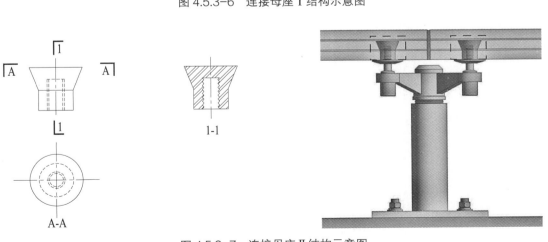

图 4.5.3-7 连接母座 II 结构示意图

连接座的上表面和下表面均设置不锈钢垫片，能够防止螺母、连接母座 II 与连接座之间的晃动，使螺母、连接母座Ⅱ与连接座之间的连接更加稳固。此外，不锈钢垫片拉力度强，光洁度好，有韧性，不易折断，使用寿命长（图4.5.3-8）。

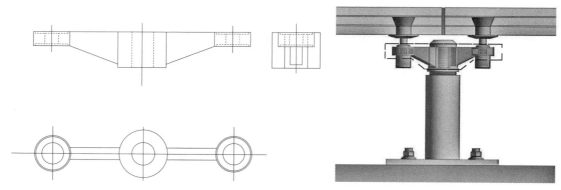

图 4.5.3-8　连接座结构示意图

双头螺栓上端通过螺纹与连接母座Ⅱ配合，双头螺栓下端通过螺母锁紧固定与连接座（图4.5.3-9）。

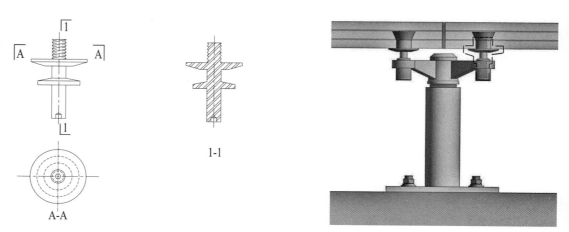

图 4.5.3-9　双头螺栓结构示意图

调节连接部件可升降，通过将调节连接部件设置为螺纹连接件的方式与连接母座Ⅰ配合，来实现升降（图4.5.3-10）。

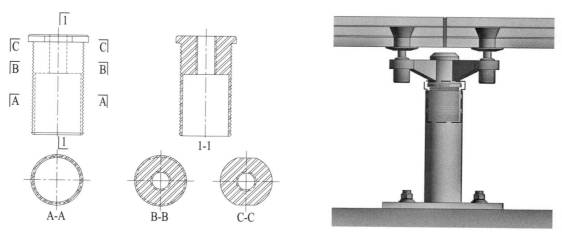

图 4.5.3-10　调节连接件结构示意图

紧固件可采用螺纹紧固件，来实现连接座与调节连接部件的固定。为进一步加固玻璃平台与楼板的连接，在连接座与螺母的接触面设置弹簧垫片，弹簧垫片能够能加大连接座与螺母之间的摩擦力，避免螺母松动（图4.5.3-11）。

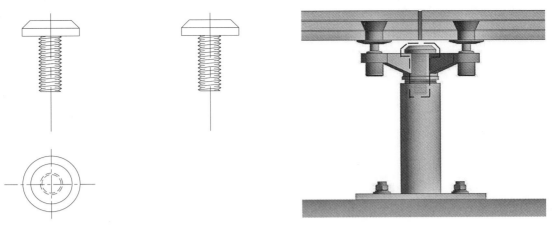

图 4.5.3-11　紧固件结构示意图

② 侧面固定玻璃地面构造

侧面固定玻璃地面包括多层复合构造玻璃及用于连接地面玻璃与侧面钢构的玻璃连接组件。玻璃连接组件又包括玻璃支撑件、球头连接螺栓及玻璃紧固件。各部件的构造要求及具体安装实施步骤如下：

玻璃连接组件包括玻璃支撑件、球头连接螺栓和玻璃紧固件；球头连接螺栓将玻璃支撑件与玻璃紧固件铰接在一起。零件全部由工厂标准化生产，现场装配式安装。玻璃地面驳接方法包括：利用玻璃紧固件将多层玻璃相互连接并固定；将玻璃支撑件固定；利用球头连接螺栓将玻璃支撑件与玻璃紧固件铰接在一起。通过球头连接螺栓将玻璃支撑件与玻璃紧固件铰接在一起，可以吸收施工及材料加工误差、允许玻璃产生一定的变形，安装、调节简单方便，可提高安装速度并降低人工成本。

a. 球头连接螺栓构造

球头连接螺栓包括杆状部、螺纹部、球铰部（球头连接螺栓可偏转角度不宜小于 ±5°）、挡止部；螺纹部和球铰部形成在杆状部的两端；螺纹部与玻璃紧固件螺纹连接；球铰部与玻璃支撑件铰接。挡止部设置在所述杆状部和螺纹部之间的连接处；挡止部的直径大于杆状部的直径；锁紧托片套设在所述螺纹部上，并抵顶在挡止部上。设计连接玻璃踏步板时，可允许玻璃踏步板发生轻微形变，提高安全性，亦可调节玻璃踏板的纵向横向位置，方便吸收施工误差（图 4.5.3-13）。

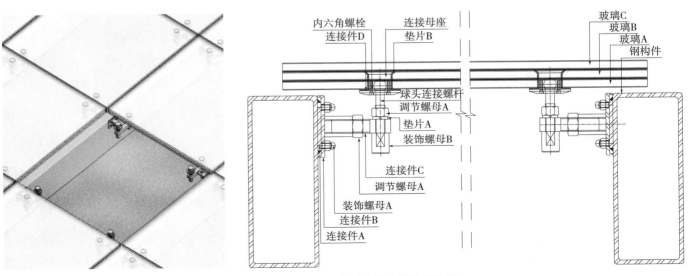

图 4.5.3-12　侧面固定玻璃构造结构示意图

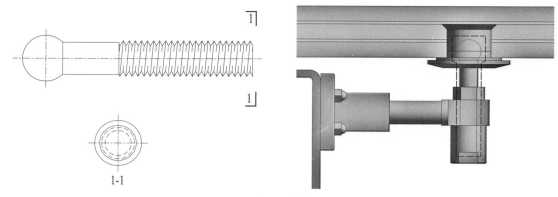

图 4.5.3-13　球头连接螺栓构造示意图

b. 玻璃紧固件构造

玻璃紧固件包括锁紧托片、第一垫片、第二垫片和紧固件；紧固件包括基体和设置在所述基体上的凸出部；凸出部的直径小于所述基体的直径；凸出部中形成有螺纹连接孔；基体和凸出部分别设置在相邻的两层玻璃中；第一垫片套设在紧固件的外表面；螺纹部穿过锁紧托片、第二垫片后与螺纹连接孔旋合（图 4.5.3-14）。

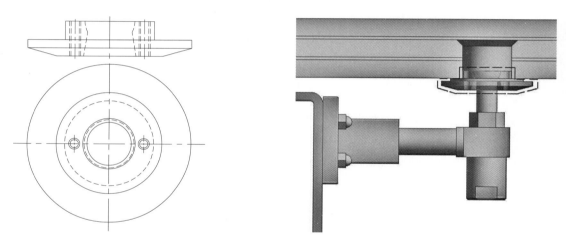

图 4.5.3-14　玻璃紧固件构造示意图

c. 玻璃支撑件构造

玻璃支撑件包括支撑部、连接母座、第一连接件和第二连接件；螺纹连接部上的螺母；连接母座包括基座和设置在基座上的延伸部；基座安装在所述支撑部上；延伸部中形成螺纹孔；第一连接件包括本体和设置在本体上的螺纹连接部；螺纹连接部与连接母座的螺纹孔旋合；本体上形成有第一安装孔；第二连接件安装在第一连接件的本体上；第二连接件上形成有第二安装孔和限位口；第二安装孔和第一安装孔对应设置，且球铰部位于第二安装孔和第一安装孔中；限位口与第二安装孔连通，且限位口的尺寸小于球铰部的尺寸；杆状部经过限位口延伸到第二安装孔与第一安装孔的外部（图 4.5.3-15～图 4.5.3-17）。

（5）玻璃地面安装

在楼板上定位钻孔后，将连接母座定位通过化学螺栓固定，再将调节连接件定位拧到接母座上。再将连接座定位放在调节连接件上，通过紧固件拧紧。后将连接件与玻璃连接母座与拧紧，将垫片放置在连接座上下两面，再将连接件定位插到垫片和连接座上，再用弹簧垫片和螺母紧固件锁定，安装完成。

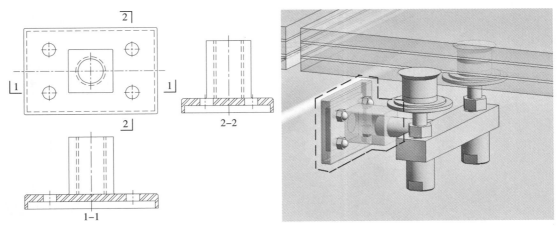

图 4.5.3-15　连接母座

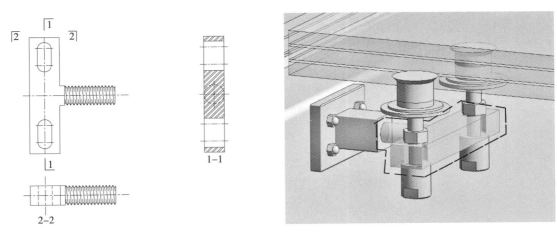

图 4.5.3-16　连接件一

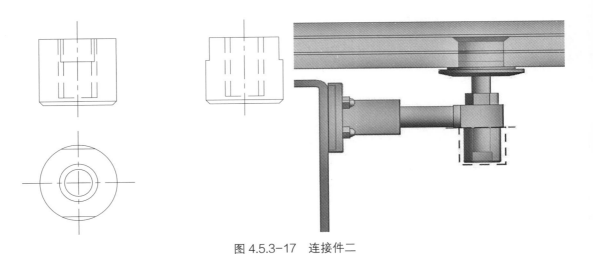

图 4.5.3-17　连接件二

（6）清洁、验收

当玻璃地板面层全部完成，经检验符合质量要求后，用清洁剂或肥皂水将板面擦净，晾干。

图 4.5.3-18 架空玻璃地面完成图

3.3 质量关键要求

（1）玻璃地板铺贴时，基层上不得有积水，基层表面应坚实平整，清理应干净（用吸尘器），含水率不大于 8%。（2）玻璃地板下的各种管线要在铺板前安装完，并验收合格，防止安装完地板后多次揭开，影响玻璃地板的质量。（3）与墙边不符合模数的板块，切割后应做好镶边、封边。

3.4 季节性施工

（1）做好玻璃地板的材料存放，避免日光暴晒、雨水淋湿。（2）玻璃从过冷或过热的环境中运入操作地点后，应待玻璃温度与操作场所温度相近后再行安装。

4 质量要求

4.1 主控项目

（1）玻璃地板块、支架及其配件应符合设计要求及相关国家标准的规定，且应具有耐磨、防潮、阻燃、耐污染、耐老化和导静电等特点。

检验方法：观察；检查材质合格证明文件。

（2）玻璃地板面层应无裂纹、掉角和缺棱等缺陷。行走无响声、无摆动。

检验方法：观察；脚踩检查。

（3）玻璃地板的接地网设置与接地电阻值应符合设计要求。

检验方法：检查隐蔽工程记录和测试报告。

4.2 一般项目

（1）架空玻璃地板面层应排列整齐、表面洁净、接缝均匀、周边顺直。板块与四周墙面间的缝隙不应大于 3mm；板块间的板缝直线度不应大于 0.5‰。

检验方法：观察；测量检查。

（2）架空玻璃地板的支架和横梁安装应牢固、平整。

检验方法：观察；脚踩检查。

（3）架空玻璃地板面层的允许偏差和检验方法应符合表 4.5.4-1 的规定。

架空玻璃地板面层的允许偏差和检验方法 表 4.5.4-1

检验项目	允许偏差（mm）	检验方法
表面平整度	1	用 2m 靠尺和楔形塞尺检查
缝格平直	2	拉 5m 线和用钢尺检查
接缝高低差	0.4	用钢尺和楔形塞尺检查
板块间隙宽度	0.3	用钢尺检查

5　成品保护

（1）存放时要做好防雨、防潮、防火、防踩踏和防重压。（2）验收后及时盖上阻燃薄膜保护。（3）面层完工后，应避免人直接在活动地板上行走。如确需行走，应穿泡沫塑料拖鞋或干净胶鞋，不能穿带有金属钉的鞋子，更不能用锐物、硬物在地板表面拖拉、划擦及敲击。

6　安全、环境保护措施

6.1　安全措施

（1）储存玻璃地板材料的库房应配备消防器材，禁止动用明火，防止发生火灾。（2）搬运小玻璃时应戴手套，玻璃应立方紧靠。成箱运输时，要做好防雨措施，木箱立放，短距离应用抬杆抬运，不得几人抬角搬运。堆放时，玻璃木箱下应垫高 100mm，防止受潮。（3）玻璃安装牢固前，不得中途停工或休息。（4）裁割玻璃应在工厂进行。移动玻璃时，手应抓稳玻璃，防止玻璃掉下伤脚。安装玻璃时，不得穿短裤和凉鞋。

6.2　环保措施

参见第 330 页"6.2　环保措施"。

7　工程验收

（1）架空玻璃地板面层验收时应检查下列文件和记录：① 玻璃地板面层的施工图、设计说明及其他设计文件；② 材料的样板及确认文件；③ 材料的产品合格证书、性能检测报告、进场验收记录和复验报告；④ 施工记录。

（2）相同架空玻璃地板工程每50间（大面积房间和走廊按施工面积30m²为一间）应划分为一个检验批，不足50间也应划分为一个检验批。

（3）每个检验批应至少抽查10%并不得少于3间，不足3间时应全数检查。

（4）检验批合格质量和分项工程质量验收合格应符合下列规定：抽查样本主控项目均合格；一般项目80%以上合格，其余样本不得有影响使用功能或明显影响装饰效果的缺陷，其中有允许偏差和检验项目，其最大偏差不得超过规定允许偏差的50%为合格。均须具有完整的施工操作依据、质量检查记录。

（5）分部（子分部）工程质量验收合格应符合下列规定：① 分部（子分部）工程所含分项工程的质量均应验收合格；② 质量控制资料应完整；③ 观感质量验收应符合要求。

8　　质量记录

参见第331页"8　质量记录"。

第 5 章　装配式墙面软包工程

P363-378

→

第 1 节　挂装式软包施工工艺

主编点评

　　本工艺将软包面板与连接件在工厂制作成基本结构单元，运到现场后通过专门卡接件直接挂装在墙面结构上，具有施工高效、三维可调、降低成本、维修方便等特点。该成果获广东省工程建设省级工法等荣誉。

1　总　则

1.1　适用范围
本工艺适用于民用建筑室内，尤其适合酒店、会场、影剧院、别墅、会所等的整体拼装式带内衬软包工程施工。

1.2　编制参考标准及规范
（1）《建筑装饰装修工程质量验收标准》GB 50210
（2）《装配式内装修技术标准》JGJ/T 491
（3）《建筑内部装修防火施工及验收规范》GB 50354
（4）《铝合金建筑型材　第 1 部分：基材》GB/T 5237.1
（5）《民用建筑工程室内环境污染控制标准》GB 50325

2　施工准备

2.1　技术准备
（1）技术人员应熟悉图纸，准确复核墙体的位置、尺寸，结合生产厂家、装修、机电等图纸进行深化定位及加工，正式施工前应完成对图纸会审签认。（2）编制软包工程专项施工方案，将技术交底落实到作业班组。（3）组织工程技术人员按图纸进行现场放线。放线人员要严格按施工图纸进行放线，随放随复核。放线完毕，请监理单位进行验收，验收合格后方可施工。

2.2　材料要求
（1）包饰面料：① 所用织物的材质、纹理、颜色、规格、图案和幅宽等，均应符合设计要求，应有产品合格证和阻燃性能检测报告。织物的表面不得有明显的跳线、断丝和疵点。对本身不具有阻燃或防火性能的织物，应进行阻燃或防火处理。② 所用皮革和人造革的材质、纹理、颜色、规格、图案、厚度和幅宽等，均应符合设计的要求，应有产品合格证和性能检测报告。皮革和人造革应进行阻燃或防火处理。

（2）内衬材料：所用内衬材料（也称填充材料）的材质、厚度和燃烧性能等，均应符合设计及消防规范要求，应采用环保、阻燃材料作为内衬材料，这些材料均应有产品合格证和性能检测报告。

（3）铝合金型材：铝合金扣接件型材的加工生产须符合《铝合金建筑型材》GB/T 5237.1～5237.6 的各项要求。型材出厂时应有生产厂家出具的出厂合格证、检验报告。

（4）型钢安装套件：专用连接安装套件归类于薄壁型钢。与建筑用轻钢龙骨采用同种材质，都以连续热镀锌钢板（带）作为原料，采用冷弯工艺加工生产。实测尺寸与图样尺寸允许公差精细到 ±1mm，其各项功能应达到现行国家标准《建筑用轻钢龙骨》GB/T 11981 的要求，其薄壁厚度应满足大于或等于 2mm。

（5）五金配件：施工中选用的连接件螺栓等五金件应有产品合格证，并符合设计要求。

2.3　主要机具

（1）机械：型材切割机、冲击钻、手电钻、台钻等。（2）工具：切裁织物布革工作台、裁织革刀、多用刀、橡皮锤等。（3）计量检测用具：水准仪、激光投线仪、方角尺、水平尺、钢尺等。

2.4　作业条件

（1）包饰墙、柱面上的水、电专业预留预埋必须全部完成，且电气穿线、测试完成并合格，各种管路打压、试水完成并合格。（2）室内湿作业完成，地面和吊顶施工已经全部完成，作业面及施工区域清扫干净。（3）不做包饰的部分墙面面层施工基本完成，只剩最后一遍涂层。（4）门窗工程全部完成，房间达到可封闭条件。（5）基层墙、柱面的抹灰层已干透，含水率达到不大于 8% 的要求。

3　施工工艺

3.1　工艺流程及工艺原理

（1）工艺流程

测量放线　⟶　深化设计及材料下单　⟶　安装Z形金属横撑龙骨　⟶

包饰块加工制作　⟶　包饰块安装　⟶　清洁、验收

（2）工艺原理

包饰块采用专用型材作为定型框架，由工厂标准化加工制作。包饰块通过紧固件与连接件组合套件直接挂装于横撑龙骨上，实现对包饰块的装配式安装施工，紧固件与连接件组合套件是一种可调节的新型安装结构。新的安装结构采用金属材料代替了传统工艺制作和安装包饰块采用的木龙骨和木夹板，简化了安装结构；通过连接件的巧妙设计，使包饰块可作上下、水平方向的调节，提高安装定位灵活性；板块可单独拆卸安装，提高

维护维修便捷性。如图 5.1.3-1～图 5.1.3-4 所示。

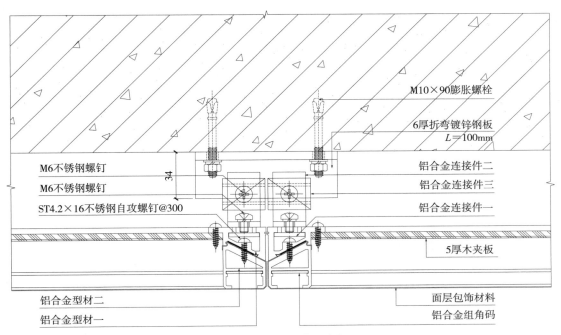

图 5.1.3-1　软包横剖节点图

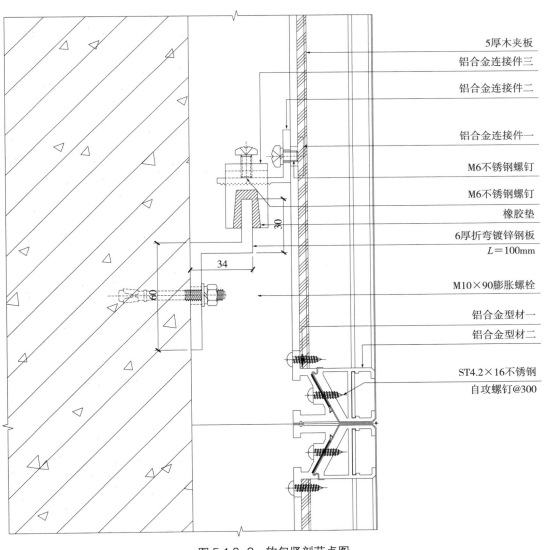

图 5.1.3-2　软包竖剖节点图

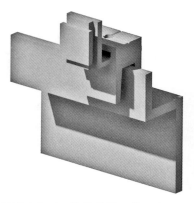

图 5.1.3-3 包饰板块安装示意图　　　　　　　　图 5.1.3-4 挂装构件三维示意图

3.2 操作工艺

（1）测量放线

对施工现场进行实际测量，并依据测量数据进行深化设计，深化包饰块的横向及竖向尺寸，计算可能出现的位置偏差；对相同模数、转角位及特殊造型的板块进行定型排板，标注详细尺寸，并标明每块包饰块连接固定件的安装位置，作为施工放线的依据。用激光水准仪测量，以室内地面 ±0.000 相对标高作为基准点，由标高基准点向上测量1000mm，弹出水平控制线，作为控制包饰块的水平度的控制线，测设垂直控制线。由轴线引测，弹出包饰块安装完成面定位线；依据深化设计图纸，在墙上测设出包饰块安装位置分格线，根据包饰块分格测设出横撑龙骨安装定位线和包饰饰面的上缘线和下缘线。包饰块安装位置分格线宜先由中间向两端测量，然后由两端向中间复核尺寸，其误差应小于或等于 2mm（图 5.1.3-5）。

图 5.1.3-5 现场测量放线

（2）深化设计及材料下单

根据施工技术要求对现场放线结果进行检核，检核无误后，与深化图纸进行校对，绘制构配件加工图纸，详细标明加工尺寸，将加工图提供给生产厂家，进行型材及构配件加工生产。

（3）安装Z形金属横撑龙骨

横撑龙骨采用镀锌钢材加工制作，横撑龙骨上预留 ϕ8mm 螺栓孔。根据墙面施工放线弹出的横撑龙骨安装基准线，由墙体中心向两边依次安装横撑龙骨，横撑龙骨采用 ϕ8mm 膨胀螺栓固定，其安装位置应与包饰块安装位置对应，龙骨间距离根据包饰块的长度调整，长度较大时应增加横撑龙骨的数量，一般上下方向的间隔不大于 600mm，以保证包饰块整体受力均匀。墙上钻孔应注意避开墙内预埋管线，以免钻头打穿管线，造成返工；横撑龙骨安装的精准度关系到包饰块安装的整体平整度，安装时应随时用水准仪或水准尺检测，及时调平，确保横撑龙骨的水平度及位置准确无误。

（4）包饰块加工制作

包饰块定形框架采用专用型材加工制作，专用定形型材分为蒙料定形型材和底衬板定形型材，以扣接形式组装；蒙料定形型材上设有倒钩，面料可以穿过倒钩，起到定位固定作用，操作时可以根据面料质地松紧程度调节蒙紧的力度，可反复操作，直到调节合适；通过巧妙的型材组合设计，蒙料与底衬板可拆卸，方便更换维修。具体操作如下：

① 制作蒙料定形件：根据深化设计图纸，确定包饰块的规格尺寸，将蒙料定形型材根据包饰块的形状、尺寸切裁下料，将裁切好的型材组装成包蒙料的定形框架，组装时应用钢角度靠尺检查框架四周的角度是否准确；定形框架组装完成后应用砂纸对对角接口处进行打磨，去除毛刺。用于蒙面的织物、皮革、人造革等面料的花色、纹理、质地应符合设计要求及消防规范要求，同一部位应使用同一匹面料。面料在蒙装之前应确定正、反面以及面料的纹理及纹理方向，在正视的情况下，织物面料的经纬线应垂直和水平；用于同一部位的所有面料的纹理方向应一致，尤其是起绒面料更应注意。根据制作好的定形框架确定面料的裁剪尺寸，剪裁好的面料要先进行拉伸熨烫再进行蒙紧。蒙面料时要先固定上下两边（即织物面料的经线方向），四角叠整规矩后，再固定另外两边，蒙好的面料应绷紧、无折皱，纹理拉平拉直，各包饰单元的面料绷紧度要一致。利用型材上的倒钩，可以将面料穿过倒钩进行固定，方便重复调节操作。

② 制作底衬板定形件：依据蒙料尺寸，确定底衬板定形框架的规格尺寸，裁切下料，制作底衬板定形框架，制作时应用钢角度靠尺检查角度，确保准确，型材组装完成后应用砂纸打磨对角接口，去除毛刺。将底衬板安装于定形框架上，并在底衬板上预置好内部填充材料，填充材料的厚度应不小于10mm。蒙料与底衬板通过定形型材上的特殊结构相互卡扣从而紧紧地结合为一个整体，采用自攻螺钉对两个型材进行加固，整个包饰块便制作完成。制作好的包饰块依据排板图纸标注好编号，以便对应安装。

（5）包饰块安装

依据深化设计图纸，包饰块应标注清楚连接件安装位置，连接件通过螺栓固定，安装时可上下调节方位，待定位完成后再旋紧；连接件与安装件同样采用蝶型螺栓固定，可作微调；连接件与安装件之间设置了相互咬合的卡槽与凸齿，用以加强相互间位置的稳定性；安装件卡口设计为上小下大的形状，与横撑龙骨之间设置有橡胶套，起到加强定位作用；维修时将包饰单元向上托起即可轻松拆卸。具体操作如下：

① 将连接件通过螺栓安装在包饰块底衬板的定形型材上，安装位置为包饰块的上部和底部，以 600mm×600mm 的标准板块为例，上部和底部各安装两个连接件。如包饰块竖向长度较大，应增加侧面连接件数量，间距以不大于 600mm 为宜，其挂装的横撑龙骨也

相应增加。连接件的最后锁紧根据横撑龙骨的位置确定，安装时为便于各方向水平调节，螺栓先不旋紧，待调节准确无误后再旋紧固定。② 将安装件通过螺栓安装于连接件上，调节好水平后旋紧。③ 安装前应核对包饰单元的编号与排板图纸的编号是否一致，按排板图纸编号顺序逐一安装包饰单元，安装时遵循从下至上、从左至右的原则，操作人员将包饰块通过安装件直接卡扣于预先安装于墙上的横撑龙骨上，即完成包饰块的安装，安装过程中应边安装边调平，采用水准仪控制整体安装水平度，确定无误后将螺栓全部旋紧固定。④ 包饰块全部安装完成后，应通过水准仪作整体检查，对局部做微调；安装过程中应注意不污染包饰面料，确保最终效果达到设计要求。

（6）清洁、验收

施工完成后应做好表面清理保洁，进行质量自检，合格后提请业主及监理单位检验验收。

图 5.1.3-6　软包墙面完成图

3.3　质量关键要求

（1）蒙面织物的表面不得有明显的跳线、断丝和疵点。对本身不具有阻燃或防火性能的织物，应进行阻燃或防火处理。织物应具有良好的拉伸性能。（2）蒙面皮革或人造革须做好防潮防霉处理，厚薄适中，本身不具有阻燃或防火性能的皮革和人造革应进行阻燃或防火处理。（3）内衬材料（填充材料）密度适中，防火性能应满足设计及消防规范要求，禁止使用非环保型内衬材料。

3.4　季节性施工

（1）雨期施工时，应采取措施，确保水泥基层面含水率不超过8%，木材的含水率不超过12%，板材表面可刷一道底漆，以防受潮。软包工程施工最好避开连续下雨的天气，以防内衬和蒙面材料受潮发霉。（2）冬期软包工程施工前，应完成外门窗安装工程；否则应对门、窗洞口进行临时封挡保温。（3）冬期墙面软包安装施工时，宜在有采暖条件的房间进行施工，室内作业环境温度应在0℃以上。

4.1 主控项目

（1）软包面料、内衬材料及边框、压条的材质、颜色、图案、燃烧性能等级及有害物质含量应符合设计及国家标准的有关规定。

检验方法：观察；检查产品合格证书、进场验收记录和性能检测报告。

（2）型钢及铝合金型材加工应严格按照设计要求，其壁厚及材料性能指标应满足设计及规范要求。型材在工厂加工时应先制作样板，对样板进行强度试验合格后才批量生产；型材出厂时应出具检验合格证，分批做好质量检验记录。

检验方法：观察；检查产品合格证书、进场验收记录和性能检测报告。

（3）安装位置及构造做法应符合设计要求。

检验方法：观察；尺量检查；检查施工记录。

（4）横撑龙骨、定型框架、配套装饰压条应安装牢固，无翘曲，包饰块拼、接缝应均匀、平直。

检验方法：观察；尺量检查。

（5）单块包饰块面料不宜有接缝，四周应绷压严密。

检验方法：观察；手摸检查。

4.2 一般项目

（1）墙面包饰（软包）工程表面应平整、洁净，表面无明显凹凸不平及皱折，图案应清晰、无色差，整体应协调美观。

检验方法：观察。

（2）边框、压条应平整、顺直、接缝吻合，其表面涂饰质量应符合《建筑装饰装修工程质量验收规范》GB 50210 的有关规定的要求。

检验方法：观察；检查验收记录。

（3）软包工程安装的允许偏差和检验方法应符合表 5.1.4-1 的规定。

软包工程安装的允许偏差和检验方法   表 5.1.4-1

项次	项目	允许偏差（mm）	检验方法
1	单块软包边框水平度	3	用 1m 水平尺和塞尺检查
2	单块软包边框垂直度	3	用 1m 垂直检测尺检查
3	单块软包对角线长度差	3	从框的裁口里角用钢尺检查
4	单块软包宽度、高度	0，-2	从框的裁口里角用钢尺检查
5	分格条（缝）直线度	3	拉 5m 线，不足 5m 拉通线，用钢直尺检查
6	裁口、线条接缝高低差	1	用直尺和塞尺检查

5	成品保护

（1）验收后，应防止人员随意触摸包饰表面，如必须与其接触时应戴好洁净手套及使用清洁过的工具等。（2）采用塑料薄膜或其他合适材料对包饰面作封闭覆盖，以防止粉尘污染及其他施工作业意外污损。

6	安全、环境保护措施

6.1　安全措施

（1）高处作业时必须遵守《建筑施工高处作业安全技术规范》JGJ 80 的规定。正确佩戴和使用安全帽、安全带，检查人字梯、移动操作架安全牢靠。（2）使用的手持电动工具应有漏电保护装置，作业前应试机检查，操作手提电动机具的人员应佩戴绝缘手套、胶鞋，保证用电安全。（3）临时施工用电严格按照《施工现场临时用电安全技术规范》JGJ 46 的有关规定执行，照明灯具使用 36V 安全电压。

6.2　环保措施

（1）基层处理产生的废弃物应及时清理、收集；在清理过程中对干燥的基层要采用洒水减少扬尘，废弃物集中收集到指定场所统一处理，防止污染环境。（2）型材、面料等施工用料做到长材不短用，加强科学下料和材料回收利用工作，减少废料，节约材料。（3）尽量使用低噪声或无噪声的施工作业设备，无法避免噪声的施工设备，则对其采取噪声隔离措施。作业时间严格按照当地基本建设文明施工规定要求，夜间尽可能不施工。
（4）严禁在施工现场焚烧任何废物和会产生有毒有害气体、烟尘、臭气的物质。

7	工程验收

（1）软包工程验收时应检查下列文件和记录：① 施工图、设计说明及其他设计文件；② 材料的样板及确认文件；③ 材料的产品合格证书、性能检测报告、进场验收记录和复验报告；④ 饰面材料及封闭底漆、胶粘剂、涂料的有害物质限量检验报告；⑤ 隐蔽工程验收记录；⑥ 施工记录。
（2）同一类型的软包工程每层或每 30 间应划分为一个检验批，不足 30 间也应划分为一个检验批，大面积房间和走廊可按装配式隔墙 $30m^2$ 计为 1 间。
（3）软包工程每个检验批应至少抽查 20%，并不得少于 4 间，不足 4 间时应全数检查。

质量记录包括：（1）材料的产品合格证书、性能检测报告；（2）材料进场验收记录和复验报告；（3）隐蔽工程验收记录；（4）技术交底记录；（5）检验批质量验收记录表；（6）分项工程质量验收记录表。

第 2 节 卡装式硬包施工工艺

主编点评

本工艺将硬包面板与连接件在工厂制成基本结构单元，运到现场后通过卡接龙骨直接安装在墙面结构上，具有施工高效、降低成本、维修方便等特点。

---

1   总 则

1.1   适用范围
本工艺适用于民用建筑室内整体拼装式墙面硬包（也称不带内衬软包）工程施工。

1.2   编制参考标准及规范
（1）《建筑装饰装修工程质量验收标准》GB 50210
（2）《装配式内装修技术标准》JGJ/T 491
（3）《民用建筑工程室内环境污染控制标准》GB 50325
（4）《建筑内部装修防火施工及验收规范》GB 50354
（5）《室内装饰装修材料　人造板及其制品中甲醛释放限量》GB 18580

---

2   施工准备

2.1   技术准备
参见第 365 页 "2.1   技术准备"。

2.2   材料要求
（1）基层龙骨：轻钢龙骨、龙骨调节固定件应符合设计图纸要求和《建筑用轻钢龙骨》GB/T 11981 等国家有关规范和标准要求。

（2）面层挂板：① 墙布、锦缎、人造革、真皮革等面料，其防火性能应符合设计要求及建筑内装修设计防火的有关规定。② 饰面用的木压条、压角木线、木贴脸（或木线）等。含水率不大于 12%，厚度及质量应符合设计要求。

（3）其他材料：金属挂件、防火涂料、防腐剂及其他材料根据设计要求采用。其中胶粘剂、防腐剂应满足环保要求。

2.3 主要机具

（1）机械：冲击钻、手枪钻等。（2）工具：电熨斗、小辊、开刀、擦布或棉丝、砂纸、锤子、多用刀等。（3）计量检测用具：水准仪、激光投线仪、直尺、方角尺、水平尺、钢尺、塞尺、钢板尺等。

2.4 作业条件

参见第336页"2.4 作业条件"。

参见第336页"2.4 作业条件"。

---

3 施工工艺

3.1 工艺流程

测量放线 ⟶ 龙骨安装 ⟶ 挂条安装 ⟶ 硬包板块挂装 ⟶ 收口处理 ⟶ 清洁、验收

3.2 操作工艺

（1）测量放线

① 根据设计要求的装饰分格、造型、图案等尺寸，在墙、柱面的底面上弹出定位线。
② 绘制放样图，确认墙面饰面板构件安装方式、顺序、面层纹理效果、计算构件数量，按照放样图所定编号提交构件清单工厂加工。一般织物面料的经线应垂直于地面、纬线沿水平方向使用；同一场所应使用同一批面料，并保证纹理方向一致。③ 在需做硬包的墙柱面上，按设计要求的竖向龙骨间距进行弹线；设计无要求时，龙骨间距控制在300～500mm 之间并保证每块硬包构件背面都能有竖向龙骨。④ 墙面为抹灰基层或临近房间较潮湿时，应对墙面进行防潮处理。

（2）龙骨安装

① 依据竖向龙骨的位置，使用膨胀螺栓将龙骨调节固定件固定于墙面，固定件竖向间距400～600mm。② 安装龙骨时，一边安装一边用不小于2m 的靠尺进行调平确保龙骨表面平整（图5.2.3-1～图5.2.3-5）。

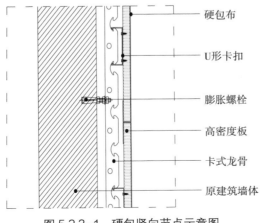

图 5.2.3-1 硬包竖向节点示意图

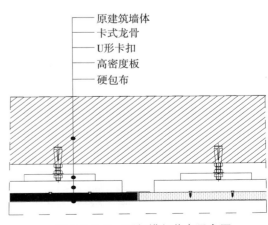

图 5.2.3-2 硬包横向节点示意图

图 5.2.3-3　轻质间墙穿墙连接示意图　　　　图 5.2.3-4　轻质间墙龙骨连接示意图

（3）挂条安装

① 确定挂条在龙骨和硬包构件的安装位置，先将硬包构件预排板，确定硬包构件在龙骨上的相对位置，明确挂件位置，通常每块硬包挂件安装两条挂件，高度超过 1.8m 的应做三条挂件，并做好标记。② 先在龙骨上安装好挂条，硬包构件的挂条预安装，先预拼检查挂条位置是否精确，将误差及时调整后固定好硬包构件的挂条。

（4）硬包板块挂装

确定挂件的安装顺序，通常从上到下，从中间到两边。

（5）收口处理

清理接缝，调整、修理接缝不顺直处。安装镶边条，安装表面贴脸及装饰物，修补各压条上的钉眼，最后擦拭、吸附浮灰。

图 5.2.3-5　卡式龙骨安装　　　　　　　　图 5.2.3-6　卡装式硬包完成图

3.3　质量关键要求

（1）在加工硬包面层构件时，各块预制衬板的制作要注意对花和拼花，避免相邻两面料的接缝不垂直、不水平，或虽接缝垂直但花纹不吻合，或花纹不垂直、不水平等。

（2）硬包面板加工前，应认真核对尺寸，加工中要仔细操作，防止在面料或镶嵌板下料尺寸偏小、下料不方或裁切、切割不细，硬包上口与挂镜线，下口与踢脚线上口接缝不严密，露底造成亏料，使相邻面料间的接缝不严密，露底造成离缝。（3）面料下料应遵照样板进行裁剪，保证面料宽窄一致，纹路方向一致，避免花纹图案的面料铺贴后，门窗两边或室内与柱子对称的两块面料的花纹图案不对称。（4）加工时对面料要认真进行挑选和核对，在同一场所应使用同一匹面料，避免造成面层颜色、花形、深浅不一致。（5）在施工过程中应加强检查和验收，防止在制作、安装镶嵌衬板过程中，施工人员不仔细，硬边衬板的木条倒角不一致，衬板裁割时边缘不直、不方正等，造成周边缝隙宽窄不一致。（6）在制作和安装压条、贴脸及镶边条时选料要精细，木条含水率要符合要求，制作、切割要细致认真，钉子间距要符合要求，避免安装后出现压条、贴脸及镶边条宽窄不一、接槎不平、扒缝等。（7）硬包布铺贴前熨烫要平整，固定时布面要绷紧、绷直，避免安装后面层皱褶、起泡。（8）施工时，室内相对湿度不能过高，一般应低于85%，同时温度也不能有剧烈变化。（9）阳角处不允许留拼接缝，应包角压实；阴角拼缝宜在暗面处。

3.4 季节性施工

（1）雨期施工时，应采取措施，确保水泥基层面含水率不超过8%，木材的含水率不超过12%，板材表面可刷一道底漆，以防受潮。硬包工程施工最好避开连续下雨的天气，以防蒙面材料受潮发霉。（2）冬期施工用胶粘剂进行粘接作业时，现场环境温度不得低于5℃。

4

质量要求

4.1 主控项目

（1）硬包面料及边框的材质、颜色、图案、燃烧性能等级和木材的含水率应符合设计要求及国家现行标准的有关规定。

检验方法：观察；检查产品合格证书、进场验收记录和性能检测报告。

（2）硬包工程的安装位置及构造做法应符合设计要求。

检验方法：观察；尺量检查；检查施工记录。

（3）硬包工程的龙骨、衬板、边框应安装牢固，无翘曲，拼缝应平直。

检验方法：观察；手扳检查。

（4）单块硬包面料不应有接缝，四周应绷压严密。

检验方法：观察；手摸检查。

4.2 一般项目

（1）硬包工程表面应平整、洁净，无凹凸不平及皱折；图案应清晰、无色差，整体应协调美观。

检验方法：观察。

（2）硬包边框应平整、顺直、接缝吻合。其表面涂饰质量应符合现行国家标准《建筑装饰装修工程质量验收标准》GB 50210的有关规定。

检验方法：观察；手摸检查。

（3）硬包工程安装的允许偏差和检验方法应符合表5.2.4-1的规定。

项次	项目	允许偏差（mm）	检验方法
1	单块软包边框水平度	3	用 1m 水平尺和塞尺检查
2	单块软包边框垂直度	3	用 1m 垂直检测尺检查
3	单块软包对角线长度差	3	从框的裁口里角用钢尺检查
4	单块软包宽度、高度	0，-2	从框的裁口里角用钢尺检查
5	分格条（缝）直线度	3	拉 5m 线，不足 5m 拉通线，用钢直尺检查
6	裁口线条结合处高度差	1	用直尺和塞尺检查

5　成品保护

（1）硬包工程应采用吸附式清洁，清理完毕的房间应进行封闭，不准作为材料库、休息室或通道，避免污染和损坏。（2）硬包工程施工完毕还有其他工序进行施工时应设置成品保护膜，将整个完活的硬包面遮盖严密。严禁非操作人员随意触膜硬包成品。（3）严禁在硬包工程施工完毕的墙面上剔槽打洞。若因设计变更，必须进行剔槽打洞时，应采取可靠、有效的保护措施，施工完后要及时、认真地进行修复，以保证成品的完整性。（4）硬包工程施工完毕后在进行暖卫、电气等其他设备的安装或修理过程中，应注意保护硬包面，严防污染和损坏已经施工完的硬包成品。（5）有粉尘作业、修补压条、镶边条的油漆或周边面层涂饰施工时，应对硬包面进行保护。地面磨石清理打蜡时，也应注意保护好硬包工程的成品，防止污染、碰撞与破坏。

6　安全、环境保护措施

参见第 372 页 "6　安全、环境保护措施"。

7　工程验收

参见第 372 页 "7　工程验收"。

8　质量记录

参见第 373 页 "8　质量记录"。

第 6 章　装配式门窗工程

P379-416

➡

第1节　智能磁悬浮自动门施工工艺

主编点评

　　本工艺针对传统的机械电机传动自动门驱动传输系统占用空间大、噪声大、机械结构复杂和故障率较高等问题，创新研发出以电磁为动力，通过微电脑控制门扇的开合，实现门的运行，具有智能、流畅、静音、高效等特点。本技术成功应用于广州美术馆等项目，获得广东省工程建设省级工法等荣誉。

1　总　则

1.1　适用范围
本施工工艺适用于磁悬浮智能自动门工程施工。

1.2　编制参考标准及规范
（1）《建筑装饰装修工程质量验收标准》GB 50210
（2）《装配式内装修技术标准》JGJ/T 491
（3）《智能建筑工程质量验收规范》GB 50339
（4）《自动门》JG/T 177
（5）《人行自动门安全要求》JG 305
（6）《建筑玻璃应用技术规程》JGJ 113
（7）《铝合金建筑型材　第1部分：基材》GB/T 5237.1

2　施工准备

2.1　技术准备
（1）熟悉图纸，完成图纸深化设计和图纸会审。（2）编制专项施工方案，并报监理单位审批。（3）将专项技术交底落实到作业班组。（4）作业前应对所在施工位置可能存在的预埋件和预埋线路进行检查确认。

2.2　材料准备
（1）钢材：使用Q235钢材，钢材应有产品质量合格证，表面进行防锈处理（热镀锌处理）。外观应表面平整，棱角挺直，过渡角及切边不允许有裂口。
（2）铝制导轨材质应为6063-T6、7050-T6、7075-T6，符合《铝及铝合金挤压型材尺寸偏差》GB/T 14846 之精密型材规定。

（3）紧固材料：膨胀螺栓、镀锌自攻螺钉等应符合设计要求。

（4）钢化玻璃：厚度有 8mm、10mm、12mm、15mm 等，其品种、规格应符合设计要求，各项性能应符合《建筑玻璃应用技术规程》JGJ 113、《建筑用安全玻璃　第 2 部分：钢化玻璃》GB 15763.2 相关标准要求。钢化玻璃规格尺寸、厚度、孔径及外观质量允许偏差参见表 1.7.2-1～表 1.7.2-4。

（5）钢化夹胶玻璃：其品种、规格应符合设计要求，各项性能应符合《建筑玻璃应用技术规程》JGJ 113、《建筑用安全玻璃　第 3 部分：夹层玻璃》GB 15763.3 等相关标准要求。

2.3　主要机具

（1）机械：手提切割机、手电钻、电动螺钉枪等。（2）工具：力矩扳手、注胶枪、螺钉旋具、锤子、钳子等。（3）计量检测用具：水准仪、激光投线仪、钢卷尺、钢板尺、靠尺、方角尺、水平尺、塞尺等。

2.4　作业条件

（1）门框周边工程完工，安装位置验收合格移交。安装自动门时应对现场洞口尺寸进行复核，洞口尺寸应符合设计要求。（2）横梁安装位置预埋铁件、电源专线位置、控制机箱预留位均到位。（3）开启门两侧位置的尺寸与门扇开启后预留尺寸及使用磁悬浮自动门的规格尺寸相符。

3　施工工艺

3.1　工艺流程

测量放线 ⟶ 工厂加工 ⟶ 磁悬浮轨道安装及调整 ⟶ 磁悬浮自动门安装 ⟶
磁悬浮自动门调整、调试 ⟶ 清洁、验收

3.2　操作工艺

（1）测量放线

根据图纸及现场实际情况，按照磁悬浮自动门走向、摆放的形式，在相应的位置放线，以确认轨道安装位置。

（2）工厂加工

在工厂完成磁悬浮集成轨道、门扇等加工（图 6.2.3-1、图 6.2.3-2）。

（3）磁悬浮轨道安装及调整

① 结构高度确定：结构安装高度应满足磁悬浮轨道下表面比吊顶低 50mm 的装修需求，结构应按现场实际进行调节安装。② 磁悬浮轨道安装：利用上部钢结构底板，通过螺栓与导轨连接（图 6.1.3-3、图 6.1.3-4）。③ 磁悬浮轨道调整：磁悬浮轨道装好后，通过调

节六角螺母使轨道纵向和横向水平，然后旋紧螺母。用水平尺在每段轨道上测三点（两端、中间），水平精度误差不超过 1mm/m。

图 6.1.3-1 磁悬浮轨道加工

图 6.1.3-2 磁悬浮轨道与电机集成

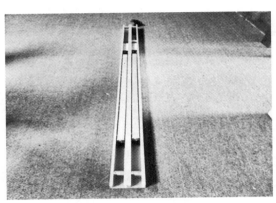
图 6.1.3-3 磁悬浮集成轨道

图 6.1.3-4 磁悬浮轨道安装

（4）磁悬浮自动门安装

将事先装好吊件的活动门移至轨道下方，用内六角螺栓分别将四个吊孔拧入轴承支架的（内行轨道）预留螺钉孔，根据自动门行走位置确认止摆器位置，并将止摆器固定在地面，保证门体运行时不能脱离止摆器（图 6.1.3-5～图 6.1.3-8）。

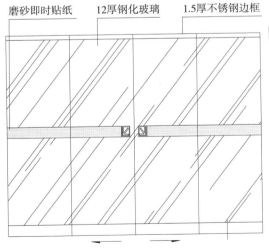
图 6.1.3-5 磁悬浮自动门立面图

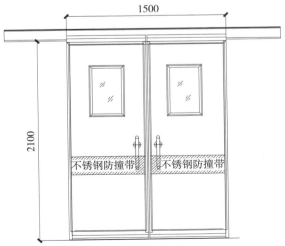
图 6.1.3-6 医疗室磁悬浮自动门立面图

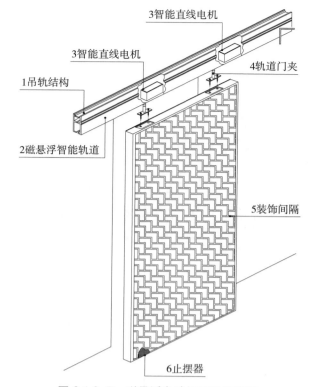

3智能直线电机

3智能直线电机

1吊轨结构

4轨道门夹

2磁悬浮智能轨道

5装饰间隔

6止摆器

图 6.1.3-7　磁悬浮自动门三维示意图

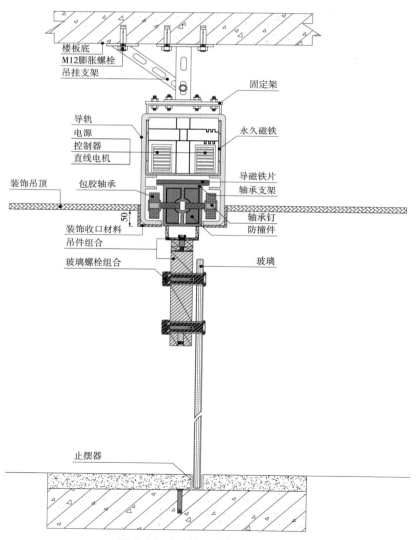

楼板底
M12膨胀螺栓
吊挂支架

固定架

导轨
电源
控制器
直线电机

永久磁铁

装饰吊顶

包胶轴承

导磁铁片
轴承支架

装饰收口材料

轴承钉
防撞件

吊件组合

玻璃螺栓组合

玻璃

止摆器

图 6.1.3-8　磁悬浮自动门剖面图

（5）磁悬浮自动门调整、调试

调整磁悬浮自动门的位置、垂直度。重新把轨道装好，把自动门并排好，调节轨道的螺栓，使自动门的上铝框面到轨道下表面达到规定尺寸，使自动门达到垂直度的检测的方法：用细绳吊重锤固定在适当处（如细绳贴着边框），调节垂直度。确定调节好后，将锁紧螺母往下旋，旋紧螺母。根据直线电机控制原理和控制要求输入操作代码，对每扇自动门进行调试（图6.1.3-9、图6.1.3-10）。

图 6.1.3-9　磁悬浮自动门调试一　　　　　图 6.1.3-10　磁悬浮自动门调试二

（6）清洁、验收

将磁悬浮自动门面板上的保护胶膜撕下，清扫垃圾，收回所有废料运离工地，擦拭有手纹或灰尘的面板，组织验收（图6.1.3-11、图6.1.3-12）。

图 6.1.3-11　磁悬浮全玻自动门　　　　　图 6.1.3-12　医疗室磁悬浮自动门

3.3　质量关键要求

（1）在安装门之前将其所在地面平整，门体两侧地面平整度小于±3mm，使用膨胀螺栓固定的，地面应质地坚实，确保磁悬浮自动门的安装精度和使用功能。（2）安装轨道钢梁，其厚度应不小于5mm，承重能力应不低于700kg，并进行防锈处理。（3）为使用安全和检修方便，应设置独立的磁悬浮自动门电源（交流220V、50Hz、6A），保护地线电缆应以隐蔽方式引至自动门上方横梁内侧右部，并留有一定接线余量（至横梁中部）。

（4）地导轨和钢横梁安装要注意它们之间在两个方向上的平行度。

3.4　季节性施工

（1）编制雨期和冬期的施工方案，组织有关人员学习，做好方案交底工作；对测温、保温等专业人员要经考试合格后，方准上岗工作。（2）雨期各种材料的运输、搬运、存放，均应采取防雨、防潮措施，以防止发生霉变、生锈、变形等现象。

4　质量要求

4.1　主控项目

（1）自动门的质量和各项性能指标应符合设计要求。

检验方法：观察；检查产品合格证书、进场验收记录和性能检测报告。

（2）自动门的品种、类型、尺寸、规格、开启方向、安装位置及钢结构防腐处理应符合设计要求。

检验方法：观察；尺量检查。

（3）自动门系统使用功能应符合设计要求及相关技术标准规定，不允许使用非标准产品，确保使用安全性。

检验方法：观察；检查产品合格证书、进场验收记录和性能检测报告。

（4）自动门的安装应牢固，预埋件的数量位置、埋设方式与框的连接方式应符合设计要求。

检验方法：尺量检查；检查隐蔽工程验收记录。

（5）自动门的配件应齐全，位置应正确，安装应牢固，功能应满足使用要求和特种门的各项性能要求。

检验方法：尺量检查；检查性能检测报告。

4.2　一般项目

（1）自动门的表面及横梁装饰应符合设计要求，安装完毕交付使用时应洁净无污染、无划痕、无碰伤。

检验方法：观察。

（2）自动门安装的留缝限值、允许偏差和检验方法应符合国家相关规范规定。

检验方法：尺量检查；检查施工记录。

（3）自动门安装质量检验项目及方法见表 6.1.4-1。

自动门安装质量检验项目及方法　　　　　　　　　　　　　　　　　　表 6.1.4-1

序号	检验项目	项目质量要求	检验方法
1	表面质量	门相邻构件表面色泽应一致，不得有毛刺，接驳口平滑	目测、手感
2	材料及外购件质量	材料要符合国家或行业标准，有生产合格证，感应器、传感器、传感装置等外购件应有生产合格证	审查产品的合格证

序号	检验项目	项目质量要求	检验方法
3	装置质量	（1）型材门框的壁厚材质应符合设计要求	用钢卷尺、塞尺、卡尺、水准仪等仪器及目测，手感检测
		（2）门横梁及智能导轨等结构件应有足够强度和刚性以承受自动门运行过程吊挂玻璃重力和行走过程的传动力影响	
		（3）门横梁及导轨的水平度＜1mm/m，门边垂直度＜1mm/m	
		（4）门框、门扇配合间隙均匀，门全闭时，活动扇与边框或与固定扇立边间隙允差＜±1.5mm；门扇间的间隙允许＜±1.5mm	
		（5）门运行中，不得有碰、卡、刮、擦，门体运行灵活	
4	门的性能质量	（1）探测器安装应保证其盲区边缘与门距离＜200mm	
		（2）门启闭灵活，当人以0.3m/s速度通过探测区门正常启闭	调压器及万用表检测
		（3）门启闭快速运行速度为0.2～0.4m/s	人以0.3m/s进入检测区
		（4）开启相应时间≤0.5s；堵门保持延时＜18s，门扇全开后，保持＜1.5s	观察门的状态用计时器测试
		（5）正常运行状态，门运行噪声＜65dB	用A级声级测量器
		（6）在湿热条件下，绝缘体电阻应＞2MΩ	用绝缘表测量
		（7）门在环境温度为–10～50℃的条件下正常工作	检测机构检测
		（8）门在风速0～10m/s条件下正常工作	

5　成品保护

（1）安装完成应及时进行验收，在交付使用前保护胶纸不应撤掉，在投入使用时才允许撕掉保护胶纸，严禁在自动门两侧堆放物品。（2）自动门动作频率高，对电气部分等要经常检查、调整、更换，以延长使用寿命。（3）脚手架管材或其他建筑材料进出通道时应停止使用自动门，使门体处于常开状态，并要关掉电源，出了故障应找自动门专业维护人员进行处理，一般不主张自行处理。

6　安全、环境保护措施

6.1　安全措施

（1）在安装自动门时应对脚手架或其他作业平台作检查，应符合施工安全规范要求。（2）高处作业需佩戴安全带，作业时高挂低用扣系好。（3）施工现场临时用电均应符合现行国家标准《施工现场临时用电安全技术规范》JGJ 46的规定。（4）玻璃板块应放在专用玻璃架上，堆放平稳，工具要随手放入工具袋，上下传递工具严禁抛掷。（5）使用的机电器具应常检测有无漏电现象，一经发现立即停止使用，决不允许勉强使用。所有施工用电都应严格执行有关用电安全规定。（6）搬动大玻璃时应采用玻璃吸盘，多人搬移，在玻璃施工安全中应有应急预案。

6.2 环保措施

（1）严格按现行国家标准《民用建筑工程室内环境污染控制标准》GB 50325 进行室内环境污染控制。拒绝环保超标的原材料进场。（2）边角余料应装袋后集中回收，按固体废物进行处理。现场严禁燃烧废料。（3）作业区域采取降低噪声措施，减少噪声污染。

7 / 工程验收

（1）工程验收时应检查下列文件和记录：① 材料的生产许可证、产品合格证书、性能检测报告、进场验收记录和复验报告；② 施工图、设计说明及其他设计文件；③ 隐蔽工程验收记录；④ 施工记录。

（2）同一品种、类型和规格的自动门每 50 樘应划分为一个检验批，不足 50 樘也应划分为一个检验批。

（3）每个检验批应至少抽查 50%，并不得少于 10 樘；不足 10 樘时应全数检查。

8 / 质量记录

质量记录包括：（1）产品合格证书、性能检测报告；（2）进场验收记录和复验报告；（3）隐蔽工程验收记录；（4）技术交底记录；（5）检验批质量验收记录；（6）分项工程质量验收记录。

第 2 节　气密自动门施工工艺

主编点评

本工艺气密自动门采用直流无刷电机作为其驱动核心，门体由铝合金框和铝蜂窝板门扇等材料组成，用橡胶条填封门页与门框边的缝隙，可单开或双开、外挂或嵌入，具有启闭平稳、便捷、可靠、满足气密、隔声、智能等特点。

1　总　则

1.1　适用范围

本施工工艺适用于气密电动式感应自动门工程施工，尤其适合医院负压病房、实验室使用。

1.2　编制参考标准及规范

（1）《建筑装饰装修工程质量验收标准》GB 50210

（2）《装配式内装修技术标准》JGJ/T 491

（3）《自动门》JG/T 177

（4）《人行自动门安全要求》JG 305

（5）《建筑玻璃应用技术规程》JGJ 113

2　施工准备

2.1　技术准备

参见第 381 页"2.1　技术准备"。

2.2　材料准备

（1）门扇四周为铝金框架结构，表面可采用拉丝不锈钢面板或采用高压静电喷塑的优质铝合金面板或铝塑板、镀锌钢板等。门体内夹心为纸蜂窝铝蜂窝（带阻燃）填充，铝合金材料应符合《铝合金建筑型材　第 1 部分：基材》GB/T 5237.1 的规定。（2）门体采用钢化双层中空玻璃时，玻璃材料应符合《建筑玻璃应用技术规程》JGJ 113 的规定。（3）门体三周装有密封条，门体底部装有扫地条密封，橡胶材料应符合《建筑门窗、幕墙用密封胶条》GB/T 24498、《工业用橡胶板》GB/T 5574 的规定。宜采用三元乙丙橡胶、硅橡胶、氯丁橡胶。

2.3 主要机具

（1）机械：台式切割机、手提切割机、手电钻、电动螺钉枪等。（2）工具：力矩扳手与其他扳手、螺钉旋具、锤子、钳子等。（3）计量检测用具：水准仪、激光投线仪、钢卷尺、钢板尺、靠尺、方角尺、水平尺、塞尺等。

2.4 作业条件

（1）在门框周边工程完工，安装位置验收合格移交后，安装气密自动门时应对现场洞口尺寸进行复核，洞口尺寸应符合设计要求。（2）横梁安装位置预埋铁件、电源专线位置、控制机箱预留位均到位。（3）开启门两侧位置的尺寸与门扇开启后预留尺寸及使用自动门的规格尺寸相符。

---

3   施工工艺

3.1 工艺流程

测量定位 —→ 有地轨则安装地轨 —→ 安装横梁 —→ 将机箱固定于横梁 —→
安装门扇 —→ 调试　　　　　 —→ 清洁、验收

3.2 操作工艺

（1）测量放线：自动门分铝合金自动门和全玻自动门，双开自动门和单开自动门（图6.2.3-1～图6.2.3-4）。地面上如有导向性轨道应先撬出预埋木方才可埋设下轨道，下轨长度为开启门宽的2倍，埋轨道时应注意与地面饰面平，标高一致；无导轨式，安装门扇横摆限位。

（2）安装横梁：将横梁放置在已预埋铁件的门槽横向柱端、校平、吊直、水平安装，注意与下轨的位置关系，然后用螺栓将横向钢槽固定。自动门上部机箱入槽内主梁用铝合金盖板包饰处理。主梁安装是重要环节，按设计图纸安装，应保证安装牢固及运行稳定。

（3）将机箱固定于横梁：固定机箱后连接电器部分，检查行走情况符合要求（图6.2.3-5）。

（4）安装门扇：门扇移动应平滑顺畅，间隙均匀。门页各边安装上橡胶封边，门体底部装有扫地条，填封了门页与门框边的缝隙，起到防尘、防菌和降低空气渗漏，保证相邻房间的空气压差梯度分布的作用。

（5）调试：接通电源，调整微波传感器和控制箱使其达到最佳工作状态，一旦调整正常后，不得任意变动各种旋转位置，以免出现故障（图6.2.3-6）。

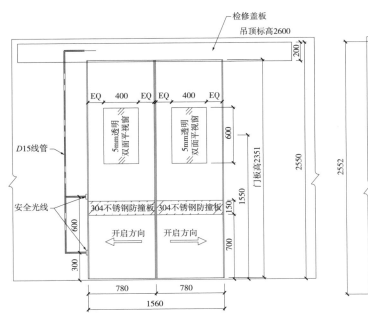

图 6.2.3-1　双开自动门立面示意图

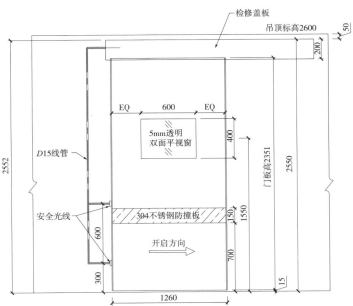

图 6.2.3-2　单开自动门立面示意图

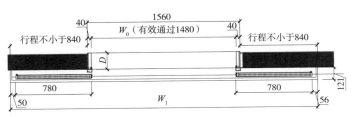

图 6.2.3-3　双开自动门平面示意图

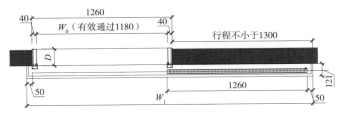

图 6.2.3-4　单开自动门平面示意图

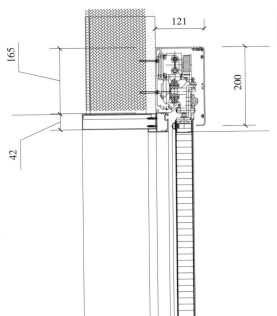

图 6.2.3-5　双开自动门节点大样图

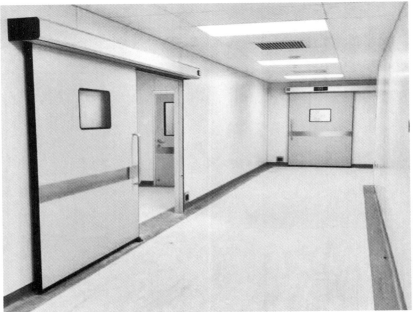

图 6.2.3-6　气密自动门完工图

3.3　质量关键要求

参见第 385 页"3.3　质量关键要求"。

3.4 季节性施工

参见第 386 页 "3.4 季节性施工"。

4	质量要求

参见第 386 页 "4 质量要求"。

5	成品保护

参见第 387 页 "5 成品保护"。

6	安全、环境保护措施

参见第 387 页 "6 安全、环境保护措施"。

7	工程验收

参见第 388 页 "7 工程验收"。

8	质量记录

参见第 388 页 "8 质量记录"。

第3节　智能旋转门施工工艺

主编点评

　　本工艺针对传统旋转门入口存在夹人安全隐患的问题，通过结合智能技术实现旋转翼防夹、位置区域防夹、外圈以及内圈胶条防夹及空间避让功能，具有智能、流畅、静音、高效和安全等特点。

1　总　则

1.1　适用范围

本工艺适用于民用建筑智能旋转门工程施工。

1.2　编制参考标准及规范

（1）《建筑装饰装修工程质量验收标准》GB 50210

（2）《装配式内装修技术标准》JGJ/T 491

（3）《自动门》JG/T 177

（4）《人行自动门安全要求》JG 305

（5）《建筑玻璃应用技术规程》JGJ 113

2　施工准备

2.1　技术准备

参见第381页"2.1　技术准备"。

2.2　材料要求

旋转门材料基本要求见表6.3.2-1。

旋转门材料基本要求 表6.3.2-1

部件	基本要求	选用要求及常用品牌
门体结构材料	门体材料应具有足够的强度和刚度，门体结构材料包括钢材、铝型材、木材等，应符合《铝合金门窗》GB/T 8478等规定	建议选用6063-T5铝型材
面板材料	人行自动门应采用安全玻璃，安全玻璃的选择应符合《建筑玻璃应用技术规程》JGJ 113要求；表面包饰可采用不锈钢、氟碳喷涂、铜饰等，应符合现行国家标准的规定	建议选用平板/弧形钢化玻璃、平板/弧形夹胶钢化玻璃。建议外饰不锈钢/铜饰≥1.0mm

部件	基本要求	选用要求及常用品牌
驱动装置	驱动装置应满足人行自动门正常运行的要求，且应在正常运行条件下使门扇能正常运行及停止运行，驱动装置可采用电器装置，符合《家用和类似用途电器的安全 闸门、房门和窗的驱动装置的特殊要求》GB 4706.98 要求，人行自动门电机应符合《小功率电动机的安全要求》GB 12350 要求，且 IP 等级不应低于 IP44	电机常用品牌如德国伦茨或德国 SEW 电机等
传感器	传感器分为运动传感器、对射传感器、压敏传感器，传感器应符合现代行业标准《人行自动门用传感器》JG/T 310 要求	常用品牌如比业或保策利公司的启动传感器、防夹传感器、激光传感器、红外对射传感器等
控制装置	控可编程序控制器应符合《可编程序控制器 第 1 部分：通用信息》GB/T 15969.1 的要求	常用品牌如日本松下、德国西门子等
密封材料	密封胶条应符合《建筑门窗、幕墙用密封胶条》GB/T 24498 的要求；密封毛条应符合《建筑门窗密封毛条》JC/T 635 要求；硅酮结构密封胶应符合《建筑用硅酮结构密封胶》GB 16776 要求	密封胶条采用三元乙丙材质；密封毛条采用羊毛／马鬃毛刷；硅酮结构采用重型硅胶
五金配件	根据其承载能力要求进行设计和选用，应符合国家现行相关标准	常用品牌如坚朗五金配件等
锁具	应根据设计要求选用，符合国家《锁具安全通用技术条件》GB 21556 要求	常用品牌如坚朗锁具等

2.3 主要安装机具

（1）机械：手提切割机、手电钻、电动螺钉枪等。（2）工具：力矩扳手、注胶枪、螺钉旋具、锤子、钳子等。（3）计量检测用具：水准仪、激光投线仪、钢卷尺、钢板尺、靠尺、方角尺、水平尺、塞尺等。

2.4 现场技术要求

（1）旋转门安装前 7～10 日结束施工范围地面石材施工，最小范围以旋转门外直径以内地面面积为基准。（2）安装区地面基础应具备相应的强度与水平度，并且地面基础水泥完全凝固，以确保强度和膨胀螺栓完全与水泥结合。（3）混凝土厚度不少于 100mm，如果地面的基础属于回填式或下面有管道的，混凝土厚度应不少于 300mm。（4）旋转门安装区域地面水平度小于 ±1.5mm。水平度范围至少控制在旋转门外直径以内地面。（5）由于旋转门为铝合金框架结构，设计未考虑任何外部荷载及防水措施，故旋转门上方相关施工区域（幕墙、吊顶及雨棚）应在旋转门安装前结束并拆除相应的施工架和保护网。

3 施工工艺

3.1 工艺流程

复核门洞尺寸 ⟶ 安装旋转门定位块 ⟶ 安装冒头及门体 ⟶ 安装门扇 ⟶

手动调试 ⟶ 安装控制系统 ⟶ 通电调试 ⟶ 安装饰面板 ⟶

清洁、验收

3.2 操作工艺

（1）复核门洞尺寸：现场确认门洞是否垂直，精装后预留尺寸是否符合图纸设计的要求，门区范围内地面平整度 ±1.5mm（图 6.3.3-1～图 6.3.3-3）。

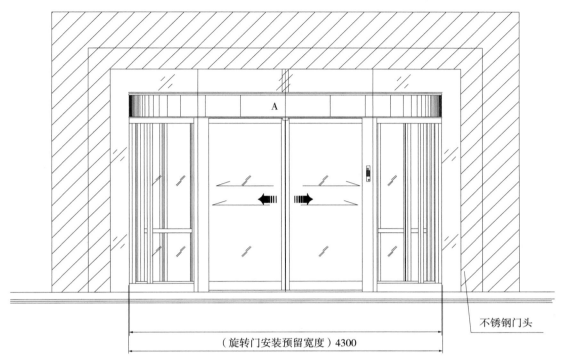

图 6.3.3-1　旋转门立面示意图

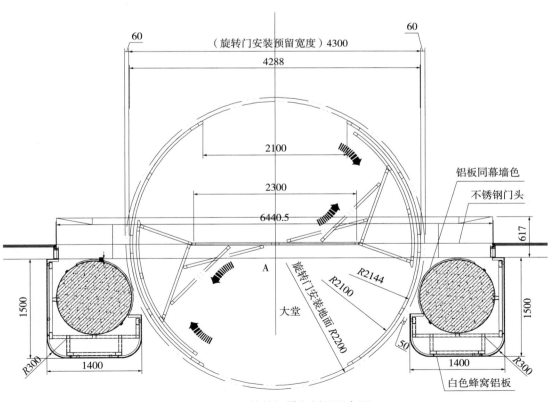

图 6.3.3-2　旋转门横向剖面示意图

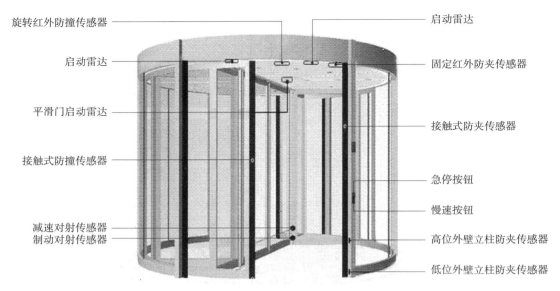

旋转红外防撞传感器 —— 启动雷达

启动雷达 —— 固定红外防夹传感器

平滑门启动雷达 —— 接触式防夹传感器

接触式防撞传感器 —— 急停按钮

—— 慢速按钮

减速对射传感器 —— 高位外壁立柱防夹传感器
制动对射传感器 —— 低位外壁立柱防夹传感器

图 6.3.3-3　旋转门示意图

（2）安装旋转门定位块：找出旋转门中心点，用红外线过中心找到出入口中心线和门体中线并做标记，以旋转门中心点为圆心，旋转门内半径加旋转门下围屏型材为半径画圆，圆和门体中线的两交点为两中间立柱，以两中间立柱为圆心，再找出另外四个出入口的立柱位置。

（3）安装冒头及门体：先安装冒头，再安装门体，门体做临时固定，以便于调整其与门扇的间隙，适当调整转壁缝隙均匀，装马鬃毛刷或毛条密封（图 6.3.3-4）。

（4）安装门扇：四翼旋转门四扇门应保持 90°，三翼旋转门三扇门应保持夹角 120°，且上下留出一定的宽度间隙，两翼旋转门需安装中间平开门。安装门扇时，按组装说明顺序组装，并吊直找正。组装时所有可调整的部件螺钉均拧紧至 80%，其他螺钉紧固牢固，以便调试，门扇安装后利用调整螺钉适当调整转壁与门扇之间的间隙，并安装马鬃毛刷或毛条密封（图 6.3.3-5）。

（5）手动调试：门体全部安装完毕后，进行手动旋转，调整各部件，使门达到旋转平稳，力度均匀，缝隙一致，无卡阻，无噪声，将所有螺钉逐个拧紧，紧固完成后，进行调试。

图 6.3.3-4　门体安装示意图

图 6.3.3-5　门扇安装示意图

图 6.3.3-6　旋转门实景图

（6）安装控制系统：按组装图要求将控制器安装到主控制箱内，把动作感应器装在旋转门进出口的门框上槛或吊顶内，在门的入口立框上装防挤压感应器，在门扇顶部装红外线防碰撞感应器，各种感应器按要求安装固定，检查无误。

（7）通电调试：控制系统完成安装后，按图纸线路编号逐个检查接线端口，确认接线准确无误后，进行通电试运行。一般调试分三步进行，第一步调整旋转速度，使正常速度和慢速符合要求；第二步调整系统紧急疏散，伤残人士用慢速开关、急停开关、照明灯等，使各部分动作工作正常，功能满足要求；第三步调试感应系统，使行人接近入口范围时门扇旋转，离开出口并延迟一定时间后停止（延时符合产品设定）。调防挤压感应器使门扇与入口门柱间有人时，门立即停止转动，防止夹伤人。调整门扇顶部红外线防碰撞感应器，使门扇在距人体到达一定距离时（一般不大 100mm），立即停止转动。感应器系统调试应严格按设计或产品说明书要求进行设定。

（8）安装饰面板：旋转门配合饰面板按说明书安装，部分装饰板需根据现场情况专门放样加工后再安装，未交检验使用前，保留保护膜。

3.3 质量关键要求

（1）旋转门采用强力复合型铝合金成型导轨结构，整体外形优雅大方。旋转门立柱、门框采用 6063-T5 铝型材，壁厚≥4mm。为保证门框的刚度和耐冲击性，旋转门门翼最小厚度为 4mm 的铝型材 6063-T5 制造。旋转门华盖部分采用 6063-T5 铝型材，主材厚度≥8mm。（2）根据装饰效果要求选用不同材质的装饰外包饰板，可采用不锈钢、氟碳喷涂及铜饰等。（3）转门四周边角均应装上橡胶密封条和特制毛刷，将门边框与转壁、门扇上冒头与吊顶及门扇下冒头与地坪表面之间的空隙封堵严密，以提高其防尘、隔声及节能效果。（4）设置防夹系统，当行人或者物体通过转门不慎受到夹挤时，防夹系统便会立即动作，将转门停止转动，待消除夹挤状态后，再次令转门以 0.3r/min 的转速重新启动旋转。（5）防冲撞装置：当门扇在回转过程中触及行人的腿足或者遇到某种障碍，受到大小相当于 60～100N 的反力时，转门便会进入紧急停止状态，停止转动 4s 以消除故障。（6）在转门出入口处带有残疾人轮椅标志的电钮开关，残疾人只要按下电钮，转门就会自动降低转速，由原来的 4～5r/min 降为 2～3r/min，待轮椅全部通过后，便自动恢复到正常速度。（7）急停按钮安装在旋转门出入口的右侧立柱上。当按下急停按钮时，旋转门将立即停止运转。紧急情况解除后，需按箭头所示方向顺时针旋转按钮，弹起释放后，旋转门继续运转。（8）旋转门应设置不间断消防电源及火警联动功能，入门控制部分可与建筑消防系统相连，当有火警时，门会自动处于疏散位置，形成一条通向旋转门的无阻碍通道，当火警信号消除后，转门恢复正常运转。

3.4 季节性施工

参见第 386 页 "3.4 季节性施工"。

4.1 主控项目

（1）自动旋转门的质量和性能应符合设计要求。

检验方法：检查生产许可证、产品合格证书和性能检验报告。

（2）自动旋转门的品种、类型、规格、尺寸、开启方向、安装位置和防腐处理应符合设计要求及国家现行标准的有关规定。

检验方法：观察；尺量检查；检查进场验收记录和隐蔽工程验收记录。

（3）自动旋转门其机械装置、自动装置或智能化装置的功能应符合设计要求。

检验方法：启动机械装置、自动装置或智能化装置，观察。

（4）自动旋转门的安装应牢固。预埋件及锚固件的数量、位置、埋设方式、与框的连接方式应符合设计要求。

检验方法：观察；手扳检查；检查隐蔽工程验收记录。

（5）自动旋转门的配件应齐全，位置应正确，安装应牢固，功能应满足使用要求和特种门的性能要求。

检验方法：观察；手扳检查；检查产品合格证书、性能检验报告和进场验收记录。

4.2 一般项目

（1）自动旋转门的表面装饰应符合设计要求。

检验方法：观察。

（2）自动旋转门的表面应洁净，应无划痕和碰伤。

检验方法：观察。

（3）自动旋转门活动扇在启闭过程中对所要求保护的部位应留有安全间隙。安全间隙应小于 8mm 或大于 25mm。

检验方法：用钢直尺检查。

（4）自动旋转门安装的允许偏差和检验方法应符合表 6.3.4-1 的规定。

自动旋转门安装的允许偏差和检验方法   表 6.3.4-1

项次	项目	允许偏差（mm）	检验方法
1	立框垂直度	1	用 1m 垂直检测尺检查
2	导轨和平梁平行度	2	用钢直尺检查
3	门框固定扇内侧对角线尺寸	2	用钢卷尺检查
4	活动扇与框、横梁、固定扇间隙差	1	用钢直尺检查
5	板材对接接缝平整度	0.3	用 2m 靠尺和塞尺检查

（5）自动旋转门切断电源，应能手动开启，手动开启力为 150～300N（门扇边梃着力点）。

检验方法：用测力计检查。

5   成品保护

（1）自动旋转门安装完成后，未交付使用前应做好保护，玻璃需贴上警示标志以免碰撞。

（2）所有操作控制箱，要做到防水、防尘、防污染保护，并且上锁。（3）应设专人管理，以免被损坏，部分可包裹的部分应采取包裹保护。（4）所有外露面应加贴保护膜，交付使用时才允许撕保护膜。（5）自动旋转门顶部为独立支撑部分，防尘装饰板不能承载任何重量，不能放置任何物品及人员踩踏，以防发生危险和损坏设备。

6　安全、环境保护措施

6.1　安全措施

（1）旋转门为垂直作业，应合理安排施工工序，避免交叉作业，防止上下同时施工。（2）施工前检查所有的工机具处于完好工作状态，有缺陷或状态不明者禁止使用。（3）高空作业必须系好安生带、戴好安全帽。（4）施工前检查脚手架或其他施工平台的可靠程度，由专职安全检查员验收后挂牌使用。

6.2　环保措施

在施工现场，主要的污染源包括噪声、扬尘和其他建筑垃圾。从保护周边环境的角度来说，应尽量减少这些污染的产生。（1）噪声控制。除了从机具和施工方法上考虑外，可以使用隔声屏障、机械隔声罩等，确保外界噪声等效声级达到环保相关要求。（2）施工扬尘控制。可以在现场采用设置围挡，覆盖易生尘埃物料，洒水降尘；施工车辆出入施工现场必须采取措施防止泥土带出现场。（3）建筑垃圾处理。尽可能防止和减少垃圾的产生；对产生的垃圾应尽可能通过回收和资源化利用，减少垃圾处理处置；对垃圾的流向进行有效控制，严禁垃圾无序倾倒，防止二次污染。（4）合理安排施工。尽量排除深夜连续施工，将产生噪声的设备和活动远离人群，避免干扰他人正常工作、学习、生活。

7　工程验收

（1）自动旋转门安装工程验收时应检查下列文件和记录：① 旋转门的施工图、设计说明及其他设计文件；② 材料的产品合格证书、性能检测报告、进场验收记录和复验报告。

（2）应严格按照《产品安装检验报告》逐项进行检验，检验合格后，在《产品安装检验报告》上签字。

（3）通知客户进行交付验收，并组织施工人员对工作场地和门体进行清洁。

（4）依照《合同》将相关资料和使用手册交给客户，双方在《工程完工验收报告》上签字。

（5）应按照双方达成的产品使用培训协议，逐项对使用方进行讲解和培训，并辅导有关人员实际操作。

（6）办理钥匙交接手续，经双方确认钥匙齐全且能正常使用后，双方办理转交手续。

（1）自动旋转门进场应对其产品进行质量检查记录，应符合设计要求，具有出厂合格证，包装完善无破损，随行应有检验证、检测报告、安装说明书、质保卡、零配件数量装箱记录。（2）所有安装五金配附件。旋转门零配件应具有合格证、检测报告、送货清单，准备检查资料。（3）安装过程中做好安装记录、调试、运行记录，隐蔽验收资料及检验批质量验收记录表。（4）安装完成后应会同有关部门进行质量验收，不合格的必须及时整改再申报验收。

第4节　单元组合式铝合金窗施工工艺

主编点评

　　本工艺将大单元窗分解为若干小单元，玻璃面板与支撑框架在工厂制作成完整的窗结构小单元，运到现场后直接安装在主体结构上，组成大的连续的单元窗，具有施工高效、降低成本、维修方便等特点。本技术成功应用于广州恒盛大厦等项目，获广东省工程建设省级工法等荣誉。

1　总　则

1.1　适用范围
本工艺适用于一般工业与民用建筑单元组合式铝合金窗工程施工。

1.2　编制参考标准及规范
（1）《建筑装饰装修工程质量验收标准》GB 50210
（2）《装配式内装修技术标准》JGJ/T 491
（3）《铝合金门窗》GB/T 8478
（4）《建筑外门窗气密、水密、抗风性能检测方法》GB/T 7106
（5）《建筑门窗洞口尺寸系列》GB/T 5824

2　施工准备

2.1　技术准备
（1）玻璃与固定边框已经在工厂加工成玻璃组合单元，质检合格后运到现场，要利用施工总承包单位的卸货平台或采用自行安装的垂直提升索道和提升设备来进行垂直运输，类似幕墙单元板的垂直运输形式，要预先制作特定的垂直运输工具，并限定每次运输的数量及重量。（2）经过充分现场考察评估，做出相应的施工方案，经审批符合施工要求方可使用。在施工平面图中标示出材料堆放位置，并且要符合安全、防火、防盗要求，不至于影响周边群众生活。（3）施工前要进行技术交底，要由设计针对特殊和关键部位、装配式工艺进行设计交底。（4）现场实测检查单元窗安装洞口，根据设计的单元窗品种规格和不同饰面要求，与实测的洞口尺寸是否存在较大差异，洞口尺寸要符合《建筑门窗洞口尺寸系列》GB/T 5824要求。（5）安装前应先完成单元窗四性试验。

2.2 材料准备

（1）单元窗进场卸货应放置指定位置，检查包装完好程度、规格、型号、数量，并抽样拆包装按规定及有关标准检查，型材表面有无刮花、碰撞损坏、框体拼接牢固、螺钉是否松动、拼接口封胶防漏处理是否完善，逐项检查，登记造册。部分螺钉松动，封胶不符合要求的，可以通知现场补救。严重质量问题的不合格品退回生产单位。在现场搬动单元窗要轻拿轻放，不得高位放手、扔摔，以免损坏。（2）防腐油漆、硅酮密封胶、高分子聚合物硅性防水涂料、保护胶纸、胶条、防漏油膏等易燃物品，在有防火措施库房存放，每种材料要有出厂合格证、检验报告。

2.3 主要机具

（1）机械：塔吊、吊车、切割机、叉车、冲击钻、手电钻、电动式台锯、锋钢锯、空气压缩机、吊篮、电动葫芦等。（2）工具：固定式摩擦夹具、转动式摩擦夹具、橡皮锤、木楔、扁铲、撬棍和射钉枪等。（3）计量检测用具：全站仪、激光经纬仪、水准仪、电磁涂膜厚度计、万能角度尺、钳式硬度计、游标卡尺、2m靠尺、方角尺、水平尺、钢尺等。

2.4 作业条件

（1）主体结构验收合格，工种之间已办理好交接手续，并且对安装工法进行确认，办理好施工手续。（2）单元窗安装需弹好中线，根据设计要求控制进出尺寸。（3）单元窗在搬动时若发现变形松动、损坏、色差较大，需及时处理，不合格产品不得上墙安装。

---

3 施工工艺

3.1 工艺流程

把整个单元窗拆分成若干个单元窗组合形式，在施工中，以折线为一个单位，分为3个步骤进行加工和安装，安装顺序为1—2—3（图6.4.3-1）。

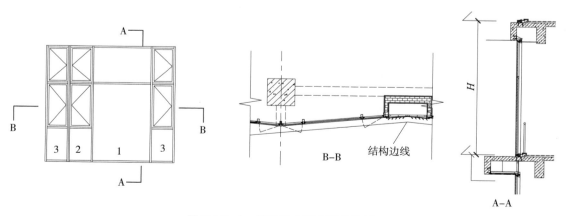

图 6.4.3-1　单元组合窗立面分格图

工艺流程如下：

测量放线　⟶　安装镀锌钢管　⟶　安装T型滑轨　⟶

安装大尺寸玻璃组合单元　⟶　安装小尺寸玻璃组合单元　⟶　安装立柱装饰面板　⟶

注密封胶　⟶　清洁、验收

3.2　操作工艺

（1）测量放线：激光找水平垂直点标记，再用重锤粉包或墨线弹出安装位置，量出尺寸、位置、标高，依据单元组合窗中线向窗两边量出单元窗边线，若多层或高层建筑，以顶层单元窗边线为准，用线坠或经纬仪将单元组合窗边线下引，在各层分别标记。

（2）安装镀锌钢管：安装固定镀锌钢管前，逐一调整水平、垂直，当有预埋件安装时，用单元体钢码件直接与预埋件电焊，焊接牢固，除渣，上防锈漆处理；无预埋件的，用后置埋件固定，钻孔和埋深应符合设计和规范要求（图6.4.3-2、图6.4.3-3）。

（3）安装T型滑轨：先用螺钉把铝码固定在钢管上，然后T型滑轨卡接定位，T型滑轨定位后上螺钉与钢管固定，螺钉要安装牢固、可靠、不松脱（图6.4.3-4）。

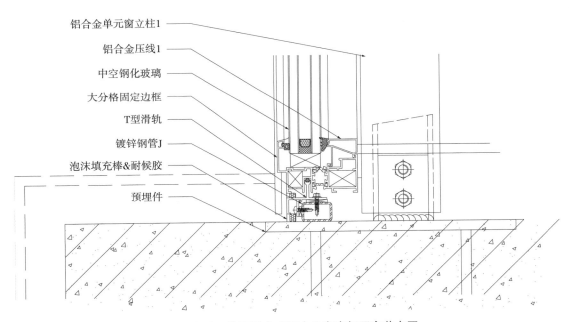

铝合金单元窗立柱1
铝合金压线1
中空钢化玻璃
大分格固定边框
T型滑轨
镀锌钢管J
泡沫填充棒&耐候胶
预埋件

图6.4.3-2　单元组合式铝合金窗底部固定节点图

图6.4.3-3　骨架和起底料实物图

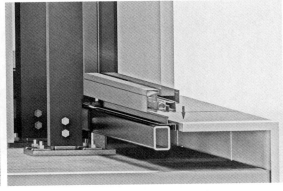

图6.4.3-4　单元组合式铝合金窗底部效果图

（4）安装大尺寸玻璃组合单元：玻璃与固定边框已经在工厂加工成半成品，运到现场后，用塔吊将整个货架单元板块（每架4～6件）吊到卸货平台上，然后用手推液压车拉进楼层分段组装。单元组合窗安装时，施工人员站在室内临边操作，首先把单元板块从堆放区域用叉车运输到吊装点，再用电动葫芦从楼面起吊，吊至T型滑轨上方后，再由安装人员对准T型滑轨缓缓放下，并将单元板块校正、定位、固定。单元板块定位后，检查尺寸是否准确（进出位、左右位、垂直位），检查无误后，方可解掉葫芦挂钩，进行下一板块的安装准备工作。所有拼樘窗拼樘部位都需独立连接在结构上，分格立柱采用内套芯、外用角码固定的方法，角码焊接于预埋件上。所有钢件必须采用镀锌等有效的防腐措施（图6.4.3-5～图6.4.3-8）。

（5）安装小尺寸玻璃组合单元：小尺寸玻璃组合单元重量相对较轻，首先把单元体从堆放区域用叉车运输到吊装点，再用玻璃吸盘把单元板从楼面起吊，吊至T型滑轨上方后，再由安装人员对准T型滑轨缓缓放下，最后作水平调整，使玻璃组合单元的镶嵌配合尺寸符合设计和规范要求。单元板块固定后，检查尺寸是否准确（进出位、左右位、垂直位）。检查无误后，方可解掉玻璃吸盘，进行下一板块的安装准备工作（图6.4.3-9～图6.4.3-12）。

（6）安装立柱装饰面板：为保证装饰面板可靠连接，压条与立柱采用自攻螺钉连接，装饰面板最后压入，装饰面板要平直、美观（图6.4.3-13）。

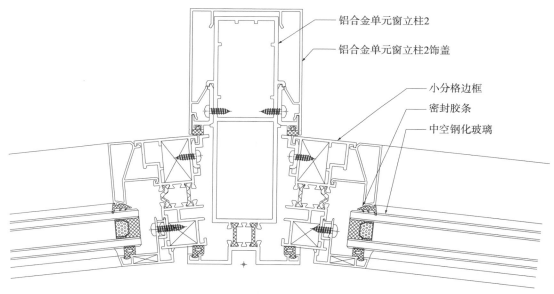

图6.4.3-5　单元组合式铝合金窗分格节点图

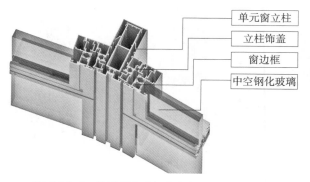

图6.4.3-6　单元组合式铝合金窗竖向节点效果图

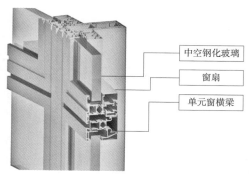

图6.4.3-7　单元组合式铝合金窗横向节点效果图

图 6.4.3-8　拼樘料上部连接实物图　图 6.4.3-9　玻璃组合单元上部图　图 6.4.3-10　装玻璃组合单元下部图

图 6.4.3-11　安装玻璃组合单元图　图 6.4.3-12　标准单元窗实物图　图 6.4.3-13　安装封口板实物图

（7）注密封胶：单元窗注防水密封胶前，必须做好清洁工作，确保所要粘结的铝材与墙体界面干燥，无油、无尘，保证墙边缝的防水密封性，注胶应密实，胶缝应饱满、平直、光滑，不得有气泡等缺陷。在室外注密封胶要注意做好安全措施。

3.3　质量关键要求

（1）所有焊缝都应符合《钢结构焊接规范》GB 50661。焊缝质量应符合设计要求，焊缝均匀，焊渣清理干净，表面防腐涂层完整良好，无锈迹。（2）预埋件、转接件的连接和固定符合设计要求和有关标准或规范要求；预埋件、转接件及连接附件的防腐处理符合设计要求和有关标准或规范要求；框架的安装精度符合设计和有关标准或规范要求。（3）必须保证打胶的厚度及防止三面粘结，在槽周围粘贴防污胶纸，并用二甲苯将槽内打胶部位清洁干净。密封胶应充满胶缝空腔，不应有气泡、夹渣、滴瘤等缺陷。胶缝平整光滑，横平竖直，接口过渡自然光滑。（4）严格控制材料采购过程，保证工程所使用的材料质量符合国家标准，不合格的材料坚决不得入场。

3.4　季节性施工

（1）雨期施工，应保证施工人员的防滑、防雨的需要。注意用电防护。降雨时，除特殊情况外，应停止高空作业，将高空人员撤到安全地带拉断电闸。（2）冬期安装施工时，作业环境温度应在 0℃以上。（3）夏季应做好防暑降温工作，尽量减少露天作业时间。

4.1 主控项目

（1）铝合金单元窗的品种、类型、规格、尺寸、性能、开启方向、安装位置、连接方式及窗的型材壁厚应符合设计要求及国家现行标准的有关规定。铝合金窗的防雷、防腐处理及填嵌、密封处理应符合设计要求。

检验方法：观察；尺量检查；检查产品合格证书、性能检验报告、进场验收记录和复验报告；检查隐蔽工程验收记录。

（2）窗框和附框的安装应牢固。预埋件及锚固件的数量、位置、埋设方式、与框的连接方式应符合设计要求。

检验方法：手扳检查；检查隐蔽工程验收记录。

（3）窗扇应安装牢固、开关灵活、关闭严密、无倒翘。

检验方法：观察；开启和关闭检查；手扳检查。

（4）铝合金单元窗配件的型号、规格、数量应符合设计要求，安装应牢固，位置应正确，功能应满足使用要求。

检验方法：观察；开启和关闭检查；手扳检查。

4.2 一般项目

（1）铝合金单元窗表面应洁净、平整、光滑、色泽一致，应无锈蚀、擦伤、划痕和碰伤。漆膜或保护层应连续。型材的表面处理应符合设计要求及国家现行标准的有关规定。

检验方法：观察。

（2）铝合金单元窗窗扇开关力不应大于50N。

检验方法：用测力计检查。

（3）窗框与墙体之间的缝隙应填嵌饱满，并应采用密封胶密封。密封胶表面应光滑、顺直、无裂纹。

检验方法：观察；轻敲门窗框检查；检查隐蔽工程验收记录。

（4）窗扇的密封胶条或密封毛条装配应平整、完好，不得脱槽，交角处应平顺。

检验方法：观察；开启和关闭检查。

（5）排水孔应畅通，位置和数量应符合设计要求。

检验方法：观察。

（6）铝合金单元窗安装的允许偏差和检验方法应符合表6.4.4-1的规定。

铝合金单元窗安装的允许偏差和检验方法 　　　　　　　　　　　　　　　　表6.4.4-1

项次	项目		允许偏差（mm）	检验方法
1	窗槽口宽度、高度	≤2000mm	2	用钢卷尺检查
		＞2000mm	3	

项次	项目		允许偏差（mm）	检验方法
2	窗槽口对角线长度差	≤2500mm	4	用钢卷尺检查
		>2500mm	5	
3	窗框的正、侧面垂直度		2	用1m垂直检测尺检查
4	窗横框的水平度		2	用1m水平尺和塞尺检查
5	窗横框标高		5	用钢卷尺检查
6	窗竖向偏离中心		5	用钢卷尺检查
7	双层窗内外框间距		4	用钢卷尺检查
8	推拉窗扇与框搭接宽度		1	用钢直尺检查

5　成品保护

（1）工厂组装好的单元窗（板块）组件，铝型材装饰外露面用保护胶布粘贴，以防止其表面污损或者划伤。（2）有电焊作业时特别注意焊渣飞溅，应使用薄铁皮遮挡单元组合窗。（3）出入通道口的门框要用夹板包裹，组合窗下轨及边框都应用木盒或铁盒式盖板保护。外露执手等五金配件应用塑料纸包裹，竣工验收交付前不得拆掉。清除保护胶纸时，不得采用硬物剥离，注意不得划伤、刮花窗表面。（4）对铝合金表面清洗不得使用腐蚀性的清洁剂。（5）在已安装单元窗的区域内，有进行其他分项工程施工作业时，应设置警示标志和维护屏障，以防止任何可能损伤单元窗的物体磕碰、撞击和污损。

6　安全、环境保护措施

6.1　安全措施

（1）单元窗吊装区域的下方地面必须设置醒目的安全警戒范围，吊装区域下方地面的吊装过程必须设置专人安全监护。（2）单元窗板块吊装前认真检查各起重设备的可靠性、安装方式的正确性，同时认真核实所吊板块重量，严禁超重吊装。（3）吊具起吊单元窗时，吊钩上应有保险，应使各吊装点的受力均匀，起吊过程应保持单元窗平稳，以减小动能和冲量。吊装就位时，应先把单元窗挂到主体结构的挂点上；板块未固定前，吊具不得拆除，防止意外坠落。（4）在恶劣天气（如大雨、6级以上大风天气）不能进行吊装工作。（5）吊具必须经常检查，发现磨损要及时更换。（6）施工现场用电应符合现行行业标准《施工现场临时用电安全技术规范》JGJ 46的规定。雨期施工所使用电动工具及电缆日常多检查，并做好防潮、防漏电工作。

6.2　环保措施

（1）在单元安装过程中应尽可能减少噪声，减少施工时机具噪声污染，减少夜间作业，避免影响施工现场附近居民的休息。（2）完成每项工序后，应及时清理施工后滞留的垃圾，比如胶、胶瓶、胶带纸等保证施工现场的清洁。对落在楼层地面上的废纸、木块、胶筒、胶纸等可用手捡的尽可能不用扫，以减少扬尘。每个班组带备收集废弃物的袋，随时收集不得随意掉弃。（3）对于密封材料及清洗溶剂等可能产生有害物质或气体的材料，应作好保管工作，并在挥发过期前使用完毕，以免对环境造成影响。

---

7 / 工程验收

（1）工程验收时应检查下列文件和记录：① 施工图、设计变更通知、变更图纸、竣工图；② 主要材料、配件、安装附件的检验合格证和出厂合格证；③ 中间验收记录；④ 防渗漏淋水检验资料；⑤ 工程质量验收评定记录；⑥ "四性"检测试验报告；⑦ 结构胶、密封胶的性能检测报告。

（2）竣工验收资料应符合档案管理要求及有关规定。

（3）同一品种、类型和规格的金属组合窗每100樘应划分为一个检验批，不足100樘也应划分为一个检验批。

（4）铝合金窗每个检验批应至少抽查5%，并不得少于3樘，不足3樘时应全数检查；高层建筑的外窗每个检验批应至少抽查10%，并不得少于6樘，不足6樘时应全数检查。

（5）单元组合窗与墙体间密封胶应无裂缝、中断和起皮脱落，应平滑、美观。

（6）单元组合窗四周无渗漏点，固定牢固，连接码件不外露，窗扇开关灵活，关闭严密，无明显摩擦噪声，施工质量验收合格资料。

---

8 / 质量记录

质量记录包括：（1）产品合格证书、性能检测报告；（2）进场验收记录和复验报告；（3）隐蔽工程验收记录；（4）技术交底记录；（5）检验批质量验收记录；（6）分项工程质量验收记录。

第5节　单元式超大铝合金窗施工工艺

主编点评

　　本工艺将工厂制作完成的大单元窗垂直运输至各楼层，通过专用搬运钢架和叉车将大单元窗直接安装到主体结构，具有施工高效、降低成本、提高质量等特点。本技术成功应用于深圳鼎和大厦等项目，获广东省工程建设省级工法等荣誉。

1　总　则

1.1　适用范围
本工艺适用于一般工业与民用建筑单元式超大铝合金窗工程施工。

1.2　编制参考标准及规范
（1）《建筑装饰装修工程质量验收标准》GB 50210
（2）《建筑工程施工质量验收统一标准》GB 50300
（3）《铝合金门窗》GB/T 8478
（4）《建筑门窗洞口尺寸系列》GB/T 5824
（5）《建筑外门窗气密、水密、抗风性能检测方法》GB/T 7106

2　施工准备

参见第401页"2　施工准备"。

3　施工工艺

3.1　工艺流程

测量放线　⟶　预埋件安装　⟶　单元窗板块吊装　⟶

单元窗水平搬运　⟶　竖起转向装置　⟶　单元窗垂直搬运　⟶

单元窗安装　⟶　防雷和防火系统安装　⟶　打胶密封

清洁、验收

3.2 操作工艺

（1）测量放线

① 根据土建单位提供的轴线及标高点进行测量放线。② 依据铝合金窗施工图和建筑结构图及基准点设立基准控制线，以此将安装控制网格线设在每一个楼层上，再根据各层轴线定出预埋件的中心线，以利于单元窗的安装。

（2）预埋件安装

本工艺采用槽式预埋件。依据测量放线的高度和中心位置，将预埋件安装位置标于模板或钢筋上。预埋件初步设置确认无误后点焊，再次校准，然后焊接或绑扎牢固，并与主体结构避雷系统焊接连接，最后完成混凝土浇筑。

（3）单元窗板块吊装

① 平面堆放：单元窗从专业工厂生产、检验合格后运至工地临时堆场存放，应利用各类垂直运输机械快速运至相应楼层存放，提高场地利用效率。② 卸料平台：在各楼层分别搭设临时卸料平台，通过卸料平台转运单元窗。每个区域的单元窗通过塔吊从地面吊运至各个卸料平台，然后通过转运平板车，将单元窗转运至楼层内，再用叉车搬运至楼层内临时停放点堆放。③ 临时堆放：单元窗在楼层内应摆放整齐，板块编码应朝外，每个堆放点板块不能超过四块，以免钢架受力太大变形或挤压铝合金窗而造成损坏（图6.5.3-1）。

（4）单元窗水平搬运

① 按照施工平面布置的运输路线，通过叉车将单元窗水平搬运至竖起转向位置点。② 搬运时用叉车的货叉穿过水平专用搬运钢架的套环，水平搬运钢架上的吊绳连着单元窗上下两边上的铝支座，每个单元窗设有四个吊点，当每个吊点连接好后，上升叉车货叉，将单元窗提起，搬离堆放位置。③ 开动叉车离开堆放区，再把单元窗位置调低，使单元窗重心下降，以免快速行驶单元窗失稳而导致安全事故（图6.5.3-2）。

图6.5.3-1　单元窗平面堆放　　　　　图6.5.3-2　楼层内转运单元窗

（5）竖起转向装置

竖起转向装置是实现单元式超大铝合金窗由水平摆放，变成竖直安装的关键步骤，它是将一个滑轮组通过四个穿墙螺栓固定在上层楼板上，在滑轮上穿过钢丝吊绳，一端同单元窗连接，一端同叉车连接，开动叉车拉动吊绳将单元窗吊起。① 叉车将单元窗转运到竖起转向位置点轻轻放下，先在单元窗下面垫上木方。然后把吊绳解开，叉车带着搬运钢架到旁边放下。同时工人对单元窗进行清洗，准备起吊（图6.5.3-3）。② 将单元窗上端用穿过滑轮的吊绳固定好，同时将吊绳的另一端跟叉车连接好，当两端都连接好后，检查连接是否安全可靠。③ 开动叉车拉动吊绳，通过定滑轮将单元窗吊起，叉车行驶速度不能太快。在单元窗吊起时，工人站在两边扶着单元窗，避免单元窗转动和晃动（图6.5.3-4、图6.5.3-5）。④ 单元窗垂直吊起到位时，叉车停止拉动。两个工人扶着垂直立起的单元窗，解开叉车上的拉绳，但仍需有人拉住拉绳，不能放松，直到叉车将垂直的单元窗绑扎固定好（图6.5.3-6）。⑤ 叉车带着竖直专用搬运钢架，靠着单元窗放好，钢架下面有托架托住单元窗，钢架上面用绑扎带绑住单元窗，绑扎带为40～50mm宽尼龙带。开动叉车，将板块托起，板块稍微向叉车方向倾斜，这时可以松开拉绳并解开板块上拉绳连接（图6.5.3-7）。

图6.5.3-3　单元窗转运至竖起转向装置

图6.5.3-4　叉车拉动单元窗拉绳

图6.5.3-5　叉车将单元窗吊起

图6.5.3-6　叉车拉动吊绳将单元窗竖立

图6.5.3-7　叉车将单元窗竖直托起

图6.5.3-8　叉车竖直搬运单元窗

（6）单元窗垂直搬运

叉车托着单元窗搬运时，开车速度不能太快，需沿着规定的路线行驶，避免碰上旁边摆放的单元窗，将单元窗又快又稳地转运到安装位置（图6.5.3-8～图6.5.3-10）。

图6.5.3-9　叉车竖直搬运单元窗　　　　图6.5.3-10　叉车将单元窗搬运到窗洞口

（7）单元窗安装

安装前将槽式预埋件中杂物清扫干净，准备好安装用的钢支座和螺栓等。单元窗上下两边的连接铝支座通过不锈钢螺栓与钢支座连接，钢支座通过T型螺栓固定在槽式埋件上。单元窗横梁上铝支座的数量应经设计计算确定，铝支座通过横梁型材的三个卡槽与单元窗横梁连接，横梁上的卡槽和槽式埋件都对钢支座的水平方向的调节有利，方便单元窗的安装。竖直方向上调整通过钢支座上的长形孔来调节，水平方向进出位通过钢支座与槽式埋件的连接长孔来调整，保证整个单元窗安装三维方向可调（图6.5.3-11、图6.5.3-12）。

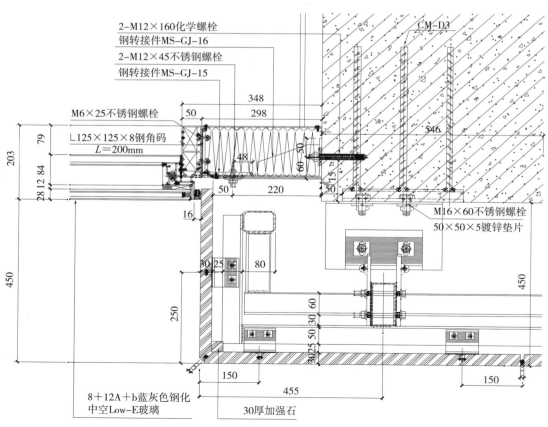

图6.5.3-11　单元式铝合金窗横剖节点图

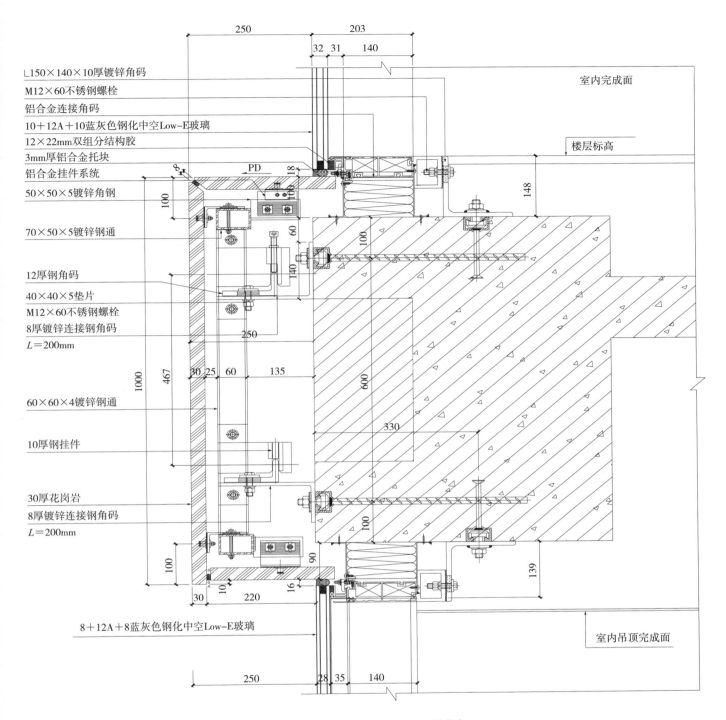

图 6.5.3-12　单元式铝合金窗竖剖节点图

由于单元窗高度较高，在单元窗两个侧面中间需各增加一个钢支座连接固定点，与土建结构上的预埋件连接固定（图 6.5.3-11）。上、下钢支座先初步连接固定单元窗，然后可解除绑扎带。按照放线尺寸，对单元窗进行精确校准，依次校核标高、垂直度和平面尺寸，当板块位置调整完毕，将钢支座连接螺栓全部拧紧（图 6.5.3-12）。竖直搬运单元窗的搬运钢架上面有操作平台，工人可系上安全带直接站在上面安装单元窗，不需要另外搭设安装平台（图 6.5.3-13）。

（8）防雷和防火系统安装

① 防雷系统安装：按图纸设计要求先逐个完成单元窗自身防雷网的焊接，焊缝应及时敲掉焊渣，冷却后涂刷防锈漆。焊缝应饱满，焊接牢固，不允许漏焊或随意移动变更防雷

节点位置。每一个单元窗都需要与防雷系统用铜导线连接，保证导电线路连接畅通，安全可靠。② 防火系统安装：先在单元窗四周外侧安装 1.5mm 厚镀锌铁皮，将防火板一侧固定在单元窗上，用拉钉固定，另一侧用射钉与主体连接固定。在防火板内填塞 100mm 厚的防火岩棉，再在室内侧用 1.5mm 厚镀锌铁皮封边，防火层所有搭接位置缝隙都需采用防火密封胶进行有效密封（图 6.5.3-14）。

图 6.5.3-13　单元窗连接钢支座安装　　　图 6.5.3-14　单元窗四周完成防火层和封边安装

（9）打胶密封

单元窗外面四周与石材幕墙相交，胶缝需考虑石材胶缝特点，选用石材专用硅酮耐候密封胶，密封胶需充满胶缝，粘接牢固，胶缝平整，胶缝外无胶污渍，待密封胶表面干燥后进行渗水试验。

3.3　质量关键要求

参见第 405 页"3.3　质量关键要求"。

3.4　季节性施工

（1）雨期各种材料的运输、搬运、存放，均应采取防雨、防潮措施，以防止发生霉变、生锈、变形等现象。雨天施工，应保证施工人员的防滑、防雨的需要。注意用电防护。降雨时，除特殊情况外，应停止高空作业，将高空人员撤到安全地带拉断电闸。（2）冬期安装施工时，作业环境温度应在 0℃以上。（3）夏季应做好防暑降温工作，尽量减少露天作业时间。

4　　　　　　　　　　　　　　　　　　　质量要求

参见第 406 页"4　质量要求"。

5 成品保护

（1）工厂组装好的单元窗（板块）组件，铝型材装饰外露面用保护胶布粘贴，以防止其表面污损或者划伤。（2）单元窗完成安装，未移交给业主前的全过程成品保护应与总承包方协调加强成品保护管理，应在施工合同条款中有明确规定，并且做好相应的保护措施。（3）有电焊作业时特别注意焊渣飞溅，应使用薄铁皮遮挡铝合金单元组合窗。（4）在已安装单元窗的区域内，有进行其他分项工程施工作业时，应设置警示标志和维护屏障，以防止任何可能损伤单元窗的物体磕碰、撞击和污损。

6 安全、环境保护措施

参见第407页"6 安全、环境保护措施"。

7 工程验收

参见第408页"7 工程验收"。

8 质量记录

参见第409页"8 质量记录"。

第7章　装配式厨卫工程

P417-452

第 1 节　集成式厨房施工工艺

主编点评

　　集成式厨房是由工厂生产的楼地面、吊顶、墙面、橱柜、厨房设备及管线等集成并主要采用干式工法装配而成的厨房。本节介绍了集成式厨房构造及施工工艺。该工艺具有干法作业、管线分离、施工快捷、维护方便的特点。

1　总　则

1.1　适用范围
本工艺适用于民用建筑中集成式厨房的施工。

1.2　编制参考标准及规范
（1）《建筑装饰装修工程质量验收标准》GB 50210
（2）《装配式内装修技术标准》JGJ/T 491
（3）《住宅厨房及相关设备基本参数》GB/T 11228
（4）《家用厨房设备　第 2 部分：通用技术要求》GB/T 18884.2
（5）《建筑给水排水设计标准》GB 50015
（6）《民用建筑工程室内环境污染控制标准》GB 50325

2　施工准备

2.1　技术准备
（1）熟悉图纸，完成图纸深化设计和图纸会审。（2）编制专项施工方案，并报监理单位审批。（3）将专项技术交底落实到作业班组。（4）作业前应对所在施工位置可能存在的预埋件和预埋线路进行检查确认。

2.2　材料要求
（1）厨房集成吊顶使用人造板材料，铝型板材、石膏集成板材等符合现行国家标准《铝合金建筑型材　第 1 部分：基材》GB/T 5237.1、《纸面石膏板》GB/T 9775、《建筑用轻钢龙骨》GB/T 11981 的规定。
（2）柜体宜使用人造板材料，台面板宜选用人造板、天然石、人造石等材料；人造石应符合现行行业标准《人造玛瑙及人造大理石卫生洁具》JC/T 644 的规定。

（3）产品使用的木材应符合现行国家标准《木家具通用技术条件》GB/T 3324 中的规定。

（4）产品使用的各种覆面材料、五金件、管线、橱柜专用配件等均应符合相关标准或者图样及技术文件的要求。

（5）集成式厨房部品和部品体系应采用标准化、模数化、通用化的工艺设计，满足制造工厂化、施工装配化的要求；并执行优化参数、公差配合和接口技术等有关规定，以提高其互换性和通用性。

（6）部品体系宜实现以集成化为特征的成套供应。① 人造板台面和柜体表面应光滑，光泽良好，无凹陷、鼓泡、压痕、麻点、裂痕、划伤和磕碰伤等缺陷，同一色号的不同柜体的颜色应无明显差异。② 大理石台面不得有隐伤、风化等缺陷，表面应平整、无棱角，磨光面不应有划痕，不应有直径大于 2mm 的砂眼。③ 玻璃门板、隔板不应有裂纹、缺损、气泡、划伤、砂粒、疙瘩和麻点等缺陷。无框玻璃门周边应磨边处理，玻璃厚度不应小于 5mm，且厚薄应均匀，玻璃与柜的连接应牢固。④ 电镀件镀层应均匀，不应有麻点、脱皮、白雾、泛黄、黑斑、烧焦、露底、龟裂、锈蚀等缺陷；外表面应光泽均匀，抛光面应圆滑，不应有毛刺、划痕和磕碰伤等。⑤ 焊接部位应牢固，焊缝均匀，结合部位无飞溅和未焊透、裂纹等缺陷。转篮、拉篮等产品表面应平整，无焊接变形，钢丝间隔均匀，端部等高，无毛刺和锐棱。⑥ 喷涂件的表面组织细密，涂层牢固、光滑均匀，色泽一致。不应有流痕、露底、皱纹和脱落等缺陷。⑦ 金属合金件应光滑、平整、细密，不应有裂痕、起皮、锈蚀、斑点、氧化膜脱落、毛刺、黑色斑点和着色不均等缺陷。装饰面上不应有气泡、压坑、碰伤和划痕等缺陷。

2.3 主要机具

（1）机械：PPR 热熔器、手提切割机、电动磨光机、手电钻、电动螺钉枪等。（2）工具：力矩扳手、螺钉旋具、锤子、钳子等。（3）计量检测用具：水准仪、激光投线仪、钢卷尺、钢板尺、靠尺、方角尺、水平尺、塞尺等。

2.4 作业条件

（1）电气工程的隐蔽工程已验收；给排水、煤气、油烟管道的隐蔽工程已验收，预留接口已到位。（2）排烟管道安装到位，吊顶内的各种管线及设备、灯位、通风口及各种照明孔口的位置已明确到位。（3）结构工程和有关橱柜的连体构造已具备安装的条件，测设橱柜的安装标高和位置。（4）橱柜成品已进场，并经验收，数量、质量、规格、品种无误。

---

3 〉 操作工艺

3.1 工艺流程

测量放线 ⟶ 集成墙面安装 ⟶ 集成吊顶安装 ⟶

地面安装 ⟶ 电气、给排水管驳接安装 ⟶ 橱柜安装 ⟶

五金安装 ⟶ 厨房门、窗安装 ⟶ 清洁、验收

3.2 操作工艺

（1）测量放线

建筑墙面抹灰及防水层施工、验收完成后，墙面分别标示水平线、地面完成面控制线、开间尺寸控制线、模块分割线及固定板定位线。

（2）集成墙面安装

① 固定条安装：将硅酸钙板切割成 60mm 宽与安装墙面等长的规格条，依照墙面固定条安装线采用进口免钉胶粘贴在墙面，作为模块安装时粘接点及墙面五金件安装固定点，在模块板接缝处设置通长固定条，模块分格范围内设置间距不大于 400mm 竖向固定件；在已经定位的五金件安装点设置规格要求的固定条，作为五金件安装基点。② 墙面基层结构找平：通过前期放线找平墙面，保证墙面砖铺贴后墙面的平整度和垂直度（图 7.1.3-1）。③ 饰面砖预粘贴：根据墙面大小，通过前期放线，提前将饰面砖粘贴在基层板上，粘贴方便，质量容易控制，安装时直接将整块基层板粘挂到基层墙上。④ 现场组装：将预加工完成的模块搬运至施工点后，在固定安装条上分别间隔垫置免钉胶，采用专用安装工具将模块按照模块安装线粘接到固定底板胶面人工施压 3min 后安装下一块模块（图 7.1.3-2）。⑤ 填缝清洁：每完成一个施工层后由专人负责装饰面的填缝及清洁。填缝时选用瓷砖专用填缝剂用小木条均匀将填缝剂压填于装饰面之间的粘接缝内，同时采用棉质布块擦除装饰面表面污渍。

图 7.1.3-1　固定条安装图　　　　　图 7.1.3-2　集成饰面砖安装

（3）集成吊顶安装

① 集成吊顶金属板安装

a. 弹线：根据楼层标高水平线，按照设计标高，沿墙四周弹吊顶标高水平线，并找出房间中心点，并沿吊顶的标高水平线，以房间中心点为中心在墙上画好龙骨分档位置线。

b. 安装主龙骨吊杆：在弹好吊顶标高水平线及龙骨位置线后，确定吊杆下端头的标高，安装预先加工好的吊杆，吊杆安装用 $\phi 8$ 膨胀螺栓固定在楼板上。吊杆选用 $\phi 8$ 圆钢，吊筋间距控制在 1200mm 范围内。c. 安装主龙骨：主龙骨一般选用 C38 轻钢龙骨，间距控制在 1200mm 范围内，安装时采用与主龙骨配套的吊件与吊杆连接。d. 安装收边条：按吊顶净高要求在墙四周用水泥钉固定收边条，水泥钉间距不大于 300mm。e. 安装次龙骨：

根据铝扣板的规格尺寸，安装与板配套的次龙骨，次龙骨通过吊挂件吊挂在主龙骨上。当次龙骨长度需多根延续接长时，用次龙骨连接件，在吊挂次龙骨的同时，将相对端头相连接，并先调直后固定。f. 安装金属板：铝扣板安装时在装配面积的中间位置垂直次龙骨方向拉一条基准线，对齐基准线向两边安装。安装时，轻拿轻放，应顺着翻边部位顺序将方板两边轻压，卡进龙骨后再推紧（图 7.1.3-3）。

图 7.1.3-3　集成吊顶金属板安装

② 集成吊顶石膏板安装

a. 根据施工图先在墙、柱上弹出吊顶标高水平墨线，在吊顶上画出吊杆位置，弹线时，保证吊杆的间距保持在 800～1200mm，确保吊筋、主龙骨位置不与灯具发生冲突。b. 钻眼安装 $\phi 8$ 配套金属膨胀螺栓，悬挂吊筋。c. 安装主龙骨，划出次龙骨位置，将次龙骨用卡件连接于主龙骨；主龙骨与主挂件、次龙骨与主龙骨应紧贴密实且间距不大于 1mm，接着安装横撑龙骨。龙骨水平调正固定后，验收合格后方可封板。d. 为了消除吊顶由于自重下沉产生挠度和目视的视差，吊顶龙骨必须起拱，由中间部分起拱，高度应不小于房间短向跨度的 1/200。吊杆与结构连接应牢固，凡在灯具、风口等处用附加龙骨加固，龙骨吊杆不得与水管、强弱电、灯具、通风等设备吊杆共用。e. 造型需单独安装吊筋并且要适当减小间距，造型较重则需采用角钢作为吊筋，吊筋与造型通过铁件用对接螺栓固定。为保证吊顶的整体稳定性，吊顶龙骨需与造型连接固定，整体调平（图 7.1.3-4）。

图 7.1.3-4　集成吊顶石膏板安装

（4）地面安装

① 厨房地面铺贴宜采干铺法、架空法或其他干式工法（通常胶泥粘贴），地砖选材采用防滑耐磨、低吸水率、耐污染和易清洁产品。施工前先开好地面铺贴十字基础线，再根据地砖设计图纸布局，用胶泥薄刮在地面和地砖背面上，用胶锤轻拍粘贴，保障地砖间四

个角的平整并用水平尺进行校正。

② 铺贴地砖缝要求：铺贴时采用十字架定位方法，保持砖距缝在 0.8～1mm 之间。

③ 当采用架空楼地面系统时，架空地板系统应设置防止液体进入架空层的措施，严禁在施工的地面上堆放施工材料、重物和踩踏施工中的地面。

④ 填缝清洁：每完成一个施工层后由专人负责装饰地面的勾填缝及清洁，填缝时选用地砖专用填缝剂用小木条均匀将填缝剂压填于装饰面之间的粘接缝内。

（5）电气、给排水管驳接安装

电气、给排水管已与装配施工预埋安装到位，现场根据预埋点进行电气、给排水管道二层连接（图 7.1.3-5）。

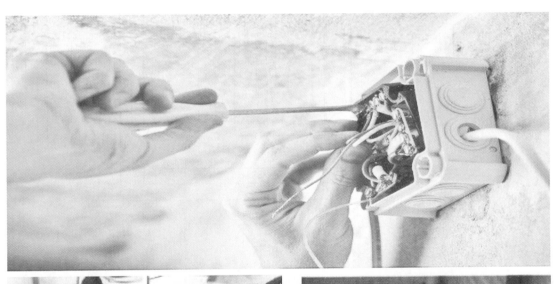

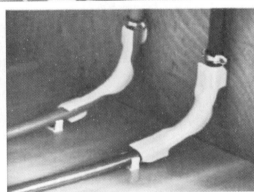

图 7.1.3-5　集成式厨房电气、给排水管驳接安装

（6）橱柜安装

① 成品、半成品橱柜现场安装，常见集成厨房布置图见图 7.1.3-6、图 7.1.3-7。

② 放线定位：根据设计图纸的要求，以室内垂直控制线和标高控制线为基准，弹出壁柜、吊柜、窗台柜的相应尺寸控制线，其中吊柜的下皮标高应在 2.0m 以上，柜的深度一般不宜超过 650mm。

③ 框架安装：安装前先对框架进行校正、套方，在柜体框架安装位置将框架固定件与墙体木砖固定牢固，每个固定件不少于 2 个钉子。若墙体为加气混凝土或轻质隔墙时，应按设计要求进行固定，如设计无要求时，可预钻直径 15mm、深 70～100mm 的孔，并在孔内注入胶粘水泥浆，再埋入经过防腐处理的木楔，待粘结牢固后再安装。

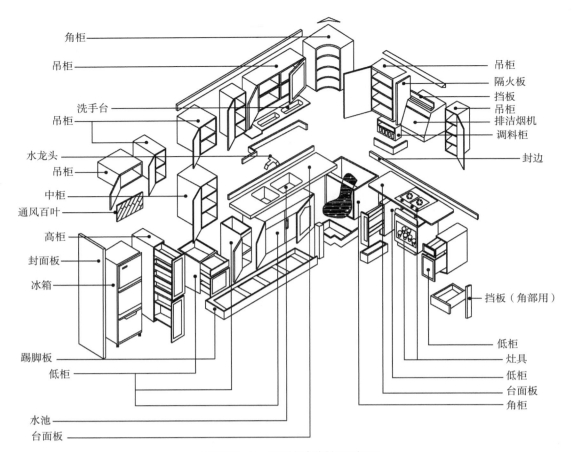

图 7.1.3-6　组合橱柜拆解示意图

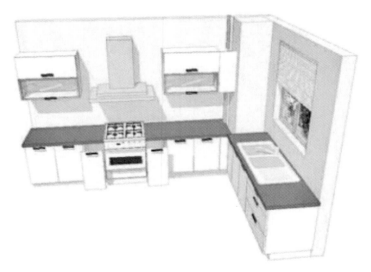

图 7.1.3-7　组合橱柜三维示意图

④ 隔板、支点安装：按施工图纸的隔板标高位置及支点构造的要求，安装支点条（架），木隔板的支点一般将支点木条钉在墙体的预埋木砖上，玻璃隔板一般采用与其匹配的 U 形卡件进行固定。

⑤ 框扇安装：壁橱、吊柜、窗台柜的门扇有平开、推拉、翻转、单扇、双扇等形式。

a. 按图纸要求先核对检查框口尺寸，根据设计要求选择五金件的规格、型号及安装方式，并在扇的相应部位定点画线。框口高度一般量左右两端，框口宽度量上、中、下三点，图纸无要求时，一般按扇的安装方式、规格尺寸确定五金件的规格、型号。一般对开扇裁口的方向，应以开启方向的右扇为盖口扇。b.根据画线进行框扇修刨，使框、扇留缝合适，当框扇为平开、翻转扇时，应同时画出框、扇合页槽位置，画线时应注意避开上下冒头。然后用扁铲剔出合页槽，安装合页。安装时，先装扇的合页，并找正固定螺钉。接着试装柜扇；修整合页槽深度，调整框扇边缝。合适后固定于框上，每只合页先拧一颗螺钉，然后关闭门扇，检查框与扇平整、缝隙均匀合适、无缺陷且符合要求后，再将螺钉全部安上拧紧、拧平。c.若为对开扇应先将框扇尺寸量好，确定中间对开缝、裁口深度，画线后进行裁口、刨槽，试装合适后，先装左扇，后装盖扇。d.若为推拉扇，应先安装上下轨道。吊正、调整门扇的上、下滑轨在同一垂直面上后，再安装门扇。e.若柜扇为玻璃或有机玻璃，应注意中间对开缝及玻璃扇与四周缝隙的大小。

（7）五金安装

① 五金的品种、规格、数量按设计要求和橱柜的造型与色彩选择五金配件。② 安装时注意位置的选择，无具体尺寸时应按技术交底进行。

（8）厨房门、窗安装

厨房门窗洞口以及安装位置已经在工厂预制过程中完成，安装位置已经预留。洞口尺寸可参照《民用建筑外窗工程技术规范》DB37/T 5016中洞口尺寸进行尺寸检查。

① 洞口尺寸偏差 0～2mm。预制墙体上预留安装预留槽，安装预留槽之间位置 $E=400mm$，安装预留槽宽 $F=90mm$，正偏差 1～2mm，安装预留槽长 $G=90mm$，正偏差 1～2mm。安装预留槽深必须到达混凝土墙，混凝土墙墙面平整，预埋螺栓预埋在混凝土墙里，预埋螺栓 M10 长 100mm，外漏 25mm，符合设计要求，预埋螺栓结构如图7.1.3-8所示。

② 铝合金窗固定件

建筑用门窗安装件 L 形安装件由钢制骨架和冷桥垫组成，粘结在钢制骨架上，L 形安装件由冷桥垫一端与窗框型材外侧通过自攻螺钉连接。L 形安装件结构如图7.1.3-9所示。

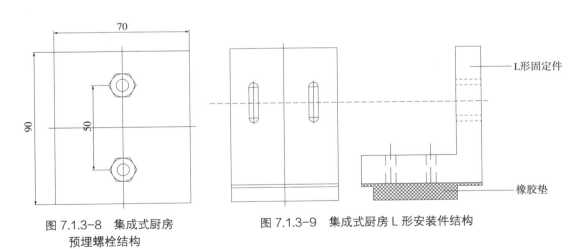

图 7.1.3-8　集成式厨房
预埋螺栓结构

图 7.1.3-9　集成式厨房 L 形安装件结构

③ 铝合金门窗框安装

根据预留槽口的位置和安装件的位置，安装铝合金门窗框。窗框的内侧与结构墙的外平面齐平，并及时调整好门窗框的水平、垂直及对角线长度等，使其符合质量标准，然后用木楔临时固定。

a.当墙体预埋件是螺栓时，预埋件与安装件用螺母连接。b.当墙体上没有预埋铁件时，依据现场实际情况，用金属膨胀螺栓或塑料膨胀螺栓将铝合金门窗的安装件固定到墙上（图 7.1.3-10）。

图 7.1.3-10　集成式厨房铝合金门窗框安装

（9）清洁、验收

所有工序完成后，清理集成式厨房成品接缝，调整、修理接缝不顺直处，如吊顶收口、集成墙面接缝、铝合金门窗接缝、橱柜边角等。开设、修整各设备安装孔，安装镶边条、擦拭、清扫浮灰。

3.3　质量关键要求

（1）集成墙面关键要求

① 固定条安装模块分格设置间距不大于 400mm 竖向固定件。② 墙面基层结构找平平整度和垂直度应不大于 1mm。③ 固定底板胶面人工施压时间应确保不小于 3min。

（2）集成吊顶关键要求

① 吊顶水平线定位：使用激光水准仪找出水平线，反复 2 次校验平整度，用墨线弹出基准线。② 集成吊顶式金属板吊顶主龙骨：一般选用 C38 轻钢龙骨，间距控制在 1200mm 范围内并与集成吊顶式金属板吊顶造型配套。③ 集成吊顶式金属板吊顶安装：当次龙骨长度需多根延续接长时，必须使用次龙骨连接件。④ 集成吊顶石膏板吊顶安装：先高后低，主龙骨间距和吊杆间距一般控制在 800~1200mm，特殊情况不得大于 1200mm，吊顶副龙骨间距根据设计要求而定，吊杆应垂直吊挂，旋紧双面丝扣，主龙骨和次龙骨要求达到平直。

（3）集成整体橱柜要求

① 柜框安装应牢固。

② 合页应平整、螺钉不得松动，螺帽平正。

③ 柜框与洞口尺寸误差应符合要求。结构或基体施工留洞时应符合要求的尺寸及标高。

④ 橱柜台面质量要求：

a.台面开孔（包括灶台孔、水盆孔、管道孔）应标出开孔位置。b.台面的材质、型号、色号、厚度、挡水条应符合设计要求，防火板台面还应注明是否要接缝条及接缝条尺寸、端盖及内外转角数量，当长度超过2400mm时应标注接缝位置，其台面接缝处应加紧固件。c.台面尺寸、角度、造型及颜色等符合标准图纸要求。d.台面开空位置，水盆孔／嵌入式灶台孔上沿距后挡水板内沿至少有40～50mm。e.台面表面光洁度、光滑度、光亮度及平整度符合标准要求。f.台面所有接缝，前沿厚度粘结处不能有胶印，前沿、后挡水及堵头应平直，台面预留接缝对接时，要求两头平齐，板面平整，台面下沿宽40～50mm，厚25.4mm，前后应有两根通长垫条，并有数根纵向垫条。

⑤ 橱柜台面安装台下盆质量要求：

a.安装位置符合图纸要求，水盆上沿距后挡水板内至少有40～50mm。b.台面与台下盆安装牢固，并有钢架支托。

⑥ 橱柜柜体安装要求：

a.图纸柜体的尺寸与组装图要一致，柜体的安装应标示安装顺序。b.转角柜门铰链采用175°特殊铰链，当转角柜门为折门结构时，其两扇门板用连门长合页连接，应宽门装铰链，窄门装拉手，且门板与柜体间用磁碰定位。c.拉篮地柜柜体深度≤490mm时，背板应加后固定件，侧板与底板不应开槽，安装图纸应注明拉篮与门的连接方式，水盆柜不应设置隔板，如有特殊情况安装图纸应注明。d.上翻门标准：板门（或框玻璃门）用翻板件或支撑件，铝合金玻璃门应用支撑件。以上如用支撑件，安装图纸要表明支撑件的种类（气压或液压）。e.柜体设计宽度（W）尺寸为：150～1200mm。翻板门设计尺寸最小为宽（W）300mm×高（H）250mm，最大为宽（W）1000mm×高（H）400mm。凡侧板为外露时，应在图纸上表示清楚或有文字说明，其与顶板、底板、拉带板的连接均用偏心件，吊柜吊码件的开口尺寸为20mm×40mm。f.高柜如背板为薄背板时，应加拉带固定。吊柜高度超过标准高度722mm时，应配两层隔板。所有叠加吊柜的侧板均用整体侧板，中间加隔板。包管柜应标配隔板，594mm≤柜宽≤722mm，配隔板1块；946mm≤柜宽≤1140mm，配隔板2块。

⑦ 门板、封板和附件质量要求：

a.门板应标明是防火板、三聚氰胺板、三聚氢胺双饰面中纤板或卷材。b.吊柜封板宽度超过40mm的，工艺分析时应加固定条。c.抽油烟机封板应配KEKU件。

（4）厨房门、窗安装要求

① 门窗洞口安装确保尺寸偏差0～2mm。② 铝合金窗固定件应满足门窗安装尺寸要求。③ 铝合金门窗框安装预埋件与安装件用螺母连接应牢固可靠。

3.4 季节性施工

（1）雨期施工时，进场的成品、半成品应放在库房内，分类码放平整、垫高。每层框与框、扇与扇间垫木条通风，不得日晒雨淋。（2）冬期施工环境温度不宜低于5℃。橱柜安装后应保持室内通风换气。

4.1　主控项目

（1）集成式厨房的功能、配置、布置形式、使用面积及空间尺寸、部件尺寸应符合设计要求和国家现行有关标准的规定。厨房门窗位置、尺寸和开启方式不应妨碍厨房设施、设备和家具的安装与使用。

检查数量：全数检查。

检验方法：观察；尺量检查。

（2）集成式厨房所用部品部件、橱柜、设施设备等的规格、型号、外观、颜色、性能、使用功能应符合设计要求和国家现行有关标准的规定。

检查数量：全数检查。

检验方法：观察；手试；检查产品合格证书、进场验收记录和性能检验报告。

（3）集成式厨房的安装应牢固严密，不得松动；与轻质隔墙连接时应采取加强措施，满足厨房设施设备固定的荷载要求。

检查数量：全数检查。

检验方法：观察；手试；检查隐蔽工程验收记录和施工记录。

（4）集成式厨房的给水排水、燃气、排烟、电气等预留接口、孔洞的数量、位置、尺寸应符合设计要求。

检查数量：全数检查。

检验方法：观察；尺量检查；检查隐蔽工程验收记录和施工记录。

（5）集成式厨房的给水、燃气、排烟等管道接口和涉水部位连接处的密封应符合设计要求，不得有渗漏现象。

检查数量：全数检查。

检验方法：观察；手试。

4.2　一般项目

（1）集成式厨房的表面应平整、洁净，无变形、鼓包、毛刺、裂纹、划痕、锐角、污渍或损伤。

检查数量：全数检查。

检验方法：观察；手试。

（2）集成式厨房柜体的排列应合理、美观。

检查数量：全数检查。

检验方法：观察。

（3）集成式厨房的橱柜台面抽油烟机等部品、设备与墙面、顶面、地面处的交接、嵌合应严密，交接线应顺直、清晰、美观。

检查数量：全数检查。

检验方法：观察；手试。

（4）集成式厨房安装的允许偏差、检验方法应符合现行行业标准《住宅室内装饰装修工程质量验收规范》JG/T 304 的相关规定。

5　　成品保护

（1）产品的保管场所应设在雨水淋不到并且通风良好的地方，根据各种材料的规格，分类堆放，并做好相应的产品标识。（2）壁、吊柜安装时，严禁碰撞其他装饰面的口角，防止损坏成品面层。（3）不得拆动安装好的壁柜隔板，保护产品完整。

6　　安全、环境保护措施

6.1　安全技术措施

（1）施工现场临时用电应符合现行行业标准《施工现场临时用电安全技术规范》JGJ 46 的规定。（2）在较高处进行作业时应使用高凳或架子，并应采取安全防护措施，高度超过 2m 时，应系安全带。（3）施工机械应由专人负责，不得随便动用。操作人员应熟悉机械性能，熟悉操作技术。用完机械应切断电源，并将电源箱关门上锁。（4）使用电钻时应戴橡胶手套，不用时及时切断电源。

6.2　环保措施

（1）施工用的各种材料应符合现行国家标准《民用建筑工程室内环境污染控制标准》GB 50325 的要求。拒绝环保超标的原材料进场。（2）边角余料应集中回收，剩余的油漆、胶和桶不得乱倒、乱扔，应按规定集中进行回收、处理。（3）作业棚应封闭，采取降低噪声措施，减少噪声污染。（4）在施工过程中可能出现的影响的环境因素，在施工中应采取相应的措施减少对周围环境的污染。

7　　工程验收

（1）集成式厨房工程验收时应检查下列文件和纪录：① 施工图、设计说明及其他设计文件；② 材料的产品合格证书、性能检测报告、进场验收记录和胶粘剂、人造木板甲醛含量复验报告；③ 隐蔽工程验收记录；④ 施工记录。

（2）同一类型的集成式厨房每 10 间应划分为一个检验批，不足 10 间也应划分为一个检验批。

（3）集成式厨房每个检验批应至少抽查 30%，并不得少于 3 间，不足 3 间时应全数检查。

（4）检验批合格质量和分项工程质量验收合格应符合下列规定：① 抽查样本主控项目均合格；一般项目 80% 以上合格其余样本不得有影响使用功能或明显影响装饰效果的缺陷，其中有允许偏差的检验项目，其最大偏差不得超过规定允许偏差的 1.5 倍。均应具有完整的施工操作依据、质量检查记录。② 分项工程所含的检验批均应符合合格质量规定，所含的检验批的质量验收记录应完整。

8　质量记录

质量记录包括：（1）集成式厨房各种材料的合格证、检验报告和进场检验记录；（2）人造木板的甲醛含量检测报告和复试报告；（3）各种预埋件、固定件的安装与防腐工程隐检记录；（4）检验批质量验收记录；（5）分项工程质量验收记录。

第2节　集成式卫生间施工工艺

主编点评

　　集成式卫生间是由工厂生产的地面、墙面（板）吊顶、洁具设备及管线等进行集成设计并主要采用干式工法装配而成的卫生间。本节介绍了集成式卫生间构造及施工工艺。该工艺具有干法作业、管线分离、施工快捷、维护方便的特点。

1　总　则

1.1　适用范围
本工艺适用于工业与民用建筑中集成式卫生间的施工。

1.2　编制参考标准及规范
（1）《建筑装饰装修工程质量验收标准》GB 50210
（2）《装配式内装修技术标准》JGJ/T 491
（3）《玻璃纤维增强塑料浴缸》JC/T 779
（4）《住宅整体卫浴间》JG/T 183
（5）《住宅浴缸和淋浴底盘用浇铸丙烯酸板材》JC/T 858
（6）《建筑给水排水及采暖工程施工质量验收规范》GB 50242
（7）《民用建筑工程室内环境污染控制标准》GB 50325

2　施工准备

2.1　技术准备
（1）熟悉施工图纸，作好施工准备。编制专项施工方案，并进行技术交底，安装人员应经过培训并经考核合格。（2）各专业工种应加强配合，做好专业交接，合理安排工序，保护好已完成工序的半成品及成品。

2.2　材料要求
（1）防水盘、壁板、顶板、浴镜柜、门窗等制品由工厂生产成品或半成品。加工品、管道、洁具及电气设备进场时，应检查型号、质量、验证产品合格证。（2）强弱电供电线路、开关、插座、电器设备、防腐剂、插销、拉手、碰珠、合页等按设计要求的品种、规格、型号购备，并应有产品质量合格证。（3）卫生间所用金属材料和金属配件除不锈钢、铝合金和耐候钢外，均应根据使用需要，采取有效的表面防腐蚀处理措施。（4）凡进场花岗石放射性不符合设计要求和《民用建筑工程室内环境污染控制标准》GB 50325规定的不得使用。（5）密封胶的粘接性能和耐久性除应满足设计要求外，尚应具有不污染所接触材料的性能。（6）卫生间壁板、顶板、防水底盘材质的氧指数不应低于32。（7）所有构件、配件进场时应对品种、规格、外观和尺寸进行验收。构件、配件包装应完好，应有产品合格证书、说明书及相关性能的检测报告。在运输、搬运、存放、安装时应采取防止挤压冲击、受潮、变形及损坏构件的表面和边角的措施。

2.3 主要机具

（1）机械：手提切割机、电动磨光机、手电钻、电动螺钉枪等。（2）工具：力矩扳手、螺钉旋具、锤子、钳子等。（3）计量检测用具：水准仪、激光投线仪、钢卷尺、钢板尺、靠尺、方角尺、水平尺、塞尺等。

2.4 作业条件

（1）其他工程基层的隐蔽工程已验收。（2）安装施工中各专业工种已完成专业交接。（3）外围护结构封闭，其门洞尺寸应能满足防水盘的进入和安装；卫生间给排水管道、电气管线已敷设至安装要求位置，并完成测试合格工作，为后续接驳管线留有工作空间；卫生间地面工程已按设计要求完成施工且验收合格。（4）已对浴镜柜安装位置靠墙、贴地面部位涂刷防腐涂料，其他各面应涂刷底油漆一道，存放在平整、通风的库房内。

---

3 操作工艺

3.1 工艺流程

确定安装位置和防水盘标高 ——→ 安装防水盘，连接排水管 ——→
安装壁板，连接给水管 ——→ 安装顶板，连接顶板上电气设备 ——→
安装卫生间门、窗套 ——→ 安装卫生间内洁具 ——→
清洁、验收

3.2 操作工艺

（1）确定安装位置和防水盘标高

确定集成卫生间安装位置和顺序，按设计图要求检查现场预留给排水管的位置和标高是否准确，具体图解及施工示意样板见图7.2.3-1、图7.2.3-2。

（2）安装防水盘，连接排水管

① 清理卫生间内排污管道杂物，进行试水确保排污排水通畅。

② 根据地漏口、排污口及排污立管三通接口位置，确定排水管走向。

③ 在未粘接胶之前，将管道试插一遍，各接口承插到位，确保配接管尺寸的准确。

④ 管件接口粘接时，应将管件承插到位并旋转一定角度，确保胶粘接均匀饱满。

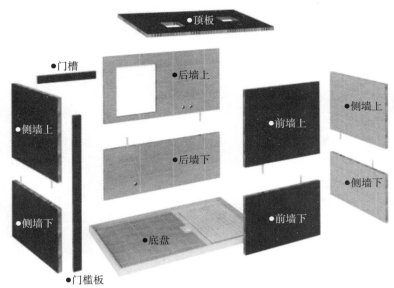

图 7.2.3-1　集成卫生间安装示意图

图 7.2.3-2　集成卫生间现场施工示意图

⑤ 排水管与卫生间原有孔洞的连接必须进行密封处理。

⑥ 防水盘安装应符合下列规定：a. 采用同层排水方式，装配式集成卫生间门洞应与其外围合墙体门洞平行对正，底盘边缘与对应卫生间墙体平行；b. 采用异层排水方式，同时应保证地漏孔和排污孔、洗面台排污孔与楼面预留孔一一对正；根据地漏口、排污口及排污立管三通接口位置，确定排水管走向。

⑦ 集成卫生间安装防水盘，连接排水管安装见图 7.2.3-3～图 7.2.3-6。

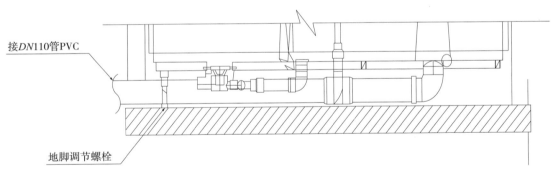

图 7.2.3-3　防水盘排水连接示意图

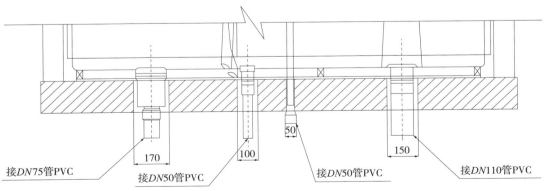

图 7.2.3-4　防水盘排水管与预留排水连接示意图

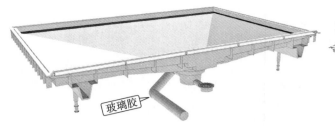 

图 7.2.3-5　部件（下水道管口连接管组装）　　　　图 7.2.3-6　部件（防水盘调节水平）

注：用专用扳手调节地脚螺栓，调整底盘的高度及水平；

保证底盘完全落实，无异响现象。

（3）安装壁板，连接给水管

① 按安装壁板背后编号依次用连接件和镀锌栓进行连接固定，并注意保护墙板表面。

② 壁板拼接面应平整，缝隙为自然缝，壁板与底盘结合处缝隙均匀，误差不大于 2mm。

③ 壁板安装应保证壁板转角处缝隙、排水盘角中心点两边空隙均等，以利于压条的安装。

墙转角墙薄片条填充：用铅锤确定两壁板间的垂直度，用木槌敲击砌块，保证墙薄片填

入缝隙，装完墙组件之后用重锤确认装门的内框是否平行于壁板。

④ 给水管安装应符合下列规定：a. 沿壁板外侧固定给水管时，应安装管卡固定；b. 应按

整体卫生间各给水管接头位置预先在壁板上开好管道接头的安装孔；c. 使用热熔管时，应

保证所熔接的两个管材或配管对准。

⑤ 集成卫生间壁板、连接给水管安装见图 7.2.3-7～图 7.2.3-9。

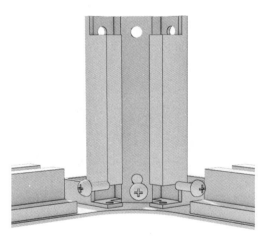 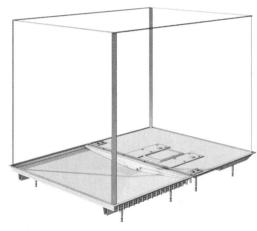

图 7.2.3-7　部件（墙架）

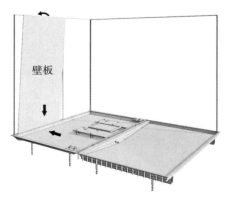 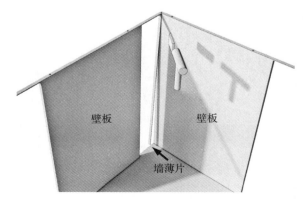

图 7.2.3-8　部件（壁板）　　　　　　图 7.2.3-9　部件（墙转角墙薄片条填充）

（4）安装顶板，连接顶板上电气设备

①安装顶板前，应将顶板上端的灰尘、杂物清除干净。

②顶板与顶板、顶板与壁板间安装应平整，缝隙要小而均匀。

③采用内装法安装顶板时，应通过顶板检修口进行安装。

④顶板电气设备安装：a.将卫生间预留的每组电源进线分别通过开关控制，接入接线端子对应位置；b.不同用电装置的电源线应分别穿入走线槽或电线管内，并固定在顶板上端，其分布应有利于检修；c.各用电装置的开关应单独控制。

⑤集成卫生间壁板，连接给水管安装见图7.2.3-10。

（5）安装卫生间门、窗套

按装配位置图，在壁板上画出标记，打定位孔。用螺钉连接并固定，部件（扶手安装）见图7.2.3-11。

（6）安装卫生间内洁具

集成卫生间墙体、门窗安装、电气设备安装施工完毕后，进行给水配件、洁具安装等收口工作。

（7）清洁、验收

所有工作完成后清洁、自检、报验和成品保护，装配式集成卫生间成品照片见图7.2.3-12。

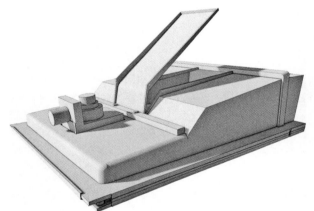

图 7.2.3-10　部件（给水管安装）

图 7.2.3-12　集成卫生间竣工图

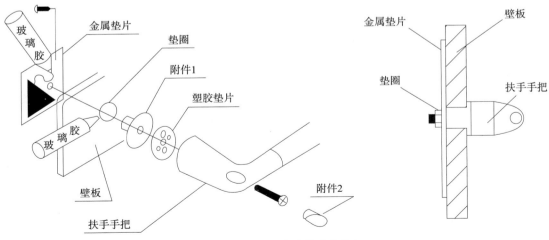

图 7.2.3-11　部件（扶手安装）

3.3 质量关键要求

（1）所有构件、配件的结构应便于保养、检查、维修和更换。（2）浴室的开门方向应与建筑卫生间的开门方向一致。（3）浴室有管道的侧面应与建筑卫生间管道井的位置一致。（4）卫生间为明卫生间时，应与产品供应商协商，做好整体浴室开窗和配件位置的调整；为暗卫生间时，建筑应配备具有防回流、防窜气的共用排气道，整体浴室应预留安装排气机械的位置，并与共用排气道的排风口相对应。（5）浴室地面应安装地漏，地漏水封深度不小于 50mm，并采取防滑措施，清洗后地面无积水。（6）浴室内易锈金属件不应裸露，必要时应进行防锈处理；各类电器系统应做好防水处理。（7）浴室的采暖方式和热水系统供应方式要结合具体工程做相应处理。（8）浴室的门要具备在意外时可从外部开启的功能。

3.4 季节性施工

（1）雨期施工时，进场的成品、半成品应放在库房内，分类码放平整、垫高。每层框与框、扇与扇间垫木条通风，不得日晒雨淋。（2）冬期施工环境温度不宜低于 5℃。

4 质量要求

4.1 主控项目

（1）集成式卫生间的功能、配置、布置形式及内部尺寸应符合设计要求和国家现行有关标准的规定。

检查数量：全数检查。

检验方法：观察；尺量检查。

（2）集成式卫生间工程所选用部品部件、洁具、设施设备等的规格、型号、外观、颜色、性能等应符合设计要求和国家现行有关标准的规定。

检查数量：全数检查。

检验方法：观察；手试；检查产品合格证书、型式检验报告、产品说明书、安装说明书、进场验收记录和性能检验报告。

（3）集成式卫生间的防水底盘安装位置应准确，与地漏孔、排污孔等预留孔洞位置对正，连接良好。

检查数量：全数检查。

检验方法：观察。

（4）集成式卫生间的连接构造应符合设计要求，安装应牢固严密，不得松动。设备设施与轻质隔墙连接时应采取加强措施，满足荷载要求。

检查数量：全数检查。

检验方法：观察；手试；检查隐蔽工程验收记录和施工记录。

（5）集成式卫生间安装完成后应做满水和通水试验，满水后各连接件不渗不漏，通水试验给水排水畅通；各涉水部位连接处的密封应符合设计要求，不得有渗漏现象；地面坡向、坡度应正确，无积水。

检查数量：全数检查。

检验方法：观察；满水、通水、淋水、泼水试验。

（6）集成式卫生间给水排水电气通风等预留接口、孔洞的数量、位置、尺寸应符合设计要求，不偏位错位，不得现场开凿。

检查数量：全数检查。

检验方法：观察；尺量检查；检查隐蔽工程验收记录和施工记录。

（7）集成式卫生间板材拼缝处应有密封防水处理。

检查数量：全数检查。

检验方法：观察。

（8）集成式卫生间的卫生器具排水配件应设存水弯，不得重叠存水。

检验方法：手试；观察检查。

4.2 一般项目

（1）集成式卫生间的部品部件、设施设备表面应平整、光洁，无变形、毛刺、裂纹、划痕、锐角、污渍；金属的防腐措施和木器的防水措施到位。

检查数量：全数检查。

检验方法：观察；手试。

（2）集成式卫生间的洁具、灯具、风口等部件、设备安装位置应合理，与面板处的交接应严密、吻合，交接线应顺直、清晰、美观。

检查数量：全数检查。

检验方法：观察；手试。

（3）集成式卫生间板块面层的排列应合理、美观。

检查数量：全数检查。

检验方法：观察。

（4）集成式卫生间部品部件、设备安装的允许偏差和检验方法应符合表7.2.4-1的规定。

集成式卫生间安装允许偏差和检验方法   表7.2.4-1

项目	允许偏差（mm）			检验方法
	防水盘	壁板	顶板	
内外设计标高差	2.0	—	—	用钢直尺检查
阴阳角方正	—	3.0	—	用200mm直角检测尺检查
立面垂直度	—	3.0	—	用2m垂直检测尺检查
表面平整度	—	3.0	3.0	用2m靠尺和塞尺检查
接缝高低差	—	1.0	1.0	用钢直尺和塞尺检查
接缝宽度	—	1.0	2.0	用钢直尺检查

5	成品保护

（1）卫生间验收合格后，关闭电源、水阀，并关门封闭卫生间。（2）洁具、门等面套保护件，防止损坏成品面层。（3）不得随意拆动卫生间成品，保护产品完整。

6	安全、环境保护措施

6.1　安全措施

（1）施工现场临时用电应符合国家现行标准《施工现场临时用电安全技术规范》JGJ 46 的规定。（2）在较高处进行作业时，应使用高凳或架子，并应采取安全防护措施，高度超过 2m 时，应系安全带。（3）机械应由专人负责，不得随便动用。操作人员应熟悉机械性能，熟悉操作技术。用完机械应切断电源，并将电源箱关门上锁。（4）使用电动机械时应有可靠的接保护零线和重复接地，电源线应通过触电保护器，灵敏有效。不用时及时切断电源。

6.2　环保措施

（1）施工用的各种材料应符合现行国家标准《民用建筑工程室内环境污染控制标准》GB 50325 的要求。拒绝环保超标的原材料进场。（2）边角余料应集中回收，剩余的油漆、胶和桶不得乱倒、乱扔，必须按规定集中进行回收、处理。（3）作业棚应封闭，采取降低噪声措施，减少噪声污染。（4）在施工过程中可能出现的影响的环境因素，在施工中应采取相应的措施减少对周围环境的污染。

7	工程验收

（1）工程验收时应检查下列文件和纪录：① 施工图、设计说明及其他设计文件；② 材料的产品合格证书、性能检测报告、进场验收记录和胶粘剂、人造木板甲醛含量复验报告；③ 隐蔽工程验收记录；④ 施工记录。

（2）同一类型的集成式卫生间每 10 间应划分为一个检验批，不足 10 间也应划分为一个检验批。

（3）集成式厨房每个检验批应至少抽查 50%，并不得少于 3 间，不足 3 间时应全数检查。

（4）检验批合格质量和分项工程质量验收合格应符合下列规定：① 抽查样本主控项目均合格；一般项目 80% 以上合格其余样本不得有影响使用功能或明显影响装饰效果的缺陷，其中有允许偏差的检验项目，其最大偏差不得超过规定允许偏差的 1.5 倍。均应具有完整的施工操作依据、质量检查记录。② 分项工程所含的检验批均应符合合格质量规定，所含的检验批的质量验收记录应完整。

质量记录包括：（1）各种材料的合格证、性能检验报告和进场检验记录；（2）防水盘、壁板、吊顶的检测报告和复试报告；（3）隐蔽工程验收记录；（4）技术交底记录；（5）检验批质量验收记录；（6）分项工程质量验收记录。

第3节　整体式卫生间施工工艺

主编点评

　　整体式卫生间是在工厂生产，由防水底盘、顶板、壁板等组成的整体框架，配上各种功能洁具及配件，采用干式工法装配而成的卫生间的独立卫生单元。本节介绍了整体式卫生间构造及施工工艺。该工艺具有干法作业、管线分离、施工快捷、维护方便的特点。

1　总　则

1.1　适用范围
本工艺适用于工业与民用建筑中整体式卫生间工程施工。

1.2　编制参考标准及规范
（1）《建筑装饰装修工程质量验收标准》GB 50210
（2）《装配式内装修技术标准》JGJ/T 491
（3）《整体浴室》GB/T 13095
（4）《住宅整体卫浴间》JG/T 183
（5）《工业化住宅尺寸协调标准》JGJ/T 445
（6）《建筑给水排水设计标准》GB 50015
（7）《民用建筑工程室内环境污染控制标准》GB 50325

2　施工准备

参见第 431 页"2　施工准备"。

3　操作工艺

3.1　工艺流程

整体式卫生间工厂组装 ⟶ 整体式卫生间安装 ⟶ 给排水、电路预留点位连接 ⟶

外围墙体的施工 ⟶ 门窗安装及收口 ⟶ 清洁、验收

3.2 施工工艺

（1）整体式卫生间工厂组装

① 整体式卫生间由工厂组装，并完成内部装饰。为保障卫生间成品运输安全及整体完整性，部分配套功能设备（如门窗、洁具、电气、五金配件）宜箱体到施工现场安装到位后进行施工。整体式卫生间设备内部布置见图7.3.3-1。

② 将在工厂组装完成的整体式卫生间，经检验合格后，做好包装保护，由工厂运输至施工现场，施工现场整体式卫生间吊装见图7.3.3-2。

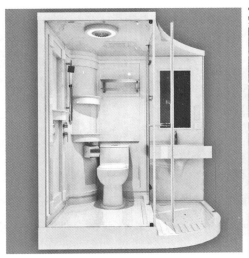

图7.3.3-1　整体式卫生间设备内部布置　　　　图7.3.3-2　整体式卫生间成品吊装

（2）整体式卫生间安装

① 工厂组装整体式卫生间安装应符合下列规定：a.临时安放位置应满足设计载荷要求；b.利用专用工具将整个壳体叉起、移动和放置时要有保护措施；c.整体式卫生间安装就位后应进行蓄水试验。

② 利用垂直运输工具将整体式卫生间放置在楼层的临时指定位置（图7.3.3-3）。

③ 当满足整体式卫生间安装条件后，使用专用平移工具将整体式卫生间移动到安装位置就位（图7.3.3-4）。

④ 拆掉整体式卫生间门口包装材料，进入卫生间内部检验有无损伤，调整好整体式卫生间的水平、垂直度（图7.3.3-5）。

图7.3.3-3　整体式卫生间现场放置　　图7.3.3-4　整体式卫生间现场安装就位　　图7.3.3-5　整体式卫生间水平、垂直调整

（3）给排水、电路预留点位连接

① 整体卫浴的防水盘与结构楼面之间应预留安装空间。采用异层排水方式时安装空间宜为70～100mm；采用同层排水后排式坐便器时安装空间宜为180～200mm；采用同层排水下排式坐便器时安装空间宜为270～300mm（图7.3.3-6）。

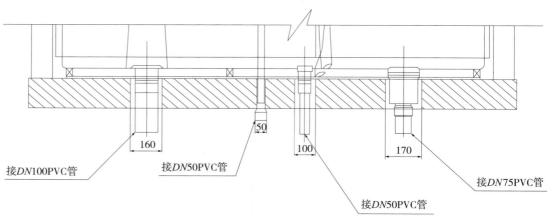

接DN100PVC管　　接DN50PVC管　　接DN50PVC管　　接DN75PVC管

图7.3.3-6　整体式卫生间排水图

② 整体卫浴与建筑墙体之间，应预留整体卫浴的结构和管线安装空间。整体卫浴壁板与墙体之间无管线时，应预留不小于50mm安装空间；当包含给水或电路管线时，应预留不小于70mm安装空间；当包含洗面器墙排水管路时，应预留不小于90mm安装空间。

③ 整体卫浴顶板完成面与顶部楼板最低点（含无法避让的梁及异层排水管等）之间应预留顶部设备的安装和检修空间，宜为150～300mm。

④ 完成整体式卫生间电路预留点位连接和相关检测工作（图7.3.3-7、图7.3.3-8）。

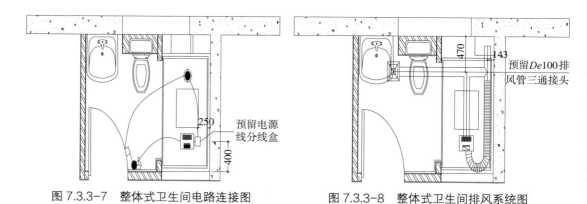

图7.3.3-7　整体式卫生间电路连接图　　图7.3.3-8　整体式卫生间排风系统图

（4）外围墙体的施工

拆掉整体式卫生间外围包装保护材料，由相关单位进行整体式卫生间外围墙体的施工工作（图7.3.3-9）。

（5）门窗安装及收口

外墙墙体施工完毕后，进行门窗安装、电气设备安装、洁具安装、收口工作（图7.3.3-10）。

（6）清洁、验收

所有工作完成后进行清洁、自检、报检和成品保护工作（图7.3.3-11）。

图 7.3.3-9　整体式卫生间成品外隔墙体安装

图 7.3.3-10　整体式卫生间内洁具安装

图 7.3.3-11　整体式卫生间成品交付

3.3　质量关键要求

参见第 436 页"3.3　质量关键要求"。

3.4　季节性施工

参见第 436 页"3.4　季节性施工"。

4.1 主控项目

（1）整体式卫生间防水盘、壁板、顶板、门窗等的品种、规格和质量应符合设计要求，并应符合国家现行相关标准的规定。

检验方法：观察；检查产品合格证、进场验收记录、性能检测报告和复验报告。

（2）整体式卫生间防水盘金属支撑腿、支撑壁板的金属型材的数量、规格、位置应符合设计要求。

检验方法：检查隐蔽工程验收记录和施工记录。

（3）整体式卫生间防水盘、壁板、顶板、门窗的造型、尺寸、安装位置、制作和固定方法应符合设计要求。橱柜安装应牢固。

检验方法：观察；尺量检查；手扳检查。

（4）整体式卫生间的电气设备、洁具等配件的品种、规格应符合设计要求。配件应齐全，安装应牢固。

检验方法：观察；手扳检查；检查进场验收记录。

（5）浴镜柜的抽屉和柜门应开关灵活、回位正确。

检验方法：观察；开启和关闭检查。

4.2 一般项目

（1）整体式卫生间防水盘、顶板、壁板表面应光洁平整、颜色均匀，不得有气泡、裂纹等缺陷；切割面应无分层、毛刺现象。

检验方法：观察。

（2）整体式卫生间构件的允许尺寸偏差及检验方法应符合表7.3.4-1的规定。

整体式卫生间构件的允许尺寸偏差及检验方法　　　　　　　　　　　表 7.3.4-1

项目		允许偏差（mm）	检验方法
长度、宽度	顶板	±1	尺量检查
	壁板	±1	
	防水托盘	±1	
对角线差	顶板、壁板、防水盘	1	尺量检查
表面平整度	顶板	3	2m 靠尺和塞尺检查
	壁板	2	
	瓷砖饰面防水盘	2	
接缝高低差	瓷砖饰面壁板	0.5	钢尺和塞尺检查
	瓷砖饰面防水盘	0.5	钢尺和塞尺检查
预留孔	中心线位置	3	尺量检查
	孔尺寸	±2	尺量检查

5 成品保护

参见第 438 页"5　成品保护"。

6 安全、环境保护措施

参见第 438 页"6　安全、环境保护措施"。

7 工程验收

参见第 438 页"7　工程验收"。

8 质量记录

参见第 439 页"8　质量记录"。

第4节　集成式公共卫生间施工工艺

主编点评

集成式公共卫生间是由工厂生产的地面、墙面（板）吊顶、洁具设备及管线等进行集成设计并主要采用干式工法装配而成的卫生间。本节介绍了集成式公共卫生间构造及施工工艺。该工艺具有干法作业、管线分离、施工快捷、维护方便的特点。

1 总 则

1.1 适用范围
本工艺适用于工业与民用建筑中集成式公共卫生间的施工。

1.2 编制参考标准及规范
（1）《建筑装饰装修工程质量验收标准》GB 50210
（2）《装配式内装修技术标准》JGJ/T 491
（3）《建筑工程施工质量验收统一标准》GB 50300
（4）《建筑给水排水及采暖工程施工质量验收规范》GB 50242
（5）《建筑地面工程施工质量验收规范》GB 50209
（6）《民用建筑工程室内环境污染控制标准》GB 50325
（7）《建筑用轻钢龙骨》GB/T 11981

2 施工准备

参见第431页"2 施工准备"。

3 操作工艺

3.1 工艺流程

施工准备 ⟶ 架空蹲便地台与架空楼地面安装 ⟶ 墙面装饰板安装 ⟶

吊顶安装 ⟶ 洁具卫浴安装 ⟶ 地面薄贴瓷砖 ⟶

门安装 ⟶ 成品保护 ⟶ 清洁、验收

3.2 操作工艺

（1）施工准备

检查地面的平整度是否达到横排、直排底盘安装要求，底盘的安装采用架空金属支脚找平固定。检查给水接头、排水、面盆排水接头是否符合安装要求，排水支管是否漏水。

（2）架空蹲便地台与架空楼地面安装

① 基层处理：架空蹲便地台与架空楼地面的金属支架应支承在现浇混凝土基层上，基层表面应平整、光洁、不起灰，安装前应认真擦干净，必要时根据设计要求，在基层表面上涂刷防水漆。

② 测量放线：测量房间的长、宽尺寸，找出纵横线中心交点。用方尺量测相邻的墙体是否垂直，如互相不垂直，应预先对墙面进行处理，避免在安装架空楼地面时，在靠墙处出现楔形板块。根据已量测好的平面长、宽尺寸进行计算，如果不符合架空楼地面模数时，依据已找好的纵横线中心交点，进行对称分格，考虑将非整块板放在室内靠墙处，在基层表面上按板块尺寸弹线并形成方格网，标出地板块安装位置和高度（标在四周墙上），并标明设备预留部位。此项工作必须认真细致，做到方格控制线尺寸准确（此时应插入铺设架空楼地面下的管线，操作时要注意避开已弹好支架底座的位置）。

③ 安装支座组件：复核四周墙上的标高控制线，确定安装基准点，然后按基层面上已弹好的方格网交点处安放支座，并应转动支座螺杆，先用小线和水平尺调整支座面高度至全室等高，后用水准仪抄平。支座与基层面之间的空隙应灌注环氧树脂，连接牢固（图7.4.3-1）。

④ 铺设CFC楼层板和平衡板：根据房间平面尺寸和施工图纸排布，铺设CFC楼层板。铺设前层板下铺设的电缆、管线已经过检查验收，并办完隐检手续。铺设层板时，应调整水平度，保证四角接角处平整、严密，不得采用加垫的方法。铺板后，检测板面的平整度和每个支座的接触点，每一块板的四角都要与支座贴合；可以转动支座螺杆进行调整。安装设备时应根据设备的支承和荷重情况，确定地板支承系统的加固措施（图7.4.3-2）。CFC楼层板铺设完成后，在面上铺设一层10~12mm厚平衡板，与底层CFC板错缝安装，为进一步加固，可使用气排钉与CFC板连接固定。排钉的间距为300mm，边部离边30mm。硅酸钙板铺设时，较平整的一面朝下放置。

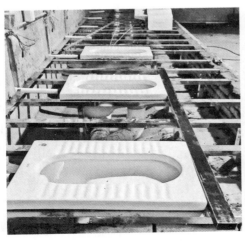

图7.4.3-1 支架组件安装

图7.4.3-2 CFC楼层板和平衡板安装

（3）墙面装饰板安装

① 墙面龙骨安装

a. 按照弹线标示的打孔位置钻孔，M6 的胀管螺栓需钻 $\phi8$ 的圆孔，钻孔深度根据墙体的厚度和胀管的长度而定（一般深 80mm）。如果墙体是轻钢龙骨墙，则无需钻孔，直接用自攻螺钉把调平龙骨固定在轻钢龙骨骨架上即可。b. 埋入尼龙胀管，胀管末端与墙面齐平。c. 安装 L 形调平龙骨（靠墙端），用胀管螺栓（或枪钉＋胶）固定，龙骨需平直，墙面不平的部位用楔形塞垫平，安装过程中用红外线水准仪控制平直度在 1mm 以内。龙骨由下往上安装，底部第一排 L 形调平龙骨安装在 $H200mm$ 高度位置，顶部调平龙骨安装在板顶端 $-H200mm$ 高度位置，中间的龙骨位置均分，间距 400～600mm。d. 安装 L 形调平龙骨（靠板端），与固定于墙的 L 形调平龙骨通过 M6/M8 螺栓组连接固定，L 形调平龙骨的长圆孔可以调节离墙的距离，用红外线水准仪控制龙骨完成面的平直度与垂直度在 1mm 以内；调整好后先收紧龙骨两端和中间的螺栓，后收紧其他连接螺栓。阴角部位 L 形龙骨交接即可，无需加长；阳角部位需要一边的龙骨末端与墙面平齐，另一边的龙骨端部加长至与龙骨完成面平齐，以方便阳角收口件安装固定。e. 调平龙骨安装后用红外线水准仪测量平直度与垂直度，并进行调整（图 7.4.3-3）。

图 7.4.3-3　墙面龙骨安装

图 7.4.3-4　墙面板安装

② 墙面装饰板的安装

a. 根据排板图整理好材料，了解安装技术要求和安装质量要求。核对现场尺寸与材料数量。b. 侧边开槽的板材，需要检查装饰板两侧槽内是否有异物堵塞，若有则用美工刀疏通清理。c. 从墙体一侧开始安装墙面装饰板，从一个阴角或者阳角开始（或者窗边、门边），先安装第一个铝合金收边条，红外线水准仪控制垂直度，后用平头自钻螺钉固定收边条在调平龙骨上。在调平龙骨上贴单面发泡胶条（30mm 宽，3mm 厚，每根调平龙骨在 900mm 的板宽范围内贴 50mm 长两段）；在每根调平龙骨上发泡胶条之间打结构胶点，每个胶点 2ml（$\phi20mm$，厚度 5mm），在 900mm 的板宽范围内打 3 个点。d. 完成以上工作后，上第一块标准板，注意两个人抬板的长边，分清方向后靠近墙面慢慢立起，板边凹槽正对收边条推进去；调整装饰板的高度，可以用楔形塞垫高板材底部。在板的另一边扣上铝合金工字条，把背部长翼留在外面；用木方垫在工字条侧边并用锤子敲打，最终把板材拼装到密缝，并保证板边垂直。用 M4.2×16 大扁头自钻螺钉把工字条固定在调平龙骨上。第一块板安装完成。e. 按此方法安装第二块板和后边的板材。墙面末端收口板材需要按安装的实测尺寸进行裁切。f.清洁：地面垃圾清理干净；用软布或者毛巾擦拭装饰板表面，把污迹清理干净（图7.4.3-4～图7.4.3-6）。

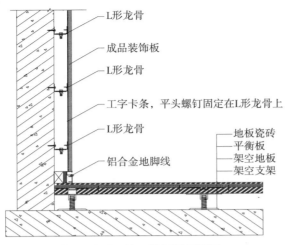

图7.4.3-5 墙、地面板剖面图　　　　图7.4.3-6 墙面板安装图

（4）吊顶安装

① 沿边龙骨安装

a.根据吊顶的设计标高在四周墙上弹线。弹线应清晰，位置应准确。b.沿墙面安装边龙骨。

② 吊顶定位

a.按照设计施工图纸，在四周墙面上弹线，标出吊顶位置。b.在结构楼板标出吊杆的吊点位置。c.吊杆应通直，距主龙骨端部距离不得超过300mm。d.当吊杆与设备相遇时，应调整吊点构造或增设吊杆。当吊杆长度大于1.5m时，应设置反支撑，以避免吸风效应。

③ 承载龙骨安装

a.在吊顶上沿弹线安装吊杆，两根吊杆间距不应超过1100mm，建议等分。b.吊杆采用 ϕ8mm 螺纹吊杆，用承载龙骨吊件将吊杆和承载龙骨连接起来。c.用红外线水准仪对承载龙骨进行调平。d.承载龙骨间距不应超过1100mm，建议等分。e.靠边的承载龙骨离墙不应超过600mm。

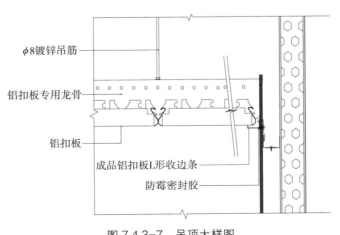

图7.4.3-7 吊顶大样图　　　　图7.4.3-8 卫生间吊顶图

④ 三角龙骨安装

a.三角龙骨垂直承载龙骨布置，通过三角卡件固定在承载龙骨上。b.三角龙骨靠墙端部搁在沿边龙骨上。c.全面校正承载龙骨、三角龙骨的位置及平整度，连接件应错位安装。

⑤ 铝扣板安装

a.安装铝扣板前应完成吊顶内管道和设备的调试和验收。b.铝扣板沿顶一端开始安装。c.铝扣板长向平行于三角龙骨安装，边部扣入三角龙骨内固定。d.按顺序完成扣板吊顶的安装，端部收口的铝扣板按现场尺寸裁切后安装。

⑥ 灯具安装

a.依据施工图纸，在吊顶上定出灯具安装位置，吊顶板需要切割开孔的，需要把边角处理完美。b.由电工对吊顶的灯具进行安装和测试。

（5）洁具卫浴安装

① 按施工图位置安装洗手台及套件。洗手台安装过程中要用水平尺进行校验，保证洗手台水平。

② 按施工图位置安装淋浴间套件。

③ 按施工图位置安装小便斗及套件。

④ 按施工图位置安装坐（蹲）便器及套件。

⑤ 注意各管道连接要紧密，不能有漏水滴水。

（6）地面薄贴瓷砖

① 架空楼地面防水处理

a.清扫地面垃圾和灰尘。b.用补漏材料对架空地面硅酸钙板进行填缝处理，所有的缝隙、四周与墙面之间的缝隙都要填满。c.等补缝干燥后，在架空地板面上刷一层界面剂，要求涂刷均匀，不能有漏刷的地方。d.界面剂干透后，涂刷两遍防水涂料，防水涂料涂刷厚度为2mm。e.架空楼地面防水完成，干燥后可进行下一道工序。

② 地面薄贴瓷砖施工

a.地面分格，按施工图纸排板，在地面上分格，弹出方正线。b.拌料：先将清水倒入桶内，再配比倒入科学比例的瓷砖胶（水：粉＝1:4，包装上皆有明确施工指导），然后使用电动搅拌器充分搅拌均匀至无颗粒、无沉淀的膏糊状，静置5~10min后使用，使用时再次稍作搅拌。c.铺贴：瓷砖及基面无需浸泡和湿润，在地面用抹灰刀，将瓷砖胶薄批1道约1~2mm的胶层，以增强与基面的接触效果，紧接着厚批瓷砖胶1道，并用合适规格的锯齿镘刀10mm×10mm，将瓷砖胶梳理成均匀的线条状。再将瓷砖胶均匀批刮于瓷砖背面，厚度为5mm；并将瓷砖粘贴于地面的瓷砖胶上，以橡皮榔头轻轻敲击，至瓷砖胶密实，并确认水平竖直。按此方法铺贴第二块瓷砖和后面的瓷砖。d.填缝：根据瓷砖质量及大小规格不同，铺贴施工时需预留1~5mm不等的伸缩缝，并在缝隙处用瓷砖调平器调平。瓷砖铺贴完成24h后，须对瓷砖间的缝隙进行填缝处理，填缝操作时，可用橡皮镘刀将填缝剂横向批压，填充至瓷砖缝中，注意瓷砖缝应填充饱满，表面收压光滑。e.清理：待填缝剂凝固后即可用干布将瓷砖面残余的填缝剂清除干净，同时对地砖表面进行清理。

（7）门安装

① 门套安装用水准仪控制好垂直度，与墙体地面的连接应牢固可靠。

② 门应开关正常，无阻滞，无异响，灵活正常。

③ 用红外线校正门框与门的垂直度，保持门框和门与水平垂直。

④ 对整个项目进行收边收口处理。

⑤ 缝隙较大的地方需要打密封胶。

（8）成品保护

地板等配套系列材料进场后，应设专人负责检查验收其规格、数量，并做好保管工作，尤其在运输、装卸、堆放过程中，要注意保护好板材，不要碰坏边角。在已铺好的面板上行走或作业，应穿泡沫塑料拖鞋或软底鞋，不能穿带有金属钉的鞋，更不能用锐、硬物在面板上拖拉、划擦及敲击。在入口明显位置设置标牌，并设置警戒线禁止人员进入，保护好整个项目成品。

（9）清洁、验收

清理墙面地面卫生，把垃圾清理干净；用软布或者毛巾擦拭墙面装饰板表面，把污迹清理干净；洗手台、卫浴洁具等也应擦拭干净。

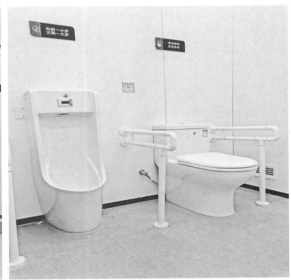

图 7.4.3-9　卫生间完成图　　　　图 7.4.3-10　无障碍卫生间图

3.3　质量关键要求

（1）所有构件、配件的结构应便于保养、检查、维修和更换。（2）架空楼地面及其配套支承系列的材质和技术性能应符合设计要求，并有出厂合格证，在大面积施工操作前，要进行试铺工作。（3）架空楼地面弹完方格网实线后，要及时插入铺设活动地板下的电缆管线的工序，并经验收合格后再安装支承系统，这样做既避免了返工，又保证支架不被碰撞造成松动。（4）安装架空楼地面底座时，要检查是否对准方格网中心交点。

3.4　季节性施工

参见第 436 页 "3.4　季节性施工"。

4　质量要求

参见第 436 页 "4　质量要求"。

5　成品保护

参见第 438 页 "5　成品保护"。

6　安全、环境保护措施

参见第 438 页 "6　安全、环境保护措施"。

7　工程验收

参见第 438 页 "7　工程验收"。

8　质量记录

参见第 439 页 "8　质量记录"。

第 8 章 装配式细部工程

P453-506

➡

第1节　金属玻璃栏杆施工工艺

主编点评

　　本节以坚朗装配式不锈钢玻璃护栏系列为实例，介绍了双（单）立柱外（内）侧玻璃栏杆、单立柱内侧弧形玻璃栏杆、单立柱外侧悬挑玻璃栏杆和无立柱玻璃栏板等金属玻璃栏杆构造及施工工艺。该工艺具有安装便捷、角度可调、安全可靠及适应范围广等特点，被广泛应用于地铁站、商场、航站楼等建筑。

1　　总　　则

1.1　适用范围
本工艺适用于工业与民用建筑金属玻璃栏杆工程施工。

1.2　编制参考标准及规范
（1）《建筑装饰装修工程质量验收标准》GB 50210
（2）《装配式内装修技术标准》JGJ/T 491
（3）《民用建筑设计统一标准》GB 50352
（4）《建筑防护栏杆技术标准》JGJ/T 470
（5）《建筑用玻璃与金属护栏》JG/T 342
（6）《铝合金建筑型材　第1部分：基材》GB/T 5237.1
（7）《建筑玻璃应用技术规程》JGJ 113

2　　施工准备

2.1　技术准备
（1）技术人员应熟悉图纸，准确复核栏杆的位置、尺寸，结合生产厂家、装修等图纸进行深化，正式施工前（甲方或法定代理方）应对图纸会审签字认可。（2）编制装配式栏杆施工方案，并报监理单位审批。（3）将装配式栏杆工程安装技术交底落实到作业班组。（4）按图纸组织现场放线。放线人员要严格按施工图纸进行放线，随放随复核。放线完毕，请监理单位进行验收，验收合格后方可施工。

2.2 材料要求

装配式栏杆材料基本要求见表 8.1.2-1。

栏杆材料要求   表 8.1.2-1

材质	基本要求	选用要求
所有材料	室内楼梯、中庭、消防通道、幕墙围栏、落地窗等室内用建筑防护栏杆所用材料应符合《建筑内部装修设计防火规范》GB 50222 规定	建议选材料燃烧性能等级 A
不锈钢	宜采用奥氏体型及奥氏体-铁素体型不锈钢，化学成分应符合《不锈钢和耐热钢　牌号及化学成分》GB/T 20878	不锈钢管立柱的壁厚不应小于 2.0mm，不锈钢单板立柱的厚度不应小于 8.0mm，不锈钢双板立柱的厚度不应小于 6.0mm，不锈钢管扶手的壁厚不应小于 1.5mm
碳素钢	表面应采取有效的防腐、防锈处理措施。在湿度大于 70% 的潮湿环境或沿海地区，室外建筑防护栏杆构件应采用两道表面处理层或更高的防腐技术要求	镀锌钢管立柱的壁厚不应小于 3.0mm，镀锌钢单板立柱的厚度不应小于 8.0mm，镀锌钢双板立柱的厚度不应小于 6.0mm，镀锌钢管扶手的壁厚不应小于 2.0mm
木质材料	1. 木制材料应符合《木结构设计标准》GB 50005 的有关规定； 2. 甲醛释放量应达到《室内装饰装修材料　人造板及其制品中甲醛释放限量》GB 18580 中 E1 级的有关规定	
铝合金	1. 基材应符合《铝合金建筑型材　第 1 部分：基材》GB/T 5237.1； 2. 表面应采用阳极氧化、电泳涂漆、聚酯粉末喷涂、漆喷涂表面处理，膜厚度应符合对应标准	铝合金管立柱的壁厚不应小于 3.0mm，铝合金单板立柱的厚度不应小于 10.0mm，铝合金双板立柱的厚度不应小于 8.0mm，铝合金管扶手的壁厚不应小于 2.0mm
玻璃	应采用夹层玻璃，且应进行磨边和倒棱，磨边宜细磨，倒棱宽度不宜小于 1mm	应符合《建筑玻璃应用技术规程》JGJ 113、《建筑用安全玻璃　第 3 部分：夹层玻璃》GB 15763.3 的有关规定
不锈钢五金件	固定件、螺钉、螺栓等不锈钢五金件应满足设计要求	构件本身不得有亮度差、边缘不良、变形、污渍（不清洁）、麻点、披锋、粗砂、磨花等瑕疵
支承垫块	玻璃支承垫块应满足设计要求	玻璃支承垫块宜采用邵氏硬度为 80～90 的氯丁橡胶等材料，不得使用硫化再生橡胶、木片或其他吸水性材料

2.3 主要机具

（1）机械：型材切割机、冲击钻、手电钻、台钻、圆锯、电锤等。（2）工具：电动螺钉旋具、锤子、钳子、手动玻璃吸盘等。（3）计量检测用具：水准仪、激光投线仪、水平尺、钢卷尺、靠尺等。

2.4 作业条件

（1）边梁抹灰、面板等已验收完毕，施工环境已能满足栏杆施工的需要。（2）施工现场所需要的临时用电、各种工机具准备就绪。

3.1 工艺流程

测量放线 → 构件尺寸核对 → 工厂化加工 → 支座安装 →

立柱组件安装 → 扶手安装 → 玻璃栏板安装 → 清洁、验收

3.2 操作工艺

（1）测量放线

清理现场，复查移交的基准线，依据施工图纸复测轴线、标高线控制线，在每一层将室内标高线移至施工面，并进行检查；对建筑物外形尺寸进行偏差测量，根据栏杆深化图纸和测量结果，确定出栏杆安装的基准面。以标准线为基准，按照深化图纸将分格线弹线定位在楼板上，并做好标记。弹线应清楚、准确，其水平允许误差 ±5mm。测量放线遵循由整体至局部的原则。

（2）构件尺寸核对

根据施工现场实际放线结果，与原设计排板图进行校对，运用 CAD 辅助设计，将存在偏差的饰面尺寸、立柱及连接构件位置进行深化调整，对相同模数、转角及特殊造型进行定型排板，计算可能出现的位置偏差，并在其上标明挂扣件安装位置，将放样尺寸图提供给厂家备用。

（3）工厂化加工

① 样板确认：根据现场放线的实际测量尺寸，结合深化设计排板图纸，对不同尺寸规格的构配连接件进行分别编号标注，下单到工厂后安排专职人员进行现场跟踪采样，根据样板制作情况进行模数的最终调整和确认。② 工厂加工：构件均由工厂生产制作，栏板与不锈钢可调节栏板夹等预先组装完成，通过不锈钢可调节栏板夹将栏板螺栓连接于立柱中，实现栏杆装配式安装（图 8.1.3-1）。出厂前抽样检查各批次定型构件的合格率，确保数量及规格的准确性，特别是对需要进行特殊加工的构件，应分类标示、编号。按施工总进度计划分区域、分批包装、运输。材料品种及质量要与确认样板保持一致，不得有明显瑕疵；平整度、对角线、尺寸误差不得超过 1mm。

（4）支座安装

根据施工图及方向位置在地面基层上弹好的栏杆定位线。栏杆施工采用后置埋件做法，即膨胀螺栓与底座钢板制作后置连接件，先在土建基层上放线，确定钢板固定点的位置，通过膨胀螺栓安装底座钢板，施工前要做好隐蔽工程检验，锚固检测按《护栏锚固试验方法》JG/T 473 进行。

（5）立柱组件安装

按照立柱定位标线、标记点通过膨胀螺栓将立柱底部与支撑座的连接固定在地面上（图 8.1.3-2）。

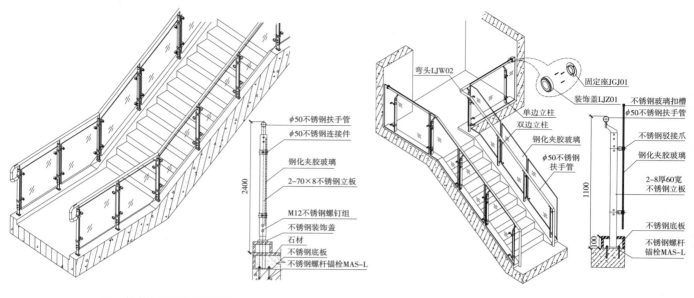

φ50不锈钢扶手管
φ50不锈钢连接件
钢化夹胶玻璃
2-70×8不锈钢立板
M12不锈钢螺钉组
不锈钢装饰盖
石材
不锈钢底板
不锈钢螺杆锚栓MAS-L

a 双立柱外侧玻璃栏杆示意

弯头LJW02
固定座JGJ01
装饰盖LJZ01
单边立柱
双边立柱
钢化夹胶玻璃
φ50不锈钢扶手管
不锈钢玻璃扣槽
φ50不锈钢扶手管
不锈钢驳接爪
钢化夹胶玻璃
2-8厚60宽不锈钢立板
不锈钢底板
不锈钢螺杆锚栓MAS-L

b 双立柱内侧玻璃栏杆示意

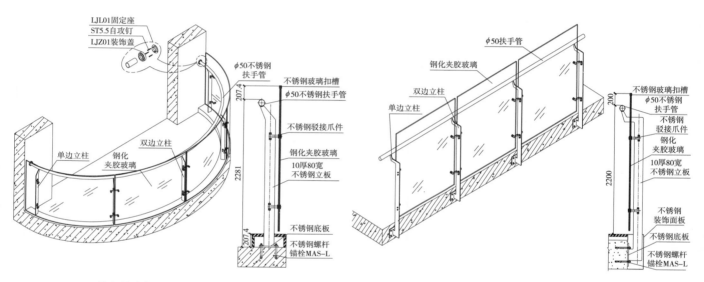

LJL01固定座
ST5.5自攻钉
LJZ01装饰盖
φ50不锈钢扶手管
不锈钢玻璃扣槽
φ50不锈钢扶手管
不锈钢驳接爪件
钢化夹胶玻璃
10厚80宽不锈钢立板
单边立柱
双边立柱
钢化夹胶玻璃
不锈钢底板
不锈钢螺杆锚栓MAS-L

c 单立柱内侧弧形玻璃栏杆示意

φ50扶手管
钢化夹胶玻璃
双边立柱
单边立柱
不锈钢玻璃扣槽
φ50不锈钢扶手管
不锈钢驳接爪件
钢化夹胶玻璃
10厚80宽不锈钢立板
不锈钢装饰面板
不锈钢底板
不锈钢螺杆锚栓MAS-L

d 单立柱外侧悬挑玻璃栏杆示意

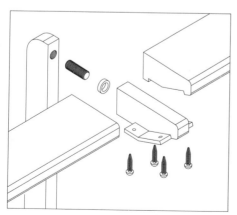

e 可调角度木扶手节点

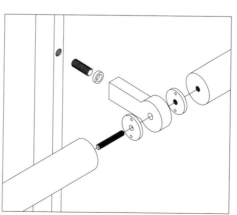

f 分段轴接不锈钢扶手节点

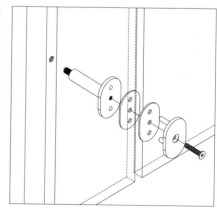

g 免开孔玻璃构造节点

图 8.1.3-1 装配式玻璃栏杆系统示意图（一）

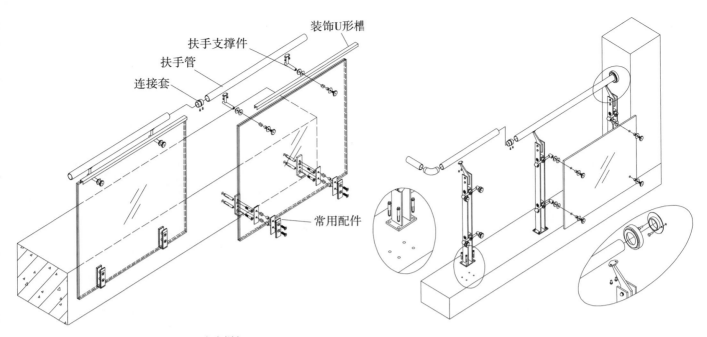

h 无立柱玻璃栏杆

图 8.1.3-1　装配式玻璃栏杆系统示意图（二）　　　图 8.1.3-2　双立柱内侧玻璃栏杆系统组装示意图

（6）扶手安装

扶手（扶手包括筒体以及位于筒体内壁端部的多个凸齿）间的衔接通过扶手连接件（扶手连接件包括内筒和套在内筒外部的外筒，内筒和外筒之间形成一个供扶手的端部插入的安装间隙，扶手中的筒体和凸齿被夹持固定于此间隙），扶手连接件的内筒内部设置有一固定板，扶手承件的顶部穿过外筒以及内筒与固定板固定连接，扶手承件的底部与立柱上的夹片螺接固定，完成整个扶手的安装。重复上述动作，完成多个立柱与扶手的连接，从而完成栏杆主体部分的安装。

（7）玻璃栏板安装

① 将玻璃底部插接于支撑组件上临时固定后对板块进行横平、竖直、面平调整。根据现场放线确定栏板转座在立柱上的定位并将其固定；栏板连杆与栏板转座通过螺栓连接，转座和连杆间可以上下调节，并通过两者间的螺栓转动进行角度调节，实现玻璃栏板的安装调节；将预先在工厂组装好的玻璃栏板和栏板夹，整体通过螺栓连接于栏板连杆，完成玻璃栏板的安装。

② 玻璃栏板安装完成后，应对玻璃与铁件间的缝隙进行打胶处理。对所用的耐候胶实行严格的进场检验制度，保证耐候胶具有塑性，不出现麻面，且不含有杂质，软硬适中，其粘结强度满足规范要求。打胶前，将栏杆铁件及玻璃表面完全擦净，使其附着面无油、无污、无水，并将注胶处周围 5cm 左右范围的栏杆骨架及玻璃表面用不沾胶带纸保护起来，防止这些部位受胶污染；打胶时，均匀地将耐候胶用力挤入栏杆铁件与夹层玻璃接合面或缝隙中，使耐候胶与表面充分接触，待耐候胶达到一定的强度，将多余的耐候胶刮匀，裁除平整，达到光滑无麻面。

③ 在胶未完全硬化前，不要沾染灰尘和划伤，嵌缝胶的深度（厚度）应小于缝宽度，因为当板材发生相对位移时，胶被拉伸，胶缝越厚，边缘的拉伸变形越大，越容易开裂。单组分硅酮结构密封胶的固化时间较长，一般需要 14～21d，双组分固化时间较短，一般

为7~10d，打注结构胶后，应在温度20℃、湿度50％以上的干净室内养护，待完全固化后才能进行下道工序。

（8）清洁、验收

饰面板表面清理保洁，对饰面采用围挡保护措施，以免碰撞损坏，并采用防污染的遮挡设施保护，做好质量检查记录和自检记录。组织建设单位及监理单位进行验收。

a 双立柱外侧玻璃栏杆　　　　　　　　　　　b 单立柱内侧玻璃栏杆

c 双立柱内侧玻璃栏杆　　　　　　　　　　　d 双立柱外侧玻璃栏杆

图 8.1.3-3　装配式玻璃栏板系统完成图

3.3　质量关键要求

（1）护栏结构要求

栏杆不仅是建筑防护的构件，而且是建筑物的装饰构件，在设计护栏构件时，避免只考虑结构的装饰性，忽略了细节方面的安全性和护栏的适用性，因此，结合不同使用环境和场地，护栏的结构要求见表8.1.3-1。

（2）栏杆荷载性能要求

栏杆作为安全防护用的构件，不时具有紧急疏散、导向、倚靠、撞击、扶拉、趴靠等功能，承受着不同活荷载的作用，因此，栏杆需要考虑多方面的荷载性能，具体要求见表8.1.3-2。

（3）金属构配件安装时，应拉线检查相邻同一类构件的水平度、垂直度及大面平整度，通过微调栏板连接件的水平移动与垂直升降，来控制玻璃固定结构整体位置效果。如有误差应均分在每一条缝隙中，防止误差积累。

栏杆结构要求

表 8.1.3-1

结构		技术要求	适用场地
防护高度 h	临空护栏	临空高度＜24m，h≥1.05m 临空高度≥24m，h≥1.1m	公共建筑和民用建筑
		中庭护栏，h≥1.2m	上人屋面和交通、商业、旅馆、医院、学校等建筑临开敞中庭
	楼梯栏杆	室内楼梯，h≥0.9m。楼梯水平栏杆或栏板长度大于0.5m时，h≥1.05m	室内
		室外楼梯≥1.05m	室外
	窗台	≥0.9m	住宅、托儿所、幼儿园、中小学校及供少年儿童独自活动的场所
		≥0.8m	以上除外的其他建筑
	凸窗台	从窗台算起≥0.9m	住宅
间隙	栏板或水平构件的间距	30mm＜间距≤110mm	阳台、外廊、室内外平台、露台、室内外回廊、内天井
	垂直杆件净间距	30mm＜间距≤110mm	住宅、托儿所、幼儿园、中小学及供少年儿童独自活动的场所
	楼面、地面或屋面	离面100mm高度处不应留空	有无障碍要求或挡水要求处
可攀滑性	临空护栏	应采用防止少年儿童攀登的构件	住宅、托儿所、幼儿园、中小学及供少年儿童独自活动的场所
	楼梯护栏	应设置防止少年儿童攀滑	
锚固	预埋件	按受力预埋件进行设计 符合《混凝土结构设计规范》GB 50010的相关规定	公共建筑和民用建筑
	机械锚栓、化学锚栓、植筋	不少于2个 直径不小于8mm 锚板不小6mm	
安装固定	窗的防护栏杆	1. 应与建筑主体结构牢固连接； 2. 不应只固定于窗体上	
	建筑防护栏杆	不应直接锚固在砌体结构上	

栏杆荷载性能要求

表 8.1.3-2

力学项目	性能要求	检测方法
水平集中力	1. 水平集中力宜取1.5kN； 2. 作用于栏杆中最不利位置，且可与均布荷载不同时作用	参照《建筑用玻璃与金属护栏》JG/T 342抗水平荷载性能试验方法，转化为集中荷载进行加载
抗水平荷载性能	1. 中小学校防护栏杆水平荷载应取1.5kN/m，其他场所防护栏杆水平荷载应取1.0kN/m； 2. 防护栏杆最大相对水平位移取30mm，扶手挠度限值应为扶手长度的1/250，卸载1min后扶手的残余挠度不应大于 $L/1000$，防护栏杆不应出现损坏	《建筑用玻璃与金属护栏》JG/T 342

力学项目	性能要求	检测方法
抗垂直荷载性能	1. 扶手垂直荷载按 1500N 计； 2. 扶手最大挠度不应大于 $l/250$，最大残余挠度不应大于 $l/1000$； 3. 防护栏杆不应出现损坏	《建筑用玻璃与金属护栏》JG/T 342
抗软重物体撞击性能	1. 撞击能量 $E = 300N \cdot m$； 2. 每次撞击后扶手水平相对位移不应大于 $h/25$； 3. 防护栏杆不应出现损坏	
抗硬重物体撞击性能	1. 撞击物体降落高度应取 1.2m； 2. 防护栏杆不应出现损坏	
抗风压性能	1. 指标值 p 按《建筑结构荷载规范》GB 50009 的规定取值，抗风压性能分级应符合《建筑防护栏杆技术标准》JGJ/T 470 的规定； 2. 扶手水平相对位移不应大于 30mm； 3. 防护栏杆不应出现损坏	等效静载法抗风压性能检测方法（《建筑防护栏杆技术标准》JGJ/T 470）
抗水平反复荷载性能	1. 拉力 $F = 1000N$； 2. 向室内侧和室外侧反复施加各 10 次； 3. 防护栏杆不应出现损坏	抗水平反复荷载性能检测方法（《建筑防护栏杆技术标准》JGJ/T 470）

（4）首层起步处楼梯栏杆应有加强措施，以保证梯段栏杆的侧向稳定。

（5）楼梯栏杆在施工安装中要注意定位准确，以现场实测数据为准，栏杆扶手在拐弯处的定位要保证扶手能流畅转折。

（6）安装扶手时要按工艺要求操作，螺钉安装的位置、角度、钻孔的尺寸精准、方向正确，钉帽平正。

（7）连接件的螺栓应牢固可靠，连接后置角钢要进行防腐处理，并全数检查，不得遗漏。

3.4 季节性施工

（1）编制雨期和冬期的施工方案，做好方案交底工作。（2）雨期各种材料的运输、搬运、存放，均应采取防雨、防潮措施，以防止发生霉变、生锈、变形等现象。

4 质量要求

4.1 主控项目

（1）护栏和扶手制作与安装所使用材料的材质、规格、数量和木材的燃烧性能等级应符合设计要求。

检验方法：观察；检查产品合格证书、进场验收记录和性能检验报告。

（2）护栏和扶手的造型、尺寸及安装位置应符合设计要求。

检验方法：观察；尺量检查；检查进场验收记录。

（3）护栏和扶手安装预埋件的数量、规格、位置以及护栏与预埋件的连接节点应符合设计要求。

检验方法：检查隐蔽工程验收记录和施工记录。

（4）护栏高度、栏杆间距应符合设计要求。护栏安装应牢固。

检验方法：观察；尺量检查；手扳检查。

（5）栏板玻璃的使用应符合设计要求和现行行业标准《建筑玻璃应用技术规程》JGJ 113规定。

检验方法：观察；尺量检查；检查产品合格证书和进场验收记录。

4.2 一般项目

（1）护栏和扶手转角弧度应符合设计要求，接缝应严密，表面应光滑，色泽应一致，不得有裂缝、翘曲及损坏。

检验方法：观察；手摸检查。

（2）护栏和扶手安装的允许偏差和检验方法应符合表 8.1.4-1 的规定。

护栏和扶手安装的允许偏差和检验方法   表 8.1.4-1

项次	项目	允许偏差（mm）	检验方法
1	护栏垂直度	3	用 1m 垂直检测尺检查
2	栏杆间距	0，-6	用钢尺检查
3	扶手直线度	4	拉通线，用钢尺检查
4	扶手高度	+6，0	用钢尺检查

5　成品保护

（1）各金属构配件做好包装和适当的防磕碰、防划伤等减震措施，如垫放麻袋布、泡沫纸等。运输码放应按照等方向或交叉形式码放，做到合理利用运输空间并起到很好的保护作用。（2）应在安装好的玻璃护栏玻璃表面涂刷醒目的图案或警示标识，以免工作人员因不注意而碰撞到玻璃护栏。（3）安装好的扶手应用泡沫塑料等柔软物包好、裹严，防止破坏、划伤表面。（4）禁止以玻璃护栏及扶手作为支架，不允许攀登玻璃护栏及扶手。

6　安全、环境保护措施

6.1　安全措施

（1）栏杆为垂直作业，应合理安排施工工序，避免交差作业，防止上下同时施工。（2）施工前检查所有的工机具处于完好工作状态，有缺陷或状态不明者禁止使用。（3）高空作业必须系好安生带、戴好安生帽。（4）施工前检查脚手架的可靠程度，由专职安全检查员验收后挂牌使用。

6.2 环保措施

在施工现场，主要的污染源包括噪声、扬尘和其他建筑垃圾。从保护周边环境的角度来说，应尽量减少这些污染的产生。（1）噪声控制。除了从机具和施工方法上考虑外，可以使用隔声屏障、机械隔声罩等，确保外界噪声等效声级达到环保相关要求。（2）施工扬尘控制。可以在现场采用设置围挡，覆盖易生尘埃物料，洒水降尘；施工车辆出入施工现场应采取措施防止泥土带出现场。（3）对于建筑垃圾的处理，尽可能防止和减少垃圾的产生；对产生的垃圾应尽可能通过回收和资源化利用，减少垃圾处理处置；对垃圾的流向进行有效控制，严禁垃圾无序倾倒，防止二次污染。（4）在施工方法的选择上，应要合理安排进度，尽量排除深夜连续施工；将产生噪声的设备和活动远离人群，避免干扰他人正常工作、学习、生活。

7　　工程验收

（1）装配式栏杆工程验收时应检查下列文件和记录：① 栏杆工程的施工图、设计说明及其他设计文件；② 材料的产品合格证书、性能检测报告、进场验收记录和复验报告；③ 隐蔽工程验收记录：预埋件（或后置埋件）；护栏与埋件的连接节点；④ 施工记录。

（2）同一品种的栏杆工程每50间（处）划分为一个检验批，不足50间（处）也应划分为一个检验批。

（3）栏杆、扶手每个检验批应全数检查。

（4）分部（子分部）工程质量验收合格应符合下列规定：① 分部（子分部）工程所含分项工程的质量均应验收合格；② 质量控制资料应完整；③ 观感质量验收应符合要求。

8　　质量记录

质量记录包括：（1）材料的产品合格证书、性能检测报告；（2）材料进场验收记录和复验报告；（3）隐蔽工程验收记录；（4）技术交底记录；（5）栏杆工程检验批质量验收记录表；（6）栏杆分项工程质量验收记录表。

第 2 节　悬挑式铝合金玻璃栏杆施工工艺

主编点评

　　本工艺以昆明长水国际机场栏杆工程为实例通过在建筑临边预埋 L 型悬挑型钢，将护栏铝合金立柱与其插接安装，形成悬挑式铝合金玻璃栏杆，具有安装便捷、强度可靠等特点，被应用于地铁站、商场、航站楼等建筑。

1　总　则

1.1　适用范围
本工艺适用于一般工业与民用建筑室内外临边的悬挑铝合金玻璃栏杆工程施工。

1.2　编制参考标准及规范
（1）《建筑装饰装修工程质量验收标准》GB 50210
（2）《装配式内装修技术标准》JGJ/T 491
（3）《建筑玻璃应用技术规程》JGJ 113
（4）《民用建筑设计统一标准》GB 50352
（5）《建筑用安全玻璃　第 3 部分：夹层玻璃》GB 15763.3
（6）《铝合金建筑型材》GB/T 5237.1～5237.6

2　施工准备

2.1　技术准备
参见第 455 页"2.1　技术准备"。

2.2　材料要求
（1）一般规定
选用的材料应符合现行国家标准、行业标准、产品标准以及有关地方标准的规定，同时应有出厂合格证、质保书及必要的检验报告。进口材料应符合国家商检规定。
（2）钢化夹胶玻璃
铝合金栏杆钢化夹胶玻璃，其钢化夹胶玻璃品种、规格应符合设计要求，各项性能应符合《建筑玻璃应用技术规程》JGJ 113、《建筑用安全玻璃　第 2 部分：钢化玻璃》GB 15763.2 及《建筑用安全玻璃　第 3 部分：夹层玻璃》GB 15763.3 相关标准要求。

（3）铝合金材料

铝合金栏杆材料应满足本标准《铝合金建筑型材　第1部分：基材》GB/T 5237.1 的规定。铝合金材料的化学成分应符合《变形铝及铝合金化学成分》GB/T 3190 的规定；铝合金型材的质量要求应符合《铝合金建筑型材》GB/T 5237.1～5237.6 的规定，型材尺寸允许偏差应达到高精级或超高精级。

（4）预埋钢板及不锈钢材

① 栏杆固定预埋钢板、延长架、角钢及特制 L 型钢等，对特殊要求或腐蚀性环境中的结构钢材、钢制品宜采用不锈钢材质。如采用耐候钢，其质量指标应符合《耐候结构钢》GB/T 4171 的规定。

② 钢型材表面除锈等级不宜低于 Sa2.5 级，表面防腐处理应符合下列要求：a. 采用热浸镀锌时，锌膜厚度应符合《金属覆盖层　钢铁制件热浸镀锌层　技术要求及试验方法》GB/T 13912 的规定；b. 采用氟碳喷涂或聚氨酯漆喷涂时，涂膜厚度不宜小于 35μm，在空气污染及海滨地区，涂膜厚度不宜小于 45μm；c. 采用防腐涂料进行表面处理时，除密闭的闭口型材内表面外，涂层应完全覆盖钢材表面。

③ 不锈钢防撞杆材料宜采用奥氏体不锈钢，镍铬总含量宜不小于 25%，且镍含量应不小于 8%；暴露于室外或处于高湿度环境的不锈钢构件镍铬总含量宜不小于 29%，且镍含量应不小于 12%。

（5）硅酮结构胶及密封、衬垫材料

中性硅酮结构密封胶的性能应符合《建筑用硅酮结构密封胶》GB 16776 的规定。硅酮结构密封胶使用前，应经国家认可的检测机构进行与其相接触材料的相容性和剥离粘结性试验，并应对邵氏硬度、标准状态拉伸粘结性能进行复验。硅酮建筑密封胶应符合《硅硐和改性硅硐建筑密封胶》GB/T 14683 的规定，密封胶的位移能力应符合设计要求，且不小于 20%；宜采用中性硅酮建筑密封胶。橡胶材料应符合《建筑门窗、幕墙用密封胶条》GB/T 24498、《工业用橡胶板》GB/T 5574 的规定；宜采用三元乙丙橡胶、硅橡胶、氯丁橡胶。

（6）金属连接件及五金件

紧固件螺栓、螺钉、螺柱等的机械性能、化学成分应符合《紧固件机械性能》GB/T 3098.1～3098.21 的规定。锚栓应符合《混凝土用机械锚栓》JG/T 160、《混凝土结构后锚固技术规程》JGJ 145 的规定，可采用碳素钢、不锈钢或合金钢材料。化学螺栓和锚固胶的化学成分、力学性能应符合设计要求，药剂必须在有效期内使用。

2.3　主要机具

（1）机械：型材切割机、冲击钻、手电钻等。（2）工具：电动螺钉旋具、锤子、钳子、手动玻璃吸盘、注胶枪等。（3）计量检测用具：经纬仪、水准仪、激光投线仪、水平尺、钢卷尺等。

2.4　作业条件

（1）施工现场清理干净，有足够的材料、部件、设备的放置场地，有库房保管零部件。

（2）有土建施工单位移交的施工控制线及基准线。（3）结构上预埋件已按设计要求埋设完毕，无漏埋、过大位置偏差情况，后置埋件已完成拉拔试验，其拉拔强度合格。（4）施工操作前已进行技术交底。

3.1　工艺流程

图纸深化、测量放线及部件工厂加工　⟶　钢埋板安装　⟶

铝型材及钢化夹胶玻璃安装　⟶　不锈钢防撞杆安装　⟶　栏杆顶部构件安装　⟶

底部收口铝板安装　⟶　清洁、验收

3.2　操作工艺

（1）图纸深化、测量放线及部件工厂加工

① 熟悉图纸，准确复核建筑物结构施工质量、尺寸标高，现场设计深化。发放加工图、组装图及进行相关技术交底，对相关重点难点的部位进行详细核对。② 各材料采购到位，具备加工条件后，生产部按明细表开材料领用单到仓库领取材料。③ 按图纸及明细表编制工序卡，下发加工图、组装图及工序卡到工厂，进行构件制作（图8.2.3-1）。④ 工厂及现场成品预装（图8.2.3-2）。

图 8.2.3-1　栏杆工厂加工图

图 8.2.3-2　成品预装图

（2）钢埋板安装

① 根据设计图纸及分格线确定钢埋板的位置，在楼地面上标记出化学螺栓的孔位并进行钻孔，钻好孔位后，埋置化学螺栓。螺栓应埋置在结构混凝土梁板内，若基体为陶粒混凝土或其他轻质材料时，应凿至混凝土或钢结构楼地面。化学螺栓置入锚孔后，应按照厂家提供的养护条件进行养护固化，固化期间禁止扰动。后置螺栓应进行现场拉拔试验。试验结果满足设计要求后，将钢立柱用角码焊接在钢埋板上。钢埋板、角码与钢套芯立柱的安装示意见图 8.2.3-3、图 8.2.3-4。② 通过竖向槽钢固定在角码上，工厂加工时要求三面围焊，有效焊接长度大于或等于 10cm，焊缝高度 h_f 大于或等于 4mm。根据分格线确定横向钢立柱的位置并将其两端用角钢焊接固定在钢埋板上。安装钢套芯立柱时，应先临时固定，再测量标高偏差及轴线偏差，符合要求后，再连续施焊，固定钢套芯立柱。③ 钢套芯立柱安装完成后，可以在两个钢套芯立柱之间螺栓连接横向角钢，用以固定栏杆下端铝型材及收口铝板。④ 所有钢结构采用 Q235 钢材质，表面热镀锌处理。安装完毕后应在焊缝处补涂防锈漆。

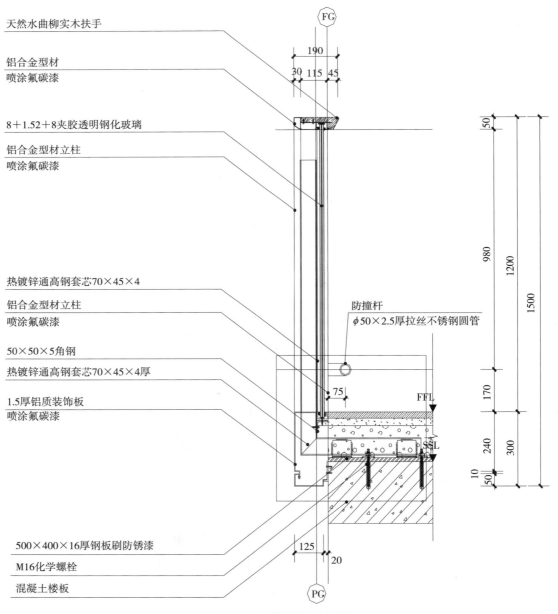

图 8.2.3-3 栏杆竖向剖面图

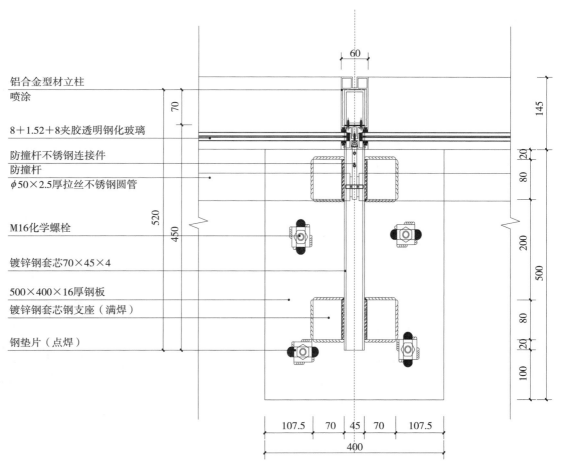

铝合金型材立柱
喷涂
8+1.52+8夹胶透明钢化玻璃
防撞杆不锈钢连接件
防撞杆
φ50×2.5厚拉丝不锈钢圆管
M16化学螺栓
镀锌钢套芯70×45×4
500×400×16厚钢板
镀锌钢套芯钢支座（满焊）
钢垫片（点焊）

图 8.2.3-4　钢埋板、角码与钢套芯立柱示意图

（3）铝型材及钢化夹胶玻璃安装

① 根据现场网格线尺寸，统一向工厂下料加工铝型材及钢化夹胶玻璃，现场将铝合金型材套入钢套芯立柱，用电钻钻孔，用螺钉固定铝型材后，注意铝合金与钢立柱之间必须用塑料垫片隔离。② 装入玻璃，最后封铝合金盖，并压入橡胶条。玻璃与铝型材之间按《建筑玻璃应用技术规程》JGJ 113 要求安装。

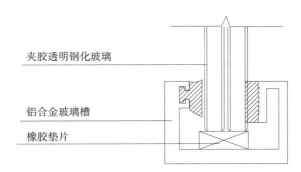

夹胶透明钢化玻璃
铝合金玻璃槽
橡胶垫片

图 8.2.3-5　钢化夹胶玻璃底部节点示意图

（4）不锈钢防撞杆安装

根据现场网格线尺寸，统一向工厂下料加工不锈钢连接件及杆件，现场用螺钉将不锈钢连接件固定在铝合金立柱型材上，用配套螺钉逐一安装不锈钢防撞杆。

（5）栏杆顶部构件安装

栏杆顶部构件由铝型材和木扶手组成，首先用螺钉将顶部铝型材固定在铝合金立柱上，然后用螺钉固定木扶手。安装时，注意仔细调整铝型材及木扶手高低及直线度。

（6）底部收口铝板安装

按照设计图纸，将两块收口铝板组合后，用螺钉将组合的收口铝板的上下两边分别固定在预先焊接的角钢上。注意固定时要拉线，使所有收口铝板在一条线上。

（7）清洁、验收

安装完成后，即可撕去材料的保护膜，用中性清洗剂进行清洗，用布抹干。玻璃要用专用玻璃刮清洗。装配式悬挑铝合金玻璃栏杆成品见图 8.2.3-6、图 8.2.3-7。

图 8.2.3-6　悬挑金属玻璃栏板图　　　　图 8.2.3-7　悬挑金属玻璃栏板图

3.3　质量关键要求

参见第 460 页"3.3　质量关键要求"。

3.4　季节性施工

参见第 462 页"3.4　季节性施工"。

4　质量要求

参见第 462 页"4　质量要求"。

5　成品保护

5.1　成品的运输、装卸

悬挑铝合金玻璃栏杆的运输、装卸应做到车厢清洁、干燥，装车高度、宽度、长度符合规定，堆放科学合理；装卸车做到轻装轻卸，捆扎牢固，防止运输及装卸时散落、损坏。

5.2　成品的保管

（1）栏杆成品或半成品在制作完成后应将其用非金属软质材料（牛皮纸或瓦楞纸等）严

密包裹，其外缠绕胶带纸用于防水并使其牢固，外露杆件连接部分以利于现场拼装。细小杆件可采取部分整体包装形式。安装完成后包装纸不能马上拆除，应在所有土建泥水活完成后并分项工程验收前拆除。（2）清除栏杆表面污染物时禁止用锋利的刀具铲刮，以免损伤面层。（3）如有木质扶手，可在装饰装修工程验收合格后再行安装。（4）栏杆、竖杆、扶手运输过程中应有防潮、防碰保护措施。栏杆在现场暂时存放时应置于干净的户内，应水平或侧立于高度大于200mm的垫木上。

5.3 施工过程的保护

（1）在拆、改装修架子时，注意架子回转要慢，不要碰到饰面上，架子的扣件不得乱扔，以免伤人和砸坏玻璃。（2）已完工的部位应设专人看管，遇有危害成品的行为应立即制止，对于造成成品损坏者应给予适当处理。（3）每一装饰面成活后，均按规定清理干净，严禁在装饰成品上涂写、敲击、刻划。

6　安全、环境保护措施

参见第463页"6　安全、环境保护措施"。

7　工程验收

7.1 一般规定

悬挑铝合金玻璃栏杆工程验收时应检查下列文件和记录：（1）悬挑铝合金玻璃栏杆工程的施工图、设计说明及其他设计文件；（2）材料的产品合格证书、性能检测报告、进场验收记录和复验报告；（3）隐蔽工程验收记录；（4）施工记录。

7.2 进场验收

（1）悬挑铝合金玻璃栏杆所用各种材料、五金配件、构件及组件的产品合格证书、性能检测报告和复验报告等。（2）悬挑铝合金玻璃栏杆工程的埋件的抗拉、抗剪承载力性能试验报告等。（3）悬挑铝合金玻璃栏杆工程如果使用了硅酮结构胶，进场验收应符合《建筑用硅酮结构密封胶》GB 16776的规定。

7.3 中间验收

悬挑铝合金玻璃栏杆应对下列部位进行隐蔽工程验收：（1）预埋件；（2）铝合金玻璃栏杆构件与主体结构的连接、构件连接节点；（3）铝合金玻璃栏杆等电位连接构造节点；（4）铝合金玻璃栏杆安全安装高度（应符合相关国家标准及设计要求）。

7.4 竣工验收

（1）同一品种的悬挑铝合金玻璃栏杆工程，按50间（处）应划分一个检验批，不足50间

（处）应划分一个检验批，每部楼梯划分为一个检验批。

（2）分部（子分部）工程质量验收合格应符合下列规定：① 分部（子分部）工程所含分项工程的质量均应验收合格；② 质量控制资料应完整。

---

8   质量记录

8.1   工程各项性能检测试验

悬挑铝合金玻璃栏杆样品检测试验应符合《建筑玻璃应用技术规程》JGJ 113 的规定。

8.2   工程各项验收记录

（1）铝合金玻璃栏杆材料、产品合格证和环保及其性能检测报告以及进场验收记录；（2）测试检测报告及其他材料复检报告；（3）隐蔽工程验收记录；（4）等电位接地工程验收记录；（5）检验批质量验收记录；（6）分项工程质量验收记录。

主编点评

　　LED 透明玻璃屏使用钢化玻璃为基材，采用驱动芯片和 LED 发光芯片植入技术及纳米铜导线电路工艺，高清、高透、智能，实现护栏和智能广告屏一体化。本节以晶泓（坚朗）LED 透明玻璃屏护栏 NB 系列为实例，介绍了 LED 透明玻璃屏护栏构造及装配式施工方法。该工艺具有构造合理、施工高效等特点。

1　　总　　则

1.1　适用范围
本工艺适用于一般民用建筑室内外的 LED 透明玻璃屏护栏工程施工，尤其适用于商业综合体、科技馆等场所。

1.2　编制参考标准及规范
（1）《建筑装饰装修工程质量验收标准》GB 50210
（2）《装配式内装修技术标准》JGJ/T 491
（3）《民用建筑设计统一标准》GB 50352
（4）《建筑防护栏杆技术标准》JGJ/T 470
（5）《建筑用玻璃与金属护栏》JG/T 342
（6）《建筑玻璃应用技术规程》JGJ 113
（7）《铝合金建筑型材　第 1 部分：基材》GB/T 5237.1
（8）《建筑用安全玻璃　第 2 部分：钢化玻璃》GB 15763.2
（9）《建筑用安全玻璃　第 3 部分：夹层玻璃》GB 15763.3
（10）《夹层玻璃用聚乙烯醇缩丁醛中间膜》GB/T 32020

2　　施工准备

2.1　技术准备
参见第 455 页"2.1　技术准备"。

2.2　材料要求
（1）LED 透明玻璃屏护栏的材料基本要求参见表 8.1.2-1。

（2）LED 透明玻璃屏护栏：智能 LED 透明玻璃屏主要由前面板玻璃、中间夹胶合片嵌入了 LED 芯片和纳米铜导线的基板玻璃、后面板玻璃三部分组成。用贴片线路的方式实现不同间距的款式样式、不同亮度的亮化、动态视频播放及 3D 视频展示等功能。LED 智能玻璃可达到 99.7% 相对透明度，可见光透过率≥80%，保证清晰视野。

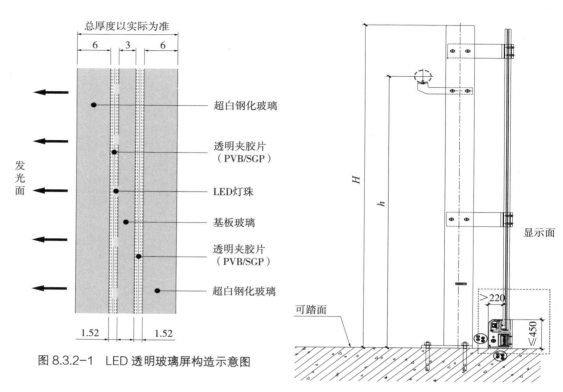

图 8.3.2-1　LED 透明玻璃屏构造示意图

H—护栏高度　*h*—有效防护高度

图 8.3.2-2　LED 护栏屏构造示意图

（注：护栏底部内测边框或平台宽度大于 220mm，且高度不大于 450mm 时，应视为可踏面，护栏的有效防护高度应从可踏面顶面开始计算。）

LED 透明玻璃屏护栏应根据项目的使用要求进行选型和配置，应区分用于室内或者室外。应用于室内时，应考虑项目的应用场景，考虑护栏被倚靠、被撞击的可能，并根据相应的规范进行荷载计算；应用于室外时，应充分考虑项目当地的风荷载、雪荷载、地震荷载、撞击等集中荷载，以及其他不利因素，并依据相关规范进行结构可靠性计算。晶泓（坚朗）光电玻璃屏护栏的配置选型可见表 8.3.2-1。

晶泓（坚朗）光电玻璃屏护栏配置选型　　　　　　　　　　　　　　　表 8.3.2-1

LED 透明玻璃屏护栏型号种类	应用于室内	应用于室内人流量大、易于撞击的部位	应用于室外
晶泓（坚朗）光电玻璃透明屏护栏 NB 系列	√	应根据实际项目情况，加厚玻璃面板的厚度、加厚夹胶片的厚度	应根据项目情况，验算最不利荷载组合工况，选择加厚玻璃厚度、加厚夹胶片厚度、改用 SGP 胶片等；电源、信号组件等进行密封防水处理，易积水位置应在底部增加混凝土反坎，高度不宜小于 100mm

2.3 主要机具

（1）机械：电动真空吸盘、三爪手动吸盘、冲击钻、手电钻、电动螺钉旋具等。（2）工具：电动改锥、手枪钻、梅花扳手、活动扳手、锤子、胶枪等。（3）计量检测用具：水准仪、激光投线仪、钢板尺、水平尺、钢卷尺等。

2.4 作业条件

（1）装LED透明玻璃屏护栏的主体结构，应符合有关结构施工质量验收规范的要求。主体结构完成及交接验收，并清理现场。（2）施工前必须先进行工地现场实测，复核与施工图纸的符合性、施工预留的结构反坎标高、尺寸，施放地面线、垂直位置线以及固定点、预埋件位置等。（3）LED玻璃屏护栏的箱体已于厂内生产加工完成，并经检验合格。（4）由于主体结构施工偏差、预埋件按埋设偏差而妨碍LED玻璃屏护栏施工安装时，应会同业主和土建承建商采取相应的措施，并在LED玻璃屏护栏安装前实施。

3　施工工艺

3.1 工艺流程

测量放线 ⟶ 构件尺寸核对 ⟶ 工厂生产加工 ⟶ 支座安装 ⟶

立柱组件安装 ⟶ 扶手安装 ⟶ 护栏玻璃屏箱体安装 ⟶

信号、电源、强电连接线安装 ⟶ 扣板安装 ⟶ 清洁、验收

3.2 操作工艺

（1）测量放线

依据施工图纸复测轴线、标高线控制线，根据栏杆深化图纸和测量结果，确定出栏杆安装的基准面。以标准线为基准，按照深化图纸将分格线弹线定位在楼板上，并做好标记。

（2）构件尺寸核对

根据施工现场实际放线结果，与原设计排板图进行校对，将存在偏差的饰面尺寸、立柱及连接构件位置进行深化调整，对相同模数、转角及特殊造型进行定型排板，计算可能出现的位置偏差，并在其上标明挂扣件安装位置。

（3）工厂生产加工

按照屏幕结构安装图、放样图所定LED透明玻璃护栏屏订购单到工厂制作，交货时按提交的数量、规格、质量标准严格把关，并做好成品保护。护栏的支撑及连接构件均由工厂生产制作，栏板与不锈钢可调节栏板夹等预先组装完成。出厂前抽样检查各批次定型构件的合格率，确保数量及规格的准确性，特别是对需要进行特殊加工的构件，应分类标示、编号。按施工总进度计划分区域、分批包装、运输。材料品种及质量要与确认样板保持一致，不得有明显瑕疵；平整度、对角线、尺寸误差不得超过1mm。

（4）支座安装

栏杆施工采用后置埋件做法，通过膨胀螺栓或化学锚栓安装底座钢板，锚固检测按《护栏锚固试验方法》JG/T 473 方法进行。

（5）立柱组件安装

按照立柱定位标线、标记点通过膨胀螺栓或化学锚栓将立柱底部与支撑座的连接固定在地面上（图 8.3.3-1）。

（6）扶手安装

扶手通过扶手连接件与立柱连接，扶手连接件的设置有一固定板，扶手承件与固定板固定连接，扶手与扶手承件用螺钉固定，完成整个扶手的安装。

重复上述动作，完成多个立柱与扶手的连接，从而完成栏杆主体部分的安装（图 8.3.3-2）。

（7）护栏玻璃屏箱体的安装

① 根据现场放线将护栏的玻璃屏箱体临时固定于立杆上的夹具底板；再通过螺钉固定夹具的外盖板，实现玻璃屏箱体的安装固定，完成护栏玻璃屏箱体的施工安装工程（图 8.3.3-3、图 8.3.3-4）。② 护栏玻璃安装完成后，应对玻璃与金属件间的缝隙进行打胶处理。打胶前，将栏杆金属件及玻璃表面完全擦净，使其附着面无油、无污、无水，并将注胶处周围 5cm 左右范围的栏杆骨架及玻璃表面用不沾胶带纸保护起来，防止这些部位受胶污染。③ 在胶未完全硬化前，不要沾染灰尘和划伤，嵌缝胶的深度（厚度）应小于缝宽度，因为当板材发生相对位移时，胶被拉伸，胶缝越厚，边缘的拉伸变形越大，越容易开裂。

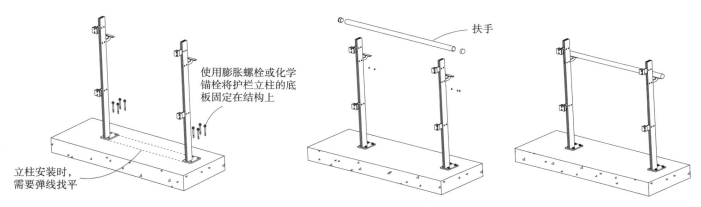

图 8.3.3-1　LED 护栏屏立杆安装示意图　　　　图 8.3.3-2　LED 护栏玻璃屏扶手安装示意图

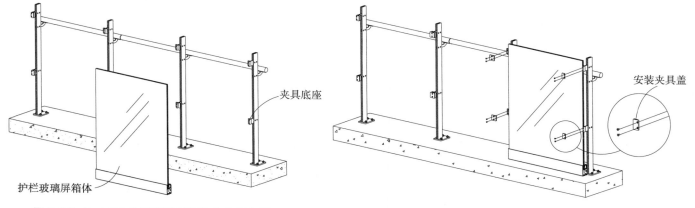

图 8.3.3-3　LED 护栏玻璃屏箱体安装示意图一　　　图 8.3.3-4　LED 护栏玻璃屏箱体安装示意图二

（8）信号、电源、强电连接线安装

根据设计图纸将箱体间的电源线和网线连接好，信号线接到控制系统，再将与屏体连接的强电接到专用的配电柜；箱体内的信号线、电源线等要梳理整洁，必要时用绑扎带进行捆绑（图8.3.3-5）。

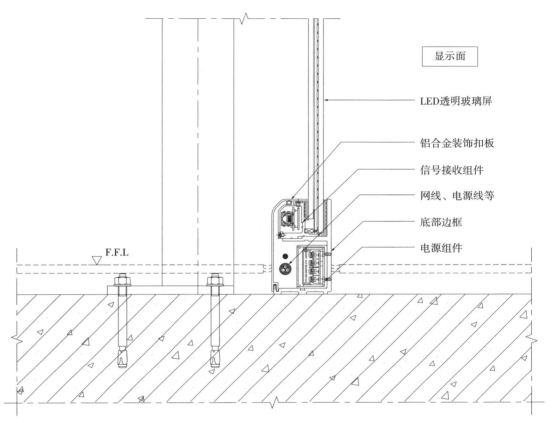

显示面

LED透明玻璃屏

铝合金装饰扣板

信号接收组件

网线、电源线等

底部边框

电源组件

F.F.L

图 8.3.3-5　LED 护栏玻璃屏底部接线安装示意图

（9）扣板安装

装饰性铝扣板在电源、信号等线路连接好后进行安装，安装扣板时将 LED 透明屏护栏箱体边框内的所有线路规整并盖在扣板之内，然后用螺钉将扣板固定。

（10）清洁、验收

① 饰面板表面清理保洁，对饰面采用围挡保护措施，以免碰撞损坏，并采用防污染的遮挡设施保护，做好质量检查记录和自检记录。② 组织建设单位及监理单位进行查验，注意做好隐蔽工程验收记录，检验验收。

图 8.3.3-6　晶泓（坚朗）NB 系列护栏屏

3.3 质量关键要求

参见第 460 页 "3.3 质量关键要求"。

3.4 季节性施工

（1）编制雨期和冬期的施工方案，做好方案交底工作。（2）雨期各种材料的运输、搬运、存放，均应采取防雨、防潮措施，以防止发生霉变、生锈、变形等现象。（3）冬期若需焊接，则先用喷灯烘烤焊接件，使其均匀升温达到焊接工艺要求再进行施焊。（4）冬期若打胶则预先将耐候胶置于暖房中（室内 20℃ 左右）一夜，然后迅速取出进行施打作业，同时注意从暖房中取胶要一次分取，用多少取多少，尽可能减少耐候胶施打前在室外滞留的时间。（5）冬期玻璃屏安装施工前，玻璃从过冷或过热的环境中运入操作地点后，应待玻璃温度与操作场所温度相近后再行安装。（6）对于室外的护栏项目，雨天不进行打胶作业。（7）室外护栏的项目在连续雨天或下大雨、风力大于 4 级不宜施工时，为保证施工人员及已安装的玻璃屏的安全，应停止施工，并对已安装的玻璃屏体进行防雨、防风保护。（8）雨天应保护好露天电气设备，以防雨淋和潮湿，检查漏电保护装置的灵敏度。使用移动式和手持电动设备时，一要有漏电保护装置，二要使用绝缘护具，三要电线绝缘良好。

---

4 质量要求

4.1 主控项目

（1）LED 透明玻璃屏护栏工程所用材料的品种、规格、性能、图案和颜色应符合设计要求。玻璃屏的玻璃应使用安全玻璃。

检验方法：观察；检查产品合格证书、进场验收记录和性能检测报告。

（2）LED 屏箱体及其附件制作质量应符合设计图纸要求和有关标准规定，并附有出场合格证和产品验收凭证。

检验方法：检查产品合格证书和验收凭证。

（3）LED 屏所用的发光组件及线路组件应符合相关设计标准和规范，发光点像素、间距及亮度符合设计要求，封装完成的玻璃屏不应出现死灯、坏灯，线路不应有氧化变色的现象。

检验方法：观察；检查各组件的产品合格证书。

（4）LED 屏的玻璃裁割尺寸应准确，满足相关规范对尺寸允许偏差的要求，安装平整、牢固、无松动现象。

检验方法：测量；手推检查。

（5）护栏和扶手制作与安装所使用材料的材质、规格、数量和木材的燃烧性能等级应符合设计要求。

检验方法：观察；检查产品合格证书、进场验收记录和性能检验报告。

（6）护栏和扶手的造型、尺寸及安装位置应符合设计要求。

检验方法：观察；尺量检查；检查进场验收记录。

（7）护栏和扶手安装预埋件的数量、规格、位置以及护栏与预埋件的连接节点应符合设计要求。

检验方法：检查隐蔽工程验收记录和施工记录。

（8）护栏高度应符合设计要求。护栏安装应牢固。

检验方法：观察；尺量检查；手扳检查。

（9）栏板玻璃的使用应符合设计要求和现行行业标准《建筑玻璃应用技术规程》JGJ 113 的规定。

检验方法：观察；尺量检查；检查产品合格证书和进场验收记录。

4.2 一般项目

（1）LED玻璃屏护栏的玻璃颜色符合设计要求、表面平整洁净、清晰美观。

检验方法：观察。

（2）LED玻璃屏护栏箱体的安装接缝应横平竖直，玻璃表面洁净、无斑污、缺损和划痕，安装朝向正确。

检验方法：观察。

（3）外露的铝合金装饰盖板等的表面洁净，无划痕、碰伤，不应有变形。

检验方法：观察。

（4）螺钉与构件应结合紧密，表面不得有凹凸现象。

检验方法：观察。

（5）玻璃密封胶应密封均匀一致，表面平整光滑不得有胶痕。

检验方法：观察。

（6）LED玻璃屏护栏的玻璃之间嵌缝应密实平整、均匀顺直、深浅一致。

检验方法：观察。

（7）LED玻璃屏护栏安装的允许偏差和检验方法应符合表8.3.4-1的规定。

LED玻璃屏护栏安装的允许偏差和检验方法　　　　　　　　　　　　　　　　表8.3.4-1

项次	项目	允许偏差（mm）	检验方法
1	立面垂直度	2	用2m垂直检测尺检查
2	阴阳角方正	2	用直角检测尺检查
3	接缝直线度	2	拉5m线，不足5m拉通线，用钢尺检查
4	接缝高低差	2	用钢尺和塞尺检查
5	接缝宽度	1	用钢直尺和塞尺检查

（8）护栏和扶手转角弧度应符合设计要求，接缝应严密，表面应光滑，色泽应一致，不得有裂缝、翘曲及损坏。

检验方法：观察；手摸检查。

（9）护栏和扶手安装的允许偏差和检验方法应符合表8.3.4-2的规定。

护栏和扶手安装的允许偏差和检验方法

表 8.3.4-2

项次	项目	允许偏差（mm）	检验方法
1	护栏垂直度	3	用 1m 垂直检测尺检查
2	扶手直线度	4	拉通线，用钢尺检查
3	扶手高度	+6, 0	用钢尺检查

5　成品保护

（1）LED 透明玻璃屏护栏箱体的成品在工厂加工完成后存放时，在箱体构件下安装一定数量的垫木或放置在专门的存放架上，禁止构件直接与底面接触，并采取一定的防止滑动和滚动措施，如垫防滑滑块等；构件与构件需要重叠放置的时候，在构件间放置垫木或橡胶垫块以防止构件间相互碰撞。（2）成品 LED 透明玻璃屏护栏箱体必须堆放在车间中的指定位置。在其四周放置警示标志，防止工厂再进行其他吊装作业时碰伤。（3）LED 透明玻璃屏护栏箱体转运前需用木箱进行包装，包装箱应有足够的牢固程度，应保证产品在运输过程中不会损坏。装入包装箱的 LED 透明屏应保证不会发生互相碰撞。包装箱上应有醒目的"小心轻放""向上"等标志。（4）从工厂运输 LED 透明玻璃屏护栏箱体至施工现场时，应用专用车进行运输，装车时应保证固定牢固，轻拿轻放，专人指挥，严防野蛮装卸。运输中应尽量保持车速行驶平稳，路况不好注意慢行，运输途中应经常检查货物情况。卸货时应尽量采用叉车、吊车进行卸货，应避免多次搬运造成损坏。（5）成品 LED 透明玻璃屏护栏产品运送到施工现场后，在卸货之前，应对成品进行外观检查，首先检查货物装运是否有撞击现象，撞击后是否有损坏，必要时拆开箱体进行检查。（6）施工现场应准备专门的存放点存放 LED 透明玻璃屏护栏产品，并注意堆放整齐；存放点应注意防雨、防潮，不得与酸、碱、盐类物质或液体接触。LED 玻璃屏护栏箱体存储时应依照安装顺序排列，存储架应由足够的承载能力和刚度，储存时应采取保护措施。（7）各金属构配件做好包装和适当的防磕碰、划伤等减震措施，如垫放麻袋布、泡沫纸等。运输码放应按照等方向或交叉形式码放，做到合理利用运输空间并起到很好的保护作用。（8）应在安装好的 LED 玻璃屏护栏玻璃表面涂刷醒目的图案或警示标识，以免工作人员因不注意而碰撞到玻璃护栏。（9）安装好的扶手应用泡沫塑料等柔软物包好、裹严，防止破坏、划伤表面。（10）禁止以玻璃护栏及扶手作为支架，不允许攀登玻璃护栏及扶手。

6　安全、环境保护措施

参见第 463 页 "6　安全、环境保护措施"。

7 工程验收

参见第464页"7 工程验收"。

8 质量记录

参见第464页"8 质量记录"。

第 4 节　　吊索式玻璃楼梯施工工艺

主编点评

　　本工艺针对弧形混凝土或钢结构楼梯施工复杂、周期长和成本高等施工难题，创新研发出预应力不锈钢拉索吊拉＋全玻璃板块楼梯技术，具有受力合理、施工便捷、简洁通透、拆卸灵活等特点。该技术成功应用于深圳瑞和装饰研发中心大厦等项目，获得广东省工程建设省级工法等荣誉。

1　　　　　　　　　　　　　　　　　　　总　　则

1.1　适用范围
本工艺适用于各类酒店、写字楼和别墅等建筑的吊索玻璃楼梯工程施工。

1.2　编制参考标准及规范
（1）《建筑装饰装修工程质量验收标准》GB 50210

（2）《装配式内装修技术标准》JGJ/T 491

（3）《冷弯薄壁型钢结构技术规范》GB 50018

（4）《钢结构工程施工质量验收标准》GB 50205

（5）《建筑玻璃应用技术规程》JGJ 113

（6）《索结构技术规程》JGJ 257

（7）《建筑用安全玻璃　第 3 部分：夹层玻璃》GB 15763.3

（8）《非结构构件抗震设计规范》JGJ 339

2　　　　　　　　　　　　　　　　　　　施工准备

2.1　技术准备
参见第 455 页"2.1　技术准备"。

2.2　材料要求
（1）夹胶玻璃：夹胶玻璃可使用普通平板玻璃、一等品的浮法玻璃、夹丝抛光玻璃板、钢化玻璃板、吸热浮法及磨光玻璃板。夹层玻璃根据施工图设计要求及复核现场的实际尺寸进行加工图深化设计。玻璃厚度的选用应符合《建筑玻璃应用技术规程》JGJ 113 的相关规定及设计要求，质量及其弯曲度、耐辐照性、耐热性、抗冲击性、抗穿透性的试验结果符合《建筑用安全玻璃 第3部分：夹层玻璃》GB 15763.3 的规定。

（2）拉索：拉索截面设计需满足结构计算，根据施工图设计要求及复核现场的实际尺寸进行加工图深化设计。吊索式玻璃楼梯拉索宜采用304不锈钢材质。

（3）扶手：① 扶手的品种、级别、规格和数量应符合图纸及工艺标准，不得存在使用上有害的缺陷，如分层、结疤、裂缝等。② 扶手几何形状偏差的允许范围应符合标准规定，弯曲度、边宽、边厚、顶角、理论重量等必须满足规范要求，扶手不得有明显的扭转。③ 扶手应成捆交货，其捆扎道次、同捆长度等应符合规定。

（4）耐候密封胶：耐候胶采用硅酮耐候密封胶，并符合设计要求。

（5）不锈钢五金件：固定件、螺钉、螺栓等不锈钢五金件应满足设计要求。

2.3 主要机具

（1）机械：拉索张拉器、型材切割机、手电钻、台钻、真空泵等。（2）工具：冲击钻、玻璃与五金件组装工作台、电动螺钉旋具、锤子、钳子、手动玻璃吸盘、注胶枪等。（3）计量检测用具：水准仪、激光投线仪、水平尺、钢卷尺、线锤等。

2.4 作业条件

（1）楼板、钢梁等已验收完毕，施工环境已能满足吊索楼梯施工的需要。（2）施工现场所需要的临时用电、各种工机具准备就绪。（3）高空作业施工平台已搭设，并经过验收合格。

3　施工工艺

3.1 工艺流程

测量放线　⟶　构件加工、组装　⟶　拉索支撑组件安装　⟶

楼梯玻璃结构安装　⟶　清洁、验收

3.2 操作工艺

（1）测量放线

对施工现场进行实际放线测量，并依据测量数据进行深化设计，深化玻璃栏板和计算可能出现的位置偏差；对玻璃栏板进行排板，标注详细尺寸，并标明每块玻璃栏板连接不锈钢夹具的安装位置，作为施工放线的依据。用激光水准仪测量，以室内地面 ±0.000 相对标高作为基准点，由标高基准点向上测量1000mm，弹出水平控制线，作为控制玻璃栏板的水平度的控制线，测设垂直控制线。由轴线引测，弹出玻璃栏板安装完成面定位线；依据深化设计图纸，测设出玻璃栏板安装位置分格线，根据玻璃栏板完成面分格测设出吊索钢结构安装定位线。

（2）构件加工、组装

现场放线结果检核无误后，与深化图纸进行校对，绘制构配件加工图纸，详细标明加工尺寸，将加工图提供给生产厂家进行型材及构配件加工生产。① 样板确认：根据现场放线的实际测量尺寸，结合深化设计排板图纸，对不同尺寸规格的构配连接件分别进行编号标注，下单到工厂后安排专职人员进行现场跟踪采样，根据样板制作情况进行模数的最终调整和确认。② 工厂加工及组装：本工艺的构件均由工厂生产制作，楼梯踏步连接件、扶手连接件与玻璃栏板等在工厂预先组装完成，通过两连接件的驳接头结构分别安装固定楼梯玻璃踏板和不锈钢扶手，实现装配式安装（图 8.4.3-1、图 8.4.3-2）。

（3）拉索支撑组件安装

拉索顶部支撑组件安装：将钢耳板对应上下吊索位置焊接至钢架上，通过不锈钢栏杆穿入不锈钢吊索固定钢耳板上，调节锁紧。拉索底部支撑组件安装：将底座钢板预埋在土建基层内，钢耳板焊接在预埋件上，与预埋件融为一体，通过不锈钢栏杆穿入不锈钢吊索固定钢耳板上，调节锁紧。最后进行拉索张拉，根据《玻璃幕墙工程技术规范》JGJ 102、《索结构技术规程》JGJ 257 规定，拉索张拉应遵循分阶段、分级、对称、缓慢均速、同步加载的原则，分别按设计值的 50%、75%、100% 的张拉力进行分批次张拉（图 8.4.3-3、图 8.4.3-4）。

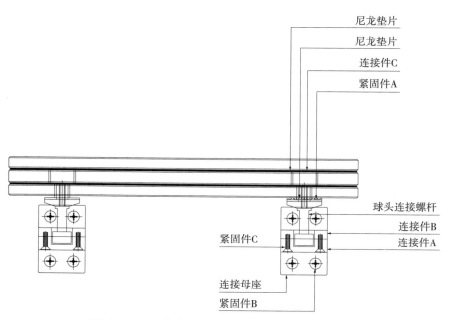

图 8.4.3-1　玻璃踏步板驳接装置结构示意图

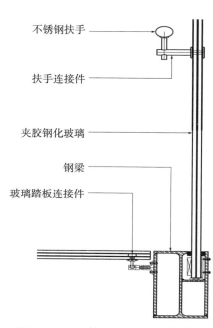

图 8.4.3-2　扶手连接件与玻璃栏板
连接装置结构示意图

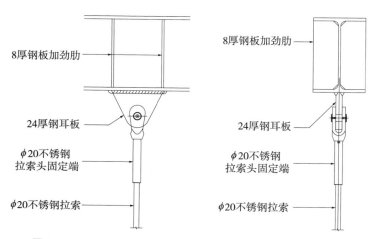

图 8.4.3-3　不锈钢拉索安装构造（顶部固定端）节点图

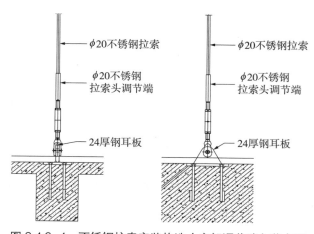

图 8.4.3-4　不锈钢拉索安装构造（底部调节端）节点图

（4）楼梯玻璃结构安装

采用不锈钢拉索为立柱支撑，玻璃为楼梯栏板和楼梯踏步，不锈钢圆管为扶手，利用不锈钢和玻璃的特性，采用点式驳接的连接方式，轻便简洁，连接牢靠。

① 楼梯玻璃结构包括玻璃栏板、玻璃踏板、不锈钢扶手、踏板连接件、扶手连接件，玻璃楼梯结构的部品部件均在工厂加工制作，形成的楼梯玻璃板块在现场进行装配式安装（图8.4.3-5）。

② 踏板连接件和扶手连接件在玻璃栏板上的定位加工制作是玻璃踏板和不锈钢扶手施工安装的质量关键控制点，踏板连接件和扶手连接件预先在工厂与玻璃栏板组装完成（图8.4.3-6）。

③ 楼梯玻璃结构安装步骤依次为：玻璃栏板、玻璃踏板、不锈钢扶手。

玻璃栏板安装：将玻璃的上下端放置于不锈钢夹具的底座上，采用不锈钢盖板和螺钉压紧固定。玻璃踏板和不锈钢扶手安装：利用预先安装在玻璃栏板的踏板连接件和扶手连接件分别固定玻璃踏板和不锈钢扶手；玻璃栏板、玻璃踏板、不锈钢扶手自下而上进行装配式施工，完成楼梯玻璃结构安装（图8.4.3-7）。

④ 不锈钢夹具安装：不锈钢夹具包括不锈钢底座、不锈钢盖板、不锈钢螺钉。在玻璃栏板竖向分格的上下端放线确定不锈钢夹具在不锈钢拉索的定位，将不锈钢夹具的底座通过螺钉安装于不锈钢拉索上，待栏板的玻璃放置在不锈钢底座后，采用不锈钢盖板和螺钉压紧固定（图8.4.3-8）。

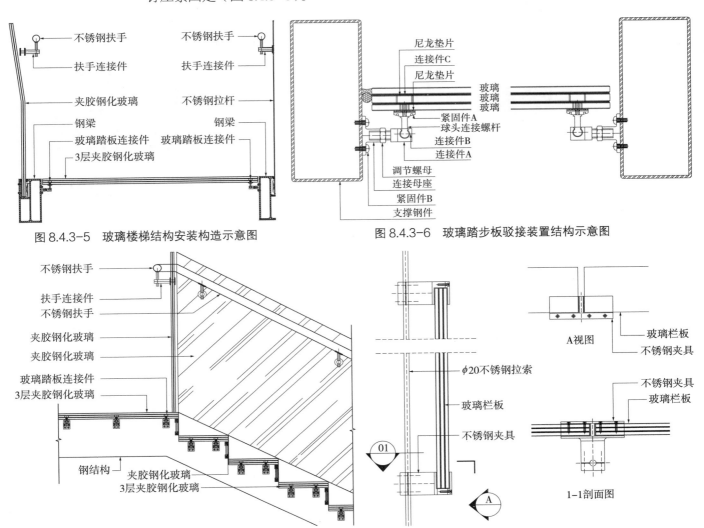

图8.4.3-5　玻璃楼梯结构安装构造示意图

图8.4.3-6　玻璃踏步板驳接装置结构示意图

图8.4.3-7　玻璃栏板、玻璃踏板、不锈钢扶手驳接装置结构示意图

图8.4.3-8　不锈钢夹具安装构造节点图

（5）清洁、验收

玻璃踏步、玻璃栏板表面清理保洁，对吊索钢楼梯采用围挡保护措施，以免碰撞损坏，并采用防污染的遮挡设施保护，做好质量检查记录、自检记录。组织建设单位及监理单位进行检验验收。

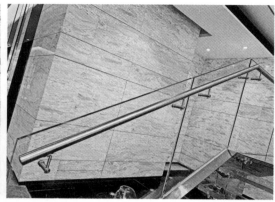

图 8.4.3-9　扶手安装完成图

图 8.4.3-10　踏步安装完成图　　　　　　图 8.4.3-11　吊索式弧形玻璃
楼梯安装完成图

3.3　质量关键要求

参见第 460 页"3.3　质量关键要求"。

3.4　季节性施工

参见第 462 页"3.4　季节性施工"。

4　质量要求

4.1　主控项目

（1）吊索、护栏、扶手和踏板制作与安装所使用材料的材质、规格、数量和玻璃的稳定性能等级应符合设计要求。

检验方法：观察；检查产品合格证书、进场验收记录和性能检验报告。

（2）玻璃、吊索、钢型材、不锈钢、五金件、护栏和扶手的造型、尺寸及安装位置应符合设计要求。

检验方法：观察；尺量检查；检查进场验收记录。

（3）吊索钢结构、护栏和扶手安装预埋件的数量、规格、位置以及护栏与预埋件的连接节点应符合设计要求。

检验方法：检查隐蔽工程验收记录和施工记录。

（4）护栏高度、栏杆间距、安装位置应符合设计要求。护栏安装应牢固。

检查方法：观察；尺量检查；手扳检查；检查隐蔽工程验收记录和施工记录。

（5）栏板、踏板玻璃的使用应符合设计要求和现行行业标准《建筑玻璃应用技术规程》JGJ 113 的规定。

检验方法：观察；尺量检查；检查产品合格证书和进场验收记录。

4.2 一般项目

（1）玻璃表面应平整、洁净，整幅玻璃的色泽应均匀一致，不得有污染和镀膜损坏；

检查方法：观察。

（2）五金件无明显毛刺（小于 0.2mm）、压痕、磕碰伤和明显翘曲变形现象，接口平整、美观，拉伸无破裂、明显皱褶，避免有氧化生锈现象。

检查方法：观察；手摸检查。

（3）护栏和扶手转角弧度应符合设计要求，接缝应严密，表面应光滑，色泽应一致，不得有裂缝、翘曲及损坏。

检查方法：观察；手摸检查。

（4）表面质量、拼缝、注胶、隐蔽节点的遮封、安装偏差应符合《建筑装饰装修工程质量验收标准》GB 50210 的有关规定。

检查方法：观察；尺量检查；检查隐蔽工程验收记录和施工记录。

（5）护栏和扶手安装的允许偏差和检验方法应符合表 8.4.4-1 的规定。

护栏和扶手安装的允许偏差和检查方法   表 8.4.4-1

项次	项目	允许变差（mm）	检查方法
1	护栏垂直度	3	用 1m 垂直检测尺检查
2	栏杆间距	0，-6	用钢尺检查
3	扶手直线度	4	拉通线，用钢直尺检查
4	扶手高度	+6，0	用钢尺检查

5 成品保护

（1）应在安装好的玻璃踏步、玻璃护栏玻璃表面涂刷醒目的图案或警示标识，以免工作人员因不注意而碰、撞到玻璃护栏。（2）安装好的扶手应用泡沫塑料等柔软物包好、裹严，防止破坏、划伤表面。（3）禁止以玻璃护栏及扶手作为支架，不允许踩踏玻璃踏步、攀登玻璃护栏及扶手。

6	安全、环境保护措施

参见第463页"6 安全、环境保护措施"。

7	工程验收

参见第464页"7 工程验收"。

8	质量记录

参见第464页"8 质量记录"。

第 5 节　装配式钢结构楼梯施工工艺

主编点评

　　本工艺介绍了一种装配式钢结构楼梯构造及施工方法，采用钢结构楼梯＋玻璃栏板构造，装配式施工，具有构造合理、安装便捷、强度可靠等特点。

1　总　则

1.1　适用范围
本工艺适用于民用建筑的办公空间、酒店式公寓及住宅装配式钢结构楼梯工程施工。

1.2　编制参考标准及规范
（1）《建筑装饰装修工程质量验收标准》GB 50210
（2）《装配式内装修技术标准》JGJ/T 491
（3）《钢结构工程施工质量验收标准》GB 50205
（4）《民用建筑设计统一标准》GB 50352
（5）《建筑内部装修设计防火规范》GB 50222
（6）《民用建筑工程室内环境污染控制标准》GB 50325

2　施工准备

参见第 455 页"2　施工准备"。

3　施工工艺

3.1　工艺流程

现场复核定位线 ⟶ 设计深化排板 ⟶ 现场核实尺寸 ⟶ 工厂生产加工及运输 ⟶
梯梁安装 ⟶ 踏步拼装 ⟶ 玻璃栏板安装 ⟶ 扶手安装 ⟶
清洁、验收

3.2 操作工艺

（1）现场复核定位线：将相应的安装点位用红色记号标记于结构，对给定的建筑物定位点，依据图纸进行室内校核，结合楼地面装修做法，使用水准仪核对高度，确保梯梁上顶面高度与平台楼梯楼面一致。

（2）设计深化排板：在原设计图纸基础上，结合现场实际情况，对图纸进行深化，深化设计后的图纸符合相关设计规范，并通过审查。

（3）现场核实尺寸：施工人员接到设计图纸后，应到现场核对图纸和了解现场情况。严格按照设计图要求放线定位，将楼梯加工图及清单发到工厂进行批量生产加工。

（4）工厂生产加工及运输：将工厂加工后的楼梯侧板、盖板、踏板等运到施工现场，履行相关验收手续后，按不同规格分类、堆放（图 8.5.3-1、图 8.5.3-2）。

图 8.5.3-1　楼梯侧板堆放　　　　　　图 8.5.3-2　木踏板堆放

（5）梯梁安装：先在地面进行预组装，将两个侧板通过高强螺栓连接组成一套梯梁。梯梁是由两段楼梯侧板单元上下拼接而成（图 8.5.3-3），拼接面穿设有 4 个螺栓（图 8.5.3-4），将两段楼梯侧板单元连接固定，螺栓的头部、螺母与楼梯侧板之间垫设有加强肋板（图 8.5.3-5），将组装的梯梁安装到钢平台已定位的位置上。靠承重墙面一侧将梯梁用化学螺栓固定在墙上（图 8.5.3-6～图 8.5.3-8）。楼梯侧板上端设有直角状凹口，高强螺栓穿过凹口的固定预留孔，将梯梁的顶部固定在建筑物楼板的钢龙骨上（图 8.5.3-9）。梯梁下端与地面用膨胀螺栓穿过锚板底孔固定，将楼梯侧板的底部固定于地面上（图 8.5.3-10），完成两梯梁安装。

（6）踏步拼装：调整两梯梁的垂直度（图 8.5.3-11），进行细部检查调整，经检测无误后，用木板将梯梁临时支撑，保证梯梁的孔在同一个水平线上，将其中三根间隔排布的长杆螺纹杆逐一穿过木踏板水平连接两侧梯梁（图 8.5.3-12），逐一安装完成（图 8.5.3-13）。

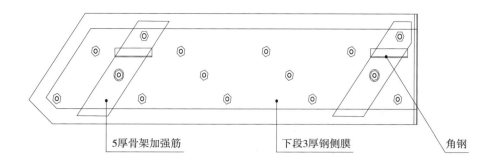

5厚骨架加强筋　　　　　　下段3厚钢侧膜　　　　　　角钢

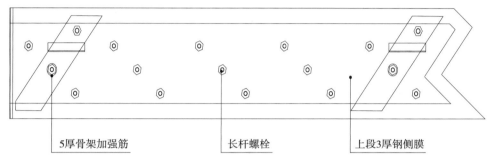

5厚骨架加强筋　　　　　　长杆螺栓　　　　　　上段3厚钢侧膜

图 8.5.3-3　梯梁上、下两段侧板单元图

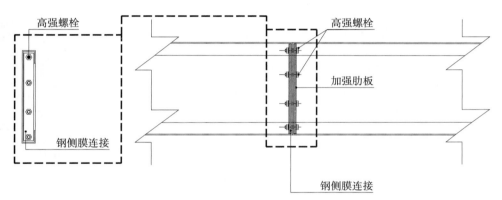

高强螺栓　　　　　　　　　　　　　　　　高强螺栓

钢侧膜连接　　　　　　　　　　　　　　　加强肋板

钢侧膜连接

图 8.5.3-4　梯梁上、下两段侧板连接节点图

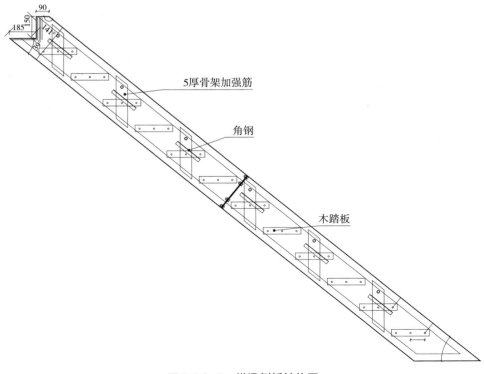

5厚骨架加强筋

角钢

木踏板

图 8.5.3-5　梯梁侧板结构图

图 8.5.3-6　梯梁侧模地面拼装图

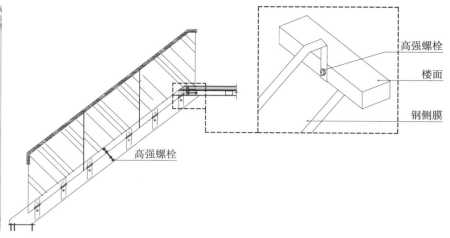

高强螺栓

楼面

钢侧膜

高强螺栓

图 8.5.3-7　梯梁侧板与顶部连接节点图

图 8.5.3-8　侧板与墙面连接

图 8.5.3-9　梯梁侧板与顶部连接图

图 8.5.3-10　侧板与地面连接

图 8.5.3-11　检查侧板垂直度

图 8.5.3-12　踏步安装

图 8.5.3-13　踏板安装完成

（7）玻璃栏板安装：玻璃栏板采用钢化夹胶玻璃，将玻璃先插置在侧板角码卡托橡胶垫上，玻璃不得直接落在金属板上，然后用螺栓连接固定在加强筋上；加强筋上放置橡胶垫，上扭紧固定螺栓，为防止其松动偏位，螺栓的头部内侧设有卡托（图 8.5.3-14），卡托采用钢板材质，其下端通过固定螺栓固定在玻璃面板的外侧，上端为可活动端，固定好玻璃后封盖板，然后封密封胶完成玻璃安装。

（8）扶手安装：在玻璃栏板的顶部设有扶手，扶手的下端面开设凹槽，将凹槽接于玻璃栏板的顶部；扶手免打胶套设在玻璃栏板上端（图 8.5.3-15、图 8.5.3-16）。

图 8.5.3-14　玻璃栏板安装在卡托上　　　　图 8.5.3-15　安装木质扶手

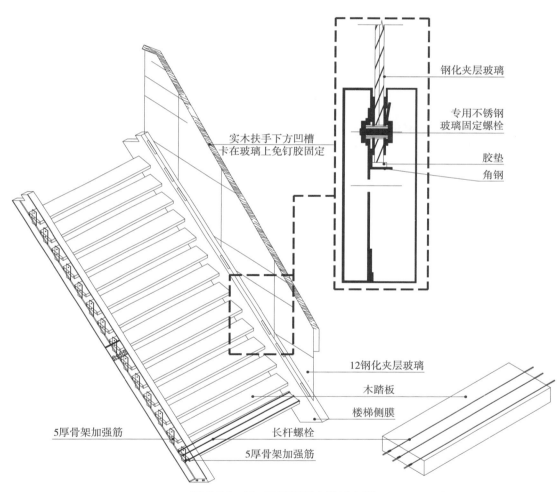

钢化夹层玻璃

专用不锈钢
玻璃固定螺栓

胶垫

角钢

实木扶手下方凹槽
卡在玻璃上免钉胶固定

12钢化夹层玻璃

木踏板

楼梯侧膜

5厚骨架加强筋

长杆螺栓

5厚骨架加强筋

图 8.5.3-16　玻璃栏板安装示意图

（9）清洁、验收：各部分构件安装完成后进行清洁与自检，确保各部分构件安装连接牢固；整体安装完成后再进行整体验收。

3.3　质量关键要求

参见第 460 页"3.3　质量关键要求"。

3.4 季节性施工

参见第 462 页 "3.4 季节性施工"。

| 4 | 质量要求 |

参见第 462 页 "4 质量要求"。

| 5 | 成品保护 |

（1）清洁楼梯钢件时，用干的软抹布擦拭，不得用水冲洗。（2）清洁楼梯踏步时，用吸尘器或拧干的抹布除尘，不得用水冲洗。如不慎将水洒在楼梯上，应及时擦干。（3）如果踏步上有特殊污渍，请用柔和中性清洁剂和温水擦拭，不得用钢丝球、酸和强碱清洁。（4）切勿用砂纸打磨楼梯表面。（5）搬运物品上楼时，注意防止硬件物体表面刮伤楼梯表面。（6）建议在楼梯口放一块蹭脚垫，以减少沙土对踏步的磨损。（7）扶手施工完成后，可采用保护膜将踏步包起，防止其他工序施工时所造成的破坏。

| 6 | 安全、环境保护措施 |

参见第 463 页 "6 安全、环境保护措施"。

| 7 | 工程验收 |

参见第 464 页 "7 工程验收"。

| 8 | 质量记录 |

参见第 464 页 "8 质量记录"。

主编点评

本工艺将金属板窗帘盒、灯槽与灯带一体化集成，工厂制作，装配施工，实现了金属板窗帘盒与灯槽快速挂装、维修方便。

1　总　则

1.1　适用范围

本工艺适用于一般民用建筑室内吊顶工程的装配式金属板窗帘盒与灯槽工程施工。

1.2　编制参考标准及规范

（1）《建筑装饰装修工程质量验收标准》GB 50210

（2）《装配式内装修技术标准》JGJ/T 491

（3）《公共建筑吊顶工程技术规程》JGJ 345

（4）《建筑用集成吊顶》JG/T 413

（5）《民用建筑工程室内环境污染控制标准》GB 50325

（6）《建筑内部装修防火施工及验收规范》GB 50354

2　施工准备

2.1　技术准备

（1）熟悉施工图纸，明确相关材料、施工及质量验收标准和要求。（2）准确复核金属板窗帘盒与灯槽位置、尺寸，结合装修、机电等图纸进行深化定位，正式施工前由甲方对深化图签字认可后进行。（3）结合现场勘察调整窗帘盒与灯槽施工方案。（4）对施工人员进行现场及书面的技术交底。

2.2　材料要求

（1）窗帘盒和灯槽工程所用材料的品种、规格、质量、燃烧性能以及有害物质限量，应符合设计要求及国家现行相关标准的规定，优先采用绿色环保材料。

（2）窗帘盒和灯槽工程所用材料应具备出厂合格证及相关检测报告。

（3）轻钢龙骨：选用的轻钢龙骨表面必须采用热镀锌处理，经过冷弯工艺轧制而成。常用的轻钢龙骨系列主要有：不上人 UC38、UC50 系列和上人 UC60 系列。

（4）铝合金龙骨：选用的铝合金龙骨其主、次龙骨的质量、规格、型号应符合设计图纸要求和现行国家标准的有关规定，应无变形、弯曲现象。

（5）型钢龙骨：选用的型钢龙骨（含角钢、槽钢、工字钢、钢方通等）质量、规格、型号应符合设计图纸要求和现行国家标准的有关规定，应无变形、弯曲现象，表面应进行防锈处理。

（6）金属吊杆：吊杆应采用全牙热镀锌钢吊杆。常用规格：M8、M10，M8用于不上人吊顶轻钢骨架系统，M10用于上人吊顶轻钢骨架系统。

（7）金属板：选用的金属板质量、规格、型号应符合设计图纸要求和现行国家标准的有关规定，表面不得有划痕、变形、弯曲现象，应按设计要求进行表面防锈处理。

2.3 主要机具

（1）机械：空气压缩机、型材切割机、手提式电动圆锯、电钻、电锤钻、角磨机等。（2）工具：拉铆枪、射钉枪、电动螺钉旋具、电动螺钉枪、钳子、扳手等。（3）计量检测用具：手持式激光测距仪、红外线水准仪、检测尺、钢卷尺、水平尺等。

2.4 作业条件

（1）结构基底已完成检验合格并办理场地交接手续。（2）协同各专业施工单位，通过图纸会审程序对吊顶工程内的风口、消防排烟口、消防喷淋头、烟感器、检修口、大型灯具口等设备的标高、起拱高度、开孔位置及尺寸要求等进行确认并做好施工记录。（3）各种吊顶材料，尤其是各种零配件经过进场验收并合格，各种材料机具、人员配套齐全。（4）室内墙体施工作业、吊顶各种管线铺设与湿作业已基本完成，室内环境应干燥、通风良好并经检验合格。（5）施工所需的脚手架已搭设好，并经检验合格。（6）施工现场所需的临时用电、各种工机具准备就绪，现场安全施工条件已具备。

3 施工工艺

3.1 工艺流程

测量放线 ⟶ 吊杆及连接扣件安装 ⟶ 金属板窗帘盒及灯槽安装 ⟶ 清洁、验收

3.2 操作工艺

（1）测量放线

弹水平线控制线及吊杆与龙骨位置定位控制。① 根据墙体1m控制线，弹出吊顶四周连线。② 宜依BIM技术分格，用红外线水准仪设置好吊杆安装位置。③ 控制好每块窗帘盒、灯槽模块的安装尺寸。

（2）吊杆及连接扣件安装

① 根据放线所得的吊顶吊杆分布（800～1200mm或按设计）位置，用冲击钻在混凝土楼板底开出ϕ10孔，安装ϕ8吊杆，吊杆安装要保持纵横成一直线并保证其垂直，跌级吊顶

应结合其高度，控制好吊杆安装长度。

② 吊杆安装后再安装吊杆与主骨连接勾挂件，在同一吊顶高度的勾挂件必须安装在同一水平线上并将其上下螺钉紧锁。

（3）金属板窗帘盒及灯槽安装

① 金属板窗帘盒安装：将先窗帘盒模块外端临时固定在吊杆上，然后调平与窗框的平整度，用自攻螺钉与窗框固定，再微调吊杆端平整度固定。拉帘导轨或电动窗帘机组安装后将预留铝扣板扣挂完成安装。

② 金属板灯槽安装：将灯槽模块先临时固定在吊杆上，根据吊顶完成面调整平整度，接着用同样的方式固定调平下一段，将两段接缝处折边预留孔用螺栓固定，完成所有灯槽吊挂安装后，吊顶完成面拉通线，根据通线微调整灯槽后固定。

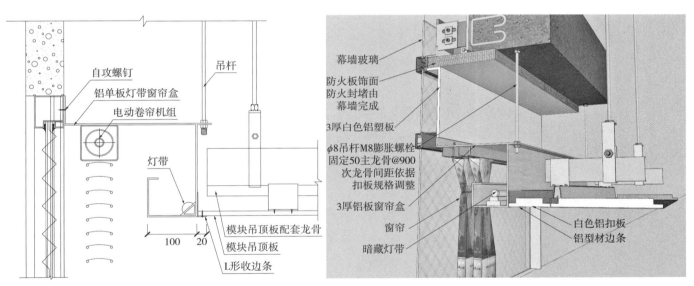

图 8.6.3-1　金属板窗帘盒安装节点图　　　　　图 8.6.3-2　金属板窗帘盒安装示意图

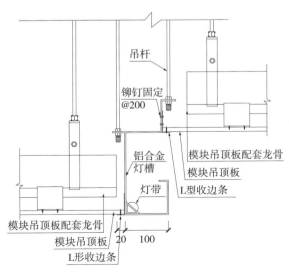

图 8.6.3-3　金属板灯槽安装节点示意图

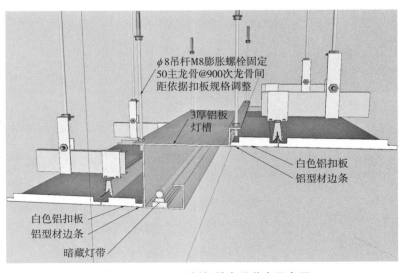

图 8.6.3-4　金属板灯槽安装节点示意图

图 8.6.3-5　金属板灯槽安装图　　　　图 8.6.3-6　金属板窗帘盒安装图

（4）清洁、验收

安排专人对金属板窗帘盒与灯槽进行清洁，组织验收。

3.3　质量关键要求

（1）验收清洁前不得将保护膜撕毁。（2）消防喷淋头、烟感器等不应设置在灯槽内。（3）集成灯槽运输、存放、安装应按安装顺序排放。（4）重型灯具及其他重型设备应设置独立龙骨，严禁安装在灯槽吊顶工程的龙骨上。

3.4　季节性施工

（1）不宜在雨期运输和施工，存放应有防雨、防潮措施。（2）环境温度低于5℃时，不宜施工。

4　　质量要求

4.1　主控项目

（1）金属板窗帘盒和灯槽制作与安装所使用材料的材质和规格应符合设计要求及国家现行标准的有关规定。

检验方法：观察；检查产品合格证书、进场验收记录、性能检测报告和复验报告。

（2）金属板窗帘盒和灯槽的造型、规格、尺寸、安装位置和固定方法应符合设计要求。窗帘盒的安装应牢固。

检验方法：观察；尺量检查；手扳检查。

（3）金属板窗帘盒和灯槽配件的品种、规格应符合设计要求，安装应牢固。

检验方法：手扳检查；检查进场验收记录。

4.2 一般项目

（1）金属板窗帘盒和灯槽表面应平整、洁净、线条顺直、接缝严密、纹理一致，不得有裂缝、翘曲及损坏。

检验方法：观察。

（2）金属板窗帘盒和灯槽与墙面、窗框的衔接应严密，密封胶填充应顺直、光滑。

检验方法：观察。

（3）金属板窗帘盒和灯槽安装的允许偏差和检验方法应符合表8.6.4-1的规定。

金属板窗帘盒和灯槽安装的允许偏差和检验方法　　　　　　　　　　　表8.6.4-1

项次	项目	允许偏差（mm）	检验方法
1	水平度	2	用1m水平尺和塞尺检查
2	上口、下口直线度	3	拉5m线，不足5m拉通线，用钢直尺检查
3	两端距离洞口长度差	2	用钢直尺检查
4	两端出墙厚度差	3	用钢直尺检查

5　　　　成品保护

（1）已装好的轻钢龙骨架上不得上人踩踏，其他工种的吊挂件不得吊于轻钢骨架上。（2）施工过程中注意保护吊顶内各种管线。禁止将吊杆、龙骨等临时固定在各种管道上。（3）应对安装后的窗帘盒及灯槽进行保护，防止污染和损坏。（4）安装窗帘及轨道时，应注意对窗帘盒的保护，避免碰伤、划伤窗帘盒等。

6　　　　安全、环境保护措施

6.1　安全措施

（1）专用龙骨等硬质材料要放置妥当，防止碰撞受伤。（2）高空作业要做好安全措施，配备足够的高空作业装备。（3）应由受到正式训练的人员操作各种施工机械并采取必要的安全措施。（4）施工现场临时用电均应符合现行行业标准《施工现场临时用电安全技术规范》JGJ 46。

6.2　环保措施

（1）严格按现行国家标准《民用建筑工程室内环境污染控制标准》GB 50325进行室内环境污染控制。拒绝环保超标的原材料进场。（2）边角余料应装袋后集中回收，按固体废物进行处理。（3）作业区域采取降低噪声措施，减少噪声污染。（4）加工与安装工程环境因素控制见表8.6.6-1，应从其环境影响及排放去向控制环境影响。

序号	作业活动	环境因素	主要控制措施
1	金属板窗帘盒及灯槽	噪声	（1）隔离、减弱、分散；（2）有噪声的电动工具应在规定的作业时间内施工，防止噪声污染、扰民
2		有害物质挥发	胶粘剂在配制和使用过程中采取减少挥发的措施
3		固体废物排放	（1）废余金属料、包装袋、胶瓶等及时清理、分类回收，集中处理。（2）现场严禁燃烧废料

注：表中内容仅供参考，现场应根据实际情况重新辨识。

7 工程验收

（1）工程验收时应检查下列文件和记录：① 材料的生产许可证、产品合格证书、性能检测报告、进场验收记录和复验报告；② 隐蔽工程验收记录；③ 窗帘盒和灯槽工程的施工图、设计说明及其他设计文件；④ 施工记录。

（2）工程应对下列隐蔽工程项目进行验收：① 吊顶内管道设备的安装及水管试压；② 预埋件或拉结筋；③ 吊杆安装；④ 龙骨安装。

（3）同一品种的窗帘盒和灯槽工程每 50 间（处）应划分为一个检验批，不足 50 间（处）也应划分为一个检验批。

（4）每个检验批应至少抽查 10% 并不得少于 3 间（处），不足 3 间（处）时应全数检查。

8 质量记录

质量记录包括：（1）各产品合格证，环保、消防性能检测报告以及进场检验记录；（2）隐蔽工程验收记录；（3）检验批质量验收记录；（4）分项工程质量验收记录。

空间结构曲面吊顶灯槽施工工艺

主编点评

本工艺以南宁吴圩国际机场航站楼吊顶项目为实例，针对空间结构吊顶灯槽施工空间大、造型复杂、结构变形大和定位困难等施工难题，采用装配化＋直臂高空作业车施工方法，实现了空间结构铝板吊顶灯槽安装精准、高效和经济。

1　总　则

1.1　适用范围
本工艺适用于一般民用建筑室内空间结构曲面吊顶灯槽工程施工。

1.2　编制参考标准及规范
（1）《建筑装饰装修工程质量验收标准》GB 50210

（2）《装配式内装修技术标准》JGJ/T 491

（3）《公共建筑吊顶工程技术规程》JGJ 345

（4）《民用建筑工程室内环境污染控制标准》GB 50325

（5）《建筑内部装修防火施工及验收规范》GB 50354

（6）《建筑用轻钢龙骨》GB/T 11981

（7）《铝合金建筑型材　第 1 部分：基材》GB/T 5237.1

（8）《非结构构件抗震设计规范》JGJ 339

2　施工准备

2.1　技术准备
参见第 495 页"2.1　技术准备"。

2.2　材料要求
参见第 495 页"2.2　材料要求"。

2.3　主要机具
（1）机械：升降平台（曲臂车）、电钻、角磨机、切割机等。（2）工具：力矩扳手、开口扳手、钳子、长卷尺、手电钻、锤子等。（3）计量检测用具：全站仪、手持式激光测距仪、红外线水准仪、2m 靠尺、方角尺、水平尺、钢尺等。

2.4 作业条件

（1）主体空间结构曲面钢架已完成，检验合格并办理场地交接手续。（2）协同各专业施工单位，通过图纸会审对吊顶内的风口、排烟口、喷淋头、烟感器、检修口、大型灯具口等设备的标高、起拱高度、开孔位置及尺寸要求等进行确认并做好施工记录。（3）各种吊顶材料，尤其是各种零配件经过进场验收并合格，各种材料机具、人员配套齐全。（4）空间结构吊顶内各种管线铺设已基本完成，室内环境宜干燥，通风良好并经检验合格。（5）施工所需的升降平台（曲臂车）已到位，并经检验合格。（6）施工现场所需的临时用电、各种工机具准备就绪，现场安全施工条件已具备。

3　　施工工艺

3.1 工艺流程

测量放线 ⟶ 灯槽钢龙骨安装 ⟶ 灯槽吊杆及连接件安装 ⟶ 灯槽吊装 ⟶ 灯槽与吊顶铝板调整固定 ⟶ 清洁、验收

3.2 操作工艺

（1）测量放线：在待施工区域根据基准点进行测量定位，根据条形铝板龙骨排板图（图8.7.3-1）将相应的安装点位标记于桁架结构下弦杆上，确定灯槽的安装位置。

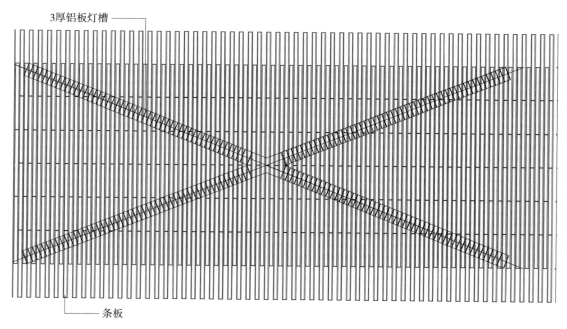

图 8.7.3-1　条形铝板龙骨与灯槽排板图

（2）灯槽钢龙骨安装：钢龙骨的安装包括主龙骨和副龙骨的安装，首先在屋面钢桁架上吊装十字法兰或抱箍件，然后将主龙骨与十字法兰或抱箍件进行螺栓连接固定，将副龙

骨通过 C 型挂件与主龙骨固定，见图 8.7.3-2～图 8.7.3-4。

（3）灯槽吊杆及连接件安装：安装灯槽吊杆同时与吊顶主骨及副骨的连接勾挂件连接，在同一吊顶高度的勾挂件必须安装在同一水平线上并将其上下螺钉锁紧。

（4）灯槽吊装：① 灯槽的吊装应遵循由高到低的安装顺序。② 首先将完成金属吊顶板安装，并根据吊顶预留灯槽的空间位置，把准备吊装的灯槽编码就位。③ 将完成拼装的集成吊顶灯槽按编号，采用升降平台（曲臂车）移动到需安装的吊顶灯槽具体实施位置，然后再吊起并与灯槽连接件连接并同时进行水平调整。

（5）灯槽与吊顶铝板调整固定：灯槽完成吊装后，灯槽与吊顶铝板交接处应用扣件紧锁并调整好其平整度。如此类推，并做好集成灯槽吊顶与其他组件、设备接缝处理，如图 8.7.3-5 所示。

（6）清洁、验收：对灯槽进行清洁，组织验收。

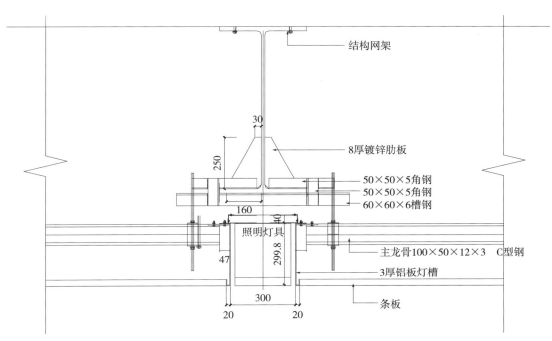

图 8.7.3-2　空间结构平面灯槽节点示意图

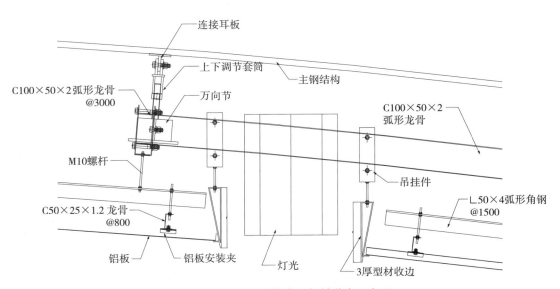

图 8.7.3-3　空间结构曲面灯槽节点示意图

图 8.7.3-4　空间结构曲面灯槽结构吊装示意图

图 8.7.3-5　空间结构曲面灯槽安装

图 8.7.3-6　南宁吴圩机场航站楼空间结构曲面灯槽图

3.3 质量关键要求

参见第498页"3.3 质量关键要求"。

3.4 季节性施工

参见第498页"3.4 季节性施工"。

4

质量要求

4.1 主控项目

（1）灯槽吊顶标高、尺寸、起拱和造型应符合设计要求。

检验方法：观察；尺量检查。

（2）灯槽的罩面板材质、品种、规格、图案和颜色应符合设计及相关规范标准要求。

检验方法：观察；尺量检查。

（3）吊杆、龙骨和灯槽的安装应牢固。

检验方法：观察；手板检查。

（4）灯槽吊杆、龙骨的材质、规格、安装间距及连接方式应符合设计要求，金属吊杆、龙骨应经过表面防锈处理。

检验方法：观察；尺量检查；检查产品合格证书、性能检验报告、进场验收记录和隐蔽工程验收记录。

（5）灯槽的接缝应按其施工工艺标准进行防裂处理。

检验方法：观察；尺量检查；手板检查。

（6）灯槽吊顶龙骨不得扭曲、变形。四周应平顺。

检验方法：观察；尺量检查；手板检查。

4.2 一般项目

（1）灯槽各种罩面板表面应洁净、色泽一致，不得有裂缝和缺损。

检验方法：观察。

（2）金属吊杆、龙骨的接缝应均匀一致，角缝应吻合，表面应平整，无翘曲、锤印。

检验方法：观察。

（3）灯槽安装前应对隐蔽工程项目进行验收。

检验方法：检查隐蔽工程验收记录。

（4）灯槽表面应平整、边缘整齐、颜色一致，不得有污染、折裂、缺棱、掉角、锤印等缺陷。

检验方法：观察。

（5）灯槽与墙面、窗口等交接处应接缝严密，压条顺直、宽窄一致。

检验方法：观察；尺量检查。

（6）灯槽吊顶安装的允许偏差和检验方法应符合表8.7.4-1的规定。

项次	项目	允许偏差（mm）	检验方法
1	表面平整度	2	用 2m 靠尺和塞尺检查
2	接缝直线度	2	拉 5m 线，不足 5m 拉通线，用钢直尺检查
3	接缝高低差	1	用钢直尺和塞尺检查

5　成品保护

（1）灯槽及其他吊顶材料在进场、存放、使用过程中应严格管理，保证不变形、不生锈、无破损。（2）已装好的灯槽钢龙骨架上不得上人踩踏，其他工种的吊挂件不得吊于灯槽钢龙骨架上。（3）灯槽吊顶施工过程中注意保护吊顶内各种管线。禁止将吊杆、龙骨等临时固定在各种管道上。（4）灯槽安装后，应采取措施，防止损坏、污染。

6　安全、环境保护措施

参见第 499 页 "6　安全、环境保护措施"。

7　工程验收

参见第 500 页 "7　工程验收"。

8　质量记录

参见第 500 页 "8　质量记录"。

第9章 装配式建筑幕墙工程

P507-623

➡

第1节　单元式双曲面玻璃幕墙施工工艺

主编点评

　　本工艺针对单元式双曲面玻璃幕墙造型复杂、定位困难等施工难题，创新研发出具有三向六自由度（三维移动和三个方向转角）可调节的连接支座，满足双曲面三维位置精度要求，同时采用数字化三维建模技术准确地获得圆弧单元板的三维空间数据，实现精准、高效施工。该成果成功应用于广州番禺天河城办公塔楼等项目，获得广东省工程建设省级工法等荣誉。

1　　总　则

1.1　适用范围

本工艺适用于公共建筑非抗震设计或6～8度抗震设计的单元式双曲面玻璃幕墙工程施工。

1.2　编制参考标准及规范

（1）《建筑装饰装修工程质量验收标准》GB 50210

（2）《建筑工程施工质量验收统一标准》GB 50300

（3）《建筑幕墙》GB/T 21086

（4）《玻璃幕墙工程技术规范》JGJ 102

（5）《玻璃幕墙工程质量检验标准》JGJ/T 139

（6）《建筑遮阳工程技术规范》JGJ 237

（7）《建筑用安全玻璃　第3部分：夹层玻璃》GB 15763.3

（8）《建筑用硅酮结构密封胶》GB 16776

2　　施工准备

2.1　技术准备

（1）熟悉施工图纸，确认建筑物主体结构施工质量、尺寸标高是否满足施工的要求。（2）掌握当地自然条件、材料供应、交通运输、劳动力状况以及地方性法律法规要求。（3）编制施工组织设计。超出现行国家、行业或地方标准适用范围的玻璃幕墙工程，其设计、施工方案须经专家论证或审查。（4）组织设计单位（或幕墙专业顾问单位）对幕墙施工单位进行技术交底。

2.2 材料要求

（1）一般规定

玻璃幕墙所选用的材料应符合现行国家标准、行业标准、产品标准以及有关地方标准的规定，同时应有出厂合格证、质保书及必要的检验报告。进口材料应符合国家商检规定。尚无标准的材料应符合设计要求，并经专项技术论证。与玻璃幕墙配套使用的铝合金门窗应符合《铝合金门窗》GB/T 8478 的规定。

（2）铝合金材料

铝合金材料的化学成分应符合《变形铝及铝合金化学成分》GB/T 3190 的规定；铝合金型材的质量要求应符合《铝合金建筑型材》GB/T 5237.1～5237.6 的规定，型材尺寸允许偏差应达到高精级或超高精级。采用穿条工艺生产的隔热铝型材，以及采用浇注工艺生产的隔热铝型材，其隔热材料应符合现行国家和行业标准、规范的相关要求。

（3）钢材

碳素结构钢和低合金结构钢的技术要求应符合《玻璃幕墙工程技术规范》JGJ 102 的要求。钢材、钢制品的表面不得有裂纹、气泡、结疤、泛锈、夹渣等，其牌号、规格、化学成分、力学性能、质量等级应符合现行国家标准的规定。建筑幕墙使用的钢材应采用 Q235 钢或 Q345 钢，并具有抗拉强度、伸长率、屈服强度和碳、锰、硅、硫、磷含量的合格保证。焊接结构应具有碳含量的合格保证，焊接承重结构以及重要的非焊接承重结构所采用的钢材还应具有冷弯或冲击试验的合格保证。对耐腐蚀有特殊要求或腐蚀性环境中的幕墙结构钢材、钢制品宜采用不锈钢材质。如采用耐候钢，其质量指标应符合《耐候结构钢》GB/T 4171 的规定。冷弯薄壁型钢构件应符合《冷弯薄壁型钢结构技术规范》GB 50018 的有关规定，其壁厚不得小于 4.0mm，表面处理应符合《钢结构工程施工质量验收标准》GB 50205 的有关规定。钢型材表面除锈等级不宜低于 Sa2.5 级，表面防腐处理应符合下列要求：① 采用热浸镀锌时，锌膜厚度应符合《金属覆盖层　钢铁制件热浸镀锌层　技术要求及试验方法》GB/T 13912 的规定；② 采用氟碳喷涂或聚氨酯漆喷涂时，涂膜厚度不宜小于 35μm，在空气污染地区及海滨地区，涂膜厚度不宜小于 45μm；③ 采用防腐涂料进行表面处理时，除密闭的闭口型材内表面外，涂层应完全覆盖钢材表面。不锈钢材料宜采用奥氏体不锈钢，镍铬总含量宜不小于 25%，且镍含量应不小于 8%；暴露于室外或处于高湿度环境的不锈钢构件镍铬总含量宜不小于 29%，且镍含量应不小于 12%。钢材焊接用焊条，成分和性能指标应符合《非合金钢及细晶粒钢焊条》GB/T 5117、《热强钢焊条》GB/T 5118 的规定。

（4）玻璃

玻璃的外观质量和性能应符合现行国家标准及规范的规定。中空玻璃应符合《中空玻璃》GB 11944 的规定，单片玻璃厚度应不小于 6mm，两片玻璃厚度差应不大于 3mm。钻孔时应采用大、小孔相对的方式，合片时孔位应采取多道密封措施。夹层玻璃应符合《建筑用安全玻璃　第 3 部分：夹层玻璃》GB 15763.3 的规定，单片玻璃厚度宜大于或等于 5mm；应采用 PVB（聚乙烯醇缩丁醛）胶片或离子性中间层胶片干法加工合成技术，PVB 胶片厚度不小于 0.76mm。钻孔时应采用大、小孔相对的方式，外露的 PVB 边缘宜进行封边处理。阳光控制镀膜玻璃应符合《镀膜玻璃　第 1 部分：阳光控制镀膜玻璃》

GB/T 18915.1 的规定，低辐射镀膜玻璃应符合《镀膜玻璃　第 2 部分：低辐射镀膜玻璃》GB/T 18915.2 的规定。采用单片或夹层低辐射镀膜玻璃时，应使用在线热喷涂低辐射玻璃，离线镀膜低辐射玻璃宜加工成中空玻璃，镀膜面应朝向气体层。防火玻璃应符合《建筑用安全玻璃　第 1 部分：防火玻璃》GB 15763.1 的规定。应根据设计要求和防火等级采用单片防火玻璃或中空、夹层防火玻璃。

（5）硅酮结构胶及密封、衬垫材料

中性硅酮结构密封胶的性能应符合《建筑用硅酮结构密封胶》GB 16776 和《中空玻璃用硅酮结构密封胶》GB 24266 的规定。硅酮结构密封胶使用前，应经国家认可的检测机构进行与其相接触材料的相容性和剥离粘结性试验，并应对邵氏硬度、标准状态拉伸粘结性能进行复验。硅酮结构密封胶不应与聚硫密封胶接触使用。同一幕墙工程应采用同一品牌的硅酮结构密封胶和硅酮建筑密封胶，硅酮结构密封胶和硅酮建筑密封胶应在有效期内使用。用于石材幕墙的硅酮结构密封胶应有专项试验报告。隐框和半隐框玻璃幕墙，其幕墙组件严禁在施工现场打注硅酮结构密封胶。硅酮建筑密封胶应符合《硅硐和改性硅硐建筑密封胶》GB/T 14683 的规定，密封胶的位移能力应符合设计要求，且不小于 20%。宜采用中性硅酮建筑密封胶。聚氨酯建筑密封胶的物理力学性能应符合《聚氨酯建筑密封胶》JC/T 482 的规定。橡胶材料应符合《建筑门窗、幕墙用密封胶条》GB/T 24498、《工业用橡胶板》GB/T 5574 的规定；宜采用三元乙丙橡胶、硅橡胶、氯丁橡胶。玻璃支承垫块宜采用邵氏硬度为 80～90 的氯丁橡胶等材料，不得使用硫化再生橡胶、木片或其他吸水性材料。不同金属材料接触面设置的绝缘隔离垫片，宜采用尼龙、聚氯乙烯（PVC）等制品。

（6）保温隔热材料

幕墙宜采用岩棉、矿棉、玻璃棉等符合防火设计要求的材料作为隔热保温材料，并符合《绝热用岩棉、矿渣棉及其制品》GB/T 11835、《绝热用玻璃棉及其制品》GB/T 13350 的规定。

（7）金属连接件及五金件

紧固件螺栓、螺钉、螺柱等的机械性能、化学成分应符合《紧固件机械性能》GB/T 3098.1～3098.21 的规定。锚栓应符合《混凝土用机械锚栓》JG/T 160、《混凝土结构后锚固技术规程》JGJ 145 的规定，可采用碳素钢、不锈钢或合金钢材料。化学螺栓和锚固胶的化学成分、力学性能应符合设计要求，药剂必须在有效期内使用。幕墙采用的非标准五金件、金属连接件应符合设计要求，并应有出厂合格证，同时其各项性能应符合现行国家标准的规定。与幕墙配套的门窗用五金件、附件、连接件、紧固件应符合国家现行标准的规定，并具备产品合格证、质量保证书及相关性能的检测报告。

（8）防火材料

防火材料应符合设计要求，具备产品合格证和耐火测试报告。幕墙的隔热、保温材料其性能分级应符合《建筑材料及制品燃烧性能分级》GB 8624 的规定。幕墙的层间防火、防烟封堵材料应符合《防火封堵材料》GB 23864 的要求。防火铝塑板的燃烧性能应符合《建筑材料及制品燃烧性能分级》GB 8624 的规定。防火铝塑板不得作为防火分隔材料使用。防火密封胶应符合《建筑用阻燃密封胶》GB/T 24267 的规定。幕墙钢结构用防火涂料的技术性能应符合《钢结构防火涂料》GB 14907 的规定。

（9）幕墙埋件

与幕墙配套的平板预埋件、槽式预埋件、板槽预埋件及配套紧固件应符合国家现行标准、行业的规定，并具备产品合格证、质量保证书及相关性能的检测报告。

（10）其他材料

幕墙宜采用聚乙烯泡沫棒作填充材料，其密度应不大于 $37kg/m^3$。

玻璃幕墙采用的低发泡间隔双面胶带，其质量要求如下：① 当玻璃幕墙风荷载小于或等于 $1.8kN/m^2$ 时，宜选用聚乙烯树脂低发泡双面胶带。② 当玻璃幕墙风荷载大于 $1.8kN/m^2$ 时，宜选用中等硬度的聚氨基甲酸乙酯低发泡间隔双面胶带。③ 中等硬度的聚氨基甲酸乙酯低发泡间隔双面胶带或聚乙烯树脂低发泡双面胶带，其厚度宜比结构胶厚度大 1mm。与单组分硅酮结构密封胶配合使用的低发泡间隔双面胶带，宜具有透气性。

中空玻璃用干燥剂质量和性能指标应符合《3A 分子筛》GB/T 10504 的规定。

2.3 主要机具

（1）机械：吊篮、卷扬机、砂轮切割机、手电钻、冲击电钻、胶枪、玻璃吸盘等。（2）工具：固定式摩擦夹具、转动式摩擦夹具、镂槽器、玻璃吸盘、胶枪、专用撬棍、橡皮锤等。（3）计量检测器具：激光全站仪、经纬仪、水准仪、钢尺、游标卡尺、塞尺、靠尺等。

2.4 作业条件

（1）施工现场清理干净，有足够的材料、部件、设备的放置场地，有库房保管零部件。可能对幕墙施工环境造成严重污染的分项工程应安排在幕墙施工前进行。（2）有土建施工单位移交的施工控制线及基准线。（3）主体结构上预埋件已按设计要求埋设完毕，无漏埋、过大位置偏差情况，后置埋件已完成拉拔试验，其拉拔强度合格。（4）幕墙安装施工前完成幕墙各项性能检测实验并合格，如合同要求有样板间的应在大面积施工前完成。（5）吊篮等垂直运输设备安设到位。（6）施工操作前已进行技术交底。

3 **施工工艺**

3.1 工艺流程

加工制作 ——→ 三维建模 ——→ 测量放线及埋件复核 ——→

连接件及支座安装 ——→ 单元板块组装 ——→ 单元板块吊装 ——→

幕墙防火和防雷系统安装 ——→ 淋水试验 ——→ 清洁、验收

3.2 操作工艺

（1）加工制作

① 幕墙埋件加工制作：预埋件的锚板及锚筋的材质应符合设计要求，锚板应按照加工工序依次完成。锚板的剪板及冲孔工序完成后，应对半成品去毛刺。预埋件的锚筋与锚板

焊缝应符合现行国家标准和设计要求。

② 连接件、支承件加工制作：连接件、支承件的材料应满足设计要求，外观应平整，孔（槽）距、孔（槽）宽度、孔边距及壁厚、弯曲角度等尺寸偏差应符合现行相关国家标准及行业规范的要求。不得有裂纹、毛刺、凹凸、翘曲、变形等缺陷。

③ 幕墙型材的加工制作：型材截料前应校直调整，加工时应保护型材表面。

④ 双曲面中空玻璃的加工制作：双曲面中空玻璃，先要采用计算机软件进行单元板的三维建模，获得圆弧单元板准确的空间数据，确定单元板的几何尺寸，使单元板与现场的空间位置趋于吻合，减少单元板的弧度误差。

⑤ 注胶工艺：施工环境的温度、湿度、空气中粉尘浓度及通风条件应符合相应的工艺要求。采用硅酮结构密封胶与玻璃或构件粘结前应取得合格的剥离强度和相容性检验报告，必要时应加涂底漆。采用硅酮结构密封胶粘结固定的幕墙单元组件必须静置养护，固化未达到足够承载力之前，不应搬动。镀膜玻璃应根据其镀膜材料的粘结性能和技术要求，确定加工制作工艺。当镀膜与硅酮结构密封胶不相容时，应除去镀膜层。

（2）三维建模

为实现双曲面的空间视觉效果，必须获得圆弧单元板准确的三维数据，可采用"犀牛"等计算机软件进行单元板的三维建模，准确地获得圆弧单元板的空间数据（图9.1.3-1）。

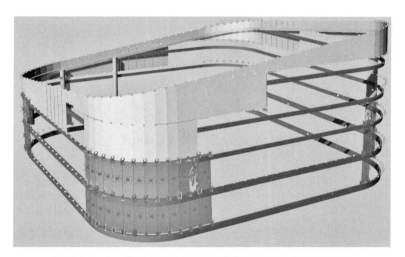

图 9.1.3-1　单元式双曲面玻璃幕墙平面分格模型示意图

（3）测量放线及埋件复核

双曲面变化的单元式玻璃幕墙对测量方面精度要求高，要同时满足三个方向（进出、水平、垂直）的偏差要求和平面旋转角度变化要求，测量工作量大，要将土建移交的定位数据进行测量复核。利用基准轴线网，在楼层内进行独立每层的放线定位，每层建立控制线，再根据建筑分格，进行精准的分格定位和高度控制。预埋件的标高偏差小于或等于 ±10mm，水平偏差小于或等于 ±10mm，表面进出偏差小于或等于 10mm。

（4）连接件及支座安装

连接支座要全部达到三向位置要求的位置精度，还要在吊装固定过程中连接支座具有三向六自由度（三维移动和三个方向转角）的调节，单元组件上的连接构件与连接支座的配合才能完全吻合（图9.1.3-2～图9.1.3-7）。

通过在支座主体上安装结构连接功能性齿板，并开椭圆孔，可实现三个方向尺寸的调整；

通过螺栓组的调节，可对高度、尺寸进行调整；挂杆调节可实现角度调整。

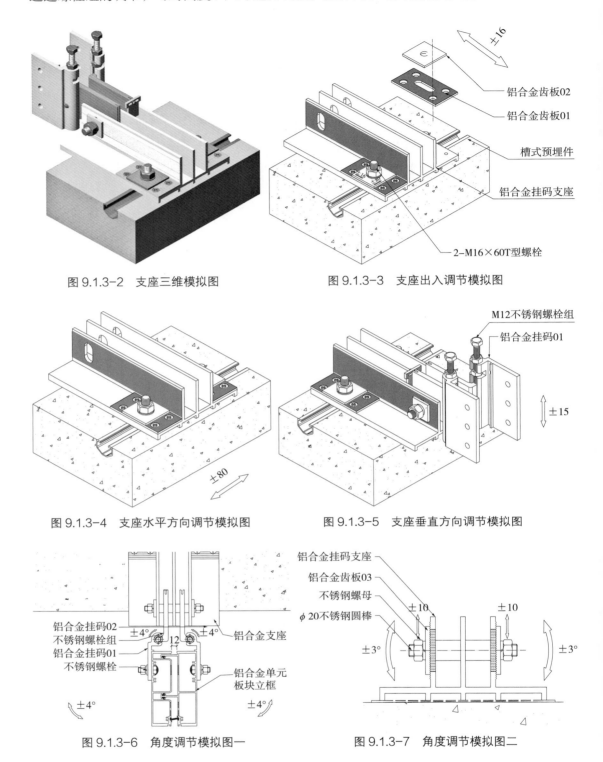

图 9.1.3-2　支座三维模拟图

图 9.1.3-3　支座出入调节模拟图

图 9.1.3-4　支座水平方向调节模拟图

图 9.1.3-5　支座垂直方向调节模拟图

图 9.1.3-6　角度调节模拟图一

图 9.1.3-7　角度调节模拟图二

（5）单元板块组装

① 单元式板块组装宜依照以下顺序进行：集件→单元框穿插接胶条→单元框粘单面贴→单元横框端面涂密封胶→单元竖框端面涂密封胶→单元组框→单元框清理残胶→单元框检测→单元框钉头涂密封胶→安装单元背板→安装单元背板角片→切割岩棉→安装岩棉→安装岩棉加强筋→粘铝箔胶带→单元背板涂密封胶→清洁玻璃→粘单面贴→置入玻璃并调整→检测→注结构胶→清理结构胶→固化→粘美纹纸→涂密封胶→清理密封胶→固化→清洁（图 9.1.3-8～图 9.1.3-11）。

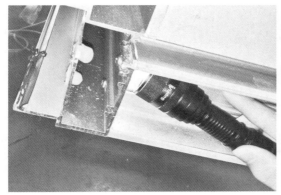
图 9.1.3-8　单元框连接

图 9.1.3-9　安装单元板后衬板

图 9.1.3-10　清理残余密封胶

图 9.1.3-11　单元板封胶

② 单元式构件装卸及运输过程中，应采用有足够承载力和刚度的周转架、衬垫或弹性垫，使单元板块之间相互隔开并相对固定，防止划伤、相互挤压或窜动（图 9.1.3-12）。楼层上设置的接料平台应进行专门设计，接料平台的周边应设置防护栏杆。

③ 单元板块宜设置专用堆放场地，水平存放在周转架上，摆放平稳、牢固，减少板块或型材变形（图 9.1.3-13）。

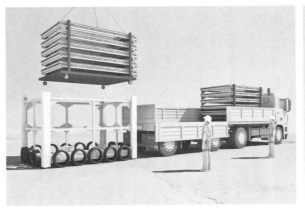
图 9.1.3-12　单元板运输示意

图 9.1.3-13　单元板堆放示意

④ 预埋件安装

a. 预埋件安装前应按照幕墙的设计分格尺寸用测量仪器定位。

b. 应采取措施防止浇筑混凝土时埋件发生移位，保持埋件位置准确，控制好埋件表面的水平或垂直，防止出现歪、斜、倾等。

c. 有防雷接地要求的预埋件，锚筋必须与主体结构的接地钢筋绑扎或焊接在一起，其搭接长度应符合《建筑物防雷设计规范》GB 50057 的规定。

（6）单元板块吊装

① 单元式幕墙的吊装机具准备应符合下列要求：

板块吊装宜选用经检测机构检测合格的机具，吊装机具应与主体结构可靠连接，并有限位、防止板块坠落、防止机具脱轨和倾覆设施。宜对吊装机具安装位置的主体结构承载能力进行校核。

② 单元板块吊装应符合以下要求：

a. 起吊单元板块时，板块上的吊挂点位置、数量应根据板块的形心及重心设计，吊点不应少于 2 个，应保持单元板块平稳，保证装饰面不受磨损和挤压。单元板块就位后，应先将其挂到主体结构的挂点上，再进行其他工序，板块未固定前，不得拆除吊具。

b. 为保证最大限度地消除双曲面单元板的局部误差，不累积误差，每块双曲面单元板的安装要按照下列的插接要求：在单元框的底边和一个侧边上插接单元板。上单元板的下框位置应与下单元板的上框保持一致。右单元板的公料与左单元板的母料保持一致（图 9.1.3-14）。固定双曲面单元板的三个点后，对超出双曲面的单元板一角进行冷弯施工，使得整个单元板整体弯曲，实现双曲面效果（图 9.1.3-15）。

图 9.1.3-14　双曲面单元板安装示意图　　　图 9.1.3-15　双曲面单元板冷弯安装图

c. 单元板块校正及固定应符合下列规定：板块调整、校正后应及时安装防松脱、防双向滑移和防倾覆装置。及时清洁单元板块上部型材槽口，按设计要求完成板块接口之间的防水密封处理。同层排水的单元式幕墙，单元板块安装固定后，应按规定进行蓄水试验，及时处理渗漏现象。

d. 单元框架的构件连接和螺纹连接处应采取有效的防水和防松动措施，工艺孔应采取防水措施。单元部件间十字接口处应采取防渗漏措施。单元式幕墙的通气孔和排水孔处应采用透水材料封堵。对接型单元部件四周的密封胶条应周圈形成闭合，且在四个角部连成一体；插接型单元部件的密封胶条在两端头应留有防水胶条回缩的适当余量。

e. 单元幕墙典型防水节点如图 9.1.3-16、图 9.1.3-17 所示。

f. 单元幕墙安装如图 9.1.3-18～图 9.1.3-20 所示。

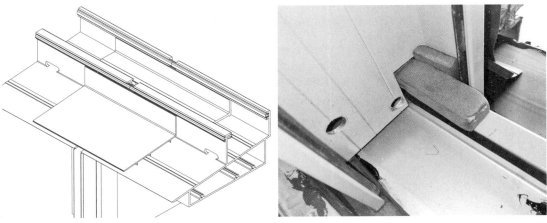

图 9.1.3-16　单元式双曲面玻璃幕墙过桥装配示意图　图 9.1.3-17　单元式双曲面玻璃幕墙十字位的密封图

图 9.1.3-18　单元板起吊　图 9.1.3-19　单元板起吊后暂停调节　图 9.1.3-20　单元板第一层闭合

（7）幕墙防火和防雷系统安装

① 防火系统安装

a. 无窗槛墙或窗槛墙高度小于 0.8m 的建筑幕墙，应在每层楼板外沿设置耐火极限不低于 1.0h、高度不低于 0.8m 的不燃烧实体裙墙或防火玻璃裙墙。墙内填充材料的燃烧性能应满足消防要求。b. 建筑幕墙与各层楼板、防火分隔、实体墙面洞口边缘的间隙等应设置防火封堵。防火封堵应采用厚度不小于 100mm 的岩棉、矿棉等耐高温、不燃烧的材料填充密实，并由厚度不小于 1.5mm 的镀锌钢板承托，不得采用铝板、铝塑板，其缝隙应以防火密封胶密封，竖向应双面封堵。c. 层间防火典型节点如图 9.1.3-21、图 9.1.3-22 所示。

② 幕墙防雷系统安装

a. 幕墙高度超过 200m 或幕墙构造复杂、有特殊要求时，宜在设计初期进行雷击风险评估。

b. 钢质连接件（包括钢质绞线）连接的焊缝处应做表面防腐蚀处理。不同材质金属之间的连接，应采取不影响电气通路的防电偶腐蚀措施。不等电位金属之间应防止接触性腐蚀。c. 建筑幕墙在工程竣工验收前应通过防雷验收，交付使用后按有关规定进行防雷检测。幕墙防雷系统施工过程安装如图 9.1.3-23 所示。

（8）淋水试验：单元式幕墙完成后对 20% 面积进行淋水试验，确保幕墙水密性能（图 9.1.3-24、图 9.1.3-25）。

（9）清洁、验收（图 9.1.3-26）。

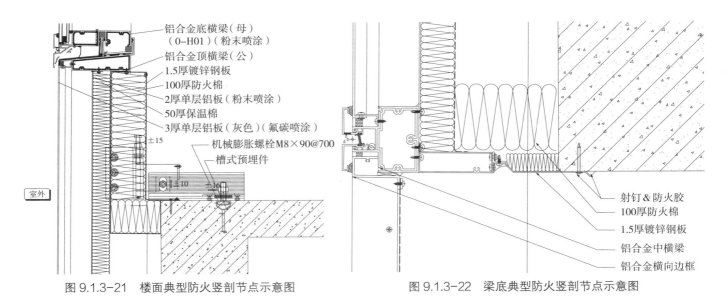

铝合金底横梁(母)
(0-H01)(粉末喷涂)
铝合金顶横梁(公)
1.5厚镀锌钢板
100厚防火棉
2厚单层铝板(粉末喷涂)
50厚保温棉
3厚单层铝板(灰色)(氟碳喷涂)
±15
机械膨胀螺栓M8×90@700
槽式预埋件
室外
±10
±10

射钉&防火胶
100厚防火棉
1.5厚镀锌钢板
铝合金中横梁
铝合金横向边框

图 9.1.3-21　楼面典型防火竖剖节点示意图　　　　图 9.1.3-22　梁底典型防火竖剖节点示意图

图 9.1.3-23　单元式双曲面玻璃幕墙
防雷接地

图 9.1.3-24　淋水试验一

图 9.1.3-25　淋水试验二　　　　图 9.1.3-26　单元式双曲面玻璃幕墙安装完成图

3.3　质量关键要求

（1）预埋件和锚固件施工安装位置的精度及固定状态符合设计要求，无变形、生锈现象，防锈涂料、表面处理完好，安装位置偏差在允许范围内。（2）构件安装部位正确，横平竖直、大面平整；螺栓、铆钉安装固定符合要求；构件的外观情况（包括但不限于色调、色差、污染、划痕等）符合要求，雨水泄水通路、密封状态等功能完好。（3）板块安装完成后，应进行十字缝存水试验，进行观察15min之内水位无变化，试验位置下方无任何液体流出即为此位置十字接缝密封合格。每个十字接缝处必须100%进行存水测试。不合格处应重新打胶密封，再进行测试直至合格为止。（4）进行密封工作前应对密封面进行清扫，并在胶缝两侧的玻璃上粘贴保护胶带，防止注胶时污染周围的玻璃面；注胶应均匀、密实、饱满，表面光滑。（5）安装前幕墙应进行气密性、水密性、抗风压和平面内变形性能的检测，性能均达到设计及规范要求。

3.4　季节性施工

（1）雨期各种幕墙材料的运输、搬运、存放，均应采取防雨、防潮措施，以防止发生霉变、生锈、变形等现象。（2）在恶劣天气（如大雨、大雾、6级以上大风天气）不能进行吊装工作。（3）施工期间所用机械应做好防雷、防雨、防潮、防触电等措施。机电设备的电闸箱安装接地保护装置。（4）雨期进行高处作业时，必须采取可靠的防滑措施。遇有风雨、强风、浓雾等恶劣气候，不得进行露天攀登与悬空高处作业。雨雪过后，对高处作业安全设施逐一加以检查，清扫积水，发现通道、设备有松动、变形、损坏或脱落等现象，应立即修理完善。（5）雷暴雨天气禁止一切室外作业。

4　质量要求

4.1　主控项目

（1）玻璃幕墙工程所使用的各种材料、构件和组件的质量，应符合设计要求及国家现行产品标准和工程技术规范的规定。

检验方法：检查材料、构件、组件的产品合格证书、进场验收记录、性能检测报告和材料的复验报告。

（2）玻璃幕墙的造型和立面分格应符合设计要求。

检验方法：观察；尺量检查。

（3）玻璃幕墙使用的玻璃应符合下列规定：① 幕墙应使用安全玻璃，玻璃的品种、规格、颜色、光学性能及安装方向应符合设计要求。② 幕墙玻璃的厚度不应小于6mm。③ 幕墙的中空玻璃应采用双道密封。明框幕墙的中空玻璃应采用聚硫密封胶及丁基密封胶；隐框和半隐框幕墙的中空玻璃应采用硅酮结构密封胶及丁基密封胶；镀膜面应在中空玻璃的第2或第3面上。④ 幕墙的夹层玻璃应采用聚乙烯醇缩丁醛（PVB）胶片干法加工合成的夹层玻璃。⑤ 所有幕墙玻璃均应进行边缘处理。

检验方法：观察；尺量检查；检查施工记录。

（4）玻璃幕墙与主体结构连接的各种预埋件、连接件、紧固件应安装牢固，其数量、规格、位置、连接方法和防腐处理应符合设计要求。

检验方法：观察；检查隐蔽工程验收记录和施工记录。

（5）各种连接件、紧固件的螺栓应有防松动措施，焊接连接应符合设计要求和焊按规范的规定。

检验方法：观察；检查隐蔽工程验收记录和施工记录。

（6）隐框或半隐框玻璃幕墙，每块玻璃下端应设置两个铝合金或不锈钢托条，其长度不应小于100mm，厚度不应小于2mm。托条外端应低于玻璃外表面2mm。

检验方法：观察；检查施工记录。

（7）玻璃幕墙四周、玻璃幕墙内表面与主体结构之间的连接节点，各种变形缝、墙角的连接节点应符合设计要求和技术标准的规定。

检验方法：观察；检查隐蔽工程验收记录和施工记录。

（8）玻璃幕墙应无渗漏。

检验方法：在易渗漏部位进行淋水检查。

（9）玻璃幕墙结构胶和密封胶的打注应饱满、密实、连续、均匀、无气泡，宽度和厚度应符合设计要求和技术标准的规定。

检验方法：观察；尺量检查；检查施工记录。

（10）玻璃幕墙开启窗的配件应齐全，安装应牢固，安装位置和开启方向、角度应正确；开启应灵活，关闭应严密。

检验方法：观察；开闭检查。

（11）玻璃幕墙的防雷装置应与主体结构的防雷装置可靠连接。

检验方法：观察；检查隐蔽工程验收记录和施工记录。

4.2 一般项目

（1）玻璃幕墙表面应平整、洁净，整幅玻璃的色泽应均匀一致，不得有污染和镀膜损坏。

检验方法：观察。

（2）每平方米玻璃的表面质量应符合表9.1.4-1的要求。

每平方米玻璃的表面质量要求　　　　　　　　　　　　　　　　　　表9.1.4-1

项次	项目	质量要求	检验方法
1	裂痕、明显划伤和长度＞100mm的轻微划伤	不允许	观察
2	长度≤100mm的轻微划伤	≤8条	用钢尺检查
3	擦伤总面积	≤500mm²	用钢尺检查

（3）一个分格铝合金型材的表面质量应符合表9.1.4-2的要求。

一个分格铝合金型材的表面质量要求　　　　　　　　　　　　　　表9.1.4-2

项次	项目	质量要求	检验方法
1	裂痕、明显划伤和长度＞100mm的轻微划伤	不允许	观察
2	长度≤100mm的轻微划伤	≤2条	用钢尺检查
3	擦伤总面积	≤500mm²	用钢尺检查

（4）单元玻璃幕墙的单元拼缝或隐框玻璃幕墙的分格玻璃拼缝应横平竖直、均匀一致。

检验方法：观察；手扳检查；检查进场验收记录。

（5）玻璃幕墙的密封缝胶应横平竖直、深浅一致、宽窄均匀、光滑顺直。

检验方法：观察；手摸检查。

（6）防火、保温材料填充应饱满、均匀，表面应密实、平整。

检验方法：检查隐蔽工程验收记录。

（7）玻璃幕墙隐蔽节点的遮封装修应牢固、整齐、美观。

检验方法：观察；手扳检查。

（8）单元式幕墙安装的允许偏差及检查方法应符合表9.1.4-3的规定。

单元式幕墙安装允许偏差 表9.1.4-3

序号	项目		允许偏差（mm）	检验方法
1	竖缝及墙面垂直度	幕墙高度 H（m）	≤10	激光经纬仪或经纬仪
		H≤30		
		30＜H≤60	≤15	
		60＜H≤90	≤20	
		H＞90	≤25	
2	幕墙的平面度		≤2.5	2m靠尺、钢板尺
3	竖缝直线度		≤2.5	2m靠尺、钢板尺
4	横缝直线度		≤2.5	2m靠尺、钢板尺
5	拼缝宽度（与设计值比）		±2	卡尺
6	耐候胶缝直线度	L≤20m	1	钢尺
		20m＜L≤60m	3	
		60m＜L≤100m	6	
		L＞100m	10	
7	两相邻面板之间接缝高低差		≤1.0	深度尺
8	同层单元组件标高	宽度不大于35m	≤3.0	激光经纬仪或经纬仪
		宽度大于35m	≤5.0	
9	相邻两组件面板表面高低差		≤1.0	深度尺
10	两组件对插件接缝搭接长度（与设计值比）		±1.0	卡尺
11	两组件对插件距槽底距离（与设计值比）		±1.0	卡尺

5 成品保护

5.1 成品的运输、装卸

运送制品时，应竖置固定运送，用聚乙烯苫布保护制品四角等露出部件。收货时依据货单对制品和部件（连接件、螺栓、螺母、螺钉等）的型号、数量、有无损伤等进行确认。卸货时使用塔吊等卸货机械应由专职人员操作，各安装楼层存放货物的面积应不小于300m²。

5.2 成品的保管

产品的保管场所应设在雨水淋不到且通风良好的地方；根据各种材料的规格，分类堆放，并做好相应的产品标识。要定期检查仓库的防火设施和防潮情况。

---

6   安全、环境保护措施

6.1 安全措施

（1）幕墙安装施工应符合《建筑施工高处作业安全技术规范》JGJ 80、《建筑机械使用安全技术规程》JGJ 33、《施工现场临时用电安全技术规范》JGJ 46 和其他相关规定。（2）施工用电的线路、闸箱、接零接地、漏电保护装置符合有关规定，严格按照有关规定安装和使用电气设备。（3）施工机具在使用前应严格检查，机械性能良好，安全装置齐全有效；电动工具应进行绝缘测试，手持玻璃吸盘及玻璃吸盘机应测试吸附重量和吸附持续时间。（4）配备消防器材，防火工具和设施齐全，并有专人管理和定期检查；各种易燃易爆材料的堆放和保管应与明火区有一定的防火间距；电焊作业时，应有防火措施。（5）安装工人进场前，应进行岗位培训并对其作安全、技术交底方能上岗操作，应正确使用安全帽、安全带。（6）当幕墙安装与主体结构施工交叉作业时，在主体结构的施工层下方应设置防护网；在距离地面高度约3m处，应设置挑出宽度不小于6m的水平防护网。（7）采用吊篮施工时，吊篮应进行安全检查并通过验收。吊篮上的施工人员应按规定配系安全带，安全带挂在安全绳的自锁器上，安全绳应固定在独立可靠的结构上。吊篮不得作为竖向运输工具，不得超载，吊篮暂停使用时应落地停放。

6.2 环保措施

（1）减少施工时机具噪声污染，减少夜间作业，避免影响施工现场附近居民的休息。
（2）完成每项工序后，应及时清理施工后滞留的垃圾，比如胶、胶瓶、胶带纸等，保证施工现场的清洁。（3）对于密封材料及清洗溶剂等可能产生有害物质或气体的材料，应作好保管工作，并在挥发过期前使用完毕，以免对环境造成影响。

---

7   工程验收

（1）单元式幕墙工程验收时应检查下列文件和记录：① 幕墙工程的竣工图或施工图、结构计算书、设计变更文件及其他设计文件；② 幕墙工程所用各种材料、附件及紧固件、构件及组件的产品合格证书、性能检测报告、进场验收记录和复验报告；③ 进口硅酮结构胶的商检证，国家指定检测机构出具的硅酮结构胶相容性和剥离粘结性试验报告；④ 后置埋件的现场拉拔检测报告；⑤ 幕墙的风压变形性能、气密性能、水密性能检测报告及其他设计要求的性能检测报告；⑥ 打胶、养护环境的温度、湿度记录，双组分硅酮结构胶的混匀性试验记录及拉断试验记录；⑦ 防雷装置测试记录；⑧ 隐蔽工程验收文件；⑨ 幕墙构件和组件的加工制作记录，幕墙安装施工记录；⑩ 淋水试验记录；⑪ 其他质量保证资料。

（2）各分项工程的检验批应按下列规定划分：① 相同设计、材料、工艺和施工条件的幕墙工程每 500~1000m² 应划分为一个检验批，不足 500m² 也应划分为一个检验批；② 同一单位工程的不连续的幕墙工程应单独划分检验批；③ 对于异型或有特殊要求的幕墙，检验批的划分应根据幕墙的结构、工艺特点及幕墙工程规模，由监理单位（或建设单位）和施工单位协商确定。

（3）检验批合格质量和分项工程质量验收合格应符合下列规定：① 抽查样本主控项目均合格；一般项目 80% 以上合格，其余样本不得有影响使用功能或明显影响装饰效果的缺陷，均须具有完整的施工操作依据、质量检查记录；② 分项工程所含的检验批均应符合合格质量规定，所含的检验批的质量验收记录应完整。

（4）分部（子分部）工程质量验收合格应符合下列规定：① 分部（子分部）工程所含分项工程的质量均应验收合格；② 质量控制资料应完整；③ 观感质量验收应符合要求。

8 质量记录

8.1 幕墙各项性能检测试验

幕墙性能检测应按照国家标准和设计要求进行。试验完毕后，试验报告提交业主及监理报批。

（1）检测样品：① 样品应包括面板的不同类型、不同类型面板交界部分的典型节点，以及典型的垂直接缝、水平接缝和可开启部分。开启部位的五金件应按照设计规定选用与安装，排水孔位应准确齐全。样品与箱体之间应密封处理。② 样品高度至少应包括一个层高，样品宽度至少应包括承受设计荷载的一组竖向构件，并在竖直方向上与承重结构至少有两处连接。样品组件及安装的受力状况应和实际工况相符。③ 单元式幕墙应至少包括与实际工程相符的一个典型十字缝，其中一个单元的四边接缝构造与实际工况相同。

（2）检测方法：① 气密、水密、抗风压性能按《建筑幕墙气密、水密、抗风压性能检测方法》GB/T 15227 的规定检测。平面内变形性能按《建筑幕墙层间变形性能分级及检测方法》GB/T 18250 的规定检测。② 热循环试验按建筑幕墙热循环试验方法检测。热工性能按建筑幕墙热工性能检测方法检测。耐撞击性能按《建筑幕墙》GB/T 21086 附录 F 的规定检测。

（3）检测报告：建筑幕墙的抗风压性能、空气渗透性能和雨水渗透性能的检测实验报告，建筑幕墙平面内变形性能检测实验报告，建筑幕墙热工性能检测实验报告等。

8.2 幕墙各项验收记录

（1）幕墙材料、产品合格证和环保、消防性能检测报告以及进场验收记录；（2）复检报告、隐蔽工程验收记录；（3）消防、防雷工程工程验收记录；（4）检验批质量验收记录；（5）分项工程质量验收记录。

第2节　　　单元式双曲面错位玻璃幕墙施工工艺

主编点评

针对单元式双曲面错位玻璃幕墙造型复杂（外倾凸台、内倾退台）、定位困难等施工难题，创新研发出双曲面单元板块翘曲值优化设计技术、单元板块错位上横梁设计技术、玻璃面板静压冷弯装配技术及单元式错位双曲面幕墙安装施工技术。该技术成功应用于上海黄浦江南延伸段 WS5 单元 188S-M-1 地块幕墙工程等项目，获得广东省工程建设省级工法等荣誉。

1　　　总　则

1.1　适用范围
本工艺适用于公共建筑非抗震设计或 6～8 度抗震设计的单元式双曲面错位玻璃幕墙工程施工。

1.2　编制参考标准及规范
（1）《建筑玻璃应用技术规程》JGJ 113
（2）《钢结构焊接规范》GB 50661
（3）《建筑用硅酮结构密封胶》GB 16776
（4）《建筑施工测量标准》JGJ/T 408
（5）《建筑装饰装修工程质量验收标准》GB 50210
（6）《玻璃幕墙工程技术规范》JGJ 102
（7）《玻璃幕墙工程质量检验标准》JGJ/T 139
（8）《建筑幕墙》GB/T 21086
（9）《建筑工程施工质量验收统一标准》GB 50300
（10）《建筑用安全玻璃　第 3 部分：夹层玻璃》GB 15763.3
（11）《建筑遮阳工程技术规范》JGJ 237

2　　　施工准备

2.1　技术准备
（1）熟悉施工图纸，掌握单元式双曲面错位幕墙构造及施工技术要求，特别是错位部位的防排水设计；确认建筑物主体结构施工质量、尺寸标高是否满足施工的要求。（2）施工前，做好幕墙材料的订购及进场准备、幕墙试验、后置预埋件的抗拉拔试验；材料员依物资需用计划组织材料进场，及时对进场材料进行验证、保管、发放。（3）编制施工组织设计，进行单元式错位部位装配模拟，暴露施工过程中遇到的问题，并进行针对性总结。（4）组织设计单位（或幕墙专业顾问单位）对幕墙施工单位进行技术交底；幕墙施工单位内部进行设计、加工、施工技术交底。

2.2 材料要求

参见第 510 页 "2.2 材料要求"。

2.3 主要机具

参见第 512 页 "2.3 主要机具"。

2.4 作业条件

参见第 512 页 "2.4 作业条件"。

---

3 施工工艺

3.1 工艺流程

加工制作 ⟶ 三维建模 ⟶ 测量放线及埋件复核 ⟶
连接件及支座安装 ⟶ 单元板块组装、运输 ⟶ 单元板块吊装 ⟶
幕墙防火和防雷系统安装 ⟶ 局部淋水试验 ⟶ 分项验收

3.2 操作工艺

（1）加工制作

① 幕墙埋件加工制作：采用槽式预埋件，预埋件由供应商提供，要求提供预埋件保质书、检验报告、力学性能参数等资料。

② 连接件、支承件加工制作：连接件、支承件均为钢材，材料应满足设计要求，外观应平整，孔（槽）距、孔（槽）宽度、孔边距及壁厚、弯曲角度等尺寸偏差应符合现行相关国家标准及行业规范的要求。不得有裂纹、毛刺、凹凸、翘曲、变形等缺陷。

③ 幕墙型材的加工制作：单元框架为四点不共面，单元横梁的切割角度需严格按加工图角度控制尺寸进行加工，型材截料前应校直调整，加工时应保护型材表面。

④ 双曲面中空玻璃的加工制作：由于单元板块的框架为双曲面错位造型，框架角部四点不共面，单元框架存在翘曲，固定玻璃面板角部的三个点后，对超出双曲面的面板一角进行静压冷弯处理，使玻璃面板适应双曲面框架造型。通过三维模型，输出单元板块翘曲参数表，根据参数表的控制尺寸，确认板块玻璃进行静压冷弯的翘曲值，对玻璃面板进行静压冷弯处理，形成双曲面的玻璃面板。对玻璃面板在静压冷弯荷载作用下玻璃最大应力及在水平荷载作用下（静压冷弯荷载与水平荷载叠加）玻璃最大应力进行分析，

确认玻璃面板满足设计要求（图9.2.3-1、图9.2.3-2）。

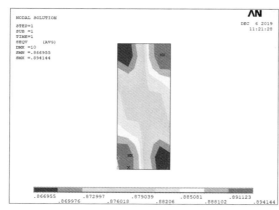 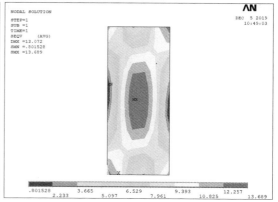

图 9.2.3-1 静压冷弯荷载作用下玻璃应力分析图　　图 9.2.3-2 水平荷载作用下玻璃应力分析图

⑤ 注胶工艺：施工环境的温度、湿度、空气中粉尘浓度及通风条件应符合相应的工艺要求。采用硅酮结构密封胶与玻璃或构件粘结前应取得合格的剥离强度和相容性检验报告，必要时应加涂底漆。

（2）三维建模

双曲面的单元板块构造存在翘曲部位，通过编制参数化模块，根据设计要求设定双曲面单元幕墙板块翘曲值的区间，对每个曲面板块进行翘曲值分析，将翘曲值超出设定数值范围的板块，优化为设定数值范围内的板块，使幕墙面整体顺滑过渡，进而进行双曲面单元板块设计，达到满足建筑外观要求的效果。可采用"犀牛"等计算机软件进行单元板的三维建模，进行单元板块翘曲值优化设计。

① 根据建筑要求建立幕墙表皮，并进行幕墙板块划分（图9.2.3-3）。

② 双曲面错位幕墙整体由每个倾斜进退造型的单元板块组成，单元板块存在翘曲值。通过编制参数化模块，根据设计要求设定幕墙板块翘曲值的区间，软件将会自动对每个曲面板块进行翘曲值分析，以不同颜色进行区别（图9.2.3-4）。

③ 经分析，若单元板块的翘曲值过大，将使得单元板块难以设计及加工。通过编制参数化模块，使幕墙面整体圆滑过渡，重新生成模型，达到能够满足建筑外观要求的效果（图9.2.3-5）。

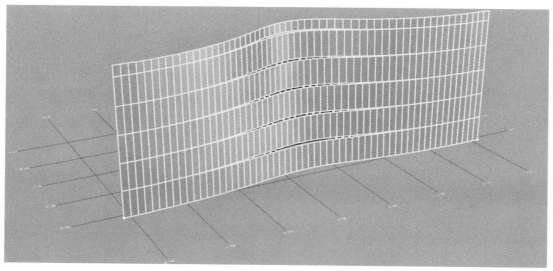

图 9.2.3-3 双曲面错位幕墙表皮模型

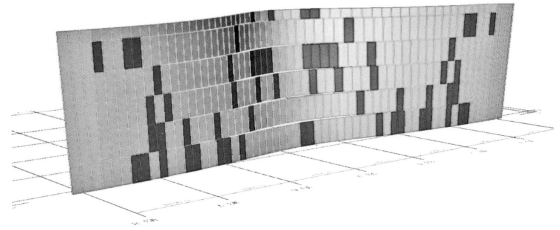

图 9.2.3-4 双曲面错位板块翘曲值分析图

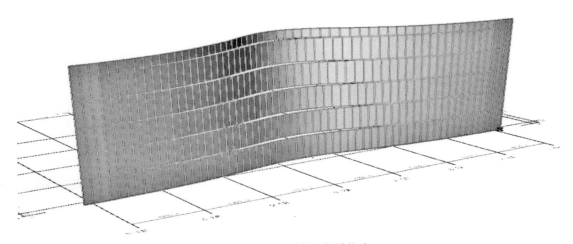

图 9.2.3-5 双曲错位面板块拟合图

（3）测量放线及埋件复核

从模型中抽取预埋件、挂接支座空间点位，对预埋件进行复测、纠偏，确定挂接支座内外控制点坐标，确保挂接支座精确安装；每层单元板块安装后对单元横梁标高、进出位、装饰条定点等质量控制点进行二次复测，以保证施工精度。

（4）连接件及支座安装

采用挂轴式单元幕墙支座，通过埋件、支座、挂件等挂轴式支座系统部件的配合，可实现单元板块的三维方向及各种角度调整，具体如下：① 支座底板开有竖直方向的螺栓安装长圆孔，槽式埋件与支座底板间通过连接螺栓进行左右、上下位置调节；② 钢支座连接板与用作挂轴的不锈钢螺杆的连接处，设有水平方向长圆孔，以此可调整不锈钢螺杆挂轴的进出位置，进而消除土建结构在进出位的误差；③ 连接螺栓、螺杆与底座钢板之间的钢垫片固定；④ 通过预置在单元挂件中的调节螺钉对单元板块高度进行微调。同时，还需要将其预置于挂件一侧，调整挂轴螺杆上的定位锁紧螺母，用于定位挂件、防止单元板块在外力作用下沿挂轴螺杆发生大幅度左右位移（图 9.2.3-6）。

曲面错位玻璃幕墙标准节点见图 9.2.3-7～图 9.2.3-9。

（5）单元板块组装、运输

① 单元式板块组装宜依照以下顺序进行：静压冷弯装置与板块胎架进行组装→单元板块组装参数表→型材切割→单元框架组框→框架翘曲调节→玻璃面板静压冷弯→打注板块结构胶→加强玻璃面板扣压。

② 单元框架组装

a. 通过单元式双曲面错位玻璃幕墙模型分析，单元板块的两支立柱倾斜角度不一样，从板块平面投影看，两立柱与顶底横梁形成一定的角度（角A、角B、角C、角D），板块顶部玻璃面板线与底部玻璃面板线形成最大距离（L_5）；从板块竖向侧面投影看，板块左右侧玻璃面板线之间形成最大翘曲尺寸距离（L_5）。单元板块中的主横梁均为直线材料，通过拼接，形成倾斜内退（外凸）的双曲面单元板块框架。

b. 通过三维模型分析，对板块加工的各个尺寸变量进行严格控制，制定板块参数表。板块的加工必须按照表中的参数进行切割拼装（图9.2.3-11）。

c. 错位部位及上横梁调节槽与上横梁的连接部位，各连接板连接螺栓应做好密封防水处理，保证两者为一个密封完整的整体。错位部位连接铝扁后，错位上下的保温及防水功能应按加工图要求进行，板块加工过程中每个环节都必须严格把控。

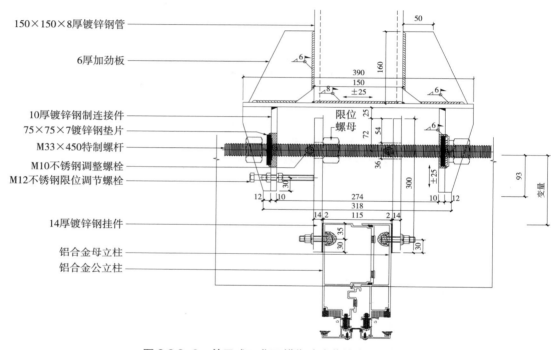

图 9.2.3-6　单元式双曲面错位玻璃幕墙支座节点图

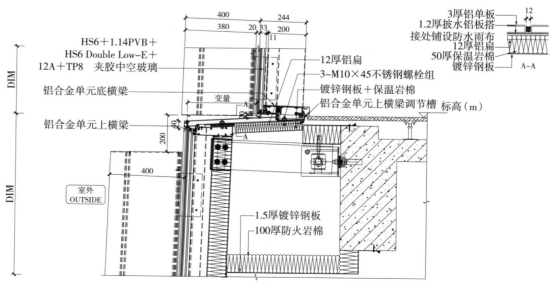

图 9.2.3-7　单元式双曲面错位玻璃幕墙竖向标准节点图（内倾退台造型）

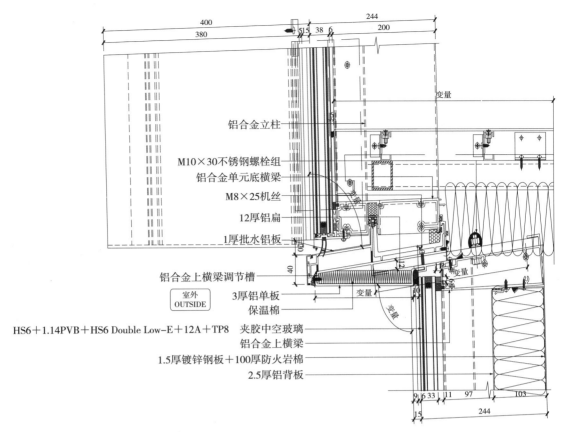

400
380
515 38 6
244
200
变量

铝合金立柱
M10×30不锈钢螺栓组
铝合金单元底横梁
M8×25机丝
12厚铝扁
1厚批水铝板

铝合金上横梁调节槽
3厚铝单板
保温棉
HS6＋1.14PVB＋HS6 Double Low-E＋12A＋TP8 夹胶中空玻璃
铝合金上横梁
1.5厚镀锌钢板＋100厚防火岩棉
2.5厚铝背板

室外
OUTSIDE

9 6 33 11 97 103
15
244

图 9.2.3-8　单元式双曲面错位玻璃幕墙竖向标准节点图（外倾凸台造型）

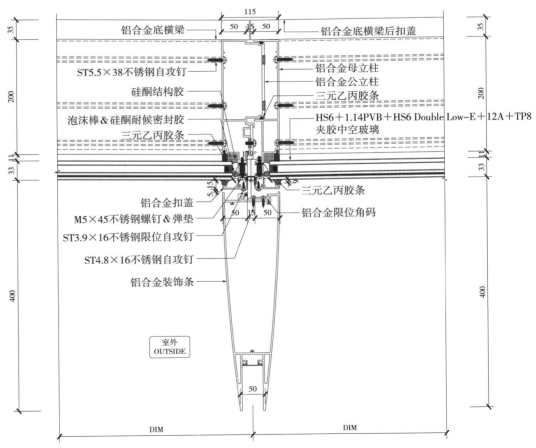

115
50 15 50
35
35
200
200

铝合金底横梁
铝合金底横梁后扣盖
ST5.5×38不锈钢自攻钉
铝合金母立柱
硅酮结构胶
铝合金公立柱
三元乙丙胶条
泡沫棒＆硅酮耐候密封胶
HS6＋1.14PVB＋HS6 Double Low-E＋12A＋TP8 夹胶中空玻璃
三元乙丙胶条

33 11
33 11

三元乙丙胶条
铝合金扣盖
M5×45不锈钢螺钉＆弹垫
铝合金限位角码
ST3.9×16不锈钢限位自攻钉
ST4.8×16不锈钢自攻钉

50 15 50

铝合金装饰条

室外
OUTSIDE

50

DIM
DIM

图 9.2.3-9　单元式双曲面错位玻璃幕墙横向标准节点图

29

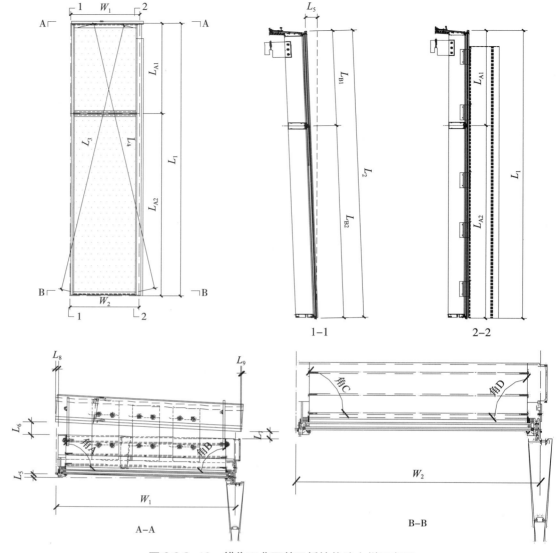

图 9.2.3-10　错位双曲面单元板块构造大样示意图

板块编号	类型	编号分类	编号顺序（对应组装大样图）	编号名称	提料批次
2C028	大样C	玻璃编号类	玻璃编号1	2SBL-225	玻璃第26批
			玻璃编号2	2SBL-215	玻璃第26批
			玻璃编号3		
		铝板编号类	铝板编号1		
			铝板编号2	LB2-2C028	铝板第49批
		镀锌钢板类	钢板编号1		
			钢板编号2	GB-2B106	钢材第86批
		钢挂件编号	钢挂件编号1	GJ-2C028-01	钢材第83批
			钢挂件编号2	GJ-2C028-02	钢材第83批
		钢件	水槽料加强钢件编号（钢结构板块每个各2个）	JQ-01	钢材第92批

尺寸参数类：

W_1'(mm)	W_2'(mm)	L_{A1}(mm)	L_{A2}(mm)	L_{B1}(mm)	L_{B2}(mm)	L_1(mm)	L_2(mm)	L_3(mm)	L_4(mm)	L_5(mm)	L_6(mm)	L_7(mm)	L_8(mm)	L_9(mm)	角A°	角B°	角C°	角D°
1051.2	1050.8	1422.7	2954.8	1422.9	2955.1	4377.5	4378.1	4349.8	4345.1	-9.9	-761	-759.4	-4.3	-108.1	92.5	91.9	91.9	92.4

图 9.2.3-11　单元板块面板编号及参数表示意图

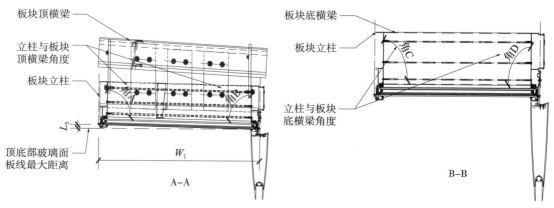

图 9.2.3-12　板块平面投影相关控制尺寸示意图

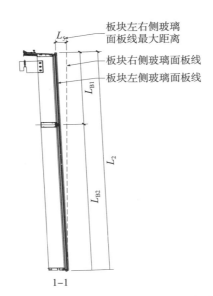
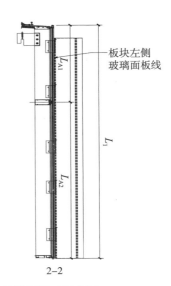

板块左右侧玻璃面板线最大距离

板块右侧玻璃面板线

板块左侧玻璃面板线

板块左侧玻璃面板线

图 9.2.3-13　板块侧面投影相关控制尺寸示意图

③ 玻璃面板静压冷弯

a. 根据参数表的控制尺寸，确认玻璃面板静压冷弯的翘曲值（图 9.2.3-14）。b. 将玻璃面板放置于双曲面单元框架上，首先，板块没有翘曲的一边旋转压紧螺杆，使面板与单元框架紧密贴合；然后，板块存在翘曲的一边旋转压紧螺杆，根据参数表的翘曲尺寸进行静压冷弯，直至面板满足组装要求（图 9.2.3-15）。c. 打注板块结构胶，结构胶养护成型至足够强度（图 9.2.3-16）。d. 扣座与立柱之间通过螺钉、机丝连接增强对玻璃面板的扣压力（图 9.2.3-17～图 9.2.3-19）。

图 9.2.3-14　玻璃面板翘曲

图 9.2.3-15　玻璃面板静压冷弯

图 9.2.3-16　打注结构胶

图 9.2.3-17　增强措施扣压玻璃面板

图 9.2.3-18　错位玻璃板单元（内倾退台）　　　图 9.2.3-19　错位玻璃板单元（外倾凸台）

④ 单元式构件运输：装卸及运输过程中，应采用有足够承载力和刚度的周转架、衬垫或弹性垫，使单元板块之间相互隔开并相对固定，防止划伤、相互挤压或窜动。为确保单元板块在运输过程中不变形，特制一套用于运输错位单元板块的货架。采用可调节货架放置单元板块，确保在存放、运输过程中成品保护（图 9.2.3-20、图 9.2.3-21）。楼层上设置的接料平台应进行专门设计，接料平台的周边应设置防护栏杆。

⑤ 单元板块应设置专用堆放场地，水平存放在周转架上，摆放平稳、牢固，减少板块或型材变形。

（6）单元板块吊装

① 起吊单元板块时，板块上的吊挂点位置、数量应根据板块的形心及重心设计，单元板块为 L 形，采用多吊点装配技术进行安装。

② 为保证最大限度地消除双曲面单元板的局部误差，不累积误差，每块双曲面单元板的安装要按照下列的插接要求，在单元框的底边和一个侧边上插接单元板。上单元板的下框位置应与下单元板的上框保持一致，右单元板的公料与左单元板的母料保持一致（图 9.2.3-22）。

③ 在每层板块单元顶横梁和泄水腔外侧安装披水铝板，披水铝板搭接处铺设防水雨布（内倾退台单元板块），披水铝板应完整打注胶密封；当胶条有搭接时将增加附加层保证胶条的连续，同时在附加层两侧端部注耐候胶密封（图 9.2.3-23）。

④ 板块存在错位部位，板块就位后，需对平面上的错位内外基点、面板角度与错位外部交点等控制基点进行复测；按规定进行蓄水试验，及时处理渗漏现象。

图 9.2.3-20　特制错位单元的货架示意图　　　图 9.2.3-21　单元板块运输示意图

图 9.2.3-22　双曲面单元板安装示意图　　　　图 9.2.3-23　双曲面错位单元板块安装图

⑤ 错位部位的保温：错位部位防水雨布安装前，需通铺设置保温岩棉，有效保证幕墙的热工性能；板块错位超过一定尺寸时，与上部板块插接的错位上横梁端部需安装加强支撑连接件。

⑥ 错位单元幕墙系统排水路径：进入第二道等压腔的水通过单元上横梁调节槽的 A 孔进入前端排水腔，然后顺着横梁前端排水腔先后通过 B 孔、C 孔、D 孔（内倾退台）或 E 孔、F 孔（外倾凸台）排到室外（图 9.2.3-24～图 9.2.3-26）。

⑦ 单元式双曲面错位玻璃幕墙安装（图 9.2.3-27～图 9.2.3-29）。

（7）幕墙防火和防雷系统安装

① 防火系统安装：为实现幕墙防火功能，需注意错位部位的横向防火隔断与板块竖向防火隔断的搭接，有效保证防火功能，并符合防火相关规范要求。

② 防雷系统安装：幕墙防雷设计应形成自身的防雷体系，并与主体结构的防雷体系可靠连通。安装防雷导线前应先除掉型材接触面上的钝化氧化膜或锈蚀避雷连接板，避雷钢筋表面整体热浸镀锌；不等电位金属之间应防止接触性腐蚀。

（8）闭水及淋水试验：单元式幕墙完成后对 20% 面积进行淋水试验，确保幕墙水密性能。

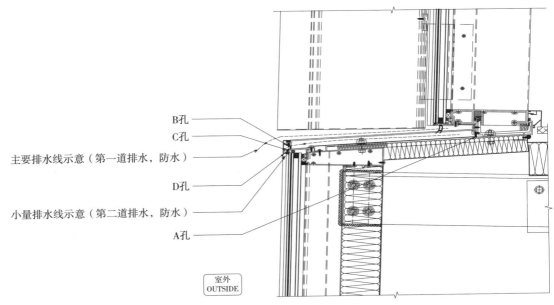

图 9.2.3-24　单元排水线路竖向示意图（内倾退台造型）

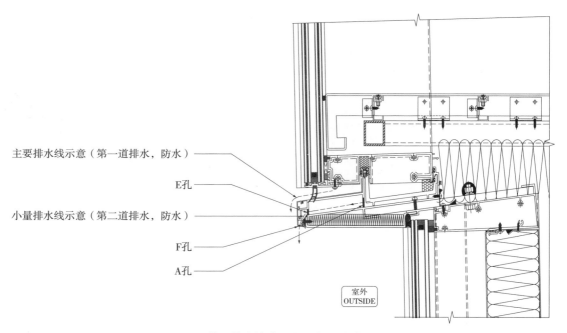

主要排水线示意（第一道排水，防水）

E孔

小量排水线示意（第二道排水，防水）

F孔

A孔

室外
OUTSIDE

图 9.2.3-25　单元排水线路竖向示意图（外倾凸台造型）

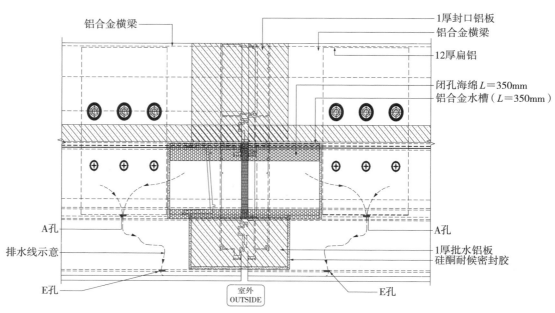

铝合金横梁

1厚封口铝板

铝合金横梁

12厚扁铝

闭孔海绵 $L=350\text{mm}$

铝合金水槽（$L=350\text{mm}$）

A孔

A孔

排水线示意

1厚批水铝板
硅酮耐候密封胶

E孔

E孔

室外
OUTSIDE

图 9.2.3-26　单元排水线路横向示意图

图 9.2.3-27　单元式双曲面错位玻璃幕墙现场安装图

图 9.2.3-28　单元式双曲面错位玻璃幕墙现场图（外倾凸台造型）

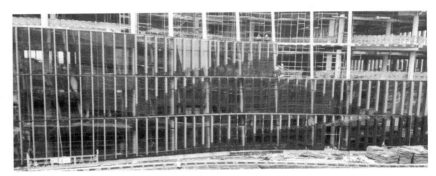

图 9.2.3-29　单元式双曲面错位玻璃幕墙现场图（内倾退台造型）

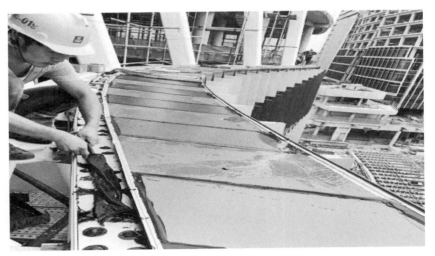

图 9.2.3-30　闭水及淋水试验

图 9.2.3-31　单元式双曲面错位玻璃幕墙竣工图（外倾凸台造型）

图9.2.3-32 单元式双曲面错位玻璃幕墙竣工图（内倾退台造型）

3.3 质量关键要求

（1）特制一套灵活的玻璃冷弯装置，并采用扣盖、螺钉等加强措施完成玻璃面板的冷弯效果。（2）装饰条设计限位组装装置，提高单元板块与装饰条现场一体化组装的精度及效率。（3）从模型中抽取预埋件、挂接支座空间点位，对预埋件进行复测、纠偏，确定挂接支座内外控制点坐标，确保挂接支座精确安装。（4）在层间错位部位，为保证单元幕墙长期使用过程中的气密、水密、抗风压及层间变形等性能，错位部位连接扁铝需按设计要求连接固定，保证板块的连接强度；单元水槽进行二次注胶密封，插接胶条均采用高弹性耐老化的硅胶条，保证幕墙的各项性能。

3.4 季节性施工

（1）板块为L形，雨期施工时，需做好错位部位的防雨、防潮措施，防止错位部位内腔积水或堵塞，影响防排水功能；防止保温棉湿水霉变，影响保温性能。（2）雨期单元板块支座焊接作业，焊接前应搭设临时防护棚等防护措施，用氧炔焰烤干加热，不得让雨水飘落在炽热的焊缝，直至焊缝完全冷却到常温，防止出现冷脆裂纹。（3）雨期错位部位内层披水铝板搭接打胶，需做好注胶防护及养护，避免密封胶失效渗水。过低的温度将影响耐候胶的固化质量，冬期施工应避免在温度较低的早晨和傍晚进行注胶。（4）雷暴雨天气禁止一切室外作业。

4　质量要求

参见第519页"4　质量要求"。

5　成品保护

5.1 成品的运输、装卸

双曲面错位单元板块为L形，为确保单元板块在运输过程中不变形，特制一套用于运输单元板块的货架。采用可调节货架放置单元板块，确保在存放、运输过程中成品保护。

其余参见第 521 页 "5.1 成品的运输、装卸"。

5.2 成品的保管

参见第 522 页 "5.2 成品的保管"。

| 6 | 安全、环境保护措施 |

参见第 522 页 "6 安全、环境保护措施"。

| 7 | 工程验收 |

参见第 522 页 "7 工程验收"。

| 8 | 质量记录 |

参见第 523 页 "8 质量记录"。

第3节　　单元式双层玻璃幕墙施工工艺

主编点评

　　单元式双层玻璃幕墙由内、外两道玻璃组成，内外玻璃之间形成一个相对封闭的空间，空气从下部进风口进入，又从上部排风口离开，这一空间内可配有电动卷帘遮阳，设有内开内倒窗开启通风，并且整个构件单元化，具有集约化、节能和静音等特点。本工艺针对单元式双层玻璃幕墙分格尺寸大、单元板块重等施工难题，采用环形轨道吊及专用吊装挂件技术，实现安全、精准、高效施工。本技术成功应用于深圳基金大厦等项目，获得广东省工程建设省级工法等荣誉。

1　　　　　　　　　　　　　　　　　总　　则

1.1　适用范围
本工艺适用于公共建筑非抗震设计或6～8度抗震设计的单元式双层玻璃幕墙工程施工。

1.2　编制参考标准及规范
（1）《建筑装饰装修工程质量验收标准》GB 50210
（2）《建筑工程施工质量验收统一标准》GB 50300
（3）《建筑幕墙》GB/T 21086
（4）《玻璃幕墙工程技术规范》JGJ 102
（5）《玻璃幕墙工程质量检验标准》JGJ/T 139
（6）《建筑遮阳工程技术规范》JGJ 237
（7）《建筑结构荷载规范》GB 50009
（8）《铝合金结构设计规范》GB 50429
（9）《建筑用安全玻璃　第3部分：夹层玻璃》GB 15763.3
（10）《建筑用硅酮结构密封胶》GB 16776

2　　　　　　　　　　　　　　　　　施工准备

参见第509页"2　施工准备"。

3.1　工艺流程

加工制作 ⟶ 测量放线 ⟶ 预埋件安装和复测 ⟶ 环形轨道安装 ⟶

双层单元板块的吊装 ⟶ 双层单元板块从垂直吊装到水平移动转换 ⟶

双层单元玻璃板块的安装就位 ⟶ 单元式双层玻璃板十字槽口密封 ⟶

幕墙防雷和防火系统安装 ⟶ 清洁、验收

3.2　操作工艺

（1）加工制作

① 幕墙预埋件加工制作：预埋件的锚板及锚筋的材质应符合设计要求，锚筋与锚板焊缝应符合现行国家标准和设计要求。

② 连接件、支承件加工制作：幕墙预埋件、连接件、支承件的材料应满足设计要求，外观应平整，孔（槽）距、孔（槽）宽度、孔边距及壁厚、弯曲角度等尺寸偏差应符合现行相关国家标准和行业标准的要求，不得有裂纹、毛刺、凹凸、翘曲、变形等缺陷。

③ 幕墙型材的加工制作：型材下料前应校直调整，加工时应保护型材表面。

④ 钢化（夹胶）中空玻璃的加工制作：单元式双层钢化中空玻璃采用两层钢化（夹胶）中空玻璃组成，在工厂完成单元组装，先采用计算机软件进行单元板块的三维建模和编号，确定单元板块玻璃的几何尺寸，然后下单，厂家按下单规格加工生产，减少单元板块玻璃的安装误差。

⑤ 注胶工艺：

A. 施胶前的准备工艺：

采用硅酮结构密封胶与玻璃或构件粘结前必须取得合格的剥离强度和相容性检验报告，必要时应加涂底漆。注胶前，对被粘结部位材料表面的灰尘、油渍和其他污物应分别使用带溶剂的擦布和干擦布清除干净。清洁应符合下列要求：

a. 所有的基材被粘部分都应进行清洗，除去灰尘，油污或其他污物。b. 清洗液应使用粘结性报告中注明的溶剂，溶剂应存放在干净的容器中，存放和使用溶剂的场所严禁烟火，并应遵守标明的溶剂注意事项。c. 应将溶剂倾倒在擦布上，不得用擦布蘸溶剂，禁止将擦布浸泡在溶剂中。d. 基本的清洗方法为：先用经溶剂润湿的不脱毛的纯棉白布擦洗基材的表面，再用另一块洁净的同一种抹布在溶剂挥发之前将溶剂和污物从基材表面擦去。不应使用溶剂自然晾干，以免污物重新附着基材表面。e. 每清洁一个构件或一块面板，应换用清洁的干布。f. 清洁后应在 1h 内注胶。若注胶前再度污染，应重新清洁。g. 溶剂属于易燃易爆物品，并具有一定的毒性，因此使用、存放的地方必须具有良好的通风条件，严禁烟火或火种，并采取必要的安全防护措施。

B. 施胶工艺：

a. 采用双组分硅酮结构密封胶时，应进行混匀性试验和拉断试验。检查当日的施工条件，其施工环境的温度、湿度、空气中粉尘浓度及通风条件应符合相应的工艺要求。玻璃面板注胶作业应在洁净通风的室内操作，其室内温度、湿度条件应符合硅酮结构胶产品的规定。注胶宽度和厚度应符合设计要求。b.基材待粘接表面清洗完毕，宜贴上临时性保护胶带，如需要涂底涂液则应在施胶之前进行。c.单组分硅酮结构胶密封胶可用手动或气动施胶枪直接从塑料管或香肠型包装中挤出；双组分结构胶应使用专用的施胶混合设备进行施胶。d.结构胶的挤出动作应连续进行，使胶均匀地以圆柱状挤出胶枪嘴；枪嘴的直径应小于注胶接口的厚度，宜令枪嘴能伸入胶缝二分之一的深度。枪嘴应均匀缓慢地移动，确保接口内充满密封胶，防止枪嘴移动过快而产生气泡或空穴。e.注胶完毕后应立即进行修整，宜采用刮刀将接口外多出的结构胶向接口内压并顺序将接口表面刮平整，使胶与接口的侧边接触，然后揭下所有的临时保护胶带。f. 在上述工序后，宜在幕墙单元组件上注有日期及编号等内容的标签。采用硅酮结构密封胶粘结固定的幕墙单元组件应经静置养护，养护时间根据结构胶的固化程度确定。固化未达到足够承载力之前，不应搬动。

（2）测量放线

单元式双层玻璃幕墙安装前需利用基准轴线网，在楼层内进行每层独立的放线定位，每层建立控制线，再根据建筑分格，进行精准的分格定位和高度控制。

（3）预埋件安装和复测

预埋件安装：依据测量放线的尺寸，将槽式预埋件安装位置标于模板或钢筋上，预埋件初步设置定位后，先点焊，再校准，然后焊接或绑扎牢固，并与主体结构避雷系统焊接连接，最后完成混凝土浇筑。

预埋件复测：模板拆除后，单元玻璃板块安装前，按照施工图和测量放线记录检测预埋件位置，将记录预埋件前后、左右和上下偏差尺寸并填表，作为预埋件错位和偏差处理方案的依据。预埋件的安装偏差控制范围：标高偏差小于或等于 ±10mm，水平偏差小于或等于 ±10mm，进出位偏差小于或等于 10mm。

（4）环形轨道安装

① 环形轨道安装布置：吊装环形轨道由钢架支撑和工字型钢，直接固定于楼层结构外围四周上方，使环形轨道高出单元板块挂装距离，对吊装留出适当距离，方可顺利完成吊装（图 9.3.3-1、图 9.3.3-2）。

② 单元式双层玻璃板块吊装前的堆放：单元式双层玻璃板块宜设置专用堆放场地，水平存放在周转架上，摆放平稳、牢固，减少板块或型材变形。依据施工作业区、材料堆放区、临时堆场相对独立的原则进行施工平面布置。单元式双层玻璃板块运到工地前，需对施工现场做好堆放规划。双层单元体玻璃板块加工完成后，需放在专用钢架上，方便单元玻璃板块搬运、运输、吊装和堆放。单元玻璃板块在堆放点应摆放整齐，注意板块编码应朝外，每个堆放点板块不能超过四块，以免钢架受力太大变形或挤压单元玻璃板块而造成损坏（图 9.3.3-3）。

③ 单元式双层玻璃板水平搬运：通过叉车将单元式双层玻璃板水平搬运至吊装位置，搬运时用叉车的货叉穿过水平专用搬运钢架的套管，单元式双层玻璃板放在水平搬运钢架上，并与水平搬运钢架用尼龙绳捆绑好，搬运时，叉车司机先上升叉车货叉，将单元式双层玻璃板提起，搬离堆放位置。开动叉车离开堆放区，再把双层单元玻璃板块位置调低，使单元板块重心下降（图 9.3.3-4）。

图 9.3.3-1　搭设在楼层的钢架环形轨道图

图 9.3.3-2　搭设在顶层的钢架环形轨道图

图 9.3.3-3　双层单元体玻璃板块堆放图

图 9.3.3-4　双层单元体玻璃板块水平搬运图

（5）双层单元板块的吊装

① 吊装前，将单元式双层玻璃板清理干净。将吊钩挂在双层单元玻璃板块上部两边的铝合金挂件上，并上紧防松脱保险装置。② 安装单元式双层玻璃板下部两边的导引绳，防止双层单元玻璃板块在吊装时晃动和控制吊装前进路线。③ 吊装指挥人员控制塔楼上起重吊车运转，控制单元式双层玻璃板缓慢起吊、拉升。当单元式双层玻璃板吊装到安装楼层时，缓慢将其下落至安装部位（图 9.3.3-5、图 9.3.3-6）。

（6）双层单元板块从垂直吊装到水平移动转换

单元式双层玻璃板垂直吊装到安装楼层时，控制起重吊车停止垂直方向上吊装，把双层单元玻璃板块拉到靠近楼层，施工人员将水平横向移动的吊钩挂在单元式双层玻璃板上面的挂架上，并检查锁紧装置，检查完毕，施工人员将垂直吊装的挂钩松开，单元式双层玻璃板的重量变成由横向轨道上面的吊车承重。同时，施工人员将水平横向移动的第二个吊钩挂在单元式双层玻璃板上面的挂架上（主要是起安全保险作用），并检查锁紧装置，检查完毕，施工工人控制环形轨道上面的吊车，水平移动双层单元玻璃板到准确的安装位置（图 9.3.3-7、图 9.3.3-8）。

图 9.3.3-5 安装双层单元板块吊装的导引绳图

图 9.3.3-6 双层单元玻璃板块吊装图

图 9.3.3-7 双层单元板块吊装垂直和水平吊装挂钩转换图

图 9.3.3-8 双层单元板块吊装垂直和水平吊装转换图

（7）双层单元玻璃板块的安装就位

单元式双层玻璃板吊装到位后，需对板块进行插接、就位、调整，完成安装。单元板块吊装到安装位置时，先进行左右插接。左右板块插接时，安装间隙采用一块标准的铝合金板件放在左、右板块中间，以便控制左、右板块间距。同时，让安装的双层单元玻璃板块左、右立柱对准下一层已安装好的板块，确保上、下单元板块的铝合金插件正好插接，才能让吊装单元板块下行就位。在进行下行就位安装时，测量放线员采用经纬仪进行标高测量，确保双层单元玻璃板块安装标高跟施工图控制标高一致。单元式双层玻璃板的标高调整：工人通过 T 型套筒拧紧板块支座系统的 M16 调节螺栓，调整双层单元玻璃板块的标高，同时，测量放线员通过经纬仪测量，保证双层单元玻璃板块的标高符合施工图的要求（图 9.3.3-9～图 9.3.3-12）。

（8）单元式双层玻璃板十字槽口密封

单元式双层玻璃板安装到位后，在单元板块四角拼装部位，进行密封防水，在靠近室内侧安装铝合金集水槽，四周打胶密封。在双层单元体外侧，安装铝合金密封件，并在四周打胶密封（图 9.3.3-13）。

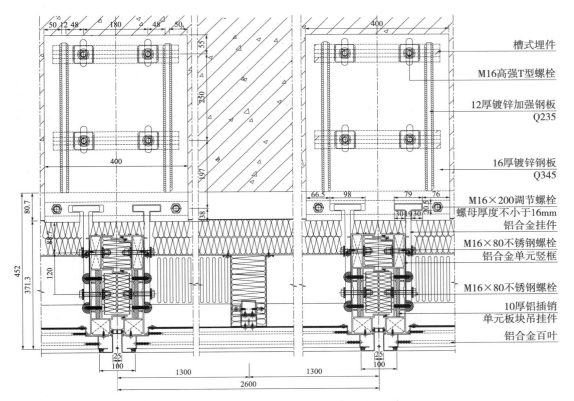

槽式埋件

M16高强T型螺栓

12厚镀锌加强钢板
Q235

16厚镀锌钢板
Q345

M16×200调节螺栓
螺母厚度不小于16mm
铝合金挂件

M16×80不锈钢螺栓
铝合金单元竖框

M16×80不锈钢螺栓

10厚铝插销
单元板块吊挂件

铝合金百叶

图 9.3.3-9　单元式双层玻璃幕墙横向剖面示意图

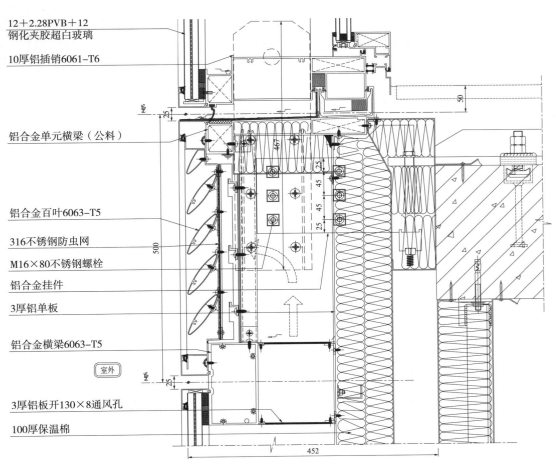

12＋2.28PVB＋12
钢化夹胶超白玻璃

10厚铝插销6061-T6

铝合金单元横梁（公料）

铝合金百叶6063-T5

316不锈钢防虫网

M16×80不锈钢螺栓

铝合金挂件

3厚铝单板

铝合金横梁6063-T5

室外

3厚铝板开130×8通风孔

100厚保温棉

图 9.3.3-10　单元式双层玻璃幕墙竖向剖面示意图

图 9.3.3-11　双层玻璃板单元拼装安装图

图 9.3.3-12　双层玻璃板单元安装标高调整

图 9.3.3-13　双层单元体玻璃板块
在角部拼装密封图

图 9.3.3-14　单元式双层玻璃幕墙竣工图

（9）幕墙防雷和防火系统安装

① 防雷系统安装：按图纸设计要求先逐个完成幕墙自身防雷网的焊接，焊缝应及时敲掉焊渣，冷却后涂刷防锈漆。焊缝应饱满，焊接牢固，不允许漏焊或随意移动变更防雷节点位置。每一个单元玻璃板块都需要与防雷系统用铜导线连接，保证导电线路连接畅通，安全可靠。单元式双层玻璃幕墙在工程竣工验收前应通过防雷验收，交付使用后按有关规定进行防雷检测。

② 防火系统安装：先在单元玻璃板块四周外侧安装 1.5mm 厚镀锌铁皮，将防火板一侧固定在单元玻璃板块上，用拉钉固定，另一侧用射钉与主体连接固定。在防火板内填塞100mm 厚的防火岩棉，再在室内侧用 1.5mm 厚镀锌铁皮封边，防火层所有搭接位置缝隙都需采用防火密封胶进行有效密封。无窗槛墙或窗槛墙高度小于 0.8m 的建筑幕墙，应在每层楼板外沿设置耐火极限不低于 1.0h、高度不低于 0.8m 的不燃烧实体裙墙或防火玻璃裙墙。墙内填充材料的燃烧性能应满足消防要求。建筑幕墙与各层楼板、防火分隔、实体墙面洞口边缘的间隙等，应设置防火封堵。防火封堵应采用厚度不小于 100mm 的岩棉、

矿棉等耐高温、不燃烧的材料填充密实，并由厚度不小于1.5mm的镀锌钢板承托，不得采用铝板、铝塑板，其缝隙应以防火密封胶密封，竖向应双面封堵。

（10）清洁、验收

① 双层单元体玻璃板块四周封边封口，幕墙顶部和底部封边封口，应选用硅酮耐候密封胶密封，先放入泡沫棒，再打密封胶，密封胶需充满胶缝，粘接牢固，胶缝平整、光滑、连续，胶缝外无胶污渍。打胶完毕后，待密封胶表面干燥后，须进行淋水试验，检验合格后，才能进行下道工序。

② 检验批、分部分项和单位工程检查验收，执行《玻璃幕墙工程技术规范》JGJ 102、《玻璃幕墙工程质量检验标准》JGJ/T 139和《建筑装饰装修工程质量验收标准》GB 50210等标准的规定。

3.3　质量关键要求

参见第518页"3.3　质量关键要求"。

3.4　季节性施工

参见第519页"3.4　季节性施工"。

4　质量要求

参见第519页"4　质量要求"。

5　成品保护

5.1　成品的运输、装卸

（1）单元式双层玻璃板块运送时，应平稳固定运送，用聚乙烯苫布保护制品四角等露出部件。收货时依据送货单对双层单元玻璃板块和部件（连接件、螺栓、螺母、螺钉等）的型号、数量、有无损伤等进行确认。（2）卸货时使用塔吊、叉车等卸货机械应由专职人员操作，且在作业前应进行安全技术交底。卸货时应按安装先后顺序堆放。

5.2　成品的保管

成品的仓库应设在雨水淋不到并且通风良好的地方，根据各种材料的规格，分类堆放，并做好相应的产品标识，并定期检查仓库的防火设施和防潮情况。

6　安全、环境保护措施

参见第522页"6　安全、环境保护措施"。

7   工程验收

参见第 522 页 "7　工程验收"。

8   质量记录

参见第 523 页 "8　质量记录"。

单元式陶板幕墙施工工艺

主编点评

本工艺针对构件式陶土板幕墙存在施工周期长、精度难以保证等施工难题，采用单元式陶土板幕墙系统设计，三级结构组件调节，陶土板与单元框架之间安装防水铝板、保温棉及完整的密封胶体系，陶土板单元工厂组装、现场吊装，实现精准、高效施工。本技术成功应用在于家堡金融区起步区 03-21 地块幕墙工程等项目，获得广东省工程建设省级工法等荣誉。

1　总　则

1.1　适用范围

本标准适用于公共建筑非抗震设计或 6～8 度抗震设计的单元式陶板幕墙工程施工。

1.2　编制参考标准及规范

（1）《建筑装饰装修工程质量验收标准》GB 50210

（2）《建筑工程施工质量验收统一标准》GB 50300

（3）《钢结构设计标准》GB 50017

（4）《建筑幕墙》GB/T 21086

（5）《建筑幕墙用陶板》JG/T 324

（6）《铝合金建筑型材》GB/T 5237.1～5237.6

（7）《建筑用硅酮结构密封胶》GB 16776

（8）《建筑施工测量标准》JGJ/T 408

（9）《钢结构焊接规范》GB 50661

（10）《金属与石材幕墙工程技术规范》JGJ 133

（11）《铝合金建筑型材用隔热材料　第 1 部分：聚酰胺型材》GB/T 23615.1

（12）《硅酮和改性硅酮建筑密封胶》GB/T 14683

（13）《聚氨酯建筑密封胶》JC/T 482

2　施工准备

2.1　技术准备

（1）熟悉施工图纸，掌握单元式陶板幕墙防排水构造、运输限位、安装调节、卡槽插接等技术措施；确认建筑物主体结构施工质量、尺寸标高是否满足施工的要求。（2）了解陶板生产工艺，掌握陶板生产线产量，合理安排陶板采购供货计划、进场检验。（3）编制施工组织设计和专项施工方案。重点关注单元式陶土板幕墙运输、安装等方面的技术。（4）组织设计人员对现场安装工人进行技术交底，熟悉陶土板幕墙的精度调节、保温、水槽卡槽式安装等技术特点。

2.2 材料要求

（1）一般规定：陶板幕墙所选用的材料应符合现行国家标准、行业标准、产品标准以及有关地方标准的规定，同时应有出厂合格证、质保书及必要的检验报告。进口材料应符合国家商检规定。尚无标准的材料应符合设计要求，并经专项技术论证。

（2）陶板面板：陶板应符合《建筑幕墙用陶板》JG/T 324的规定。幕墙面板的放射性核素限量，应符合现行国家标准《建筑材料放射性核素限量》GB 6566的规定。

其余材料参见第510页"2.2 材料要求"。

2.3 主要机具

参见第512页"2.3 主要机具"。

2.4 作业条件

参见第512页"2.4 作业条件"。

---

3 施工工艺

3.1 工艺流程

加工制作 ⟶ 预埋件安装 ⟶ 测量放线 ⟶

连接件的安装 ⟶ 单元板块吊装 ⟶ 幕墙防火系统安装 ⟶

幕墙防雷系统安装 ⟶ 闭水及淋水试验 ⟶ 清洁、验收

3.2 操作工艺

（1）加工制作

① 幕墙埋件加工制作

槽式预埋件表面及槽内应进行防腐蚀处理，其加工精度应符合下列要求：

a. 预埋件长度、宽度、厚度和锚筋长度不允许负偏差。

b. 锚筋中心线允许偏差为±1.5mm，槽口允许偏差为+0.5mm。

c. 锚筋与锚板面的垂直度允许偏差为 l_s/30（l_s 为锚固钢筋长度）。

② 幕墙型材的加工制作

型材截料前应校直调整。型材直线度允许偏差：铝合金型材为1/1000，钢型材为1/500。型材截料加工精度宜符合表9.4.3-1的要求。

型材杆件尺寸允许偏差 表 9.4.3-1

项目	材料	长度允许偏差（mm）	直角截料	斜角截料
横梁	铝合金	±0.5	−15′	−15′
	钢材	±1.0		
立柱	铝合金	±1.0		
	钢材	±2.0		

型材加工应按工序依次完成，下料时应防止型材变形；加工时应保护型材表面，半成品应在明显处贴标识；冲孔、铣切等工序完成后，型材切口应平整、光滑；加工工序完成后应进行检验，检验合格后及时对型材表面采取保护措施。

型材钻孔加工精度宜符合下列要求：

a. 孔位允许偏差为 ±0.5mm，孔距允许偏差为 ±0.5mm，累计偏差为 ±1.0mm；b. 铆钉的通孔尺寸偏差应符合《紧固件 铆钉用通孔》GB 152.1 的规定；沉头螺钉的沉孔尺寸偏差应符合《紧固件 沉头螺钉用沉孔》GB 152.2 的规定；圆柱头、螺栓的沉孔尺寸应符合《紧固件 圆柱头用沉孔》GB 152.3 的规定；c. 螺钉孔的加工应符合设计要求。

铝合金型材中槽口、豁口、榫头的加工精度应符合表 9.4.3-2 的要求。

铝合金型材构件槽口、豁口、榫头允许偏差 表 9.4.3-2

项目	尺寸允许偏差（mm）	中心线偏差（mm）
槽口	+ 0.5	±0.5
豁口	+ 0.5	±0.5
榫头截面	−0.5	±0.5

③ 陶板面板的加工制作

a. 陶板在其加工、运输过程中要轻拿轻放，手推车运输时采用软物衬垫、分隔及固定，避免磕碰或破损。并根据使用部位、尺寸进行分层、分类码放，减少其移动次数，避免破损。b. 实行样板制度。安装前首先做样板施工，经相关单位确认后方可大面积施工。c. 陶板安装必须保证拼缝大小统一，横平竖直，竖向缝隙为 4mm，水平缝隙为 8mm；窗台、女儿墙压顶部分收向正确；采用质检专用工具进行检查，其材料允许偏差应符合表 9.4.3-3 要求、表面质量应符合表 9.4.3-4 要求。d. 已安装完成墙面贴上成品保护警示牌，防止面层污染与损坏。

陶板材料允许尺寸偏差 表 9.4.3-3

材料名称	长度 允许最大偏差（mm）	宽度 允许最大偏差（mm）	对角线 允许最大偏差（mm）	平整度 允许最大偏差（mm）	厚度 允许最大偏差（mm）	检测方法
陶板	±1.0	±2.0	±2.0	±2.0	±2.0	游标卡尺

项目			规定内容	要求
表面裂纹	正面[a]			不允许
	其他面	横向最大长度		≤ 10mm
		纵向最大长度		≤ 20mm
	挂接沟、槽、孔			不允许
贯通裂纹				不允许
缺棱（正面）			正面投影长度不超过 10mm，宽度不超过 1mm（长度＜ 5mm 不计）每块板允许处数	≤ 1 处
缺角（正面）			正面投影长度≤ 5mm，宽度≤ 2mm（长度＜ 2mm，宽度＜ 2mm 不计）每块板允许处数	≤ 2 处
点状缺陷			最大尺寸≤ 5mm（最大尺寸＜ 3mm 不计）每块板允许处数	≤ 2 处
釉裂[b]		釉面角裂		不允许
		其他釉裂		不明显
缺釉[b]				不明显
色差				不明显

注：a 对于产品因骨料颗粒较大而产生不影响安全的表面裂纹长度应小于 3mm。
　　b 只适用于釉面陶板。

④ 单元铝框架组装

横框端头（与竖框侧面接触部位）均涂密封胶，厚度 1mm；按组装图要求进行组框。先在钉孔内注入适量密封胶，然后拧紧，再把钉帽处用胶密封，以确保螺钉的防松及钉孔处的水密性。组框时注意横竖框接头处平整（以内视面为主），不允许出现阶差；板块外形尺寸公差为 ±1mm，对角线尺寸公差控制在 ±3mm 之内（图 9.4.3-1）。

⑤ 背板及保温棉安装

单元板块外表面陶土板为装饰面板，陶土板背部 2mm 厚铝板与保温棉为防水保温层，背板四周嵌入单元立柱及横梁进行连接，中部分格位置与横梁连接。背板周边与横竖框交接处用密封胶密封，以确保水密性。保温岩棉固定应牢固且用力要轻，以免破坏防水铝板周边的密封（图 9.4.3-2）。

⑥ 钢桁架与陶板安装

陶板骨架与防水保温层内的单元骨架连接，连接螺栓穿过铝板与两者的转接钢板连接，此部位螺栓孔位打密封胶及铺设 2mm 厚防水卷材处理。陶板原材料进厂后，要查验出厂合格证，核对其型号规格、尺寸与设计下料单是否一致；并检查表面是否完好无损，有无扭曲、变形等。陶板应注意检测同一批次出现色差情况（图 9.4.3-3、图 9.4.3-4）。

图 9.4.3-1 单元式陶板骨架组装

图 9.4.3-2 单元式陶板板块组装

图 9.4.3-3 陶板后衬背板安装

图 9.4.3-4 陶板组装样板

（2）预埋件安装

① 按照土建进度，从下向上逐层安装预埋件。

② 预埋件安装前应按照幕墙的设计分格尺寸用测量仪器定位。

③ 检查定位无误后，按图纸要求埋设埋件。

④ 应采取措施防止浇筑混凝土时埋件发生移位，保持埋件位置准确，控制好埋件表面的水平或垂直，防止出现歪、斜、倾等。

⑤ 检查预埋件是否牢固、位置是否准确。

⑥ 预埋件的位置偏差应满足设计要求。设计无要求时，预埋件的标高偏差应不大于±10mm，水平偏差应不大于 ±10mm，表面进出偏差应不大于 10mm。

⑦ 当结构边线尺寸偏差过大时，应先对结构进行必要修正，当预埋件位置偏差过大时，宜调整框料间距或修改连接件与主体结构的连接方式。

⑧ 偏位的预埋件应按下列要求处理：

a. 偏差过大不满足设计要求的预埋件应废弃，原设计位置应补后置埋件。b. 采用焊接工艺连接的后置埋件，应符合《钢结构焊接规范》GB 50661 规定。c. 后置埋件钻孔时，应避开主体结构的钢筋，钻孔深度应满足后置埋件的有效长度，并清理钻孔。

（3）测量放线

① 复查由土建方移交的基准线。

② 放标准线：在每一层将室内标高线移至外墙施工面，并进行检查；在放线前，应首先对建筑物外形尺寸进行偏差测量，根据测量结果，确定基准线。

③ 以标准线为基准，按照图纸将分格线放在墙上，并做好标记。

④ 测量放线时，应结合主体结构的偏差及时调整幕墙分格，不得积累偏差。

⑤ 分格线确定后，应在其垂直方向和水平方向设置控制线。垂直方向每隔20m设置一条控制线。

⑥ 分格线放完后，应检查预埋件的位置是否与设计相符，若与设计不符应进行调整或预埋件补救处理。最后，用φ0.5～1.0mm的钢丝在单幅幕墙的垂直、水平方向各拉两根，作为安装的控制线，水平钢丝应每层拉一根（宽度过宽，应每间隔20m设1支点，以防钢丝下垂），垂直钢丝应间隔20m拉一根。

（4）连接件的安装

① 先对整个大楼进行测绘控制线，依据轴线位置的相互关系将十字中心线弹在预埋件上，作为安装支座的依据（图9.4.3-5）。

② 幕墙施工为临边作业，应在楼层内将螺栓与埋件连接，依据垂直钢丝线来检查一次转接件的前后与左右偏差，除控制前后左右尺寸，还要控制每个转接件标高，用水准仪进行跟踪检查标高，其允许偏差为±1mm（图9.4.3-6）。

③ 钢转接件安装完毕后，再进行铝挂钩安装，安装前垫上隔离垫，安装好进行前后左右调节，完毕后进行固定，用水准仪检查标高（图9.4.3-7）。

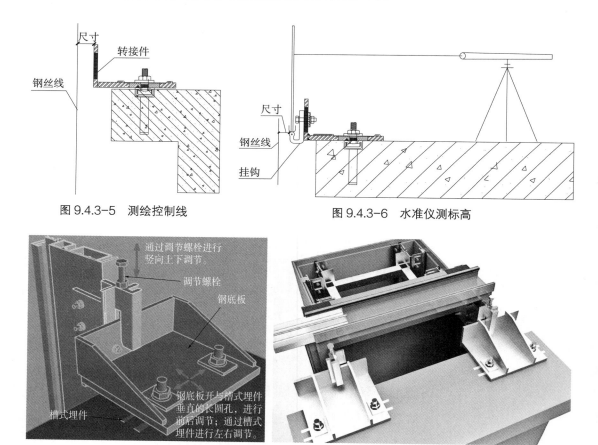

图9.4.3-5　测绘控制线　　　　　　图9.4.3-6　水准仪测标高

图9.4.3-7　单元支座调节示意与效果图

（5）单元板块吊装

① 由于陶土板采用铝合金挂件通槽挂接，虽然采取了限位技术措施，板块吊装前仍应检查陶土板是否有位移情况，以免影响幕墙装饰效果（图9.4.3-8）。

② 将单元板块从运输架上搬运到小平板车上，为了防止单元板擦伤，应该在小车上搁置

毛毯或橡胶垫，然后将小平板车推到吊装处进行吊装。

③ 首先将小平板将单元板块推到待装位置，钩好钢丝绳慢慢启动小吊机，使板块缓缓提升，严格控制提升速度和重量，待要出楼层时小心陶板面碰到楼板梁，防止陶土板损伤（图9.4.3-9）。

④ 当板块吊装出楼层时小心陶板面碰到楼板面，单元板块尾部抽去平板车，底部垫上木板，防止边角损伤。

⑤ 单元板吊出楼层后，让单元体陶板面向外，然后进行就位安装（图9.4.3-10）。

⑥ 单元板就位后，应用水准仪跟踪检查水平标高，若标高不合格进行调整，当符合要求后，首先清洁槽内的垃圾，然后进行防水压盖的安装，用清洁剂擦干净再进行打胶工序，打胶一定要连续饱满，然后进行刮胶处理，打胶完毕后，待硅胶表干后进行渗水试验，合格后，再进行下道工序（图9.4.3-11）。

图 9.4.3-8　板块现场卸料与堆放

图 9.4.3-9　板块吊装

图 9.4.3-10　施工安装

图 9.4.3-11　局部立面效果

⑦ 卡槽式水槽插接安装：在单元体顶底横梁分别设置凹凸卡槽，凹型铝合金卡槽（$L=150mm$）与底横梁连接而凸型铝合金卡槽（$L=100mm$）与顶横梁连接，凹凸卡槽采取插接形式，分别置于单元体左右各一段。

⑧ 单元式陶板幕墙安装节点图见图9.4.3-12、图9.4.3-13。

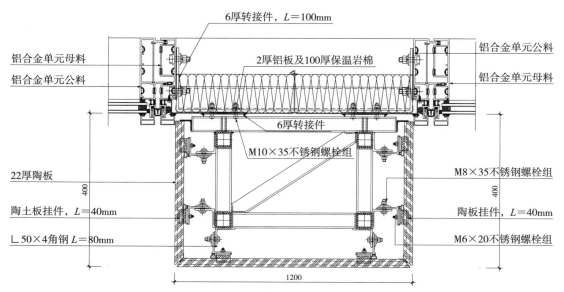

6厚转接件，*L*=100mm

铝合金单元母料

铝合金单元公料

2厚铝板及100厚保温岩棉

铝合金单元公料

铝合金单元母料

6厚转接件

M10×35不锈钢螺栓组

22厚陶板

M8×35不锈钢螺栓组

陶土板挂件，*L*=40mm

陶板挂件，*L*=40mm

∟50×4角钢 *L*=80mm

M6×20不锈钢螺栓组

400

400

1200

图 9.4.3-12　单元式陶板幕墙横剖节点图

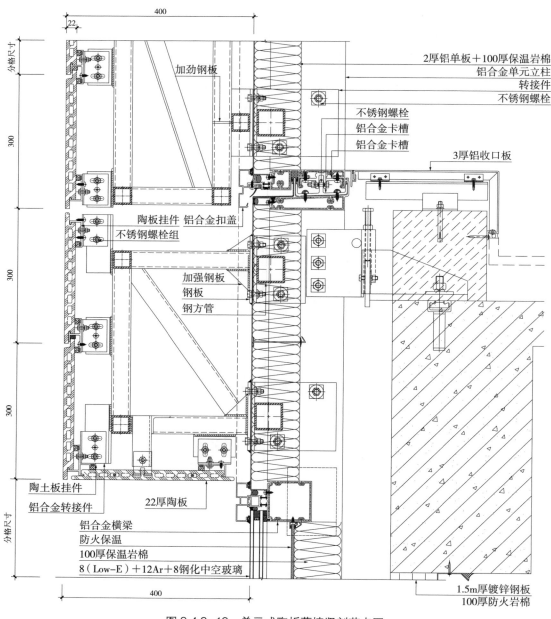

22

400

分格尺寸

300

300

300

分格尺寸

加劲钢板

2厚铝单板＋100厚保温岩棉

铝合金单元立柱

转接件

不锈钢螺栓

不锈钢螺栓

铝合金卡槽

铝合金卡槽

3厚铝收口板

陶板挂件　铝合金扣盖

不锈钢螺栓组

加强钢板

钢板

钢方管

陶土板挂件

铝合金转接件

22厚陶板

铝合金横梁

防火保温

100厚保温岩棉

8（Low-E）＋12Ar＋8钢化中空玻璃

400

1.5m厚镀锌钢板

100厚防火岩棉

图 9.4.3-13　单元式陶板幕墙竖剖节点图

图 9.4.3-14　单元式陶板幕墙安装示意图　　　　图 9.4.3-15　单元式陶板幕墙板块效果图

（6）幕墙防火系统安装

① 同一层间设置两个防火层，根据防火节点图，固定下口镀锌钢板托板，与主体结构一端采用 M4×30 射钉固定，与幕墙结构一端采用 ST5.5×20 不锈钢自攻钉固定，固定间距不大于 200mm。

② 根据现场主体结构与幕墙陶板的间隙裁剪防火岩棉，铺在镀锌钢板上，防火岩棉铺设应饱满、均匀、无遗漏，紧贴幕墙陶板，预留 2~3mm 缝隙，以免热胀冷缩陶板破损。

③ 防火封堵施工完毕应作隐蔽验收，验收合格后进行下一道工序施工。

④ 待陶板安装完毕，镀锌钢板与主体结构、幕墙结构及镀锌钢板之间的缝隙注防火密封胶，防火胶应均匀密实，起到防火、防烟的作用，同时满足观感要求。

⑤ 幕墙面板材料和面板背后的填充材料应为不燃或难燃材料，并符合如下要求：

a. 无窗槛墙或窗槛墙高度小于 0.8m 的建筑幕墙，应在每层楼板外沿设置耐火极限不低于 1.0h、高度不低于 0.8m 的不燃烧实体裙墙或防火玻璃裙墙。墙内填充材料的燃烧性能应满足消防要求。b. 建筑幕墙与各层楼板、防火分隔、实体墙面洞口边缘的间隙等，应设置防火封堵。封堵构造在耐火时限内不应发生开裂或脱落。

（7）幕墙防雷系统安装

① 依据防雷引线布置图，在楼层、屋面层主梁位置，剔凿出主筋露出长度超过 100mm，以此作为幕墙防雷引下线。焊接时采用对面焊，搭接长度不小于 100mm；均压环与主体结构引下线的接头处可靠焊接；龙骨之间采用 2×40 导电铜索导通，接触面积不小于 150mm^2。

② 幕墙建筑应按建筑物的防雷分类采取防直击雷、侧击雷、雷电感应以及等电位连接措施。建筑主体设计应明确主体建筑的防雷分类，幕墙建筑的防雷系统设计由幕墙设计与主体设计共同完成。

③ 除第一类防雷建筑物外，采用金属框架支承的幕墙宜利用其金属本体作为接闪器，并应与主体结构的防雷体系可靠连接。

④ 幕墙的防雷设计应符合《建筑防雷设计规范》GB 50057 的有关规定。

⑤ 幕墙高度超过 200m 或幕墙构造复杂、有特殊要求时，宜在设计初期进行雷击风险评估。

⑥ 建筑幕墙在工程竣工验收前应通过防雷验收，交付使用后按有关规定进行防雷检测。

⑦ 幕墙选用的防雷连接材料的最小截面积应符合表9.4.3-5的规定。

防雷连接材料最小截面积   表9.4.3-5

防雷连接材料	截面积（mm²）
铜质材料	16
铝质材料	25
钢质材料	50
不锈钢材料	50

钢质连接件（包括钢质绞线）连接的焊缝处应做表面防腐蚀处理。不同材质金属之间的连接，应采取不影响电气通路的防电偶腐蚀措施。不等电位金属之间应防止接触性腐蚀。

⑧ 幕墙建筑防雷接地电阻值应符合表9.4.3-6的规定。

防雷接地电阻   表9.4.3-6

接地方式	电阻值（Ω）
共用接地	≤ 1.0
独立接地每根引下线的冲击电阻	≤ 10.0

（8）闭水及淋水试验

单元式幕墙完成后对20%面积进行淋水试验，确保幕墙水密性能。

图9.4.3-16 淋水试验   图9.4.3-17 单元式陶板幕墙竣工图

3.3 质量关键要求

（1）单元式陶板幕墙板块在工厂组装，陶土板为开放式、通槽挂接设计，为避免运输过程造成陶土板位移，板块组装时，需严格落实陶土板限位工艺措施，施工现场吊装前进行检查，再进行安装。（2）掌握幕墙板块拼接的挂件调节原理，面板采用T型调整件及带锯齿的L型调整件进行微调节；幕墙骨架通过与单元框架之间的连接件及调节螺栓进行调节，保证单元板块的安装精度。（3）幕墙骨架与单元框架之间的连接，螺栓孔位的防水采用打密封胶及铺设2mm厚防水卷材进行处理。（4）单元式幕墙板为装饰线条形式时，对于受侧向荷载作用的单元式陶板幕墙，在单元体顶底横梁分别设置凹凸卡槽，凹型铝合金卡槽与底横梁连接而凸型铝合金卡槽与顶横梁连接，凹凸卡槽采取插接形式，起到限位及抵抗侧向荷载作用，保证了单元式幕墙的整体性能及安全性。

3.4　季节性施工

（1）雨期施工时，由于单元陶土板的钢框架龙骨、隔离胶皮、胶垫等暴露在室外，板块的运输、搬运、存放，均应采取防雨、防潮措施，以防止发生胶皮霉变、钢件积水生锈、板块变形等现象。（2）雨期施工应注意铝板保温层的防水防潮，防止保温棉霉变，影响幕墙热工性能。

4　质量要求

4.1　主控项目

（1）幕墙工程所用材料的品种、规格、性能和等级，应符合设计要求及现行产品标准和工程技术规范的规定。

检验方法：观察；尺量检查；检查产品合格证书、性能检测报告、材料进场验收记录和复验报告。

（2）幕墙的造型、立面分格、颜色、光泽、花纹和图案应符合设计要求。

检验方法：观察。

（3）幕墙板材的长度、宽度、厚度、直角检验，应采用分值率为1mm钢卷尺或分辨率为0.02mm的游标卡尺和直角尺进行检查，检查结果应符合设计要求。

检验方法：尺量检查。

（4）幕墙主体结构上的预埋件和后置埋件的位置、数量及后置埋件的拉拔力应符合设计要求。

检验方法：检查拉拔力检测报告和隐蔽工程验收记录。

（5）幕墙的金属框架立柱与主体结构预埋件的连接、立柱与横梁的连接、连接件与金属框架的连接、连接件与陶板的连接应符合设计要求，安装应牢固。

检验方法：手扳检查；检查隐蔽工程验收记录。

（6）金属框架和连接件的防腐处理应符合设计要求。

检验方法：检查隐蔽工程验收记录。

（7）幕墙的防雷装置应与主体结构防雷装置可靠连接。

检验方法：观察；检查隐蔽工程验收记录和施工记录。

（8）幕墙的防火、保温、防潮材料的设置应符合设计要求，填充应密实、均匀、厚度一致。

检验方法：检查隐蔽工程验收记录。

（9）各种结构变形缝、墙角的连接节点应符合设计要求和技术标准的规定。

检验方法：检查隐蔽工程验收记录和施工记录。

（10）幕墙板件表面和板缝的处理应符合设计要求。

检验方法：观察。

（11）幕墙的板缝注胶应饱满、密实、连续、均匀、无气泡，板缝宽度和厚度应符合设计要求和技术标准的规定。

检验方法：观察；尺量检查；检查施工记录。

（12）幕墙应无渗漏。

检验方法：在易渗漏部位进行淋水检查。

4.2 一般项目

（1）陶板幕墙表面应平整、洁净，无污染、缺损和裂痕。颜色和花纹应协调一致，无明显色差，无明显修痕。

检验方法：观察。

（2）陶板的表面质量检查应采用观察检查和用分度值为1mm钢卷尺检查，其质量应符合下列规定：① 板材的表面平整度应保证在≤2/1000范围内。② 板材的表面涂层应无起泡、裂纹、剥落现象。

检验方法：观察；尺量检查。

（3）陶板接缝应横平竖直、宽窄均匀；阴阳角陶板压向应正确，板边合缝应顺直；凸凹线出墙厚度应一致，上下口应平直；陶板上洞口、槽边应套割吻合，边缘应整齐。

检验方法：观察；尺量检查。

（4）陶板幕墙的密封胶缝应横平竖直、深浅一致、宽窄均匀、光滑顺直。

检验方法：观察。

（5）陶板幕墙上的滴水线、流水坡向应正确、顺直。

检验方法：观察；用水平尺检查。

（6）单元式幕墙安装允许偏差及检查方法应符合表9.1.4-3的规定。

（7）单元式人造板材幕墙组装允许偏差应符合表9.4.4-1的要求。

人造板材幕墙组装允许偏差   表9.4.4-1

项目		允许偏差（mm）	检测方法
竖缝及墙面	幕墙高度≤30m	≤10	激光经纬仪或经纬仪
	30m＜幕墙高度≤60m	≤15	
	60m＜幕墙高度≤90m	≤20	
	90m＜幕墙高度≤150m	≤25	
	幕墙高度＞150m	≤30	
幕墙平面度		平面、抛光面小于2.5	2m靠尺、钢板尺
竖缝直线度		≤2.5	2m靠尺、钢板尺
横缝直线度		≤2.5	2m靠尺、钢板尺
缝宽度（与设计值比较）		≤2.0	卡尺
两相邻面板之间接缝高低差	表面抛光处理、平面、釉面	1.0	深度尺
	毛面	2.0	

---

5 / 成品保护

（1）单元板块设置专用堆放场地，周转架方便运输、装卸和存放。（2）单元板块存放时依照安装顺序先出后进的原则排列放置，防止多次搬运对单元板块造成损坏、变形，保证幕墙质量。（3）单元板块应避免直接叠层堆放，防止单元板块因重力作用造成变形或损坏。（4）用塑料薄膜对型材、玻璃内表面进行覆盖保护。（5）在幕墙室内表面贴上警告标识，如"幕墙产品贵重，请勿碰撞"等。

---

6 / 安全、环境保护措施

参见第 522 页 "6 安全、环境保护措施"。

---

7 / 工程验收

参见第 522 页 "7 工程验收"。

---

8 / 质量记录

参见第 522 页 "8 质量记录"。

第 5 节　单元式石材幕墙施工工艺

主编点评

　　本工艺针对建筑外墙梁柱部位石材幕墙造型复杂、安装效率低等施工难题，将柱、梁部位石材幕墙预制为 U 形或 L 形石材幕墙单元，石材幕墙单元采用环形双轨道快速安装，实现精准、高效施工。本技术成功应用于深圳市鼎和大厦等项目，获得广东省工程建设省级工法等荣誉。

1　总　则

1.1　适用范围
本工艺适用于公共建筑中非抗震设计或 6～8 度抗震设计的单元式石材幕墙工程施工。

1.2　编制参考标准及规范
（1）《建筑装饰装修工程质量验收标准》GB 50210
（2）《建筑工程施工质量验收统一标准》GB 50300
（3）《钢结构设计标准》GB 50017
（4）《建筑幕墙》GB/T 21086
（5）《金属与石材幕墙工程技术规范》JGJ 133
（6）《玻璃幕墙工程技术规范》JGJ 102
（7）《建筑用硅酮结构密封胶》GB 16776
（8）《建筑施工测量标准》JGJ/T 408

2　施工准备

2.1　技术准备
（1）熟悉施工图纸，确认建筑物主体结构施工质量、尺寸标高是否满足施工的要求。
（2）掌握当地自然条件、材料供应、交通运输以及地方性法律法规要求。（3）编制施工组织设计和施工方案。（4）对现场安装工人进行技术交底，熟悉单元式幕墙的技术结构特点，详细研究施工方案，熟悉质量标准，使工人掌握每个工序的技术要点。（5）项目经理组织现场人员学习单元板块的吊装方案，着重学习掌握吊具的额定荷载、各种单元体重量等重要参数。

2.2 材料要求

（1）石材幕墙所选用的材料应符合现行国家标准、行业标准、产品标准以及有关地方标准的规定，同时应有出厂合格证、质保书及必要的检验报告。进口材料应符合国家商检规定。尚无标准的材料应符合设计要求，并经专项技术论证。

（2）石材面板

石材面板的质量要求应符合现行国家标准《天然花岗石建筑板材》GB/T 18601、《天然大理石建筑板材》GB/T 19766、《天然砂岩建筑板材》GB/T 23452 和《天然石灰石建筑板材》GB/T 23453 的有关规定。尺寸偏差应达到一等品或优等品的要求。用于严寒地区和寒冷地区的石材，其抗冻系数不宜小于 0.8。石材的放射性核素应符合现行国家标准《建筑材料放射性核素限量》GB 6566 的有关规定。在干燥状态下，石材面板的弯曲强度应符合下列要求：① 花岗石的试验平均值 f_{rm} 不应小于 $10.0N/mm^2$，标准值 f_{rk} 不应小于 $8.0N/mm^2$；其他类型石材的试验平均值 f_{rm} 不应小于 $5.0N/mm^2$，标准值 f_{rk} 不应小于 $4.0N/mm^2$。② 当石材面板的两个方向具有不同力学性能时，对双向受力板，每个方向的强度指标均应符合本条第 1 款的规定；对单向受力板，其主受力方向的强度应符合本条第 1 款的规定。③ 石材面板弯曲强度试验应符合现行国家标准《天然石材试验方法　第 2 部分：干燥、水饱和、冻融循环后弯曲强度试验》GB 9966.2 的有关规定。④ 幕墙高度超过 100m 时，花岗石面板的弯曲强度试验平均值 f_{rm} 不应小于 $12.0N/mm^2$，其弯曲强度标准值 f_{rk} 不应小于 $10.0N/mm^2$，其厚度不应小于 30mm。⑤ 幕墙石材面板宜进行表面防护处理。石材面板吸水率测试应符合现行国家标准《天然石材试验方法　第 3 部分：吸水率、体积密度、真密度、真气孔率试验》GB 9966.3 的规定。

（3）幕墙埋件

与幕墙配套的平板预埋件、槽式预埋件、板槽预埋件及配套紧固件应符合国家现行标准、行业的规定，并具备产品合格证、质量保证书及相关性能的检测报告。幕墙埋件应有符合国家现行标准、行业规定的合格的计算书。

预埋件的锚板和钢槽宜采用 Q235B 级钢、Q345B 级钢，平板预埋件的锚筋应采用 HRB400 或 HPB300 级钢筋，严禁采用冷加工钢筋。

预埋件和后置埋件，除了不锈钢制品外，表面应热浸镀锌处理。镀锌厚度应符合《金属覆盖层　钢铁制件热浸镀锌层技术要求及试验方法》GB/T 13912 的规定。

埋件混凝土基材应坚实能承担被连接件的锚固和全部附加荷载。基材混凝土强度等级不应低于 C20，且不得高于 C60。安全等级为一级的后锚固连接，其基材混凝土强度等级不应低于 C30。

槽式预埋件根据使用场合和结构分燕尾型槽式预埋件、带齿槽式预埋件、钢结构用槽式预埋件、双排加强槽式预埋件（图 9.5.2-1）。

其余参见第 510 页"2.2　材料要求"。

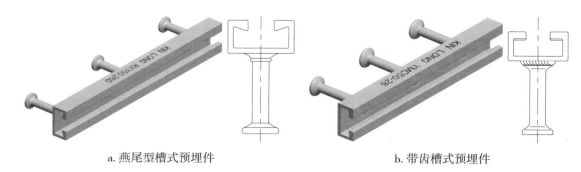

a. 燕尾型槽式预埋件   b. 带齿槽式预埋件

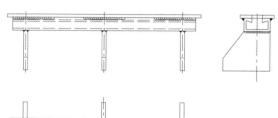

c. 钢结构用槽式预埋件

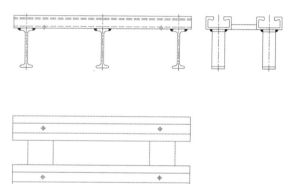

d. 双排加强槽式预埋件

图 9.5.2-1　坚朗系列槽式预埋件示意图

2.3　主要机具

参见第 512 页"2.3　主要机具"。

2.4　作业条件

参见第 512 页"2.4　作业条件"。

---

3   施工工艺

3.1　工艺流程

加工制作	→ 预埋件安装	→ 测量放线	→
连接件安装	→ 单元板块吊装	→ 幕墙防火系统安装	→
幕墙防雷系统安装	→ 闭水及淋水试验	→ 清洁、验收	

3.2 操作工艺

（1）加工制作

① 幕墙埋件加工制作

预埋件的锚板及锚筋的材质应符合设计要求，锚板应按照加工工序依次完成。锚板的剪板及冲孔工序完成后，应对半成品去毛刺。预埋件的锚筋与锚板焊缝应符合国家现行规范和设计要求。

由于铆接槽式预埋件需要在钢槽开孔铆接，在承受荷载时，孔边会应力集中，孔边一般会先于槽式预埋件其他部位的破坏，铆接质量与开孔的精度、锚头的直径、设备压力等参数有关，产品的批量稳定性不易保证。因此，槽式预埋件应优先采用焊接形式，并应在工厂采用机器人焊接（图 9.5.3-1、图 9.5.3-2），焊缝质量应满足《钢结构焊接规范》GB 50661 的相关规定。

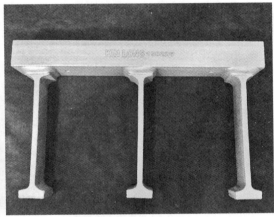

图 9.5.3-1　坚朗槽式预埋件机器人焊接　　　图 9.5.3-2　坚朗槽式预埋件焊缝

② 幕墙型材的加工制作

参见第 548 页"3.2　操作工艺"中"幕墙型材的加工制作"。

③ 石材面板的加工制作

幕墙正面宜采用倒角处理，石材的端面可视时，应进行定厚处理；开放式石材幕墙的石材应采用磨边处理；火烧板应按样板检查火烧后的均匀程度，不得有暗纹、崩裂情况。

石材开槽、打孔后，不得有损坏或崩裂现象；石材连接部位应无缺棱、缺角、裂纹等缺陷；背栓孔宜采用专用钻孔机械成孔并宜采用测孔器检查。

应根据石材的种类、污染源的类型合理选用石材防护剂。

每平方米石材的表面质量应符合表 9.5.3-1 的规定。

石材表面质量　　　　　　　　　　　　　　　　　　　　　　　　　　表 9.5.3-1

项目	质量要求
0.1~0.3mm 划伤	长度小于 100mm 不多于 2 条
擦伤	不大于 500mm^2

注：石材花纹出现损坏为划伤。石材花纹出现模糊现象的为擦伤。

石材背面需采用玻璃纤维背网加强，防止石材破碎后掉落。

石材面板与金属框架组合安装图见图9.5.3-3～图9.5.3-6。

④ 注胶工艺

施工环境的温度、湿度、空气中粉尘浓度及通风条件应符合相应的工艺要求。采用硅酮密封胶与石板或构件粘结前必须取得合格的石材抗污染检测和相容性检验报告。采用硅酮结构密封胶粘结固定的幕墙单元组件必须静置养护，固化未达到足够承载力之前，不应搬动。

图9.5.3-3　石材面板平整度检测

图9.5.3-4　单元石材板块骨架组装

图9.5.3-5　单元石材板块（包柱）

图9.5.3-6　单元石材板块（包梁）

（2）预埋件安装

① 预埋件安装前应按照幕墙的设计分格尺寸用测量仪器定位。

② 模板固定：在浇注混凝土前，预埋件固定在模板上，根据模板材料，槽式预埋件的固定方法主要有图9.5.3-7所示几种。

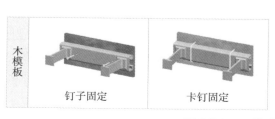

图9.5.3-7　槽式预埋件固定示意图

③ 应采取措施防止浇筑混凝土时埋件发生移位，保持埋件位置准确，控制好埋件表面的水平或垂直，防止出现歪、斜、倾等。

④ 预埋件的位置偏差应满足设计要求。设计无要求时，预埋件的标高偏差应不大于±10mm，水平偏差应不大于±10mm，表面进出偏差应不大于10mm。

⑤ 有防雷接地要求的预埋件，锚筋必须与主体结构的接地钢筋绑扎或焊接在一起，其搭接长度应符合《建筑物防雷设计规范》GB 50057 的规定。

⑥ 槽式预埋件锚筋应与主体结构主钢筋连接。

⑦ 偏位的预埋件应按下列要求处理：

a. 偏差较小但经计算满足使用条件的应采取补救措施，偏差过大不满足设计要求的预埋件应废弃，原设计位置应补后置埋件。b. 后置埋件钻孔时，应避开主体结构的钢筋，钻孔深度应满足后置埋件的有效长度，并清理钻孔。

⑧ 槽式预埋件侧装、面装三维调节原理如图9.5.3-8、图9.5.3-9所示。

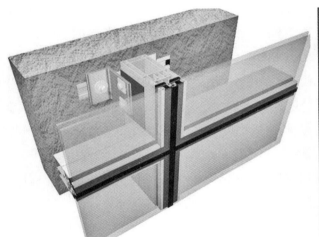

图 9.5.3-8　坚朗侧埋件三维调节示意图　　　　图 9.5.3-9　坚朗面埋件三维调节示意图

（3）测量放线

参见第551页"3.2　操作工艺"中的"测量放线"。

（4）连接件的安装

幕墙施工为临边作业，应在楼层内将T型螺栓与埋件连接，将T型螺栓底板的长度方向调整至与钢槽纵向平行，放入钢槽。将T型螺栓旋转90°，当螺杆端面的一字刻痕与钢槽纵向垂直时，向外拉紧，使T型螺栓的底板与钢槽内表面紧密贴合。最后，压上连接件，并锁紧螺母。

参见第552页"3.2　操作工艺"中的"连接件的安装"。

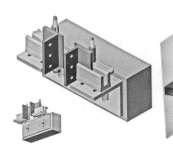

图 9.5.3-10　T型螺栓与埋件连接示意图　　　　图 9.5.3-11　连接件安装示意图

图 9.5.3-12 连接件安装

（5）单元板块吊装

① 板块吊装前的准备

a. 检查准备吊装板块的完好性，核对板块标号（图 9.5.3-13、图 9.5.3-14）；b. 专用卷扬机及手动保险卷扬机就位，专用卷扬机固定在安装层的上一层，手动保险卷扬机设置在安装层；c. 安装单元板块吊装夹具（将水槽芯固定在横框上作为吊点）并确认其可靠性；d. 确认对讲机通话的可靠性；e. 确认所有参与吊装人员已指定位置。

② 单元板块下行过程

a. 单元板块的下行过程由板块吊装上一层的指挥人员负责指挥；b. 单元板块在下行过程应确保所有经过层都有人员监控，防止板块在风力作用下与楼体发生碰撞。

③ 将单元板块从运输架上搬运到小平板车上，为了防止单元板擦伤，应该在小车上搁置毛毯或橡胶垫，然后将小平板车推到吊装处进行吊装。

④ 首先用小平板将单元板块推到待装位置，钩好钢丝绳慢慢启动小吊机，使板片缓缓提升，严格控制提升速度和重量，待要出楼层时小心石材面碰到楼板梁，防止石材损伤（图 9.5.3-15、图 9.5.3-16）。

⑤ 当板块吊装出楼层时小心石材面碰到楼板面，单元板块尾部抽去平板车，底部垫上木板，防止边角损伤。

⑥ 单元板吊出楼层后，让单元体石材板面向外，然后进行就位安装（图 9.5.3-17～图 9.5.3-20）。

⑦ 单元板就位后，应用水准仪跟踪检查水平标高，若标高不合格进行调整，当符合要求后，首先清洁槽内的垃圾，然后进行防水压盖的安装，用清洁剂擦干净再进行打胶工序，打胶一定要连续饱满，然后进行刮胶处理，这一环节不能疏忽，打胶完毕后，待硅胶表干后进行渗水试验，合格后，再进行下道工序。

（6）幕墙防火系统安装

① 龙骨安装完毕，可进行防火材料的安装。

② 将防火镀锌板固定（用螺钉或射钉），要求牢固可靠，并注意板的接口。

③ 然后铺防火棉，安装时注意防火棉的厚度和均匀度，保证与龙骨料接口处的饱满，且不能挤压，以免影响面材。

④ 最后进行顶部封口处理即安装封口板。

⑤ 单元式石材幕墙安装节点图见图 9.5.3-21、图 9.5.3-22。

图 9.5.3-13　单元板由卸料平台吊入楼

图 9.5.3-14　单元板楼层分散堆放

图 9.5.3-15　单元石材板包柱吊装

图 9.5.3-16　单元石材板包梁吊装

图 9.5.3-17　施工安装一

图 9.5.3-18　施工安装二

图 9.5.3-19　施工吊装完成侧面

图 9.5.3-20　单元石材幕墙外立面

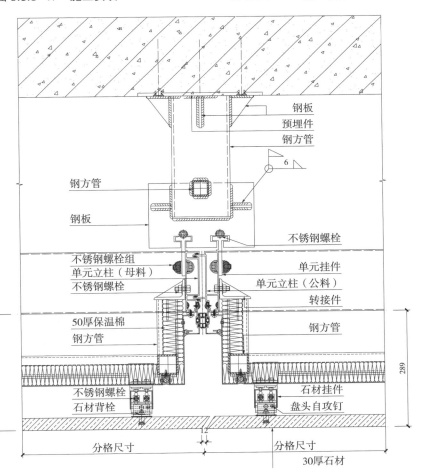

图 9.5.3-21　单元式石材幕墙横剖节点示意图

67

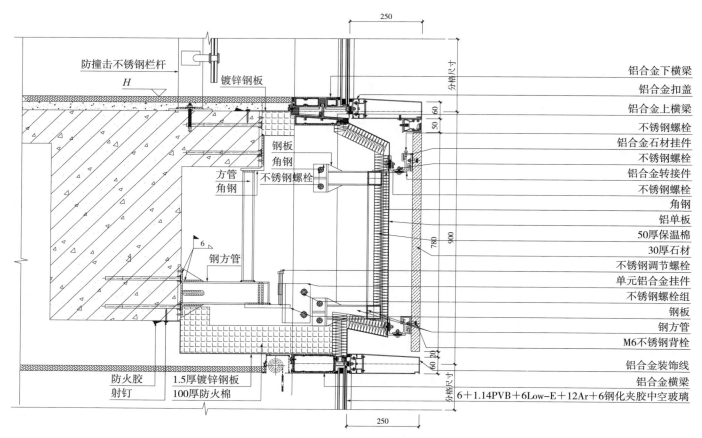

图 9.5.3-22　单元式石材幕墙竖剖节点图

（7）幕墙防雷安装

参见第 555 页 "3.2　操作工艺" 的 "幕墙防雷系统安装"。

（8）闭水及淋水试验

单元式幕墙完成后对 20% 面积进行淋水试验，确保幕墙水密性能。

3.3　质量关键要求

参见第 556 页 "3.3　质量关键要求"。

3.4　季节性施工

参见第 557 页 "3.4　季节性施工"。

4　质量要求

4.1　主控项目

参见第 557 页 "4.1　主控项目"。

4.2　一般项目

石材幕墙安装允许偏差应符合表 9.5.4-1 的规定。

项目		允许偏差（mm）	检查方法
幕墙垂直度	幕墙高度≤30m	≤10	经纬仪
	30m＜幕墙高度≤60m	≤15	
	60m＜幕墙高度≤80m	≤20	
竖向板材直线度		≤3	2m 靠尺、塞尺
横向板材水平度≤2000mm		≤2	水准仪
同高度相邻两根横向构件高度差		≤1	钢板尺、塞尺
幕墙横向水平度	层高≤3m	≤3	水准仪
	层高＞3m	≤5	
分格框对角线差	对角线长度≤2000mm	≤3	3m 钢卷尺
	对角线长度＞2000mm	≤3.5	

其余参见第 558 页 "4.2 一般项目"。

5 ╱ 成品保护

参见第 559 页 "5 成品保护"。

6 ╱ 安全、环境保护措施

参见第 522 页 "6 安全、环境保护措施"。

7 ╱ 工程验收

参见第 522 页 "7 工程验收"。

8 ╱ 质量记录

参见第 523 页 "8 质量记录"。

第6节 　　单元式金属板幕墙施工工艺

主编点评

本工艺针对构件式金属板幕墙存在施工周期较长等施工难题，采用单元式金属板幕墙系统设计和施工，金属板单元工厂组装、现场吊装，实现精准、高效施工。本技术获得广东省工程建设省级工法等荣誉。

1　　总　则

1.1　适用范围

本工艺适用于非抗震设计或6～8度抗震设计的单元式金属板幕墙工程施工。

1.2　编制参考标准及规范

（1）《建筑装饰装修工程质量验收标准》GB 50210

（2）《建筑工程施工质量验收统一标准》GB 50300

（3）《钢结构设计标准》GB 50017

（4）《建筑幕墙》GB/T 21086

（5）《金属与石材幕墙工程技术规范》JGJ 133

（6）《玻璃幕墙工程技术规范》JGJ 102

（7）《建筑用硅酮结构密封胶》GB 16776

（8）《钢结构焊接规范》GB 50661

（9）《建筑施工测量标准》JGJ/T 408

2　　施工准备

2.1　技术准备

（1）熟悉施工图纸，确认建筑物主体结构施工质量、尺寸标高是否满足施工的要求。

（2）针对单元式金属板幕墙可能出现的质量通病，组织有关技术人员编制相应的预防措施。（3）组织设计人员对现场安装工人进行技术交底，熟悉单元式幕墙的技术结构特点，详细研究施工方案，熟悉质量标准，使工人掌握每个工序的技术要点。（4）根据施工图纸、设计交底等文件要求，收集单元式金属板幕墙系统涉及的施工工艺、质量验收规范、强制性标准条文和施工图集。

2.2 材料要求

（1）一般规定

所选用的材料应符合现行国家标准、行业标准、产品标准以及有关地方标准的规定，同时应有出厂合格证、质保书及必要的检验报告。进口材料应符合国家商检规定。尚无标准的材料应符合设计要求，并经专项技术论证。

（2）金属面板

单层铝板宜采用铝锰合金板、铝镁合金板，并应符合现行国家标准《一般工业用铝及铝合金板、带材　第1部分：一般要求》GB/T 3880.1、《一般工业用铝及铝合金板、带材　第2部分：力学性能》GB/T 3880.2、《一般工业用铝及铝合金板、带材　第3部分：尺寸偏差》GB/T 3880.3、《变形铝及铝合金牌号表示方法》GB/T 16474、《变形铝及铝合金状态代号》GB/T 16475、《铝幕墙板　第1部分：板基》YS/T 429.1、《铝幕墙板　第2部分：有机聚合物喷涂铝单板》YS/T 429.2的规定。铝板表面采用氟碳涂层时，氟碳树脂含量不应低于树脂总量的70%。铝塑复合板应符合现行国家标准《建筑幕墙用铝塑复合板》GB/T 17748的要求。蜂窝铝板应符合现行行业标准《建筑外墙用铝蜂窝复合板》JG/T 334的要求，面板厚度不宜小于1.0mm，蜂窝铝板的厚度为10mm时，其背板厚度不宜小于0.5mm；蜂窝铝板的厚度不小于12mm时，其背板厚度不宜小于1.0mm。不锈钢板作面板时，其截面厚度不宜小于2.5mm（平板）或1.0mm（波纹板）。海边或腐蚀严重地区，不锈钢板涂层厚度不宜小于35μm。彩色涂层钢板应符合现行国家标准《彩色涂层钢板及钢带》GB/T 12754的规定。基材钢板宜镀锌，板厚不宜小于1.5mm，并应具有适合室外使用的氟碳涂层、聚酯涂层或丙烯酸涂层。

其余材料参见第510页"2.2　材料要求"。

2.3 主要机具

参见第512页"2.3　主要机具"。

2.4 作业条件

参见第512页"2.4　作业条件"。

3　施工工艺

3.1 工艺流程

加工制作　——→　预埋件安装　——→　测量放线　——→

连接件的安装　——→　单元板块吊装　——→　幕墙防火系统安装　——→

幕墙防雷系统安装　——→　闭水及淋水试验　——→　清洁、验收

3.2 操作工艺

（1）加工制作

① 幕墙埋件加工制作

参见第548页"3.2 操作工艺"中的"幕墙埋件加工制作"。

② 幕墙型材的加工制作

参见第548页"3.2 操作工艺"中的"幕墙型材的加工制作"及图9.6.3-1。

③ 单层金属板的加工制作

a.金属板加强肋的固定应牢固，可采用电栓钉、胶粘等方法。采用电栓钉时，金属板外表面不应变形、变色。b.金属板构件周边应采用折边或边框加强。加强边框可采用铆接、螺栓或胶粘与机械连接相结合的方式。c.金属板的固定耳攀可采用焊接、铆接或直接在板上冲压而成，应位置准确，调整方便，固定牢固。铆接时可采用不锈钢抽芯铆钉或实芯铝铆钉。d.金属板折弯加工时，折弯外圆弧半径应不小于板厚的1.5倍。厚度不大于2mm的金属板，其内置加强边框、加强肋与面板的连接，不应采用焊钉连接（图9.6.3-2、图9.6.3-3）。

④ 铝塑复合板的加工制作

a.在切割铝塑复合板内层金属板和聚乙烯塑料时，应保留不小于0.3mm厚的聚乙烯塑料，不得划伤外层金属板面。b.钻孔、切口等外露的聚乙烯塑料及角缝，应采用中性硅酮建筑密封胶密封。c.铝塑复合板折边后，金属折边应采取加强措施。

⑤ 注胶工艺

参见第564页"3.2 操作工艺"中的"注胶工艺"。

⑥ 铝板单元组装参见图9.6.3-4、图9.6.3-5。

（2）预埋件安装

参见第564页"3.2 操作工艺"中的"预埋件安装"。

（3）测量放线

参见第551页"3.2 操作工艺"中的"测量放线"。

（4）连接件的安装

参见第565页"3.2 操作工艺"中的"连接件的安装"及图9.6.3-6、图9.6.3-7。

图9.6.3-1 铝型材加工

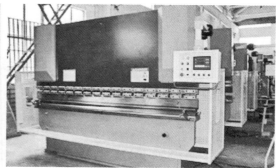

图9.6.3-2 铝板折弯设备

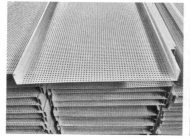

图9.6.3-3 铝板折弯效果

图9.6.3-4 铝型材抹端面胶

图9.6.3-5 单元式铝板幕墙板块

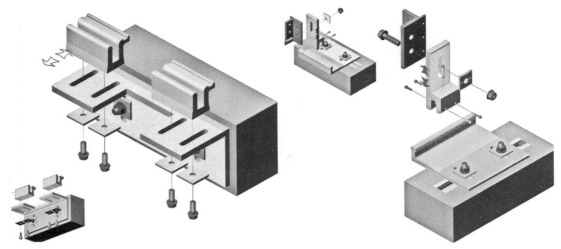

图9.6.3-6　单元支座前后调节示意图　　　图9.6.3-7　单元支座上下调节示意图

（5）单元板块吊装

① 板块吊装前的准备

a.检查准备吊装板块的完好性，核对板块标号；b.专用卷扬机及手动保险卷扬机就位，专用卷扬机固定在安装层的上一层，手动保险卷扬机设置在安装层；c.安装单元板块吊装夹具（将水槽芯固定在横框上作为吊点）并确认其可靠性；d.确认对讲机通话的可靠性；e.确认所有参与吊装人员已到指定位置。

② 单元板块下行过程

a.单元板块的下行过程由板块吊装上一层的指挥人员负责指挥；b.单元板块在下行过程应确保所有经过层都有人员监控，防止板块在风力作用下与楼体发生碰撞。

③ 单元板块的插接就位

a.单元板块下行至单元板块挂点与转接件高度之间相距200mm时，命令板块停止下行，并进行单元板块的挂接。b.块块挂件就位到挂座后，在控制左右接缝尺寸的情况下命令板块继续下行，此时，由板块安装层人员借助操作平台负责单元体挂件与转接件的对接，板块安装层人员负责上、下两单元板块的横向插接。c.在每层板块单元顶横梁和泄水腔外侧安装防水胶片，其长度为通长，当胶条有搭接时将增加附加层保证胶条的连续，同时在附加层两侧端部注耐候胶密封。d.确认单元板块的挂点、左右插接、上下插接都已安装到位后，拆除吊具，进行板块调整。e.借助水准仪通过调整高度的调节螺栓，实现板块挂件高度方向的微调，从而实现整个板块的标高调整，并且可通过转接件上的长圆孔螺栓实现板块进出位的调整，待调整完毕后进行螺栓的锁紧工作。f.板块与结构连接节点，可实现三维六个自由度方向的调整。g.通过连接件长条孔和挂件上调整螺栓，实现单元板块进出位和上、下方向调节。h.板块就位调节并固定完毕后进行两个相邻板块间硬质胶条的插接，插接过程当中要注意保证插条的不变形，以及插接到位（图9.6.3-8～图9.6.3-11）。

（6）幕墙防火系统安装

参见第555页"3.2　操作工艺"中的"幕墙防火系统安装"。

（7）幕墙防雷系统安装

参见第555页"3.2　操作工艺"中的"幕墙防雷系统安装"。

（8）闭水及淋水试验

单元式幕墙完成后对20%面积进行淋水试验，确保幕墙水密性能（图9.6.3-12）。

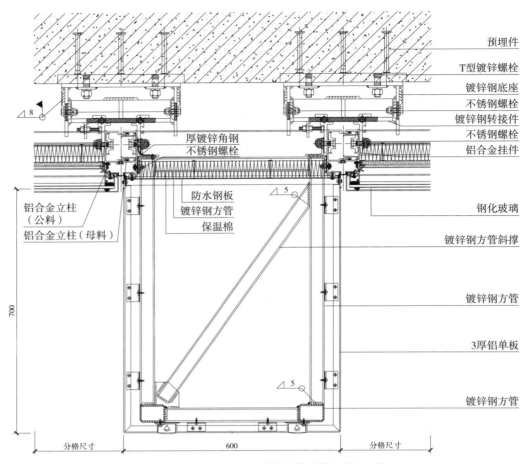

预埋件
T型镀锌螺栓
镀锌钢底座
不锈钢螺栓
镀锌钢转接件
不锈钢螺栓
铝合金挂件

厚镀锌角钢
不锈钢螺栓

钢化玻璃

铝合金立柱
（公料）
铝合金立柱（母料）

防水钢板
镀锌钢方管
保温棉

镀锌钢方管斜撑

镀锌钢方管

3厚铝单板

镀锌钢方管

图 9.6.3-8　单元式金属板幕墙横剖节点安装示意图

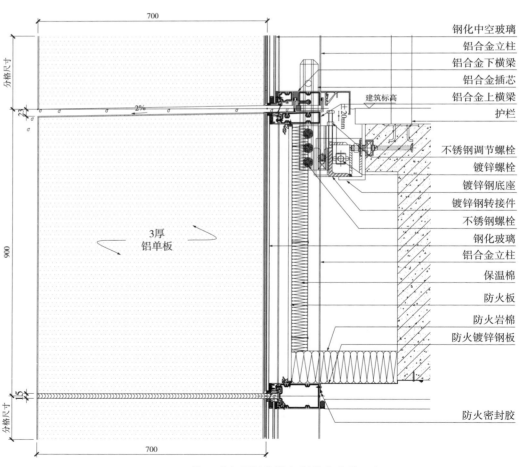

钢化中空玻璃
铝合金立柱
铝合金下横梁
铝合金插芯
铝合金上横梁
护栏

建筑标高

不锈钢调节螺栓
镀锌螺栓
镀锌钢底座
镀锌钢转接件
不锈钢螺栓
钢化玻璃
铝合金立柱
保温棉
防火板
防火岩棉
防火镀锌钢板

3厚
铝单板

防火密封胶

图 9.6.3-9　单元式金属板幕墙竖剖节点安装示意图

图 9.6.3-10 现场单元板块吊装　图 9.6.3-11 施工安装局部立面　图 9.6.3-12 淋水试验

3.3 质量关键要求

（1）幕墙分格轴线的测量应与主体结构的测量配合，其误差应及时调整，不得累积。
（2）对高层建筑的测量应在风力不大于4级情况下进行，每天应定时对幕墙的垂直及立柱位置进行校核。（3）应将立柱与连接件连接，然后连接件再与主体预埋件连接，并进行调整和固定，立柱安装标高偏差不应大于3mm。轴线前后偏差不应大于2mm，左右偏差不应大于3mm。（4）相邻两根立柱安装标高偏差不应大于3mm，同层立柱的最大标高偏差不应大于5mm；相邻两根立柱的距离偏差不应大于2mm。（5）应将横梁两端的连接件及弹性橡胶垫安装在立柱的预定位置，并应安装牢固，其接缝应严密。（6）相邻两根横梁水平标高偏差不应大于1mm，当一幅幕墙宽度小于或等于35m时，同层标高偏差不应大于5mm，当一幅幕墙宽度大于35m时，同层标高偏差不应大于7mm。（7）同一层横梁安装应由下向上进行。当安装完一层刚度时，应进行检查、调整、校正、固定，使其符合质量要求。（8）有热工要求的幕墙，保温部分从内向外安装，当采用内衬板时，四周应套装弹性橡胶密封。（9）组合构件装配应洁净、干燥、常温在生产车间进行，以避免受到天气及工地灰尘等的影响。

3.4 季节性施工

（1）应避免在大风、高温、高湿的天气下进行现场装配。（2）材料及构件的堆放及保管场所应根据保管办法选择有遮雨场地或仓库。（3）雨期施工时，焊接、防火保温安装、注胶作业不得冒雨进行，以确保施工质量及安全。（4）冬期不宜进行注胶和清洗作业，必须进行时，应保证环境温度不低于5℃。

4.1 主控项目

（1）金属幕墙工程所使用的各种材料和配件，应符合设计要求及国家现行产品标准和工程技术规范的规定。

检验方法：检查产品合格证书、性能检测报告、材料进场验收记录和复验报告。

（2）金属幕墙的造型和立面分格应符合设计要求。

检验方法：观察；尺量检查。

（3）金属面板的品种、规格、颜色、光泽及安装方向应符合设计要求。

检验方法：观察；检查进场验收记录。

（4）金属幕墙主体结构上的预埋件、后置埋件的数量、位置及后置埋件的拉拔力应符合设计要求。

检验方法：检查拉拔力检测报告和隐蔽工程验收记录。

（5）金属幕墙的金属框架立柱与主体结构预埋件的连接、立柱与横梁的连接、金属面板的安装应符合设计要求，安装应牢固。

检验方法：手扳检查；检查隐蔽工程验收记录。

（6）金属幕墙的防火、保温、防潮材料的设置应符合设计要求，并应密实、均匀、厚度一致。

检验方法：检查隐蔽工程验收记录。

（7）金属框架及连接件的防腐处理应符合设计要求。

检验方法：检查隐蔽工程验收记录和施工记录。

（8）金属幕墙的防雷装置应与主体结构的防雷装置可靠连接。

检验方法：检查隐蔽工程验收记录。

（9）各种变形缝、墙角的连接节点应符合设计要求和技术标准的规定。

检验方法：观察；检查隐蔽工程验收记录。

（10）金属幕墙的板缝注胶应饱满、密实、连续、均匀、无气泡，宽度和厚度应符合设计要求和技术标准的规定。

检验方法：观察；尺量检查；检查施工记录。

（11）金属幕墙应无渗漏。

检验方法：在易渗漏部位进行淋水检查。

4.2 一般项目

（1）金属板表面应平整、洁净、色泽一致。

检验方法：观察。

（2）金属幕墙的压条应平直、洁净、接口严密、安装牢固。

检验方法：观察；手扳检查。

（3）金属幕墙的密封胶缝应横平竖直、深浅一致、宽窄均匀、光滑顺直。

检验方法：观察。

（4）金属幕墙上的滴水线、流水坡向应正确、顺直。

检验方法：观察；用水平尺检查。

（5）单元式幕墙安装允许偏差及检验方法应符合表 9.1.4-3 的规定。

（6）金属幕墙安装允许偏差应符合表 9.6.4-1 的要求。

金属幕墙安装允许偏差 表 9.6.4-1

序号	项目		允许偏差（mm）	检查方法
1	幕墙垂直度	幕墙高度≤30m	≤10	经纬仪
		30m＜幕墙高度≤60m	≤15	
		60m＜幕墙高度≤90m	≤20	
		90m＜幕墙高度≤150m	≤25	
		幕墙高度＞150m	≤30	
2	幕墙水平度	层高≤3m	≤3.0	水准仪
		层高＞3m	≤5.0	
3	幕墙表面平整度		≤2.0	2m 靠尺、塞尺
4	面板立面垂直度		≤3.0	垂直检测尺
5	面板上沿水平度		≤2.0	1m 水平尺、钢板尺
6	相邻板材板角错位		≤1.0	钢板尺
7	阴阳角方正		≤2.0	直角检测尺
8	接缝直线度		≤3.0	拉 5m 线，不足 5m 拉通线，用钢板尺检查
9	接缝高低差		≤1.0	钢板尺、塞尺
10	接缝宽度		≤1.0	钢板尺

5　成品保护

（1）单元板块及其他附材进场后，应入库存放整齐，上面不得放置重物，露天存放应进行覆盖，确保各种材料不变形、不受潮、不生锈、不霉变、不被污染、不脱色、不掉落。（2）金属幕墙的后置埋件安装时，应避免损伤结构预应力筋和其他受力钢筋。（3）安装区域有焊接作业时，需将板面进行有效覆盖保护。（4）施工中应注意保护金属面板的保护膜，如有脱落要及时贴好，并避免锐器及腐蚀性物质与幕墙表面接触，防止划伤、污染金属面板。（5）安装完成后，易触碰部位应采取防护措施，应在幕墙外侧 0.5～1m 处设置有明显标志的围护栏杆，悬挂警示标志，必要时，应安排专人看护。（6）嵌缝前应将面板之间的缝隙清理干净（尤其是粘结面）并保证干燥，板缝内应填充泡沫棒（条），然后再打胶，使嵌缝胶的厚度小于宽度，并形成两面粘结，避免因板缝不洁净造成嵌缝胶开裂影响密封效果。（7）打胶作业应连续、均匀，胶枪角度应正确，打完胶后应使用工具将胶表面压实、压光滑，避免出现胶缝不平直、不光滑、不密实现象。（8）施工过程中应及时清除板面及构件表面的粘附物，安装完毕应立即清扫。

6 / 安全、环境保护措施

参见第 522 页 "6　安全、环境保护措施"。

7 / 工程验收

参见第 522 页 "7　工程验收"。

8 / 质量记录

参见第 523 页 "8　质量记录"。

　　单元式穿孔铝板遮阳装饰条施工工艺

主编点评

　　本工艺针对传统三角形穿孔铝板遮阳装饰条存在施工周期长、精度难以保证等施工难题，将纵、横向三角形穿孔铝板遮阳装饰条制作成单元体，装饰条铝合金龙骨卡固式连接，单元体与立面幕墙结合处采用双重防排水及保温密封设计，实现独立拆换，快速施工，维护方便。本技术成功应用于深圳百兴科技大厦幕墙工程等项目，获得广东省工程建设省级工法等荣誉。

1　　总　则

1.1　适用范围
本工艺适用于非抗震设计或 6～8 度抗震设计的单元式穿孔铝板遮阳装饰条的施工。

1.2　编制参考标准及规范
（1）《建筑装饰装修工程质量验收标准》GB 50210
（2）《建筑工程施工质量验收统一标准》GB 50300
（3）《钢结构设计标准》GB 50017
（4）《建筑幕墙》GB/T 21086
（5）《金属与石材幕墙工程技术规范》JGJ 133
（6）《玻璃幕墙工程技术规范》JGJ 102
（7）《建筑用硅酮结构密封胶》GB 16776
（8）《建筑施工测量标准》JGJ/T 408
（9）《铝合金结构设计规范》GB 50429

2　　施工准备

2.1　技术准备
（1）熟悉施工图纸，掌握单元式穿孔铝板装饰条构造上的防排水技术，及装饰条的安装调节原理。按幕墙分格控制线及标高控制线投测装饰条定位控制线。（2）分析单元装饰条的安装技术要求，装饰条的长度影响施工措施的选择，经分析，采用吊篮进行单元装饰条安装施工。（3）编制施工组织设计和专项施工方案，掌握竖向及横向装饰条拼接技术，做好横竖向装饰条安装拼接方案。（4）组织设计人员对现场安装工人进行技术交底，熟悉穿孔铝板装饰条的竖向及横向调节等技术结构特点。

2.2 材料要求

穿孔铝板遮阳装饰条所选用的材料应符合现行国家标准、行业标准、产品标准以及有关地方标准的规定，同时应有出厂合格证、质保书及必要的检验报告。进口材料应符合国家商检规定。尚无标准的材料应符合设计要求，并经专项技术论证。

其余材料参见第510页"2.2 材料要求"。

2.3 主要机具

参见第512页"2.3 主要机具"。

2.4 作业条件

参见第512页"2.4 作业条件"。

3 施工工艺

3.1 工艺流程

加工制作 ⟶ 竖向单元式穿孔铝板遮阳装饰条安装 ⟶
横向单元式穿孔铝板遮阳装饰条安装 ⟶ 注胶密封 ⟶ 清洁收尾 ⟶
幕墙防火系统安装 ⟶ 幕墙防雷系统安装 ⟶ 淋水试验 ⟶
清洁、验收

3.2 操作工艺

（1）加工制作

① 幕墙型材的加工制作

a. 竖向立柱悬挑板的加工。立柱悬挑板前端加工为U形挂口，需注意挂区分顶部挂口及标准挂口，顶部挂口长度较标准挂口小，保证装饰条的纵向调节功能。b. 横向装饰条底部型材排水孔铣切。横向装饰条底部铝合金型材，需设置两个排水孔，加工时注意孔位的大小及布置尺寸（图9.7.3-1、图9.7.3-2）。

② 装饰条龙骨为铝合金方管和铝合金连接件，铝合金连接件包括装饰条外顶角的竖向及横向铝合金造型连接件、与幕墙立柱连接的纵向铝合金连接件、与横梁连接的挂钩式铝合金连接件。穿孔铝板各边部与铝合金连接件进行固定，三个角部的铝合金连接件与铝合金方管通过铝合金角码固定。

③ 铝板的加工制作

a. 穿孔：采用激光数控机床，配合数字终端的有效利用，精确定位各孔激光切割，避免孔位偏差及大量冲孔造成的板面变形。b. 铝板加强肋的固定应牢固，可采用电栓钉、胶粘等方法。采用电栓钉时，铝板外表面不应变形、变色。c. 铝板构件周边应采用折边或边框加强。加强边框可采用铆接、螺栓或胶粘与机械连接相结合的方式。d. 铝板的固定耳攀可采用焊接、铆接或直接在板上冲压而成，应位置准确，调整方便，固定牢固。铆接时可采用不锈钢抽芯铆钉或实芯铝铆钉。e. 折弯：采用多刀头折弯设备多次折弯成型，保证板边的直线性、板面的完整性。铝板折弯加工，折弯外圆弧半径应不小于板厚的 1.5 倍。厚度不大于 2mm 的铝板，其内置加强边框、加强肋与面板的连接，不应采用焊钉连接。

④ 注胶工艺

采用硅酮密封胶与铝板或构件粘结前应取得合格的相容性检验报告，必要时应加涂底漆。注胶前，对被粘结部位材料表面的灰尘、油渍和其他污物应分别使用带溶剂的擦布和干擦布清除干净。

⑤ 装饰条组装

装饰条组装应注意单元体整体的尺寸精度控制，确保面板的平整性以及三角形造型公差控制（图 9.7.3-3～图 9.7.3-6）。

（2）竖向单元式穿孔铝板遮阳装饰条安装

单元式穿孔铝板遮阳装饰条（以下简称装饰条）采用吊篮运输安装。因装饰条在吊篮的正上方安装，每安装一块装饰条后吊篮应水平移动。竖向装饰条在现场与铝合金立柱的挂口位置，调节螺栓安装了防止竖向装饰条左右移动的限位套筒，现场应严格按照加工图、组装图纸进行安装，避免后期出现大批量装饰条安装困难的问题（图 9.7.3-7）。

工艺流程：测量放线→连接件检查→竖向装饰条吊装就位→临时挂接固定→三维误差调整→最终螺栓锁紧固定→面板清洁→提请验收。

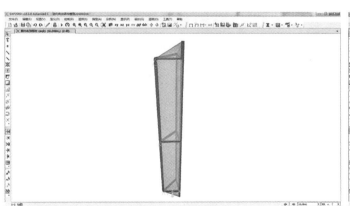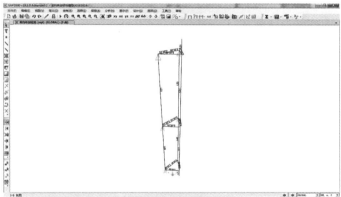

图 9.7.3-1　单元式穿孔铝板遮阳装饰条系统计算模型

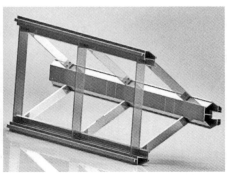

图 9.7.3-2　机器人铝型材加工　　图 9.7.3-3　单元式穿孔铝板遮阳装饰条　　图 9.7.3-4　装饰条单元组装
骨架组装图

图 9.7.3-5　装饰条单元

图 9.7.3-6　装饰条样板安装

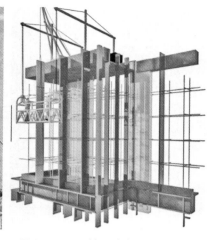
图 9.7.3-7　单元式穿孔铝板遮阳
装饰条安装示意图

① 测量放线：按土建提供的中心线、水平线、进出位线等，经安装人员复测后，放钢线。由水准仪检测，进出位线与中心线放线相同，相邻支座水平误差应符合设计标准，以满足幕墙正常的调整功能。严格审核测量原始数据的准确性，坚持测量放线与计算工作同步校核的工作方法，定位工作执行自检、互检合格后再报检的工作制度。

② 连接件检查：装饰条就位前需对其连接件进行检查，检查连接件是否变形、是否有杂物，并对其进行校正及清理，确保后续工作顺利进行。

③ 竖向装饰条吊装就位：利用单轨吊机将装饰条吊运到位，施工人员利用外侧吊篮进行装饰条的辅助就位，装饰条吊装过程中吊运速度需缓慢进行，避免与玻璃幕墙发生碰撞。

④ 临时挂接固定：装饰条吊运到安装位置后，人工辅助将挂接螺栓挂入连接件槽口，并调整位置进行临时固定（图 9.7.3-8、图 9.7.3-9）。

⑤ 三维误差调整：装饰条挂装就位后，利用线锤进行装饰条垂直度校核，并利用水平方向限位螺母进行垂直度误差调节，确保装饰条竖向垂直度；利用水准仪进行装饰条标高校核，利用高低位调节螺栓调节标高误差，确保装饰条标高精度。

⑥ 最终螺栓锁紧固定：待装饰条水平位、进出位、高低位误差调节无误后，将横向限位螺母拧紧固定，限制装饰条左右位移；竖向安装限位角码防止装饰条在外力作用下脱出挂座，确保装饰条安装精度及使用安全（图 9.7.3-10）。

⑦ 面板清洁：装饰条安装固定完成后对其进行检查，无质量及误差问题后进行最终清洁。

（3）横向单元式穿孔铝板遮阳装饰条安装

工艺流程：测量放线→连接件检查及清理→横向装饰条吊装就位→临时挂接固定→三维误差调整→最终不锈钢螺钉固定→面板清洁→提请验收。

① 测量放线：按幕墙分格控制线及标高控制线投测装饰条定位控制线，坚持测量放线与计算工作同步校核的工作方法，定位工作执行自检、互检合格后再报检的工作制度。

② 连接件检查及清理：横向装饰条采用通长挂槽设计，装饰条安装前需检查挂槽是否变形、槽内是否有杂物，并对其进行校正及清理，确保后续工作顺利进行。

③ 横向装饰条吊装就位：为了避免金属间摩擦产生噪声，装饰条吊装前在挂槽内设置胶条，装饰条利用单轨吊机吊运到位，施工人员利用外侧吊篮进行装饰条的辅助就位，装饰条吊装过程中吊运速度需缓慢进行，避免与内侧玻璃幕墙发生碰撞。

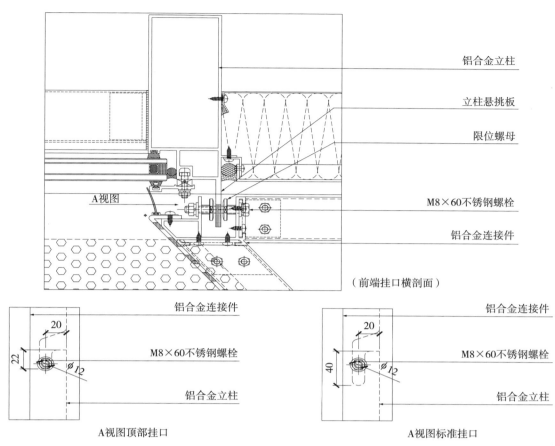

铝合金立柱

立柱悬挑板

限位螺母

M8×60不锈钢螺栓

铝合金连接件

（前端挂口横剖面）

铝合金连接件

M8×60不锈钢螺栓

铝合金立柱

A视图顶部挂口

铝合金连接件

M8×60不锈钢螺栓

铝合金立柱

A视图标准挂口

图 9.7.3-8　竖向单元式穿孔铝板遮阳装饰条节点示意图

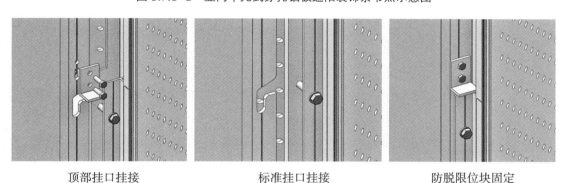

顶部挂口挂接　　　　　标准挂口挂接　　　　　防脱限位块固定

图 9.7.3-9　竖向装饰条挂接过程三维示意图

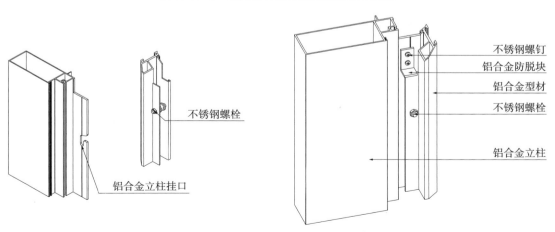

不锈钢螺钉

铝合金防脱块

铝合金型材

不锈钢螺栓

铝合金立柱

不锈钢螺栓

铝合金立柱挂口

图 9.7.3-10　竖向单元式铝板遮阳装饰条调节固定示意图

④ 临时挂接固定：装饰条吊运到安装位置后，人工辅助将装饰条挂入挂槽内，并初步调整位置进行临时固定（图9.7.3-11～图9.7.3-15）。

⑤ 三维误差调整：装饰条挂装就位后，利用线锤进行装饰条垂直度校核，并利用人工对横向线条进行垂直度调整；利用水准仪进行装饰条标高校核，利用不锈钢调节螺钉进行标高误差调节确保装饰条标高精度。

⑥ 最终不锈钢螺钉固定：待装饰条水平位、进出位、高低位误差调节无误后，利用不锈钢限位螺钉对横向装饰条进行最终固定（图9.7.3-16）。

⑦ 面板清洁：装饰条安装固定完成后对其进行检查，无质量及误差问题后进行最终清洁（图9.7.3-17）。

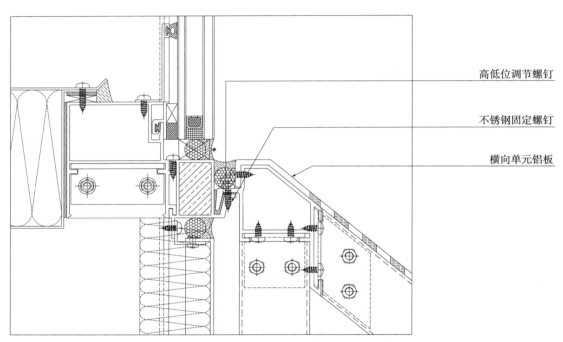

图 9.7.3-11　横向单元式铝板遮阳装饰条安装示意图

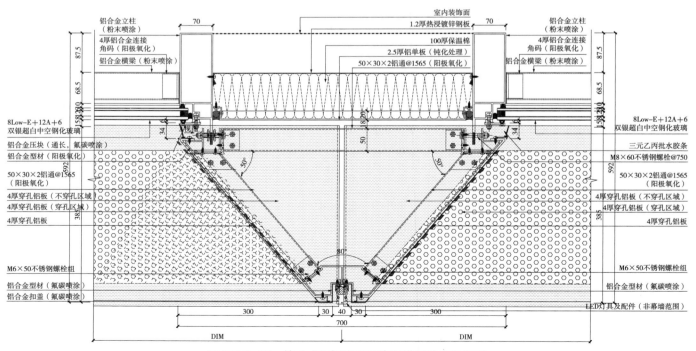

图 9.7.3-12　单元式铝板遮阳装饰条横剖节点示意图

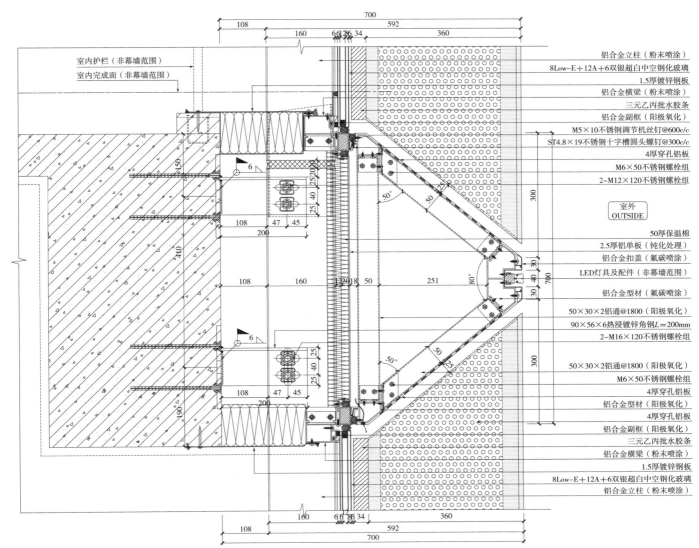

室内护栏（非幕墙范围）
室内完成面（非幕墙范围）

铝合金立柱（粉末喷涂）
8Low-E＋12A＋6双银超白中空钢化玻璃
1.5厚镀锌钢板
铝合金横梁（粉末喷涂）
三元乙丙批水胶条
铝合金副框（阳极氧化）
M5×10不锈钢调节机丝钉@600c/c
ST4.8×19不锈钢十字槽圆头螺钉@300c/c
4厚穿孔铝板
M6×50不锈钢螺栓组
2-M12×120不锈钢螺栓组

室外
OUTSIDE

50厚保温棉
2.5厚铝单板（钝化处理）
铝合金扣盖（氟碳喷涂）
LED灯具及配件（非幕墙范围）
铝合金型材（氟碳喷涂）
50×30×2铝通@1800（阳极氧化）
90×56×6热浸镀锌角钢L=200mm
2-M16×120不锈钢螺栓组
50×30×2铝通@1800（阳极氧化）
M6×50不锈钢螺栓组
4厚穿孔铝板
铝合金型材（阳极氧化）
4厚穿孔铝板
铝合金副框（阳极氧化）
三元乙丙批水胶条
铝合金横梁（粉末喷涂）
1.5厚镀锌钢板
8Low-E＋12A＋6双银超白中空钢化玻璃
铝合金立柱（粉末喷涂）

图9.7.3-13　单元式铝板遮阳装饰条竖剖节点示意图

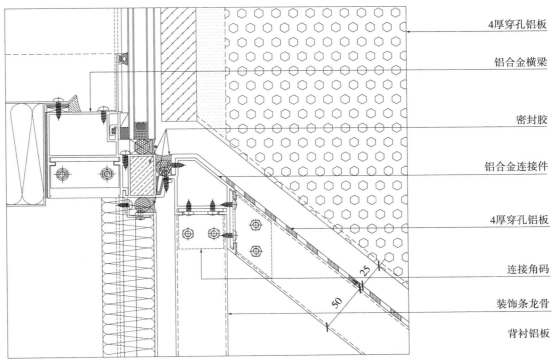

4厚穿孔铝板
铝合金横梁
密封胶
铝合金连接件
4厚穿孔铝板
连接角码
装饰条龙骨
背衬铝板

图9.7.3-14　横向装饰条顶部密封防排水设置示意图一

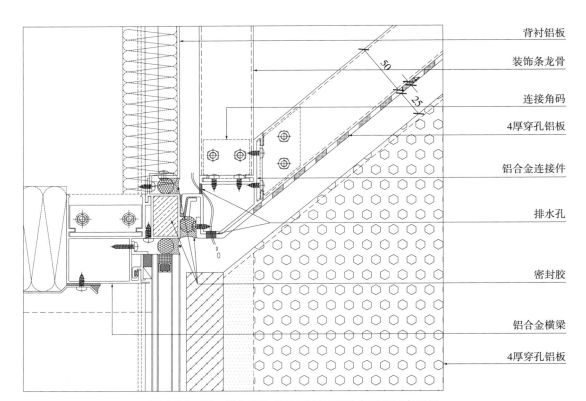

右侧标注（从上到下）：
背衬铝板
装饰条龙骨
连接角码
4厚穿孔铝板
铝合金连接件
排水孔
密封胶
铝合金横梁
4厚穿孔铝板

图 9.7.3-15　横向装饰条底部密封防排水设置示意图二

图 9.7.3-16　现场单元板块吊装　　　　图 9.7.3-17　施工安装局部立面

（4）注胶密封

装饰条安装校核后即开始注密封胶，该工序是防雨水渗漏和空气渗透的关键工序，竖向装饰条与铝合金型材之间通过密封条密封；横向装饰条与铝合金型材之间通过密封胶密封。

工艺流程：上道工序检查验收→清洁注胶缝→填塞垫杆→粘贴刮胶纸→注密封胶→刮胶→撕掉刮胶纸→清洁饰面层→检查验收。

（5）清洁收尾

注意事项如下：

① 装饰条的构件、铝板和密封胶等应制定保护措施，不得使其发生碰撞变形、变色、污染和排水管堵塞等现象。

② 清洗铝板和铝合金构件的中性清洁剂应进行腐蚀性检验。中性清洁剂清洗后应及时用清水冲洗干净。装饰条工程安装完成后，应制定清扫方案。

③ 铝板饰面在清洁时应揭开保护膜胶纸，若已受到污染，应用中性溶剂清洗后，再用清水冲洗干净，若洗不净则应通知供应商寻求其他办法解决。

④ 遗留在玻璃表面（非镀膜面）的胶迹或其他污染物可用刀片刮净并用中性溶剂洗涤后再用清水冲洗干净。镀膜面处的污物要特别小心，不得大力擦洗或用刀片等利器刮擦，只可用溶剂、清水等清洁。

⑤ 在全过程中要注意成品保护。

图 9.7.3-18 单元式穿孔铝板遮阳装饰条实景图

（6）幕墙防火系统安装

由于单元式穿孔铝板遮阳装饰条悬挂在幕墙外表面，幕墙的防火功能主要由与其连接的立面幕墙完成。建筑立面幕墙与各层楼板、防火分隔，设置防火封堵。封堵构造在耐火时限内不应发生开裂或脱落。

（7）幕墙防雷系统安装

① 幕墙竖向避雷带由上下电气连通的竖骨料构成，其范围不大于 10m×10m，并与主体结构的避雷引下线通过 ϕ12 镀锌钢筋可靠连接，幕墙均压环与主体结构均压环引下线连接按幕墙防雷平面布置图。

② 安装防雷导线前应先除掉接触面上的钝化氧化膜或锈蚀。

③ 幕墙防雷体系的各接头处应可靠连接，焊接时采用搭接焊，圆钢搭接长度不小于100mm，焊缝高不小于 6mm，所有外露表面二道防锈漆处理。

（8）淋水试验

单元式穿孔铝板遮阳装饰条完成后对 20% 面积进行淋水试验，确保幕墙水密性能。

3.3 质量关键要求

（1）单元装饰条的骨架为全铝合金型材，型材之间的连接为卡槽固定连接，骨架组装时需保证连接螺钉紧固，防止单元板块变形。（2）单元装饰条背部为完整的立面幕墙系统，横梁起到横梁装饰条挂接功能，横梁需通长布置，立柱与横梁拼接的"十字"位置，需将横梁端部截面进行密封；横向装饰条下端的铝合金连接件，在连接件的侧面和底面设置排水孔，将渗入装饰条的水导出，此穿孔铝板装饰条与立面幕墙相结合的双重防排水设计及完好的保温密封性能，很好地解决了装饰条幕墙系统的防排水、保温密封问题。（3）纵向单元式铝板装饰条两侧连接件设置凹槽口，通过螺栓与立柱悬挑板顶部挂口及标准挂口连接，再通过一侧螺栓的限位件进行限位固定。（4）横向单元式铝板遮阳装饰条安装高度通过上横梁挂钩的调节螺钉进行高度调节定位，定位完毕后通过螺钉进行固定。

3.4 季节性施工

参见第 575 页 "3.4 季节性施工"。

4 质量要求

参见第 576 页 "4 质量要求"。

5 成品保护

参见第 577 页 "5 成品保护"。

6 安全、环境保护措施

参见第 522 页 "6 安全、环境保护措施"。

7 工程验收

参见第 522 页 "7 工程验收"。

8 质量记录

参见第 522 页 "8 质量记录"。

第8节 单元式石材装饰线条—玻璃幕墙施工工艺

主编点评

本工艺针对单元式石材装饰线条—玻璃幕墙施工难题，将造型石材装饰线条组成单元体，通过转接件与玻璃单元体组装成一体，实现独立拆换，高效施工，维护方便。本技术成功应用于天津泰达广场B区幕墙工程等项目，获得广东省工程建设省级工法等荣誉。

1　总　则

1.1　适用范围

本工艺适用于非抗震设计或6～8度抗震设计建筑的单元式石材装饰线条—玻璃幕墙的施工。

1.2　编制参考标准及规范

（1）《建筑装饰装修工程质量验收标准》GB 50210

（2）《建筑工程施工质量验收统一标准》GB 50300

（3）《钢结构设计标准》GB 50017

（4）《建筑幕墙》GB/T 21086

（5）《金属与石材幕墙工程技术规范》JGJ 133

（6）《玻璃幕墙工程技术规范》JGJ 102

（7）《建筑用硅酮结构密封胶》GB 16776

（8）《钢结构焊接规范》GB 50661

（9）《建筑施工测量标准》JGJ/T 408

2　施工准备

2.1　技术准备

（1）熟悉施工图纸，掌握单元石材装饰线条的安装及拆换原理，保证单元板块的整体质量；确认建筑物主体结构施工质量、尺寸标高是否满足施工的要求。（2）加强石材色差控制。对立面石材的板块进行编号，有了立面石材面板的编号，可以清楚每个石材面板在立面上所处的具体位置，石材加工厂可以利用空旷场地在地面上进行颜色上的排板来达到控制石材色差的目的，并在石材上贴好编号标签。（3）编制施工组织设计和专项施工方案。（4）对现场安装工人进行技术交底，熟悉单元式石材装饰线条—玻璃组合幕墙的技术结构特点，详细研究施工方案，熟悉质量标准，使工人掌握每个工序的技术要点。

（5）项目经理组织现场人员学习单元板块的吊装方案，着重学习掌握吊具的额定荷载、各种单元体重量等重要参数。

2.2 材料要求

参见第548页"2.2 材料要求"。

2.3 主要机具

参见第512页"2.3 主要机具"。

2.4 作业条件

参见第512页"2.4 作业条件"。

3　施工工艺

3.1 工艺流程

加工制作 ⟶ 预埋件安装 ⟶ 测量放线 ⟶ 连接件安装 ⟶

吊装方案选择 ⟶ 单元板块吊装 ⟶ 幕墙防火系统安装 ⟶ 幕墙防雷系统安装 ⟶

闭水及淋水试验 ⟶ 清洁、验收

3.2 操作工艺

（1）加工制作

① 幕墙型材的加工制作

型材上面钻孔大小需区分清楚安装孔、定位孔、攻丝孔、工艺孔；安装孔时铝材只受剪，因此铝材开孔稍微比螺钉大，能让螺钉勉强通过；定位孔只是起定位作用，因此开孔需要比螺钉小；攻丝孔主要是针对机械螺钉；而工艺孔是为了安装而开的工艺孔。所有钢管两端均需要封口，钢架加工完后需整体热浸镀锌处理，不允许镀锌完成后再进行钻孔安装。

② 石材面板的加工制作

参见第563页"3.2 操作工艺"的"石材面板的加工制作"。

③ 制作一个石材面板定位模具，进行石材面板定位及控制石材面板的安装角度；利用铝合金主梁做参照，设置相应的定位铝合金封板和铝合金方管，对铝合金调节底座的左右位置及其与铝合金主梁的距离尺寸进行控制（图9.8.3-1、图9.8.3-2）。

④ 单元框架组框

板块中挺各横梁组装前，型材端面需涂一定厚度的密封胶，且螺钉需蘸胶攻丝；检查整体框架的平整度及连接空隙，在满足要求后需拧紧攻丝螺钉及紧定螺钉。

工艺孔用橡胶塞子或丁基胶带进行的封堵；其他一些需打胶密封的进行打胶密封；检查排水构造孔的通畅，整体板块清洁工作。

图 9.8.3-1　石材面板定位模具　　　　图 9.8.3-2　铝合调节底座定位装置

⑤ 玻璃面板组装

玻璃面板四周须有防滑防撞垫块，每边最少不少于 2 块，最底部的承重垫块需特别注意它的位置应与图纸相符，且硬度为 85±5；其他边垫块的硬度为 65±5。

⑥ 胶条安装

胶条长度应达到设计要求，安装时应拉直、理顺，且不能出现少穿、漏穿、胶条过短的情况。

穿单元胶条前应保证型材表面没有毛刺或其他尖锐的东西，防止刺破胶条，刺破的胶条段禁止使用。

EPDM 胶条交圈处采用烙连或专用的 EPDM 胶水进行粘结。

⑦ 石材面板通过铝材连接做成了一体，石材装饰线条整体与单元玻璃板块完成组装（图 9.8.3-3～图 9.8.3-5）。

⑧ 石材面板整体装配流程

石材面板整体装配流程见图 9.8.3-6。

（2）预埋件安装

参见第 551 页"3.2　操作工艺"中的"预埋件安装"。

（3）测量放线

参见第 551 页"3.2　操作工艺"中的"测量放线"。

（4）连接件的安装

参见第 551 页"3.2　操作工艺"中的"连接件的安装"。

图 9.8.3-3　石材装饰条安装一　　　图 9.8.3-4　石材装饰条安装二　　　图 9.8.3-5　石材装饰样板安装

镀锌钢方管

镀锌钢方管安装

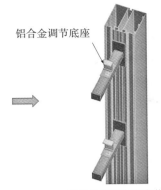

铝合金调节底座

铝合金调节底座安装

石材装饰线条

石材装饰线条安装

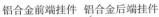

铝合金前端挂件　铝合金后端挂件

铝合金调节底座

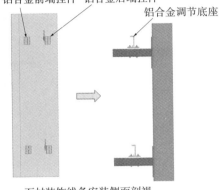

石材装饰线条安装侧面剖视

铝合金后端挂件

铝合金后端挂件及铝合金调节底座都是采用模具进行定位安装的，精度很高，将石材装饰线条上的铝合金后端挂件对准铝合金调节底座，即可满足石材装饰线条的进出及左右方向的定位

铝合金调节底座

不锈钢调节螺栓，对石材的上下位置进行调节

石材面板整体装配三向调节示意

铝合金方管　镀锌钢方管

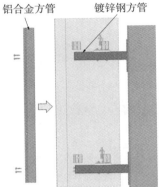

铝合金方管与镀锌钢管连接侧面剖视

铝合金方管　铝合金前端挂件

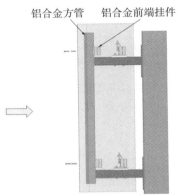

铝合金方管与铝合金前端挂件连接侧面剖视

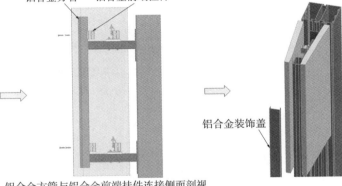

铝合金装饰盖

图9.8.3-6　石材装饰线条安装

（5）吊装方案选择

① 采用双路轨施工系统，外轨道安装电动吊篮、内轨道安装电动葫芦进行，局部位置如电梯收口位置等采用的是直接用卷扬机吊运至安装部位进行安装。双路轨施工系统横向采用 25a# 工字钢，长度为 5.1m，纵向间距按 1.8m 分布，为了便于装卸，采用抱箍固定方式在楼板上。横向工字钢悬挑出主体结构长度为 2m，用 6×37 钢丝绳拉住横向工字钢悬挑位置，悬挑上部铺 φ48×3.5 钢管及 20mm 木板作安全防护棚用，边缘安全防护高度为 1.2m，纵向工字钢采用 18# 工字钢（图 9.8.3-7、图 9.8.3-8）。

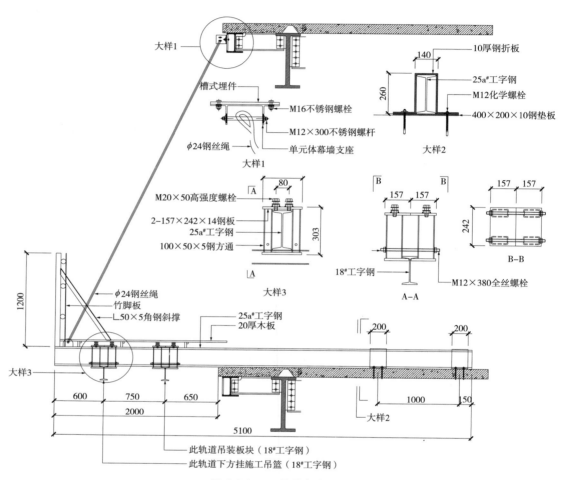

图 9.8.3-7　吊装方案图 1

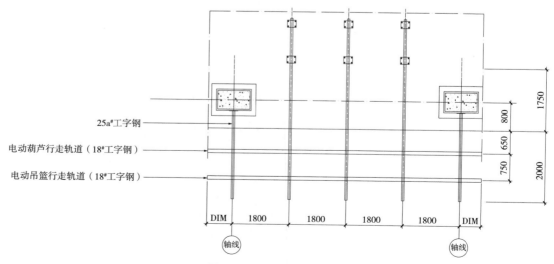

图 9.8.3-8　吊装方案图 2

② 吊装前准备：在对应地面拉警戒线，挂警示牌，并设专职巡视员（2名）看护，提醒过往人员绕道而行。起吊前，再次检查设备的可靠性，并将电动葫芦（两个电动葫芦为一组，一个主吊，一个防坠）开至板块出入口。

（6）单元板块吊装

① 每8人为1个安装班组，其中1人为专职电动葫芦司机，1人为专职卷扬机司机，其他人均负责板块在转运及水平行走时帮扶看护。每层4个施工区，每个施工区一个班组，每个班组均配备2个对讲机，频道独立，以保证即时通信畅通。

② 楼面施工人员将单元板块置于小车平台（面层向上），推至临边出入口，并使板块上端向外。

③ 对于建筑高度较大的塔楼，为加快吊装进度，规避不利天气因素对单元吊装工作的影响，可采用小吊进行垂直运输。小吊布置于板块在地面的堆放部位上方，或者布置于建筑的四个大角，以便于板块垂直运输（图9.8.3-9）。

④ 将吊装挂件（先固定于小吊的挂钩上）和单元板块顶部吊点可靠连接，并在板块左右两边布置导轨线，下端两边绑扎拖拉绳。

⑤ 准备妥当后，即可通知卷扬机专职司机进行起吊，楼面施工人员进行帮扶，边起吊边将板块在空中回直，直至板块保持竖直悬空状态。垂直吊运至安装楼层后，将单元板块挂钩转换到双轨吊装系统内轨道两个电动葫芦下端的吊钩上，卷扬机上下层分离，完成垂直运输工作。

⑥ 此时，安装人员帮扶并和电动葫芦专职司机配合通过内轨道将板块水平吊至安装位。

⑦ 将板块提升（降）至待安装位正上方合适高度，对准位置（或前一已装板块插槽口）后，缓慢放下板块，插入槽口，边插边晃，直至将板块挂件完全座实在支座上。

⑧ 接着进行标高校正，无误后，进行下一板块或装饰线条安装，安装完一个施工区的板块后，即可进行防水封堵等下步工序。

⑨ 塔吊附着部位及施工电梯部位以及最后板块的安装：塔吊附着和施工电梯拆除以后即可进行该部位的安装。屋顶层最后板块由于涉及垂直运输的问题，采用轨道安装时比较困难，直接用卷扬机吊运至安装部位进行安装（图9.8.3-10、图9.8.3-11）。

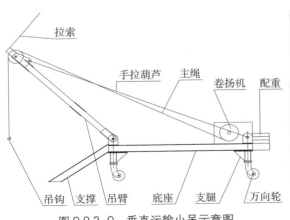

图9.8.3-9 垂直运输小吊示意图

图9.8.3-10 石材装饰线条与玻璃单元体集成安装

图9.8.3-11 石材装饰线条与玻璃单元体安装

（7）幕墙防火系统安装

主体结构为钢结构，镀锌防火钢板与主体钢结构连接位置，需要同钢结构防火涂装施工单位确认施工完成面，固定镀锌钢板的连接件需提前预埋，防火镀锌钢板施工完成面应与钢结构防火涂料在同一个平面。幕墙面板材料和面板背后的填充材料应为不燃或难燃材料，并符合消防规定。建筑幕墙与各层楼板、防火分隔、实体墙面洞口边缘的间隙等，应设置防火封堵。封堵构造在耐火时限内不应发生开裂或脱落（图9.8.3-12~图9.8.3-14）。

（8）幕墙防雷系统安装

幕墙单元板块的埋件和支座都是焊接在主体结构工字钢（幕墙防雷均压环）上，幕墙铝合金立柱通过铜编织带与埋件相连便可形成有效的防雷连接。

单元板块内部防雷：单元板块框架为隔热型材，为防止侧雷击中金属幕墙和铝合金装饰线，需把内外铝合金型材导通。采用铝质连接片在横梁中点处及边框中点处各设置一处连接，使内外铝合金型材形成通路。

每个板块石材的钢龙骨通过螺栓与铝合金边框紧密导通连接，无需再设置防雷导通引线。

其余参见第555页"3.2 操作工艺"中的"幕墙防雷系统安装"。

（9）闭水及淋水试验

单元式幕墙完成后对20%面积进行淋水试验，确保幕墙水密性能。

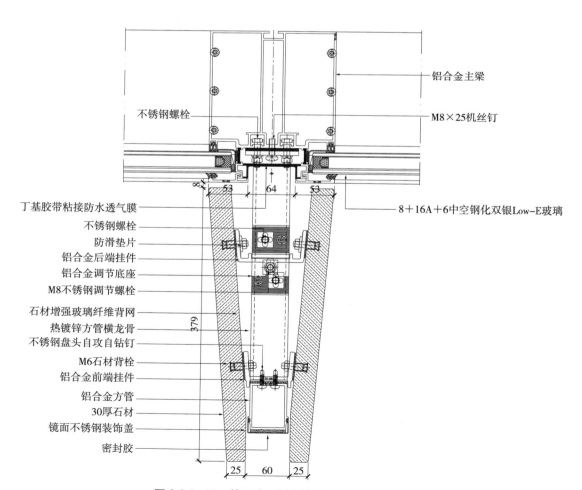

图 9.8.3-12 单元式石材装饰线条横剖节点示意图

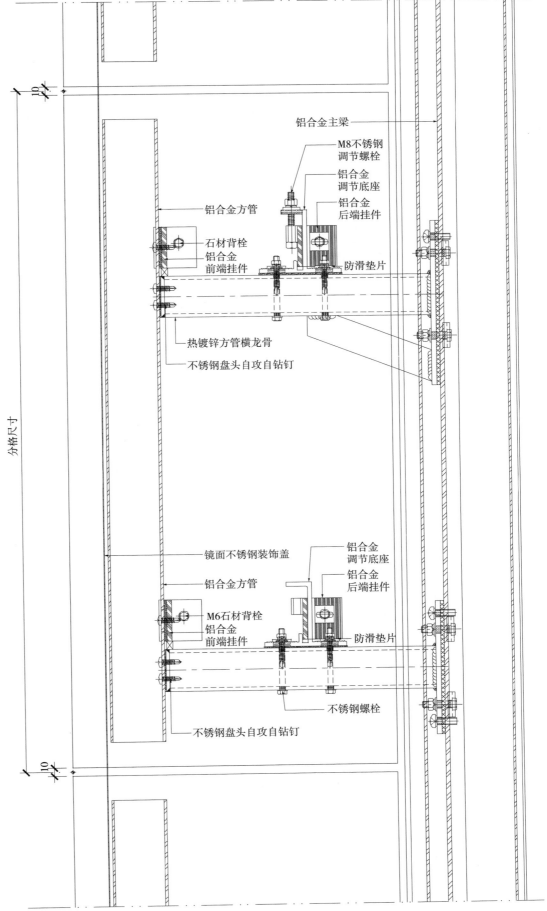

图 9.8.3-13　单元式石材装饰线条竖剖节点示意图

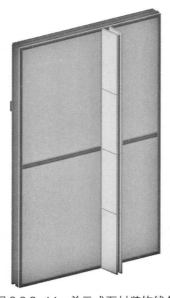

图 9.8.3-14　单元式石材装饰线条
与玻璃幕墙单元体集成三维效果图

图 9.8.3-15　单元式石材装饰线条与
玻璃幕墙完成图

3.3　质量关键要求

（1）根据石材装饰线条的外观形状需要，特制一套石材定位模具，模具设置的 100mm×75mm 铝合金方管，用于快速准确控制石材面板角度，设置的 30mm×30mm 铝合金方管，用于定位铝合金后端挂件的高度及平整度；此外，还利用铝合金主梁做参照，设置了相应的定位铝合金封板和铝合金方管，对铝合金调节底座的左右位置及其与铝合金主梁的距离尺寸进行控制。（2）两块石材面板通过面板背栓与其挂件连接形成呈对称的二合一整体线条，由于铝合金后端挂件及铝合金调节底座都是采用模具进行定位安装的，精度很高，将石材装饰线条上的铝合金后端挂件对准铝合金调节底座，即可满足石材装饰线条的进出及左右方向的定位，然后通过不锈钢调节螺栓对石材的上下位置进行调节，达到三向调节，完成石材面板整体装配。（3）石材面板组装完成后，安装铝合金方管进行加固处理，铝合金方管需要与石材钢架龙骨固定，也需要与铝合金前端挂件连接；铝合金方管与石材分格一样分段处理，使得石材可独立拆换。（4）玻璃幕墙单元框架与石材装饰线条钢架的连接：连接处采用 4mm 硬质垫块，且需有隔热功能；深入单元体内的钢龙骨表面需要用保温防火棉包严，否则会出现冷桥现象。

3.4　季节性施工

参见第 557 页"3.4　季节性施工"。

4　　质量要求

参见第 557 页"4　质量要求"。

5 成品保护

参见第559页"5 成品保护"。

6 安全、环境保护措施

参见第522页"6 安全、环境保护措施"。

7 工程验收

参见第522页"7 工程验收"。

8 质量记录

参见第523页"8 质量记录"。

第9节　单元滑移式异形玻璃采光顶施工工艺

主编点评

　　本工艺针对异形玻璃采光顶传统施工方法施工周期长、需搭设施工平台等难题，通过可调节支座设计，将采光顶钢龙骨与空间结构组成单元体，单元体整体吊装和滑移就位，再安装玻璃面板，实现快速施工、三维可调、降低成本，为异形玻璃采光顶的设计、加工与施工提供了新的技术思路。该成果成功应用于深圳大学生运动会游泳馆等项目，获得广东省工程建设省级工法等荣誉。

1　总　则

1.1　适用范围
本工艺适用于公共建筑非抗震设计或 6～8 度抗震设计的单元滑移式异形玻璃采光顶工程施工。

1.2　编制参考标准及规范
（1）《建筑装饰装修工程质量验收标准》GB 50210
（2）《建筑工程施工质量验收统一标准》GB 50300
（3）《采光顶与金属屋面技术规程》JGJ 255
（4）《建筑节能工程施工质量验收标准》GB 50411
（5）《钢结构工程施工规范》GB 50755
（6）《建筑遮阳工程技术规范》JGJ 237
（7）《建筑用安全玻璃　第 3 部分：夹层玻璃》GB 15763.3
（8）《建筑用硅酮结构密封胶》GB 16776

2　施工准备

2.1　技术准备
（1）采光顶施工前应编制施工组织设计、专项施工方案，经审批合格后方可组织实施。属危大工程还需组织专家论证。（2）完成技术交底工作。（3）采光顶安装前，应对主体结构进行三维数据采集。

2.2 材料要求

（1）一般规定

① 采光顶用材料应符合现行国家标准的有关规定。② 采光顶应选用耐候性好的材料。若选用耐候性差的材料应采取适当的防护措施，并应满足设计要求。③ 面板材料应采用不燃性材料或难燃性材料；防火密封构造应采用防火密封材料。④ 硅酮类、聚氨酯类密封胶与所接触材料、被粘结材料的相容性和剥离粘结性能应符合相关规定和设计要求。⑤ 硅酮结构密封胶和硅酮建筑密封胶必须在有效期内使用。⑥ 采光顶与金属屋面工程的隔热、保温材料，应采用不燃性材料或难燃性材料。

（2）钢材及五金材料

① 采光顶与金属屋面用不锈钢应采用奥氏体型不锈钢，其化学成分应符合现行国家标准《不锈钢和耐热钢　牌号及化学成分》GB/T 20878 等的规定。② 与采光顶、金属屋面配套使用的附件及紧固件应符合设计要求，并应符合《建筑幕墙用钢索压管接头》JG/T 201、《铝合金门窗锁》QB/T 5338 和《紧固件机械性能　不锈钢螺栓、螺钉和螺柱》GB/T 3098.6 等的规定。

（3）玻璃

① 采光顶玻璃应符合国家现行相关产品标准的规定。② 采光顶用中空玻璃除应符合现行国家标准《中空玻璃》GB/T 11944 的有关规定外，尚应符合下列规定：a. 中空玻璃气体层厚度应依据节能要求计算确定，且不宜小于 12mm。b. 中空玻璃应采用双道密封。一道密封胶宜采用丁基热熔密封胶。隐框、半隐框及点支承式采光顶用中空玻璃二道密封胶应采用硅酮结构密封胶，其性能应符合现行国家标准《建筑用硅酮结构密封胶》GB 16776 的规定。③ 夹层玻璃应符合现行国家标准《建筑用安全玻璃　第3部分：夹层玻璃》GB 15763.3 中规定的 Ⅱ-1 和 Ⅱ-2 产品要求。夹层玻璃用聚乙烯醇缩丁醛（PVB）胶片的厚度不应小于 0.76mm。有特殊要求时可采用聚乙烯甲基丙烯酸酯胶片（离子性胶片），其性能应符合设计要求。④ 采光顶钢化玻璃应采用均质钢化玻璃。⑤ 当采光顶玻璃最高点到地面或楼面距离大于 3m 时，应采用夹层玻璃或夹层中空玻璃，且夹胶层位于下侧。⑥ 玻璃面板面积不宜大于 2.5m²，长边边长不宜大于 2m。

（4）建筑密封材料和粘结材料

① 采光顶的接缝用密封胶应采用中性硅酮密封胶，其物理力学性能应符合现行行业标准《幕墙玻璃接缝用密封胶》JC/T 882 中密封胶 20 级或 25 级的要求，并符合现行国家标准《建筑密封胶分级和要求》GB/T 22083 的规定。② 中性硅酮密封胶的位移能力应满足工程接缝的变形要求，应选用位移能力较高的中性硅酮建筑密封胶。③ 采光顶的橡胶制品宜采用硅橡胶、三元乙丙橡胶或氯丁橡胶。④ 密封胶条应符合现行国家标准《工业用橡胶板》GB/T 5574 的规定。⑤ 接缝用密封胶应与面板材料相容，与夹层玻璃胶片不相容时应采取措施避免与其相接触。

（5）硅酮结构密封胶

① 采光顶与金属屋面应采用中性硅酮结构密封胶，性能应符合现行国家标准《建筑用硅酮结构密封胶》GB 16776 的规定，生产商应提供结构密封胶的位移承受能力数据和质量保证书。② 硅酮结构密封胶使用前，应经国家认可实验室进行与其接触材料、被粘结材

料的相容性和粘结性试验，并应对结构密封胶的邵氏硬度、标准状态下的拉伸粘结性进行确认，试验不合格的产品不得使用。

（6）其他材料

① 采光顶与金属屋面工程接缝部位采用的聚乙烯泡沫棒填充衬垫材料的密度不应大于37kg/m³。② 防水卷材应符合现行国家标准《屋面工程技术规范》GB 50345 的规定，宜采用聚氯乙烯、氯化聚乙烯、氯丁橡胶或三元乙丙橡胶等卷材，其厚度一般不宜小于1.2mm。③ 采光顶用天篷帘、软卷帘应分别符合现行行业标准《建筑用遮阳天篷帘》JG/T 252 和《建筑用遮阳软卷帘》JG/T 254 的规定。

2.3 主要机具

（1）机械：吊机、卷扬机、砂轮切割机、手电钻、冲击电钻、胶枪、玻璃吸盘等。（2）工具：固定式摩擦夹具、转动式摩擦夹具、镂槽器、玻璃吸盘、胶枪、专用撬棍、橡皮锤等。（3）计量检测器具：激光全站仪、经纬仪、水准仪、钢尺、游标卡尺、塞尺、靠尺等。

2.4 作业条件

（1）完成主体结构复核，并办理验收交接手续。（2）安装施工之前，起重运输设备等应具备安装施工条件。（3）现场构件储存架设置好，并有足够的承载力和刚度。（4）采光顶的支承构件完成检验与校正。

3   施工工艺

3.1 工艺流程

测量放线 ⟶ 支撑钢管组装 ⟶ 三角形钢架吊装 ⟶ 边梁吊装就位 ⟶ 三角形钢架与主体钢结构绑扎 ⟶ 单元玻璃采光顶钢架与主体钢结构同步滑移 ⟶ 三角钢架调整与固定 ⟶ 铝合金主龙骨安装 ⟶ 面板安装 ⟶ 清洁、验收

3.2 操作工艺

（1）测量放线

① 为了精确测量支撑钢管组件的安装位置，采用计算机三维建模配合坐标仪，计算出每个套筒调节件具体位置坐标，再利用全站仪现场测定各点具体位置。

② 边檩与主体钢结构的连接调节：本系统边檩与主体钢结构的连接构造采用三维可调的固接支座形式连接。该支座由 ϕ203×8 钢管底座、ϕ180×10 钢管连接杆件、6mm 厚箱型连接件、铸钢转接件组成（图 9.9.3-1）。利用 M18 螺栓在 ϕ203×8 钢管上水平长孔内的移动调节左右偏差，利用 M18 安装螺栓在 ϕ203×10 钢管上竖向长孔内的移动调节高低方向的偏差，调节到位后焊接固定。边檩通过 25mm 厚节点板和 M30 螺杆与铸钢转接件机械连接，通过锁紧螺母进行进出位置的调节，调节就位后将螺母锁紧定位。该连接构造

可以实现支座位置的三维调节，以调整、修复采光顶与主体钢结构滑移造成的偏差，保证采光顶钢结构的安装精度。

③ 主檩、次檩与主体钢结构的连接调节：由于主檩的跨度大，在吊装的过程中，主檩中部由重力产生的挠度较大，因此在跨中选取一点或两点采用可调双向铰支座机械连接，可调双向铰支座是两端具有 M64×3 左、右旋螺纹调节轴，中间具有左、右旋 ϕ83 螺纹调节套筒，通过 ϕ22 销轴连接的组件（图 9.9.3-2、图 9.9.3-3）。

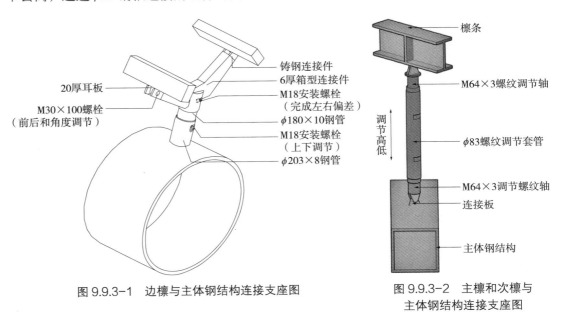

图 9.9.3-1　边檩与主体钢结构连接支座图　　　　图 9.9.3-2　主檩和次檩与主体钢结构连接支座图

（2）支撑钢管组装

套筒调节件是采光顶与主体连接的重要结构件之一，安装质量好坏直接影响采光顶与主体结构连接功能及精度。

① 套筒调节件位置确定后用万能角度仪及经纬仪辅助调整调节件角度，先进行同一钢结构上两端套筒调节件的安装，通过放线定位确定支点的位置，将支座 ϕ203 调节套管焊接在支点的位置上。

② 待两端调节件临时固定后，拉水平控制线，水平线可选用细钢丝，同时用花篮螺栓收紧，保证钢丝的水平度使中部各调节件与两端调节件在同一直线上，并对中部各调节件进行临时固定安装。

③ 待同一主体钢结构上各套筒调节件安装好后，利用经纬仪及万能角度仪等仪器对其进行安装校核。

④ 套筒调节件校核调整完毕后对其进行最后的满焊固定，焊接采用对称焊接方式，避免因局部过热产生扭曲变形。因焊接过程中焊缝部位防腐层被破坏，为此对该部位进行二次防腐处理，以保证该构件的耐腐性。

檩条之间的连接：主檩和次檩、主檩和边檩、边檩和次檩之间的连接均是采用焊接连接，通过焊接檩条组成钢结构体系，共同承受荷载的作用，以保持整个大三角形板块的平整性和稳定性。

⑤ 铸钢转接件、箱型连接件与纹调节轴是预先加工好后在工厂焊接组成一整体，将其与支点位置调节套管连接（图 9.9.3-4、图 9.9.3-5）。

（3）三角形钢架吊装

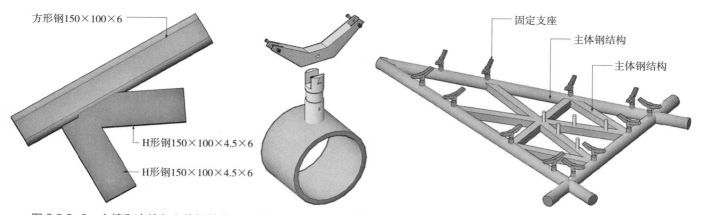

图 9.9.3-3　主檩和次檩与主体钢结构
连接支座图

图 9.9.3-4　可调节
支座安装示意图

图 9.9.3-5　可调节支座安装整体图

① 钢构件地面拼装成形（图 9.9.3-6）。

② 三角形钢架作用在主体钢结构上的自重控制在滑移设计荷载内（图 9.9.3-7）。

③ 三角形钢架的吊装及固定顺序见图 9.9.3-8。

④ 边梁吊装就位。

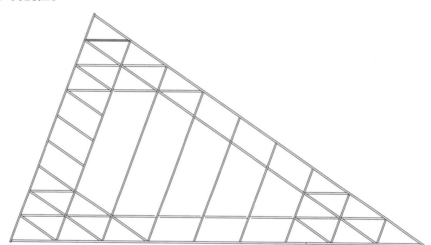

图 9.9.3-6　钢构件地面拼装图

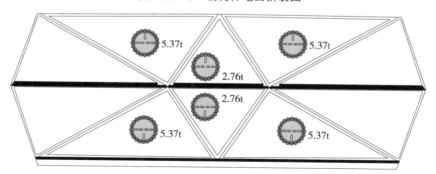

图 9.9.3-7　滑移单元各构件单元自重示意图

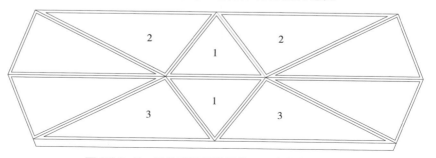

图 9.9.3-8　三角形钢架的吊装及固定顺序示意图

三角形钢架整体吊装后，首先对三角形钢架的边梁进行安装。边梁以屋面坡度基本一致的角度起吊到支座上部时缓缓放下，人工辅助就位，待耳板位置与支座槽孔正对时慢慢放下，利用钢梁自重使其角度调整到支座面一致的角度，再进行插销安装（图9.9.3-9）。

⑤ 主梁的吊装就位。

主梁与主体钢结构的连接采用了双向铰支座和钢管套筒调节支座固定的方式进行。首先，通过放线定位确定支点的位置，将支点位置的节点板焊接在主体钢结构上；在工厂将M57×4调节螺杆、$\phi 68 \times 4$调节套管以及节点板焊接组成连接机构；然后将调节支座调节到最大调节量与主梁预先固定再进行整体吊装；最后，吊装就位时人工辅助就位将调节支座固定，此时暂不能松吊钩，待将套筒支座安装就位后再松吊钩（图9.9.3-10）。

⑥ 三角形钢架整体吊装就位（图9.9.3-11）。

（4）三角形钢架与主体钢结构绑扎（图9.9.3-12、图9.9.3-13）。

（5）单元玻璃采光顶钢架与主体钢结构同步滑移

① 经过结构受力计算，胎架上增加支撑，在每个单元的次结构增加重量不超过设计允许荷载的情况下，可保证与主体钢结构安全同步滑移。

② 钢结构高空拼装平台布置在结构的北侧。南北向从1轴～3轴，东西向从1/C轴～1/P轴间搭设拼装平台，尺寸约为26m×65m（图9.9.3-14）。

③ 主体钢结构完成每一单元的主钢结构吊装后，开始三角钢架吊装工作。安装完成此单元的三角钢架后才整体进行滑移，滑移到位后，进行第二单元主钢结构的吊装工作，依此类推（图9.9.3-15、图9.9.3-16）。

图9.9.3-9 三角形钢架边梁的吊装就位示意图

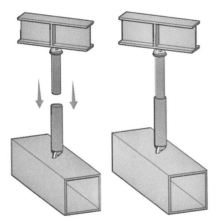

图9.9.3-10 主梁与主体钢结构就位示意图

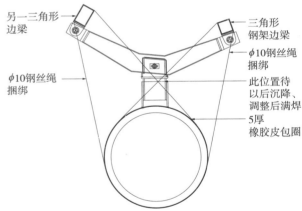

图9.9.3-12 三角形钢架与主体钢结构绑扎节点图

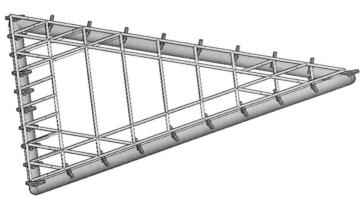

图9.9.3-11 三角形钢架吊装后整体示意图

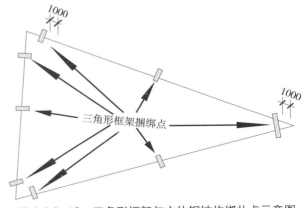

图9.9.3-13 三角形钢架与主体钢结构绑扎点示意图

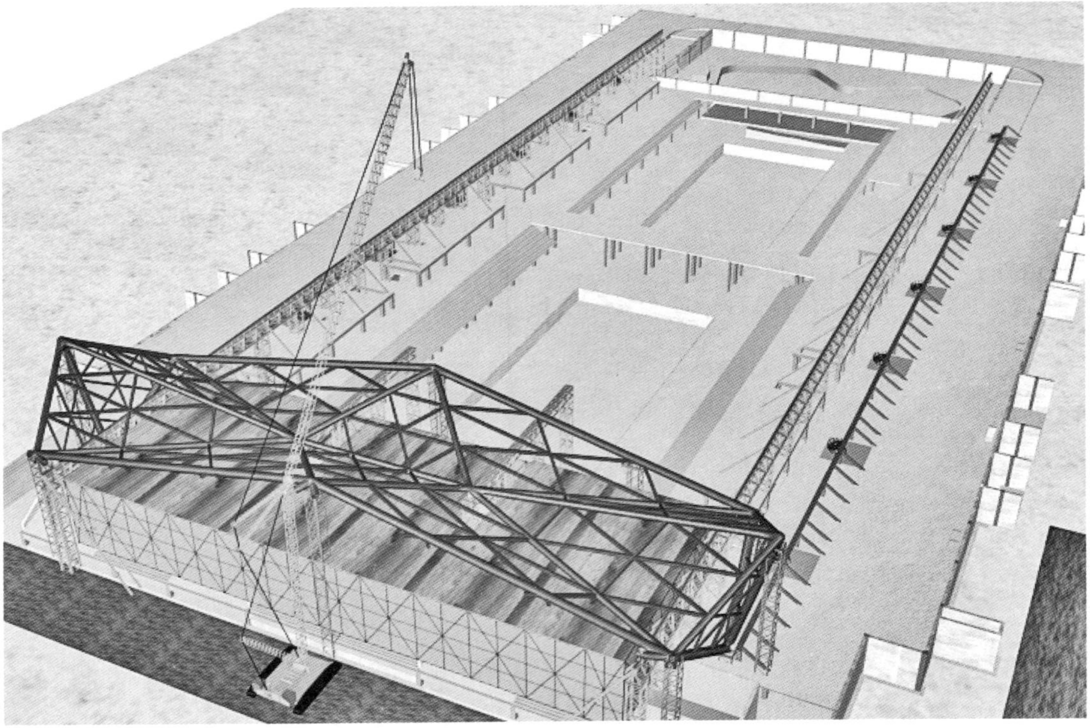

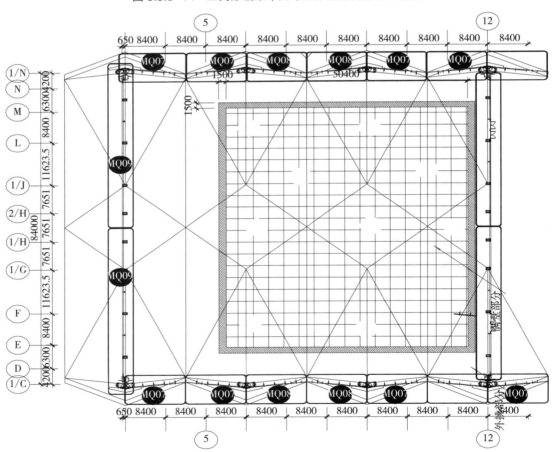

图 9.9.3-14 三角形钢架单元与主体钢结构滑移示意图

图 9.9.3-15 三角形钢架与主体钢结构滑移位置图

（6）三角钢架调整与固定

主体钢结构已经经过其短轨道滑移到长轨道上，其第一次卸载已经完成。三角形钢架的调整固定就是将三角形钢架上的支座、套管、连接件、转接件按尺寸调整并完全固定，使采光顶的钢龙骨与主体钢结构的主屋架成为一个可靠连接的体系。

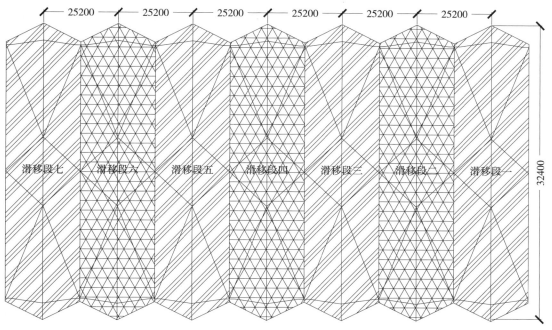

图 9.9.3-16 钢结构滑移分区示意图

（7）铝合金主龙骨安装

铝合金主龙骨的安装是在主体钢结构第一榀钢架滑移到第四榀钢架的位置开始预安装，最后待主体钢结构滑移全部完成并完成整体卸载后再对铝合金主龙骨的体系进行调整并完全固定。

（8）面板安装

玻璃面板包括 6TP ＋ 12A ＋ 6TP ＋ 1.14PVB ＋ 6TP 三钢化夹胶中空 Low-E 玻璃（透明）及 8TP ＋ 0.76PVB ＋ XIR ＋ 0.76PVB ＋ 8TP 钢化玻璃。首先对马道附近区域面板进行安装，再通过将安装的面板作为平台对其余部位进行安装。工程面板的安装是通过在屋面上设置马道对面板材料进行运输和安装（图 9.9.3-17）。

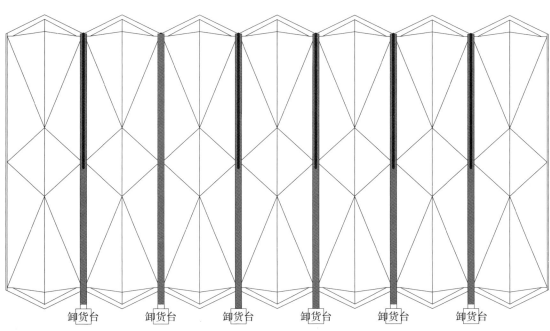

图 9.9.3-17 马道安装面板布置示意图

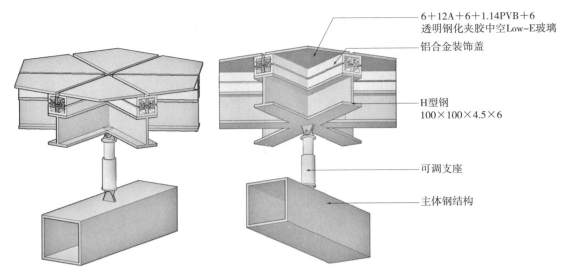

6+12A+6+1.14PVB+6
透明钢化夹胶中空Low-E玻璃

铝合金装饰盖

H型钢
100×100×4.5×6

可调支座

主体钢结构

图 9.9.3-18　玻璃面板安装结构示意图

图 9.9.3-19　单元滑移式异形玻璃采光顶竣工图

3.3　质量关键要求

（1）预埋件和锚固件施工安装位置的精度及固定状态符合设计要求，无变形、生锈现象，防锈涂料、表面处理完好，安装位置偏差在允许范围内。（2）构件安装部位正确，横平竖直、大面平整；螺栓、铆钉安装固定符合要求；构件的外观情况（包括但不限于色调、色差、污染、划痕等）符合要求，雨水泄水通路、密封状态等功能完好。（3）采光顶安装完成后，应进行48h蓄水试验。不合格处必须重新打胶密封，再进行测试直至合格为止。（4）进行密封工作前应对密封面进行清扫，并在胶缝两侧的玻璃上粘贴保护胶带，防止注胶时污染周围的玻璃面；注胶应均匀、密实、饱满，表面光滑。（5）采光顶工程安装面板前应完成隐蔽验收。

3.4 季节性施工

参见第519页"3.4 季节性施工"。

质量要求

4.1 主控项目

（1）采光顶所使用的各种材料和配件，应符合设计要求及国家现行产品标准和工程技术规范的规定。

检验方法：检查产品合格证书、性能检测报告、材料进场验收记录和复验报告。

（2）采光顶的造型和立面分格应符合设计要求。

检验方法：观察；尺量检查。

（3）采光顶面板的品种、规格、颜色、光泽及安装方向应符合设计要求。

检验方法：观察；检查进场验收记录。

（4）采光顶的主檩与次檩的连接、主檩与边檩的连接、边檩与次檩、采光顶面板的安装应符合设计要求，安装应牢固。

检验方法：手扳检查；检查隐蔽工程验收记录。

（5）采光顶的防火、防潮材料的设置应符合设计要求，并应密实、均匀、厚度一致。

检验方法：检查隐蔽工程验收记录。

（6）金属框架及连接件的防腐处理应符合设计要求。

检验方法：检查隐蔽工程验收记录和施工记录。

（7）采光顶的防雷装置应与主体结构的防雷装置可靠连接。

检验方法：检查隐蔽工程验收记录。

（8）各种变形缝、墙角的连接节点应符合设计要求和技术标准的规定。

检验方法：观察；检查隐蔽工程验收记录。

（9）采光顶的板缝注胶应饱满、密实、连续、均匀、无气泡，宽度和厚度应符合设计要求和技术标准的规定。

检验方法：观察；尺量检查；检查施工记录。

（10）采光顶应无渗漏。

检验方法：在易渗漏部位进行淋水检查。

4.2 一般项目

（1）采光顶表面应平整、洁净、色泽一致。

检验方法：观察。

（2）采光顶的压条应平直、洁净、接口严密、安装牢固。

检验方法：观察；手扳检查。

（3）采光顶的密封胶缝应横平竖直、深浅一致、宽窄均匀、光滑顺直。

检验方法：观察。

（4）采光顶的滴水线、流水坡向应正确、顺直。

检验方法：观察；用水平尺检查。

（5）每平方米玻璃的表面质量应符合表9.9.4-1的规定。

（6）一个分格铝合金框架或钢框架表面质量应符合表9.9.4-2的规定。

（7）框支承采光顶框架构件安装允许偏差应符合表9.9.4-3的规定。

每平方米玻璃表面质量要求 表9.9.4-1

项目	质量要求
0.1～0.3mm宽划伤痕	长度小于100mm；不超过8条
擦伤总面积	不大于500mm^2

一个分格铝合金框架或钢框架表面质量要求 表9.9.4-2

项目	质量要求	
	铝合金框架	钢框架
擦伤、划伤深度	不大于涂膜厚度	不大于氟碳喷涂层的厚度
擦伤总面积（mm^2）	不大于500	不大于250
划伤总长度（mm）	不大于150	不大于75
擦伤划伤处	不大于4	不大于2

框支承采光顶框架构件安装允许偏差 表9.9.4-3

	项目		允许偏差（mm）	检查方法
1	水平通长构件吻合度	构件总长度≤30m	10.0	水准仪、经纬仪或激光经纬仪
		30m＜构件总长度≤60m	15.0	
		60m＜构件总长度≤90m	20.0	
		构件总长度＞90m	25.0	
2	采光顶坡度	坡起长度≤30m	＋10.0	水准仪、经纬仪或激光经纬仪
		30m＜坡起长度≤60m	＋15.0	
		60m＜坡起长度≤90m	＋20.0	
		坡起长度＞90m	＋25.0	
3	单一纵向或横向构件直线度	长度≤2000m	2.0	水平尺
		长度＞2000m	3.0	
4	相邻构件的位置差	—	1.0	钢板尺塞尺
5	纵向通长或横向通长构件直线度	构件长度≤35m	5.0	水准仪、经纬仪或激光经纬仪
		构件长度＞35m	7.0	
6	分格框对角线差	对角线长≤2000m	3.0	对角线尺或钢卷尺
		对角线长＞2000m	3.5	

注：纵向构件或接缝是指垂直于坡度方向的构件或接缝；横向构件或接缝是指平行于坡度方向的构件或接缝。

（8）框支承隐框采光顶安装允许偏差除应符合表9.9.4-3中的规定外，还应符合表9.9.4-4的规定。

	项目		允许偏差（mm）	检查方法
1	相邻面板的接缝直线度		2.5	2m 靠尺，钢板尺
2	纵向通长或横向通长接缝直线度	接缝长度≤35m	5.0	经纬仪或激光经纬仪
		接缝长度＞35m	7.0	
3	玻璃间接缝宽度（与设计值比）		±2.0	卡尺

5　成品保护

5.1　成品的运输、装卸

运送制品时，应竖置固定运送，用聚乙烯苫布保护制品四角等露出部件。收货时依据货单对制品和部件（连接件、螺栓、螺母、螺钉等）的型号、数量、有无损伤等进行确认。卸货时使用塔吊、吊机等卸货机械应由专职人员操作，各安装楼层存放货物的面积应不小于 300m^2。

5.2　成品的保管

产品的保管场所应设在雨水淋不到且通风良好的地方，根据各种材料的规格，分类堆放，并做好相应的产品标识。要定期检查仓库的防火设施和防潮情况。

6　安全、环境保护措施

6.1　安全措施

（1）采光顶安装施工应根据相关技术标准的规定，结合工程实际情况，制定详细的安全操作规程，确保施工安全。（2）施工机具在使用前，应进行安全检查，确保机具及人员的安全。（3）采用脚手架施工时，脚手架应经过设计和必要的计算，在适当的部位与主体结构应可靠连接，保证其足够的承载力、刚度和稳定性。（4）吊装作业人员必须通过培训考核合格后持证上岗，吊装前应进行技术交底。（5）对现场焊接作业提出要求，防止施工现场发生火灾。

6.2　环保措施

（1）减少施工时机具噪声污染，减少夜间作业，避免影响施工现场附近居民的休息。（2）完成每项工序后，应及时清理施工后滞留的垃圾，比如胶、胶瓶、胶带纸等，保证施工现场的清洁。（3）对于密封材料及清洗溶剂等可能产生有害物质或气体的材料，应做好保管工作，并在挥发过期前使用完毕，以免对环境造成影响。

7　工程验收

（1）采光顶验收时应检查下列文件和记录：① 竣工图、结构计算书、热工计算书、设计变更文件及其他设计文件；② 工程所用各种材料、附件及紧固件，构件及组件的产品合格证书、性能检测报告，进场验收报告记录和主要材料复试报告；③ 工程中使用的硅酮结构胶应提供国家认可实验室出具的硅酮结构胶相容性和剥离粘结性试验报告，进口硅酮结构胶提供商检证；④ 硅酮结构胶的注胶及养护时环境的温度、湿度记录，注胶过程记录；双组分硅酮结构胶的混匀性试验记录及拉断试验记录；⑤ 构件的加工制作记录、现场安装过程记录；⑥ 后置锚固件的现场拉拔检测报告；⑦ 设计要求进行气密性、水密性、抗风压、热工和抗风掀试验时，应提供其检验报告；⑧ 现场淋水试验记录，天沟或排水槽等关键部位的蓄水试验记录；⑨ 防雷装置测试记录；⑩ 隐蔽工程验收文件；⑪ 其他质量保证资料。

（2）采光顶工程质量验收应分别进行观感检验和抽样检验，并应按下列规定划分检验批：① 安装节点设计相同，使用材料、安装工艺和施工条件基本相同的采光顶工程每500～1000m² 为一个检验批，不足500m² 应划分为一个检验批；每个检验批每100m² 应至少抽查一处，每处不得少于10m²；金属屋面工程每3000～5000m² 为一个检验批，不足3000m² 应划分为一个检验批；每个检验批每1000m² 应至少抽查一处，每处不得少于100m²。② 天沟或排水槽应单独划分检验批，每个检验批每20m 应至少抽查一处，每处不得小于2m。③ 同一个工程的不连续采光顶、金属屋面工程应单独划分检验批。④ 对于异形或有特殊要求的采光顶与金属屋面工程，检验批的划分应根据结构、工艺特点及工程规模，由监理单位、建设单位和施工单位共同协商确定。

（3）采光顶工程的构件或接缝应进行抽样检查，每个采光顶的构件或接缝应各抽查5%，并均不得少于3根（处）；采光顶的分格应抽查5%，并不得少于10个。

（4）检验批合格质量和分项工程质量验收合格应符合下列规定：① 抽查样本主控项目均合格；一般项目80%以上合格，其余样本不得有影响使用功能或明显影响装饰效果的缺陷。均须具有完整的施工操作依据、质量检查记录。② 分项工程所含的检验批均应符合合格质量规定，所含的检验批的质量验收记录应完整。

（5）分部（子分部）工程质量验收合格应符合下列规定：① 分部（子分部）工程所含分项工程的质量均应验收合格；② 质量控制资料应完整；③ 观感质量验收应符合要求。

8　质量记录

质量记录包括：（1）采光顶材料、产品合格证和环保、消防性能检测报告以及进场验收记录；（2）复检报告、隐蔽工程验收记录、蓄水试验报告；（3）消防、防雷工程验收记录；（4）检验批质量验收记录；（5）分项工程质量验收记录。

第 10 节 单元式外墙铝合金格栅施工工艺

主编点评

本工艺针对建筑外墙铝合金格栅传统安装方法效率低等施工难题，将大规格铝合金格栅单元化，各单元体与主体结构采用挂装方式快速安装，实现精准、高效施工。本技术成功应用于深圳市鼎和大厦等项目，获得广东省工程建设省级工法等荣誉。

1　总　则

1.1　适用范围
本工艺适用于一般工业与民用建筑外墙单元式铝合金格栅工程施工。

1.2　编制参考标准及规范
（1）《建筑装饰装修工程质量验收标准》GB 50210
（2）《建筑工程施工质量验收统一标准》GB 50300
（3）《钢结构工程施工质量验收标准》GB 50205
（4）《建筑幕墙》GB/T 21086
（5）《建筑物防雷设计规范》GB 50057
（6）《建筑施工高处作业安全技术规范》JGJ 80

2　施工准备

2.1　技术准备
（1）完成图纸深化和图纸会审，深化施工图由甲方签字认可。（2）编制单元式外墙铝合金格栅工程专项施工方案，按《危险性较大的分部分项工程安全管理办法》组织专家论证，并报建设单位和监理单位审批。（3）将技术交底落实到作业班组。（4）按图纸进行现场放线，并通过监理单位验收合格。

2.2　材料要求
（1）铝合金型材
① 规格、质量、强度等级应符合有关设计要求以及相关国家标准和行业标准的规定。
② 外观质量：喷涂型材表面装饰涂层应平滑、均匀、不允许有流痕、皱纹、气泡、脱落及其他影响使用的缺陷；铝合金型材不允许有裂纹、起皮、腐蚀等现象存在。③ 铝合金

型材采用阳极氧化、电泳涂漆、粉末喷涂、氟碳漆喷涂进行表面处理时，应符合现行国家标准《铝合金建筑型材》GB/T 5237.1～5237.6 规定的要求，表面处理层的厚度应满足表 9.10.2-1 的要求。

铝合金构件外形尺寸主控项目的允许偏差　　　　表 9.10.2-1

表面处理方法		膜厚级别（涂层种类）	厚度 t（μm）	
			平均膜厚	局部膜厚
阳极氧化		不低于 AA15	$t \geqslant 15$	$t \geqslant 12$
电泳涂漆	阳极氧化膜	B	$t \geqslant 10$	$t \geqslant 9$
	漆膜	B	—	$t \geqslant 7$
	复合膜	B	—	$t \geqslant 16$
粉末喷涂		—	60～120	$40 \leqslant t \leqslant 120$
氟碳喷涂		—	$t \geqslant 40$	$t \geqslant 34$

（2）钢材

① 强度指标、化学成分、弹性模量、稳定性指标应符合《钢结构设计规范》GB 50017 规定。② 钢材镀层厚度应符合标准《金属覆盖层　钢铁制件热浸镀锌层　技术要求及试验方法》GB/T 13912 中技术指标要求；其他已检力学性能符合《碳素结构钢》GB/T 700 中 Q235B 技术指标要求。

（3）紧固件

不锈钢紧固件应符合国家标准《紧固件螺栓和螺钉通孔》GB/T 5277 和《紧固件机械性能　螺栓、螺钉和螺柱》GB/T 3098.1 的要求。

（4）单元板块按照施工图纸在工厂进行生产加工。

2.3　主要机具

（1）机械：卷扬机、电动葫芦、叉车等。（2）工具：力矩扳手、开口扳手、专用撬棍、吊绳、卡扣、对讲机等。（3）计量检测用具：全站仪、激光经纬仪、水准仪、2m 靠尺、铅垂仪、水平尺、钢尺等。

2.4　作业条件

（1）主体结构施工和验收完毕，埋件已按要求安装到位，且满足格栅安装的要求。（2）操作地点环境的风力不大于六级。（3）正式安装以前，先试安装 3～5 个格栅单元作为样板，经验收合格后再正式安装。

3　施工工艺

3.1　工艺流程

卷扬机、电动葫芦安装　⟶　测量放线　⟶　支承结构安装　⟶　单元板块安装　⟶　格栅单元水平、竖向方向的调节　⟶　防雷系统安装　⟶　吊装设备拆除及现场清理

3.2 操作工艺

（1）卷扬机、电动葫芦安装：根据工程的实际情况，在合适的楼层安装卷扬机和电动葫芦。卷扬机、电动葫芦安装见图9.10.3-1～图9.10.3-3。

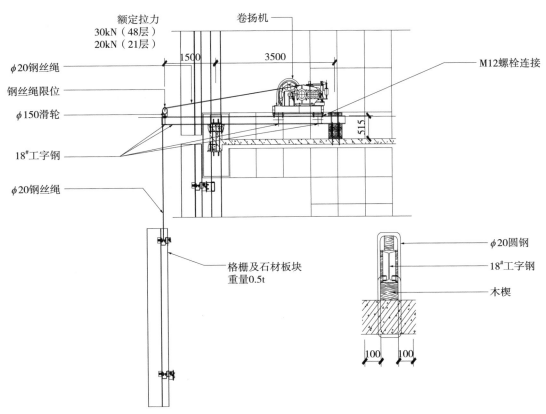

图9.10.3-1　卷扬机安装剖面示意图

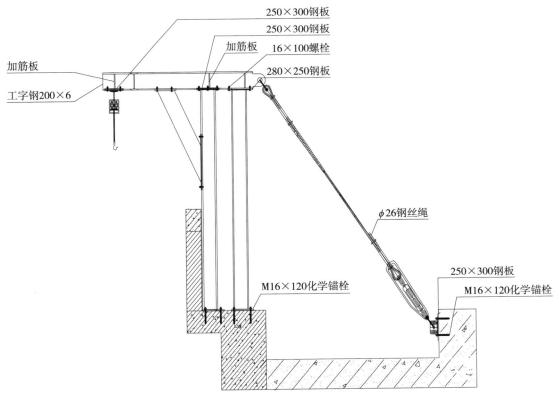

图9.10.3-2　电动葫芦行车轨道剖面示意图

图 9.10.3-3　卷扬机安装示意图

（2）测量放线：采用全站仪进行精确定位。首先在格栅安装区域内每三层测设一定数量的控制点，然后根据控制点放出各相应层的格栅支承结构的定位线，其他两层通过铅垂线分别往下引出各个格栅支承结构的定位线。在每一层的格栅支承结构定位放线时，都要以控制点作为基准点依次进行放线，避免放线过程中的误差叠加效应。

（3）支承结构安装：首先将主体结构上的预埋件或钢构件上的污渍清除干净，然后将格栅支承结构与预埋件连接牢固。螺栓在支承结构安装时一并安装好（图 9.10.3-4、图 9.10.3-5）。

（4）单元板块安装：格栅单元板块与主体结构连接节点见图 9.10.3-6、图 9.10.3-7。

① 单元板块的运输：在单元板块安装前，将工厂生产加工好的单元板块运输至施工现场。

② 竖向轨道钢丝绳安装：分别将两根钢丝绳的顶端固定在卷扬机所在楼层的工字钢梁上的方钢管上，底端通过化学锚栓和角钢固定在地面上。轨道钢丝绳竖向保持垂直，并且要处于绷紧。两根轨道钢丝绳之间的距离跟单元板块外边尺寸相同。

③ 格栅单元吊装：利用叉车将运至施工现场的格栅单元转运至吊装地点，然后利用卷扬机和工人的配合将格栅单元竖起。格栅单元完全离开地面处于垂直状态时，卷扬机暂时停止提升。地面操作人员将格栅单元与轨道钢丝绳进行有效连接后，再继续将格栅单元往上提升（图 9.10.3-8）。

④ 格栅单元换钩：格栅单元提升到卷扬机所能提升的最高楼层或所要安装格栅单元的楼层后，再将格栅单元转换到可在水平方向行走的电动葫芦上。在电动葫芦的挂钩完全钩住格栅单元的连接绳，再慢慢松掉卷扬机的挂钩，直到卷扬机挂钩完全不受力，并将卷扬机挂钩取出。最后将格栅单元与竖向轨道钢丝绳连接的卡扣解下（图 9.10.3-9）。

⑤ 格栅单元与支承结构的对接安装：利用电动葫芦在水平方向的行走，将格栅单元吊运至具体安装点，在快要到达具体安装点时，电动葫芦行走速度慢慢放缓。站在安装格栅单元位置的上下两个安装人员应慢慢扶住正在靠近的格栅单元，让其不要晃动。格栅单元安装人员与电动葫芦操作人员利用对讲机配合，慢慢将格栅单元与支承结构对接，最后依靠格栅单元上设置的钢板挂件挂扣在支承结构的螺杆上（图 9.10.3-10）。

图 9.10.3-4 已安装好的支承结构图

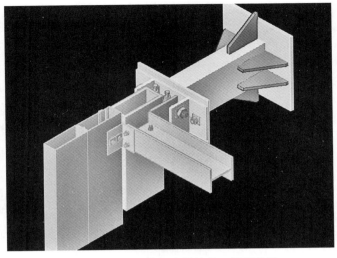

图 9.10.3-5 格栅支承结构三维示意图

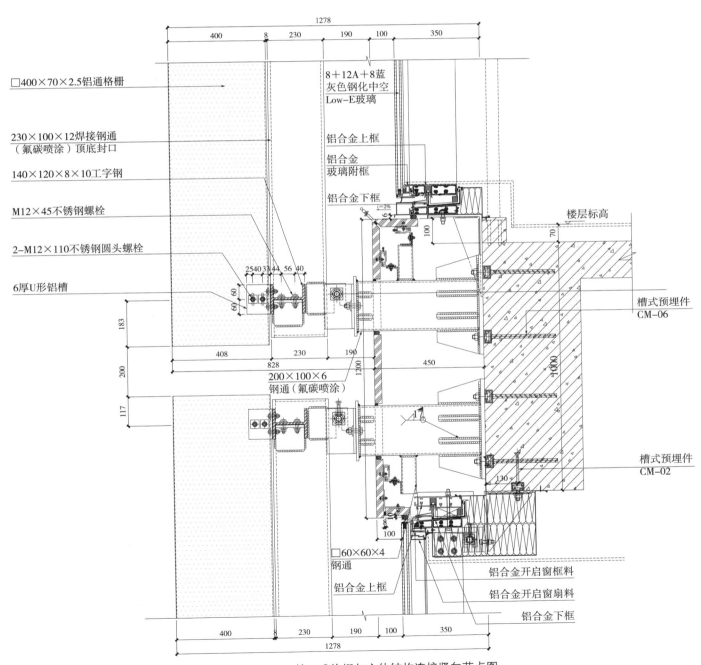

□400×70×2.5铝通格栅

230×100×12焊接钢通
（氟碳喷涂）顶底封口

140×120×8×10工字钢

M12×45不锈钢螺栓

2-M12×110不锈钢圆头螺栓

6厚U形铝槽

8+12A+8蓝
灰色钢化中空
Low-E玻璃

铝合金上框

铝合金
玻璃附框

铝合金下框

楼层标高

槽式预埋件
CM-06

200×100×6
钢通（氟碳喷涂）

槽式预埋件
CM-02

□60×60×4
钢通

铝合金上框

铝合金开启窗框料

铝合金开启窗扇料

铝合金下框

图 9.10.3-6 单元式格栅与主体结构连接竖向节点图

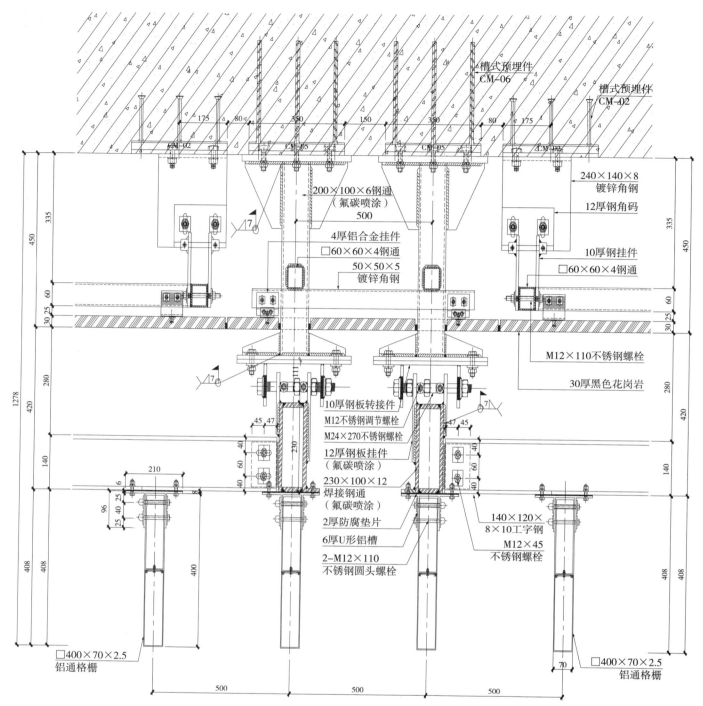

图 9.10.3-7　单元式格栅与主体结构连接横向节点示意图

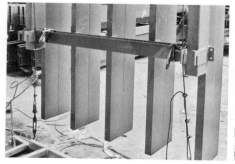

图 9.10.3-8　轨道钢丝绳与单元板连接　图 9.10.3-9　单元板块换钩后电动葫芦吊装　图 9.10.3-10　单元板块与支承结构对接

（5）格栅单元水平、竖向方向的调节

① 格栅单元水平方向的精确调节：利用支承结构上的调节螺栓对格栅单元上的钢挂件进行调节，可对格栅单元的水平位置进行精确调节。水平位置精确调节是根据与已安装好的格栅单元的水平距离来进行调节；支承结构的螺杆上有3个螺母，最外侧的螺母用来拧紧螺杆，等调整好格栅单元水平位置后，将中间两个螺母分别拧紧在钢板挂件的两侧，保证在以后使用过程中不发生移动（图9.10.3-11）。

② 格栅单元竖向的精确调节：利用格栅单元上部两个角上的钢板挂件上的调节螺栓，可精确调整格栅单元的竖向高程和水平度。单元板块与支承结构连接上后，调整好格栅单元的水平位置并且固定，再慢慢拧调节螺栓，将一个角的位置调整到控制标高后，再将另一个角的位置调整到控制标高，然后再检查一遍两边的标高是否都达到了控制标高，直至两边都调到控制标高为止。格栅单元的高程控制是通过已安装好的格栅单元所拉的控制线进行调节（图9.10.3-12）。

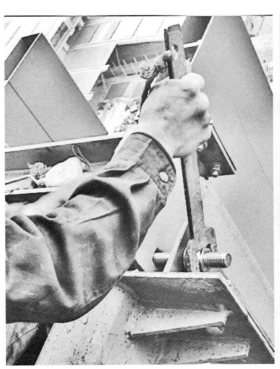

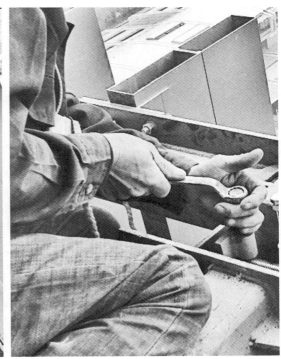

图9.10.3-11　格栅单元水平方向调节　　　　图9.10.3-12　格栅单元板块竖向调节

（6）防雷系统安装

按图纸设计要求先逐个完成格栅自身防雷网的焊接，焊缝应及时敲掉焊渣，冷却后涂刷防锈漆。焊缝应饱满，焊接牢固，不允许漏焊或随意移动变更防雷节点位置。

（7）吊装设备拆除及现场清理

① 利用卷扬机吊装最后一块格栅单元至卷扬机所在楼层处，然后换到电动葫芦吊钩上，并将格栅单元提升到卷扬机所在楼层以上，再迅速拆除卷扬机及伸出在建筑物外的所有杆件后，安装最后一块格栅单元并调节到位。最后拆除电动葫芦及辅助杆件。② 将格栅单元及支承结构上的垃圾及灰尘清理干净，对于工字钢槽内和连接缝内的灰尘、粉尘物，采用气枪设备将其吹除。对于格栅上的一些污渍应采用清水清洗，不得大力擦洗或用刀片等利器刮擦。

3.3 质量关键要求

（1）格栅单元构件应按同一种类构件的5%进行抽样检查，且每种构件不得少于5件。当有一个构件抽检不符合上述规定时，应加倍抽样复验，全部合格后方可出厂。（2）构件出厂时，应附有构件合格证书。（3）搬运、吊装构件时不得碰撞、损坏和污染构件。（4）安装前，拼装人员必须熟悉施工图、制作拼装工艺及有关技术文件的要求，并检查零部件的外观、材质、规格、数量，当合格无误后方可施工。（5）后置埋件要做拉拔试验，连接件的接点要进行隐蔽验收。（6）防雷及防火节点要进行隐蔽验收。

3.4 季节性施工

参见第519页"3.4 季节性施工"。

4 质量要求

4.1 主控项目

（1）格栅所使用的各种材料和配件，应符合设计要求及国家现行产品标准和工程技术规范的规定。

检验方法：检查产品合格证书、性能检测报告、材料进场验收记录和复验报告。

（2）格栅的造型和立面应符合设计要求。

检验方法：观察；尺量检查。

（3）格栅杆件的品种、规格、颜色、光泽及安装方向应符合设计要求。

检验方法：观察；检查进场验收记录。

（4）主体结构上的预埋件、后置埋件的数量位置应符合设计要求，后置预埋件要进行拉拔力检测。

检验方法：检查拉拔力检测报告和隐蔽工程验收记录。

（5）格栅的金属框架立柱与主体结构预埋件的连接、立柱与横梁的连接、金属面板的安装应符合设计要求，安装应牢固。

检验方法：手扳检查；检查隐蔽工程验收记录。

（6）金属框架及连接件的防腐处理应符合设计要求，防腐应完整不破损。

检验方法：检查隐蔽工程验收记录和施工记录。

（7）格栅的防雷装置应与主体结构的防雷装置可靠连接，接点应紧密，并注意防腐处理，连接点水平间距不大于防雷引下线间距，垂直间距不大于均压环间距。

检验方法：用接地电阻仪或兆欧表测量检查格栅整体框架自身连接导电通路和主体结构防雷装置与幕墙框架连接装置的导电指标值；观察、手动试验，并用分度值为1mm的钢卷尺、分辨率为0.05mm的游标卡尺测量导电通路连接材料的材质、截面尺寸、连接长度。

4.2 一般项目

（1）格栅杆件表面应平整、洁净、色泽一致。

检验方法：观察。

（2）格栅单元应平直、洁净、接口严密、安装牢固。

检验方法：观察；手扳检查。

（3）格栅安装允许偏差应符合表9.10.4-1的规定。

格栅安装允许偏差　　　　　　　　　　　　　　　　　　　　　　表9.10.4-1

项目		允许偏差（mm）	检查方法
格栅垂直高度	格栅高度≤30m	10	激光经纬仪或经纬仪
	30m＜格栅高度≤60m	15	
	60m＜格栅高度≤90m	20	
	格栅高度＞90m	25	
竖向构件直线度		2.5	靠尺
横向构件水平度	≤2m	2	水平尺
	＞2m	3	
同高度相邻两根横向构件高度差		1	钢直尺和塞尺
同层单元板块标高	≤35m	5	激光经纬仪或经纬仪
	＞35m	7	
分格框对角线差	≤2m	3	钢尺
	＞2m	3.5	

（4）单元板块格栅安装允许偏差应符合表9.10.4-2的规定。

单元板块格栅安装允许偏差　　　　　　　　　　　　　　　　　　表9.10.4-2

项目		允许偏差（mm）	检查方法
同层单元板块格栅标高	宽度≤35m	≤3	激光经纬仪或经纬仪
相邻两组件格栅表面高低差		≤1	深度尺
相邻两组单元板块格栅的竖向偏差（与设计值比）		±1	深度尺
上下两组单元板块格栅的间距偏差（与设计值比）		±1	卷尺

5　　　　　　　　　　　　　　　　　　成品保护

（1）对运至施工现场的格栅单元进行遮挡和覆盖处理，地面应用垫木进行垫高，防止与地面的摩擦造成对型材的损伤。（2）在安装好的格栅单元板块建筑内侧拉警示线。（3）派专人在格栅完工层反复巡视，及时修复已被划破的塑料保护膜。（4）对垂直上方和周边的焊接作业，要严格要求焊工用接火斗进行接火，并用防火布对相应部位进行遮挡，防止已安装的单元体表面被灼伤。（5）吊篮升降应由专人负责，其施工侧要设置弹性软质材料，防止碰坏格栅型材。收工时，应将吊篮放置在尚未安装格栅的楼层（或地面上）固定好。

6 安全、环境保护措施

6.1　安全措施

（1）针对项目实际情况，对危险源进行辨识，编制专项安全技术方案。（2）凡从事高处作业人员应接受高处作业安全知识的教育，特殊高处作业人员应持证上岗，上岗前应依据有关规定进行技术交底。（3）对于特殊施工面、特殊节点作业、危险性较大的地带，应进行针对性讲解，并以书面形式进行安全技术交底。（4）现场所有施工及照明用电的线路连接，均须由专业电工进行。（5）吊装钢丝绳发生锈蚀和断丝应及时更换。（6）施工用小工具应放在专用的工具袋内，上下传递工具、材料等物品不能抛掷，传递易坠物品时，要进行必要的捆缚保护。（7）要在作业区域下方设安全隔离带，安放警示牌，并设专人巡视，提醒行人远离危险区域。（8）在六级以上大风及有雷电、暴雨、大雾等气候条件下，不得进行露天高处作业。

6.2　环保措施

（1）严格遵守国家和地方的有关施工规定，力争避免和消除对周围环境的影响与破坏。（2）合理安排作业时间，最大限度减少施工噪声污染。（3）建立健全施工扬尘污染控制监督管理制度，单独编制施工扬尘控制工作方案。（4）施工现场及楼层内的建筑垃圾、废物应及时清理到指定地点堆放，并及时清运出场。

7 工程验收

（1）格栅验收应在建筑物完工（不包括二次装修）后进行，验收前应将其表面擦洗干净。

（2）格栅质量应按观感检验和抽样检验进行检验。以格栅单元板块为检验单元，每个格栅单元板块均应检验。

（3）格栅观感检验应按下列要求进行：① 单元式格栅的单元拼缝、分格应横平竖直，缝宽应均匀，并符合设计要求；② 金属材料的色彩应与设计相符，色泽应基本均匀，铝合金材料不应有脱膜现象；③ 铝合金装饰压板表面应平整，不应有肉眼可察觉的变形、疲纹或局部压碾等缺陷；④ 单元格栅的上下边及侧边封口、沉降缝、伸缩缝、防震缝的处理及防雷体系应符合相关规定；⑤ 格栅隐蔽节点的遮封装修应整齐美观。

（4）各分项工程的检验批应按下列规定划分：① 相同设计、材料、工艺和施工条件的幕墙工程每 $500 \sim 1000m^2$ 应划分为一个检验批，不足 $500m^2$ 也应划分为一个检验批。② 同一单位工程的不连续的幕墙工程应单独划分检验批。③ 对于异型或有特殊要求的幕墙，检验批的划分应根据幕墙的结构、工艺特点及幕墙工程规模，由监理单位（或建设单位）和施工单位协商确定。

（5）检验批合格质量和分项工程质量验收合格应符合下列规定：① 抽查样本主控项目均合格；一般项目 80% 以上合格，其余样本不得有影响使用功能或明显影响装饰效果的缺陷。均须具有完整的施工操作依据、质量检查记录。② 分项工程所含的检验批均应符合合格质量规定，所含的检验批的质量验收记录应完整。

（6）分部（子分部）工程质量验收合格应符合下列规定：① 分部（子分部）工程所含分项工程的质量均应验收合格；② 质量控制资料应完整；③ 观感质量验收应符合要求。

8　质量记录

质量记录包括：（1）产品合格证书、性能检测报告；（2）进场验收记录和复验报告；（3）隐蔽工程验收记录；（4）技术交底记录；（5）检验批质量验收记录；（6）分项工程质量验收记录；（7）测量放线记录；（8）防火材料合格证及材料耐火检验报告；（9）防雷检验记录。

图书在版编目（CIP）数据

装配式装修施工手册/蓝建勋主编．—北京：中国建筑工业出版社，2022.12
ISBN 978-7-112-27978-4

Ⅰ.①装…　Ⅱ.①蓝…　Ⅲ.①装配式构件—建筑装饰—工程施工—手册　Ⅳ.①TU767-62

中国版本图书馆 CIP 数据核字（2022）第 176694 号

责任编辑：徐晓飞　张　明
责任校对：王　烨

装配式装修施工手册

蓝建勋　主编

＊

中国建筑工业出版社出版、发行（北京海淀三里河路9号）
各地新华书店、建筑书店经销
北京建筑工业印刷厂制版
北京富诚彩色印刷有限公司印刷

＊

开本：880毫米×1230毫米　1/16　印张：39½　字数：935千字
2023年1月第一版　　2023年1月第一次印刷
定价：**158.00** 元
ISBN 978-7-112-27978-4
（40085）